高等农林教育“十三五”规划教材

马普通病学

刘焕奇　主编

中国农业大学出版社
·北京·

内容简介

本书为马普通病的一部经典全面的教材，介绍了马普通病学基础、内科病、外科病和产科病4部分内容，全书共32章。第一篇主要讲述马普通病学基础知识，包括马属动物保定技术、马病诊疗基本技术、兽医外科手术基础、体液疗法。第二篇主要讲述内科疾病，包括消化系统疾病、呼吸系统疾病、心血管系统疾病、泌尿系统疾病、神经系统疾病、营养代谢病、中毒病。第三篇主要讲述外科疾病，包括常见的外科损伤性疾病、外科感染、肿瘤、风湿病、眼病、头部疾病、颈部疾病、胸腹壁及脊柱疾病、疝、直肠及肛门疾病、泌尿器官外科疾病、跛行诊断、四肢疾病、蹄病、皮肤病。第四篇主要讲述产科疾病，包括妊娠期疾病、分娩期疾病、产后期疾病、不育、新生马驹疾病、乳腺疾病。本书既有理论又有实践，并配有相应的图表，通俗易懂。

本书可作为马科学专业、动物医学专业及相关专业的本科生或研究生教材，也可供畜牧兽医相关技术人员尤其是马场兽医人员参考。

图书在版编目(CIP)数据

马普通病学/刘焕奇主编. —北京：中国农业大学出版社，2017.6
ISBN 978-7-5655-1779-2

Ⅰ.①马… Ⅱ.①刘… Ⅲ.①马病—诊疗 Ⅳ.①S858.21

中国版本图书馆CIP数据核字(2017)第004416号

书 名 马普通病学
作 者 刘焕奇 主编

策 划 赵 中 **责任编辑** 冯雪梅
封面设计 郑 川
出版发行 中国农业大学出版社
社 址 北京市海淀区圆明园西路2号 **邮政编码** 100193
电 话 发行部 010-62818525,8625 读者服务部 010-62732336
编辑部 010-62732617,2618 出 版 部 010-62733440
网 址 http://www.cau.edu.cn/caup **E-mail** cbsszs @ cau.edu.cn
经 销 新华书店
印 刷 北京时代华都印刷有限公司
版 次 2017年6月第1版 2017年6月第1次印刷
规 格 787×1 092 16开本 29.75印张 730千字
定 价 62.00元

编 写 人 员

主　　编　刘焕奇（青岛农业大学）

副 主 编　曲志娜（中国动物卫生与流行病学中心）

编　　者　（以姓氏笔画为序）

马秀亮　（聊城大学）

王荣梅　（韶关学院）

迟　良　（青岛农业大学）

刘焕奇　（青岛农业大学）

苏荣胜　（华南农业大学）

李锦春　（安徽农业大学）

李　林　（沈阳农业大学）

陈　甫　（青岛农业大学）

邹本革　（青岛农业大学海都学院）

张　凯　（内蒙古乌兰察布职业技术学院）

范宏刚　（东北农业大学）

赵树臣　（东北农业大学）

赵翠燕　（韶关学院）

董　婧　（沈阳农业大学）

韩春杨　（安徽农业大学）

褚秀玲　（聊城大学）

审　　稿　王洪斌　（东北农业大学）

毕可东　（青岛农业大学）

侯振中　（东北农业大学）

朱连勤　（青岛农业大学）

李建基　（扬州大学）

编写说明

随着经济全球化和我国经济的快速发展，现代马业已经转变为以赛马、表演展览、骑乘娱乐等形式为主的庞大产业，中国马业迎来了前所未有的发展机遇。马科学专业作为我国新兴专业，在马的相关产业及科学研究方面还处于相对落后的局面，其中马的普通病作为马的常见病和多发病越来越引起人们的关注，但是目前还没有针对马普通病的统编教材，为了满足人才培养需求，促进马业的健康发展，受中国农业大学出版社委托，我们编写了全国高等农业院校动物科学专业（马科学方向）本科教材《马普通病学》，该教材编写组按照中国农业大学出版社编写要求，按照突出实用性、拓宽知识面、反映马普通病学最新成果为原则，参照国内外有关马普通病学专著和研究成果，进行课程结构重组，教学内容更新，并结合我国马业发展编写了本书。

参加本教材编写的都是一直从事兽医临床教学及临床治疗工作的优秀骨干教师，具有丰富的教学及临床实践经验，确保了本书的质量和实用性。全书包括马普通病学基础、内科篇、外科篇和产科篇 4 部分内容，共 32 章。本教材第一篇第一至四章由刘焕奇、陈甫、迟良编写。第二篇第一、二章由李锦春编写，第三、五章由马秀亮编写，第四章由赵翠燕编写，第六章由褚秀玲编写，第七章由王荣梅、苏荣胜编写。第三篇第一、二和四章由张凯编写，第三、五、六、九和十章由李林和董婧编写，第七、八和十五章由韩春杨编写，第十一、十二、十三和十四章由范宏刚编写；第四篇由赵树臣编写。初稿完成后，由刘焕奇和邹本革统一修订。东北农业大学的王洪斌和侯振中教授，青岛农业大学的毕可东和朱连勤教授，扬州大学的李建基教授对本教材进行了认真审定，并提出了宝贵意见，在此表示衷心的感谢。

由于我们水平有限，编写时间仓促，书中缺点和错误在所难免。我们诚恳地希望广大读者提出宝贵意见，以便今后修改提高。

编　者

2016 年 12 月

目　录

第一篇　马普通病学基础

第二篇　内科篇

第三篇　外科篇

第四篇　产科篇

第一篇　马普通病学基础

第一章　马属动物保定

保定是指应用人力、器械或某些药物对动物实施制动，限制其防卫活动，以保障人畜安全，便于动物生产操作和诊疗工作的开展。保定分为物理保定法和化学保定法两种，物理保定法又分为徒手保定和机械保定法。保定方法民间流传很多，可在实际工作中收集应用，但所用的方法一定要安全、迅速、简单、确实。

第一节　接近和常用保定械具

为了饲养管理和马病临床诊疗的需要，必须要掌握马的保定技术与方法。要对马实施保定，首先要与马接触，与马接触就必须懂得马的习性。

马的胆子很小，随时保持警戒状态。马很容易被突然的声音(像鞭炮)吓到，很怕飘忽不定的东西，如气球、旗帜等，也很怕细长的东西，如竹竿、雨伞等。马与生人接触时往往产生不安、戒备、逃跑或攻击等行为，这是马的自身防御本能。对马保定的基本要求，一是要方便诊疗或手术的进行，二是要保证人和马的安全。

一、接近方法

马不愿意与生人接近，接近时若动作粗暴，马会逃跑，甚至对来人攻击伤害。接近马时，要先发出信号，如发出“吁！吁！”或打口哨的声音，让马意识到人的存在，使其不感到突然或吃惊。再用草或料桶引诱，使其自动向人靠近。

因为马有向后方蹶踢的防御能力，接近时禁止从马的后方靠近。应从正前方或侧前方接近。从旁侧方接近时，也要警惕马后躯“急转弯”后的蹶踢动作。

当人需要在马后方工作时，为了防止马踢伤人，与马后躯要保持一定的距离，应在 3 m 以外。马的后肢除有向后踢的功能外，还有向前向外侧“弹”的功能，也应注意。

从前侧或左前侧接近马时，应在马的直视下从容走向马头。接近马头后，迅速抓住笼头，左手牵马，右手抚摸马的头部、颈部，以示安慰。当马出现竖耳、打响鼻、刨地时，是马紧张吃惊的表现，应格外谨慎小心。马的躯体大，动作敏捷，又有力气，保定者不宜单靠力气去强行控制，应利用其自身的生物学特性，有策略的接近。

当需要牵马运动时，一般是用右手牵缰绳，驭手位于马的左前方。性情温顺的马匹，可将缰绳牵长些，性情不好的马匹，可将缰绳牵短些。有“扒”人恶癖的马匹，应将马头低牵，有踢人恶癖的马匹应将马头高举。

二、常用保定器具及使用方法

马属动物常用的保定器具有：笼头、口勒、鼻捻棒、鼻捻绳、耳夹子、开口器、包头套、眼罩等，保定设施有六柱栏、五柱栏、四柱栏、两柱栏和单柱等。

(一)笼头和口勒

笼头和口勒是分别装在头部及两颊部的两种器具，也是最简单和最实用的保定器械。

1. 笼头

笼头是马属动物最常用的械具(图 1-1-1)，它有控制马匹活动的作用。笼头有麻制笼头、革制笼头和编织笼头。

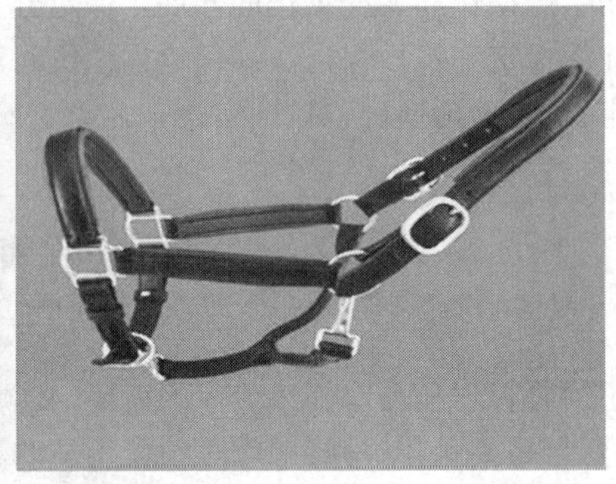

图 1-1-1　马笼头

如果没有现成的笼头，可以用一条比较结实的软绳编制一个简易的笼头。编制方法是：先在长绳的一端挽一个小绳圈，将其搭在马的颈上部，绳的另一端对折，并把对折头穿过小绳圈，再将对折绳形成的绳圈套在马头前部，抽紧绳头游离端，并于交织处打结固定即可(图 1-1-2)。

图 1-1-2　马简易笼头

2. 口勒

口勒(又称嚼子)对马的控制作用较笼头更强，常用于性情刚烈的马匹(图 1-1-3)。口勒能控制马匹前进、后退和左右回转。口勒的衔多是金属制成的锁链，也可用比较结实的绳索和皮革制成简易口勒(图 1-1-4)，或用缰绳代替口勒。

图 1-1-3　马口勒

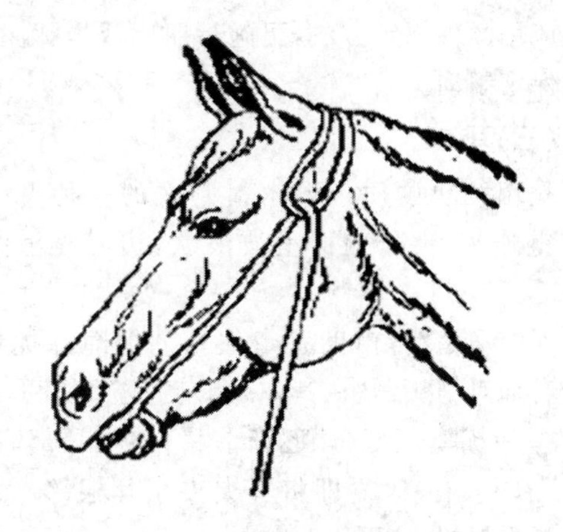

图 1-1-4　简易口勒的打法

(二)鼻捻棒(鼻捻子)

一般用于上唇。使用时应先将鼻捻棒(鼻捻子)的绳套套于右(左)手指间或腕部(图 1-1-5(a)),从马右(左)前方接近,左(右)手握着笼头,右(左)手抚摸马的鼻梁部并移至鼻端,握住上唇,左(右)手放开笼头,握取鼻捻棒,并将其移至上唇,迅速捻转木棒,使绳套紧缚上唇,以控制马匹的防御性活动。一般指定一人握住木棒保持住(图 1-1-5(b))。鼻捻棒(鼻捻子)也可用于下唇或耳(图 1-1-5(c))。

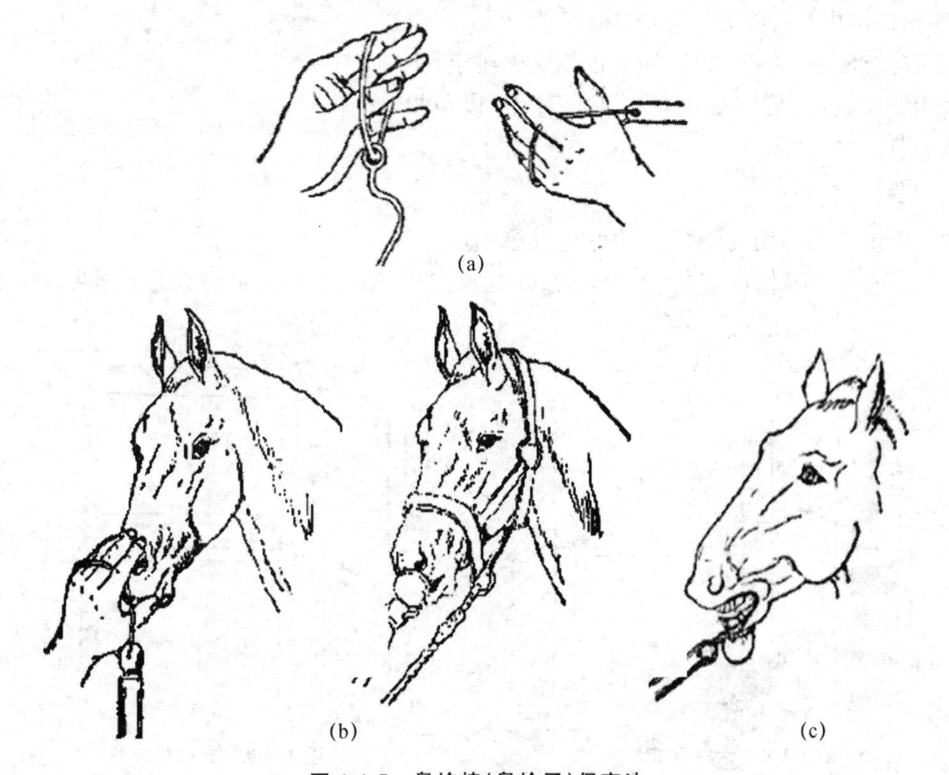

图 1-1-5　鼻捻棒(鼻捻子)保定法

应用此种保定方法，可施行肌肉或静脉注射给药、穿刺、切开脓肿、削装蹄及某些临床检查等的保定制动。

(三)耳夹

是用两块硬质条形木料制成的一种夹子，一端由铰链连接，夹子内面呈波浪状，边缘光滑圆钝(图1-1-6)。

保定马之前，由助手牵住马的缰绳并拢住笼头，保定者面对马头，站在其左(右)侧，左(右)手拿耳夹，右(左)手抚摸颈部，并逐渐前移，移至耳部时迅速抓住耳壳，左(右)手立即将耳夹夹于耳根部，然后双手握紧耳夹保持住(图 1-1-6)。

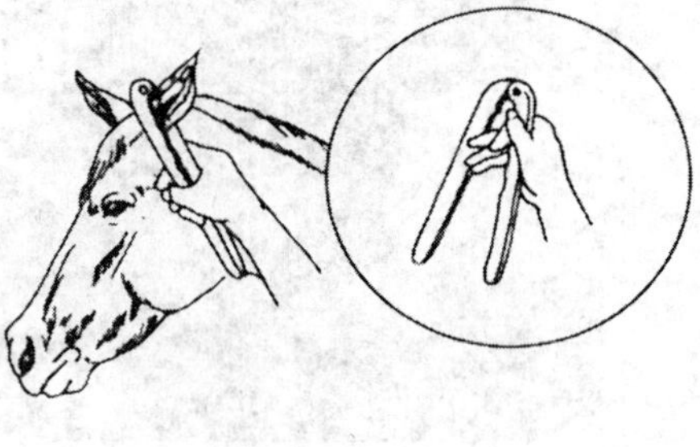

图 1-1-6　耳夹保定法

(四)开口器(图 1-1-7)

1. 单手开口器

使用时，一手抓住笼头，一手握住开口器的把柄，将开口器的另一端插入一侧上下臼齿之间并保持住。

2. 安全开口器

构造较为复杂，但装着后，以其附有的绳带系于颈部，不必用手保持固定，亦不至于滑落；不损伤口腔黏膜；便于口腔内的检查及手术；安全可靠。

使用时应注意，将开口器的两个齿盘放在上、下颌切齿于切齿之间，旋转螺旋杆时不可过度，以免损伤下颌关节。

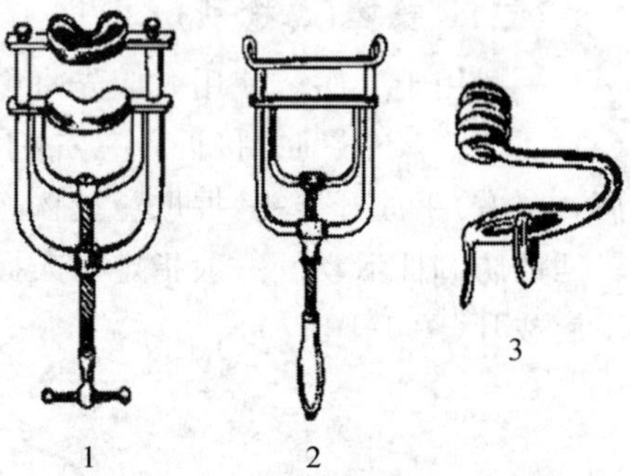

图 1-1-7　开口器类型

1. 扇式开口器　2. 英式开口器　3. 单手开口器

(五)保定栏

动物保定栏是马属动物常用的保定设施，有六柱保定栏(图 1-1-8)、五柱保定栏(图 1-1-9)、四柱保定栏(图 1-1-10)、两柱保定栏(图 1-1-11)等。

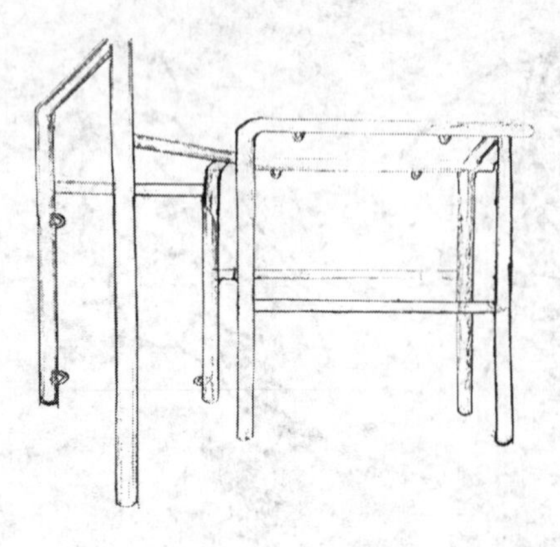

图 1-1-8　六柱保定栏

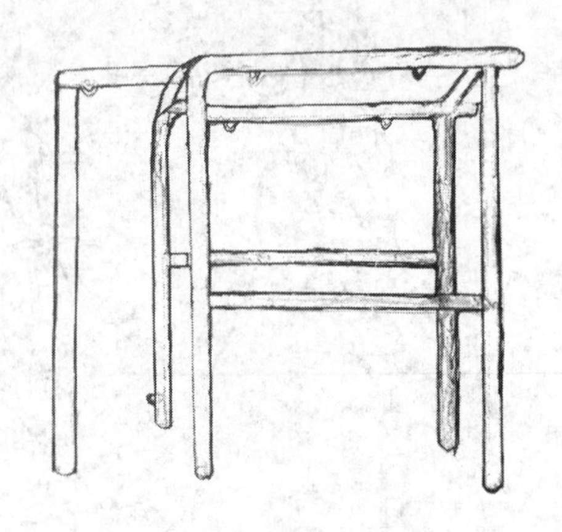

图 1-1-9　五柱保定栏

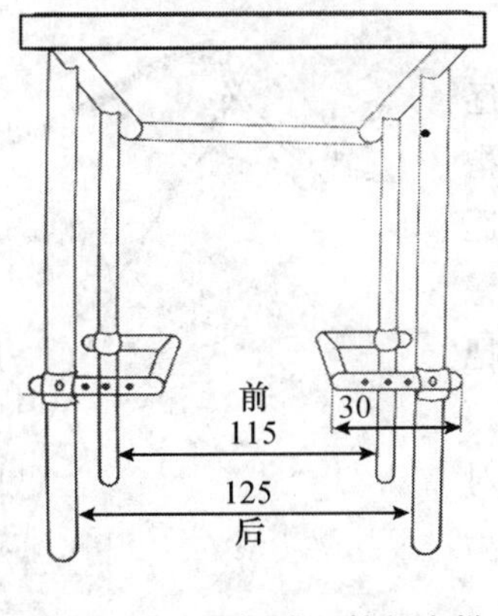

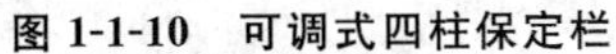

图 1-1-10 可调式四柱保定栏

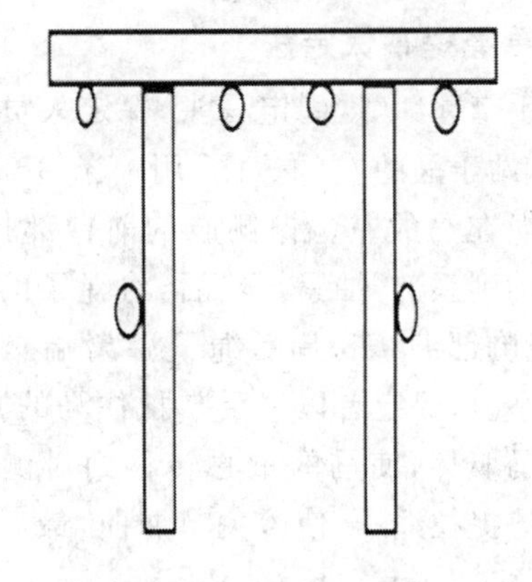

图 1-1-11 二柱保定栏

(六)包头套和眼罩

多用帆布或皮革制成,内面(尤其是在眼部)加绒布或棉纱衬里,其结构似民间的蒙眼。包头套能包盖整个头部,其上有两个圆孔,可将两耳露出;眼罩仅覆盖眼部。使用此器具可以减少胆小马匹对新环境的恐惧感。

第二节 保定方法

一、前肢保定法

(一)徒手提举保定法

由助手牵住缰绳,固定马头,保定人员面向后,由马的前方逐渐接近马,并从马的头颈部逐步靠近前肢,以一手掌抵住马的鬐甲部或肩部,另一只手逐渐向下抚摸,直达系部。在提举时,作支点的手掌用力推动马躯体,使马的重心转移到对侧,与此同时,另一手借势抓紧系部向上提举,使腕关节屈曲,此时保定者内侧的腿向前跨半步,将马的腕关节放于膝部,以两手固定系部(图 1-1-12)。

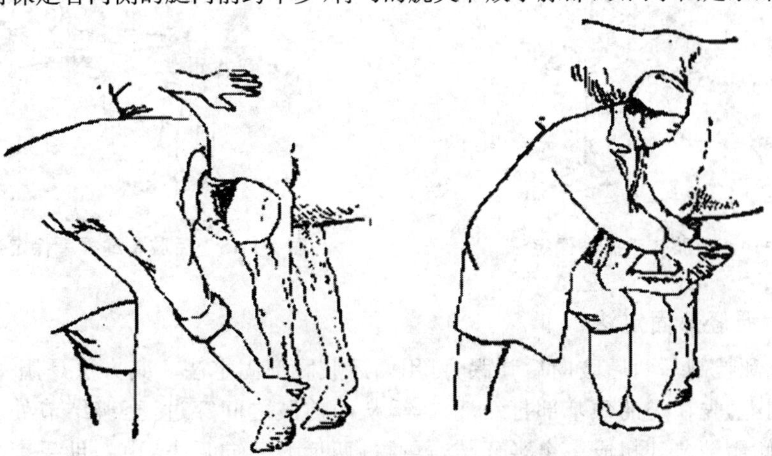

图 1-1-12 前肢徒手提举保定法

(二)单绳提举保定法

由助手牵住缰绳,固定马头,保定人员从马的前方逐渐接近马,站于马的左(右)侧,用一条 3～4 m 长的手指粗细的软绳在马的左(右)侧肢的前臂部打一活结,并逐步向下移动到系部,抽紧。然后,将绳子的游离端越过鬐甲部,围绕胸部缠绕一周后绳子游离端交给对侧助手把持。在提举时,保定者以一手掌抵住马的鬐甲部或肩部,用力推动马躯体,使马的重心转移到对侧,与此同时,对侧助手借势提拉绳子,使腕关节屈曲,最后将绳索的游离端并固定之(图 1-1-13)。

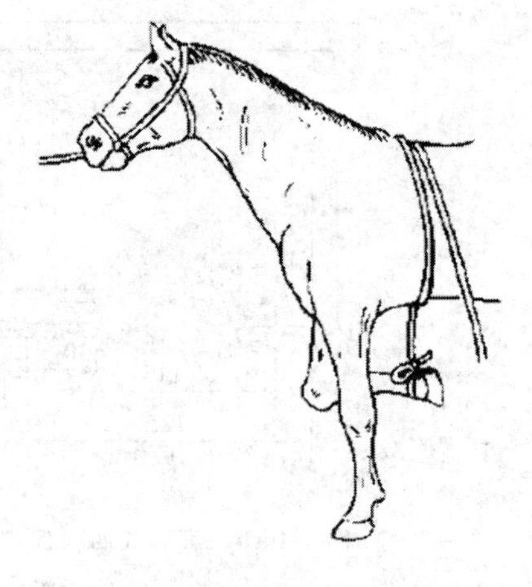

图 1-1-13　前肢单绳提举保定法

二、后肢保定法

(一)徒手提举保定法

由助手牵住缰绳,固定马头,保定者从马的头颈部逐步靠近后肢,面向后躯,以一手掌抵住髋结节或股部作为支点,并将马尾巴抓在作为支点的那只手中,另一只手顺后肢逐渐向下抚摸,直达球节。在提举时,作支点的手掌用力推动马躯体,使马的重心转移到对侧,与此同时,另一手借势抓紧球节部向前上提举,使各关节屈曲,此时保定者内侧的腿向前跨半步,将马的球节放于膝部,以两手固定(图 1-1-14)。

(二)单绳提举保定法

用一 5～6 m 柔软短圆绳在一后肢胫部打一活结,并逐步移向后部系部抽紧,并将绳子的游离端通过两前肢之间在颈部围绕一周,然后拉后肢使之向前侧方抬起离开地面,收紧绳子在颈基部打一活结,使后肢向前提起(图 1-1-15)。

图 1-1-14　后肢徒手提举保定法

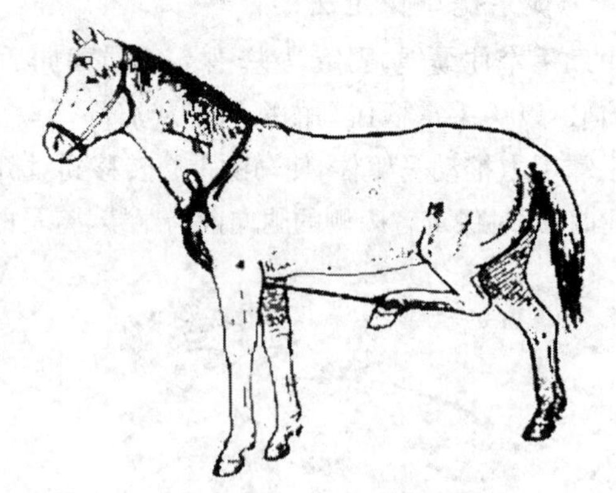

图 1-1-15　后肢单绳提举保定法

(三)两后肢胫部固定法

为了防止和控制马两后肢向后弹踢,可用两后肢胫部固定法。其方法是用一条 12～15 m 长的柔软短圆绳,先在马的颈基部打一活结,绳从两前肢之间穿过,至髋结节处围绕腰部缠绕一周,并在一侧髋结节处扭成一个半环结,再通过两后肢引向后方,由一助手牵拉。保定人员将腰部所缠绕绳套移向后方,经臀部下移至两后肢胫部,助手此时收紧绳端,使绳环紧紧固定在两后肢胫部(图 1-1-16)。

(四)两后肢系部固定法

为了防止和控制马两后肢向后弹踢,也可用两后肢系部固定法。其方法是用 2 条 7～8 m 长的柔软短圆绳,以每绳的一端,分别拴系在两后肢系部,将两绳的另一端由两前肢引向前方,并分别在两前肢的前臂部做一个如图 1-1-16 的缠绕,并将两侧的绳子会合到鬐甲部打活结(图 1-1-17)。

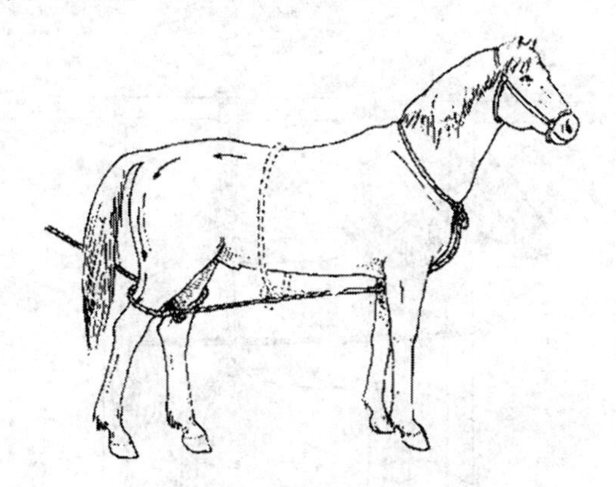

图 1-1-16　两后肢胫部固定法

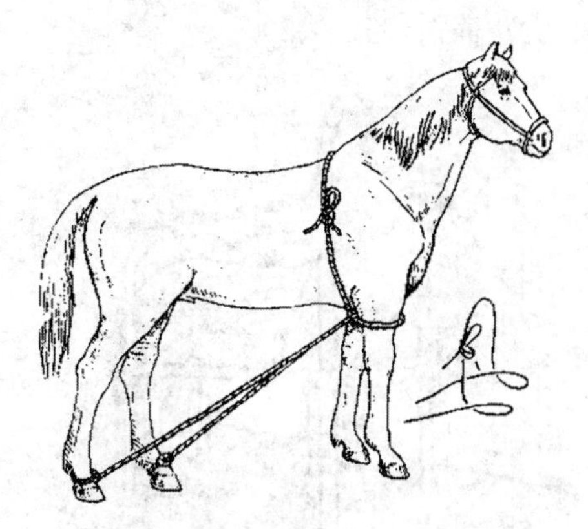

图 1-1-17　两后肢系部固定法

三、柱栏内保定法

(一)六柱栏保定法

保定时,先关闭两前柱间的横档(铁杆、铁链或皮带),将马由六柱栏的前后柱间牵入后,再关闭两后柱间的横档。把缰绳系于门柱铁环上,分别用扁绳压住鬐甲前部及兜起胸、腹部,防止马匹跳起或卧下。必要时将头部及尾部用细圆线固定(图 1-1-18)。

要必须注意,绳端打结既要牢靠又要打成活结,以便随时迅速解脱。鬐甲部及腹下固定用扁绳,一定要各自分开捆绑,保证安全。解除时,先解脱固定扁绳,再开放前柱间横档,将马由前方牵出。

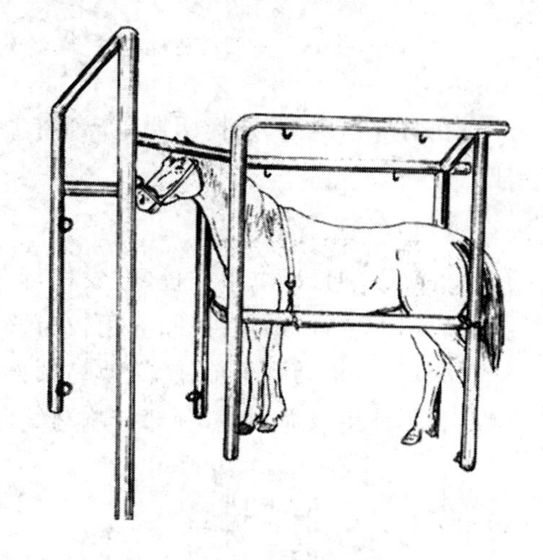

图 1-1-18　马六柱栏保定

(二)四柱栏保定法

四柱栏的结构比六柱栏少两个门柱,但两前柱上方各向前外方突出并弯下,设有吊环,可供拴马缰绳用;或者在上方横梁上有一个突向前方的纵柱,纵柱上有铁环,供栓马缰绳用。在进行马四柱栏保定时,先在四柱栏的两个前柱上系好前胸带,将马牵入四柱栏内,马头悬吊于保定栏前向前突出的纵柱上,其他操作同六柱栏(图 1-1-19)。

(三)二柱栏保定法

二柱栏保定法适用于削、装蹄及其他诊疗操作的马的保定。中兽医又将该方法称为天平架保定法,在我国民间广泛使用。

保定时，先把马缰绳拴于前柱或横梁铁环上，用颈绳将颈部系在前柱的右侧(方法同单柱保定)。再装围绳，即将围绳(长约 9 m)一端的铁环套在后柱拐钉上，把绳从左侧拉向前方，绕过前柱，经左侧返回至后柱并将绳末端固定于此。最后装胸、腹吊绳。装胸前吊绳时，在马的左胸侧将吊绳铁钩经横梁上方甩到右侧，趁铁钩在胸下悠荡之势伸手将其抓住，把吊绳中段套入铁钩内，以左手拉动吊环，使铁钩由胸下经右侧绕过横梁而到左侧马背的上方，用力收紧吊绳，将马吊起至四蹄平坦着地为度，并把吊绳游离端打结在马背与铁钩之间。腹(后)吊绳装在腹部，方法同前(图 1-1-20)。

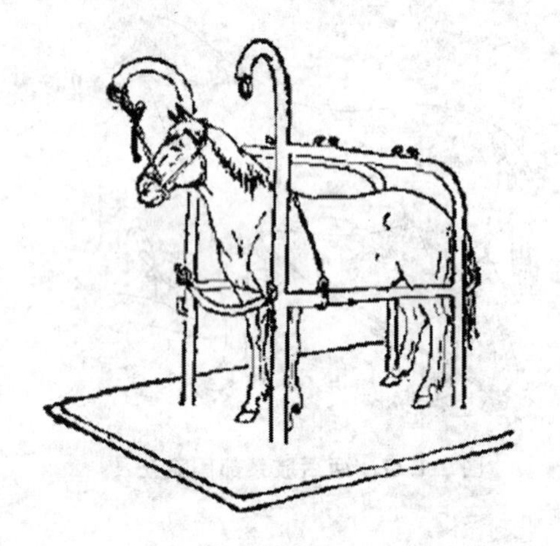

图 1-1-19 马四柱栏保定法

图 1-1-20 二柱栏保定法

在野外情况下，选择两棵距离适宜的树桩，并在其上方捆绑一颗横木杠，即成为临时性二柱栏。

(四)单柱保定

保定设施仅一个单柱桩，在农村可用树来代替单柱桩，该方法在缺少保定栏设备的农村、牧场应用方便，所以，在民间应用较为普遍。

保定时，将马牵至单柱旁，使马颈部靠近单柱，以一条约 4 m 长的绳子对等双折，将马的颈部和单柱用双绳围绕，颈部打响马结固定(图 1-1-21(a)、(b))。

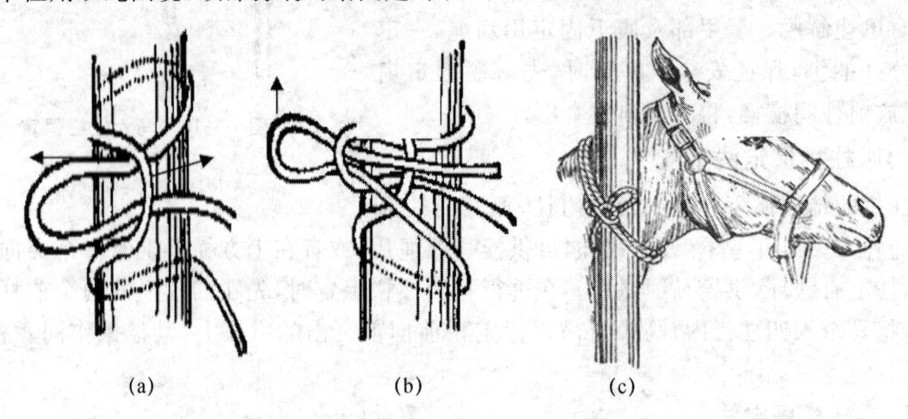

(a) (b) (c)

图 1-1-21 马单柱保定法

响马结打法:保定时用一长 4 m、手指粗的麻(线)绳对折成双股,右手抓持二股绳尾端,绳的双股端绕马颈部和单柱一周,然后左手抓住对折双股套端,手经双股套内将右手中的一股绳拉入绳套内,右手立即拉紧另一股绳,压紧被拉入的绳,然后左手再伸入折叠的绳套内,拉右手中另一股绳,进入折叠绳套内,右手立即拉紧一根绳端,如此反复几次,马颈部被固定在单柱上(图 1-1-21(c))。

四、倒马法

(一)双抽筋倒马法

用一条长 12～15 m 长的柔软的圆绳,于绳的正中间做一个双套结,并使之形成两个绳套,绳套要一长一短,每个绳套上穿一个直径 10 cm 的铁环(图 1-1-22)。

将马牵至沙地上(软地),将绳套用木棒固定在倒卧对侧的颈基部,由两名助手各持一根绳的游离端,向后牵引,通过两前肢间和两后肢间,分别从两后肢跗关节上方,由内向外反折向前,与前绳作一交叉,两游离端分别穿入颈基部绳套上的铁环内,再反折向后拉紧,并将跗关节的绳套移到系部(图 1-2-23)。然后,两助手向后牵引绳的游离端,与此同时,牵马的助手向前牵马,前后分别向前向后拉紧绳,马失去平衡而倒卧地上。

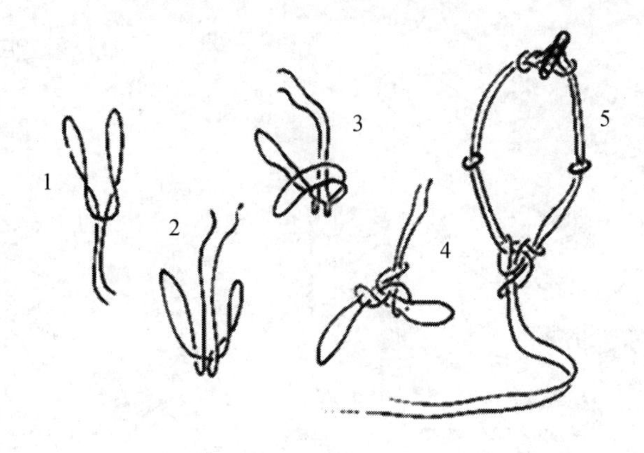

图 1-1-22　双套结和绳套的打法

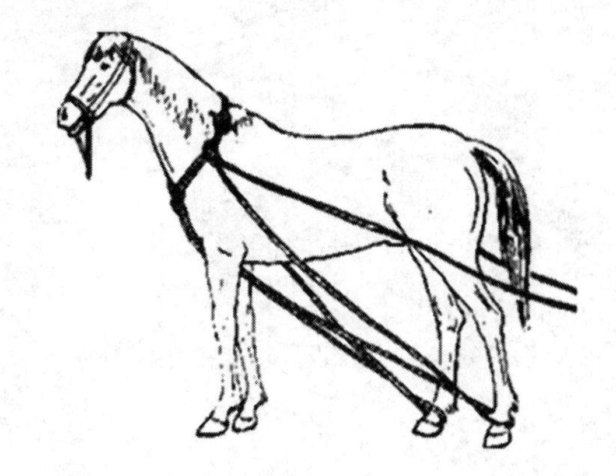

图 1-1-23　双抽筋倒马法

马倒卧后助手立即用膝部压住马的颈部的项韧带,双手握住笼头,使马枕部着地,口端斜向上方。此后进行肢的保定与转位。

双抽筋到马法解除保定时,先解开固定的四肢,再拔出颈部绳套的小木棍,绳子即可完全松开,马即可站立。

(二)单绳倒马法

用一条长 12～15 m 长的柔软的圆绳,一端在颈基部绕圈打死结,另一端从两后肢间引向后方,在倒卧对侧的跗关节上方向前折转,至腹部保定者左手抓住平行的这两股绳子,右手将绳头经腰背抛到对侧腹下,利用绳子的惯力用脚将绳子勾过来,再以右手将绳头穿过颈基部绳环拉紧,同时左手松开,并将腰背部绳子顺臀尾部推下,边推边拉紧绳子,这时绳子就套在倒卧侧的后腿上,再使绳子慢慢下移套住系部,然后保定者在马倒卧侧臀部收紧绳子,使倒卧侧的后肢离地。同时,将马的缰绳用力拉紧,使头向倒卧的对侧最大限度弯曲,同时,用两肘强压马倒卧侧的背腰臀部,使马失去平衡倒卧在地上

（图 1-1-24）。马倒卧后，使头保持回头状态，迅速用游离绳端固定另一后肢，固定好后，将马放平。

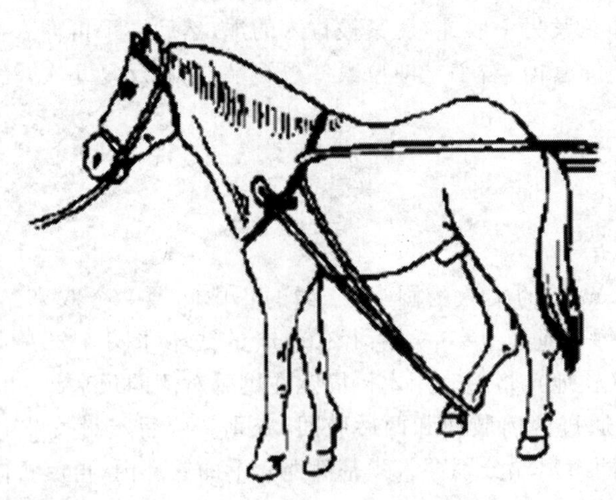

图 1-1-24 单绳倒马法

第二章 马病诊疗基本技术

第一节 临床检查的方法和程序

一、临床检查的基本方法

为了发现和搜集作为诊断根据的症状、资料，需用各种特定的方法，对病马进行客观的观察与检查。为达到诊断疾病的目的，应用于兽医临床的各种检查方法称为临床检查法。从临床诊断的角度，通过问诊的调查了解和应用检查者的眼、耳、手、鼻等感觉器官去对病马进行直接的检查，是当前最基本的临床检查法。基本的临床检查法主要包括：问诊、视诊、触诊、叩诊、听诊和嗅诊法。因为这些方法简单、方便、易于操作和执行，对任何动物、在任何场所均可实施，所以一直被沿用为临诊的基本方法。

（一）问诊

以询问的方式，听取马属动物所有者或饲养管理人员关于病马发病情况和经过的介绍。一般在检查病马之前施行，也可穿插于其他检查之中。通过问诊可把握进一步检查的方向和重点，为疾病的诊断提供重要依据。

1.问诊的内容

问诊的内容和范围，应结合病马的发病情况，有针对性地询问。概括起来主要包括：

（1）既往史 病马与马群过去患病的情况，是否发生过类似疾病，其经过与结局如何，过去的检疫成绩或是否被划定为疫区，本地区或邻近场队的常在疫情及地区性的常发病，预防接种的内容及实施的时间、方法、效果等。这些资料对现病与过去疾病的关系以及对传染性疾病和地方性病的分析都有很重要的实际意义。

（2）现病历 本次发病的时间、地点、发病数量，病马的主要表现；对发病原因的估计，发病的经过及伴随症状，所采取的治疗措施与效果。其中应重点了解：

①发病的时间与地点：如饲前或喂后，使役中还是休息时，舍饲时还是放牧中，清晨还是夜间，产前还是产后等，不同的情况和条件，可提示不同的可能性疾病，并可借以估计可能的致病原因。

②疾病的表现：主诉人所见到的有关疾病现象，如腹痛不安、咳嗽、喘息、便秘、腹泻或尿血，乳房及乳汁变化等。这些内容，常是疾病诊断的重要依据和线索。必要时可提出某些类似的征候、现象，让主诉人进行核实。

③病的经过：目前与开始发病时疾病程度的比较，是减轻或加重；症状的变化，又出现了什么新的病情或原有的什么现象消失；是否经过治疗；用什么方法与药物，效果如何等。这不仅可推断病势的进展情况，而且依治疗经过的效果验证，可作为疾病诊断的参考。

④主诉人所估计到的致病原因：如饲喂不当、使役过累、受凉、被踢等等，常是我们推断病因的重要依据。

⑤马群的发病情况：马群中同种动物有否类似疾病的发生，邻舍及附近场、地区最近是否有什么疫病流行等情况，可做是否疑似为传染性疾病的判断条件。

(3)饲养管理及使役情况　对病马与马群的平时饲养、管理、使役与生产性能的了解，不仅可从中查找饲养、管理的失宜与发病的关系，而且在制订合理的防治措施上也是十分必要的，因此更应详细的进行询问。

①饲料日粮的种类、数量与质量，饲喂制度与方法。饲料品质不良与日粮配合得不当，经常是营养不良、消化紊乱、代谢失调的根本原因；而饲料与饲养制度的突然改变，又常是引起马、骡腹痛病的原因；饲料发霉，放置不当而混入毒物，加工或调制方法的失误而形成有毒物质等，可成为饲料中毒的条件。如在放牧条件下时，则应问及牧地与牧草的组成情况。

②厩舍的卫生和环境条件（如光照、通风、保暖与降温、废物排除设备，垫草、畜栏设置等）及运动场、牧场的地理情况（位置、地形、土壤特性、供水系统、气候条件等），附近厂矿的三废（废水、废气及污物）的污染和处理等也应注意。环境条件的卫生学评定，在推断病因上应给予特别重视。

③动物的使役情况及生产性能，管理人员及其组织制度也要加以了解。对马匹的过度使役，运动的不足，饲养人员技术的不熟练与管理制度的紊乱等，也可能是致病的条件。

此外，在必要时尚应对马群组成及繁育方法等情况进行了解，以期掌握全面的资料。

2.问诊的方法与技巧

(1)问诊基本方法与技巧

①问诊开始时为缓解马主人的焦虑，兽医应主动创造一种宽松和谐的环境，解除马主人的不安情绪。

②尽量让马主人充分陈述和强调他认为重要的情况和感受，若马主人离题太远，根据需要灵活的把话题转回。

③追溯早期症状开始的时间，直到目前的演变过程。

④问诊要注意系统性、必要性和目的性，杂乱无章的提问会降低马主人对兽医的信心与期望。

(2)特殊情况的问诊

①马主人缄默忧伤的，兽医应予以安抚、理解并适当的等待，减慢问诊速度，等主人镇静后再询问。

②马主人焦虑与抑郁的，应鼓励他们讲出实话，给予宽慰和保证时应注意分寸。

③马主人唠叨多话的，巧妙地打断，提问集中在主要问题上。

④马主人愤怒有敌意的，尽量找出其发怒的原因，提问缓慢清晰，要谨慎。

⑤患马多种症状并存的，要从中抓住关键，把握实质。

⑥马主人文化水平低或有语言障碍的，询问要通俗易懂，言简意赅，减慢提问的速度。

⑦马主人是老人和未成年人，应简单提问，减慢提问速度，使之有足够的时间思索。

(二)视诊

视诊是用肉眼直接观察病马的各种异常现象,是识别疾病不可缺少的诊断方法,特别是在大群马匹中发现病马更为重要。视诊又是深入马舍巡视马群时的重要内容,是在马群中早期发现病马的重要方法。

1.方法

视诊可以用肉眼直接视诊,也可以借助器械间接视诊。直接视诊可以观察马属动物的整体状态、被毛皮肤、生理活动、可视黏膜、粪尿状态等,借助器械可以间接观察马属动物的口腔、鼻腔、耳腔、眼、阴道、膀胱、直肠、胃和器官等。

视诊时遵循先群体后个体,先整体后局部的方法。首先观察马群,发现异常个体后再实施个体检查;个体检查包括整体视诊法和局部视诊法。整体视诊是接触病马,进行客观检查的第一个步骤。视诊时,检查者站在距离病马适当的地方(约 2 m),观察全貌,如精神、营养、姿势等,然后由前向后由左到右地边走边观察,即从头部、颈部、胸部、腹部、臀部及四肢等处,注意观察体表有无创伤、肿胀等现象。如发现异常部位,可稍接近病马,进行局部视诊。最后让马运动,以观察运动过程及步态的改变。同时注意其某些生理活动,如呼吸动作及有无喘息、咳嗽,采饲、咀嚼、吞咽等消化活动及有无呕吐、腹泻,排粪、排尿的姿势及粪尿的数量或形状等。

2.检查内容

(1)观察其整体状态。如体格的大小,发育的程度,营养的状况,体质的强弱,躯体的结构,胸腹及肢体的匀称性等。

(2)判断其精神及体态、姿势与运动、行为。如精神的沉郁或兴奋,静止间的姿势改变、或运动中步态的变化,有否腹痛不安、运步强拘或强迫运动等病理性行动等。

(3)发现其表被组织的病变。如被毛状态,皮肤及黏膜的颜色及特性,体表的创伤、溃疡、疹疱、肿物等外科病变(脐疝)的位置、大小、形状及特点。

(4)检查某些与外界直通的体腔。如口腔(马的口色)、鼻腔、阴道等。注意其黏膜(口腔黏膜)的颜色改变及完整性的破坏,并确定其分泌物、排泄物的数量、性状及其混合物。

(5)注意其某些生理活动异常。如呼吸动作及有无喘息、咳嗽,采食、咀嚼、吞咽等消化活动及有无呕吐、腹泻、排粪、排尿的姿态及粪便、尿液的数量、性状与混合物。

3.注意事项

(1)视诊最好在日光下进行,亦可借助灯光。但在观察黄疸和发绀时最好在自然光线下进行。

(2)视诊应当全面系统,以免遗漏体征,并作两侧对比。视诊中应当根据主诉和鉴别诊断的需要,有的放矢、有重点地进行。

(3)视诊必须要有丰富的兽医学知识和临床经验作为基础,否则会出现视而不见的情况。疾病的临床征象繁多,只有通过深入细致和敏锐的观察,才能发现对确定诊断具有重要意义的临床征象。

(4)在进行全面系统体格检查时,身体各部分的检查应结合触、叩、听等同时进行。

(三)触诊

触诊是利用检查者的手(手指、手掌、或手背,有时可用拳)对被检部位组织、器官进行触压和感觉,以判断其有无病理变化的一种检查法。通过触诊可以了解被检组织和器官的温度、硬度、敏感性及内容物的性质等。

1.方法

根据触诊时施加压力大小不同，可分为浅表触诊法和深部触诊法。临床上应根据需要选择适当的触诊法。

(1)浅表触诊法　检查者用一手或双手手掌轻轻放在被检的部位上，利用掌指关节和腕关节的协同动作，柔和地进行滑动触摸。检查每个区域后，检查者的手应提起并离开检查部位，不能在被检者体表上移动到另一检查区域。浅表触诊适用于体表浅在病变、关节、软组织、浅部的动脉、静脉和神经等，可用来检查心脏搏动、心脏震颤、肺部语音震颤和胸摩擦感等，也可以检查被检部位的温度、湿度和是否疼痛等。

(2)深部触诊法　常用于腹部检查。检查者用一手或两手重叠，由浅入深，逐渐加压以达深部。深部触诊主要用以检查腹腔病变和脏器情况，根据检查目的和手法的不同又可分为以下几种：

①按压式触诊法：从病变部位的左右或上下两侧同时用双手加压，逐渐缩短两手间的距离，以感知马属动物内脏器官、腹腔肿瘤和积粪团块。这种触诊法常用于腹腔深部包块和胃肠病变的检查。

②切入触诊法：以手指并拢沿一定部位进行切入，以感知内部器官的形状。适用于肝、脾、肾的外部触诊检查。

③冲击触诊法：又称浮沉触诊法。检查时用拳或并拢垂直的手指，急促而强有力地冲击被检查部位，一般连续作数次急速而较有力的冲击动作。适用于腹腔积液、皱胃积食和肠梗阻等的判定。

2.检查内容

(1)判断患部温度升高或下降。

(2)判断患部的敏感性升高或下降。

(3)判断患部的性质，由触诊所感觉到病变的性质主要有以下几种：

①捏粉样感觉：柔软如面团，指压留痕，除去压迫后缓慢恢复，见于组织间浆液浸润，如水肿等。

②坚实感觉：坚实致密而有弹性，如触压肝脏一样，见于组织间细胞浸润，如蜂窝织炎。

③硬固感觉：坚硬似骨，见于骨质增生、骨瘤、异物。

④波动感：柔软而有弹性，指压不留痕，有液体波动感，见于组织间液体滞留而周围组织弹性减退时，如血肿、脓肿和淋巴外渗等。

⑤捻发音感觉：柔软稍有弹性并有气体窜动感，同时可听到捻发音，见于组织间积聚气体时，如皮下气肿、恶性水肿、气肿疽病。

3.注意事项

(1)触诊时注意安全，必要时应进行保定。

(2)触诊检查马的四肢和下腹部时，检查者要一手放在马的适当部位作为支点，另一点按自上而下、从前向后的顺序逐渐接近欲检查部位。

(3)触诊时，应从健康部位开始逐渐向患部触摸，切忌突然触摸患部，以免造成误诊。触诊时还要做到边触诊边思考，必要时对某一部位要触诊 2～3 次或更多。

(四)叩诊

叩诊就是对动物体表的某一部位进行叩击，根据其振动所产生的音响的性质以推断被叩组织、器官有无病理改变的一种诊断方法，多用于胸部、头窦、腹部等的检查。

1. 方法

叩诊方法可分为直接叩诊法和间接叩诊法。

(1)直接叩诊法　是用手指和叩诊槌直接叩击被检查部位，以判断其内容物性状、含气量及紧张度的一种检查方法。

(2)间接叩诊法　是在被检部位先放一振动能力较强的附加物(如手指、叩诊板)，然后，向附加物叩击检查的一种临诊检查法。本法又可分为指指叩诊法和槌板叩诊法。主要适用于检查胸腔(肺脏、心脏)、腹腔(胃、肠、肝、脾)的病变和副鼻窦腔的变化。

马属动物等大动物适用槌板叩诊法，检查时，检查者以左手持叩诊板紧贴在被检部位上，用右手握叩诊槌向板上连击2～3次，仅用腕力。

2. 基本叩诊音

根据被叩组织是否含有气体，以及含气量的多少，可出现清音、浊音、半浊音和鼓音。叩打健康马的肺呈清音；叩打不含气体的组织、器官(如心脏、肝脏、脾脏)及厚层的肌肉部位(如臀部)时呈浊音；叩打肺缘时呈半浊音；叩打含有多量气体而组织弹性稍松弛的空腔，即产生鼓音，马的盲肠基底部(右前部)呈鼓音。鉴别特点如表1-2-1所示。

表1-2-1　基本叩诊音特点及其区别

类别	叩诊音的特点	出现部位
清音	音调低、音响较强、振动时间较长	正常肺部的叩诊音为清音
鼓音	和谐的低调乐音，音响比清音更强，持续时间更长	正常：盲肠体部 病理情况下：肺空洞、气胸、气腹等
浊音	音调较高、音响较弱、持续时间较短	生理情况下：叩击心脏或肝脏被肺边缘所覆盖的部位 病理情况下：各种原因所致的肺组织含气减少、肺实变，如肺炎
过清音	介于鼓音与清音之间	正常不出现过清音 病理情况下：肺气肿
实音	音调较浊音更高、音响更弱、持续时间更短	正常：实质脏器或含液体的空腔脏器，如肝脏、心脏等 病理情况下：大量胸腔积液、肺实变等

3. 注意事项

(1)叩诊时无论室内室外必须保持安静。

(2)叩诊板必须密贴于动物的皮肤，叩诊槌应垂直叩击在叩诊板上，叩打后应立即离开。对消瘦的动物应注意不要将其横放于两条肋骨上。

(3)叩诊板不应过于用力压迫体壁，除叩诊板外，其余手指不应接触动物体壁，以免影响振动和音响。

(4)为了均等地掌握叩诊用力的强度，叩诊时手应以腕关节做轴，轻轻地上、下摆动进行叩击，不应强加臂力。

(5)在相应部位进行对比叩诊时，应尽量做到叩击的力量、叩诊板的压力以及马的体位等都相同。

(6)叩诊槌的胶头要注意及时更换，以免叩诊时发生槌板的特殊碰击音影响而准确的判断。

(7)为了比较解剖上相同的对称部位的变化，宜用比较叩诊法。此际，应注意在叩打对称部位时的条件要尽可能地相等，如叩打的力量、叩诊板的压力、马的体位与呼吸周期等均应相同。当用较强的叩诊所得的结果模糊不清时，则应递次进行中等力量与较弱的叩诊再行比较之。

(五)听诊

听诊就是听取机体某些器官机能活动所自然发生的音响，以推断发病器官病理变化的一种诊断方法。

1.方法

(1)直接听诊法　先于马体表放一听诊布，然后用耳直接贴在马体表的检查部位进行听诊。听诊马前部器官时检查者站立在畜体侧面，面向家畜的头部，一手放在鬐甲作支点，耳紧贴体表，右耳听左侧，左耳听右侧。检查后部器官时，面向臀部而立，以一手扶髋结节处做支点防踢伤，左耳听左侧，右耳听右侧。

(2)间接听诊法　即应用听诊器在被检查器官的体表相应部位进行听诊，多站立进行，面向畜体。听诊时一手扶在鬐甲上作支撑点，另一手扶胸件紧贴皮肤进行听诊。

2.检查内容

主要判断各种生理音响的强弱、节律、性质及各种病理性音响(如摩擦音、啰音等)。主要用于听取病马的呻吟、喘息、咳嗽、喷嚏、磨牙及高朗的肠音。

(1)对心脏血管系统，听取心脏及大血管的声音，特别是心音(马心脏听诊)。判定心音的频率、强度、性质、节律以及有否附加的心杂音；还有心包的摩擦音及击水音也是应注意检查的内容。

(2)对呼吸系统，听取呼吸音，如喉、气管以及肺泡呼吸音、附加的杂音(如啰音)与胸膜的病理性声音(如摩擦音、振荡音)。

(3)对消化系统，听取胃肠的蠕动音，判定其频率、强度及性质以及腹腔的振荡音(当腹水、腹腔积液时)。

3.注意事项

(1)为了排除外界音响的干扰，应在安静的室内进行。

(2)听诊器两耳塞与外耳道相接要松紧适当，过紧或过松都影响听诊的效果。听诊器的附件要紧密地放在马体表的检查部位，并要防止滑动。听诊器的胶管不要与手臂、衣服、马被毛等接触、摩擦，以免产生杂音。

(3)听诊时要聚精会神，并同时注意马的活动与动作，如听诊呼吸音时要注意呼吸动作；听诊心脏时要注意心搏动等。并注意与传导来的其他器官的声音相鉴别。

(4)听诊胆怯易惊或性情暴烈的马时，要由远而近地逐渐将听诊器附件移至听诊区，以免引起马的反抗。听诊时仍须注意安全。

(六)嗅诊

嗅诊就是借嗅觉器官嗅闻病马的呼出气、口腔以及排泄物、分泌物及其他病理产物气味的一种方法。

1. 方法

(1)扇取法　检查者用手将气味扇向自己的鼻部,常用于检查呼出气的气味。

(2)蘸取法　检查者用木棒或其他物体蘸取检查物,再用手将气味扇向自己的鼻部,用于分泌物和排泄物的检查。

2. 检查内容

(1)嗅闻呼出气体、口腔的气味。

(2)生殖道、呼吸道分泌物气味。

(3)粪、尿等排泄物以及其他病理产物的气味。

该诊断法在诊断某些疾病时有重要意义。如肺坏疽时,鼻液及呼出气具有难闻的腐败臭味;胃肠炎时粪便恶臭;尿毒症时,皮肤或汗液带有尿臭气味。子宫蓄脓或胎衣滞留时,阴道分泌物有化脓腐败臭味。

3. 注意事项

注意个人卫生,不可将检查物直接放在鼻端嗅闻。

二、临床检查的顺序

为了获得真实而全面的症状资料,就必须按照一定的临床检查程序与方案进行。通常按病马登记、问诊、现症检查、病历书写的顺序进行。

(一)病马登记

登记的目的在于了解患病马匹的个体特征,包括病马所属单位名称或马主人姓名、性别、年龄、毛色、特征、发病日期及就诊日期等项目,以上信息逐项登记在病历中,作为识别和查找病马的参考。

1. 种类

马属动物的种类不同,所患的疾病和疾病的性质也可能不同,如驴的鼻疽多取急性经过且预后不良。

2. 品种

品种与动物的抵抗力及体质类型有一定关系,如放牧马较观赏马耐病。重型马对疼痛反应较为迟钝,以致患腹痛症时其临床表现的特点与轻型马有一定的差异。

3. 性别

性别关系到生理和解剖特性,因此在某些疾病的发生上具有重要意义,如母马在分娩前后有特定的围产期疾病;雄性比雌性更易患尿道结石。

4. 年龄

有些疾病与动物的年龄密切相关,不同年龄阶段的动物有固有的常发病,如幼驹的驹腺疫、幼驹肺炎和痢疾等,老龄马匹的过劳与肺气肿,均与年龄因素有关;此外,根据不同年龄的发育状态,在确定药量以及判断预后上也值得参考。

5. 毛色

既是个体特征的标志之一，也关系到疾病的趋向。青毛马好发黑色素瘤。

此外，作为个体的标志，应注明畜名，号码，烙印，特征等标志，为便于联系，更应登记动物的所属单位或管理人员的姓名及住址。

(二)问诊

问诊在病马登记后与临床检查前，通常应进行必要的问诊。问诊的主要内容包括：既往史，现病历，平时的饲养、管理、使役和利用情况。这在探索病因，了解发病情况，及其经过具有十分重要的意义。当疾病表现有群发，传染与流行现象时，详细调查发病情况、既往史、检疫结果、预防措施等有关流行病学资料，对综合分析、建立诊断具有重要的意义。

(三)现症的临床检查

对个体病马的临床检查，通常按以下程序进行：

1. 整体及一般检查

(1)整体状态的观察，包括体格发育、营养状况、精神状态、姿势与行为等。

(2)被毛、皮肤及皮下组织的检查。

(3)眼结膜的检查。

(4)浅在淋巴结和淋巴管的检查。

(5)体温、脉搏和呼吸数的测定。

2. 系统检查

包括消化系统检查、呼吸系统检查、泌尿系统检查、生殖系统检查、心血管系统检查、神经系统检查等。

3. 实验室检查或特殊检查

患马应用一般检查和系统检查后，无法对疾病做出诊断或诊断困难时，进行实验室检查或特殊检查，包括血液检查、粪尿检查、B 型超声检查、X 线检查和心电图学检查等，从而对疾病做出确切诊断。

(四)病历书写

病历书写包括整个诊疗过程中全部资料的记载。书写病历时，对症状要如实地描述，力求全面客观，按主次症状分系统、顺序地记录，避免零乱和遗漏；词句力求简明确切，字迹清楚，避免涂改；对疑难病症，一时难以确诊的可先填写初步诊断或印象诊断，确诊以后再填最后诊断。

三、整体与一般临床检查

整体及一般检查就是对病马全身状态的概括性观察。在门诊的条件下，对就诊的病马进行登记及问诊之后，通常要对病马进行直接的、客观的诊查。临床检查过程中，首先要做整体及一般的检查，以取得对病马全貌的初步了解，并为进一步的系统(或部位)检查提供线索。整体及一般检查的主要内容包括：①整体状态的观察。②被毛、皮肤及皮下组织的检查。③眼结膜的检查。④浅在淋巴结及淋巴管的检查。⑤测定体温、脉搏及呼吸次数等项目。

(一)整体状态的检查

接触病马进行检查的第一步，就是观察病马的整体状态。应着重判定其体格、发育，营养程度，精神状态，姿势、体态，运动与行为的变化和异常表现。

1. 体格、发育

体格、发育状况一般可根据骨骼与肌肉的发育程度来确定。

一般依据视诊观察的结果，可区分体格的大、中、小或发育良好、发育中等与发育不良。体格发育良好的马，其体躯高大，结构均匀，肌肉结实，给人以强壮有力的印象。发育不良的多是病马，表现为体躯矮小，结构不匀称，特别是幼龄阶段，常呈发育迟缓或发育停滞，一般可提示营养不良或消耗性疾病。发育中等没有特殊的临床意义。

2. 营养程度

营养程度通常根据肌肉的丰满度，被毛的状态和光泽，也可做为重要参考。

临床上一般可将营养程度划分三级来表示：营养良好、营养中等、营养不良。马表现肌肉丰满，皮下脂肪充盈，被毛光泽，躯体圆满而骨骼棱角不突出，是营养良好的标志；营养不良则表现为消瘦，被毛蓬乱、无光，皮肤缺乏弹性，骨骼表露明显（如肋骨）。另外，营养过剩即肥胖症，一般是由于运动不足引起。

3. 精神状态

主要观察病马的神态。根据其耳、眼的活动，面部表情及各种反应、动作而判定。检查时以视诊进行。精神正常的马对外界刺激反应能力强、行动灵活，表现为头耳灵活，眼光明亮，反应迅速，行动敏捷，被毛平顺并富有光泽。幼驹则显得活泼好动。精神异常的马对外界刺激反应敏感或迟钝，包括兴奋和抑制两种。

(1)兴奋　对外界刺激表现惊恐不安，狂躁不驯。轻者左顾右盼，惊恐不安，竖耳刨地；重者不顾障碍地前冲、后退，狂躁不驯或挣脱缰绳。严重时可见攀登饲槽、跳越障碍，甚至攻击人畜。

(2)抑制　对外界刺激反应弱或无反应。一般表现为头低耳耷，眼半闭，行动迟缓或呆然站立，对周围淡薄而反应迟钝；重者可见嗜睡或昏迷。根据精神抑制的反应程度不同，可分为：

①沉郁：表现离群呆立，萎靡不振，低头耷耳，对刺激反应迟钝。

②嗜睡：表现闭眼似睡或站立不动或卧地不起，对强刺激才能起弱反应。

③昏迷：是重度的意识障碍，表现卧地不起，呼唤不醒，对刺激无反映或仅有局部的反映。

4. 姿势与体态

姿势与体态系指马在相对静止间或运动过程中的空间位置及其姿态表现。主要观察病马的姿势特征。健康的马多站立，常交换歇其后蹄，偶尔卧下，但听到吆喝声时会站起。异常的姿势包括：

①全身僵直：表现为头颈挺伸，肢体僵硬，四肢不能屈曲，尾根挺起，呈木马样姿势（如破伤风）。

②异常站立：病马两前肢交叉站立而长时间不改换（如脑室积水）；病马单肢悬空或不敢负重（如跛行）。

③站立不稳：躯体歪斜或四肢叉开，依靠墙壁而站立。

④骚动不安：腹痛症时，马骡可表现为前肢刨地，后肢踢腹，回视腹部，伸腰摇摆，时起时卧，起卧滚转或呈犬坐姿势或呈仰腹朝天等。

⑤异常躺卧姿势：马呈犬坐姿势而后躯轻瘫（如肌红蛋白尿症）。

⑥步态异常：常见有各种跛行，步态不稳，四肢运步不协调或呈蹒跚、踉跄、摇摆、跌倒，而似醉酒状（如脑脊髓炎症）。

5.运动与行为

健康的马有其特定的行为。在患病情况下，常出现一些异常的行为。如强迫运动、共济失调、跛行等。

(1)强迫运动　对神经系统的疾病的诊断较为重要。主要表现为：

①盲目运动：对外界刺激缺乏反应，不注意障碍物。一般在脑髓损伤或机能障碍时发生，见于脑炎初期。

②马场运动：按一定方向做圆圈运动，其直径不变。常见小脑、视丘及大脑某中枢区损伤所造成，见于五氯酚钠中毒。

③时针运动：以任何一肢为轴，按时针方向旋转是前庭神经麻痹或小脑疾病的特征。如脑脓肿等。

④暴进暴退：突然向前猛进，不可抑制，或连续后退甚至倒地。见于纹状体、视丘的疾病。如马脑脊髓丝虫病等。

(2)共济失调　出现运动中四肢配合不协调，呈醉酒状，行走欲跌，走路摇摆或后肢高抬、用力着地、步态似涉水样。

①体位共济失调：表现头部摇晃，体躯左右摆动或偏向一侧，四肢广开踏地，力图保持平衡。常提示小脑、小脑脚、神经前庭或迷路受损。

②运动失调：表现步态笨拙、涉水样步态。见于大脑皮层、小脑、前庭或脊髓损伤。如马醉马草中毒。

(3)跛行　因肢蹄（或多肢）的疼痛性疾病而引起的运动机能障碍，称为跛行。运动过程中如患肢着地，负重时因疼痛而表现跛行称为支跛；当患肢抬举屈曲、迈步伸展时有障碍者，称悬跛；兼而有之者称混合跛。跛行多因四肢的骨骼、关节、肌腱、蹄部或外周神经的疾病而引起。

(二)表被检查

检查表被状态，主要应注意其被毛、皮肤、皮下组织的变化以及表在的外科病变的有无及特点。检查时，宜注意其全身各部皮肤的病变，甚至蹄、趾间等部位。

1.被毛的检查

主要通过视诊观察被毛的清洁、光泽、脱落情况。

(1)健康马的被毛、平顺而富有光泽，每年春秋两季适时脱换新毛。

(2)病马可表现为被毛蓬松粗乱，失去光泽，易脱落或换毛季节推迟，常为营养不良的标志，可见于慢性消耗性疾病（如鼻疽、传染性贫血、内寄生虫病、结核病等）及长期的消化紊乱；营养物质不足、过劳及某些代谢紊乱性疾病时也可见之。

局限性脱毛处宜注意皮肤病或外寄生虫病，如头颈及躯干部有多数脱毛、落屑病变，当伴有剧烈痒感（动物经常向周围物体上摩擦或啃咬甚至病变部皮肤出血、结痂或形成龟裂）时，应提示螨病（疥癣）的可能，因相互感染以致在群中常造成蔓延而大批发生。为确诊，应刮取皮屑（宜在皮肤的病、健部交界处）进行镜检。

此外，马尾根部脱毛并经常向周围物体上摩擦，宜考虑蛲虫症。病马尾部及后肢被毛被粪便污染，是下痢的标志。

2.皮肤的检查

主要通过视诊和触诊进行。

(1)温度 通常用手背或手掌触诊耳根、颈部及四肢,病马可表现为:

①皮温升高:全身性皮温升高,见于热性病;局限性皮温升高,如皮炎。

②皮温下降:全身性皮温下降或四肢冷厥,见于大失血和心力衰竭等;局部皮温下降,见于局部循环障碍等;皮肤温度不均,见于发热初期,腹痛性疾病等。

(2)湿度 可通过视诊和触诊进行。

①多汗:皮肤湿度增高。热汗,多见于发热性疾病等;冷汗,见于马胃破裂及虚脱等。

②少汗:皮肤湿度下降(干燥)见于大量失水性疾病。

(3)弹性 检查部位多在马颈部。将检查部位皮肤做成皱壁,放手后观察皮肤原状的情况。健康马放手后立即恢复原状,患病时皮肤弹性降低,恢复缓慢,如螨病等。

(4)丘疹、水泡和脓疱 检查时要特别注意被毛稀疏处、眼周围、唇等处。

(三)皮下组织的检查

发现皮下或体表有肿胀时,应注意肿胀部位的大小、形状,并触诊判定其内容物性状、硬度、温度、移动性及敏感性等。常见的肿胀类型及其特征有:

1.水肿

触之呈生面团样感,是皮下组织内蓄积过多的液体所引起的。

(1)按水肿发生的范围可分为全身性水肿和局部性水肿。

(2)按水肿发生的原因可分为:

①瘀血性水肿:身体下垂部分和末梢部分水肿,如心脏衰竭。

②肾性水肿:皮下疏松结缔组织丰富的眼睑,胸下及四肢下部。如肾病、肾炎。

③炎性水肿:局限在病变区,水肿部位皮温升高,如恶性水肿。

④营养性水肿:多在胸下、腹下及四肢。见于重度贫血、低蛋白血症。

2.气肿

是空气或其他气体积于皮下而形成,边缘轮廓不清,触之呈捻发音。

(1)窜入性气肿 无炎症现象。如气管破裂后引起的皮下气肿。

(2)腐败性气肿 伴有皮温升高,敏感,如气肿疽。

3.脓肿、血肿及淋巴外渗

外形多呈圆形突起,呈局限性肿胀,触之呈波动感,必要时穿刺取内容物鉴别。

4.放线菌肿

触之坚实,凹凸不平。

5.疝

触诊可以摸到疝轮,用力触压可复性疝,疝内容物可以还纳回腹腔。马常发生脐疝、腹壁疝。

6.其他肿物

如骨质增生、肿瘤等应注意区别。

(四)眼结合膜的检查

1. 方法

通常检查者站立于马头一侧，一手握住马笼头，另一手食指第一指节置于上眼睑中央的边缘处，拇指放在下眼睑，其余三指屈曲并放于眼眶上面作为支点。食指向眼窝略加压力，拇指则同时拨开下眼睑，即可使结膜露出而检查(图 1-2-1)。开左眼用右手，开右眼用左手。

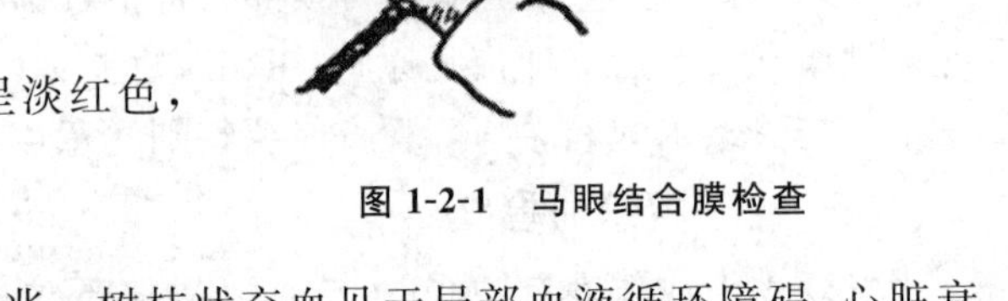

图 1-2-1 马眼结合膜检查

2. 检查内容

主要检查色泽、肿胀及分泌物。

(1)色泽的检查 健康马、骡的眼结膜呈淡红色，颜色的病理变化可表现为：

①苍白：为贫血特征。

②潮红：是眼结膜下毛细血管充血的征兆。树枝状充血见于局部血液循环障碍，心脏衰弱，弥漫性充血见于发热性疾病。

③发绀：呈蓝紫色，是血液中含 CO_2 过多或形成大量变性血红蛋白时。见于呼吸困难，血循环障碍及血红蛋白变性的疾病。

(2)观察分泌物的量及性质

①浆液性：稀如水、透明，如轻度眼炎。

②黏液性：较黏稠、半透明，如结膜炎。

③脓肿：黄色黏稠不透明，如化脓性结膜炎、热性传染病。

(3)肿胀 眼结膜因黏膜下浆液浸润而发生肿胀，表现面积增宽，向外突出并带有光泽。

①炎性肿胀：常见有增温疼痛等症状。如马流感等。

②瘀血性肿胀：不多见，无增温现象。如肾炎等。

(五)淋巴结检查

检查体表淋巴结多用触诊，主要是触诊淋巴结的大小、硬度、温度、敏感性和移动性。健康的马可摸到颌下淋巴结、肩前淋巴结、股前淋巴结。

1. 方法

(1)颌下淋巴结的检查 检查者站在马头左侧，用左手握住马缰绳，右手的食指、中指和无名指并列伸入下颌间隙内，向左侧下颌骨内侧由后向前触摸，即可触到卵圆形的淋巴结。检查右侧淋巴结时应交换位置和手。

(2)肩前淋巴结的检查 左侧肩前淋巴结的检查是用左手抓住缰绳固定头部，右手手指并拢伸直在肩关节上方 15 cm 左右的肩胛骨前缘用力伸入肩胛骨下方，然后手指紧贴皮肤向检查者身旁滑动，可触到一个长椭圆形的淋巴结。检查右侧淋巴结时应交换位置和手。

(3)股前淋巴结的检查 检查者站在左侧胸前方，面向身躯，右脚在前(向畜体尾侧)，左脚在后，左手放在胸腰交界处，右手手指并拢伸直，手掌面向皮肤放在左侧腹壁上，于膝关节上方 12～15 cm 处，沿阔筋膜张肌的前缘手指紧贴皮肤向检查者身旁滑动，可触到长椭圆形的淋巴结。检查右侧淋巴结时应交换位置和手。

2.检查的主要内容

检查时必须注意淋巴结的大小、硬度、温度、敏感性及其与周围组织的关系(活动性)。病理变化主要有：

(1)急性淋巴结肿胀　表现淋巴结体积增大,并有热痛反应,常较硬,活动性减弱,化脓后可有波动感。见于急性鼻疽等。

(2)慢性淋巴结肿胀　多无热、痛反应,较坚硬,表面不平,且不易向周围移动。见于慢性鼻疽等。

(3)淋巴结化脓　除肿胀、增温、疼痛外,还有先硬后软到波动感,皮肤变薄,破溃后流出脓汁。见于马腺疫。

(六)体温、脉搏和呼吸数的测定

1.体温检查

测定体温对判断疾病的性质、种类和预后有重要意义。马属动物的体温在 37.5～38.5℃,在发生传染病时,通过测温可及早发现病马,及时防治,避免传染。马属动物的体温昼夜温差在 1℃以内,早晨体温略低,下午略高,相差 0.2～0.5℃。

(1)测定方法

一般采取直肠测温的方法。测温前必须将体温计的水银柱甩至 35℃以下,用消毒棉擦拭并涂以滑润剂,站在马臀部一侧,一手掀起马尾巴,一手把体温计缓慢插入肛门内,夹子拉紧后夹在臀部被毛上,保持 3～5 min 后取出,擦净体温计上的粪便、污物,查看水银柱的度数。性情暴劣的马,须在马主人或助手帮助下进行保定测温。剧烈运动或经曝晒的病马,须休息半小时后再测温。

(2)体温升高

①引起体温升高的原因:感染性因素包括细菌感染、支原体感染、立克次体感染、螺旋体感染、真菌感染和寄生虫感染等,上述各种病原体所引起的感染,均可出现发热。非感染性因素包括抗原-抗体反应,如风湿病、血清病、药物热等;无菌性坏死产物的吸收,包括机械性、物理性和化学性损害(手术后组织损伤、内出血、大面积烧伤、五氯酚钠中毒和大血肿等);组织坏死与细胞破坏(癌、白血病、溶血反应、淋巴瘤等);内分泌与代谢障碍,包括甲状腺功能亢进(产热过多),重度脱水(散热过少)等;体温调节中枢功能失调,如中暑、重度镇静药物中毒、脑部疾病;皮肤散热减少,包括广泛性皮炎,慢性心功能不全,临床上表现为低热;植物性神经功能紊乱,属功能性发热,临床上表现为低热。

②体温升高的表现:体温高于正常范围,并伴有各种症状的称为发热。发热时伴有的一系列综合症状,称为热候,如恶寒战栗、皮温分布不均、末梢冷厥、呼吸脉搏增数、消化紊乱以及精神沉郁、白细胞数增多等。

根据体温升高的程度,可将体温升高分为 4 个水平:

最高热:升高 3℃以上称为最高热,提示某些严重的急性传染病如丹毒、炭疽、脓毒败血症、马传染性贫血等,以及日射病和热射病。

高热:升高 3℃称为高热,见于急性传染病和大面积炎症。

中等热:升高 2℃称为中等热,通常见于消化道、呼吸道的一般性炎症和慢性传染病,如胃肠炎、支气管炎、慢性鼻疽等。

微热：体温升高 1℃称为微热，仅见于局限性炎症及轻微的病程，如感冒、口腔炎和慢性卡他性炎症等。

根据发热病程的长短，可分为急性发热、慢性发热和一过性热。

急性发热：发热期持续 1 周至半月，超过 1 个月称为亚急性发热，见于多种急性传染病；

慢性发热：表现为发热缠绵，持续数月至一年，多提示为慢性传染病；

一过性热：称为暂时热，仅见于体温暂时性升高。

③热型：把每日上、下午检温的结果记录在特制的体温曲线表格内，然后连成曲线，称为热曲线。根据热曲线的波形，在临床上可分为稽留热、弛张热、间歇热等几种热型。

稽留热：是体温恒定地维持在 39～40℃以上的高水平，达数天或数周，24 h 内体温波动范围不超过 1℃。常见于大叶性肺炎、马传染性贫血、胸膜肺炎、斑疹伤寒及伤寒高热期。

弛张热：又称败血症热型。体温常在 39℃以上，波动幅度大，24 h 内波动范围超过 2℃，但都在正常水平以上。常见于小叶性肺炎、败血症、风湿热、肺结核、化脓性炎及某些非典型性传染病等。

间歇热：体温骤升达高峰后持续数小时，又迅速降至正常水平，无热期（间歇期）可持续 1 天至数天，如此高热期与无热期反复交替出现。常见于血孢子虫病、急性肾盂肾炎等。

不规则热：体温曲线无一定规律，可见于结核病、支气管肺炎、渗出性胸膜炎等。

(3)体温下降　由于病理性因素引起体温低于正常体温的下界，称为体温过低或低体温。低体温主要见于老龄、中毒、严重的营养不良、严重贫血、某些脑病（如脑积水和脑肿瘤）、大失血等疾病的濒死期。有明显的低体温，同时伴有发绀、末梢冷厥、高度沉郁或昏迷、心脏微弱和脉搏不感于手，多提示预后不良。

2. 脉搏检查

脉搏通常与心跳的频率一致，主要通过触诊的方法来测定，检查脉搏可以获得关于心脏活动机能与血液循环状态的情况。马骡为 26～42 次/min，驴为 42～54 次/min。

(1)测定方法　马脉搏检查主要通过触诊的方法来测定颌下动脉或尾动脉。检查者站在马头一侧，一手握住笼头，另一手拇指置于下颌骨外侧，食指、中指伸入下颌支内侧，在下颌支的血管切迹处，前后滑动，发现动脉管后，用手指轻压即可感知，待马安静后再测定。一般应检测 1 min，当脉搏过弱而不感于手时，可用心跳次数代替。

(2)病理变化

①脉搏增数：脉搏病理性增多，是心动过速的结果。病理因素有以下几种：

a. 发热性疾病，这是过热的血液和毒素刺激的结果，一般体温每升高 1℃，约可引起脉搏次数相应增加 4～8 次/min 不等。

b. 心脏病时，机能代偿的结果使心跳加快而脉搏增多。

c. 呼吸器官疾病，由于有效呼吸面积减少，氧和二氧化碳交换障碍，引起心波动加强，而脉搏次数增多。

d. 各型贫血或失血性疾病（包括严重的脱水）。

e. 伴有剧烈疼痛性疾病，可反射性地引起心跳加快。

f. 某些药物中毒或药物的影响。

②脉搏减数：脉搏次数减少，是心动徐缓的指征。主要见于心脏传导机能障碍、能够引起颅内压增高性的疾病（脑水肿，脑肿瘤等）、胆血症（实质性肝炎或胆道阻塞性病变）、某些中毒

或药物中毒(洋地黄中毒或迷走神经兴奋药)。

3.呼吸次数的测定

呼吸次数是每分钟呼吸运动的次数,即呼吸频率,是急性呼吸功能障碍的敏感指标。检查主要通过视诊和听诊的方法来测定,健康马属动物的呼吸频率为 8～16 次/min,且随年龄、性别和生理状态而异。

(1)测定方法　测定每分钟的呼吸次数,以次/分表示。一般可根据胸腹部起伏动作而测定,检查者站在马骡的侧方,注意观察其腹胁部的起伏,一起一伏为一次呼吸。在寒冷季节也可观察呼出气流来测定。测定呼吸数时,应在动物休息、安静时检测。一般应检测 1 min。观察马鼻翼的活动或将手放在鼻前感知气流的测定方法不够准确,应注意。必要时可用听诊肺部呼吸音的次数来代替。

(2)病理变化

①呼吸次数增多:引起呼吸次数增多的常见病因是:呼吸器官本身的疾病,当上呼吸道的轻度狭窄及呼吸面积减少时可反射的引起呼吸加快,如上呼吸道的炎症、各型肺炎及胸膜炎以及主要侵害呼吸器官的各种传染病(马鼻疽、肺疫等);多数发热性疾病(包括发热性传染病及非传染病),热源菌、毒物刺激;心力衰弱及贫血、失血性疾病;导致呼吸活动受阻的各种病理过程,如膈的运动受阻(膈的麻痹或破裂),腹压升高(胃肠鼓胀时),胸壁疼痛性病(如肋骨骨折等);剧烈疼痛性疾病:如马、骡四肢的带痛性病及腹痛症;中枢神经的兴奋性增高,如脑充血,脑及脑膜炎的初期等;某些中毒,如亚硝酸盐中毒引起的血红蛋白变性。

②呼吸次数减少:临床上比较少见,通常的原因是引起颅内压显著升高的疾病(如慢性脑室积水,马的流行性脑脊髓炎的后期),某些中毒病及重度代谢紊乱等。呼吸次数的显著减少并伴有呼吸形式与节律的改变,常提示预后不良。

当上呼吸道高度狭窄而引起严重的吸入性呼吸困难时,由于每次吸入的持续时间显著延长的结果,可相对的使呼吸次数减少。此外,常伴有吸入期明显的狭窄音,且病马表现痛苦甚至呈窒息状。呼吸次数的显著减少并伴有呼吸型式与节律的改变,常提示预后不良。

体温、脉搏、呼吸数等生理指标的测定,是临床诊疗工作的重要常规内容,对任何病例,都应认真地实施。而且要随病程的经过,每天定时的进行测定并记录之。

为此,一般常将体温、脉搏、呼吸数的记录,一并绘成一份综合的曲线表,据以分析病情的变化。一般说来,体温、脉搏、呼吸次数的相关变化,常是并行一致的,如体温升高,随之脉搏、呼吸次数也相应的增加;而体温下降,则脉搏、呼吸次数多随之而减少。如此,在病程经过中,见有体温及脉搏、呼吸数曲线逐渐上升,一般可反映病情的加剧;而三者的曲线逐渐平行地下降以至达到或接近正常,则说明病势的逐渐好转与恢复。

当然,在特殊情况下,体温曲线与脉搏曲线的变化可能并不一致。如高热的病马,其体温曲线突然急剧降下,同时由于脉数增多,脉搏曲线又反而上升,因此,可在曲线表上见到体温曲线与脉搏曲线相互交叉的现象。这种交叉的现象,一方面由于高热的急剧下降甚至常温以下,可能并非病情的真正的突然好转,反而说明是机体反应能力的显著衰竭;另一方面,同时脉搏次数的显著增多,又反映心脏机能状态的进一步恶化。因此,体温与脉搏曲线的相互逆行变化(曲线表上的交叉),多为预后不良的征兆。

(七)动脉压测定

动脉压是指动脉管内的压力,简称血压。心室收缩时,血液急速流入动脉,动脉管达到最高紧张度时的血压，即最高血压，称收缩压，收缩压主要受心脏收缩力的支配。心室舒张时，主动脉瓣一关闭，动脉血压逐渐下降，血液流向周围血管系统，动脉管的紧张度降到最低时的血压，即最低血压，称舒张压，舒张压主要受周围血管的阻力所决定。

1. 测定方法

一般所用的血压间接测定，主要依据就是从皮肤表面对血管施加压力，求出阻断血流所需要的压力，以表示血压，实际上这是动脉侧压和血管壁及其周围组织的阻力之和。

多在尾中动脉或前臂动脉。从实验目的出发，还可以利用其他浅在动脉。常用的血压计有水银柱式、弹簧式两种。动物进行站立保定。将血压计的袖带(橡皮气囊)缠绕于尾根部(或股部)，如用听诊法测定时，袖带的松紧度以能塞入听诊器的胸件为宜。将听诊器胸件固定在尾中动脉搏动最明显处。关闭气压表上的阀门后，开始向袖带内充气，当气压表指针接近26.66 kPa时，停止充气。小心扭开阀门缓慢放气(以指针每秒钟下降2～3刻度为宜)，当指针逐渐下降到能听到第一个声音时，计压表指针所指刻度即为收缩压；随着缓缓放气，听到的声音逐渐加强，以后又逐渐减弱，并且很快消失，在声音消失前瞬间，计压表上指针所指刻度即为舒张压。测定后的报告方式为：收缩压/舒张压，如14.7/6.0 kPa。

2. 正常血压及影响其变动的因素

健康马属家畜的收缩压为13.33～16.0kPa，舒张压4.67～6.67kPa。血压，因种属、年龄、性别、役用情况、其他生理因素(如发情、兴奋、采食等)及外界环境的影响，而有所变动。

3. 临床意义

能导致心肌收缩力大小、心脏搏出量多少、外周血管阻力大小及动脉壁弹性高低发生病理改变的因素，就可能使血压出现异常变化。

(1)血压升高　见于剧烈疼痛性疾病、热性病、左心室肥大、肾炎、动脉硬化、铅中毒、红细胞增多症、输液过多等。

(2)血压降低　见于心功能不全、外周循环衰竭、大失血、慢性消耗性疾病等。

(八)中心静脉压测定

中心静脉压是指右心房或靠近右心房的腔静脉的压力而言。中心静脉压的高低，主要由血容量的多少、心脏机能的好坏及血管张力的大小所决定。在医学实践中，往往应用中心静脉压，作为调节血容量与维护心脏机能的重要指标。在兽医临床工作中，特别在抢救危重的休克病马过程中，测定中心静脉压，可以观察血液循环的动态变化，有助于正确掌握调节血容量的原则和方法，所以具有实际意义。

1. 测定方法

使用特定的测压计。测压计由盐水静压柱(内径约2.4 mm的玻璃管)和标尺、尼龙导管(聚乙烯医用输液导管，内径约1 mm)、Y形三通玻璃管、输液胶管(内径约3 mm)组成。测定时，动物取站立姿势或横卧姿势，保定妥善。将测压计装置好，使标尺上的“0”刻度与心房在同一高度(与胸骨柄上端呈一水平线)(图1-2-2)。具体步骤如下：

(1)使输液瓶与盐水静压柱相通，用生理盐水注满静压柱。

(2)取大号针头(兽用23号输血针)，针尖朝向心端方向，刺入颈静脉内。待血液流出后，迅速将尼龙导管通过针孔导入颈静脉内，其深度达右心房附近(相当于从针孔到抢风穴的距离，或深度达第3肋间胸廓下1/3中央水平线的下方)，即总长度40～50 cm。插好尼龙导管

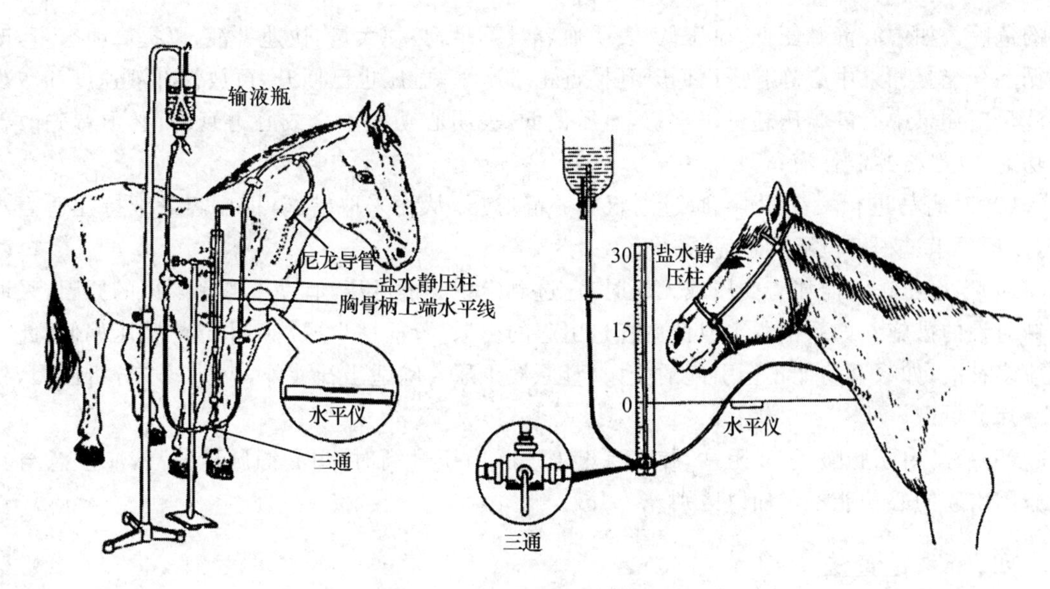

图 1-2-2　马的中心静脉压测定

后，用夹子将导管与皮肤一起固定妥当，防止滑脱。

(3)使静压柱与尼龙管相通，即可见静压柱的液面开始上升，继而下降，当液面不再下降，仅随呼吸而微微上下波动时，此时液面所指标尺上的刻度，即为中心静脉压的读数（cmH_2O）。“0”刻度以上为正，“0”刻度以下为负。

(4)读数后，再使输液瓶与尼龙管相通，输液 5 min 后，再如上测定一次，以两次的平均数作为结果。

2. 注意事项

(1)测压计各组成部分在使用前应彻底消毒，但尼龙导管不能煮沸消毒，只能用 0.1%新洁尔灭液浸泡(15 min)消毒。

(2)在测定过程中，如发现静脉压力突然出现显著波动性升高，可能是导管尖端误入右心室，应立即退出一小段后，再行测定。

(3)如导管中无血液流出，此时可用输液瓶的液体冲洗导管，或变动其位置。仍不通畅，可用灭菌的 1%柠檬酸钠溶液或肝素溶液(4 IU/mL)冲洗，另换针头，重新穿刺静脉。

(4)测定完毕，应先拔出针头，再拔导管。如果先拔导管，可能使外头尖端割断导管，断裂的导管遗留在静脉内。

3. 正常值

正常时，中心静脉压的高低与体位及是否处于麻醉状态等因素有关，马站立时中心静脉压在 446.88～1 405.32 Pa，平均 926.1 Pa，右侧卧时中心静脉压平均 2 401.0 Pa。

4. 临床应用及其意义

(1)在急性循环功能不全时，或经治疗而效果不好，则提示可能存在血容量不足或心功能不全，如果中心静脉压偏低，则意味着低血容量性休克；如果中心静脉压并不低，则意味着非低血容量性休克，与心功能不全有关。

(2)大量补液时，根据中心静脉压测定，可以使血容量迅速补足，又可避免引起循环负荷过重的危险。如中心静脉压低，血压低，表明血容量不足，必须大量、快速补液，以提高血容量，改善循环功能。如果中心静脉压已回升到接近正常水平，血压也已回升，可放慢补液速度和减少补液量。如果中心静脉压超过正常值，血压偏低，表明心功能不全或心力衰竭，必须首先改善心功能，并严格控制补液。

(3)对病马进行大手术时，通过测定中心静脉压，从而采取措施，把血容量维持在适当水平，以便手术过程安全顺利地完成。

(4)当血压正常而伴有少尿或无尿时，通过测定中心静脉压，有助于鉴别少尿的原因，采取有针对性的措施。如系由脱水或低血容量引起的少尿(肾前性少尿)，则中心静脉压偏低，此时就应多补液；如系肾功能不全引起的少尿(肾原性少尿)，除适当补液外，应进一步分析原因，具体治疗。

(5)病马由于肠臌气、肠阻塞、肺部疾患等致胸内压升高时，中心静脉压偏高，应注意与其他原因引起的心功能不全加以区别。

四、特殊检查法

(一)X线检查

X线检查是利用X线特性，观察动物机体组织器官的解剖形态、生理功能和病理变化，并参与临床其他资料诊断疾病性质的一门科学，是一种特殊的直接视诊方法。

1. X线的特性

X线是一种波长很短的电磁波，波长在0.000 6～50 nm。医学上诊断用的波长为0.008～0.031 nm，相当于用40～150 kV时所产生的X线。X线具有以下几种特性。

(1)穿透性　X线由于波长很短，具有很强的穿透性。其穿透力与X线管的管电压密切相关。X线管管电压越高，X线波长越短，X线的穿透能力越强。此外，X线的穿透能力与被穿透物体的密度和厚度有关。物质的密度越低，厚度越薄，越容易被X线穿透。由于这种特性，X线可用于诊断和深部组织病变治疗。

(2)荧光作用　X线是肉眼所不能看见的，但可激发某些荧光物质(如铂氰化钡、硫化锌镉和钨酸钙)发出微弱光线，即荧光。X线的荧光作用是X线用于透视检查的基础。

(3)感光作用　X线与普通光线一样可使胶片感光。因此可以进行X线摄影。X线的感光能力较弱，进行X线诊断时，常用增感屏来增强X线的感光作用。

(4)生物学作用　X线照射机体，可使组织细胞和体液受到损害。损害的程度与所照射的X线量成正比。不同的组织细胞对X线的敏感性也有不同，有些肿瘤组织是低分化者，对X线最为敏感，X线治疗就是以其生物学作用为根据的。同时因其有损害作用，又必须注意对X线的防护。

2. X线诊断的应用原理

由于X线具有上述特性，而动物机体的器官和组织又有不同的密度和厚度，当X线通过动物体时，吸收X线的程度必然会有差别，所透过的X线在荧光屏上形成的影像，有明暗之分，在照片上有黑白之别，形成不同的对比。这种差异是动物体本身具有的，故称天然对比。动物体的天然对比可分为四类。

(1)骨骼　含有65%～70%的钙质，比重高，密度最大，吸收X线最多，在X片上显示为白色阴影，而在荧光屏上显示为黑暗的阴影。

(2)软组织和体液 它们之间的密度差别很小，缺乏对比，在X线照片上呈灰白色，在荧光屏上呈暗灰色。

(3)脂肪组织 密度低于软组织和体液，在X线照片上呈灰黑色。

(4)气体 密度最低，吸收X线最少，在X线照片上阴影最黑，在荧光屏上最为明亮。

X线检查只靠上述天然对比是很不够的。为了能清晰地观察某种器官、结构及其内部细节，用人工的方法，将某种高密度或低密度的造影剂引入待检动物体内，使器官与组织与被引入物质之间形成鲜明的密度差别，这种人为改变密度差别的方法称为人工对比。

3. X线检查方法

(1)透视检查 透视检查的优点是简便易行，费用较省，检查时可转动畜体改变方向进行观察，还可以检查器官的活动功能，如心脏和血管的搏动、膈的运动及胃肠蠕动等。而且可迅速报告检查结果。缺点是影像欠清晰，病变性质不易准确判断，微细的变化容易忽略，难于观察密度、厚度差异较小的器官组织以及密度、厚度大的部位，如头颅、腹部、脊柱、骨盆等。而且还不能保留永久性记录。透视多用于胸部及胃肠检查、骨折和脱位的辅助复位等。

(2)摄影检查 X线透过动物体被检查部位，使胶片感光成像，称为摄影检查。摄影检查的优点是影像清楚，可留做永久记录，便于复查时对照和会诊。缺点是费用较高，操作复杂。此外一张照片只能观察一定的部位和只能显现器官的静止影像。摄影检查适用于各器官，尤其是四肢和骨骼关节的检查。

(3)造影检查 采用造影剂，进行透视和摄影检查，统称为造影检查。

①造影剂分类 一类是高密度造影剂，在照片上显示为白色阴影，也称阳性造影剂。如钡剂和碘制剂等。另一类是低密度造影剂，在照片上呈黑色，又称阴性造影剂，其中最常用的是空气。

②造影剂的引入方法

直接注入：凡是动物体内具有腔道的器官并在体表有开口相通者，都可将造影剂直接注入，例如消化道造影、支气管造影、逆行肾盂造影、子宫输卵管造影、瘘道造影等；若腔道不与外界相通，可采用穿刺方法直接注入腔内，也可通过穿刺引入导管，自导管外口注入腔内。前者如脊髓造影、气腹造影、关节腔充气造影，后者如选择性血管造影等。

生理排泄：这种方法目前主要用于胆系和尿路，通过口服或静脉注射注入造影剂，可随胆汁或尿液的排泄使胆管、胆囊或尿路显影。造影剂密度较高，又经过生理浓缩，使其腔道呈高密度图像。

4. X射线诊断的步骤和方法

(1)全面系统观察，寻找发现病变 对X线照片要做全面系统的观察，以寻找和发现一切病变。阅片时应先对全片作一概观，要明了照片的部位和位置，照片质量是否符合要求；是否有明显的病变存在。经过大致的浏览之后，对照片正常与否，应有初步的印象。在概观所取得的初步印象基础上，进一步系统地阅读照片，对照片中所有的器官和结构，要逐一仔细观察。务求对一切异常的病变，都能通过有系统地寻找而不遗漏地发现出来。

(2)深入分析病变、鉴别其病理性质 已经发现的异常病变，则对其X线影像进行深入分析，以了解其病理性质，尽可能求得X线诊断的初步意见。

①病变的位置和分布：病变的位置和分布与病变的性质常有密切的关系，如同样性质的病

变阴影，由于所在的位置与分布不同，就可能代表不同的疾病。

②病变的形状和数目：肺内多发的球形阴影，多数是转移瘤，而单发者可能是肿瘤，也可能是结核球或其他病变。阴影的形状可以多式多样。肺肿瘤常呈球形或分叶块状，而片状、斑点状多为炎症改变；肺纤维化为不规则的条索状；肺不张常呈三角形。消化道良性溃疡多呈圆形、椭圆形；而恶性溃疡呈不规则的扁平形。

③病变的边缘轮廓：病变阴影与正常组织之间，界限是否清楚，对诊断有参考价值。一般来讲良性肿瘤、慢性炎症或病变愈合期，边缘锐利；恶性肿瘤、急性炎症或病变的进展期，边缘多不整齐或模糊。

④病变的密度：病变阴影密度可高可低，反映一定的病理基础。在肺部低密度片状阴影，可能是渗出性炎症或水肿，密度高的结节状阴影多为肉芽组织，骨样密度者则为钙化；大片浓密阴影表明实变；其中如发生坏死液化，则密度变低，坏死部位可出现透明的空洞。在骨骼密度增高，表示骨质增生硬化，常见于慢性骨髓炎或肿瘤骨形成；密度减低则代表钙质减少，常见于骨质疏松；骨质破坏，结构消失则密度更低，常见于急性骨髓炎或恶性肿瘤。

⑤病变的大小：病变大小可反映病变的发展过程，病变大、范围广常表示病情严重。恶性肿瘤一般早期小而晚期增大。例如肺部肿块直径超过 5 cm 时，结核球的可能性就很小，多为肿瘤。

⑥功能和动态情况：一些病变在器质性改变之前，常有功能变化。如胸膜炎常首先出现膈肌运动受限；胃癌侵犯层可见胃蠕动消失；溃疡病可能有空腹潴留液增多等。一些病变在开始阶段可能缺乏特征，随病变发展就会出现有利于诊断的征象。肺上部的云絮状影，在 2 周后复查，如见病变缩小或消失，则不是结核而是炎症。一个肿块在短期内迅速增大，可能不是肿瘤，因肿瘤多是缓慢增大。所以复查对比，观察病变的动态变化，是重要的诊断方法。

(3)结合临床资料，最后做出诊断　在经过以上发现病变和分析病变之后，对具有特殊 X 线征的疾病，已可以做出诊断。在通常情况下，某种异常阴影，可能是几种疾病的共同表现。故不应片面孤立地研究 X 线所见，而必须与临床资料相结合，进行综合分析、推理判断，才能得出较准确的诊断意见。

5. 如何看 X 射线诊断报告

X 线诊断报告是 X 线检查结果的正式文字资料，是病历的组成部分，包括下列内容。

(1)一般情况　包括马主人姓名，动物种类、年龄、性别，申请检查兽医师，X 射线检查名称、照片号、检查和报告日期，最后应有报告人的签名或盖章。

(2)检查结果

①X 线所见描述：主要是以常用的术语叙述异常 X 线表现和特征。如病变的位置、分布、数目、大小、形状、密度、边界特征等；对正常 X 线表现也要进行描述，如概括为“无异常 X 线所见”或“无特殊所见”等，以表明未发现有病理意义的改变。

②X 射线诊断意见：是综合分析 X 线所见和现有临床资料得出的 X 线检查结论。按诊断的明确程度，常报以诊断、印象诊断或同时报以数个诊断意见。对某些疾病 X 线检查可做出确诊者，则以“诊断”表示；如因某些资料不全，或缺少确切诊断依据时，常提出“印象诊断”，以表明仅为 X 线的初步诊断；同时提出若干诊断意见时，首先提出者为第一诊断，即可能性最大的诊断，依次为不能排除的其他病变。

③建议：为了明确诊断，X 线医师可以在报告中提出某些进一步检查意见，以供参考。如

建议补做某种检查(化验或其他检查)、定期随访复查等。

(二)超声波检查

超声波检查,是运用超声波的物理特性及动物体的声学特性,对动物体组织器官的形态结构与功能状态做出判断的一种非创伤性检查法。具有操作简便、可多次重复、能及时获得结论、无特殊禁忌等优点。超声波检查在疾病诊断、妊娠检查等领域有着广泛的应用。

1.超声波检查的基本原理

(1)超声的物理特性　声波振动的次数(频率)超过 20 000 次/s 称为超声波(简称超声)。超声波在机体内传播的物理特性是超声影像诊断的基础。

①定向性:当探头的声源晶片振动发生超声时,声波在介质中以直线的方向传播。声能随频率的提高而集中,当频率达到兆赫的程度时,便形成了一股声束,以一定的方向传播。诊断上则利用这一特性做器官的定向探查,以发现体内脏器或组织的位置和形态上的变化。

②反射性:超声在介质中传播,若遇到声阻抗不同的界面时就出现反射。入射超声的一部分声能引起回声反射,所余的声能继续传播。如介质中有多个不同的声阻界面,则可顺序产生多次的回声反射。

③吸收和衰减性:超声在介质中传播时,由于与介质中的摩擦产生黏滞性和热传播而吸收,又由于声速本身的扩散、反射、散射、折射与传播距离的增加而衰减。吸收和衰减除与介质的不同有关外,亦与超声的频率有关。但频率又与超声的穿透力有关,频率愈高,衰减愈大,穿透力愈弱。故若要求穿透较深的组织或易于衰减的组织,就要用 0.8～2.5 MHz 较低频的超声。若要求穿透不深的组织但要分辨细小结构,则要用 5～10 MHz 较高频的超声。

(2)动物体的声学特性　由于动物体的各种器官组织(液性、实质性、含气性)对超声的吸收(衰减)、声阻抗、反射界面的状态以及血流速度和脉管搏动振幅的不同,因而超声在其中传播时,就会产生不同的反射规律。分析、研究反射规律的变化特点,是超声影像诊断的重要理论基础。

①实质性、液性与含气性组织的超声反射差异:在实质性组织中,如肝脏、脾脏、肾脏等,由于其内部存在多个声学界面,故在示波屏上出现多个高低不等的反射波或实质性暗区;液性组织中,如血液、胆汁、尿液、胸、腹腔积液、羊水等。由于它们为均质介质,声阻抗率差别很小,故超声经过时不呈现反射,在示波屏上显示出“平段”或液性暗区;在含气性组织中,如肺脏、胃、肠等,由于空气和机体组织的声阻抗相关近 4 000 倍,超声几乎不能穿过,故在示波屏上出现强烈的饱和回波(递次衰减)或递次衰减变化光团。

②脏器运动的变化规律:心脏、动脉、横膈、胎心等运动器官,一方面它们与超声发射源距离不断地变化,其反射信号则出现有规律的位移,因而可在 A、B、M 型仪器的示波屏上显示;另一方面又由于其反射信号在频率上出现频移,又可用多普勒诊断仪监听或显示。

③脏器功能的变化规律:利用动物体内各种脏器生理功能的变化规律及对比探测的方法,判定其功能状态。如采食前、后测定胆囊的大小,以估计胆囊的收缩功能;排尿前后测定膀胱内的尿量,以判定有无尿液的潴留等。

④吸收衰减规律:动物体内各种生理和病理性实质性组织,对超声的吸收系数不同。肿大的病变会增加声路的长度;充血、纤维化的病变增加了反射界面,从而使超声能量分散的吸收。由此出现了病变组织与正常组织间对超声吸收程度的差异。利用这一规律可判断病变组织的

性质和范围。组织对超声的吸收衰减一般是癌性组织＞脂肪组织＞正常组织。因此，在正常灵敏度时，病变组织可出现波的衰减；癌性组织可表现为“衰减平段”，在B型仪表现为衰减暗区。

2.超声波检查的类型

超声检查的类型较多，目前最常用的是按显示回声的方式进行分类。主要有A、B、M、D和C型5种。

(1)A型探查法　即幅度调整型。此法以波幅的高低，代表界面反射信号的强弱，可探知界面距离，测量脏器径线及鉴别病变的物理特性。可用于对组织结构的定位。该型检查法由于其结果粗略，目前基本上已被淘汰。

(2)B型探查法　即辉度调制型。此法是以不同辉度光点表示界面反射讯号的强弱，反射强则亮，反射弱则暗，称灰阶成像。因其采用多声连续扫描，故可显示脏器的二维图像。当扫描速度超过每秒24帧时，则能显示脏器的活动状态，称为实时显像。根据探头和扫描方式的不同，又可分为线形扫描、扇形扫描及凸弧扫描等。高灰阶的实时B超扫描仪，可清晰显示脏器的外形与毗邻关系，以及软组织的内部回声、内部结构、血管与其他管道的分布情况等。因此本法是目前临床使用最为广泛的超声诊断法。

(3)M型探查法　此法是在单声束B型扫描中加入慢扫描锯齿波，使反射光点自左向右移动显示。纵坐标为扫描时间(即超声传播时间)，横坐标为光点慢扫描时间。探查时，以连续方式进行扫描，从光点移动可观察被测物在不同时相的深度和移动情况。M型超声主要应用于心血管系统的检查，可以动态了解心血管系统形态结构和功能状况，并获取相应的心血管生理或病理的技术指标。

(4)D型探查法　是利用超声波的多普勒效应原理设计的。当探头与反射界面之间有相对运动时，反射信号的频率发生改变，即多普勒频移，用检波器将此频移检出，加工处理，即可获得多普勒信号音。临床多用于检测体内运动器官的活动，如心血管活动、胎动及胃肠蠕动等，多用于妊娠诊断等。

(5)C型探查法　即等深显示技术。使用多晶体探头进行B型扫描，其讯号经门电路处理后，显示与扫描方向垂直的前后位多层平面断层像。目前主要用于乳腺疾病的诊断。

3.兽医超声检查的特点

(1)皮肤有被毛　由于动物体表均有被毛覆盖，毛丛中存在有大量空气。致使超声难以透过。为此，在超声实践检查中，除体表被毛生长稀少部位(软腹壁处)外，均需剪毛或者剃毛。

(2)需要保定　人为的保定措施是动物超声诊断不可缺少的辅助条件。由于动物个体情况、探测部位和方式的不同，其繁简程度不一。

(3)兽医超生诊断仪的要求　不仅限于室内进行，而且可能在畜舍或现场进行。为此要求超声诊断仪功率要大、检测深度长、分辨率高、体积小、重量轻、便于携带及直流或交直流两用电源。

4.超声检查的临床应用

超声诊断操作简便、安全，但由于超声频率高，不能穿透空气与骨髓(除颅骨外)。因此，含气多的脏器或被含气脏器(肺、胃肠胀气)所遮盖的部位、骨骼、深部的脏器超声无法显示。

(1)腹部脏器疾病的超声诊断　主要采用B型超声，可动态观察各脏器活动的情况。胆囊、胆道、胰腺、胃肠道的检查需禁食在空腹时进行，脾脏检查不需任何准备。B超对肝脏血吸虫病、肝包虫病、肝硬化、脂肪肝、肝囊肿、多囊肝、肝脓疡、原发性肝细胞癌、肝血管瘤等已成为首选检查方法。各种类型胆囊结石、胆囊息肉、阻塞性黄疸等经B超检查可了解胆道扩张范围，找到阻塞原因。胃肠道超声检查通过饮水或服胃显影剂，灌肠显示消化道形态，胃肠壁的各层次、结构和厚度，了解与周围脏器的关系。

(2)早期妊娠诊断和产科疾病的B超检查　在产科疾病方面，如流产、前置胎盘、异位妊娠、子宫和卵巢肿瘤均需膀胱充盈后检查，才能做出正确诊断。中晚期妊娠、胎儿畸形、葡萄胎不需膀胱充盈。

(3)泌尿系统疾病的诊断　经腹部检查膀胱或前列腺需充盈膀胱。而检查肾脏、肾上腺不需任何准备。阴囊疾病检查应用高频探头(7.5或10 MHz)。B超在肾癌早期诊断，肾积水、肾结石、肾萎缩、先天性肾畸形检查方面具有优越性。

(4)心脏和血管疾病诊断　现在应用于心脏疾病的检查有M形型、扇形二维实时超声和彩色多普勒血流影像，包括脉冲波和连续波。在二维图像基础上调节取样获得所需M形图像，统称超声心动图。对风湿性心脏病、先天性心脏病、心脏肿瘤、各种类型心肌病、心包疾病，有明显的超声表现，特异性强。通过彩色多普勒血流显像可了解瓣膜狭窄情况，测量瓣口面积，了解心腔内瓣膜关闭不全所致返流情况。先天性心脏畸形可做心内分流测定，可测量瓣口流速，并做心脏功能测定。二维实时显像和彩色多普勒影像可观察血管内血流方向，测定血流速度，计算血流量。

(5)B超对浅表部位检查　应用探头可以5、7.5、10、20 MHz，有直接法和间接法。间接法即探头和被检部位间加一水囊或水槽。可对眼球和眼眶疾病、甲状腺、唾液腺、乳腺疾病进行诊断。

(三)心电图

利用心电图机(又称心电描记器)将机体表面的心电变化描记于心电图纸上所得到的曲线图，称为心电图。心电图的描记方法称为心动电流描记法。心动电流描记法是一项重要的特殊检查方法，对心率失常、心脏肥大、心肌梗塞和电解质紊乱的诊断具有重要的意义。

1.心电图的导联

按照电极与心脏的关系来分类，可分为直接导联、半直接导联及间接导联。介绍心电描记的导联时，一般只说明电极在动物体表的放置部位。因为国内外生产的心电图机都附有统一规定的带色导线。红色(R)—连接右前肢。黄色(L)—连接左前肢。蓝或绿色(LF)—连接左后肢。黑色(RF)—连接右后肢。白色(C)—连接胸导联。

2.马的导联　如表1-2-2所示。

表1-2-2　马的导联

名称	符号	阳极	阴极
标准第一导联	Ⅰ或L_{I}	左前肢大掌骨中部或桡骨上部(黄线)	右前肢大掌骨中部或桡骨上部(红线)
标准第二导联	Ⅱ或L_{II}	左后肢跖骨中部或膝盖骨下部(蓝线或绿线)	右前肢大掌骨中部或桡骨上部(红线)
标准第三导联	Ⅲ或L_{III}	左后肢跖骨中部或膝盖骨下部(蓝线或绿线)	左前肢大掌骨中部或桡骨上部(黄线)

3. 正常心电图

(1)心电图各组成部分的名称(图 1-2-3)

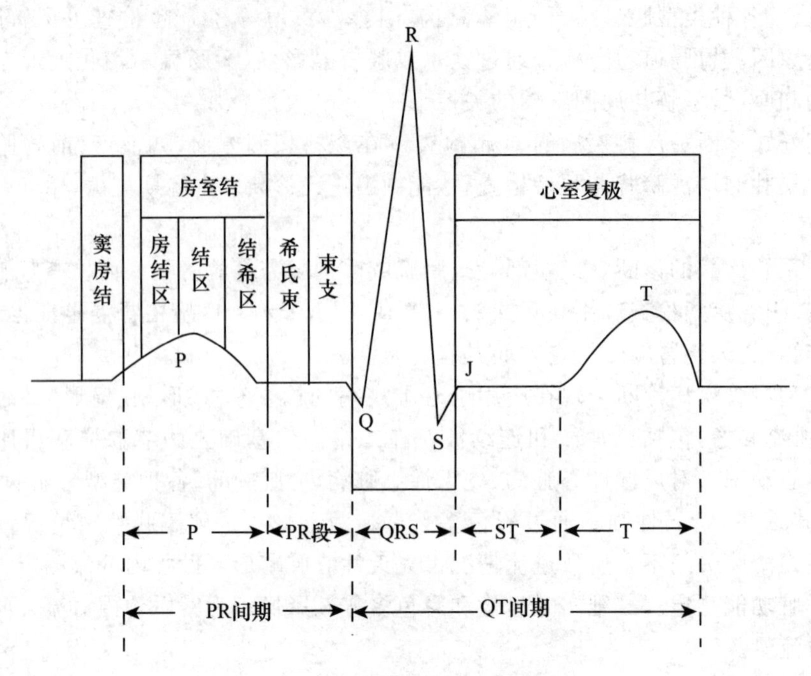

图 1-2-3 心电图各组成部分的名称

①P 波:代表心房肌除极过程的电位变化,也称心房除极波。

②QRS 波群:代表心室肌除极过程的电位变化,也称心室除极波。

Q 波:第一个负向波,它前面无正向波。

R 波:第一个正向波,它前面可有可无负向波。

S 波:R 波后的负向波。

R′波:S′波后的正向波。

S′波:R′波后又出现的负向波。

QS 波:波群仅有的负向波。

R 波粗钝(切迹):R 波上出现的负向小波或错折,但未达到等电线。

③T 波:反映心室肌复极过程的电位变化,也称心室复极波。

(2)心电图各期间及各段的名称

①P-R(Q)间期:自 R 波开始至 R(Q)波开始的时间。它代表自心房开始除极到心室开始除极的时间。

②P-R(Q)段:自 R 波终了至 R(Q)波开始的时间。代表激动通过房室结及房室束的时间。

③QRS 间期:自 R(Q)波开始到 S 波终了的时间。代表两侧心室肌(包括心室间隔肌)的电激过程。

④S-T 段:自 S 波终了至 T 波开始。反映心室除极结束后到心室复极开始前的一段时间。

⑤J 点(结合点):S 波终了与 S-T 段衔接处。

⑥Q-T间期：自R(Q)波开始至T波终了的时间。代表在一次心动周期中，心室除极和复极过程所需的全部时间。

4. 某些疾病时的心电图变化

(1)左心室肥厚　主要变化反映在V6导联中，QRS波群时间延长，超过0.129 s甚至0.16 s。电压增高。RV6＞1.05 mV，可达3.3 mV，SV1＋RV6＞2 mV。

(2)右心室肥厚　主要变化在V1和αVR导联中。V1导联的QRS时限增宽，可超过0.11 s，波形呈R或Rs形，电压增高至0.14 mV以上；αVR导联中R波电压增高，超过0.41 mV。心电轴右偏。

(3)心肌梗塞　主要特征是出现异常Q波，ST段升高及T波倒置。

①异常Q波：是由于坏死的心肌丧失了除极和复极的能力引起的。

②ST段升高：主要是由坏死区周围心肌受到严重的损伤所引起。

③心肌梗塞：绝大多数是由于冠状动脉闭塞引起。

(4)某些电介质紊乱时的心电图

①血钾过高：初期出现高而尖的T波，ST段降低，进而呈现P波及R波均降低，QRS波群增宽。血钾进一步升高，可出现窦性心动过缓、窦性停顿、房室传导阻滞甚至心室颤动和心室停顿。

②血钾过低：心电图表现轻症时T波降低增宽，进而平坦或倒置。重症时P-R间期延长，ST段下降，窦性心动过速、期前收缩、房性或室性心动过速及颤动。

③血钙过低：心电图上表现出ST段呈平段延长，Q-T间期延长。

④血钙过高：心电图主要表现出ST段短，Q-T间期缩短。

第二节　给药方法

一、经鼻投药法

指用胃管经鼻腔插入食道，将药液投入胃内的方法。是投服大量药液时常用的方法。马可用特制的胃管，其一端钝圆，需有与胃管口径相匹配的漏斗。胃管用前应以温水清洗干净，排出管内残水，前端涂以润滑剂(如液状石蜡、凡士林等)，而后盘成数圈，涂油钝圆端向前，另端向后，用右手握好。

(一)方法

将病马在柱栏内妥善保定，马主人站在马头左侧握住笼头，固定马头，不要过度前伸。术者站于马头稍右前方，用左手无名指与小指伸入左侧上鼻翼的副鼻腔，中指、食指伸入鼻腔与鼻腔外侧的拇指固定内侧的鼻翼。右手持胃管将前端通过左手拇指与食指之间沿鼻中隔徐徐插入胃管，同时左手食指、中指与拇指将胃管固定在鼻翼边缘。当胃管前端抵达咽部后，随病马咽下动作将胃管轻轻插入食道。有时病马可能拒绝不咽，推送困难，此时应稍停或轻轻抽动胃管(或在咽喉外部进行按摩)，诱发吞咽动作，趁机将胃管插入食道。为了检查胃管是否正确进入食道内，可做充气检查。如是食道，再将胃管前端推送到颈部下1/3处。投药前，必须按

表 1-2-3 正确判断是否插入食道，否则，会将药误灌入气管和肺内，引起异物性肺炎，甚至造成死亡。

投药结束，再灌以少量清水，冲净胃管内残留药液，尔后右手将胃管折曲一段，徐徐抽出，当胃管前端退至咽部时，以左手握住胃管与右手一同抽出。用毕胃管洗净后，放在 2%煤酚皂溶液中泡浸消毒待用。

驹经鼻投药法：操作与成马相同，但胃管应细，一般使用大动物导尿管即可。

(二)注意事项

(1)插入或抽动胃管时要小心、缓慢，不得粗暴。

(2)当病马呼吸极度困难或有鼻炎、咽炎、喉炎、高温时，忌用胃管投药。

(3)当证实胃管插入食道深部后再进行灌药。如灌药后引起咳嗽、气喘，应立即停灌。如灌药中因动物骚动使胃管移动脱出时，亦应停止灌药，待重新插入判断无误后再继续灌药。

(4)经鼻插入胃管，常因操作粗暴或反复投送、强烈抽动或管壁干燥等，刺激鼻黏膜肿胀发炎，有时血管破裂引起鼻出血。在少量出血时，可将动物头部适当高抬或吊起，冷敷额部，并不断淋浇冷水。如出血过多冷敷无效时，可用 1%鞣酸棉球塞于鼻腔中，或皮下注射 0.1%盐酸肾上腺素，或注射止血药。

(5)药物如误投入呼吸道，动物立即表现不安，频繁咳嗽，呼吸急促，鼻翼开张或张口呼吸；继则可见肌肉震颤，出汗，黏膜发绀，心跳加快，心音增强，音界扩大；数小时后体温升高，肺部出现明显大范围的罗音。如灌入大量药液时，可造成动物的窒息或迅速死亡。在灌药过程中，一旦发现异常，应立即停止并使动物低头，促进咳嗽，呛出药物。其次应用强心剂或给以少量阿托品兴奋呼吸中枢，同时应大量注射抗菌药物，直至恢复。严重者，可按异物性肺炎的疗法进行抢救。胃管插入食道或气管的判断要点如表 1-2-3 所示。

表 1-2-3 胃管插入食道或气管的判断要点

判断方法	插入食道内	插入气管内
手感和观察反应	胃管推进到咽喉时稍有抵抗感，易引起吞咽动作，随吞咽胃管进入食道，推送胃管稍有阻力感，发滞	无吞咽动作，无阻力，有时引起咳嗽，插入胃管不受阻
观察食道变化	胃管前端在食道沟呈现明显的波浪式蠕动下移	无
向胃管内充气反应	随气流进入，颈沟部可见有明显波动。同时压挤橡胶球将气排空，不再鼓起，进气停止而有一种回声	无
将胃管一端放耳边听诊	听到不规则"咕噜"声或水泡音，无气流冲击耳边	随呼吸动作听到有节奏的呼出气流音，冲击耳边
将胃管一端浸入水盆内	水内无气泡或仅有极少量气泡	随呼吸动作水内出现多量气泡
触摸颈沟部	手摸颈沟部感到有一坚硬的索状物	无
鼻嗅胃管气味	有胃内酸臭味	无

二、经口投药法

(一)药液投药法

1. 方法

病马柱栏内站立保定,用一条软细绳从柱栏横木铁环中穿过,一端制成圆套从笼头鼻梁下面穿过,套在上颚切齿后方,另一端由助手或马主人拉紧将马头吊起,使口角与耳根连线与地面平行,助手(马主人)的另手把住笼头。

术者站在斜前方,左手持药盆,右手持灌角(或药瓶)从一侧口角通过门、臼齿间的空隙入口并送达舌根背部,抬高灌角或瓶底,并轻轻震抖。如用橡胶瓶时可压挤瓶体促进药液流出,伴随着有吞咽动作后继续灌服,直至灌完。注意要等咽下一口再灌第二口,不要连续灌注。

2. 注意事项

(1)每次灌药量不宜过多,不要太快,不能连续灌。马灌药时不能紧抓舌头不放。

(2)头部仰起的高度,以口角与眼角连线与地面平行为准,不宜过高。

(3)灌药中,病马如发生强烈咳嗽,应立即停止灌药,并使其头部低下,使药液咳出,安静后再灌药。

(4)灌药时,如有药液流出,应用药盆接取,以免流失。

(二)舔剂投药法

助手按常规方法保定马的头部,并略抬高。术者首先把舔剂涂在舔剂投药板的前端,然后一手将舌拉出口外,同时拇指顶住硬腭,另一手将舔剂板(有药面向上)从口角送至舌根部,翻转舔剂板,稍向下压,迅速抽出舔剂板,舔剂即抹在舌面上。然后把舌松开,托住下颌部,待其咽下即可。

(三)丸、片、囊剂投药法

先将马保定好,术者一手持装好药丸的丸剂投药器,另一手伸入口腔,先将舌拉出口外,同时将投药器沿硬腭送至舌根部,迅速把药丸推入,抽出投药器,将舌松开,并托住下颌部,稍抬高头部,待其将药咽下后再松开。也可以用树叶或菜叶等将药丸包好,投掷到舌根部,使其咽下即可。

三、经直肠投药法

(一)浅部灌肠法

浅部灌肠法是指将药液灌入直肠内。常用于病马有采食障碍、咽下困难或食欲废绝时,进行人工营养;直肠或结肠炎症时,灌入消炎剂;病马兴奋不安时,灌入镇静剂;以及排除直肠内积粪。

动物保定好后,助手把尾拉向一侧。术者一手提盛有药液的灌肠用吊筒,另一手将连接吊筒的橡胶管徐徐插入肛门 10～20 cm,然后高举吊筒,使药液流入直肠内。对以人工营养、消炎和镇静为目的的灌肠,在灌肠前应先把直肠内的宿粪取出。

用什么灌肠液视用途而定,一般用 1%温盐水、林格氏液、0.1%高锰酸钾溶液、2%硼酸溶液、葡萄糖溶液等。用量一般每次 1 000～2 000 mL。

(二)深部灌肠法

深部灌肠法是指将大量液体或药液灌到较前部的肠管内。多用于马骡便秘的治疗,特别用于胃状膨大部等大肠便秘。

病马在柱栏内确实保定后,用绳子吊起尾巴。可施行后海穴封闭,即以10～12 cm长的封闭针头,与脊柱平行向后海穴刺入10 cm左右,注射1%～2%普鲁卡因液20～40 mL,以使肛门括约肌及直肠松弛。

灌肠最好用塞肠器,有木制与球胆制的两种:木制塞肠器,长15 cm,前端直径为8 cm,后端直径为10 cm,中间有直径2 cm的孔道,塞肠器后端装有两个铁环,塞入直肠后,将两个铁环拴上绳子,系在颈部的套包或夹板上。球胆制塞肠器,将带嘴的排球胆剪两个相对的孔,中间夹一根直径1～2 cm的胶管,然后再胶合住,胶管的向马头端露出5～10 cm,向尾端露出20～30 cm,以便连接灌肠器,塞入直肠后,由原球胆嘴向球胆内打气,胀大的球胆堵住直肠膨大部,即自行固定。

灌肠时,将灌肠器的胶管插入木制塞肠器的孔道内,或与球胆制塞肠器的胶管相连接,缓慢地灌入温水或1%温盐水10 000～30 000 mL。灌水量的多少依据便秘的部位而定。灌肠开始时,水进入顺利,而当水到达结粪阻塞部时则流速缓慢,甚至随病马努责而向外返流,以后当水穿过结粪阻塞部,继续向前流时,水流速度又见加快。如病马腹围稍增大,并且腹痛加重,呼吸增数,胸前微微出汗,则表示灌水量已经适度,不能再灌。灌水后,经15～20 min取出塞肠器。

如无塞肠器,术者也可用双手将插入肛门内的灌肠器的胶管连同肛门括约肌一起捏紧。但此法不可预先作后海穴麻醉,以免肛门括约肌弛缓,不易捏紧。

四、经皮肤给药法

一些药物可以涂敷剂形式将药贴于皮肤表面。这类药物可增强皮肤渗透性,不经注射便可经皮进入血循环。这种经皮给药可缓慢持续很多小时或很多天,甚至更长。然而,这种途径受药物通过皮肤快慢的限制。只有那些日给药量少的药物可采用此途径。

给皮肤及黏膜涂擦水溶性药剂、酊剂、擦剂、流膏及软膏等,主要用于皮肤或黏膜疾病的治疗。对皮肤涂擦药剂前,应先行剪毛和清洗患部皮肤。水溶剂、酊剂、擦剂用毛刷;流膏与膏剂用软膏篦、竹片、木板等充分涂擦在皮肤面上,要求涂附均匀。口腔溃疡时用棉棒浸上鲁格尔氏液、碘甘油等药液,涂布在黏膜上。为了防止动物舔食涂擦药剂,可将患部用绷带包扎,必要时可戴口笼。

五、洗眼与点眼法

主要用于各种眼病,特别是结膜与角膜炎症的治疗。洗眼与点眼时,动物要确实保定,尤其要固定好头部,术者用左手拇指与食指翻开上下眼睑,右手持冲洗器(洗眼瓶、注射器等),使其前端斜向内眼角,徐徐向结膜上灌注药液对眼进行冲洗。洗净之后,左手无名指向上推上眼睑,以拇指与中指捏住下眼睑缘,向外下方牵引,使下眼睑呈一囊状,右手拿点眼药瓶,靠在外眼角眶上,斜向内眼角,将药液滴入或眼膏挤入眼内,闭合眼睑,用手轻轻按摩几下,以防流出,并促进药物在眼内扩散。

洗眼通常用2%～4%硼酸溶液,0.1%～0.3%高锰酸钾溶液,0.1%雷佛奴尔溶液及生理盐水等。常用的点眼药有0.5%硫酸锌溶液、0.5%盐酸丁卡因溶液、0.5%阿托品溶液、2%～4%硼酸溶液、1%～3%蛋白银溶液以及氯霉素、红霉素、四环素等抗生素眼药膏(液)等。

检查者操作前必须严格消毒双手,避免交叉感染。冲洗时不要直接冲在角膜上,以免损伤角膜上皮。冲洗液水温以32～37℃为宜,过热或过冷均会引起眼睛不适。洗眼壶壶嘴在冲洗时不要距眼过近,以免失手损伤眼球。

六、口腔冲洗法

主要用于口炎、舌及牙齿疾病的治疗,有时也用于洗出口腔的不洁物。马保定确实后,压低头部,将连接于导管一端的木导管从口角插入口腔,并捏住颊部,使木导管保持一定深度及活动性,然后在连接于胶管另一端的漏斗内倒入药液,高举漏斗,使药液流入口腔,诱发病马的咀嚼动作,以达到洗涤口腔的目的。从口中流出的液体,可用盆子接着,以防污染地面。冲洗液可选用自来水、生理盐水或收敛剂、低浓度防腐消毒药等。

七、注射法

注射法是使用无菌注射器或输液器将药液直接注入动物体组织内、体腔或血管内的给药方法,是临床治疗上最常用的技术。具有给药量小、确实、奏效快等优点。

(一)注射原则

(1)严格遵守无菌操作原则,防止感染。对被毛浓厚的马,可先剪毛。用棉签蘸2%碘酊消毒注射部位,以注射点为中心向外螺旋式旋转涂擦,碘酊干后,用70%乙醇以同法脱碘,待干后方可注射。

(2)认真执行查对制度,对马主人名、药名、剂量、浓度、时间、用法尤其要注意。

(3)注意检查药液质量,如药液变色、沉淀、混浊、药物有效期已过或安瓶有裂缝,均不能使用。多种药物混合注射需注意配伍禁忌。

(4)选择合适的注射部位,防止损伤神经和血管,不能在炎症、硬结、瘢痕及皮肤病处进针。注射药物应按规定时间现配现用,以防药物效价降低或污染。

(5)运用无痛注射技巧。首先要分散动物的注意力,采取适当的体位,使肌肉松弛,注射时做到“二快一慢”,即进针和拔针快,推注药液慢,但对骚动不安的动物应尽可能在短时间内注射完毕。

(二)注射用品

1.器械盘

常规放置无菌持物钳,皮肤消毒液(2%碘酊和70%乙醇),棉签,静脉注射加止血带等。

2.注射器和针头

注射器由针筒和活塞两部分组成,有玻璃、金属、尼龙、塑料4种,按其容量分为1 mL、2.5 mL、5 mL、10 mL、20 mL、30 mL、50 mL、100 mL等规格,注射针头有4.5#、5#、5.5#、6#、6.5#、7#、8#、9#、12#、16#、20#等规格。大量输液时则有容量较大的输液瓶(吊瓶)。此外远距离吹管注射器、注射枪等,后者适用于野生马属动物饲养场、动物园。

使用时,按注射方法和剂量,选择适宜的注射器及针头,并应检查针头和针筒是否适合,金属注射器的橡胶垫是否老化,松紧度的调节是否适宜,然后清洗干净、煮沸或高压蒸气灭菌备用。

3. 注射药物

常用药物有水溶液、油剂、混悬剂、结晶和粉剂等，根据实际处方要求准备。

(三)药液抽吸法

1. 安瓿内药液

将安瓿尖端药液弹至体部，用乙醇棉球消毒安瓿颈部，砂轮在安瓿颈部划一锯痕，再次消毒，折断安瓿。将针头斜面向下放入安瓿内液面之下，抽动活塞吸药。吸药时手持针栓柄，不可触及针栓其他部位。抽毕，将针头垂直向上，轻拉针栓，使针头中的药液流入注射器内，使气泡聚集在乳头处，轻推针栓，驱出气体。将安瓿套在针头上备用。

2. 密封瓶内药液

除去铝盖或中心部分，用2％碘酊、70％乙醇棉签消毒瓶盖，待干。将针头插入瓶内，注入所需药量等量的空气(增加瓶内压力，避免形成负压)，倒转药瓶及注射器，使针尖在液面以下，吸取所需药量。

3. 结晶、粉剂或油剂药物

结晶、粉剂用无菌生理盐水或注射用水(或专用溶媒)溶化，待充分溶解后吸取。混悬液应先摇匀再吸药。油剂可先用双手对搓药瓶后再抽吸。油剂及混悬剂抽吸时应选用稍粗的针头。

(四)皮内注射

皮内注射是将药液注入表皮与真皮之间的方法。与其他注射相比，其药液的注入量少，所以不用于治疗，主要用于某些疾病的变态反应诊断如马鼻疽等，或做药物过敏试验及炭疽疫苗等的预防接种。

(1)准备　小容量注射器或1～2 mL 特制的注射器与短针头。

(2)部位　在颈侧中部或尾根内侧。

(3)方法　按常规消毒，排尽注射器内空气，左手绷紧注射部位，右手持注射器，针头斜面向上，与皮肤呈5°角刺入皮内。待针头斜面全部进入皮内后，左手拇指固定针柱，右手推注射药液，局部可见一半球形隆起，俗称“皮丘”。

(4)注意事项　进针不可过深，以免刺入皮下，应将药物注入表皮和真皮之间。拔出针头后注射部位不可用棉球按压揉擦。注射正确时，可见注射局部形成一半球状隆起，推药时感到有一定的阻力，如误入皮下则无此现象。

(五)皮下注射

皮下注射是将药液注入皮下结缔组织内，经毛细血管、淋巴管吸收进入血液，发挥药效作用的一种方法。凡是易溶解、无强刺激性的药品及疫苗、菌苗、血清等，某些局部麻醉，不能口服或不宜口服药物要求在一定时间内发生药效时，均可作皮下注射。

皮下注射药物的吸收比经口给药和直肠给药发挥药效快而确实，与血管内注射比较，危险性小，操作容易，大量药液也可注射，而且药效作用持续时间较长。

1. 准备

根据注射药量多少，可用 2 mL、5 mL、10 mL、20 mL、50 mL 的注射器及相应针头。

2. 部位

多选在皮肤较薄、富有皮下组织、活动性较大的部位，多在颈部两侧。

3. 方法

注射时，术者左手中指和拇指捏起注射部位的皮肤，同时以食指尖下压呈皱褶陷窝，右手持连接针头的注射器，针头斜面向上，从皱褶基部陷窝处和皮肤呈 30°～40°角，刺入针头的2/3（根据动物体型的大小，适当调整进针深度），此时如感觉针头无阻抗，且能自由活动针头时，左手把持针头连接部，右手抽吸无回血即可推压针筒活塞注射药液。如需注射大量药液时，应分点注射。注完后，左手持干棉签按住刺入点，右手拔出针头，局部消毒。

4. 注意事项

(1)刺激性强的药品不能做皮下注射，特别是对局部刺激较强的钙制剂、砷制剂、水合氯醛及高渗溶液等，易诱发炎症，甚至组织坏死。

(2)注射药液量大时，需分点注射。注射后应轻轻按摩或进行温敷，以促进吸收。长期注射者应经常更换注射部位。

(六)肌肉内注射

肌肉注射是将药物注入肌肉内的一种方法。肌肉内血管丰富，药液注入肌肉内吸收较快，且由于肌肉内的感觉神经较少，疼痛轻微。肌肉注射一般适用于刺激性较强和较难吸收的药物；进行血管内注射而有副作用的药液；油、乳剂等不能进行血管内注射的药液等。但因肌肉组织致密，仅能注射较少剂量。

1. 准备

同皮下注射。

2. 部位

成年马与驹多在颈侧及臀部，应避开大血管及神经径路的部位。臀部肌肉注射应该选择臀部的外上 1/4 处。

3. 方法

动物适当保定，局部常规消毒处理。手的拇指与食指轻压注射局部，右手持注射器，使针头与皮肤呈垂直，迅速刺入肌肉内。一般刺入 2～3 cm，而后用左手拇指与食指握住露出皮外的针头结合部分，右手抽动针管活塞，观察无回血后，即可缓慢注入药液。如有回血，可将针头拔出少许再行试抽，见无回血后方可注入药液。注射完毕，用左手持酒精棉球压迫针孔部，迅速拔出针头。为术者安全起见，也可以右手持注射针头，迅速用力直接刺入注射部位，然后将注射器连接上针头，使二者紧密接触好，再行注射药液。

4. 注意事项

(1)针体一般只刺入 2/3，切勿把针梗全部刺入，以防针梗从根部折断。

(2)万一针体折断，保持局部与肢体不动，迅速用止血钳夹住断端拔出。如不能拔出时，先将病马保定好，行局部麻醉后迅速切开注射部位，拔出折断针体。

(3)针头如刺入神经时，则动物表现疼痛不安，此时应变换针头方向，再注射药液。

(4)对强刺激性药物如水合氯醛、钙制剂、浓盐水等，不能肌肉内注射。

(5)长期作肌肉注射的动物，注射部位应交替更换，以减少硬结的发生。

(6)两种以上药液同时注射时，要注意药物的配伍禁忌，必要时在不同部位注射。

(7)根据药液的量、黏稠度和刺激性的强弱，选择适当的注射器和针头。

(七)静脉内注射

静脉内注射又称血管内注射，是将药液注入静脉内，治疗危重疾病的一种主要给药方法。药液直接注入脉管内，随血液分布全身，药效快，作用强，注射部位疼痛反应较轻。药物直接进入血液，不会受到消化道及其他脏器的影响而发生变化或失去作用。病马能耐受刺激性较强的药液(如钙制剂、水合氯醛、10%氯化钠、九一四等)，且容纳的药量大。但药物代谢较快，作用时间较短。静脉内注射主要用于大量的输液、输血，以治疗为目的的急需速效给药（如急救、强心药等)；或注射药物有较强的刺激作用，不能作皮下、肌肉注射，只能通过静脉内才能发挥药效的药物。静脉输液是利用液体静压的原理，将一定量的无菌溶液(药液)或血液直接滴入静脉的方法。

1. 准备

(1)根据注射用量可备 50～100 mL 注射器及相应的注射针头。大量输液时则应用输液瓶(250 mL、500 mL、1 000 mL)和输液器。静脉输液的用品还包括注射盘、瓶套、开瓶器、止血带、血管钳、胶布、剪毛剪、无菌纱布，必要时备小夹板及绷带，药液、输液卡、输液架等。

(2)注射药液的温度要尽可能地接近于体温(尤其在冬季)。

(3)站立保定，小马驹侧卧保定或伏卧保定。

2. 部位

在颈静脉的上 1/3 与中 1/3 的交界处。

3. 方法

马的颈静脉位于颈静脉沟内，比较浅显。术者用左手拇指横压注射部位稍下方(近心端)的颈静脉沟，使脉管充盈怒张，右手持针头使针尖斜面向上，沿颈静脉径路，在压迫点前上方约 2 cm 处，使针尖与皮肤成 30°～45°角，准确迅速地刺入静脉内，感到空虚或听到清脆声，见有回血后，减小角度，再沿脉管向前进针少许，松开左手，固定好针头的连接部，验证有回血后，作静脉推注或滴注输液。注射完毕，左手持酒精棉棒或棉球压紧针孔，右手迅速拔出针头，尔后涂 5%碘酊消毒。

4. 注意事项

(1)严格遵守无菌操作常规，对所有注射用具及注射局部，均应进行严密消毒。

(2)检查针头是否畅通，如因针孔被组织块或血凝块堵塞时，应及时更换针头。

(3)注射时要看清脉管径路，明确注射部位，准确一针见血，防止乱刺，以免引起局部血肿或静脉炎。

(4)针头刺入静脉后，要再顺静脉方向再向前进针 1～2 cm，以防注射中针头滑脱。

(5)刺针前应排净注射器或输液管中的空气。

(6)注射对组织有强烈刺激的药物时，最好先注入少量的生理盐水，证实针头确实在血管内，再调换应注射的药液，以防药液外溢而导致组织坏死。

(7)输液过程中，要经常注意观察动物的表现，如有骚动、出汗、气喘、肌肉震颤或出现皮肤丘疹、眼睑和唇部水肿等征象时，应立即停止注射。当发现输入液体突然过慢或停止以及注射局部明显肿胀时，应检查有无回血，如针头已滑出血管外，则应重新刺入。

(8)根据病马的个体大小、病情、药物性质调节滴速,注射速度不宜过快,注射药液的总量不能过多。

(9)对极其衰弱或心机能障碍的患畜静脉注射时,尤应注意输液反应,对心肺机能不全者,要控制注射速度和输入量,防止发生肺水肿。

5.药液外漏皮下的处理

静脉内注射时,常因病马骚动等原因致使药液漏于皮下。一经发现,应立即停止注射,根据不同的药液可采取下列措施处理:

(1)立即用注射器尽可能抽出外漏的药液。

(2)等渗溶液(如生理盐水或等渗葡萄糖),一般令其自然吸收。

(3)高渗盐溶液,应向肿胀局部及其周围注入适量的灭菌注射用水,以稀释之。

(4)刺激性强或有腐蚀性的药液,则应向其周围组织内注入生理盐水;如系氯化钙液,可注入10%硫酸钠或10%硫代硫酸钠10～20 mL,使氯化钙变为无刺激性的硫酸钙和氯化钠。

(5)局部可用5%～10%硫酸镁进行温敷,以缓解疼痛。

(6)如系大量药液外漏,应做早期切开排液,并用高渗硫酸镁溶液引流。

(八)腹腔内注射

腹腔内注射是利用药物的局部作用和腹膜的吸收作用,将药液注入腹腔内的一种方法。当静脉管不宜输液时可用本法,本法还可用于排出腹腔内的积液,借以冲洗、治疗腹膜炎。

1.部位

马在右侧肷窝部。

2.方法

单纯为了注射药物,马可选择肷部中央。局部剪毛消毒,术者一手把握腹侧壁,另一手持连接针头的注射器于肷部中央处,垂直刺入,刺入腹腔后,摇动针头有空虚感,即可注射。注入药物后,局部消毒处理。

3.注意事项

腹腔内有各种内脏器官,在注射或穿刺时,容易受损伤,所以要特别注意。腹腔内注射宜在空腹进行,防止腹压过大,而误伤其他脏器。

(九)关节内注射

关节内注射是将药液直接注射入关节腔的方法,主要用于关节腔炎症、关节腔积液等疾病的治疗。

1.准备

5～10 mL注射器、针头、3%～5%碘酊、75%酒精、毛剪等。

2.部位

一般临床治疗的关节主要有膝关节、跗关节、肩关节及寰枕关节,腰荐结合部等。

3.方法

将动物保定确实后,局部常规消毒,左手拇指与食指固定注射局部,右手持针头呈45°～90°依次刺透皮肤和关节囊,到达关节腔后,轻轻抽动注射器内芯,若在关节腔内,即可见少量黏稠和有光滑感的液体,一般先抽部分关节液(视关节液多少而定),然后再注射药液,注射完毕，快速拔出针头，术部消毒。

4.注意事项

穿刺器械及手术操作均需严格消毒，以防感染。注射前，必须了解所注射关节形态、构造，以免损伤其他组织(血管、神经或韧带)。注射药液不宜过多，一般在 5～10 mL 之间。关节内注射不宜频繁重复进行，必要时，间隔 1～2 天为宜，最多连续 1 周左右。

(十)眼球后注射

眼球后注射是将药液直接注入眼球后部的视圆锥内，或经巩膜渗透进入眼球内的一种注射方法。用于眼部手术的球后麻醉、眼后部炎症、玻璃体出血、视网膜血管病变等的局部给药。

1.准备

1～5 mL 注射器、5～7 号针头、药品等。

2.部位

注射部位于下眼睑眶缘中与外 1/3 交接处。

3.方法

局部常规消毒。将头部保定确实后，左手食指放在上眼睑上方，在注射部位向眼眶后缘压迫眼球，使眼球与眼眶之间出现一凹陷，右手食指与拇指将针头贴向眼眶后缘垂直进针约 2 cm左右，手下有突破感时，表明已穿过眶隔，此时应改变方向，即改以 30°角斜向鼻侧，使针进至外直肌和视神经之间。入针约 3 cm 后，返抽注射器，如无回血，即边注药边略进针数毫米。注射完毕拔出注射针后，局部加压 1～2 min，局部消毒。

4.注意事项

保定一定要确实，否则可能由于骚动而伤及眼球或视神经。眼球后注射药量不宜过大，一般以 2～5 mL 为宜(视不同的动物而定)。注射次数不宜过多，以免引起眼底出血。进针不能太深太快，使用的针头不能太锐利。若发现眶内出血，应立即加压包扎。球后出血，是注射时损伤眶内血管引起，表现为进行性突眼、眼压升高和皮下瘀血等。处理方法是压迫眼球，静脉快速注射 20%甘露醇 100～500 mL。

第三章 兽医外科手术基础

第一节 麻 醉

现代兽医麻醉方法种类繁多，分类方法也有多种，目前在兽医临床上常用的分类方法是按麻醉效果涉及的范围来分，可以分为两大类型，即局部麻醉和全身麻醉。

一、局部麻醉

局部麻醉是利用某些局部麻醉药物选择性地阻断神经末梢、神经纤维或神经干的冲动传导，从而使局部区域暂时丧失感觉的一种麻醉方法。通过此种方法使动物达到无痛和制动的作用。局部麻醉包括表面麻醉、局部浸润麻醉、传导麻醉和脊髓麻醉四种麻醉方法。

(一)表面麻醉(topical anesthesia)

将局部麻醉药滴、涂布或喷洒于黏膜或组织表面，利用麻醉药的渗透作用，阻滞浅在的神经末梢，称为表面麻醉。表面麻醉是利用麻醉药的渗透作用。因此，要选择渗透性好、穿透力强的麻醉药。

操作方法：通过滴入、喷雾、填塞和涂布或口服等方式，可根据麻醉的部位灵活选用这些表面麻醉方法。

常用药物：当麻醉结膜和角膜时，应用0.5%的丁卡因或2%利多卡因；口、鼻、食道、胃、直肠、气管、尿道、阴道等其他部位的表面麻醉应用1%～2%的丁卡因，或2%～5%的利多卡因。

(二)浸润麻醉(infiltration anesthesia)

沿手术切口线或在手术切口线周围注射局部麻醉药，阻滞周围组织的神经末梢，称局部浸润麻醉。

操作方法：一般是将注射针插至所需长度和深度，然后，边退针边注射，有时可在一个进针点向几个方向多次注射。注射方式有直线浸润麻醉(图 1-3-1(a))、菱形浸润麻醉(图 1-3-1(b))、扇形浸润麻醉(图 1-3-1(c))、基底浸润麻醉(图 1-3-1(d))、分层浸润麻醉(图 1-3-1(e))5 种。

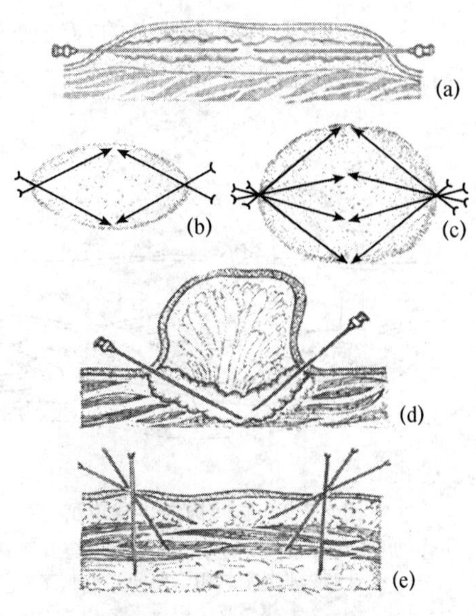

图 1-3-1 浸润麻醉方式

常用药物:0.25%～1%的普鲁卡因,或0.25%～0.5%的利多卡因。

(三)传导麻醉(conduction anaethesia,nerve block)

是把局部麻醉药注射到神经干周围,阻滞神经冲动的传导,使其所支配的区域失去痛觉的一种麻醉方法,称为传导麻醉。

操作方法:将局部麻醉药物注射到神经干周围,使神经麻痹,从而产生痛觉消失或四肢肌肉松弛,失去运动能力,产生保定和麻醉作用。

这种麻醉保定方法具有显著的优点,用少量的麻醉药,麻醉较大的区域。但术者必须要熟悉局部解剖,了解神经干的位置、深浅和外部投影。

常用药物:2%～5%的盐酸普鲁卡因;2%左右的利多卡因。一般牛主要神经干每支需要以上局部麻醉药20 mL。以上局部麻醉药的浓度可根据需要选用,通常是神经干越粗,需要的浓度越高,剂量越大;神经干越细,则浓度越低,剂量越小。

1.肋间神经传导麻醉

胸神经经椎间孔分出后,分成背侧支和腹侧支。较细的背侧支分布于髂肋肌上缘背侧肌肉、筋膜和皮肤。较粗的腹侧支即为肋间神经。除第一、二肋间神经外,其他肋间神经都在肋间隙中。肋间神经分出大的外侧皮支后在肋间隙沿肋间内、外肌之间或肋间内肌与胸内筋膜之间下行。在肋骨中部外侧支又分成深支与浅支。浅支走出肋间外肌,分布于皮肌与皮肤,深支继续在肋间内、外肌之间下行,到达腹外斜肌、腹直肌和腹底部皮肤。肋间神经位于肋间动脉、静脉后方,肋间隙的前半部。

麻醉方法:针头刺入点在相应的肋骨后缘与髂肋肌上缘的水平线的交点处。若触摸髂肋肌有困难,也可从髋结节上缘引一条与脊柱平行的线,在此线的肋骨后缘刺入针头。当针尖触及肋骨后,向后退针少许再深入0.5～0.75 cm,回抽注射器若无回血,即可注射2%盐酸利多卡因溶液10 mL,然后将针头退至皮下,再注射同等量的药液(图1-3-2)。经10～15 min,沿该肋骨走向的皮肤、肌肉、骨膜均出现麻醉。此麻醉法适用于肋骨切除术。

2.腰旁神经传导麻醉

马髂部主要有3条较大的神经分布,即最后肋间神经、髂下腹神经和髂腹股沟神经。马腰旁神经传导麻醉就是同时麻醉这3条神经(图1-3-3)。

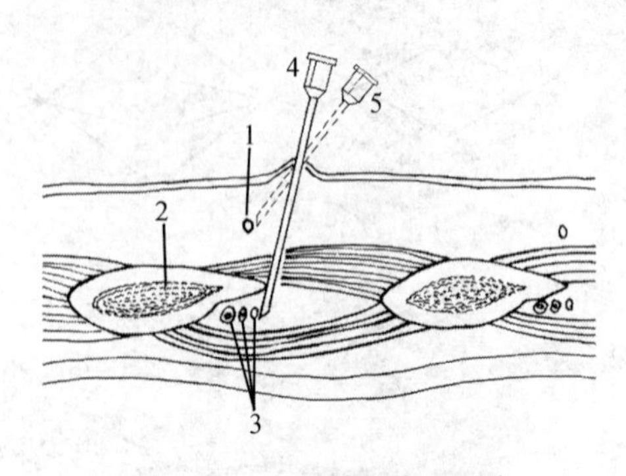

图1-3-2 肋间神经传导麻醉

1.肋间神经皮支 2.肋骨 3.肋间神经及血管
4.针刺入肋骨后缘阻滞肋间神经肌支
5.针退至皮下阻滞皮支

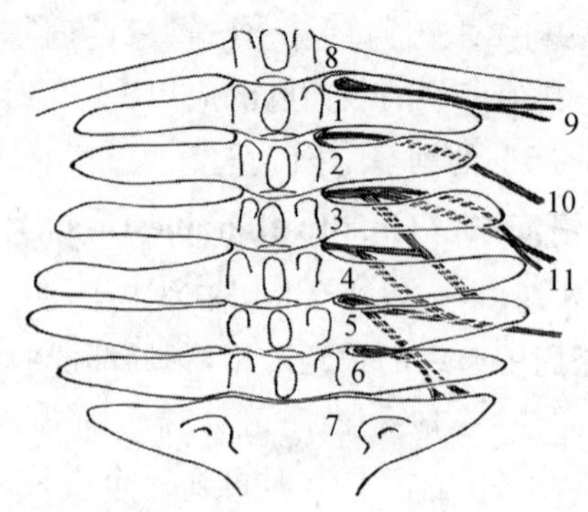

图1-3-3 腰旁神经走向示意图

1.第一腰椎横突 2.第二腰椎横突 3.第三腰椎横突
4.第四腰椎横突 5.第五腰椎横突 6.第六腰椎横突
7.荐骨 8.最后肋骨 9.最后肋间神经
10.髂下腹神经 11.髂腹股沟神经

最后肋间神经，是最后胸神经的腹侧支。外侧支沿最后肋骨后方向下外侧走，分出皮支穿通腹外斜肌，本干继续下行。内侧支在最后肋骨上部腹横肌外面，与外侧支分开，走向后下方，止于腹直肌。

髂下腹神经，是第一腰神经的腹侧支，经腰大肌背侧，向后下方延伸，在第二腰椎横突顶端的后角下方，分为内、外两支。外侧支下行成皮支，沿腹横肌外侧面向下方延伸，穿过腹内斜肌、腹外斜肌及皮肌，分布于腹侧壁和膝关节外侧的肌肉和皮肤。内侧支沿腹横肌外侧分布于腹横肌、腹直肌。

髂腹股沟神经，是第二腰神经的腹侧支，也分内、外两支，在马内、外两支均通过第三腰椎横突游离缘后角的皮下和游离缘下方 0.5 cm 处，然后通过第四腰椎横突游离缘前角的皮下和游离缘下方 0.5 cm。外支走向膝外侧的皮肤和髋结节下方的皮肤，内支走向后下方，分支到腹横肌、腹内斜肌，在腹股沟管内口附近与髂腹下神经、精索外神经汇合，分布于外生殖器的皮肤和股部内侧的皮肤。

麻醉方法：最后肋间神经　先用手触摸第一腰椎横突游离缘的前角，垂直皮肤刺入针头，深达腰椎横突游离端前角的骨面，再向前下方刺入 0.5～0.7 cm，注入 2%盐酸利多卡因溶液 10 mL 以麻醉深支(内侧支)。注射时应略向左右摆动针头，使药液扩散面增大。然后将针头退至皮下，再注射药液 10 mL 以麻醉该神经的背侧支(外侧支)。

髂下腹神经　先用手触摸寻找第二腰椎横突游离端后角，垂直皮肤刺入针头，直达横突游离端后角骨面上，再向下刺入 0.5～1 cm，注射局部麻醉药液 10 mL。然后将针退至皮下再注射局部麻醉药液 10 mL以麻醉该神经的背侧支(图 1-3-4)。

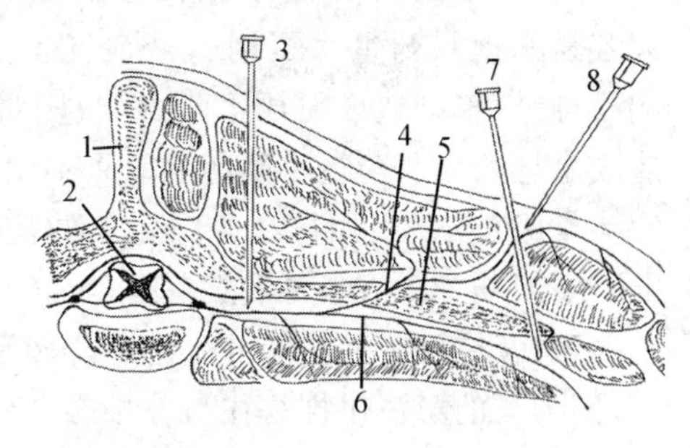

图 1-3-4　椎旁与腰旁神经阻滞刺入点

1. 棘突　2. 脊髓　3. 椎旁刺入点　4. 腰神经背侧支　5. 腰椎横突　6. 腰神经腹侧支　7. 腰旁刺入点　8. 阻滞背侧支的皮支

髂腹股沟神经　在第三腰椎横突游离端后角进针。其操作方法及注射药量同上。以上三根神经传导麻醉后，经 10～15 min 开始起效。

(四)脊髓麻醉(spinal anesthesia)

将局部麻醉药注射到椎管内，麻醉由脊髓发出的脊神经，使其所支配的区域失去痛觉的一种麻醉方式称为脊髓麻醉。根据局部麻醉药注射到椎管内的不同位置，可以将脊髓麻醉分为两种：硬膜外腔麻醉和蛛网膜下腔麻醉。

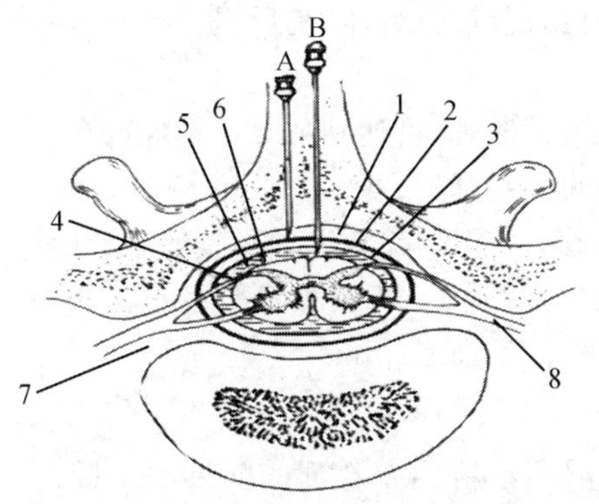

图 1-3-5　脊髓横断面结构示意图

A. 硬膜外腔注射位点　B. 蛛网膜下腔麻醉注射位点　1. 硬膜外腔　2. 脊硬膜　3. 硬膜下腔　4. 珠网膜　5. 蛛网膜下腔　6. 脊软膜　7. 椎间孔　8. 脊神经

要理解硬膜外腔麻醉和蛛网膜下腔麻醉，必须首先要熟悉椎管内脊髓的局部解剖结构(图 1-3-5)。

椎骨的椎孔贯连构成椎管，中间为脊髓；两椎骨之间两侧各有一椎间孔，脊神经由此通过。脊髓外包三层膜，外层为脊硬膜，厚而坚韧；中层为脊蛛网膜，薄而透明；内层为脊软膜，血管丰富。

脊硬膜与椎管的骨膜之间有一宽的间隙，称硬膜外腔，内含疏松结缔组织、静脉和大量脂肪。脊硬膜与蛛网膜之间的硬膜下腔狭窄，往往二膜相贴，不宜用于注射。蛛网膜与脊软膜之间有一较大的腔，称蛛网膜下腔，内含脑脊液，向前与脑蛛网膜下腔相连通。

1. 硬膜外腔麻醉

硬膜外腔麻醉(epidural anesthesia)：把麻醉药注射到椎管内的硬膜外腔，使由该处发出的脊神经所支配的区域失去痛觉的一种麻醉方式。又分为腰荐硬膜外腔麻醉和和荐尾硬膜外腔麻醉。

(1)腰荐硬膜外腔麻醉　在腰椎和荐椎之间的腰荐间隙进针，把麻醉药注射到腰荐硬膜外腔，用于腰部和后躯的手术。

注射方法：腰荐间隙部位剪毛、清洗、消毒，然后在马脊背两髂骨外角的连线与背中线交点用拇指按压，明显凹陷处即为腰荐间隙(图 1-3-6-1)。用 10～14 cm 长针头或带针芯的穿刺针，垂直刺入凹陷处中心部位皮肤，缓慢进针，穿过棘上韧带和弓间韧带时，阻力突然消失，有一种落空感，即已至硬膜外腔。

临床上不太常用，因为腰荐硬膜外腔太深，操作技术比较难，容易损伤脊髓，剂量也不大容易掌握。药量大了则药液流向前方麻醉胸段神经，轻则造成血压下降、呼吸困难；重则造成窒息死亡。药量小则麻醉效果不明显。

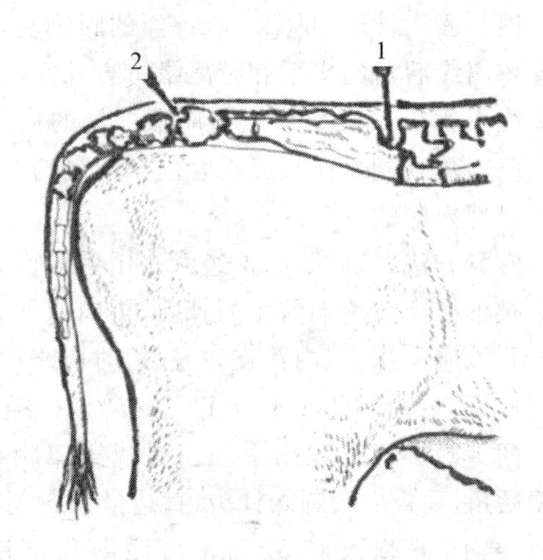

图 1-3-6　脊髓麻醉刺入点示意图

1. 腰荐硬膜外腔麻醉进针点　2. 荐尾硬膜外腔麻醉进针点

常用麻醉剂及用量：1.5%～2%的盐酸普鲁卡因或 1%～2% 的盐酸利多卡因 20～40 mL。

(2)荐尾硬膜外腔麻醉　把麻醉药注射到荐尾部硬膜外腔，但通常是在第一与第二尾椎之间，因为马的第一尾椎往往与荐椎融合到一起了，间隙小或无间隙，无法进针。荐尾硬膜外腔麻醉在临床上较为常用。

注射方法：举尾、上下晃动、指端置于尾根背部中线上，感觉固定部位与活动部位之间的横沟、中点，此处即为 1、2 尾间隙进针点(图 1-3-6-2)。术者持注射针垂直刺透皮肤，呈 45°～60°角倾斜向前下方刺入，有刺透弓间韧带的感觉，再刺入可触及尾椎骨体，稍后退注射器，回抽无血，注药无阻力，即可注药。

根据用药量的多少可分为两种情况：剂量大，则药液扩散远，可达到第二荐神经或更前方，称为前位硬膜外腔麻醉；剂量小则扩散近，称为后位硬膜外腔麻醉。

马属动物由于麻醉时站立不稳或倒地时易挣扎致伤，故很少采用前位硬膜外腔麻醉。后位硬膜外腔麻醉则常适用于难产救助以及尾、会阴、阴唇、阴道、直肠及膀胱等手术，注射剂量为：1.5%～2%的盐酸普鲁卡因或 1%～2%的盐酸利多卡因 15～20 mL。

2. 蛛网膜下腔麻醉

蛛网膜下腔麻醉(subarachnoid anesthesia)：把麻醉药注射到腰荐部的蛛网膜下腔内，使由该处发出的脊神经所支配的区域失去痛觉的一种麻醉方式。

把麻醉药注射到腰荐部的蛛网膜下腔内，进针点及应用范围同腰荐硬膜外腔麻醉，相比之下更少用。原因同腰荐硬膜外腔麻醉，并且操作技术更难，危险性更大。

用药量要比腰荐硬膜外腔麻醉低一些，因为蛛网膜下腔更接近脊髓；所用麻醉剂一般用普鲁卡因,而不用利多卡因。因为利多卡因渗透性强,可能影响脊髓。用药浓度和剂量为:3%的盐酸普鲁卡因 20～30 mL。

二、马的镇静

为了方便、安全地实施手术或其他诊疗操作,经常需要先使马镇静。但对马实施镇静较困难,一旦它感到肌肉软弱或出现共济失调,就会变得非常暴躁。以往常用水合氯醛、巴比妥、溴化物、氯丙嗪等药物,但均不十分理想。目前使用的药物,如乙酰丙嗪、地西泮等,镇静效果有了明显改善。临床诊疗要求麻醉医师既要取得满意的镇静效果,又要保持马站立。因此,正确评价马的全身情况,选择适宜的药物组合和药物剂量是关键。

(一)乙酰丙嗪

乙酰丙嗪(Acepromazine),又名乙酰普马嗪,是最常用的吩噻嗪衍生物,具有镇静、降低体温、降低血压、止吐等作用,临床上多用于镇静和麻醉前给药。局部刺激和毒性反应较小。

本药物可以静脉和肌肉注射。静脉注射 0.02 mg/kg 体重,肌肉注射 0.05 mg/kg 体重。本品与哌替啶(度冷丁)配合应用,呈现良好的解痉、镇痛作用,此时用药量可减半或为各药物常规用药量的 1/3 量。

多数马在静脉注射 2 min、肌肉注射 15 min 内出现明显镇静,30～60 min 作用达到峰值;增加药物剂量仅能延长作用时间,不能加深镇静效果。在马,药物半衰期约为 3 h。

该药物对马有一定的镇静和肌松作用,镇静马表现为低头、耷耳,精神沉郁,眼睑和嘴唇下垂,后肢交替负重或依靠在支持物上。尽管有时马表现四肢摇摆,后肢和前肢交叉姿势,但无惊恐的表现。公马用乙酰丙嗪镇静后,阴茎常脱出,需要细心保护,避免机械损伤。当镇静消失时大部分马的阴茎能自然回缩,极小部分的马阴茎需要处理后才能复位。

当用作麻醉前给药时,能延长麻醉药的作用时间,对呼吸有轻微影响,偶尔可见轻度的房室阻滞,但常见心动过速和低血压(血管舒张效应),有时出现低血容量性晕厥。

(二)地西泮

地西泮(diazepam)又名安定,本品为苯二氮卓类(BDZ)抗焦虑药,随用药量增大而具有抗焦虑、镇静、催眠、抗惊厥、抗癫痫及中枢性肌肉松弛作用。

马肌肉或静脉注射 0.1～0.6 mg/kg 体重,肌肉注射 45 min 后、静脉注射 5 min 后产生镇静、催眠和肌肉松弛作用。

本药为中枢神经抑制药,可引起中枢神经系统不同部位的抑制,随用量的加大,临床表现可自轻度镇静催眠至昏迷,但是抗焦虑作用在马不明显,不能单独使用,肌肉松弛可引起马共济失调;共济失调又可导致马惊恐。尽管地西泮的镇静效果不完全,但在马的麻醉中地西泮常与其他药物联合应用,例如,地西泮与赛拉嗪、地西泮与氯胺酮、地西泮与愈创木酚甘油醚等用药组合。

(三)赛拉嗪

赛拉嗪(Xylazine),又名二甲苯胺噻嗪、隆朋(Rompun),是一种 α_2-肾上腺素能受体激动剂,对马镇静效果好,已被广泛应用。

静脉注射 0.5～1.0 mg/kg 体重,在 2 min 内产生镇静作用,3～10 min 作用达到峰值,持续时间 1.5 h(与用药量成正比),半衰期约 50 min。马表现为低头,眼睑和嘴唇下垂,阴茎脱出，后肢交替负重或依靠在支持物上。尽管有时马表现四肢摇摆，后肢和前肢交叉姿势，但无惊恐的表现。肌肉注射 1～2 mg/kg 体重，也可达到相同效果；注射后 20 min 镇静效果达到最佳。此时可以在站立情况下完成小手术或诊疗检查。

但若静脉注射 1 mg/kg 体重以上、肌肉注射 2 mg/kg 体重以上，马出现卧地；马卧地时，先呈俯卧，后转为侧卧。用药后尽管马无痛觉，仍然对触觉非常敏感，一旦被惊动或打扰，就会有意识地准确踢蹴目标。在侧卧保定情况下，可以完成较复杂的手术操作；若术中苏醒，可以追加药量，以延长镇静、镇痛的时间。赛拉嗪也有明显的镇痛作用，可用于疝痛的止痛。但长期应用，可导致胃肠弛缓和大肠臌气。

赛拉嗪可抑制心脏传导，减慢心率，减少心搏量，降低心肌含氧量。静脉注射后马出现短暂的动脉血压升高，1～2 min 后达到顶峰；然后缓慢降到略低于麻醉前的正常水平，持续低压至少 1 h。静脉注射 1.1 mg/kg 体重，5～10 min 心输出量可下降 20%～40%，15 min 后逐渐恢复正常。对呼吸的影响表现为呼吸次数先增加后减少及呼吸加深的症状，过量用药可导致呼吸抑制。用药后 CO_2 分压增高、O_2 分压降低，即使剂量为 1～2 mg/kg 体重也不会引起严重的呼吸抑制，但因腺体分泌增加，可引起上呼吸道阻塞。其他副作用有轻度出汗、血糖升高、多尿、体温下降、兴奋子宫平滑肌等。肌肉注射后的变化与静脉注射相似，只是反应稍弱。

（四）赛拉唑

赛拉唑（Xylazole），又名二甲苯胺噻唑、静松灵，是赛拉嗪的同分异构体，也是一种 α_2-肾上腺素能受体激动剂，其化学结构和药理作用与赛拉嗪相似，注射液为其盐酸盐。

马肌肉注射 0.5～1.2 mg/kg 体重，驴 1～3 mg/kg 体重，具有良好的镇静、镇痛、肌松作用，持续时间约 1.5 h。用药后表现为打喷嚏、嗜睡、头颈下垂，站立不稳，公马阴茎脱出；剂量稍大，则出现卧地、呼吸减慢、血压微降；苏醒前常出现排尿。对体内胎儿也有类似的药理作用，剖腹产时应注意对新生驹的护理。可引起怀孕母马流产。

（五）地托咪定

地托咪定（Detomidine），是一种较新的高效 α_2-受体激动剂，已广泛应用于各种马的镇静。用药后马对触觉非常敏感，一旦清醒或惊扰，可准确踢蹴目标。

静注 10～20 μg/kg 体重，能获得良好的镇静效果，增加剂量仅能延长镇静时间，不能增加镇静深度；肌肉注射的剂量是静注的两倍；该药能通过黏膜吸收，临床上也可通过消化道给药。本品有一定的镇痛作用，0.5 mg/kg 体重赛拉嗪和 10 μg/kg 体重地托咪定联合应用，常用于马疝痛的止痛。

地托咪定产生的镇静作用与赛拉嗪相似。注射地托咪定 20 μg/kg 体重相当于赛拉嗪 1 mg/kg 体重的效果。但地托咪定的作用时间稍长，可产生持续 1 h 的深度镇静；静脉注射 10～20 μg/kg 体重后，心血管系统和呼吸系统的变化与赛拉嗪相似，常出现明显的心脏传导阻滞和心动徐缓，呼吸减慢、加深。其他副作用包括胃肠蠕动减弱、高血糖、出汗和多尿等。

（六）复合镇静

马在站立状态下，为获得可靠、安全的镇痛效果，可应用多种药物组成合剂，药物间发挥相辅相成的作用。适当的复合剂比单一用药更能产生确切、良好的效果。临床上常用的药物组合有：

1. 乙酰丙嗪与 α_2-肾上腺素能受体激动剂联合应用

乙酰丙嗪和赛拉嗪或地托咪定组合，常用于麻前给药，能延长镇静时间。先注射乙酰丙嗪，30～40 min 注射赛拉嗪或地托咪定；剂量为乙酰丙嗪 0.02～0.03 mg/kg 体重，赛拉嗪 0.3～0.5 mg/kg 体重或地托咪定 10～20 μg/kg 体重。从药理学方面考虑，这两类药不可同时应用，乙酰丙嗪常引起动物血压过低，而赛拉嗪或地托咪定引起心动徐缓，但临床资料表明，在用乙酰丙嗪镇静的马身上应用赛拉嗪或地托咪定，是安全的。

2. α_2 肾上腺素能受体激动剂与氯胺酮联合应用

可用于诱导麻醉或野外麻醉。例如，先用赛拉嗪或地托咪定，待马出现镇静反应后在注射氯胺酮；剂量为赛拉嗪 0.3～1.0 mg/kg 体重或地托咪定 5.0～20 μg/kg 体重，氯胺酮 2 mg/kg 体重。也可先用乙酰丙嗪，再用该药物组合。

3. α_2 肾上腺素能受体激动剂、地西泮、氯胺酮联合应用

可用于诱导麻醉或野外麻醉。先用 α_2 肾上腺素能受体激动剂，然后，地西泮在注射氯胺酮之前、同时或之后立即用。例如，赛拉嗪 0.3～1.0 mg/kg 体重、地西泮 0.05～0.1 mg/kg 体重、氯胺酮 2 mg/kg 体重。也可先用乙酰丙嗪，再用该药物组合。

三、马的全身麻醉

马全身麻醉前一般需要禁食 12 h 左右，但禁食时间过长易导致酸中毒和低血糖。麻醉前应进行全身情况检查，包括体温、呼吸、脉搏、心音、呼吸音、可视黏膜与口色、舌苔与口腔气味、血常规与血液生化等项目的检查，以确定病马有无心、肝、肺、肾的功能异常，选择较合适的麻醉药物与麻醉方法，并根据病情进行相应的处理。

马驹和小型马容易实施全身麻醉，可通过面罩或鼻内插管进行吸入麻醉；成年马深部插管麻醉时，在吸入麻醉前要先进行深度镇静。性情温顺的马，可直接静脉注射麻醉剂，而不用先期的深度镇静，但对性情暴躁的青年马，即使简单的静脉穿刺也需要做先前的深度镇静，并在注射镇静剂后要减少对马的干扰性操作，刺激可以降低镇静效果。

注射麻醉剂的用量，一般先用半量，若麻醉效果不理想，可反复追加几次 1/4 剂量。即使性情暴躁的马，也不能一次性注射最大剂量。马性情暴躁，但医生不能急躁。

(一)诱导麻醉

老龄马、体况差的马及患低血容量症、低蛋白血症或败血症的马，要减少麻醉药用量。实施基础麻醉或诱导麻醉可以降低麻醉药的用量，降低毒副作用。马常用的基础麻醉或诱导麻醉药物有以下几种：

1. 硫喷妥钠

硫喷妥钠(Thiopentone)属于超短时作用型的巴比妥类全身麻醉药，既可以做诱导麻醉和基础麻醉，也可以做维持麻醉。

常采用乙酰丙嗪(0.03～0.05 mg/kg 体重)作为麻醉前给药，30～40 min 后，应用 10%硫喷妥钠生理盐水溶液，以 7.5～15 mg/kg 体重的剂量给马静脉注射，25～30 s 内注射完毕，马失去意识后倒卧。在注射硫喷妥钠后立即注射琥珀胆碱(0.12 mg/kg 体重)，以产生更好的肌松效果。

也可以先静脉注射赛拉嗪(1 mg/kg 体重)或地托咪啶 15～20 μg/kg 体重，4～5 min 后再静脉注射硫喷妥钠，用量剂量减少到 5.5～7.0 mg/kg 体重，这时不需要用琥珀胆碱。

可维持 15～20 min 的麻醉，完成一些小手术，如去势术；30～40 min 后马开始苏醒。也可用于全身麻醉的诱导麻醉或基础麻醉，待马进入麻醉状态后，即行气管插管，连接吸入麻醉机

实施吸入麻醉。

2. 盐酸氯胺酮

盐酸氯胺酮(Keta mine hydrochloride)是苯环己哌啶类的衍生物,是一种分离麻醉剂。对马单独使用氯胺酮会产生很好的镇痛作用,但缺乏肌松作用,产生肌紧张、震颤,甚至抽搐,很少单独用于马的诱导麻醉和基础麻醉。

α_2-肾上腺素能受体激动剂可抑制或减轻这些不良反应。麻醉前,先注射 α_2-肾上腺素能受体激动剂,然后再注射氯胺酮,可达到良好的麻醉状态,并且苏醒快而安静;优于 α_2-肾上腺素能受体激动剂与硫喷妥钠组合。用药程序是:先静脉或肌肉注射乙酰丙嗪(0.03～0.05 mg/kg 体重)、赛拉嗪(1～1.5 mg/kg 体重)或地托咪啶(15～20 μg/kg 体重)作为麻醉前给药,待马出现明显不愿活动、闭眼、垂头、下唇松弛、呈四腿叉开站立姿势、轻度共济失调、公马阴茎轻微脱出时,再快速静脉注射 2.2 mg/kg 体重氯胺酮,马很快平稳倒卧。如果麻醉前用药不能产生上述效果,需追加 α_2-肾上腺素能受体激动剂的剂量,不能过早注射氯胺酮。或在注射 α_2-肾上腺素能受体激动剂后,颈静脉注射愈创木酚甘油醚,待马出现站立不稳、共济失调时再静脉注射氯胺酮(1.8～2.2 mg/kg体重)。在赛拉嗪注射量不足或周围环境不安静时,不能产生良好的镇静,此时再用愈创木酚甘油醚进行肌松,可以消除氯胺酮产生的震颤和僵直。

3. 埃托啡

埃托啡(Etorphine)为阿片受体的激动剂,是一种强效镇痛剂。复方埃托啡被称作大动物保定灵(Immobilon,Mgg),该复方制剂每毫升含有 10 mg 乙酰普吗嗪和 2.45 mg 埃托啡,用于马的麻醉或保定,临床应用较安全。静脉或肌肉注射的最低剂量为 0.5 mL/50 kg 体重。注射后在镇静和麻醉前常出现短暂的兴奋期,表现为肌肉震颤、抽搐,以肩部、面部和鼻唇部为明显;马僵直倒卧,严重的会出现呼吸抑制、发绀、心动过速和高血压,公马可出现阴茎勃起。随后,马进入麻醉状态。复方制剂的作用可持续 45 min 左右。有心脏病或肝脏损害的马匹慎用。

用药时需要准备好拮抗剂,以防病马反应过度或剂量过大而发生危险。拮抗剂盐酸环丙羟吗啡的用量不宜过大,否则易出现兴奋症状。

4. 吸入麻醉剂(Inhalation agents)

对马驹或性情温驯的马,可以直接用吸入麻醉剂做诱导麻醉,然后做气管插管,吸入麻醉气体,施行维持麻醉。由于马不安静和因气体散失致药物浪费,临床上较少应用。方法是常规保定、镇静后,将麻醉气体通过气管插管或吸入气体面罩送入马气管内,当马出现意识、知觉丧失后,轻轻使马倒下,取下面具,经口腔做气管插管或利用经鼻腔已插好的气管导管施行吸入麻醉(维持麻醉)。

(二)维持麻醉

维持麻醉期间,马身下的垫料要加厚,以预防肌炎;侧卧时要保护下方的咬肌和眼睛,确保面部不与笼头、脖套或手术台的锐利边缘接触,以防损伤咬肌和面神经。可将马头颈部抬高,口角放低,以保证静脉回流顺利,防止误咽。麻醉中移动马时,要维持头和颈的姿势一致,以防损伤颈部和气管。随时进行全身情况检查,包括体温、呼吸、脉搏、心音、呼吸音、可视黏膜与口色;有条件的,应进行血压、血气检测,预防异常事件的发生并对异常情况及时处理。

1. 静脉麻醉药

(1)硫喷妥钠(Thiopentone sodium)　硫喷妥钠诱导麻醉可产生 10 min 左右的麻醉。在麻醉前注射乙酰丙嗪(0.04 mg/kg 体重)、赛拉嗪(0.6～1 mg/kg 体重)或地托咪啶 15～20 μg/kg体重，然后低剂量注射硫喷妥钠，随后根据情况再补加药量，而不是初次就按照 10～15 mg/kg 体重注射。硫喷妥钠不能长时间应用，若手术时间长，应选择其他麻醉药进行维持麻醉。在其他药物的维持麻醉中，若动物出现骚动不安、意外苏醒或需要短时延长麻醉时间，可使用小剂量硫喷妥钠。例如，采用赛拉嗪、氯胺酮诱导麻醉和氟烷维持麻醉时，马有时会不断骚动，加大氟烷浓度可造成低血压，这时可注射硫喷妥钠(1～2 mg/kg 体重)；注射硫喷妥钠后，马四肢活动可很快消失。

(2)异丙酚(Propofol)　异丙酚为速效短期麻醉剂，Nolan 首先报道用其给矮马做诱导麻醉和全身麻醉，后来用于马驹和成年马。在应用赛拉嗪(0.5～1.0 mg/kg 体重)或地托咪定(10～20 μg/kg 体重)后，静脉注射 3～5 mg/kg 体重异丙酚，或再静脉注射愈创木酚甘油醚 75～100 mg/kg 体重，可产生良好的麻醉效果。

(3)美索比妥(Methohexitone sodium)　美索比妥又称为甲炔巴比妥(Methohexital)，为超短效巴比妥类麻醉药。在体内可快速代谢和排出，麻醉后恢复快，即使麻醉时间长也是如此，临床上可连续注射或间歇注射用于维持麻醉。单独应用，当达到可进行手术的麻醉效果时，美索比妥可产生明显的呼吸抑制，苏醒时反应也很剧烈，需要与其他药物联合应用，以减缓剧烈反应，延长苏醒时间。例如，先注射赛拉嗪镇静，用氯胺酮诱导麻醉，静脉注射美索比妥 0.2 mg/kg 维持麻醉，恢复平稳、安全。

(4)盐酸氯胺酮(Keta mine hydrochloride)　在 α_2 肾上腺素能受体激动剂、氯胺酮混合物诱导麻醉后再注射氯胺酮维持麻醉，有的马苏醒时有兴奋反应。若以 20 min 左右的间隔连续注射赛拉嗪(0.5～0.7 mg/kg 体重)和氯胺酮(0.9～1.0 mg/kg 体重)，注射量仅为初始剂量的一半，可以产生较好的麻醉效果。

2. 吸入麻醉剂

(1)氟烷 (Halothane)　从 1957 年氟烷用于麻醉，现已广泛用于马的维持麻醉药。其优点是：快速诱导和苏醒，诱导和苏醒中很少兴奋，可产生大多数手术需要的反射抑制和肌松，毒性小，麻醉易于控制。缺点是：心跳徐缓，动脉压和心输出量出现剂量依赖性下降，中心静脉压升高；心输出量明显下降；麻醉中马易发生明显的呼吸性酸中毒，需要进行 IPPV(Intermittent Positive Pressure Ventilation)。通过使用赛拉嗪、氯胺酮诱导，降低氟烷的吸入浓度，可减轻呼吸抑制。氟烷麻醉时，终末潮气浓度(End Tidal Concentration)为 0.7%～1.1%。如果麻醉前给药量较大，较低的终末潮气浓度就足够了；静脉注射麻醉剂后，可以使氟烷流量降低。马维持麻醉 1 h，每 kg 体重需要氟烷液体 0.05～0.18 mL。连续测量脉搏、动脉压可指示麻醉的深度。

例如，用乙酰丙嗪、赛拉嗪镇静，氯胺酮诱导麻醉，氟烷维持麻醉。麻醉结束后 30 min 左右马可重新站立；如果麻醉前仅使用乙酰丙嗪镇静，用硫喷妥钠诱导麻醉，恢复时间可能会加倍，且恢复时马常出现短时间的颤抖；加用赛拉嗪镇静，可以消除这种现象。

(2)安氟醚(Enflurane)　麻醉前给药用乙酰丙嗪，硫喷妥钠诱导麻醉后，安氟醚终末潮气浓度为 2.3%即可产生满意的手术麻醉。当终端浓度达到 4.5%时，自发呼吸停止，并可能出现严重的低动脉压。麻醉中常使用 IPPV 来预防碳酸血症；引起低血压的概率高于氟烷。采用赛拉嗪镇静、氯胺酮诱导麻醉，发生呼吸系统和心血管抑制的可能性小于乙酰丙嗪与巴比妥的组合。

马对安氟醚麻醉的安全范围很窄，安氟醚不能完全代替氟烷用于马的麻醉。安氟醚麻醉使用的蒸发器和循环吸收系统的内部容积很大，很浪费气体，如果不使用高浓度流动气体，很难达到所需麻醉浓度。因此，需要使用最大量的蒸发器并配合可重复吸收系统。当加深麻醉时，不仅产生明显的呼吸抑制，还会引起头部、颈部和前肢的异常抽搐，直至呼吸抑制时抽搐才停止；肌松药不能抑制抽搐。与氟烷相比，安氟醚麻醉苏醒快，但常引起马颤抖。

(3)异氟醚(Isoflurane) 异氟醚麻醉时，当终末潮气浓度为 1.5%时，可产生手术所需的麻醉效果。与氟烷相比，二者对呼吸和心血管系统的抑制作用相似，但呼吸抑制较严重，心输出量降低得比氟烷小；外周血管阻力降低，动脉压降低；麻醉后苏醒快。麻醉中需要进行 IPPV，以预防缺氧和高碳酸血症。当仅采用氯胺酮诱导麻醉时，苏醒不良。常用乙酰丙嗪、赛拉嗪或地托咪定镇静，氯胺酮诱导麻醉，异氟醚维持麻醉。

第二节 术前准备与消毒

对动物施术前要因地制宜，做好充足的准备工作，以保证手术有计划、有秩序顺利地进行，以防出现并发症、后遗症或医疗事故。

一、手术人员的准备

(一)手术计划的制订

由术者负责，大家一起制定，发挥大家的智慧，尽可能制订合理的手术计划，以便手术顺利地进行。遇到紧急情况可以不做书面的手术计划，但也要进行必要的意见交换，以便统一认识、分工协作。

手术计划通常包括以下几个方面的内容：①手术人员的分工。②所需药品、器械和敷料的种类和数量。③保定和麻醉方法。④术前动物的准备工作。⑤手术通路及手术进程。⑥手术方法和术中的注意事项。⑦可能发生的并发症，应该采取的预防和急救措施。⑧术后的护理和治疗。

(二)术前的组织分工

外科手术是一项集体活动，术前要有良好的分工。一般可做如下分工。

(1)术者(主刀) 手术的主要操作者和负责人。

(2)助手 按具体情况设 1～3 人，第一、第二、第三助手。职责是协助术者进行主要手术操作，处理应急情况，必要时第一助手可以代替术者继续进行手术。

(3)器械助手 术前负责手术器械及敷料的准备和灭菌工作，术中负责传递手术器械和敷料。术后负责器械和敷料的清洗和处理工作。

(4)麻醉助手 负责手术期间动物的麻醉工作，尤其是全身麻醉，不仅应该注重麻醉的实施，而且应该密切监测手术期间动物麻醉的临床体征变化情况。

(5)保定助手 负责动物的保定工作，人数要根据动物的种类、手术的性质、麻醉的方法等确定。

(6)巡回助手 术中一旦遇到特殊情况可由巡回助手帮助解决。

(三)手术人员自身的准备

手术人员在手术过程中应遵循无菌术的基本原则。手臂皮肤有破损化脓感染时，不能参加手术。手术人员的手臂准备应做到以下几点：

首先，手术人员更衣。术前要换穿手术室准备的灭菌的衣裤和鞋，戴好灭菌的手术帽和口罩，手术帽应将头发完全遮住。第二，手臂的清洁和洗刷。将指甲剪短磨光，去除甲缘下的污物，用肥皂水反复刷洗。第三，手臂的浸泡消毒。常用的消毒剂有75% 酒精、0.1%新洁尔灭和7.5%的聚乙烯酮碘溶液，浸泡至少5 min。最后，穿手术服戴手套。手臂用灭菌纱布擦干后穿上灭菌的手术服，戴上无菌手套。手臂消毒完毕后保持拱手姿势，不应下垂和随意摆动，也不可再接触未经消毒的物品。否则，应重新洗手和消毒。

二、术前马匹的准备

（一）术前患病马匹的检查

首先了解病史和发病原因，并且要对马匹进行全面的检查，根据所了解的情况制定合理的术前准备和手术计划。

（二）患病马匹的准备

手术视疾病情况而分为紧急手术、择期手术和限期手术三者。紧急手术如大创伤、大出血、胃肠穿孔和肠胃阻塞等。手术前准备要求迅速而及时，绝不能因为准备而延误手术时机。择期手术是指手术时间的早与晚可以选择，又不致影响治疗效果，如十二指肠溃疡的胃切除手术，有充分时间做准备。限期手术如恶性肿瘤的摘除，当确诊之后应积极做好术前准备，又不得拖延。

马匹在术前经彻底检查后，为了手术的顺利进行和术后的康复，对于非紧急手术和择期手术，根据具体情况可在术前进行以下准备工作：

1. 马匹体表的清扫和刷拭

手术前要对马匹体表被毛进行清扫、刷拭，以减少术部污染的机会。

2. 马匹术前治疗

根据病情的需要，患病马匹可给予强心补液、抗菌消炎等，以缓和病情，增强机体免疫力和预防术后感染。

3. 胃肠减压

对于有可能激发胃肠臌气，或已经发生臌气的疾病，为避免手术中胃肠压迫膈肌影响呼吸，便于腹腔探查的进行，促进术后胃肠蠕动机能的恢复，可采取胃肠的穿刺放气、导胃、洗肠或内服止酵剂等措施进行胃肠减压。

4. 肌注阿托品

阿托品可抑制唾液分泌和胃肠蠕动，调节心率，可以不同程度地降低全身麻醉剂对心血管的毒副作用。对于以下情况术前应先注射阿托品（用常规剂量）：①有食管阻塞的病例，②需要全身麻醉的马匹。

5. 预防性止血

对于有大出血可能的某些手术，如颈部手术，鼻腔手术等或自然凝血素质较差的马匹，术前应采用预防性止血措施。

6. 清肠、导尿

有些手术若在后躯、臀部、肛门、外生殖器、会阴及尾部，为防止施术时粪尿污染术部，可考虑在术前一定时间进行清肠和导尿，但是，绝对不可在手术前 2 h 内进行灌肠，否则将会在手术时频频排便，反而造成污染。

7. 术前禁食和禁水

一般情况下，多数大马匹以术前禁食 12 h 为宜，禁水不超过 6 h 即可以满足要求。

(三)患病马匹术部的准备

患病马匹术部的准备通常分为三个步骤：除毛、消毒和隔离。

1. 术部除毛

在施术区域用机械法或化学法将被毛剪短剃净或脱净。除毛范围要以预计切口线为中心，向四周除毛 20～25 cm。除毛以后，对除毛区进行擦洗，先用肥皂水，然后用清水冲干净。

2. 术部消毒

首先对除毛的术部用 1%～2%来苏儿或 0.1%的洗必泰、新洁尔灭等消毒液擦洗并擦干，周围大面积的被毛用消毒液擦湿，既起到一定的消毒作用，又可以防止被毛和尘土飞扬。

术部经以上处理后，再用 2%～5%的碘酊和 75%的酒精进行消毒。方法是：先用碘酊涂擦 2 遍，再用 75%酒精脱碘 2 次，或者采用酒精-碘酒-酒精的顺序。涂擦碘酊和酒精时，对于洁净部位，应以预计切口线为中心，自内向外涂擦，已接触了外周的棉球不可再返回中心部位(图 1-3-7)。对已有感染的伤口或肛门等污染部位则应自外周开始向中心同心圆涂擦(图 1-3-8)。

图 1-3-7 洁净部位的术部消毒

图 1-3-8 污染部位的术部消毒

3. 术部隔离

手术部位消毒后，根据手术的需要，选择适宜大小的灭菌手术巾，将消毒后的术部与周围的被毛、皮肤隔离，用巾钳将手术巾固定在皮肤上，仅在中央露出切口部位，减少污染机会。

也可以用 4 块方布组成手术巾，使用时，在预计切口的上、下、左、右，按顺序覆盖。

注意：手术巾一经铺下后，只允许自手术区向外移动，不可向内移动。

三、手术场所的选择准备

手术一般应该在手术室内进行。由于条件所限，基层兽医站多数没有手术室，但遇到实际病例，也不得不做手术。实践证明，即使在一般的房舍，甚至室外场地上(要求尽量避风避雨，地面还要洒水或喷消毒液，避免尘土飞扬），只要事先做好充分的准备，努力创造条件，手术时严格遵守灭菌操作规程，同样可以成功地做好较大的手术。手术室常用的消毒方法有以下几种：

(一)喷雾消毒法

手术场所的消毒最简单有效的方法是使用2%～3%来苏儿或5%石炭酸溶液喷雾消毒，但是消毒后的手术室应该注意通风换气，以排出刺激性的气体。

(二)紫外线消毒法

紫外线消毒空气，需要关闭门窗照射1～3 h，因为距光源60 cm内效果才比较好，所以如用此法消毒时间短，则效果不理想。只有较长的时间才有可能把室内所有空气消毒一遍。

(三)熏蒸消毒法

1. 乳酸蒸气消毒法

此法室内的相对湿度要在60%以上，如果湿度过低，应先洒水。用40%乳酸，按每100 m^3空间250 mL加热熏蒸60 min，同时要关闭门窗。

2. 甲醛消毒法

消毒效果比较好但刺激性太大。

(1)加热消毒法　常用40%的甲醛，每立方米空间用2 mL，加等量的水加热蒸发，紧闭门窗4h，然后打开门窗，放走刺激性气体，再关闭门窗。

(2)氧化法　用40%甲醛，每立方米空间2 mL，再加入高锰酸钾粉2 g，稍微搅拌一下，立即就沸腾放出甲醛气。密闭时间/方法同加热法。

四、手术器械及敷料的消毒

1. 煮沸消毒

常用的消毒方法，除要求速干的物品(如棉花、纱布、敷料等)外，可广泛应用于多种物品消毒。一般煮沸30 min即可将细菌杀灭，但被细菌芽孢污染的器械和物品需至少煮沸1 h。如在水中加入碳酸氢钠，使之成为2%碱性溶液，沸点可提高至102～105℃，灭菌时间至少缩短10 min。

2. 高压蒸汽灭菌法

应用最普遍，效果最可靠。将需要灭菌物品放入高压蒸汽灭菌器中，常用的蒸汽压力为0.1～0.137 MPa，温度可达121.6～126.6℃，维持30 min左右，能杀灭所有的病原微生物，包括具有顽强抵抗力的细菌芽孢，是比较可靠的灭菌方法。

3. 化学药品消毒法

作为灭菌的手段，化学药品消毒法并不理想，尤其对细菌的芽孢往往难于杀灭。但化学药品消毒法不需要特殊的设备，使用方便，尤其是对于某些不宜用热力灭菌的用品，仍不失为有用的补充消毒手段。

常用的化学药品有以下几种：

(1)0.1%苯扎溴铵(又称新洁尔灭)　常用于浸泡消毒手臂、器械等。常用于刀片、剪刀、缝针的消毒，浸泡时间为30 min，每1 000 mL的0.1%苯扎溴铵溶液中加入医用亚硝酸钠

5 g,配成“防锈苯扎溴铵溶液”,有防止金属器械生锈的作用。

(2)70%酒精　用于浸泡器械,特别适用于有利刃的器械,浸泡时间不少于 30 min,可达到理想的消毒效果,用前要用灭菌生理盐水冲洗。

(3)1%的煤酚皂溶液和10%甲醛溶液　均可用于金属器械、塑料薄膜、橡胶制品及各种导管的消毒,浸泡时间为 30 min,用前要用灭菌生理盐水冲洗。

(4) 2%戊二醛溶液　用途与苯扎溴铵溶液相同,但灭菌效果更好,浸泡时间为 30 min。

(5)聚乙烯酮碘　又称碘伏,是一种新型的外科消毒药,常用 7.5%溶液消毒皮肤,1%～2%溶液消毒阴道,0.55%容易以喷雾方式用于鼻腔、口腔、阴道黏膜的防腐。

4. 火焰灭菌法

在搪瓷盘中放入 95%酒精,点燃可将搪瓷器械盘和其中的金属器械灭菌,此方法灭菌效果确实可靠,但是久而久之会使金属手术器械变钝和失去光泽。

第三节　手术治疗

在外科治疗中,手术和非手术疗法是相互补充的,但是手术是外科综合治疗中重要的手段和组成部分。手术的种类很多,在手术治疗中,要根据不同的病情和疾病的性质采取不同的手术。

一、手术的分类

手术的分类方法很多,按手术的性质和内容可以划分为以下几类:

(一)根治手术和姑息手术

根治手术是彻底消除病原和病根的手术,它不仅能消除疾病的症状,而且能彻底根治疾病(如剖腹产术)。姑息手术是以缓解或消除症状为主要目的手术。

(二)紧急手术和非紧急手术

紧急手术是指在病情急,并且危及马匹生命的情况下,为抢救病马而进行的手术。如气管切开术、尿道切开术和膀胱穿刺术。

非紧急手术是指病情比较缓和,可以安排在适宜的时间进行的手术。例如:良性肿瘤切除术、幼畜的脐疝手术、去势术等。

(三)无菌手术和污染手术

无菌手术是指在无菌条件下,对既无污染也无感染的组织进行的无菌手术操作。污染手术是指在有菌条件下,对已经污染或感染的组织进行的染菌手术操作。脓肿、蜂窝织炎的切开排脓都属于污染手术。值得一提的是,有些手术既有无菌手术过程,又有污染手术过程,例如:胃肠切开手术,胃肠切开前是无菌手术,胃肠切开后是污染手术,处理完胃肠后换去所有被污染的器械、手术巾,严格对被污染的手和术部进行消毒,要设法重新转入无菌手术。

(四)观血手术和无血手术

观血手术是切开机体的组织,能看到血液外流的手术。大部分手术都是观血手术。

无血手术是指无须切开机体的组织,不见血液外流的手术。如无血去势、骨折和脱臼的整复手术等。

（五）小手术与大手术

这两个是相对而言的，一般的来说，对组织损伤小、手术操作简单的都属于小手术。反之，则为大手术。

二、手术的内容

外科手术主要包括三个步骤：打开手术通路、主手术、闭合切口。

（一）打开手术通路

打开手术通路目的是显露病变器官和病灶（诊断或治疗疾病）或目的组织（科学研究），便于进行主手术，是进行主要手术操作的先决条件。切口的选择应该遵循以下原则：①切口部位应该距离病变组织最近，便于显露病变组织和进行手术操作；②方向应尽量有利于手术后的愈合；③切口的长度应以充分显露病变组织，并且以最小程度地损伤活组织为原则；④避免损伤大血管、神经干和腺体输出管。

（二）进行主手术

这是手术的主要部分，是对患病的器官、组织进行手术处理。例如：患病肠管的切除、变位胃肠的整复等。

（三）闭合切口

就是缝合切口，便于切开组织愈合到一起。

手术一般分为这三个步骤，但并不是每个手术都是这样，有的手术只有其中一步或两步。例如创伤的缝合术只有其中的一个步骤，即清创与缝合；另外有的手术其打开手术通路和主手术是一致的，例如：瘘管的切除和脓肿的切开、体表肿瘤的切除等。

第四节　术后护理

一、一般护理的注意事项

1. 麻醉苏醒

马全身麻醉手术后应该尽快苏醒，过多拖长时间，能导致某些并发症。在全身麻醉未苏醒之前，设专人看管，苏醒后辅助站立，避免撞碰和摔伤。在吞咽功能未完全恢复之前，绝对禁止饮水、喂饲，以防止误咽。

2. 保温

全身麻醉后的马体温降低，最好给马披上毯子或马衣，注意保温，防止感冒。

3. 监护

术后 24 h 内严密观察马匹的体温、呼吸和心脏功能的变化，若发现异常，要尽快找出原因。对较大的手术要注意评价马匹的水和电解质变化，若有失调，及时给予纠正。

4. 术后并发症

注意早期休克、出血、窒息等严重并发症，有针对性地给予处理。

二、预防和控制感染

手术创感染决定于无菌技术的执行和病马对感染的抵抗能力。而术后护理不当也是继发感染的重要原因，为此要保持周围环境和马匹的清洁，可减少继发感染。抗菌药物的应用对预防和控制术后感染，提高手术的治愈率，有重要意义。对于感染可能性较大的手术，术前就应该全身应用抗生素。关于抗生素的应用，首先要对病原菌进行了解，在没有做药物敏感试验的条件下，使用广谱抗生素是合理的。抗生素绝不可滥用，对严格执行无菌操作的手术，不一定使用抗生素。这不只是为了减少浪费，还可避免周围环境中具有抗药性菌株增加。

三、注意补充维生素

为了促进上皮的生长，可给患畜补充维生素 A；为促进骨骼的愈合，可补充维生素 D；为纠正术后胃肠机能的紊乱，可给动物补充维生素 B_1、维生素 B_2；为促进创口愈合，可给马匹补充维生素 C。

四、加强病马的饲养

手术给马匹造成了一定程度的组织损伤、出血和体液的丢失等，这些因素均可影响术后的饮食欲，使营养摄入减少。而此时机体由于疾病康复的需求，机体对营养的需要量反而增加。因此，术后护理要有合理的营养补给。

消化道手术，术后 1～3 d 禁止饲喂干硬的草料，静脉补糖对于大马匹来说解决不了多大问题，最好是让马匹少吃一些柔软的草料，或者青绿饲料，或者喂给半流质的食物；不能自己采食的，可以用胃导管灌服，起码应灌入口服补液盐，再逐步转变为日常饲喂。

对非消化道手术，术后食欲良好者，一般不限制喂饮，但一定要防止暴饮暴食。应根据病情逐步恢复到日常用量。

五、适当运动

术后要保持安静，能活动的病马 2～3 d 后就可以户外活动，早期适当的运动能促进胃肠蠕动，帮助消化，改善血液循环，有利于疾病的康复。所以，术后马匹如果能走动，在第 2～3 天内就应该让其自由活动或适当牵遛。注意：牵遛时开始时间宜短，以后逐渐增加时间，要慢慢地走，以减少能量的消耗。重症起立困难的应多加垫草，每日要帮助其翻身 2～4 次，禁止造成褥疮。而对于四肢的手术，则应限制马匹过早的运动。

第五节 手术基本操作

一、常用外科手术器械和缝合材料

外科手术器械是施行手术必需的工具。手术器械的种类、式样和名称虽然很多，但其中有一些是各类手术都必须使用的常用器械。熟练地掌握这些器械的使用方法，规范化的手术基本操作至关重要，是外科手术的基本功。

常用的基本手术器械有手术刀、手术剪、手术镊、止血钳、持针钳、缝针、创巾钳、肠钳、牵开器、有沟探针等，现分述如下。

（一）手术刀

主要用于切开和分离组织，有固定刀柄和活动刀柄两种。活动刀柄手术刀由刀柄和刀片两部分构成。装刀方法是用止血钳或持针钳夹持刀片，装置于刀柄前端的槽缝内（图1-3-9）。

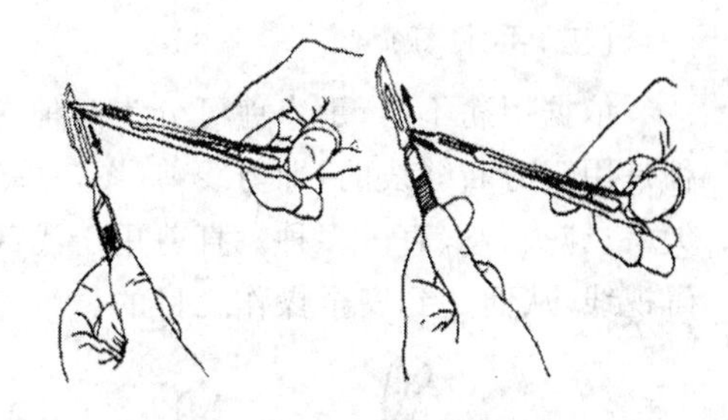

图1-3-9　手术刀片的装取方法

为了适应不同部位和性质的手术，刀片有不同大小和外形；刀柄也有不同的规格，常用的刀柄规格为4、6、8号，这三种型号刀柄只安装19、20、21、22、23、24号大刀片，3、5、7号刀柄安装10、11、12、15号小刀片，不能混装于不同型号的刀柄上。按刀刃的形状可分为圆刃手术刀、尖刃手术刀和弯形尖刃手术刀等。

使用手术刀的关键在于锻炼稳重而精确的动作，执刀的方法必须正确，动作的力量要适当。执刀的姿势和动作的力量根据不同的需要有下列几种（图1-3-10）：

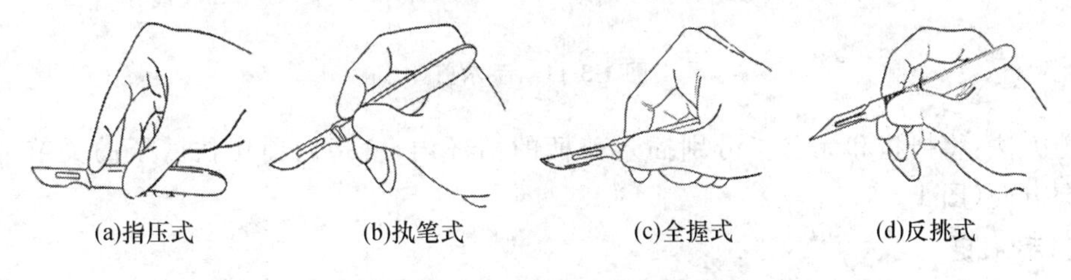

(a)指压式　(b)执笔式　(c)全握式　(d)反挑式

图1-3-10　常用执手术刀姿势

1. 指压式（卓刀式）

为常用的一种执刀法。以手指按刀背后1/3处，用腕与手指力量切割。适用于切开皮肤、腹膜及切断钳夹组织。

2. 执笔式

如同执钢笔，动作涉及腕部，力量主要在手指，需用小力量短距离精细操作，用于切割短小切口，分离血管、神经等。

3. 全握式（抓持式）

力量在手腕。用于切割范围广，用力较大的切开，如切开较长的皮肤切口、筋膜、慢性增生组织等。

4. 反挑式（挑起式）

即刀刃由组织内向外面挑开，以免损伤深部组织，如腹膜切开。

根据手术种类和性质，虽然采用不同的执刀方式，但不论采用何种执刀方式，拇指均应放在刀柄的横纹或纵槽处，食指稍在其他指的近刀片端，以稳住刀柄并控制刀片的方向和力量，握刀柄的位置高低要适当，过低会妨碍视线，影响操作，过高会控制不稳。在应用手术刀切开或分离组织时，除特殊情况外，一般要用刀刃突出的部分，避免用刀尖插入深层看不见的组织内,从而误伤重要的组织和器官。在手术操作时,要根据不同部位的解剖,适当地控制力量和深度,否则容易造成意外的组织损伤。

手术刀的使用范围,除了刀刃用于切割组织外,还可以用刀柄作组织的钝性分离,或代替骨膜分离器剥离骨膜。

(二)手术剪

依据用途不同,手术剪可分为两种,一种是沿组织间隙分离和剪断组织的,即组织剪;另一种是用于剪断缝线的,即剪线剪(图 1-3-11)。为了适应不同性质和部位的手术,组织剪又分为尖头、钝头、弯、直等多种。直剪用于浅部手术操作,弯剪用于深部组织分离,使手和剪柄不妨碍视线,从而达到安全操作之目的。

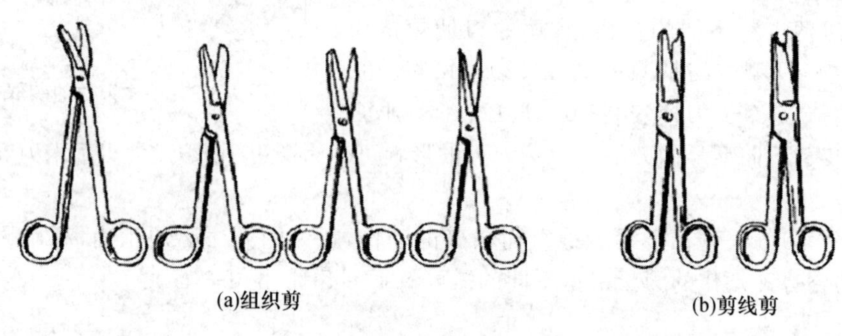

图 1-3-11 手术剪

执剪方法:将拇指和无名指分别插入剪柄的两环内,食指向前压住剪子的关节部(活动轴),掌握方向(图 1-3-12)。

(三)手术镊

用于夹持、稳定或提起组织以利切开及缝合。有不同的长度,镊的尖端分有齿及无齿(平镊),可按需要选择。有齿镊损伤性大,用于夹持坚硬组织。无齿镊损伤性小,用于夹持脆弱的组织及脏器。精细的尖头平镊对组织损伤较轻,用于血管、神经、黏膜手术。执镊方法是用拇指对食指和中指执拿,执夹力量应适中(图 1-3-13)。

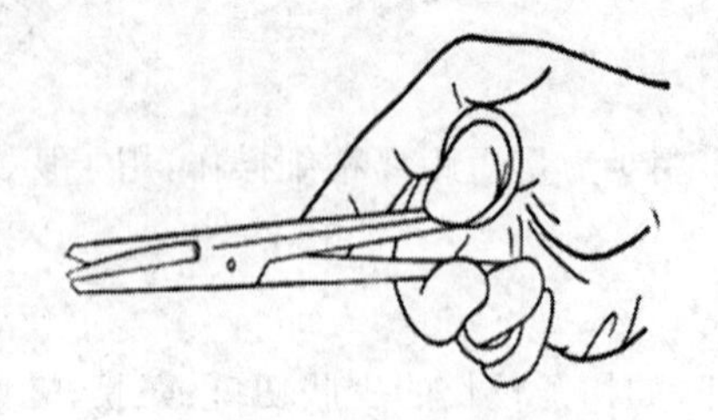

图 1-3-12 执手术剪的姿势

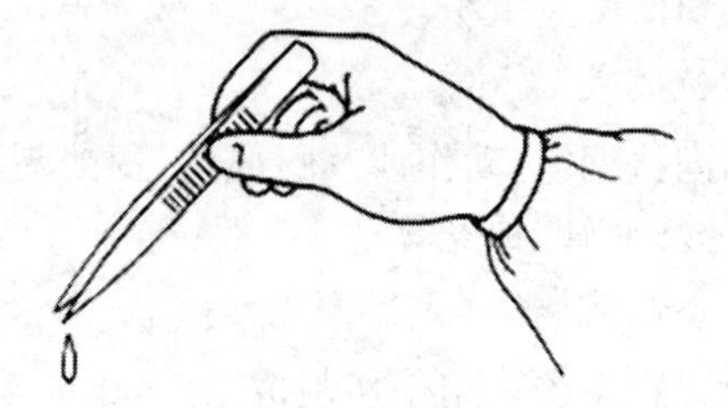

图 1-3-13 执手术镊子的姿势

(四)止血钳

又名血管钳,主要用于夹住出血部位的血管或出血点进行钳夹止血,也用于分离组织、牵引缝线。止血钳一般有弯、直两种,并分大、中、小等不同规格(图 1-3-14)。直钳用于浅表组织和皮下止血,弯钳用于深部止血,最小的一种蚊式止血钳,用于眼科及精细组织的止血。用于血管手术的止血钳,齿槽的齿较细,较浅,弹力较好,对组织压榨作用和对血管壁及其内膜的损伤亦较轻，称“无损伤”血管钳。止血钳尖端带齿者为有齿止血钳，多用于夹持较厚的坚韧组织。

任何止血钳对组织都有压榨作用，只是程度不同，所以不宜用于夹持皮肤、脏器及脆弱组织。执拿止血钳的方式与手术剪相同。松钳方法：用右手时，将拇指及第四指插入柄环内捏紧使扣分开，再将拇指内旋即可；用左手时，拇指及食指持一柄环，第三、四指顶住另一柄环，二者相对用力，即可松开(图 1-3-15)。

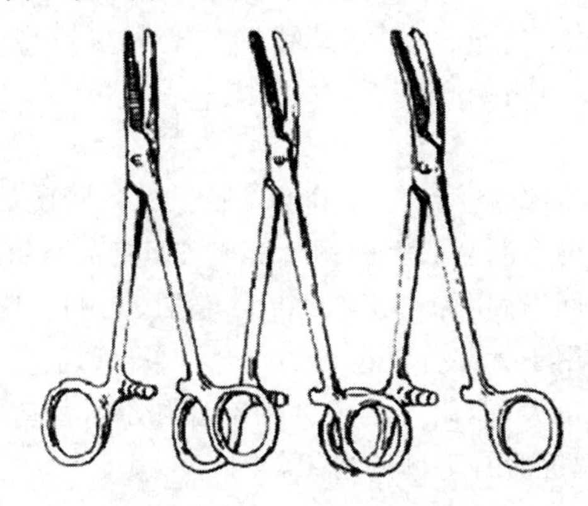

图 1-3-14　各种类型止血钳

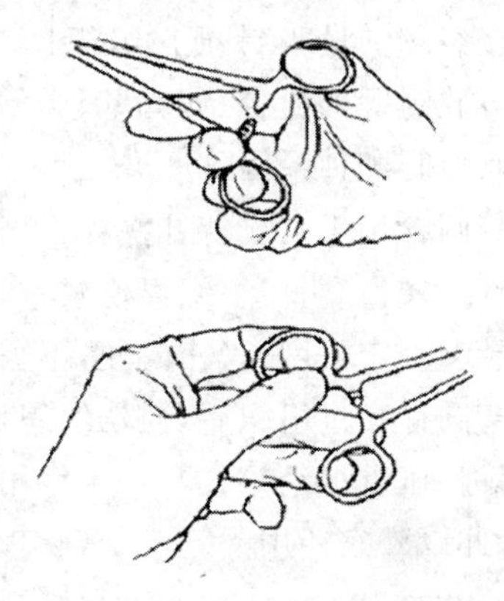

图 1-3-15　松止血钳的方法

(五)持针钳

又名持针器，用于夹持缝针缝合组织，有握式持针钳和钳式持针钳两种(图 1-3-16)，兽医外科临床常使用握式持针钳。使用持针钳夹持缝针时，缝针应夹在靠近持针钳的尖端，若夹在齿槽床中间，则易将针折断。一般应夹在缝针的针尾 1/3 处，缝线应重叠 1/3(图 1-3-17)，以便操作。

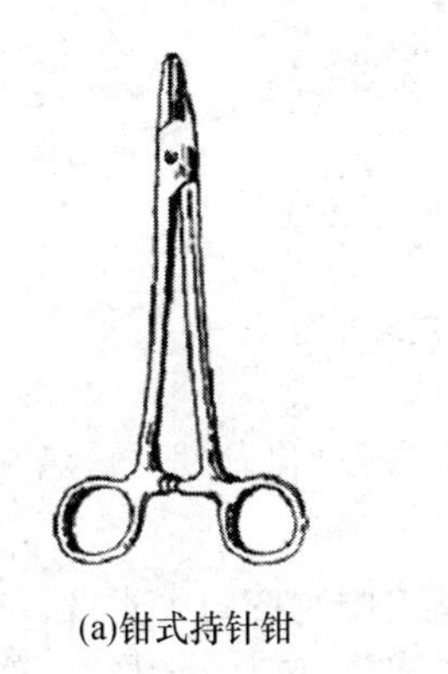

(a)钳式持针钳　(b)握式持针钳

图 1-3-16　持针钳

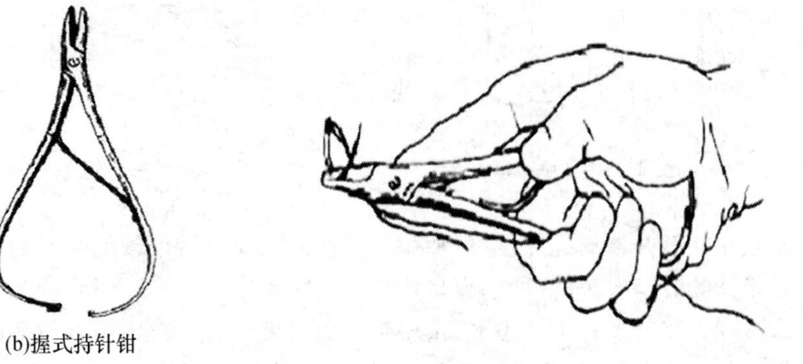

图 1-3-17　握式持针钳执法

(六)缝合针

主要用于闭合组织或贯穿结扎。缝合针分为两种类型，一是带线缝合针或无眼缝合针，针线一体，针尾较细，仅单股缝线穿过组织，缝合孔道较细，缝合对组织损伤小，又称为“无损伤缝针”。这种缝合针有特定包装，保证无菌，可以直接利用。多用于血管、肠管缝合。另一是有眼缝合针，这种缝合针可重复利用。有眼缝合针以针孔不同分为穿线孔缝合针、弹机孔缝合针；依据针尖的形状分为圆针和三棱针（图 1-3-18）；依据针身可以分为直针和弯针。

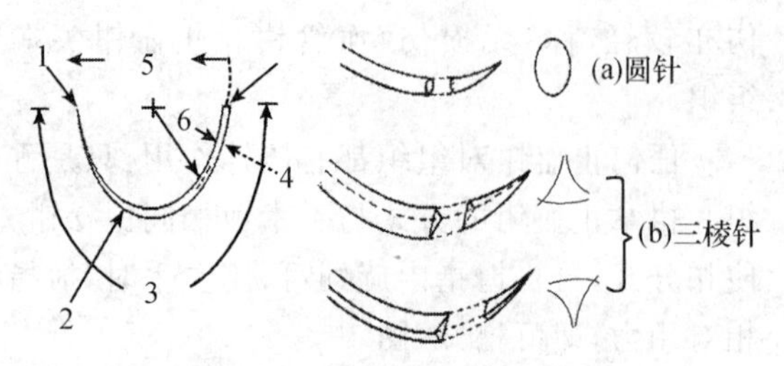

图 1-3-18　缝针的构造

1. 针尖　2. 针体　3. 针长　4. 直径　5. 针弦长　6. 半径

缝合针规格分为直形、1/2 弧形、3/8 弧形和半弯形。缝合针尖端分为圆锥形和三角形。三角形针有锐利的刃缘，对组织损伤重，能穿过较厚致密组织。圆形针损伤组织比较轻，适用于大部分软组织的缝合，如胃壁、肠壁、子宫、腹膜、肌肉、血管和神经等。

直形圆针用手直接持针操作，此法动作快，操作空间较大，用于胃肠、子宫、膀胱等缝合。直三角针比较锋利，但组织损伤较重，主要用于缝合断裂肌腱和韧带等比较坚韧的组织。

弯针有一定弧度，操作灵便，不需要较大空间，适用深部组织缝合。弯针需用持针器夹持操作。弯圆针穿过组织后，损伤组织比较轻，适用于大部分软组织的缝合，如胃壁、肠壁、子宫、腹膜、肌肉、血管神经等。弯三角针用途比直三角大，能用直三角针的部位几乎都能改用弯三角针，除此以外它还用于缝皮肤，软骨、瘢痕组织等所有坚韧的组织，

（七）牵开器

或称拉钩，用于牵开术部表面组织，加强深部组织的显露，以利于手术操作。根据需要有各种不同的类型，总的可以分为手持牵开器（图 1-3-19）和固定牵开器两种（图 1-3-20）。

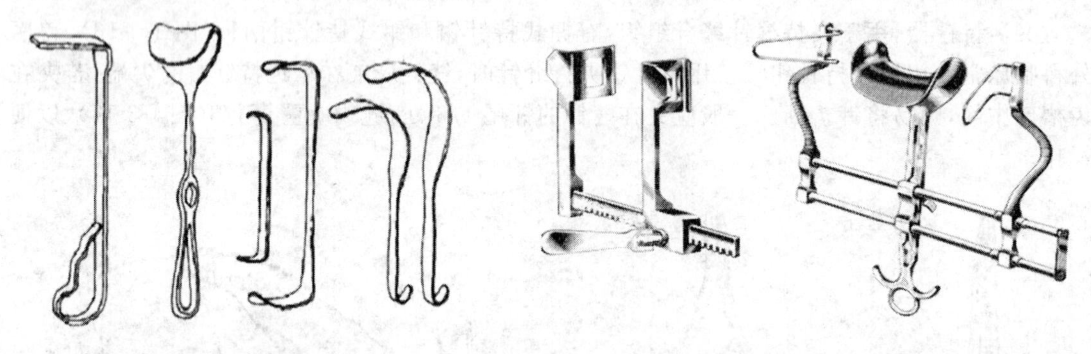

图 1-3-19　手持牵开器　　　　图 1-3-20　固定牵开器

手持牵开器的优点是，可随手术操作的需要灵活地改变牵引的部位、方向和力量。缺点是手术持续时间较久时，助手容易疲劳。

固定牵开器有不同类型，用于牵开力量大、手术人员不足、或显露不需要改变的手术区。

使用牵开器时，拉力应均匀，不能突然用力或用力过大，以免损伤组织。必要时用纱布垫将拉钩与组织隔开，以减少不必要的损伤。

（八）巾钳

用于固定手术巾，有数种规格（图 1-3-21）。使用方法是连同手术巾一起夹住皮肤，防止手术巾移动，以及避免手或器械与术部接触。

（九）肠钳

用于肠管手术，以阻断肠内容物的移动、溢出或肠壁出血。肠钳结构上的特点是齿槽薄，

弹性好，对组织损伤小，使用时须外套乳胶管，以减少对组织的损伤（图 1-3-22）。

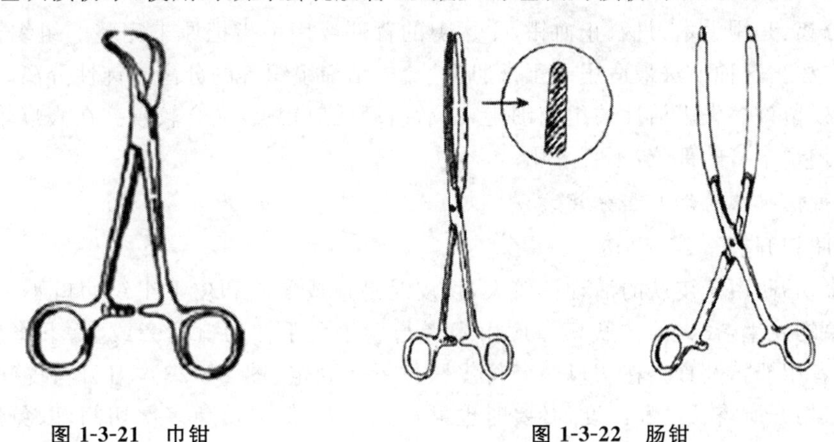

图 1-3-21 巾钳　　图 1-3-22 肠钳

（十）缝合材料

用于闭合组织和贯穿结扎血管，分为组织黏合剂和缝合线。最广泛使用的组织黏合剂是腈基丙烯酸酯。缝合线又分为吸收和不吸收两类。可吸收缝合线分为动物源性和合成的两大类，前者主要为肠线，后者主要为聚乙醇酸缝合线。不吸收缝合线主要有丝线、棉线、尼龙线、合成线和不锈钢丝等。

（十一）探针

分普通探针和有沟探针两种。用于探查窦道，借以引导进行窦道及瘘管的切除或切开。在腹腔手术中，常用有沟探针引导切开腹膜。

在施行手术时，所需要的器械较多。为了避免在手术操作过程中刀、剪、缝针等器械误伤手术操作人员和争取手术时间，手术器械须按一定的方法传递。器械的整理和传递是由器械助手负责，器械助手在手术前应将所用的器械分门别类依次放在器械台的一定位置上，传递时器械助手须将器械之握持部递交在术者或第一助手的手掌中，例如传递手术刀时，器械助手应握住刀柄与刀片衔接处的背部，将刀柄端送至术者手中，切不可将刀刃传递给术者，以免刺伤。传递剪刀、止血钳、手术镊、肠钳、持针钳等，器械助手应握住钳、剪的中部，将柄端递给术者。在传递直针时，应先穿好缝线，拿住缝针前部递给术者，术者取针对应握住针尾部，切不可将针尖传给操作人员。

二、组织切开与分离

组织切开（组织分离、组织切割）是指用机械方法，根据手术的需要和局部解剖及生理特点，把原来完整的组织切开或分离的方法。包括软组织的切开与分离和硬组织的分割。

（一）软组织的切开与分离

软组织的切开与分离技术是显露深部组织和游离病变组织的重要步骤。软组织的切开与分离方法有锐性切开和钝性分离两种。

1. 分离的操作方法

锐性切开：是用手术刀或手术剪的刃部在直视情况下把原来完整的组织切开的一种组织分离方法。锐性切开对组织损伤较小，术后反应也少，愈合较快。但必须熟悉解剖，在直视下辨明组织结构时进行，动作要准确、精细。适合于多数软组织的切开。

钝性分离：是用手术刀柄、止血钳、手术剪的背部或用手指把原来完整的组织分开的一种组织分离方法。这种方法最适用于正常肌肉、疏松结缔组织等的分离。钝性分离时，组织损伤较重，往往残留许多失去活性的组织细胞，术后组织反应较重，愈合较慢。在瘢痕较大、粘连过多或血管、神经丰富的部位，不宜采用。

2. 不同软组织的切开和分离方法

(1)皮肤切开法

①紧张切开：由于皮肤的活动性较大，切皮时易造成皮肤和皮下组织切口不一致，为了防止上述现象的发生，较大的皮肤切口应由术者与助手用手在切口两旁或上、下将皮肤展开固定，或由术者用拇指及食指在切口两旁将皮肤撑紧并固定(图 1-3-23)，刀刃与皮肤垂直，用力均匀地一刀切开所需长度和深度，必要时也可补充运刀，但要避免多次切割，以免切口边缘参差不齐，影响创缘对合和愈合。

②皱襞切开：在切口的下面有大血管、大神经、分泌管和重要器官，而皮下组织甚为疏松，为了使皮肤切口位置正确且不误伤其下部组织，术者和助手应在预定切线的两侧，用手指或镊子提拉皮肤呈垂直皱襞，并进行垂直切开(图 1-3-24)。

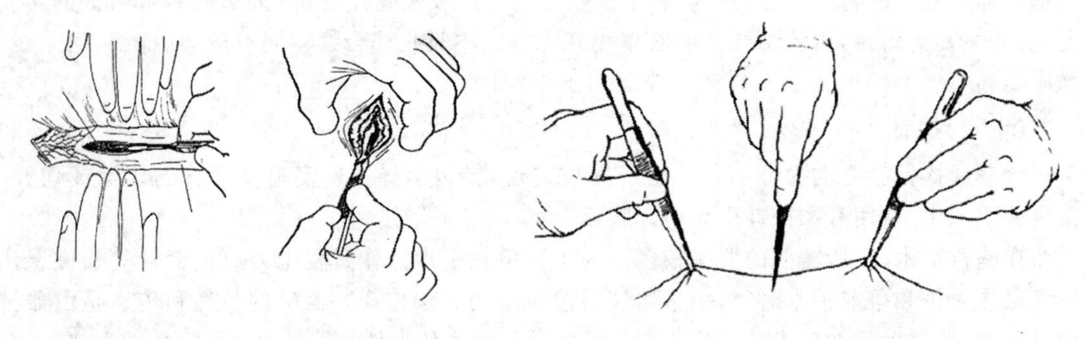

图 1-3-23　皮肤紧张切开法　　**图 1-3-24　皮肤的皱襞切开法**

在施行手术时，皮肤切开最常用的是直线切口，既方便操作，又利于愈合，但根据手术的具体需要，也可作下列几种形状的切口：

梭形切开：主要用于切除病理组织(如肿瘤、瘘管、放线菌病灶)和过多的皮肤。

“Π”形或“U”形切开：多用于脑部与副鼻窦手术中的圆锯术。

“T”形及“十”字形切开：多用于深部组织充分显露和摘除。

(2)皮下疏松结缔组织的分离　皮下结缔组织内分布有许多小血管，故多用钝性分离。方法是先将组织刺破，再用手术刀柄、止血钳或手指进行剥离。

(3)筋膜和腱膜的分离　用刀在其中央作一小切口，然后用弯止血钳在此切口上、下将筋膜下组织与筋膜分开，沿分开线剪开筋膜。筋膜的切口应与皮肤切口等长。若筋膜下有神经血管，则用手术镊将筋膜提起，用反挑式执刀法作一小孔，插入有沟探针，沿针沟外向切开。

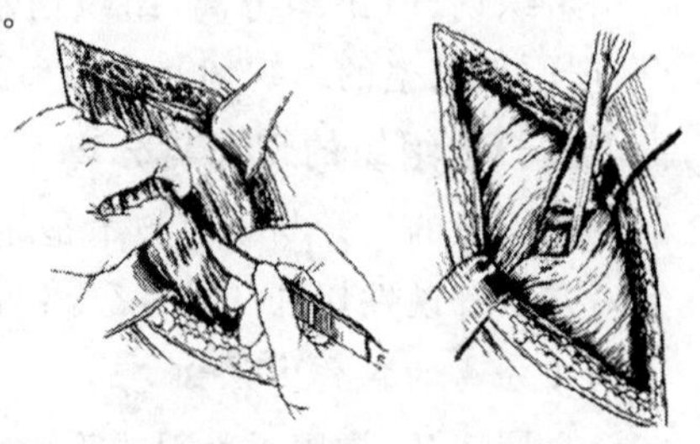

图 1-3-25　肌肉的钝性分离

(4)肌肉的分离　一般是沿肌纤维方向作钝性分离(图 1-3-25)，但在紧急情况下，或肌肉较厚并含有大量腱质或肌纤维横过切口时，为了使手术通路开阔和排液方便也可横断切开。横过切口的血管可用止血钳钳夹，或用细缝线从两端结扎后，从中间将血管切断。

(5)腹膜的分离　腹膜切开时，为了避免伤及内脏，可用组织钳或止血钳提起腹膜作一小切口，利用食指和中指或有沟探针引导，再用手术刀或剪分割(图 1-3-26)。

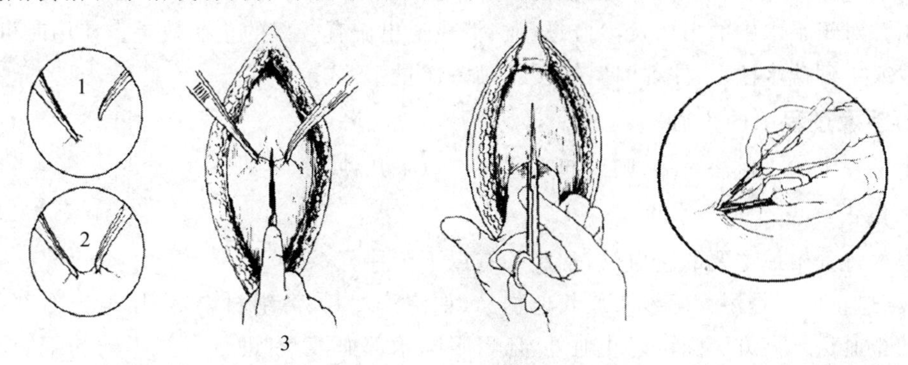

图 1-3-26　腹膜切开法

(6)肠管的切开　肠管侧壁切开时，一般于肠管纵带上纵行切开，并应避免损伤对侧肠管。

(7)索状组织的分离　索状组织(如精索)的分割，除了可应用手术刀(剪)作锐性切割外，尚可用刮断、拧断等方法，以减少出血。

(二)骨组织的分割

首先应分离骨膜，然后再分离骨组织。分离骨膜时，应尽可能完善地保存健康部分，以利骨组织愈合，因为骨膜内层的成纤维细胞在损伤或病理情况下，可变为骨细胞参与骨骼的修复过程。分离骨膜时，先用手术刀“十”字形或“工”字形切开骨膜，然后用骨膜剥离器分离骨膜。骨组织一般用骨剪剪断或骨锯锯断。

二、止血

止血是手术过程中不可避免的基本操作技术，良好的止血，既可以防止大失血，又有利于术部的显露和不同组织的识别，避免误伤重要的组织器官，这直接关系到手术的成败。

(一)全身预防性止血法

是在手术前给马注射增高血液凝固性的药物和同类型血液，借以提高机体抗出血的能力，减少手术过程中的出血。常用下列几种方法：

1. 输血

目的在于增高马血液的凝固性，刺激血管运动中枢，反射性地引起血管的痉挛性收缩，以减少手术中的出血。在术前 30～60 min，输入同种马匹同型血液 500～1 000 mL。

2. 注射预防性止血药

(1)肌肉注射 0.3％凝血质注射液，以促进血液凝固。马肌肉注射 10～20 mL。

(2)肌肉注射维生素 K 注射液，以促进血液凝固，增加凝血酶原。马肌肉注射 100～400 mg。

(3)肌肉注射安络血注射液，以增强毛细血管的收缩力，降低毛细血管渗透性。马肌肉注射 30～60 mg。

(4)肌肉注射止血敏注射液,以增强血小板机能及粘合力,减少毛细血管渗透性。马肌肉注射 1.25～2.5 g。

(5)肌注或静注对羧基苄胺(抗血纤溶芳酸),以拮抗血纤维蛋白的溶解,抑制纤维蛋白原的激活因子,使纤维蛋白溶酶原不能转变成纤维蛋白溶解酶,从而减少纤维蛋白的溶解而发挥止血作用。对于手术中的出血及渗血、尿血、消化道出血有较好的止血效果。使用时可加葡萄糖注射液或生理盐水注射,注射时宜缓慢。马一次量 1～2 g。

(二)手术过程中的止血

手术过程中的止血法很多,归纳起来主要有以下几种:

1. 机械止血法

是手术过程中最主要的止血法,常用的有以下 6 种。

(1)压迫止血　是用灭菌纱布或其他物品(如泡沫塑料、海绵材料等)压迫出血部位,这是最常用的止血法。该方法除可以止血外,还可吸除术部血液,有助于分辨不同的组织,了解刀口的深度。在毛细血管渗血和小血管出血时,如机体凝血机能正常,压迫片刻,出血即可自行停止。

为了提高压迫止血的效果,可选用温生理盐水、1%～2%麻黄素、0.1%肾上腺素、2%氯化钙溶液浸湿后扭干的纱布块作压迫止血。在止血时,必须是按压,不可用擦拭,以免损伤组织或使血栓脱落。

(2)钳夹止血　利用止血钳最前端夹住血管的断端,钳夹方向应尽量与血管垂直,钳夹的组织要少,切不可作大面积钳夹。

(3)钳夹扭转止血　用止血钳夹住血管断端,扭转止血钳 1～2 周,轻轻去钳,则断端闭合止血,如经钳夹扭转不能止血时,则应予以结扎,此法适用于小血管出血。

(4)钳夹结扎止血　是常用而可靠的基本止血法,多用于明显而较大血管出血的止血。其方法有两种:

单纯结扎止血:用缝合线绕过钳夹血管及少量组织而结扎。适用于一般部位的止血。

贯穿结扎止血:将结扎线用缝针穿过钳夹组织后进行结扎。常用的方法有“8”字贯穿结扎及单纯贯穿结扎两种。该方法的优点是结扎确实,适用于大血管或重要部分的止血。

(5)创内留钳止血　用止血钳夹住创伤深部血管断端,并将止血钳留在创伤内 24～48 h。为了防止止血钳移动,可用绷带固定止血钳的柄环部于马的体躯上。创内留钳止血法,多用于马去势后继发精索内动脉大出血。

(6)填塞止血　在深部大血管出血,一时找不到血管断端,钳夹或结扎止血困难时,而用灭菌纱布紧塞于出血的创腔或解剖腔内,压迫血管断端以达到止血之目的。在填入纱布时,必须将创腔填满,以便有足够的压力压迫血管断端。填塞止血留置的敷料通常是在 12～48 h 后取出。

2. 电凝及烧烙止血法

(1)电凝止血　利用高频电流凝固组织的作用达到止血目的。使用方法是用止血钳夹住血管断端,向上轻轻提起,擦干血液,将电凝器与止血钳接触,待局部发烟即可。电凝时间不宜过长,否则烧伤范围过大,影响切口愈合。

(2)烧烙止血　利用电烧烙器或烙铁烧烙作用使血管断端收缩封闭而止血。使用烧烙止血时，应将电阻丝或烙铁烧得微红，但也不宜过热，以免组织炭化过多，使血管断端不能牢固堵塞。烧烙时，烙铁在出血处稍加按压后即迅速移开。

三、组织缝合技术

缝合(sutures)是将已切开、切断或因外伤而分离的组织、器官进行对合或重建其通道，保证良好愈合的基本操作技术。在愈合能力正常的情况下，愈合是否完善与缝合的方法及操作技术有一定的关系。

(一)缝合的基本原则

为了确保愈合，缝合时要遵守下列各项原则。

(1)严格遵守无菌操作要求。

(2)缝合前必须彻底止血，清除凝血块、异物及无生机的组织。

(3)为了使创缘均匀对接，在两针孔之间要有相当距离，以防拉穿组织。

(4)缝针刺入和穿出部位应彼此相对，针距相等，否则易使创伤形成皱襞和裂隙。

(5)无菌手术创或非污染的新鲜创经外科常规处理后，可密闭缝合。化脓腐疮以及具有深疮囊的创伤可不缝合，必要时作部分缝合。

(6)在组织缝合时，一般是同层组织相缝合。

(7)缝合、打结的线结要松紧适宜，有利于创伤愈合。

(8)创缘、创壁应均匀对合，皮肤创缘不得内翻，创伤深部避免死腔。

(9) 创伤缝合后化脓感染，应迅速拆除部分缝线，以便排出创液。

(二)缝合方法

1. 对接缝和法

(1)单纯间断缝合(simple interrupted suture)　又称结节缝合。缝合时，将缝针引入 15～25 cm 缝线，于创缘一侧垂直刺入，于对侧相应的部位垂直穿出打结。每缝一针，打一次结(图 1-3-27)。缝合要求创缘要密切对合。缝线距创缘距离，根据缝合的皮肤厚度来决定，马属动物 0.8～1.2 cm。缝线间距要根据创缘张力来决定，使创缘彼此对合，一般间距 0.5～1.5 cm。用于皮肤、皮下织、筋膜、黏膜、血管、神经、胃肠道缝合。

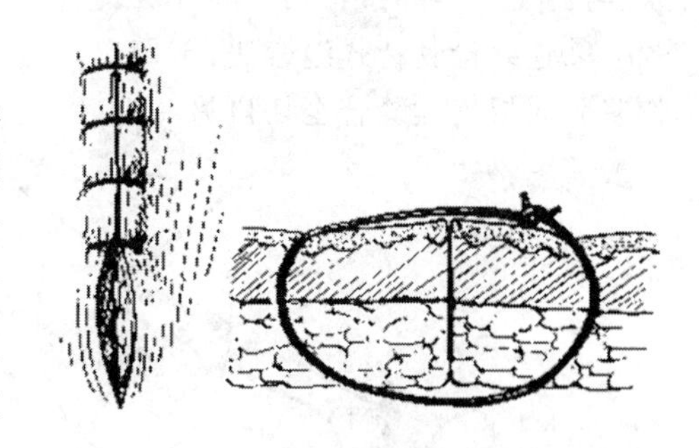

图 1-3-27　结节缝合

优点：操作容易，迅速。在愈合过程中，即使个别缝线断裂，其他邻近缝线不受影响，不致整个创面裂开。如果创口有感染可能，可将少数缝线拆除排液。对切口创缘血液循环影响较小，有利于创伤的愈合。

缺点：需要较多时间，使用缝线较多。

(2)单纯连续缝合(simple continuous suture)　是用一条长的缝线自始至终连续地缝合一个创口，最后打结。第一针同结节缝合，以后使用同一缝线以等距离缝合，每缝一针拉紧缝线，最后留下线尾，在一侧打结(图 1-3-28)。常用于具有弹性、无太大张力的较长创口。用于皮下组织、肌肉、筋膜、血管、胃肠道、子宫的缝合。

优点：节省缝线和时间，密闭性好。

缺点：一处断裂，全部缝线拉脱，创口哆开。

(3)十字缝合法(cross mattress suture) 这种缝合法第一针开始，缝针从一侧到另一侧作结节缝合，第二针平行第一针从一侧到另一侧穿过切口，缝线的两端在切口上交叉形成X形，拉紧打结(图1-3-29)。用于张力较大的皮肤缝合。

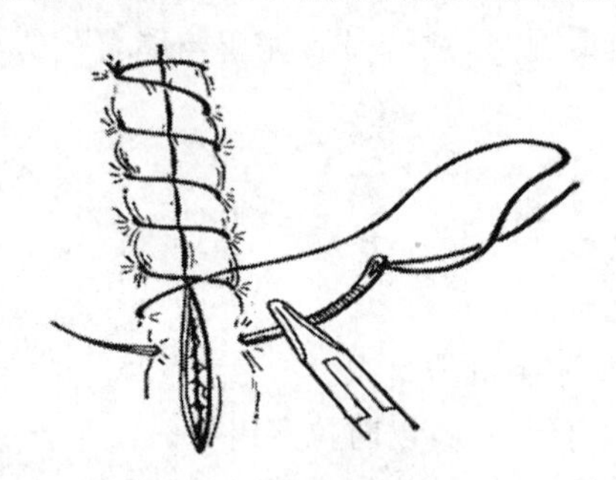

图1-3-28 单纯连续缝合

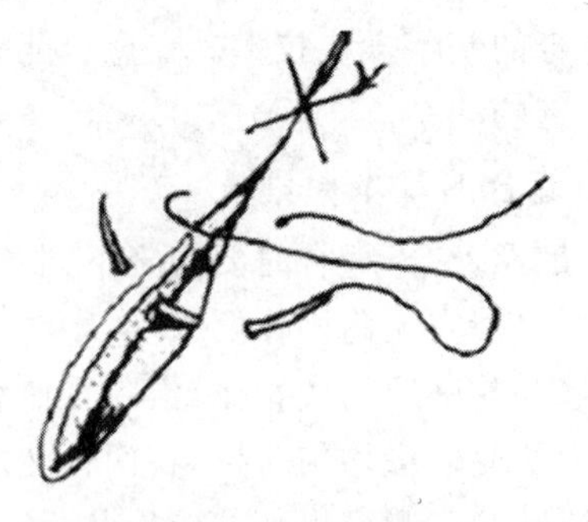

图1-3-29 十字缝合

2. 内翻缝合(inverting suture patterns)

内翻缝合用于胃肠、子宫、膀胱等空腔器官的缝合。

(1)伦勃特式缝合法(lembert suture patterns) 伦勃特式缝合法是胃肠手术的传统缝合方法。又称为垂直褥式内翻缝合法。分为间断伦勃特式缝合法与连续伦勃特式缝合法两种，常用的为间断伦勃特式缝合法。在胃肠或肠吻合时，用以缝合浆膜肌层。

①间断伦勃特式缝合法：缝线分别穿过切口两侧浆膜及肌层即行打结(图1-3-30)，使部分浆膜内翻对合，用于胃肠道的外层缝合。

②连续伦勃特式缝合法：于切口一端开始，先作一浆膜肌层间断内翻缝合，再用同一缝线作浆膜肌层连续缝合至切口另一端(图1-3-31)。其用途与间断内翻缝合相同。

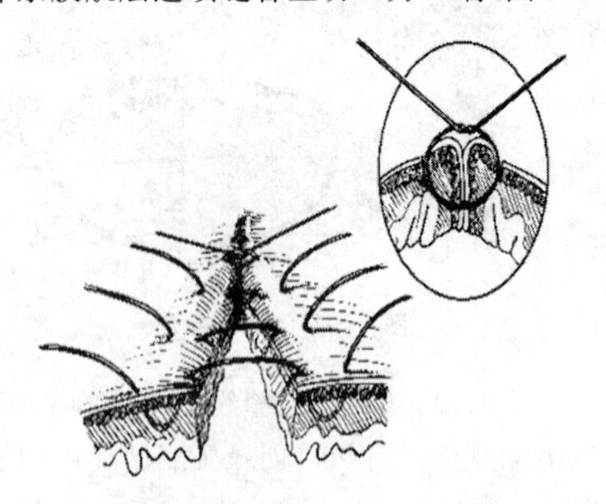

图1-3-30 间断伦勃特式缝合法

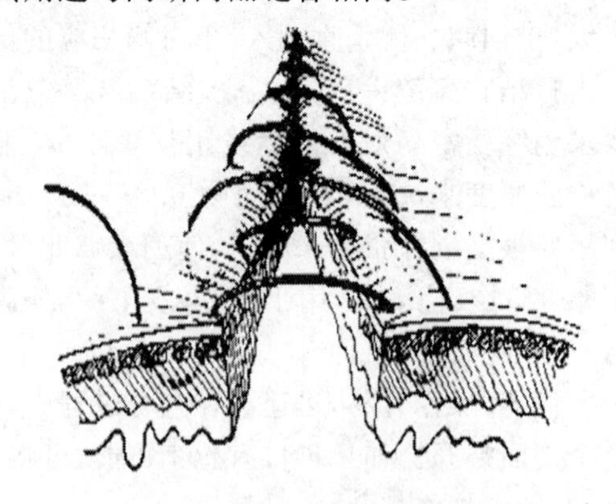

图1-3-31 连续伦勃特式缝合法

(2)库兴式缝合法(cushing suture patterns) 又称连续水平褥式内翻缝合法，这种缝合法是从伦勃特式连续缝合演变来的(图1-3-32)。缝合方法是于切口一端开始先做一浆膜肌层间断内翻缝合，再用同一缝线平行于切口做浆膜肌层连续缝合至切口另一端。适用于胃、子宫浆膜肌层缝合。

(3)康乃尔式缝合法(connel suture patterns)　这种缝合法与连续水平褥式内翻缝合相同(图 1-3-33),仅在缝合时缝针要贯穿全层组织,当将缝线拉紧时,则肠管切面即翻向肠腔。多用于胃、肠、子宫壁缝合。

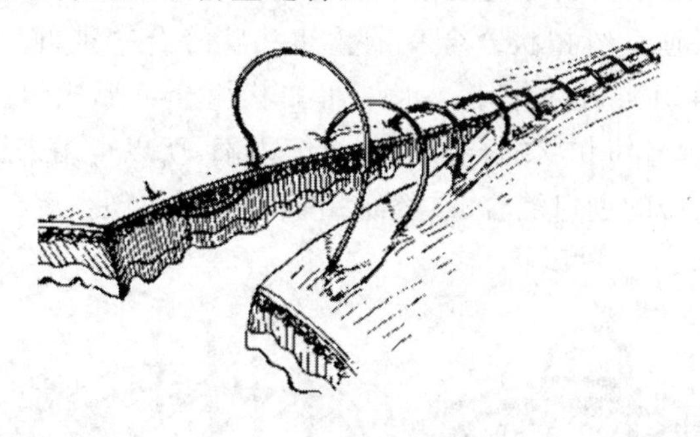

图 1-3-32　库兴式缝合法

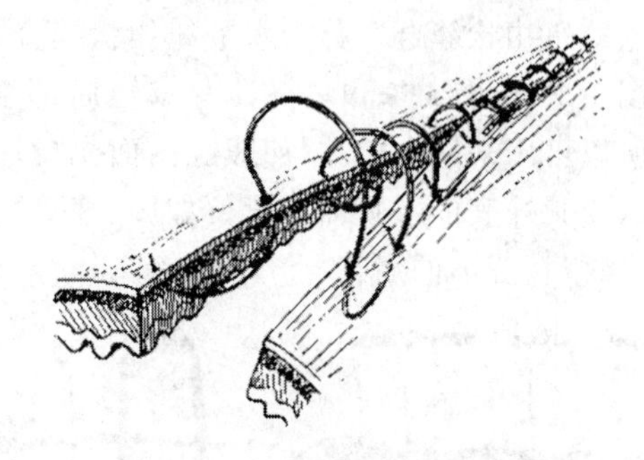

图 1-3-33　康乃尔式缝合法

(4)荷包缝合　即作环状的浆膜肌层连续缝合(图 1-3-34)。主要用于胃肠壁上小范围的内翻缝合,如缝合小的胃肠穿孔。此外还用于胃、肠、膀胱等引流固定的缝合方法。

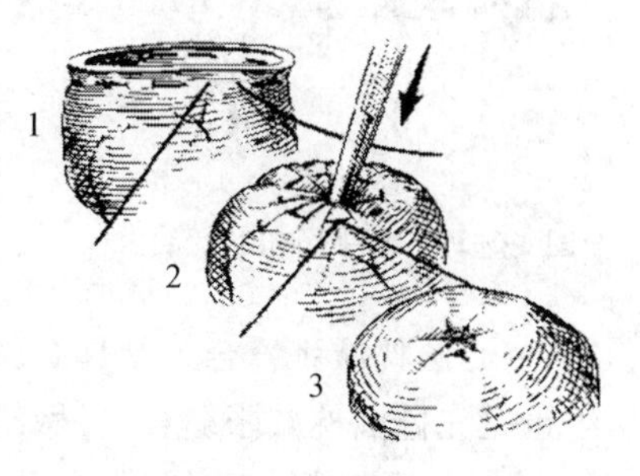

图 1-3-34　荷包缝合

3. 张力缝合(tension suture)

(1)间断垂直褥式缝合(interrupted vertical mattress suture)　是张力缝合的一种。针距离创缘约 8 mm 刺入皮肤,创缘相互对合,越过切口到相应对侧位置刺出皮肤。然后缝针翻转在同侧距切口约 4 mm 刺入皮肤,越过切口到相应对侧距切口约 4 mm 刺出皮肤,与另一端缝线打结(图 1-3-35)。该缝合要求缝针刺入皮肤时,只能刺入真皮下,接近切口的两侧刺入点要求接近切口,这样皮肤创缘对合良好,不能外翻。缝线间距为 5 mm。

优点:该缝合方法比水平褥式缝合具有较强的抗张力强度。对创缘的血液供应影响较小。

缺点:缝合时,需要较多时间和较多的缝线。

(2)间断水平褥式缝合(interrupted horizontal mattress suture)　也是一种张力缝合,特别适用于马、牛和犬的皮肤缝合。针刺入皮肤,距创缘 2～3 mm,创缘相互对合,越过切口到对侧相应部位刺出皮肤,然后缝线与切口平行向前约 8 mm,再刺入皮肤,越过切口到相应对侧刺出皮肤,与另一端缝线打结。该缝合要求,缝针刺入皮肤时,要求刺在真皮下,不能刺入皮下组织,这样皮肤创缘对合才能良好,不出现外翻(图 1-3-36)。根据缝合组织的张力,每个水平褥式缝合间距为 4 mm。

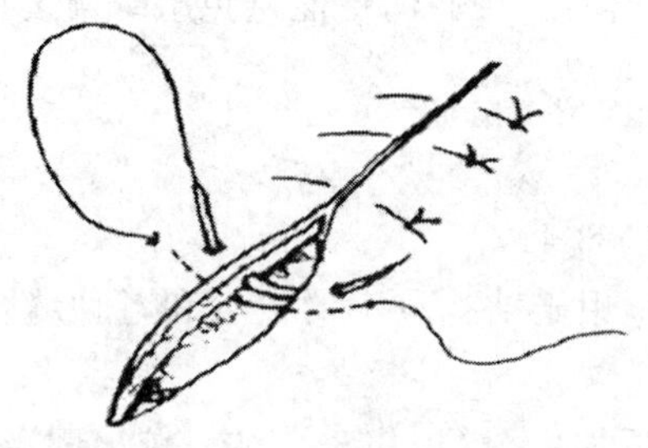

图 1-3-35　间断垂直褥式缝合

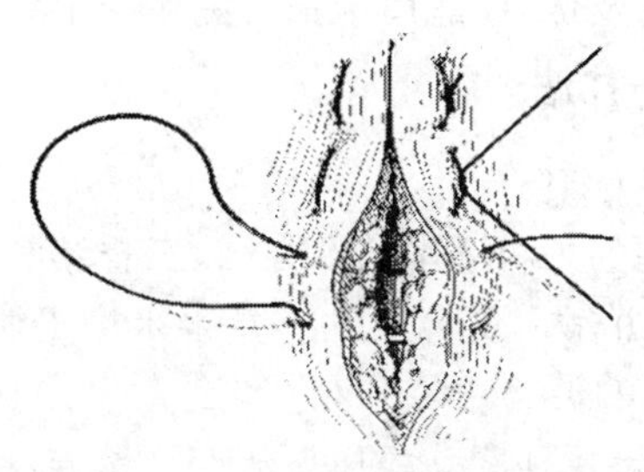

图 1-3-36　间断水平褥式缝合

优点:使用缝线较节省,操作速度较快。该缝合具有一定抗张力条件,对于张力较大的皮肤,可在缝线上放置胶管或纽扣,增加抗张力强度。

缺点:该缝合方法对初学者操作较困难,能减少创缘的血液供应。

(3)纽扣状缝合 分为水平纽扣状缝合、垂直纽扣状缝合和重叠纽扣状缝合三种(图 1-3-37、图 1-3-38、图 1-3-39),都具有减轻局部组织张力的作用。水平纽扣状缝合可形成组织外翻,所以可用来缝合疝孔,使腹腔内面光滑;垂直纽扣状缝合可形成组织内翻,所以可用来缝合内脏,使其外表的浆膜面光滑。如肝、脾等脏器的创口缝合;重叠纽扣状缝合可使创缘重叠,主要用来修补陈旧的疝孔。

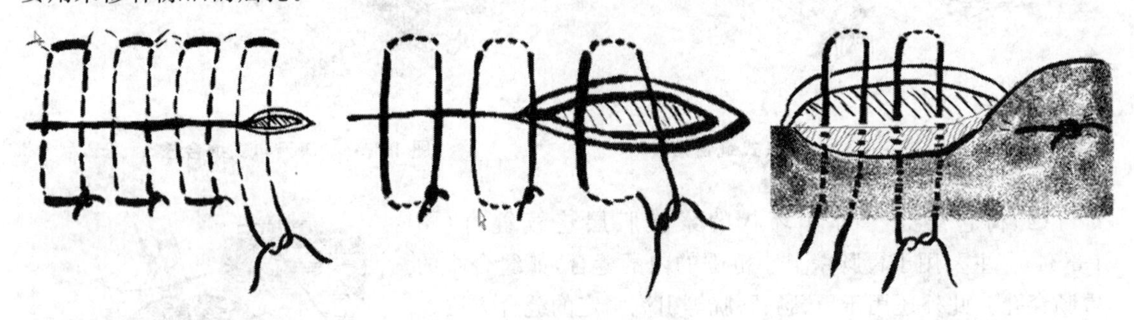

图 1-3-37 水平纽扣状缝合　　图 1-3-38 垂直纽扣状缝合　　图 1-3-39 重叠纽扣状缝合

(4)圆枕减张缝合 是具有减张作用的一种缝合方法,同结节缝合配合应用的。配合的方法也是先做圆枕减张缝合,后做结节缝合。

方法:用较粗的双线,先在其末端拴上纱布卷或橡皮管等物品做圆枕,然后在离创缘较远处进针,创缘对侧较远处出针,拉紧后再系上一个圆枕。圆枕缝合结束后,再穿插几针结节缝合,即先圆枕后结节(图 1-3-40)。

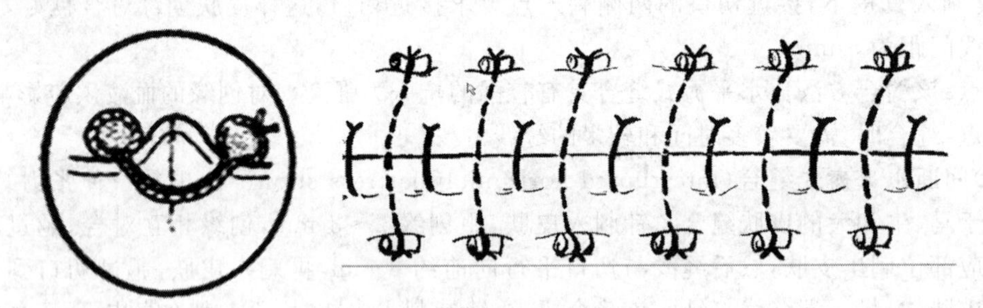

图 1-3-40 圆枕减张缝合法

应用及优点:适用于张力更大的组织缝合。由于使用了圆枕,更能避免组织撕裂。

(三)打结

1. 结的种类

常用的外科手术结有方结、三叠结和外科结(图 1-3-41)。

(1)方结 又称平结。是手术中最常用的一种,用于结扎较小的血管和各种缝合时的打结,不易滑脱。

(2)三叠结 又称加强结。是在方结的基础上再加一个结,共 3 个结。较牢固,结扎后即使松脱一道，也无妨，但遗留于组织中的结扎线较多。三叠结常用于有张力部位的缝合，大血管和肠线的结扎。

(3)外科结　打第一个结时绕两次，使摩擦面增大，故打第二个结时不易滑脱和松动。此结牢固可靠，多用于大血管、张力较大的组织和皮肤缝合。

在打结过程中常产生的错误结有假结和滑结两种。即打方结时两个结的拉线方向未交叉，就打成假结。两结拉线时虽然相互交叉，但是两手用力不均匀，一紧一松，即打成滑结。

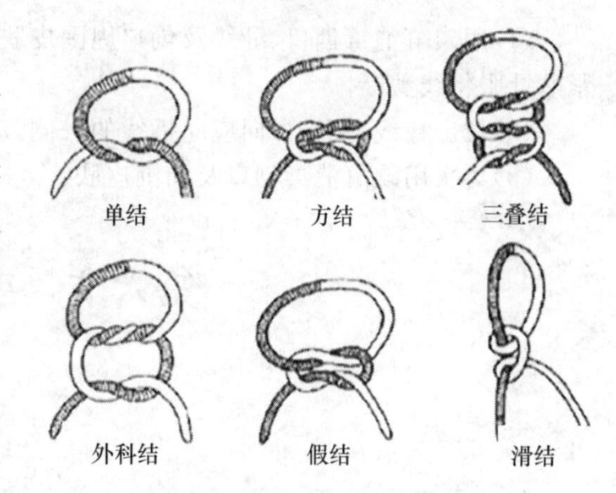

图 1-3-41　手术结的种类

2. 打结注意事项

(1)拉紧结扣时，坚持三点一线，即左、右手的用力点与结扎点成一直线。

(2)在打第二个结扣时，要注意第一个结扣不要松开。

(3)前后两个结扣的打结方向必须相反，两手用力要均匀。

(4)线结要打在刀口的一侧。

(5)剪线时留的线头长短要适宜。

(四)剪线的方法

当术者打好线结后，线头和线尾合并提起，助手用稍微开张的手术剪，沿着缝线滑到结扣处，再把剪子适当倾斜，剪断缝线，倾斜的角度取决于要留线头的长短(图 1-3-42)。倾斜得大，则留的线头长；倾斜得小，则留的线头短。

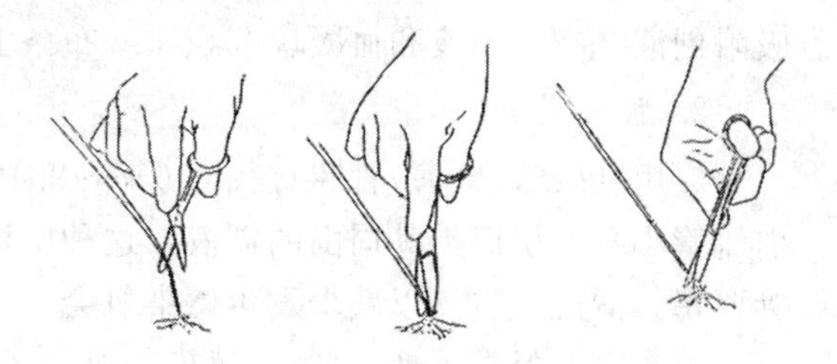

图 1-3-42　剪线方法

(五)拆线(remove the stitches)

缝线拆除的时间，一般是在手术后 7～8 d 进行，凡营养不良、贫血、老龄家畜、缝合部位活动性较大、创缘呈紧张状态等，应适当延长拆线时间，但创伤已化脓或创缘已被缝线撕断不起缝合作用时，可根据创伤治疗需要随时拆除全部或部分缝线。拆线方法如下(图 1-3-43)：

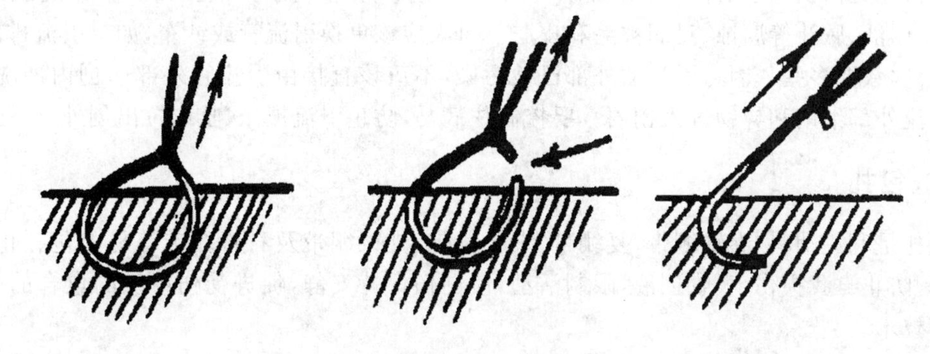

图 1-3-43　拆线方法

(1)用碘酊消毒创口、缝线及创口周围皮肤后，将线结用镊子轻轻提起，剪刀插入线结下，紧贴针眼将线剪断。

(2)拉出缝线：拉线方向应向拆线的一侧，动作要轻巧，以免将伤口拉开。

(3)再次用碘酊消毒创口及周围皮肤。

第六节　引流与包扎

一、引流

(一)引流适应症

(1)手术创伤大，损伤组织较多，预料术后渗血、渗出液较多，或手术污染的可能性大，炎症的反应剧烈时，一般需要引流24～72 h。

(2)化脓性感染创内积有多量脓汁、分泌物，且排液不畅或创内有空腔时、脓肿或蜂窝织炎时。

(二)引流方法

1. 纱布条引流

应用防腐灭菌的干纱布条涂布软膏，放置在腔内，排出腔内液体。纱布条引流在几小时内吸附创液、饱和，创液和血凝块沉积在纱布条上，阻止进一步引流，要定期更换引流纱布。

2. 胶管引流

应用乳胶管，壁薄，管腔直径0.635～2.45 cm。在插入创腔前用剪刀将引流管剪成小孔。引流管小孔能引流出其周围的创液。这种引流管对组织无刺激作用，在组织内不变质。引流管要每天清洗、消毒，以减少发生感染机会。

引流物要经常更换，以减少感染的机会。应该注意，引流管本身是异物，引流放置在创内，要诱发产生创液。引流管放置创内时间越长，引流引起感染的机会则增多，如果认为引流已经失去引流作用时，应该尽快取出，一般以创内有无新生分泌物而定(1～14 d不等)。

(三)引流的护理

应该在无菌状态下引流，引流出口应该尽可能向下，有利于排液。出口下部皮肤涂有软膏，防止创液、脓汁等腐蚀、浸润被毛和皮肤。每天应该更换引流管或纱布，如果引流排出量较多，更换次数要多些。因为引流的外部已被污染，不应该直接由引流管外部向创内冲洗，否则可使引流外部细菌和异物进入创内。要控制住病马，防止引流被舐、咬或拉出创外。

二、包扎

包扎是利用辅料、卷轴绷带、复绷带、夹板绷带、支架绷带及石膏绷带等材料包扎止血，保护创面，防止自我损伤，吸收创液，限制活动，使创伤保持安静，促进受伤组织的愈合的一种外科治疗技术。

(一)包扎的类型

(1)干绷带法　临床上最常用的包扎法。凡敷料不与其下层组织粘连的均可用于此法包扎。本法有利于减轻局部肿胀，吸收创液，保持创缘对合，提供干净的环境，促进愈合。

(2)湿敷法　对于严重感染、脓汁多和组织水肿的创伤，可用湿敷法。此法有助于除去创内湿性坏死，降低分泌物黏性，促进引流。根据局部炎症的性质，可采用冷、热敷包扎。

(3)生物学敷法　指皮肤移植。将健康马匹皮肤移植到缺损处，清除创面，加速愈合，减少瘢痕的形成。

(4)硬绷带法　指夹板和石膏绷带等。这类绷带可限制马匹活动，减轻疼痛，降低创伤应激，缓解缝线张力，防止创口裂开和术后肿胀等。

(二)包扎的材料及其应用

常用的敷料有纱布、海绵纱布和棉花等。绷带多由纱布、棉布等制作成圆筒状，故称卷轴绷带，用途最广。另根据绷带的临诊用途及其制作材料的不同，还有其他绷带命名，如复绷带、夹板绷带、支架绷带、石膏绷带等。

(三)兽医临床常见绷带

(1)卷轴绷带　多用于马匹四肢游离部、尾部、头角部、胸部和腹部等。卷轴绷带的应用极广，基本包扎有如下几种：环形包扎法、螺旋形包扎法、折转包扎法、蛇形包扎法和“8”字形包扎法。

(2)复绷带　复绷带是按马体一定部位的形状而缝制，具有一定结构、大小的双层盖布，在盖布上缝合若干布条以便打结固定(图 1-3-44)。例如眼绷带，前胸绷带，背腰绷带等。复绷带虽然形式多样，但都要求装置简便、固定确实。

(3)结系绷带　又称缝合包扎，是用缝线代替绷带固定敷料的一种保护手术创口或减轻伤口张力的绷带。结系绷带可装在马体的任何部位，其方法是在圆枕缝合的基础上，利用游离的线尾，将若干层灭菌纱布固定在圆枕之间和创口之上(图 1-3-45)。

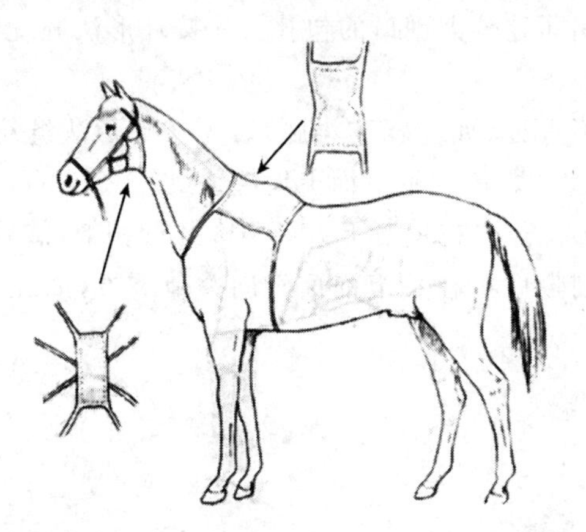

图 1-3-44　复绷带

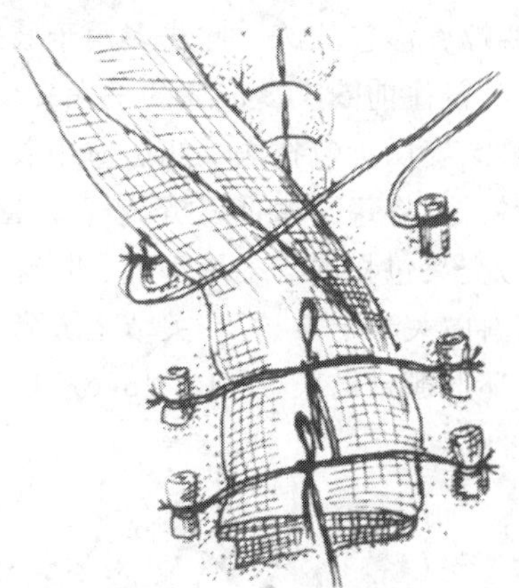

图 1-3-45　结系绷带

(4)夹板绷带　夹板绷带是借助于夹板保持患部安静，避免加重损伤、移位和使伤部进一步复杂化的起制动作用的绷带，用于骨折，关节脱臼等的救治及长期制动(图 1-3-46)。

(5)支架绷带　在绷带内作为固定辅料的支持装置。具有防止摩擦、保护创伤、保持创伤安静的作用。

(6)石膏绷带　是在淀粉液浆过多的大网眼纱布上加上锻制石膏粉制成。这种绷带用水浸湿后质地柔软，可塑制成任何形状敷于伤肢，一般十多分钟开始硬化，干燥后成为坚固的石膏夹。应用于整复后的骨折、脱位的外固定或矫形(图 1-3-47)。

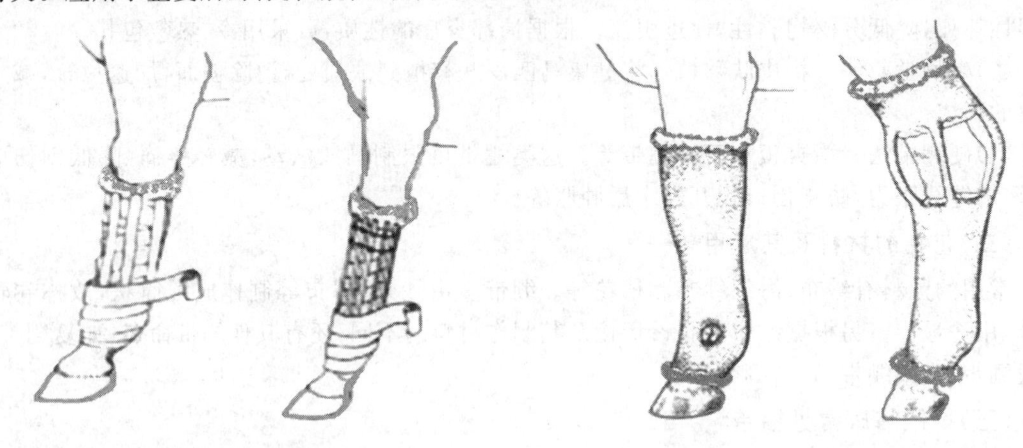

图 1-3-46　夹板绷带　　　　图 1-3-47　石膏绷带

(四)基本包扎方法

(1)环形包扎法　此法多用于任何包扎的起始和结尾，以及用于系部、掌(跖)部等肢体粗细相等部位较小创口的包扎。首先将绷带作环形重叠缠绕。第一圈环绕稍作斜状；第二、三圈作环形，并将第一圈之斜出一角压于环形圈内，最后用粘膏将带尾固定，也可将带尾剪成两个头，然后打结(图 1-3-48(a))。

(2)蛇形包扎　此法多用于固定夹板绷带和石膏绷带衬垫敷料之固定。先将绷带按环形法缠绕数圈，然后按绷带之宽度作间隔斜着上缠或下缠(图 1-3-48(d))。

(3)螺旋形包扎法　此法多用于肢体粗细相同处较大创口的包扎。先按环形法缠绕数圈。上缠每圈盖住前圈 1/3 或 2/3 呈螺旋形(图 1-3-48(b))。

(4)螺旋反折包扎法　此法应用肢体粗细不等处(如前臂和小腿)。先按环形法缠绕。待缠到渐粗处，将每圈绷带反折，盖住前圈 1/3 或 2/3。依此由下而上地缠绕(图 1-3-48(c))。

(5)交叉包扎法　多用于腕、跗、球关节等部位。先在关节下方做两圈环形绷带，然后在关节前面斜向关节上方，再在关节上方做一环形绷带后再在关节前面斜向关节下方，如此反复，最后以环形绷带结束(图 1-3-48(e))。

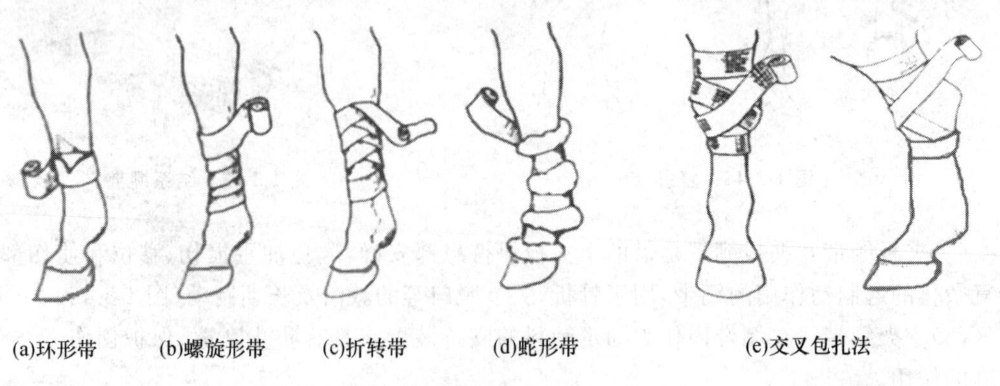

图 1-3-48　卷轴绷带包扎法

第四章　体液疗法

第一节　体液治疗的生理学基础

水是动物机体最重要的组成成分之一，体液(body fluid)主要是由水和溶解在其中的电解质、低分子有机化合物和蛋白质等组成。细胞内外各种生命活动都是在体液中进行的。机体每日摄入和排出大量水和电解质，其摄入和排出量经常有很大变动，但由于机体具有完善的调节机能，维持着水和电解质的平衡。这种平衡是维持正常物质代谢和生命活动的必要条件。许多疾病和外界环境的变化会引起水和电解质平衡的紊乱。这些变化如果得不到及时纠正，常导致严重的后果。在外科疾病的诊治过程中经常可以遇到，如麻醉、大创伤、重度化脓性炎症过程、外科胃肠道疾病及其影响呼吸和吞咽功能的外科疾病都可能引起水、电解质和酸碱平衡紊乱。临床上水、电解质代谢紊乱十分常见，它往往是疾病的一种后果或疾病伴随的病理变化，有时也可以由医疗不当所引起。严重的水、电解质代谢紊乱又是使疾病复杂化的重要原因，甚至可对生命造成严重的威胁。

一、体液的容量及分布

体液的量是指体液中的水、溶解在其中的电解质和非电解质的总量。体液由细胞膜分为细胞内液(intracellular fluid，ICF)和细胞外液(extracellular fluid，ECF)。细胞内液占总体液的2/3，约占体重的40%，是细胞进行生命活动的基质。细胞外液占总体液的1/3，约占体重的20%，是细胞进行生命活动必须依赖的外界环境或称机体的“内环境”。

细胞外液可由血管壁、淋巴管壁进一步划分为组织间液、血浆和淋巴液。组织间液又称第一间隙液，约占体重的15%；血浆和淋巴液又称第二间隙液，约占体重的5%，血浆和淋巴液是血液和淋巴循环的基质。绝大部分的组织间液能迅速地与血液、淋巴液和细胞内液进行物质交换，在维持机体的水、电解质和酸碱平衡上有着很大的作用，故又称为功能性细胞外液。另有一小部分的组织间液仅有缓慢地交换和取得平衡的能力，虽也有着各自的生理功能，但维持体液平衡的作用甚小，故又称非功能性细胞外液，或者称为透细胞液(transcellular fluid)，一般仅占组织间液的10%左右，即体重的1%～2%。透细胞液又称第三间隙液(third space fluid)，是指由上皮细胞耗能分泌至体内某些腔隙(第三间隙)的液体，如潴留的组织间液、消化液、脑脊液和胸腔、腹腔、滑膜腔和眼房内的液体等。手术创伤和很多外科疾病都可使无功能性细胞外液大量增加。

体液的含量和分布受年龄、性别、脂肪多少等因素的影响，因而存在个体差异。幼龄动物的生理特性决定其具有体液总量大、细胞外液比例高、体内外水的交换率高、对水代谢的调节与代偿能力较弱的特点；老龄动物体液总量减少，以细胞内液减少为主；机体肌肉组织含水量高(75%～80%)，脂肪组织含水量低(10%～30%)，故肥胖者体液量较少。因此，幼龄动物、老龄动物或肥胖动物若丧失体液，容易发生脱水。

二、体液中电解质的含量、分布及特点

体液中的电解质一般以离子形式存在，主要有 Na^+、K^+、Ca^{2+}、Mg^{2+}、Cl^-、HCO_3^-、HPO_4^{2-}、SO_4^{2-}、有机酸根和蛋白质阴离子等。各种体液中电解质的含量见表 1-4-1。

表 1-4-1 体液中主要电解质的含量

项目	电解质	血浆/(mEq/L)	细胞间液/(mEq/L)	细胞内液/(mEq/L)
阳离子	Na^+	142	140	10
	K^+	5	5	150
	Ca^{2+}	5	5	极低
	Mg^{2+}	3	3	40
	总量	155	153	200
阴离子	Cl^-	103	112	3
	HCO_3^-	27	28	10
	HPO_4^{2-}	2	4	142
	SO_4^{2-}	1	2	5
	有机酸根	6	6	—
	蛋白质	16	1	40
	总量	155	153	200

钠离子：Na^+是细胞外液的主要阳离子，约占体内钠总量的 45%。由于细胞膜上的 Na^+-K^+泵作用，不断将进入细胞内的 Na^+ 排出，同时使 K^+ 进入细胞内，因而钠离子主要存在于细胞外液，占细胞外液中阳离子总数 90%以上，在维持细胞外液渗透压和容量中起决定作用。Na^+ 浓度的改变能引起水的移动，当 Na^+ 减少时，细胞外液量减少；反之，细胞外液量增加。所以，Na^+ 在维持体液的容量上具有较大的作用。

钾离子：K^+ 为细胞内液中的主要阳离子，约占体内 K^+ 总量的 89%，是细胞内液的主要阳离子，它主要分布在肌肉、皮肤和皮下组织，并参与细胞的新陈代谢。全身 K^+ 总量的 98%在细胞内。K^+ 对维持细胞内渗透压起重要作用，并可激活多种酶，参与细胞内氧化及 ATP 生成。细胞外液中 K^+ 虽少，但对神经-肌肉应激性、心肌张力及兴奋性有着显著影响。当细胞合成糖原和蛋白质时，K^+ 由细胞外进入细胞内；而糖原和蛋白质分解时，K^+ 则从细胞内逸出。钾的来源全靠从食物中摄取，85%由肾排出。肾对钾的调节能力很低，在禁食和血 K^+ 很低的情况下，每天仍然要从尿中排出相当量的钾盐，因此，病马禁食两天以上就必须补钾。

Na^+ 和 K^+ 是维持体液渗透压的主要阳离子，丧失时，机体不能代偿，只能靠外界补充。Na^+ 和 K^+ 是血液中缓冲物质的主要组成部分，对维持体内酸碱平衡具有重要作用。由此可见，Na^+ 和 K^+ 对动物体生命过程的影响很大。

钙离子：体内99%的钙以磷酸钙和碳酸钙的形式贮存于骨骼及牙齿内。血钙中半数为游离钙，是细胞功能的重要调节物质，可降低毛细血管、细胞膜的通透性和神经-肌肉的兴奋性，并参与肌肉收缩、细胞分泌、凝血等过程；其余一半与蛋白质结合。

镁离子：约有一半存在于骨骼内，其余几乎都存在于细胞内，仅有1%存在于细胞外液。镁是细胞内多种酶的激活剂，对参与糖、蛋白质代谢，降低神经-肌肉应激性有重要作用。

氯离子：Cl^-是体液中含有的主要阴离子，占细胞外液阴离子的60%以上，大量含于胃液盐酸中。Cl^-和Na^+、K^+离子有维持体液渗透压和酸碱平衡的作用。因Cl^-与Na^+经肠道吸收，由肾排出，而肾小管有重吸收Na^+作用，故Cl^-常比Na^+丧失多。氯离子丧失后，由机体代谢产生的HCO_3^-来补偿。Cl^-大部分以氯化钠形式食入体内，从粪、尿、汗中排出体外。

碳酸氢根离子：在细胞外液中，主要与Na^+保持电荷平衡，在细胞内液中主要与K^+结合。在体内细胞代谢最终产物都形成CO_2，通过呼吸道又很快排出。如在体液中，CO_2与水结合产生HCO_3^-，HCO_3^-浓度的升高或降低都直接影响体液的酸碱平衡。

磷酸氢根离子：HPO_4^{2-}是细胞内液的主要阴离子，约占细胞内液阴离子总量的70%以上。是细胞内液重要的碱储物质，浓度的升高或降低都直接影响体液的酸碱平衡。

蛋白质：是细胞内液和血液的主要阴离子，约占细胞内液和血液阴离子总量的20%和10%以上。是细胞内液和血浆中构成胶体渗透压的主要成分，在维持体液的容量上具有较大的作用。

机体各组织或细胞中体液电解质的组成和含量有以下特点：

(1) 任何部位的体液，其阴离子和阳离子所带的电荷总数相等，使体液保持电中性。

(2) 细胞内、外液电解质含量的差异显著。细胞外液的阳离子以Na^+为主，阴离子以Cl^-和HCO_3^-为主；细胞内液的阳离子以K^+为主，阴离子以HPO_4^{2-}和蛋白质为主。

(3)细胞内、外液的电解质总量不等，以细胞内液为多。由于细胞内液中蛋白质阴离子和二价离子的含量较多，其产生的渗透压相对一价离子小，因此细胞内、外液的渗透压基本相等。

(4)血浆和细胞间液的电解质组成与含量非常接近，仅蛋白质含量有较大差别。血浆蛋白质含量为60～80 g/L，细胞间液蛋白质含量则极低，仅为0.5～3.5 g/L。这种差别是由毛细血管壁的通透性决定的，对维持血容量恒定、保证血液与组织间液之间水分的正常交换具有重要生理意义。

三、渗透压及渗透压平衡

溶质在水中所产生的吸水能力(或张力)称为渗透压。细胞内液和外液的分布取决于细胞内、外的渗透压，等渗是细胞维持正常生理机能的必要条件。组织渗透压由大分子的蛋白质组成的胶体渗透压(colloid osmotic pressure)和电解质、葡萄糖等小分子物质组成的晶体渗透压(crystalloid osmotic pressure)两部分构成，其中晶体渗透压占99%以上。

1. 晶体渗透压的作用

晶体渗透压是形成组织渗透压的主要部分，主要由NaCl等小分子物质构成。组织晶体渗透压保持相对稳定，对于调节细胞内外水分的交换，维持组织细胞的正常形态和功能具有重要的作用。

2. 胶体渗透压的作用

体液中的胶体物质所构成的渗透压就叫作胶体渗透压。在体液中，蛋白质是胶体物质的重量组成成分，含量是相当多的，但蛋白质分子量大，颗粒的浓度小，因而胶体渗透压只是形成体液渗透压的一小部分。但是膜对胶体物不具有通透性，对水或无机离子具有较强的通透性，所以，体液中的胶体渗透压发挥着非常重要的生理作用。由于组织液中蛋白质很少，血浆的胶体渗透压高于组织液，所以，血压能把血浆中的水或盐类压出血管外，而血浆胶体渗透压则有从血管内吸引组织液中水和盐类的作用，对于调节血管内外水分的交换，维持血容量具有重要的作用。在血浆蛋白中，白蛋白的分子量远小于球蛋白，故血浆胶体渗透压主要来自白蛋白。若白蛋白明显减少，即使球蛋白增加而保持血浆蛋白总含量基本不变，血浆胶体渗透压也将明显降低。

3. 渗透压平衡

渗透压高低与溶质的颗粒（分子或离子）数成正比，而与颗粒的电荷、大小无关。无机盐分子小，在水中又以离子状态存在，故颗粒数多，产生的渗透压大；葡萄糖分子虽中等大，但不能解离，产生的渗透压次之；蛋白质分子尽管能解离，不过分子太大，颗粒数少，产生的渗透压小。细胞内外水的移行，基本上由细胞膜内外渗透压的差异决定。膜外 Na^+ 浓度下降，即渗透压低，水进入细胞，引起细胞内水肿；反之，膜外 Na^+ 浓度增高，即渗透压高，水渗出细胞外，造成细胞内脱水。水在血浆和组织间液之间的交换，由于晶体（无机盐、葡萄糖等）颗粒小，能自由通过毛细血管壁，使两侧晶体渗透压相当，故水在血浆和组织间液之间的交换，主要取决于毛细血管内流体压（使水渗出毛细血管）和有效胶体渗透压（使水进入毛细血管）。血浆内蛋白质不能透过毛细血管壁，它产生的胶体渗透压对维持血管内的水分起着重要作用。总之，体液的水平的高低与血浆总渗透压不是正相关的。马的血清 Na^+ 的浓度正常值是 132～146 mmol/L，马血浆总渗透压正常值是 284～312 mmol/L（数据来自于赵德明主编《兽医病理学》（第二版），中国农业大学出版社，2005）。从以上数据可知，在马正常体温的情况下，马的血浆总渗透压平均为 284～312 mOsm/L，低于 280 mOsm/L 为低渗，高于 320 mOsm/L 为高渗。

体液平衡受神经-内分泌调节，一般先通过下丘脑-垂体后叶-抗利尿激素系统恢复正常的渗透压，继而通过肾素-血管紧张素-醛固酮系统恢复血容量。肾是调节体液平衡的重要器官，这种调节作用受垂体后叶释放的抗利尿激素（antidiuretic hormone，ADH）和肾上腺皮质分泌的醛固酮所影响。当体内水分丧失时，细胞外液渗透压增高，刺激下丘脑-垂体后叶-抗利尿激素系统，分泌 ADH 增多，产生渴感，增加饮水，促使肾回收水分来恢复和维持体液的正常渗透压。另一方面，细胞外液减少，特别是血容量减少时，血管内压力下降，刺激肾素-血管紧张素-醛固酮系统，使肾回收钠和水分来恢复和维持血容量。但是，当血容量锐减时，机体肾素、醛固酮分泌增多，将优先保持和恢复血容量，使重要生命器官的灌注得到保证。

四、酸碱平衡

动物体在代谢过程中，既产酸又产碱，使体液中的$[H^+]$经常发生变化，但动物体能通过体液的缓冲系统、肺的呼吸和肾的调节作用，使血液中$[H^+]$仅在小范围内变动，即保持血液的 pH 在 7.35～7.45。

血液中 HCO_3^- / H_2CO_3 是最重要的一对缓冲物质。体内酸增多时，HCO_3^- 与 H^+ 结合（$H^+ + HCO_3^- \rightarrow H_2CO_3 \rightarrow CO_2 \uparrow + H_2O$），使酸中和；碱增多时，$H_2CO_3$ 放出 H^+ 去中和碱（$OH^- + H_2CO_3 \rightarrow HCO_3^- + H_2O$），来保持血液 pH 在正常范围内。缓冲系统的作用发生快，但总量有限，最终还要依靠肺和肾来调节。

肺是排出体内挥发性酸(H_2CO_3)的重要器官。血中 CO_2 分压增高时,便兴奋呼吸中枢,使呼吸加深加快,加速 CO_2 排出,降低血中的 H_2CO_3 浓度;血中 CO_2 分压降低时,呼吸就变慢变浅,减少 CO_2 排出。

肾调节酸碱平衡的能力最强,一切非挥发性酸和过剩的碳酸氢盐都必须经过肾脏排出,它的主要作用是排出 H^+,回吸收 Na^+ 和 HCO_3^-。

第二节 水、电解质和酸碱平衡紊乱及补液疗法

一、补液的选择和应用

水、电解质和酸碱平衡是动物机体维持内环境稳定所必须具备的条件。机体患有各种急、慢性疾病或经受损伤、手术时,常有水、电解质或酸碱代谢紊乱。在动物发生体液平衡紊乱时,补液疗法可以调节体内水和电解质平衡、补充循环血量、维持血压、中和毒素、补充营养物质等,对机体疾病的恢复起重要作用。因此,作为一位合格的兽医工作人员,掌握补液剂的种类、补液方法及其应用对纠正水和电解质紊乱十分重要。

(一)液体种类

1. 晶体液

溶质分子或离子的直径小于 1 nm,或当光束透过时不产生反射现象的液体称为晶体液,如生理盐水、葡萄糖溶液、乳酸林格氏液等。等张晶体液是临床液体治疗最常用的液体,它的主要功能是恢复细胞外液容量和维持电解质平衡。不同的晶体液其成分不同,但最值得关注的是 Na^+、乳酸和 Cl^- 在晶体液中的含量。

(1)氯化钠溶液 依据溶液的渗透压与血浆的渗透压之间的关系可以将氯化钠溶液分为等渗溶液、低渗溶液和高渗溶液。

等渗氯化钠溶液:是 0.9%的氯化钠溶液,也称生理盐水,含 Na^+ 和 Cl^- 均为 154 mmol/L,其中 Cl^- 的浓度高于生理浓度,大量输入会引起剂量相关的高氯性代谢性酸中毒,因此,临床上很少以生理盐水作为主要的液体治疗措施。但是,在机体存在 Cl^- 的耗损多于 Na^+ 的病例,或机体出现代谢性碱中毒倾向的情况下,如前位肠梗阻、频繁呕吐等,则可适量给予生理盐水。

低渗氯化钠溶液:Na^+ 和 Cl^- 的浓度较等渗生理盐水低 1 倍,用于缺水多于缺钠的病例,一般是 0.45%的氯化钠溶液。

高渗氯化钠溶液:一般制剂为 10%的氯化钠注射液,多用于缺盐多于缺水的病例,但用量不宜过大,速度也不能过快。

(2)林格氏液(Ringer's solution) 又称复方氯化钠溶液,该溶液中除含 Na^+ 和 Cl^- 均为 154 mmol/L 外,尚含有 4 mmol/L K^+ 和 6 mmol/L Ca^{2+}。其中 $C1^-$ 的浓度也高于生理浓度,大量输入会引起剂量相关的高氯性代谢性酸中毒。该液体补液时似乎更合乎生理要求,能在一定程度上补充由于脱水导致的 K^+、Ca^{2+} 的流失,但是在病马严重缺 K^+、Ca^{2+} 时,还需要另外补充。

(3)乳酸钠溶液 一般制剂为 1 mol(11.2%)的乳酸钠溶液,注射时稀释 6 倍,成为等渗的 1/6 mol(1.9%)的溶液。在大多数情况下,机体脱水总是伴随着酸性代谢产物的蓄积。作为二碳化合物的前体一乳酸,其在肝脏代谢后可以产生 HCO_3^-,对于纠正酸血症是很有益的,适用于纠正代谢性酸中毒。但是,过量的乳酸也可能形成碱血症,而且,大量的乳酸必然会增加肝脏的负担,对于肝、肾功能不良的病马应予注意。

(4)乳酸钠林格氏液(Lactated Ringer's Solution,LR) 属于平衡盐溶液,简称平衡液,属低张溶液,是 1/3 的 1/6 mol/L 乳酸钠溶液加 2/3 的复方氯化钠溶液混合而成。每升乳酸林格氏液含有:130 mmol/L Na^+、109 mmol/L Cl^-、28 mmol/L 乳酸、4 mmol/L K^+ 和 3 mmol/L Ca^{2+}。其中各种成分和离子含量更接近细胞外液,但 Na^+ 含量(131 mmol/L)较低。从静脉内输给大量等渗盐水,有导致血 Cl^- 过高,引起高氯性酸中毒的危险。因此,用等渗盐水治疗缺水有不足之处。而使用乳酸钠林格氏液平衡盐溶液可避免输入过多的 Cl^-,治疗缺水更符合生理需求,且能有助于纠正酸中毒。

(5)氯化钾溶液 通常为 10%的溶液,用时要应用 5%的葡萄糖溶液稀释成不超过 0.3%的溶液,注射时速度宜慢,过速有引起心跳骤停的危险,常用于低血钾病马。如有可能经口投给为宜,可以投给氯化钾或枸橼酸钾。静脉输注时必须在尿畅之后补钾,即所谓的"见尿补钾"。缺钾严重时应该每天补钾,每天一次,因为细胞内缺钾恢复速度缓慢,有的经过数天才能达到平衡。

(6)葡萄糖溶液 葡萄糖溶液为不含电解质的晶体溶液。在各种疾病的治疗中,常用葡萄糖溶液进行静脉注射。葡萄糖注射液有保肝、解毒、强心、利尿、消肿、补充体液的作用。葡萄糖溶液分为高渗溶液、中渗溶液和低渗溶液 3 种类型。其浓度、用量、用法不同,应根据家畜的种类和所患疾病对症用药。

等渗溶液:5%葡萄糖注射液为等渗溶液,是补充体液的药物,主要治疗家畜大汗、大泻等脱水症。输入血液循环后,葡萄糖很快被利用,失去原来的渗透性而供给机体水分。用 5%的葡萄糖注射液时,不要一次注射过多,因为在缺少补充钠的情况下,输入过量可引起水中毒,导致体液低渗、组织细胞水肿。

中渗溶液:10%~20%的葡萄糖注射液为中渗溶液。主要用于各种中毒的保肝、解毒、重病、久病体弱及手术病马的能量供给。

高渗溶液:50%的葡萄糖注射液为高渗溶液。作为解除水肿的药物,主要用于脑水肿、肺水肿;还可作为马、驴等家畜的妊娠毒血症治疗药物。用 50%的高渗葡萄糖注射液时,要单独应用,不可与任何注射液配合,以保证其"高渗"的有效性。

2. 胶体液

胶体液是指溶质分子直径大于 1 nm,或能使透过的光束出现反射现象的液体。按照来源的不同,临床应用的胶体可分为天然胶体和人工胶体。

(1)天然胶体 天然胶体主要是指白蛋白,在很长时间内它被认为是对病马最有益的液体,作为评价其他液体的金标准,作为一线容量扩充剂,以降低组织水肿和肺水肿。白蛋白是血浆中产生胶体渗透压的主要物质。白蛋白产生的胶体渗透压(约 24 mmHg),虽然占血浆总渗透压的比例很小,但它在维持有效循环血容量方面起着非常重要的作用。其常用浓度有 5%、20%、25% 3 种,其中 5%的是等渗的,其余两种为高渗液。但是,白蛋白毕竟是从血浆中分离出来的,虽然加工时经过了加热、过滤、灭菌处理,可是仍然不能确保不发生血源性传染病;而且,它的过敏反应发生率较高,价格昂贵,其临床应用受到很大限制。此外,在一些病理情况下,血管内皮功能损害,白蛋白可渗漏到组织中,随之水也从血管内转移到组织液,引起组织水肿和灌注下降,加重组织氧供需失衡,使病情更加恶化。因此,目前临床上白蛋白溶液并不是液体治疗的常用措施,它主要适合于纠正低蛋白血症,或者没有其他胶体溶液可供选择,或者其他胶体溶液已经用至最大量的情况。

(2)人工合成胶体

右旋糖苷:是多相分散的糖聚合物,系蔗糖经肠膜状明串珠菌发酵后生成的高分子葡萄糖聚合物,经处理精制而得。临床应用的有6%右旋糖苷70和10%的右旋糖苷40两种。右旋糖苷70扩容效果优于右旋糖苷40。右旋糖苷40可以明显降低血液黏稠度,增加毛细血管的血流速度,达到改善微循环的目的。所以右旋糖苷40用于血管外科手术,防止血栓形成,而很少用于扩容。右旋糖苷输入量过多会干扰血型,延长凝血时间。其扩容效果与其他胶体溶液相比并无明显差别,但是它能明显减少Ⅷ因子和损害血小板功能,引起凝血功能紊乱,并且过敏反应发生率高、程度重,因此,在人医临床上右旋糖苷已有逐渐退出临床使用的趋势。

明胶:由牛胶原纤维水解而来,目前改良明胶具有显著的扩容效能,血浆半衰期2～3 h,临床常用4%的明胶。用明胶研制的各种血浆代用品,其作用基本相似,而且与右旋糖苷、羟乙基淀粉一样都是属于低分子量等级的血浆代用品,具有一定的抗休克疗效,能有效改变微循环。明胶衍生物具有良好的血液相容性,即使大量输入也不影响凝血机制和纤维蛋白溶解系统,其安全性超过了右旋糖苷。

羟乙基淀粉:是由玉米淀粉改造而成,是一种环保型血浆代用品。其结构和糖原相似,过敏反应发生率远低于右旋糖苷,且无生物制品的传染病威胁,治疗费用相对较低,日益受到临床欢迎。根据平均分子质量的大小,羟乙基淀粉产品可分为以下3种:高分子质量(450～480 ku),中分子质量(130～200 ku)和低分子质量(70 ku)。羟乙基淀粉的主要排泄途径是通过肾脏。羟乙基淀粉具有以下特性:①维持、稳定血容量;②较低的血浆蓄积和组织沉积;③肾脏滤过增加。这些改良不影响血浆半衰期和抗炎特性。研究显示羟乙基淀粉具有抗炎效应,对内毒素介导的微循环障碍有相应的保护效应。临床应用证实130 ku羟乙基淀粉的过敏反应和凝血障碍发生率比其他羟乙基淀粉和右旋糖苷溶液低,每日最大剂量可达50 mL/kg。从羟乙基淀粉不断完善发展的过程来看,为达到有效性和安全性的统一,目前正从高分子、高替代度品种逐步向中分子质量、中低取代度品种发展。羟乙基淀粉输入体内后,由血清、淀粉酶不断降解,平均分子质量不断下降,当其中一些颗粒的分子质量小于70 000 u(肾阈值)时,很快经肾小球滤过排出。

对羟乙基淀粉关注的另一方面是稀释剂选择,美国使用的羟乙基淀粉一般溶解在生理盐水中,当大剂量使用时,可能发生高氯血症性酸中毒和血液低凝状态。而据报道以平衡盐液为溶剂的羟乙基淀粉(Hextend)的副作用发生率低,而且由于后者含有一定数量的钙离子,它对凝血功能的影响也小。

(二)晶体液和胶体液的应用

输注不同成分的液体影响着液体在体内的分布。等张晶体液静脉输注后,保留于血管内的比例很小,约为20%(不含电解质的晶体液更低,不到10%),大部分会很快地分布到细胞外液,仅有输入量的1/5留在血管内。因此,要依靠晶体液来维持有效循环血容量,需要量将十分巨大。而且,由于静脉输入的液体大部分移出血管,将会造成严重的组织水肿。此外,血浆胶体渗透压因稀释而降低，会进一步增加血管内液体向外迁移，更加减少对有效循环血容量的补充和加重组织水肿。再有，输入高渗的晶体液还有补充电解质和渗透性利尿的作用。所以，晶体液的主要功能是恢复细胞外液容量和维持电解质平衡。

胶体溶液主要适用：①血管容量严重不足的补充治疗；②麻醉期间增加血容量液体治疗；③严重低蛋白血症或大量蛋白丢失（如烧伤）的补充治疗。胶体溶液能使水分保留于血管内，持续时间可达数小时，稳定循环功能是其优势。但是，胶体溶液至少在静脉输注后 5 min 才能发挥扩容峰效应，血容量恢复慢。而晶体液静脉输注后立刻就可以发挥扩容峰效应，这在紧急情况下的循环支持无疑是有优势的。对于严重的低血容量性患畜，输液时首先要设法补足有效循环血量，因为血容量不足，不但组织缺氧无法纠正，且肾脏也会因缺血而不能恢复正常功能，代谢产物无法排出，酸中毒无法纠正，电解质平衡无法调节。故补足有效血容量是突破这种互相影响、互为因果的恶性循环、纠正体液平衡失调与酸碱平衡失调的首要措施。所以，当水、电解质严重丧失，细胞外液、有效循环血量急剧下降，引起休克时，则需要输入胶体溶液。但是，仅靠胶体溶液而不输入晶体溶液，也不能有效地恢复组织液与血液交换，特别是不能满足机体必需的各种盐类。因此，二者配合使用较为适宜，一般是采用先输入晶体液迅速扩容、补充电解质，而后继续输入胶体液以维持和稳定扩容效果，即所谓的“先晶后胶”原则，输入的晶体溶液与胶体溶液的比例以(2～6)∶1 为宜。临床上根据病情需要来合理选择晶体液和胶体液的使用比例和使用程序。

二、病马水、盐代谢紊乱与补液

在兽医临床上，常见的肠扭转、肠套叠、肠梗阻、腹泻、重度感染、严重的创伤和大面积的烧伤等很多疾病都能引起水和电解质的大量丢失，导致动物机体水盐代谢紊乱。动物发生水盐代谢紊乱后必须及时采取相应的措施进行纠正，否则会引起极为严重的后果。水盐代谢紊乱主要分为以下几种情况：水钠失衡、体液 K^+ 和 Ca^{2+} 失衡。

（一）高渗性脱水

高渗性脱水(hypertonic dehydration)是指失水大于失钠，致使细胞外液渗透压和血钠水平都升高的脱水。其特点是失水大于失钠，血钠>150 mmol/L，又称为失水性脱水(water depleting dehydration)、高钠血症(hypernatremia)。

1. 原因

(1)入水不足　由于饲养管理不当导致动物得不到饮水；或者是疾病因素导致动物饮食欲减退或废绝；或者是由于动物患有破伤风、口腔咽喉炎症、食道炎症、肿瘤或阻塞等，动物虽有饮欲，但却不能饮水，导致进水不足。进水不足，钠的进入也不足，在这种情况下，机体对水的平衡规律是：“多进多排，少进少排，不进也排”，就是说动物在不能进水时，仍然要排出水分。但钠的平衡规律是：“多进多排，少进少排，不进不排”，从而造成高渗性脱水。

(2)失水过多，或失水大于失钠　见于中暑、大出汗、高温环境或高热性疾病(如严重的蜂窝织炎、腹膜炎、败血症、重感冒等)，体温都明显升高，使经呼吸呼出和皮肤蒸发的水分增加，引起高渗性脱水；过食精料，精料在胃肠分解后，使内容物呈高渗状态，从而可以夺取体内的大量的水分；或者动物患急腹症(如肠梗阻、肠套叠、肠扭转等)，体液大量渗入到胃肠道内，向第三间隙液转移，转化为无功能细胞外液。另外，动物发生急腹症后，往往饮食欲废绝，断绝了水的来源。

此外，长期大剂量的使用速尿、甘露醇、高渗糖而引起渗透性排尿等都可造成体内水分的大量丢失，引起高渗性脱水。

2. 临床诊断要点

脱水的程度不同，临床表现也不完全一样。根据脱水的程度，大致可以把脱水分为3种形式：

(1)轻度脱水　失水量占体重的4%～6%；

(2)中度脱水　失水量占体重的6%～10%；

(3)重度脱水　失水量占体重的10%以上。

轻度脱水临床表现不明显，主要是饮欲增加、精神沉郁和尿量的减少。

中度和重度脱水的临床表现大致相同，但是程度上有差别，主要表现为：

①口腔干燥、饮欲增加(但重病马除外)；食欲下降或废绝，腹围缩小(肠阻塞或过食精料病例除外)；肠音低沉或消失，直肠干燥，粪干量少。

②精深沉郁、行动迟缓、乏力、喜卧地；被毛粗乱、皮肤弹性降低。

③患病马匹口腔干燥，耳、鼻端发凉；眼球内陷、角膜干燥、结膜充血，重度脱水病马可视黏膜发绀。

④呼吸、心跳加快，脉细弱，心音初期亢进，有的可听到心包摩擦音。严重时，心音低沉混浊，脉不感于手。

⑤血液和尿液检查：血容量下降，血液浓稠，血钠水平升高，红细胞数、血红蛋白和红细胞压积(packed cell volume，PCV)平行上升。尿量锐减，比重上升。

⑥严重的脱水，可导致以酸中毒为主的自体中毒，直接和间接地影响到脑细胞的功能，从而引起动物昏迷。

3. 治疗

治疗原则是首先解除病因，治疗原发病；然后，对轻度脱水病马或者对有饮欲、消化功能基本正常的病马，给予水或低渗盐液口服；经口补水、ORS是补水的最佳选择；对中、重度脱水或不能经口补水的病马，则应静脉输入低渗盐溶液，可以选用0.45%氯化钠溶液、5%～10%葡萄糖液或乳酸钠林格氏液。整个治疗过程中，还应顾及病马的血钾含量和酸中毒情况并给予适当纠正。

补液量：根据临床表现决定补液量，这需要有一定的临床经验，关键是边补液边观察，补到排尿量明显增加就差不多了。也可以按如下方式计算：

根据临床表现估计：

$$体液丢失量(L)=估计脱水相当于体重的\%\times现有体重(kg)$$

根据患畜血钠值($[Na^+]i$)和血钠正常值($[Na^+]$)计算：

$$体液丢失量(L)=体重(kg)\times体液百分比(60\%)([Na^+]i/[Na^+]-1)$$

以上这几种方法所测定的补液量都是体液的丢失量，也就是脱水的治疗量。但所需补液的总量还应包括正常代谢的每日维持(生理)需要量，这是维持治疗量。所以临床上一般把所需补水的总量划分为脱水治疗量和维持治疗量两部分。维持治疗量一般按每天每千克体重需水 50～100 mL 计算，也可参照本节围术期补液的每日维持（生理）需要量的计算方法计算。

（二）等渗性脱水

等渗性脱水（isotonic dehydration）是水和钠大致按比例丢失，细胞外液的量减少而渗透压基本正常的脱水，又称为混合性脱水（mixed dehydration）或急性缺水（acute dehydration）。等渗性脱水也是临床上比较常见的一种脱水。

1. 病因

（1）急性消化道疾病引起大量消化液急性丧失。如胃肠炎引起的腹泻、呕吐，使胃肠消化液大量丢失（消化液接近等渗）；急性肠梗阻、便秘、肠变位、肠套叠、肠扭转等导致大量消化液积存在胃肠道内而不能被吸收。

（2）大面积烧伤、弥漫性腹膜炎、渗出性胸膜炎等大渗出性疾病都有大量的体液渗出。

2. 临床诊断要点

与高渗性脱水基本相似，病马表现为尿少、乏力、眼球下陷和皮肤干燥，较严重的病马脉搏细速、血压下降并常伴有代谢性酸中毒。尽管有比较明显的脱水的症状，但不思饮水，另外实验室检查血钠基本正常或稍高。

等渗性脱水如不及时处理，由于不断的丢失水分及机体的保钠功能，可转变成高渗性脱水。

3. 治疗

治疗原则是输入偏低渗的溶液（以 2/3 等渗电解质溶液为宜），生理盐水中[Na^+]和[Cl^-]分别为 154 mmol/L，其[Cl^-]明显高于血浆[Cl^-]（103 mmol/L），大量输入后易发生高氯性酸中毒。对于等渗性脱水以 5%～10%的葡萄糖 1/3 配合生理盐水（糖盐水或林格氏液等渗盐溶液也可以）2/3 比较好。也可以应用平衡盐溶液。平衡盐溶液有两种，一种是乳酸钠林格液，是 1.86%（1/6 M）乳酸钠溶液与复方氯化钠溶液 1∶2 混合；另一种是 1.25%碳酸氢钠溶液与生理盐水 1∶2 混合。

补液的量是体液的丢失量与机体正常代谢的每日维持（生理）需要量之和。每日维持（生理）需要量参照高渗性脱水，体液的丢失量可以根据红细胞压积值（PCV）计算：

$$体液丢失量(L)=(患畜\ PCV\ 值/正常\ PCV\ 值)\times 体重(kg)\times 0.25$$

补液量确定后，一般先只补其 1/2～2/3，待缺水改善，尿量排出增多时适时补充钾，一般当病马尿量达 1 mL/(kg・h)以上时，即应在补液中加入氯化钾以缓慢补钾。

（三）低渗性脱水

低渗性脱水（hypotonic dehydration）是细胞外液量减少、渗透压下降的脱水。这种脱水又称缺盐性脱水（salt depleting dehydration）或低钠血症（hyponatremia）。这种缺水的特点是缺钠大于缺水。

1. 原因

（1）体液丧失后补液不合理　低渗性脱水大多是由于体液大量丧失后补液方法不当，单纯补充过量水所引起。例如，消化道疾病时大量的消化液持续丢失、大出汗、大创面持续渗液而只补给水和葡萄糖溶液（这是最常见的原因）。

（2）大量钠随尿丢失　肾上腺皮质机能低下时醛固酮分泌减少，抑制肾小管对钠离子的重吸收,造成经肾丢失大量钠;长期大剂量应用排钠性利尿剂如速尿、利尿酸、噻嗪类利尿剂,抑制了钠的重吸收。

2. 临床诊断要点

与高渗性脱水基本相似,病马表现为精神沉郁、乏力,眼球下陷和皮肤干燥,饮食欲下降,早期出现多尿及低渗尿;较严重的病马嗜睡、恶心呕吐、脉搏细速、血压下降,尿量减少,甚至发生低血容量性休克,并常伴有代谢性酸中毒,表现为中枢神经细胞水中毒的症状,如定向力障碍和抽搐、惊厥、昏迷和反射消失等。尽管有比较明显的脱水的症状,但不思饮水,另外实验室检查血钠基本正常或稍高。

3. 治疗

一般只补等渗的电解质溶液,如生理盐水、林格氏液、糖盐水等;缺钠严重的应补高渗盐水,以迅速提高细胞外液的渗透压;出现休克症状的,则应在补氯化钠溶液的同时给予血浆、全血等胶体溶液,以较快地纠正血容量缺失。一般不用等渗糖或高渗糖溶液,如果过多地补给葡萄糖溶液,则会加重病情,甚至产生水中毒。纠正可能同时发生的酸中毒。如尿量增加,应酌情补钾。

如果有条件检验血清钠的含量可用下面的公式计算补钠量。

$$\text{需补钠的总量(mmol/L)} = ([Na] - [Na]i) \times W \times K$$

[Na]:血清钠的正常值的低限 135 mmol/L(正常值 135～170 mmol/L)。

[Na]i:患病马匹血清钠的值 mmol/L。

W:马匹体重。K:细胞外液占体重的百分比(大约 20%)。

(四)水潴留

水潴留是指水在细胞间隙或细胞内积聚过多而引起的一种水代谢紊乱性疾病,又称为水中毒或水过多。

1. 原因

(1)抗利尿激素(Antidiuretic Hormone,ADH)分泌过多、肾上腺皮质功能低下、肾功能衰竭和严重充血性心功能不全,给予大量饮水后很容易发生水中毒;晚期低渗性脱水,细胞外液低渗水向细胞内转移也容易发生水中毒。

(2)临床上见到的水中毒,一般是具有上述情况的动物输入过多的液体(尤其是葡萄糖溶液)而肾脏不能及时排出所造成的。

2. 临床表现

轻度和慢性水中毒常常被原发病的症状所掩盖,往往不表现出明显的临床症状。但急性的水潴留表现出行动缓慢,乏力、皮肤浮肿、皮下水肿(以腹下明显,严重的可到胸前),体重迅速增加,血清 Na^+ 明显减少(稀释性血钠过低)血浆蛋白、血红蛋白、血细胞压积均降低,红细胞体积增大。

3. 治疗

对轻度、中度水中毒,只要限制入水量,一般可以自行恢复。

严重的水中毒,应该强心利尿,同时补入 Na^+、K^+,但对心、肾功能衰竭、有效循环血量减少的病例,因醛固酮的分泌增加,应适当控制钠和钾的用量,以强心利尿为主。

对于发展速度快的急性病例可应用高渗氯化钠少量多次注射，让 Na^+ 在体内有一个平衡过程，在症状缓解的基础上，再酌情减少 Na^+ 的输入。

伴有脑水肿的病例需用甘露醇、山梨醇、50%的葡萄糖溶液等静脉注射，减轻脑水肿，促进水的排出。

(五)低血钾

血清钾的浓度低于正常值就称为低血钾(hypokalernia)。由于目前基层兽医的医疗设备和水平所限，低血钾往往不被重视，但临床上低血钾症是很常见的，而马属动物等草食动物很容易发生低血钾症，并且对低血钾很敏感。

1. 病因

(1)钾的摄入不足　长期不吃草、料(草中含钾很多)只喝水，使体内缺钾，初期细胞内的钾可释放一部分到细胞外，这时血钾不一定明显降低，但长期下去，细胞向外释放钾逐渐减少，而钾仍然在不断地丢失，必然出现明显的低血钾，因为钾的代谢规律是：多进多排，少进少排，不进也排。

(2)钾的丢失过多

①输液错误：如反复大量使用高渗糖，不仅 K^+ 随尿液排出增加，而且还能促使一定量的 K^+ 进入细胞内；另外大量输入无钾性液体，可导致稀释性低血钾。

②消化液的丢失：消化液中钾的含量一般比血浆高，所以，能引起消化液丢失的疾病(患胃肠炎、下痢或肠梗阻等)，就可引起低血钾。

③长期使用肾上腺糖皮质激素(因为它兼有盐皮质激素醛固酮的作用)：能够保钠排钾，可使更多的钾从尿中丢失。

④碱中毒：可引起细胞内外 H^+、K^+ 交换、H^+ 外移、K^+ 内移，远曲小管泌出的钾也增多。另外，酸中毒纠正后，也常常出现低血钾，H^+ 由细胞内向细胞外转移，K^+ 可由细胞外向细胞内转移。

2. 临床诊断要点

病马早期表现肌肉无力，站立时肌肉颤抖、运动时身体摇摆，严重时卧地不起；严重的低血钾往往表现性情暴躁，口渴，肠蠕动减弱、甚至麻痹，胃肠可能发生轻度臌气、排便迟缓、多尿；脉搏细速，节律不齐，血压下降；有的严重病例发生瘫痪，呼吸肌麻痹，代谢性碱中毒和钠潴留。

实验室检查血钾降低，在 3.5 mmol/L 以下(正常值是 4～5.35 mmol/L)。

3. 治疗

(1)首先治疗原发病，尽量除去病因。

(2)纠正低血钾。

对于轻度的低血钾，只需改善消化道功能如兴奋胃肠，加强胃肠功能，让马匹吃草、吃料即可纠正，如果从静脉补给，可少量补钾或给予复方氯化钠溶液。

对于重度的低血钾，只能经静脉补给，通常将 10%KCl 用 5%葡萄糖生理盐水稀释后，使钾的浓度不超过 0.3%，马属动物一次的用量通常为 5～10 g。

$$缺钾量(mmol/L)=(正常血钾值-病马血钾值)\times 体重(kg)\times 60\%$$

补液时要坚持见尿补钾，并且注射速度要慢。通常当心搏数降到注射前的 80%时就应放慢注射速度或停止注射。

(六)高血钾

血清钾的浓度高于5.5 mmol/L就称为高血钾(hyperkalernia)。不像低血钾那么常见，但也偶有发生。

1. 原因

(1)缺氧、酸中毒、严重的组织坏死，严重的溶血，血中Na^{+}、Ca^{2+}过低等原因都可使细胞内的K^{+}外移或释放，造成高血钾，这是最常见的病因。

(2)肾功能不全或衰竭，随着排尿量的减少，必然妨碍K^{+}的泌出。

(3)给马匹输了过多的含钾液体，特别是脱水的情况下，排尿量很少，过早、过多输钾液，机体不能通过肾脏将多余的排出体外。

2. 临床诊断要点

高血钾一般是由原发病继发而引起的，而且原发病的症状往往比高血钾的症状更明显。所以，当遇到肾功能比较差、酸中毒、心率紊乱而缓慢的病例，就应注意是否有高血钾，有条件的可测血钾浓度。高血钾一般表现为四肢湿冷、全身无力、心率缓慢、节律不齐、严重者甚至发生心搏暂停。

实验室检查：血K^{+}升高在7 mEq/L以上。当达到10 mEq/L时，心脏随时都可能突然停止跳动。

心电图检查：轻者心电图表现为T波高耸，较重者心电图表现为P波降低、P-R间期延长、心脏阻滞、QRS波增宽和深S波。

3. 治疗

治疗原则是增加排K^{+}量，拮抗K^{+}对心脏的毒性。

(1)注射高浓度碱性溶液：$NaHCO_3$或乳酸钠。

(2)静注高渗葡萄糖(10%～50%)促进K^{+}内移，必要时可加注胰岛素(50%葡萄糖50～100 mL加胰岛素10～20 U)。

(3)应用利尿剂：提高肾功能，加速K^{+}的排出。如速尿、双氢克尿噻等，抑制Na^{+}的主动重吸收，增强Na^{+}-K^{+}交换，使钾的排出增加。

(4)静注钙制剂(10%葡萄糖酸钙，5%$CaCl_2$)，缓解K^{+}对心肌的毒性。

(七)低钙血症

当血清Ca^{2+}的总量浓度低于2.15 mmol/L(8.6 mg/dL正常值的低限，血钙的正常值为2.15～2.75 mmol/L)时称为低钙血症(hypocalcemia)。

1. 病因

(1)甲状腺或甲状旁腺疾病　低钙血症是甲状腺或甲状旁腺手术的并发症，原因是手术误切了甲状旁腺或损伤了甲状旁腺的血液供应，造成了甲状旁腺功能减退。甲状旁腺腺瘤时其他几个腺体萎缩，切除腺瘤后病人随即表现低钙血症。

(2)急性胰腺炎、胰腺外分泌功能障碍　发生急性胰腺炎时，马匹体内发生Ca^{2+}的转移，使血Ca^{2+}减少；坏死性急性胰腺炎时，因脂肪坏死形成脂肪酸，后者与Ca^{2+}结合形成钙灶，导致低钙血症。

(3)钙吸收、生成减少或丢失过多　软组织创伤、小肠瘘、炎症性肠病导致消化功能紊乱，

引起 Ca^{2+} 在肠道吸收不良；肝肾疾病可使内源性维生素 D 减少，导致 Ca^{2+} 的生成和转化减少；马匹产后泌乳大量 Ca^{2+} 进入乳汁泌出导致血 Ca^{2+} 降低。

2. 临床诊断要点

低钙血症的主要临床表现为神经、肌肉的应激性、兴奋性增加。临床表现的严重程度不仅决定于血 Ca^{2+} 降低的程度，而且与其下降的快慢有关。

(1)神经肌肉系统的兴奋性变化　可出现神经肌肉系统的异常表现，有肌肉痉挛、四肢孱弱、抽搐和精神行为异常。神经肌肉的应激性增加，刺激阈降低，典型体征是腱反射亢进。很轻的刺激就能诱发神经肌肉的过度兴奋，甚至惊厥。

(2)消化系统功能异常　表现为胃酸减少，消化不良，呕吐、腹泻、便秘、吞咽困难等症状。

(3)心血管系统　心率增快，心律不齐，心电图可有 S-T 段延长，Q-T 间期延长，T 波低平或倒置，房室传导阻滞。

(4)低钙危象　当血钙低于 0.7 mmol/L(3.0 mg/dL)，可诱发低钙危象，诱发植物神经系统功能障碍，发生平滑肌痉挛，表现为惊厥、癫痫样发作，喉、支气管喘息，腹痛和腹泻等。

3. 治疗

无症状低钙血症不必治疗，因为其血中离子钙一般正常。低钙血症出现症状者应该静脉输注葡萄糖酸钙或氯化钙，氯化钙容易离解出离子钙，因而疗效好。钙剂的输入速度不应超过 1.25 mmol/min(50 mg/min)。需长期补钙剂者可选用乳酸钙、枸橼酸钙或碳酸钙口服，并补充维生素 D_3。

(八)高钙血症

高钙血症(hypercalcemia)是指血清钙含量大于 2.75 mmol/L(11 mg/dL)。

1. 病因

病因很多，大体上可分为以下几个方面：

(1)甲状旁腺功能亢进，有原发性的和继发性的。

(2)噻嗪利尿剂治疗也可导致高钙血症。

(3)转移性骨肿瘤(多发性骨髓瘤、淋巴瘤、乳腺癌、肺癌、结肠癌、前列腺癌)中有些肿瘤组织能分泌激素样物质在局部介导溶骨活性。

2. 临床诊断要点

当血钙达到一定浓度时，都可以影响神经、肌肉、消化、心血管和泌尿系统的功能。

(1)神经肌肉系统功能的异常　高钙血症最初的表现在神经肌肉系统，表现为疲乏、无力，最终可发生昏迷、死亡。

(2)心血管系统的功能异常　高钙对心血管系统的影响不大，最常见的是心肌收缩力加强、高血压，心率变慢。ECG 表现为 Q-T 间期缩短。

(3)消化系统的功能异常　胃肠道症状有厌食、恶心、呕吐和腹痛。也可发生胰腺炎和高胃酸性溃疡。

(4)泌尿系统功能异常　慢性高钙血症可造成肾钙盐沉积、肾结石，最终发生肾衰。病马烦渴多饮、多尿、低血钾、低血钠、低血镁。

3. 治疗

(1)病因治疗　对甲状旁腺功能亢进者应考虑手术治疗。对分泌激素样介导物质的肿瘤应手术切除。对转移性骨肿瘤用普卡霉素或降钙素抑制骨破坏。

(2)补液　当血钙>3.5 mmol/L时，要立即治疗，降低血钙，防止发生转移性钙化。急救措施是限制入钙量、增加肾对钙的排出和纠正脱水。可用0.9%或0.45%盐水静脉滴入，促进尿液形成。在液体补足后开始用呋塞米等利尿剂，促使钙排出。当尿量明显增加时适量补充含钾性液体。

(3)应用降钙素　降钙素可以抑制骨的吸收，使血钙降低；抑制甲状旁腺激素(PTH)的作用，抑制肾小管重吸收钙，使尿钙增加。

三、病马酸碱平衡紊乱与补液

体内酸性或碱性物质过多，超过了机体的调节能力，使血液的pH变动超出正常范围就叫酸碱平衡紊乱。原发性的酸碱失衡分为代谢性酸中毒、代谢性碱中毒、呼吸性酸中毒和呼吸性碱中毒4种。

(一)代谢性酸中毒

各种原因导致体内$NaHCO_3$含量原发性减少，而使血液pH下降超出正常范围就叫代谢性酸中毒(metabolic acidosis)。

1. 原因

(1)产酸过多

①乳酸增多：马过食碳水化合物类饲料，使胃肠内乳酸的形成速度超过了分解速度，当胃肠内过多的乳酸被吸收后，就可使血液的pH下降；外周血液循环衰竭或障碍、肠梗阻等导致机体全身或局部缺氧，糖的中间代谢产物——乳酸就会大量形成和积累。

②酮体增多：病马长期禁食或食欲废绝，或者在牛的酮血病、家畜的妊娠毒血症的发生过程中，由于血糖过低，而使脂肪过度分解造成酮体(乙酰乙酸，β-羟丁酸，丙酮酸)大量产生并在血中蓄积，最终引起酸中毒。

③固定酸的产生和积累：如败血症、蜂窝织炎、弥漫性腹膜炎、大面积烧伤继发感染等一些高烧性疾病，使体内酸性代谢产物—固定酸大量产生并积累。

(2)高钾血症　一方面，血钾升高可抑制肾小管上皮细胞K^+-Na^+交换，H^+-Na^+交换增多，使H^+在血液蓄积；另一方面，高血钾的K^+，往往向细胞内转移，并从细胞内换出H^+，这两方面都可使体液的H^+增多，而发生酸中毒。

(3)酸性产物排出障碍　主要是由于肾功能不全或脱水，使肾小球滤过率降低，结果酸性产物排出减少；此外，肾功能不全时，肾小管泌H^+减弱，也影响HCO_3^-的重吸收。

(4)丢碱过多　主要见于肠炎，特别是急性结肠炎，另外还有后部肠管的阻塞以及术后肠麻痹等，大量碱性消化液丢失，再加上肠道内溶物腐败发酵，大量产酸，这样就造成既丢碱又产酸，必然引起酸中毒。

2. 临床表现

(1)病马体温升高，食欲下降或废绝，精神时而沉郁，时而烦躁不安；毛焦体瘦，皮肤弹性下降，往往伴有脱水的表现。

(2)毛细血管再充盈时间延长，可视黏膜发绀、无光泽，或呈樱桃红色。

(3)初期呼吸加深加快、心率加快、心音亢进；重度的代谢性酸中毒呼吸和心率变慢变弱，甚至节律不齐。

(4)血液黏稠,血液 pH 下降,血浆 CO_2结合力下降。

(5)尿量减少,呈酸性反应,即 pH 下降。

3. 治疗

治疗原则随病因和病情的轻重而异。对于轻、中度代谢性酸中毒来说,治疗的要点是处理原发病;就低血容量性休克而言,其治疗的近期目标是扩容的同时纠正酸中毒,远期目标是处理原发病。在针对病因治疗处理水电解质失衡的同时,应该用碱制剂治疗。

(1)补 $NaHCO_3$

①以测定血浆二氧化碳结合力(CO_2CP)为依据确定补液量:

需补充的 5%$NaHCO_3$(mL)=(正常 CO_2CP－病马 CO_2CP)×0.5×体重(kg)。

注:CO_2CP:每 100 mL 血浆中以 HCO_3^- 形式存在的 CO_2mL 数。

0.5 为每千克体重提高 1CO_2CP 需要 5%碳酸氢钠溶液的 mL 数。

②根据尿液 pH 变化确定补液量:

尿液 pH 每下降一个单位,补 5%$NaHCO_3$每千克体重 2 mL 左右。

③根据[HCO_3^-]测得值计算补液量:

[HCO_3^-]需要量=(正常[HCO_3^-]值－病马[HCO_3^-]值)×0.4×体重(kg)。

(2)补乳酸钠

11.2%乳酸钠(mL)=(正常 CO_2CP－病马 CO_2CP)/2.24×0.2×体重(kg)。

0.2 是细胞外液占体重的百分比。

当缺 O_2、肝功能不良,特别是乳酸过多造成的酸中毒时不能用乳酸钠。

注意:乳酸钠的浓度比较高,它是按当量浓度配制的,即每毫升 11.2%的乳酸钠含 1 mEq 的乳酸钠,应用时要稀释成 1.9%的浓度 1/6 mol/L。

(3)缓血酸胺-三羟甲基氨基甲烷　一种不含钠、碱性又很强的氨基缓冲碱,1 mL/kg 体重即可提高二氧化碳结合力 0.449 mmol/L。用量:1～3 mL/kg 体重 1 次,目前国内兽医临床上用得很少。

对大多数病马来说,补碱宁少勿多,分次补入,一般在 12 h 先补入计算量的 1/3～1/2。剩下的在此后的 24 h 补入。对急性代谢性酸中毒,补碱后使 pH 升至 7.2～7.3 即可。补入 $NaHCO_3$过多或过快可出现低钾、高钠、低钙、代谢性碱中毒等并发症。对慢性代谢性酸中毒,可口服口感好的枸橼酸钠。

(二)代谢性碱中毒

代谢性碱中毒(metabolic alkalosis)是指由于体内碱性物质摄入过多或酸性物质丧失过多后而引起的以血浆[HCO_3^-]浓度原发性升高为特征的病理过程,在兽医临床上较少见。

1. 病因

(1)体内碱性物质过多　长期大量摄入碱性饲料(如尿素)或给予过量的碱性药物(如 $NaHCO_3$),使血液内的[HCO_3^-]浓度升高,发生碱中毒;肝功能不全时,鸟氨酸循环不能正常进行,体内碱性物质排出障碍。

(2)酸性物质丧失过多 马匹的许多胃肠疾病或其他疾病的严重呕吐，导致大量酸性胃液丢失；肠套叠或变位等疾病可使大量的氢离子丢失在胃内，胃分泌盐酸需氯离子从血液循环中进入胃内，因此在分泌盐酸过程中产生大量[HCO_3^-]，使血液中[HCO_3^-]含量增加而引起碱中毒。

(3)低血钾也可引起代谢性碱中毒 血液中 K^+ 的浓度过低时能增进肾近曲小管对 HCO_3^- 的重吸收和远曲小管对酸的分泌，结果血[HCO_3^-]升高。

2. 临床诊断要点

代谢性碱中毒一般发展慢，因此临床体征不明显。急性发病者突出的临床表现是呼吸减慢、减弱，其次为神经肌肉的兴奋性增加，出现周身肌张力增高、腱反射亢进和手足孱弱。严重的病例表现有意识错乱、反应迟钝和昏迷。

实验室检查，血液 pH、[HCO_3^-]和 CO_2CP 均升高。

3. 治疗

诊断确立后应在病因治疗的同时，治疗血氯过低并予以补钾，因这类病马多半同时有血氯低的情况，而补钾有助于碱中毒的纠正。

一般轻度代谢性碱中毒呕吐不剧者，只需静脉滴注等渗盐水即可达到治疗目的，因等渗盐水中含氯离子较多，有助于纠正低氯情况；重度代谢性碱中毒，可用2%氯化铵溶液加入5%葡萄糖等渗盐水中由静脉内缓慢滴注。但如病马肝、肾功能减退，则不能使用氯化铵，而需补充盐酸。

(三)呼吸性酸中毒

由于呼吸功能障碍，导致 CO_2 张力升高，血中 H_2CO_3 原发性增多，使血液 pH 下降的征候就叫呼吸性酸中毒(respiratory acidosis)。

1. 原因

(1)呼吸道阻塞 如鼻腔狭窄，异物阻塞气管、慢性支气管炎等，影响呼吸道畅通，使马匹呼吸困难。

(2)肺及胸腔疾病 肺炎、肺水肿、肺气肿、胸膜炎等，影响毛细血管和肺泡间的气体交换。

(3)呼吸中枢抑制 脑部疾病、全身麻醉过量等可抑制呼吸中枢，使呼吸量下降，大量 CO_2 在体内蓄积。

2. 临床诊断要点

(1)体温升高，食欲下降或废绝，精深沉郁甚至昏迷。

(2)呼吸困难，呈现前臂向外扩展，伸颈，鼻翼开张、煽动或张口呼吸等，呼吸浅表而快，可视黏膜发绀。

(3)血液黏稠，血液 pH 下降，CO_2 结合力升高(机体代偿作用的结果)。

(4)初期心率加快；重度的代谢性酸中毒呼吸和心率变慢变弱，节律不齐。

(5)尿量减少，呈酸性反应，即 pH 下降。

3. 治疗

(1)首先消除原发病，改善通气功能 清理呼吸道，解除支气管痉挛，保持呼吸道通畅。严重的病例应该实施机械通气供氧，改善肺泡通气，减低 CO_2 潴留。如系呼吸中枢抑制所造成的呼吸困难，可以应用中枢神经兴奋药如尼克刹米、樟脑磺酸钠等兴奋中枢。

(2)静注双氧水　马匹的用量是3%的双氧水70～100 mL,一般是用25%～50%葡萄糖稀释成0.3%,最多不超过0.45%。然后静注。

(3)缓血酸胺　可直接与H_2CO_3反应来摄取H^+,同时生成HCO_3^-,产生双重效果来纠正酸中毒,应用于呼吸性酸中毒最佳。

(四)呼吸性碱中毒

呼吸性碱中毒(respiratory alkalosis)是由于排出CO_2增多而引起的以血浆原发性H_2CO_3浓度降低为特征的病理过程。

1. 原因

当病马肺泡通气过度,体内生成的二氧化碳排出过量,则PCO_2降低,引起低碳酸血症时即有呼吸性碱中毒。引起过度通气的临床事件包括高热、严重感染或创伤、中枢神经系统疾病、低氧血症和肝功能衰竭等。

2. 临床诊断要点

上述各种原因引起的通气过度情况存在;症状为四肢孱弱或抽搐,肌肉震颤,心率过快等;通过血气分析显示血pH增高,PCO_2和CO_2CP降低。

3. 治疗原则

积极处理原发病,减少二氧化碳的呼出,吸入含5%二氧化碳的氧,给予钙剂进行对症治疗。

四、围手术期补液

围手术期病马的补液是十分必要的,也是非常重要的,因为马匹术前要禁食,术后有的也要禁食,同时还面临术中出血等问题,故内环境紊乱是十分容易发生的,我们必须要高度重视,否则发生一些事与愿违的后果也是有可能的。所以,兽医在临床上必须重视围手术期病马的补液问题。

(一)术前病马体液的变化与补液

1. 术前病马体液的变化

由于禁水、禁食等原因,手术前马匹不能正常摄入机体所需的水分、电解质和蛋白质等,导致体液的缺失。马匹患病期间由于饮食欲的改变将会影响马匹每日生理需要的体液成分不能被摄入,也会改变马匹的体液状态。麻醉手术前,部分外科病马可能存在非正常的体液丢失,例如术前胃肠减压处置将会造成水和电解质的丢失;外科急性腹膜炎可导致大量功能性细胞外液向第三间隙转移。患病治疗期间用药以及疾病本身对水、电解质平衡影响,术前马匹呕吐、利尿和腹泻等。此外,还要有一些不显性失水,如过度通气、发热、出汗等。

总之,术前外科病马的体液缺失可分为下列几个方面:每日生理基本需要量、术前禁食、禁水缺失量、术前外科疾病所致体液丢失或转移量等。所以,手术前应该对病马的体液状态进行初步评估,以作为液体治疗的参考依据。麻醉手术前液体的丢失应在麻醉前或麻醉开始初期就开始予以补充,并应采用近似丢失的体液成分的液体。

2. 术前补液的优先顺序

(1)纠正休克,恢复正常血容量　一般应先根据马匹机体的情况补充适量含Na^+量>

130 mmol/L的电解质液，然后酌情补充胶体液或其他液体。

(2)纠正以往丧失量(失衡量)　以往丧失量包括容量失衡、浓度失衡和成分失衡。以往丧失量的补充是将计算出的毫摩尔数转换成表 1-4-2 中所需溶液的浓度和量，先快速(在 12～24 h内)补入计算丧失量的 1/3～1/2。然后再根据体检和化验重新估算，进一步纠正。

表 1-4-2　常用注射液的种类和电解质含量

溶液	电解质含量/(mmol/L)					主要用途
	Na^+	K^+	Cl^-	HCO_3^-	Ca^{2+}	
0.9%NaCl*	154		154			补充 ECF，纠正低钠血症
0.45%NaCl*	77		77			补充胃液丢失；维持日常用钠
0.33%NaCl*	56		56			维持液的补充
0.2%NaCl*	34		34			与 D5W 相同，应用过量可引起低钠血症
LR	130	4	109	28**	4	补充 ECF 的最佳溶液；纠正等渗性失水
D5W						纠正或补充非显性失水；纠正高渗性失水；应用过量可引起低钠血症
3%NaCl	513		513			纠正有症状的 Na^+ 缺乏
5%NaCl	855		855			纠正有症状的 Na^+ 缺乏
1/6 mol/L 乳酸钠	670			670**		
5%$NaHCO_3$	600			600		用于胃肠液丢失，纠正代谢性酸中毒
10%KCl		1 340	1 340			K^+ 日常需要，纠正低钾及酸碱紊乱，每升溶液中 K^+ 不得大于 40 mmol

LR＝乳酸钠林格氏液。D5W＝5%葡萄糖液。* 含或不含 5%葡萄糖。** 含乳酸根毫摩尔数。

(3)补充每日维持(生理)需要量的水和电解质　每日维持治疗是维持马匹体水、电解质平衡所必须的治疗，是指在不考虑以往丧失量和非正常体液丢失量的情况下，每日维持输液所需水和电解质量。每日维持(生理)需要量可以参考人医的计算方法估算(表 1-4-3)：100 mL/kg×10 kg＋50 mL/kg×10 kg＋25 mL/kg×剩余体重。比如一个 400 kg 体重的奶牛每日维持(生理)需要量为 100 mL/kg×10 kg＋50 mL/kg×10 kg＋25 mL/kg×380 kg＝11 000 mL。注意这种计算方法仅供参考，输液时必须密切观察患病马匹的临床体征变化，及时发现容量缺失和过多。

表 1-4-3　马匹每日维持(生理)需要量

体重	第一个 10 kg 体重	第一个 10 kg 体重	以后每一个 10 kg 体重
液体需要量/(mL/kg)	100	50	20～25

输液的种类应该根据患病马匹体液的电解质、酸-碱以及肾功能情况选择应用，不同情况病马液体选择见表 1-4-4。

表 1-4-4　不同情况病马液体的选择

损伤	体液需求	建议最佳液体	备注
脱水、血液浓缩	补水的液体	5%葡萄糖(D5W)	能量补充不明显
血容量减少	迅速扩充血管容积，可以选择等渗的或平衡电解质溶液	乳酸林格氏液、5%葡萄糖乳酸林格氏液	低容量高渗液体可能对休克急救有益
呕吐	呕吐物＝60 mEq/L Na^+、15 mEq/L K^+、120 mEq/L Cl^-，如果出现代谢性碱中毒应纠正	0.9 mol/L NaCl；0.45 mol/L NaCl 和 D5W；0.9 mol/L NaCl＋20 mEq/L KCl	如果有低血钾可以补钾，但需控制钾的输液速度
腹泻	腹泻物＝115 mEq/L Na^+、18 mEq/L K^+、70 mEq/L Cl^-，如果出现代谢性酸中毒应纠正	5%葡萄糖乳酸林格氏液＋20 mEq/L KCl	需控制钾的输液速度，HCO_3^- 与乳酸林格氏液不相容
烧伤	和腹泻一样，可能需要补充胶体渗透压	同上	可以在补液中加 HCO_3^- 前体物质，但钾液需控制
严重的代谢性酸中毒	加强肾功能和肝脏灌注	乳酸林格氏液，0.6 mol/L 的乳酸钠	如果应用重碳酸盐疗法应该缓慢输入
高血钠	稀释钠渗透压	D5W	
低血钠	补钠	0.9 mol/L NaCl	快速大量输入容易导致高氯性酸中毒
高血钾	稀释钾，加强肾功能，监测酸平衡	0.9 mol/L NaCl；0.45 mol/L NaCl 和 D5W	
低血钾	补钾	乳酸林格氏液＋KCl	控制钾输入速度
低血钙	补钙	葡萄糖酸钙	
贫血	红细胞、血红蛋白	新鲜或保存的全血或浓缩红细胞	
低蛋白血症	血浆蛋白	储存的血浆	
胶体渗透压降低	提高胶体渗透压	白蛋白、人或动物血浆或低分子右旋糖苷	必须严格计算上限用量
术后液体维持		乳酸林格氏液＋KCl 的平衡液	

数据摘自于 Colin E H，Charles D N. Small animal Surgery. J. B. Lippincott Company，1990.

再有，术前补液还要注意补糖的问题。一是手术较大、创伤较大的情况下术前给点糖，进行适量的糖原储备是必要的；还有禁食的时间很长的马匹，糖原消耗较多，这样就加重了患畜糖异生的程度，产生了许多有害物质，增加了机体的负担，对病情不利。所以，应该进行适量补糖。补糖时一定要在糖液中加胰岛素，4～5 g 糖可加 1 个单位的胰岛素，这样就既增加了糖原储备，又不引起血糖过高。增加了手术的安全性。

(二)麻醉手术期间病马体液的变化和补液

1. 麻醉手术期间病马体液的变化

(1)麻醉对病马体液分布的影响　麻醉本身所致的生理改变对液体平衡的影响不可忽视。硬膜外麻醉、全身麻醉均可致相应的交感神经阻滞,引起相对性血管容量扩张,导致血压下降。吸入麻醉药虽不直接引起液体丢失,但此类麻醉药物均可降低机体对低血容量及应激的反应能力,如手术应激状态下抗利尿激素释放增多的生理反应会被麻醉所抑制。各种静脉麻醉药和吸入麻醉药对心脏功能、静脉回流量及血管张力会产生不良影响。

(2)手术创伤对体液分布的影响　手术创伤、局部炎症和应激可使ECF转移分布到损伤区域或感染组织中,引起局部水肿,内脏血管床扩张瘀血,或体液瘀滞于腔体内(如肠麻痹、肠梗阻时大量体液积聚于胃肠道内)。手术操作刺激和组织创伤还可使体液包括蛋白质在伤口、肠壁、腹膜等部位积聚。这种体液的再分布,强制性迫使体液进入细胞外液非功能性结构内,这些非功能性结构的体液不能在体内起调节作用,故称这部分被隔绝的体液所在的区域或部位为第三间隙。这部分液体虽均衍生于ECF,但在功能上暂时不能与第一间隙和第二间隙有直接的交换,产生体液潴留,属于无功能性细胞外液。

外科操作还可导致失血、失液。急性失血时,若为中等失血,组织间液能够迅速移至血管内,补充有效循环血量而不使马匹产生休克症状。但是一旦失血量过大,体液丢失量过剧,超过上述代偿过程,则可发生血压下降,组织缺氧,酸中毒,细胞膜通透性增加,钠和水进入细胞内。这样组织间液进一步减少,而细胞内水、钠潴留,影响细胞功能。

2. 麻醉手术期间病马的补液

术前纠正容量缺失非常重要,因为麻醉对正常的压力感受器反射有干扰作用。术前处于容量缺失代偿阶段(血管阻力增加,心率加快)的病马可在麻醉开始后出现血压陡然下降。有学者主张麻醉前就输注一定量的液体以扩容,称"补偿性扩容"(compensatory intravascular volume expansion,CVE)。以弥补麻醉导致的相对性容量不足。一般在麻醉前或诱导的同时予5～7 mL/kg的平衡盐溶液。但要注意的是,手术后随着麻醉效应的中止,容量血管的扩张即行消退,因此对心脏或肾脏功能受损的病马,应在麻醉手术后及术后1～2天酌量减少输入量。有时还需辅助应用血管收缩药,如麻黄碱、去氧肾上腺素等以克服交感神经阻滞所带来的血流动力学紊乱。

手术中的失血、体液在创伤组织的第三间隙中潴留以及创面蒸发均可造成体液丢失。手术中的失血量主要依据负压吸引瓶中血量和手术台上含血纱布进行估算并进行适当补液。然而,兽医往往对围术期患畜体液第三间隙转移量重视程度不够。第三间隙和创面蒸发丢失的液体量无法估算,术中一般用乳酸钠林格氏液输入,补液的同时密切监测尿量和血压变化,有助于及时发现和纠正低容量状态,尤其是复杂手术、重症病马。

因此,术中补液首先应考虑补充功能性细胞外液的缺失,选择乳酸钠林格氏液或复方氯化钠或其他平衡盐液为主的晶体液;手术时间较长者可酌情补充含糖平衡盐液;其次从保证和维持容量的角度考虑,再选择输注贺斯、血定安等胶体液,晶胶比一般为1～3∶1,重点应注意保持Hb在8～10 g/dL,PCV在25%以上,必要时应输注红细胞、血浆等血液制品,以保证组织氧供和维持正常的凝血功能。

(三)术后病马体液的变化与补液

1. 术后病马体液的变化

在有些情况下(尤其是胃、肠等消化道手术),马匹需要在术后的初期对饮食进行限制,这样,从消化道摄入的液体量和电解质量大为减少,不能满足日常机体基本的生理需求,导致术后病马体液的改变。马匹术中出血、术后的渗出、胃肠引流液、利尿等都造成一定程度的体液的丢失。

2. 术后病马补液

术后补液首先最重要的是对补液的量进行估计,术后补液量当然要减去术中所补的液体量,术中补不足的术后要跟上,术中补的已足的术后要减去。术后输液应等于维持液量、第三间隙额外丧失量及各种管道的引流量之和。

(1)每日生理需要量　每日正常基础生理需要量为:100 mL/kg×10 kg+50 mL/kg×10 kg+25 mL/kg×以后每个10 kg(依据表3-5的计算法)。

(2)体液丢失量　体液丢失量是指术后禁食所致的液体缺失量、额外体液需要量和体液再分布所致的第三间隙转移量,额外体液需要量按手术创伤程度计算,并结合围术期的尿量和出汗量调整。

每日基础生理需要量,禁食后液体缺失量和额外体液需要量是机体新陈代谢或体内再分布所需,因此补充这些液体应选择晶体溶液,术后早期输液一般用等渗液,不补钾,随着补液的进行可以根据监测结果适当调节 Na^+、K^+、Mg^{2+}、Ca^{2+}、HCO_3^- 等电解质的补给。

(3)围术期失血量　围术期体液继续损失量主要是失血。失血量的精确评估应采用称重法,即将手术所用敷料和吸引瓶内吸引量之和,但切除的器官和组织也会影响估计失血量的实际量。手术失血主要包括红细胞、凝血因子、血浆和部分组织间液丢失,因此需要针对性对症处理。疾病所致贫血可以输注浓缩红细胞;凝血功能异常可以输注凝血因子补充剂:新鲜冷冻血浆(FFP),血小板(PLT)和冷沉淀。FFP含有血浆所有的蛋白和凝血因子。冷沉淀主要含有Ⅷ因子、XIII因子和纤维蛋白原。血容量维持主要采用胶体液,组织间液丢失主要采用晶体液,而晶体液又分盐和糖。

由于马匹在术中出血,胶体物质白蛋白减少,血管内的胶体渗透压减小,所以单纯补充晶体液的话,液体在血管内不能有效地长时间被保留,血压不能很好地维持,同时输的液体过多的话,大量的液体流向组织,引起各种组织水肿。所以必须要补适当的胶体,作用就是把一部分的晶体从组织中吸引到血管内,进而来维持血管的张力,形成血压,不使组织发生水肿。但过多地补胶体液也是不行的,因为这样就把大量的水从组织内吸引到血管内,而组织中就缺水了。故晶胶应该是成比例的。比例是多少合适,要视情况而定,主要看组织内缺水还是血管内缺水,血管内缺水就要提高胶体的比例,组织内缺水就要提高晶体比例。

组织之间水多了也不能说明组织细胞内就不缺水了。因为细胞内外的水流动是取决于细胞外液的晶体渗透压。晶体渗透压高了,细胞内液就向细胞外流动,即使是细胞内也缺水。相反细胞外液的渗透压低了,细胞外液就向细胞内相对较高渗透压区域流动,即使细胞内不缺水。那么,怎样调节细胞外液的晶体渗透压呢?晶体渗透压是金属离子形成的,主要是钠和钾离子(细胞外主要是钠,细胞内主要是钾),故一般用氯化钠液来进行输液,0.9%的氯化钠是等渗,就是和细胞内的渗透压相等的;而葡萄糖的渗透压开始是高渗,但到达动物体内后葡萄糖很快就分解了，也就变成无渗的液体了，这样就用葡萄糖来降低细胞外液的渗透压。只有输注葡萄糖才能使细胞外也就是组织间液的渗透压下降，只有细胞间液的渗透压下降了才能使水从细胞外转移到细胞内，也就才能补充细胞内的缺水情况。否则细胞外输注高渗或等渗都不能纠正细胞内的缺水情况。

但在不明原因的脱水情况，在不知是那种缺水的情况下，原则就补充等渗的盐水，机制是这样的：当低渗性脱水时细胞外的细胞间液体渗透压减低，细胞内的水外移，输等渗盐水后就能和细胞外液低渗液发生中和，也就提高了细胞外液的渗透压，即使是提高不到正常水平。当细胞外液是高渗时，等渗盐水就可降低细胞外的渗透压，相反地事情就发生了。所以从这个角度上说，输液原则先盐后糖就是这个道理，因为你先输糖可能降低细胞外液本已很低的晶体渗透压，有进一步发生细胞外水内移的可能，从而加重组织细胞水肿。而发生危险(这种急性的水异常转移是很容易发生意外的)。另外，输液时还有先晶后胶的原则，其机制是这样的：脱水时说的是组织细胞的，而不是血管，如果先输注胶体，胶体不能流出血管，也就提高了血管内的胶体渗透压，提高了血管内的总渗透压，血管外组织之间的水就流向血管，从而也就间接地提高了组织间的渗透压，细胞内的水发生了水外移，不但不能纠正脱水，相反还发生进一步的脱水。同时胶体液的黏滞系数很高的，在血液黏稠的情况下，先用胶体容易发生血管栓塞的情况的。

五、补液的途径

补液的方法取决于疾病的种类和病情严重程度、脱水程度、电解质紊乱的类型、病马的器官机能和可供使用的设备等。

(一)口服补液

对脱水程度轻、尚有饮欲或消化道功能基本正常的病畜，尽可能口服补液。这种方法简便易行，不良反应少，可避免补液过量。危险性最小，可不必严格注意其等渗性、容积大小和溶液的无菌性。但对食欲废绝、消化道功能紊乱、脱水严重的病马，则应静脉输液。

(二)静脉注射补液

应用最广和最实用的补液方法是静脉注射给予液体和电解质溶液。严重的电解质和酸碱平衡紊乱需要此方法补液。静脉注射适用于急性病例，且药量准确、药效迅速并可长时间滴注。药物直接进入血液，在血管丰富的组织容易渗透并发挥作用。由于血流中具有多种缓冲系统，某些有刺激性的药液和高渗溶液也可静脉输入。

(三)其他补液方法

(1)腹腔内注射　腹膜具有较大的面积，吸收能力强，且腹腔能容纳大量药液。一般无刺激性的等渗溶液可进行腹腔注射。腹腔注射时一定要注意无菌操作，否则会导致腹膜炎。操作时注意不能刺伤腹腔内器官。大量注入药物时，要将药物的温度加热到与体温同高。腹腔内注射对大马匹也是一个很实用的治疗方法，因为此方法可迅速给予大量液体而不良反应较少。

(2)皮下注射　皮下注射的药物，要求药物是等渗和无刺激性的，且每一点注射的药物不宜过多，注射量较大时则宜分点注射。为了加快药物的吸收，可对局部进行轻度按摩或热敷。有人建议可同时注射透明质酸酶，以加快药物的吸收。

(3)直肠给药 直肠给药(灌肠)也是常用的给药方法。温水、K^+、Na^+、Cl^+可通过直肠很好地吸收。灌肠时操作要细心,防止损伤直肠黏膜,引起出血或穿孔。如果直肠内存在宿粪,须按直肠检查法取出宿粪后再行灌肠。根据不同情况,大马匹一般平均每次注入 10~30 L 药液。灌完肠后,可将塞肠器(可以自制)在肛门中保留 15~20 min 后取出,以防液体流出。

第二篇　内科篇

第一章　消化系统疾病

第一节　口　炎

口炎即口腔黏膜的炎症，包括舌炎、腭炎、齿龈炎。

一、病因

1. 原发性因素

机械性刺激：如粗硬饲料、尖锐异物、锐齿、口衔等，是引起原发性口炎的最常见的病因。

冷热性刺激：主要见于过热、过冷或冰冻的饲料和饮水。

化学性刺激：如强酸、强碱、或其他有腐蚀性的药物等被马误食误服。有时则由于食入品质不良、腐败、发酵和霉败饲料而引起。

2. 继发性因素

多继发于舌伤、咽喉炎、消化不良和纤维性骨营养不良等。也可继发于某些传染病，如马传染性贫血，中毒病，如汞、铅和钡中毒等。营养缺乏也可以引起，如维生素 A、维生素 B_2、烟酸、维生素 C 及锌等缺乏，佝偻病患马也会发生口炎。

二、症状与诊断

(一)症状

(1)卡他性口炎　口腔黏膜呈卡他性炎症。采食和咀嚼障碍，表现拒食粗硬饲料，采食谨慎，咀嚼缓慢，有时咀嚼几下将食团吐出。口腔湿润，唾液增多呈白色泡沫状附于口唇边缘或呈牵丝状流出，重症口炎患马口腔有大量唾液流出。由于口腔黏膜疼痛，病马常抗拒口腔检查，检查口腔可见口腔黏膜潮红，唇、颊、硬腭、牙龈及舌等处肿胀，有损伤或烂斑，口温增高，舌面被覆多量舌苔，散发甘臭或腐败臭味。如无并发症，全身症状不明显。一般预后良好，往往经 7～10 d 痊愈。

取慢性经过的卡他性口炎，其症状轻微，病程较长，黏膜肥厚。

(2)水疱性口炎　是黏膜表层发炎，患马口内疼痛，大量流涎，采食显著减少。有时体温稍升高，精神变差。除具有卡他性口炎症状外，在唇、颊、齿龈、硬腭及舌等处的黏膜上有大小不等的水泡，壁薄，内含透明或黄色的液体。水泡破裂后形成边缘不整的鲜红色糜烂面，5～6 天后上皮新生而愈合。如有并发症，则病程可能延长。

马痘的口腔型,是在口黏膜、唇和鼻孔的皮肤上生有小结节或水泡,水泡内容物化脓则称脓疱性口炎。

(3)蜂窝织炎性口炎　是口腔黏膜及其深部组织的炎症。口腔黏膜上有大小不等的糜烂、坏死或溃疡,口内流出灰色不洁的恶臭唾液。当炎症蔓延至咽喉部时,咽周围淋巴结肿大,病马拒食并有一定的全身症状;当炎症蔓延至颌下、咽后及气管时,则病程延长,多预后不良。

(4)溃疡性口炎　是口腔黏膜的糜烂性、坏死性炎症。在口腔黏膜上有大小不等的糜烂、坏死或溃疡,齿龈易出血,口流灰色不洁而放恶臭气味的唾液。由于口腔黏膜疼痛,采食和咀嚼困难,常伴有消化不良,且有一定的全身症状。治疗正确可经10～15天痊愈;如病马体质虚弱,治疗不当,可导致败血症而预后不良。

(二)诊断

诊断思路:

(1)根据流涎、采食咀嚼障碍、口温升高、口臭、口黏膜变化及抗拒检查初诊为口炎。

(2)依据口黏膜上的具体病变确定口炎的类型。

(3)依据全身症状及病因,确定是原发性还是继发性。

一般而论,卡他性口炎全身状态良好,单发,多为原发性的;水疱性、溃疡性、坏死性口炎全身症状明显,群发,多为继发性的,又多见于某些中毒病和传染病中。

三、治疗

1.除去病因

消除致病因素,如除去异物,修正锐齿,治疗中毒病、霉菌病、传染病等原发病。假如怀疑为传染病,病马必须隔离并用单独的饲槽饮喂。

2.口腔局部处理

冲洗口腔:一般性的口炎可用1%食盐水、2%～3%硼酸溶液或碳酸氢钠溶液冲洗;为了消毒去臭的目的,可用0.1%高锰酸钾、0.5%过氧化氢液或0.1%雷佛诺尔(利凡诺)溶液冲洗;为了收敛的目的,可用1%明矾溶液或鞣酸溶液冲洗。也可以多次给予温和的防腐漱口剂,如2%硫酸铜溶液、2%硼砂悬液或1%磺胺甘油混悬液。

涂布创面:在口腔黏膜或舌面发生烂斑或溃疡时,在冲洗口腔后可用碘酊、1∶9碘甘油、2%龙胆紫、2%硼酸甘油、2%硫酸铜或1%磺胺甘油合剂涂布创面。可施行刮除术或用硝酸银棒或碘酊腐蚀然后涂布药物,效果更好。

口衔剂:对重剧性的口炎可用磺胺明矾合剂(长效磺胺粉10 g,明矾2～3 g)或青黛散(青黛、黄连、黄檗、薄荷、桔梗、儿茶各等份,共为细末备用,每次用60 g)装入布袋内,热水浸湿后,衔于口内。吃草时取下,饮水时不必取下,通常每日更换1次。

针灸:血针通关、玉堂穴,仅针1次

3.护理

供给软且开胃的食物,严重而长期患病的马可用胃管投食或静脉注射以维持营养。如系传染病则应小心操作以保证不被手或投药工具传播疾病。

4.预防

预防本病,主要在于合理饲养管理,避免饲喂粗硬尖锐、腐败、发酵、发霉的饲草,清除饲料中的异物;合理使用口勒,避免损伤口腔黏膜;及时修整病牙;防止误食毒物;经口投服刺激性药物时,避免浓度过大。

第二节　咽　炎

咽炎是咽部黏膜及其深层组织的炎症。其临床特点是吞咽障碍、大量流涎、饮水及饲料从鼻孔逆出,是马骡的常发病。

一、病因

(1)原发性咽炎　病因基本与口炎病因相同,此外,粗暴地插入胃管及马胃蝇蛆寄生,机体过度疲劳或受寒感冒,引起机体抗病能力下降,咽部常在菌大量繁殖,也会导致咽炎的发生。

(2)继发性咽炎　多见于腺疫、血斑病、口炎、传染性上呼吸道炎、流行性感冒及马的咽炭疽等病经过中。

二、症状与诊断

(一)症状

病马可能拒绝采食或饮水,倘若勉强采食时,咀嚼缓慢;吞咽时明显疼痛,病马伸颈晃头,刨地不安,伴以咳嗽或将食团吐出;饮水时则顺鼻孔逆水。病马口鼻流涎,口角及两侧鼻孔常流出混有黏液和食物的唾液。拒绝检查口腔,口腔内常积聚多量黏稠的唾液,在打开口腔时涌出。咽部敏感、肿痛,表现为头颈伸展,转动不灵活,从外部用手压迫喉头可引起爆发性咳嗽,下颌淋巴结肿胀,全身症状不明显。纤维素性咽炎或蜂窝织性咽炎,除具有上述症状外,鼻液中常混有白色薄膜,局部肿胀较显著,全身症状也较明显,体温多升高,并有呼吸困难。

马病毒感染后的慢性咽炎比较常见。在早期和比较急性的病例,内窥镜检查可能见到水肿。在较长期的病例见有淋巴样浸润和滤泡增生。患马咽部黏膜增厚,色暗红,淋巴滤泡与黏液腺呈颗粒状,间有咽部肌肉结缔组织增生,致使咽腔狭窄,吞咽困难,局部无热痛,肿胀不明显,体温正常。如有继发性细菌感染,则在咽黏膜上和鼻孔内有脓性渗出物。持久咳嗽的病马,特别是在运动期间,呼吸困难,容易疲乏。可能继发咽鼓管囊感染,可能发生咽鼓管囊蓄脓。

(二)诊断

存在发生咽炎的某些原因:口鼻流涎,吞咽障碍,咽部肿痛。内窥镜检查咽黏膜常有诊断价值。

三、治疗

(1)加强护理　将病马放在通风良好、温暖、干燥的圈舍内。轻症病马,可给以柔软易消化草料,并勤喂水;重症病马,应禁止经口、鼻灌服药物或营养液,以免误咽,可静脉注射10%～25%葡萄糖溶液,或进行营养灌肠以维持机体营养。如怀疑为传染病引起的,要隔离饲养。

(2)局部用药消除炎症　可根据患马病情酌情选用下列方法:

①咽部先冷敷，后期用温水或白酒热敷，每日 3～4 次，每次 20～30 min。②局部外敷：对非蜂窝织炎性咽炎，可选用以下药物用来咽部局部外敷，如 10%樟脑酒精、鱼石脂软膏、醋调复方醋酸铅散、止痛消炎膏、2%芥子油酒精、雄黄散（雄黄、白芨、白蔹、龙骨、大黄各等份，共为细末，醋调好外敷）。③直接涂布：用开口器打开口腔，直接向咽腔涂擦碘酊甘油或鞣酸甘油等药物，效果也很好。如已形成脓肿，应切开排脓，行外科处理。④雾化治疗：3%食盐水、2%碳酸氢钠喷雾或蒸汽吸入。⑤冲洗咽黏膜：可用 2%硼酸溶液、0.1%高锰酸钾溶液、0.1%雷佛诺尔液、0.5%～1%明矾液、3%双氧水等用注射器或胶皮管缓慢冲洗咽部黏膜。⑥封闭疗法：重剧咽炎呼吸困难时用普鲁卡因青霉素局部封闭。⑦口衔剂：可选用青黛散、复方醋酸铅散、口咽散。临用时，将药物共为细末，装入袋中衔于口内，仅在吃草时拿下来，每天更换一次；也可用青黛散或冰硼散吹撒患处，每日 3～5 次，连用 3～4 d。

口咽散：青黛 15 g、冰片 5 g、白矾 15 g、黄连 15 g、黄柏 15 g、硼砂 10 g、柿霜 10 g、栀子 10 g，共为细末备用。

冰硼散：冰片 50 g、朱砂 60 g、硼砂 100 g、元明粉 500 g，共为极细末，混匀密闭保存，每次取 5 g。

(3)有窒息危险时施行气管切开术。

(4)重症病例全身用药消除炎症　可应用抗生素和磺胺类药物，如青霉素 80 万～100 万 IU 肌肉注射，每天 2～3 次，或用 20%磺胺嘧啶钠液 50 mL、10%水杨酸钠液 100 mL 分别静脉注射，每日两次。蜂窝织炎性咽炎具有高度致死性，应早期用广谱抗生素治疗。

(5)慢性咽炎　可用瓜蒌 3 个，元参、连翘各 100 g，山兰根、胖大海、昆布、桔梗、花粉各 50 g，共为细末。用水冲调后灌服。每天 1 剂，连用 3 天。也可用雄黄散醋调外敷。

(6)治疗引起咽炎的原发病。

第三节　咽气癖

咽气癖又称咬槽摄气癖，是马特有的一种吞咽空气的行为。

一、病因

迄今不明。一般认为是休闲无聊养成的恶癖。群居马常互相模仿而群发。

二、症状与诊断

1. 症状

病马上颌门齿抵住硬物（如围栏、水槽、饲槽、马桩、缰绳）作为支撑点，缩颈屈头一口一口地吞咽空气，发出咽气的咕噜声；有的无支撑而凭空吞咽；上颌门齿过度磨损，而胸头肌粗大；严重的常伴发消化不良。偶尔继发慢性胃扩张。此病与咬槽癖很像，咬槽癖也咬硬物、伸颈，但咬槽癖的马不往肚子里吞气，听不到咕噜声。

2. 诊断

根据症状即可诊断。

三、治疗

矫正的办法是戴笼头或佩戴防咽气圈或防咽气颈带，或装着咽气癖皮带，即将特制的下部附有带尖刺金属片的宽 4 cm 的厚皮带紧扣于咽喉部，有一定的效果。彻底的疗法是施行锉癖术：将胸头肌、胸骨舌骨肌、胸骨甲状肌和肩胛舌骨肌横断并部分（10 cm）切除。有学者报道采用针刺配合行为疗法治疗赛马咽气癖，有效率 75%。

第四节　唾液腺炎

唾液腺炎，是腮腺、颌下腺和舌下腺炎症的统称，包括腮腺炎、颌下腺炎和舌下腺炎。

一、病因

原发性病因主要是饲料芒刺或尖锐异物的损伤；继发性唾液腺炎，多见于口炎、咽炎、马腺疫、马传染性胸膜肺炎、马穗状葡萄菌毒素中毒病及流行性腮腺炎等病的经过中。

二、症状与诊断

（一）症状

患马流涎，采食、咀嚼困难以致吞咽障碍；头颈伸展（两侧性）或歪斜（一侧性）；腺体局部有红、肿、热、痛体征。

（1）腮腺炎　单侧或双侧耳后方肿胀、温热、疼痛，口腔气味恶臭，如已化脓，则肿胀部触诊有波动感和捻发音，叩诊呈鼓音。

（2）颌下腺炎　下颌骨角内后侧增温、肿胀、疼痛；触压舌尖旁侧、口腔底壁的颌下腺管，有脓液流出，炎性舌下囊肿时则感觉有鹅卵大波动性肿块。

（3）舌下腺炎　触诊口腔底部和颌下间隙，感觉肿胀、增热，患马敏感疼痛，腺叶突出于舌下两侧的口腔黏膜表面，最后化脓并溃烂。

（二）诊断

根据唾液腺，特别是腮腺的解剖部位及其临床症状，结合病史调查和病因诊断。

三、治疗

要点在于局部消炎。用 50%酒精温敷；涂布鱼石脂软膏或碘软膏（碘 4 g、碘化钾 4 g、甘油 12 mL、猪油 80 mL）；有脓肿时，切开脓肿后用双氧水或 0.1%高锰酸钾液冲洗。必要时全身应用磺胺类或抗生素。

继发性唾液腺炎，应着重治疗原发病。

第五节　食管炎

食道炎是食道黏膜及其深层组织的炎性疾病。

一、病因

(1)原发性病因 ①机械性刺激,如粗硬饲草、尖锐异物、胃管的粗暴探诊。②温热性刺激,如过热的饲料饮水。③化学性刺激,氨水、酒精、松节油、盐酸、酒石酸锑钾等具有腐蚀性或刺激性的化学药物对食道黏膜的刺激。

(2)继发性病因 常见于食道阻塞、食道狭窄、食道憩室、食道扩张、口炎、咽炎、胃肠炎、马胃蝇幼虫等疾病过程中。

二、症状与诊断

(一)症状

一般具有食管疼痛和咽下困难的表现。马在急性期口鼻流涎,体温上升,吞咽时,头颈不断伸曲,神情紧张,呻吟,常有前肢刨地等疼痛反应,因吞咽时引起疼痛,则病马拒绝饮食,故病马表现想吃而又不能吃。如果食道炎是在颈部,则在颈静脉沟触诊可引起疼痛并能摸到肿胀的食道,触诊时患马敏感并可引起逆蠕动或呕吐动作,呕吐物经口和鼻流出,混有黏液、血块、伪膜和食糜。颈段食道穿孔,常继发蜂窝织炎,颈沟部局部疼痛、肿胀,触诊有捻发音,最终形成食管瘘,或沿筋膜面浸润而造成压迫性食道梗阻和毒血症;胸段食道穿孔,多继发坏死性纵隔炎、胸膜炎甚至脓毒败血症。

(二)诊断

咽下障碍和流出混有黏液和血液的唾液是本病的主要症状。病马表现头颈伸曲,精神紧张,前肢刨地等疼痛反应。食管触诊和探诊可发现某一段或全段敏感,病马表现敏感不安,并诱发逆蠕动和呕吐动作,从口、鼻逆出混有黏液、血液及唾液的食糜。前段食管穿孔时,常继发蜂窝织炎,颈静脉沟部显著肿胀,触诊有捻发音,最终形成食管瘘或后遗食管狭窄和扩张。后段食管穿孔时,多继发坏死性纵膈炎、胸膜炎乃至脓毒败血症。

食道炎可能被误认为咽炎,但在后者尝试吞咽的结果并不很严重,而更容易出现咳嗽。异物引起损伤时,异物可能还留在食道中,做好保定和麻醉,则插入胃管即可确定其位置,有条件时可使用 X 光摄片或内窥镜确诊异物的存在。

三、治疗

首先禁食 2～3 天,并静脉注射葡萄糖和复方氯化钠液,以补充营养和电解质;全身用磺胺或抗生素,以控制感染;病初冷敷后热敷,促进消炎;局部可用消炎收敛药如 0.1%高锰酸钾液或 1%明矾溶液或 0.5%～1%鞣酸液等缓慢地投入食管,为了减轻刺激性,可同时加入适量的粘浆剂,如阿拉伯胶等;疼痛不安时,可皮下注射安乃近,或用水合氯醛灌肠;颈部食道发生脓肿或穿孔时,可实施外科手术疗法,胸部食道坏死、穿孔无有效疗法。再给饲料时应细心观察,所有的饲料都应拌湿以防止干饲料可能在机能尚未完全恢复的食道中积聚。

第六节 食道阻塞

食道阻塞,即是食道通路被食物或其他异物所阻塞的一种疾病。

一、病因

原发性阻塞：吞咽过急、采食受惊、全身麻醉时采食，或饲料调制不当，如未泡开的豆饼，大块的块根类或玉米棒未经充分咀嚼即咽下。

继发性阻塞：常伴随于食管的炎症、痉挛、麻痹、狭窄、扩张、憩室等疾病中，纵膈部或肺根部的淋巴结肿大、甲状腺肿、颈部或纵膈部脓肿等对食管的挤压也会引起。

二、症状与诊断

（一）症状

多呈急性过程，病马突然停止采食，惊恐不安，摇头缩颈，不断地做吞咽动作，随之食物回流，积聚在梗塞部前面的饲料和唾液，不断从口鼻逆出，以后逆出的则为鸡蛋清样液体，常伴有咳嗽。马用力吞咽与干呕，不断起卧，骚动不安。颈部食管梗塞时，可在左侧颈静脉沟处看到膨大的阻塞部，触诊可摸到梗塞物，用胃管探诊也能感知阻塞物。胸部食管梗塞时，左侧颈静脉沟处既看不到也摸不到阻塞物，用胃管探诊能感知胸部食道有阻塞，如有多量唾液蓄积于梗塞物前方食管内，则触诊颈部食管有波动感，如以手沿食管向上顺次推压，则有大量的泡沫状唾液由口鼻流出。当食管发生麻痹时，见不到逆出现象，但当食管过度充满则唾液可顺口腔和鼻孔淌出，也可能被吸入肺内。

（二）诊断

1. 诊断要点

①突然起病。②口鼻流涎。③伴有吞咽及逆呕动作的咽下障碍。④食道检查有异物存在（表 2-1-1）。

表 2-1-1　食道检查

检查方法	颈部食道阻塞	胸部食道阻塞
视诊触诊	局限性坚固肿胀	无
探诊	食道颈部受阻	食道胸部受阻

2. 类症鉴别

（1）食道狭窄　①慢性经过。②饮水及液状食物能通过食道，细导管能通过，粗导管不能通过。③X 线造影检查可发现食道狭窄部位。由于常继发狭窄部前方的食道扩张或食道阻塞（呈灌肠状），因此，与食道阻塞的鉴别要点实际上只有一个，即食道狭窄呈慢性经过。

（2）食道炎　①痛性咽下障碍。②触诊或探诊食道时，病马敏感疼痛。③流涎量不太大，其中往往含有黏液、血液和坏死组织等炎性产物。

（3）食道痉挛　①病情呈阵发性和一过性。②病情发作时，触诊食道如硬索状，探诊时胃管不能通过。③缓解期吞咽正常而且用解痉药效果确实。

（4）食道麻痹　①探诊时胃管插入无阻力。②无逆呕动作。③往往伴有咽麻痹和舌麻痹。

（5）食道憩室　①病情呈缓慢经过。②胃管探诊时，有时通过有时受阻。③该病常继发食道阻塞。

（6）胃扩张　呼吸困难、呕吐、疝痛症状，呕吐物酸臭，而食管阻塞口鼻逆出物不具酸味，且无疝痛症状。

三、治疗

治疗原则:治疗食道阻塞,主要在于除去食道内的阻塞物。常采取以下方法治疗。

用5%水合氯醛酒精溶液200～300 mL,静脉注射,使食管壁弛缓,多数可获治愈。经1～2 h尚未见效时,可采取下列方法疏通食道。在使用下列任何一种方法前均需注意解除食道痉挛(用胃管灌入2%～5%普鲁卡因溶液10～20 mL)和保证食道的润滑(灌入石蜡油100～300 mL)。

(1)上推法　将病马保定,用开口器将口腔打开,一人用双手在食道两侧将阻塞物推向咽部,另一人将手伸入咽内取出,常用于马的颈部食道上段的阻塞。

(2)下送法　用胃管插入食道内抵住阻塞物,缓慢地将阻塞物向下推送,主要用于胸部食道阻塞。

(3)通噎法　把缰绳端拴在左前肢系凹部,尽量使头低垂,驱赶上坡,往返2～3次,借助颈部肌肉收缩,将梗阻物纳入胃内。

(4)打气法　将胃管插入食道,其外端连上打气筒,一人握住胃管将其顶在阻塞物上,助手打气三、五下,术者趁势推动胃管,有时可将阻塞物推入胃中,但须注意,打气不要过多,推送不宜过猛,以防食道破裂。

(5)打水法　将普通胃管插入食道,抵于阻塞物上,用灌肠器急速打水数下,可将阻塞物冲下或用水反复冲洗,可将阻塞物排出。本法适用于粒状饲料长串阻塞。

(6)注射药物　也可先灌注液状石蜡或植物油100～200 mL,然后皮下注射3%盐酸毛果芸香碱液3 mL,经3～4 h,有的可以治愈。

(7)手术疗法　如上述诸法均无效,则应果断进行食管切开术,取出梗塞物。切开食管壁,取出大而坚固的阻塞物或刺伤了食管壁的尖锐异物。本法适用于颈部食道阻塞。

笔者在兽医临床上曾经见到用木棒击打大的块茎类堵塞物,然后再用胃管疏通,效果良好。具体做法是:将病牛放倒右侧卧,在其阻塞部位颈下垫一木枕,用木棒对准阻塞物迅速击打数下,然后令牛站立,再用胃管将阻塞物推下。但在马能否应用此种疗法尚待实践检验。

第七节　流涎综合征鉴别诊断

唾液分泌过多或吞咽障碍,即发生流涎。其单从口腔流出的,称为流口涎。其兼从口腔和鼻腔流出的,则称为口鼻流涎。

一、流涎综合征病因学分类

流涎的病因在于唾液分泌过多或吞咽障碍。因此,流涎综合征可按病因分为两大类:

(1)分泌增多性流涎　包括各种口腔疾病、唾液腺疾病和可促进唾液腺分泌的一些疾病和因素,如有机磷毒剂和农药中毒,砷、汞等重金属中毒,呈副交感神经兴奋效应的某些植物中毒、真菌毒素中毒以及各种拟胆碱药物的使用等。

(2)吞咽障碍性流涎　包括咽部疾病、食管疾病、贲门括约肌失弛缓及肉毒梭菌毒素中毒等可障碍吞咽活动的各种疾病。

二、流涎综合征症状学分类

流涎综合征，可按涎液流出的部位和状态分为两大类，即口腔流涎和口鼻流涎。

(1)口腔流涎　包括各种口腔疾病、唾液腺疾病以及能使唾液腺分泌增多的各种中毒病。

(2)口鼻流涎　包括各种咽部疾病、食管疾病和贲门疾病。

三、流涎综合征症状鉴别诊断

临床上遇到流涎的病马，可按下列思路分层逐个地加以鉴别(图 2-1-1)。

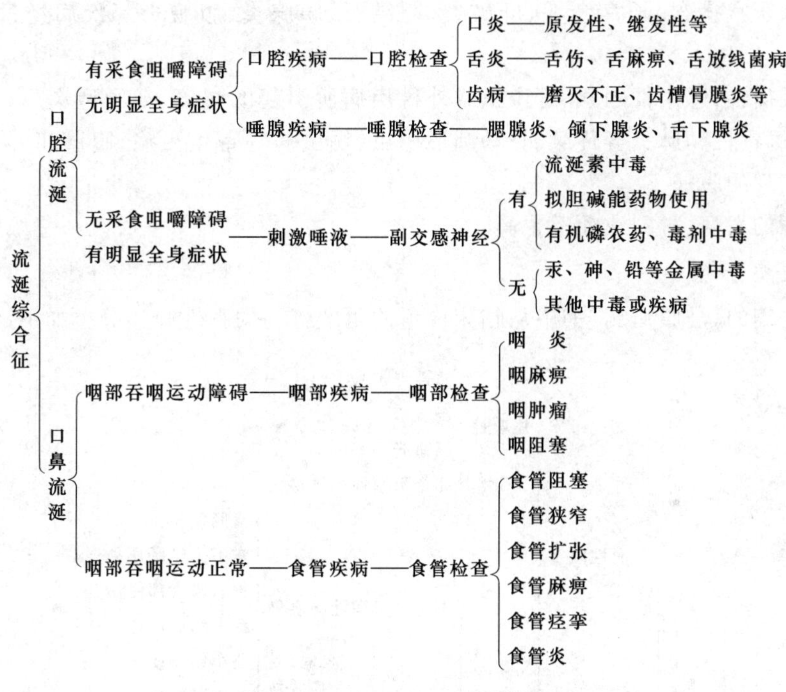

图 2-1-1　流涎综合征症状鉴别诊断思路

(引自兽医专业实习指南，李锦春主编，2016 年)

第八节　腹痛性疾病

一、腹痛性疾病概述

腹痛即疝痛，中兽医统称“起卧症”。腹腔内各器官发生疼痛表现的种种疾病，均可称为腹痛病，泛指马对腹腔和盆腔各组织器官内感受器疼痛性刺激发生反应所表现的综合征。腹痛综合征并非独立的疾病，而是许多有关疾病的一种共同的临床表现。伴有腹痛综合征的一些疾病，病情重剧，病程短急且多具危象，故又称急腹症。尽管腹痛是疝痛病例的一个主要问题，但它不是马匹死亡的原因，在急性致死性疝痛如肠梗阻时，脱水和(或)休克才是致死的原因。休克是因为组织的牵张和损伤，特别是当血液供给受阻时发生梗塞所造成的组织损伤，而脱水则是由于液体和电解质滞留于膨胀的肠腔所致。常伴有威胁生命的低钠血症和酸中毒。如果幽门梗阻，损失的是酸性体液而发生碱中毒；较低肠段的梗阻更为常见，此时损失的是碱性体液而导致酸中毒。

腹痛有以下几类：

真性腹痛：由胃肠引起的腹痛，如胃扩张、肠臌胀、肠痉挛(冷痛)、肠便秘(结症)、肠变位、肠结石、肠积沙、肠系膜动脉血栓-栓塞等胃肠疾病经过中所表现的腹痛。

假性腹痛：由胃肠以外的器官所引起的腹痛称为假性腹痛，见于急性肾炎、膀胱炎，尿结石、子宫扭转、子宫痉挛、子宫套叠、肝破裂、胆结石、胰腺炎、腹膜炎等疾病经过中所表现的腹痛。

症候性腹痛：由感染性因素、寄生虫或外科疾病所引起的腹痛，如肠型炭疽、巴氏杆菌病、沙门氏菌病、病毒性动脉炎等传染病；马圆形线虫、蛔虫病等寄生虫病；腹壁疝、阴囊疝等外科疾病经过中表现的腹痛。

马腹痛病的发病率高，致死率也高。

1. 真性腹痛分类

李毓义主编的《马腹痛病》书中从临床诊断的角度将马的真性腹痛分类如下(图 2-1-2)：

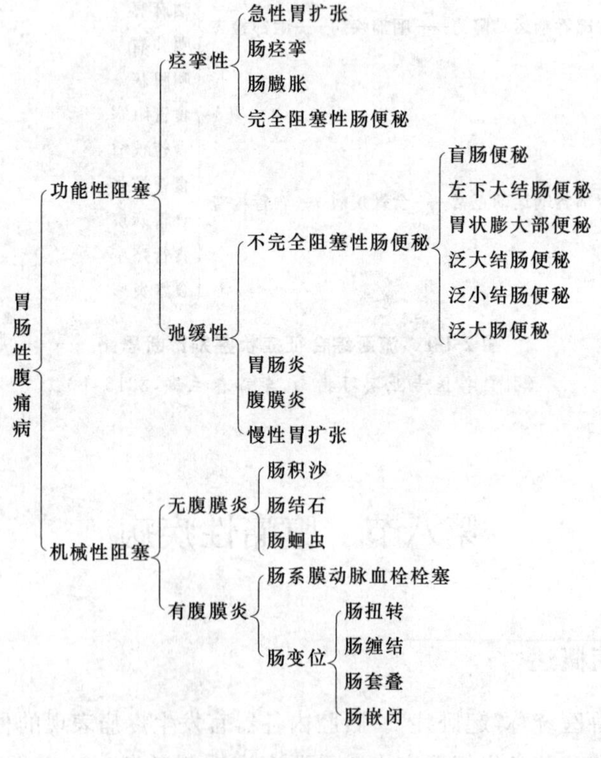

图 2-1-2 马真性腹痛分类

(引自马腹痛病，李毓义主编，1987.01)

2. 腹痛的性质

依据引起腹痛的原因不同腹痛有四种性质，即痉挛性腹痛、膨胀性疼痛、肠系膜性疼痛和腹膜性腹痛。

(1)膨胀性疼痛 因膀胱积尿或胃肠内积聚过量的气体、液体、食物，而使器官脏壁受到过度抻张所致。其特点是：腹痛间歇期极短或无，呈持续性腹痛，过度膨胀则腹痛反而缓解甚至消失。此种腹痛多见于胃扩张、肠鼓胀或膀胱积尿等。

(2)痉挛性疼痛 由胃肠平滑肌或泌尿生殖道平滑肌痉挛性收缩所致。其特点是：腹痛呈阵发性。发作时，病马起卧滚转、骚动不安，呈中等或剧烈腹痛；间歇期，则形若正常，甚至照常采食饮水。多见于肠痉挛、肠系膜动脉血栓-栓塞和胎动不安等。

(3)肠系膜性疼痛 此种腹痛多见于各类型肠变位，系因肠管位置改变，肠系膜受到挤压牵引所致。临床特点为：腹痛持续而剧烈，病马常取仰卧抱胸或四肢集拢姿势。

(4)腹膜性疼痛 此种腹痛多见于伴有腹膜炎的腹痛病，系因腹膜感受器受炎性刺激所致，如肠变位后期或胃肠破裂时。其特点是：腹痛持续沉重而外观稳静，病马常拱腰缩腹，长久站立或侧卧，不愿走动或改变体位。

上述四种性质的疼病，可单独、同时或相继出现于同一腹痛病的经过中。

3. 腹痛的临床症状

依据患马表现腹痛的各种行为和姿势改变，可将腹痛程度划分为隐微、轻度、中等度、剧烈及沉重等五个等级。

(1)隐微腹痛 病马临床表现不明显，常看不到腹痛表现。表情呆滞，前蹄轻刨即止，偶尔回头顾腹，有的伸展背腰，有的长时间伸肢侧卧不动。多见于盲肠便秘、肠积沙等。

(2)轻度腹痛 腹痛间歇期很长，常在 0.5 h 左右，腹痛发作时，病马前肢刨地，后肢踢腹，频频努责，常侧卧并回头顾腹，但不滚转，或欲滚即止。多见于各种不全阻塞性大肠便秘和直肠便秘。

(3)中等度腹痛 腹痛间歇期较短，10～30 min 不等，腹痛发作时，病马除刨地、踢腹、顾腹等表现外，常低头蹲尻，碎步急走，有时闻地，徘徊往复，择地欲卧，卧地动作多较轻缓，偶尔滚转。多见于完全阻塞性大肠便秘。

(4)剧烈腹痛 病马频频急起急卧，左右打滚，骚动不安，横冲直撞，甚至不听吆喝，应用镇痛药亦难以控制。此种腹痛多见于急性胃扩张、肠系膜动脉血栓-栓塞以及各类型肠变位的早、中期。

(5)沉重腹痛 病马外观稳静，常拱腰拢肢，站立不动，强拉硬拽则细步轻移，走走停停；更有蜷伏一隅，肌颤汗出，不滚不闹，鞭打亦不愿站起的。见于急性弥漫性腹膜炎、胃肠破裂及肠变位后期。

4. 腹痛病的病因

(1)外因

①饲养管理和使役不当：如突然改变饲养方式、饲喂程序及方法、饲料种类及配比；饲喂后立即重役或重役后立即饲喂，精料过多而饮水不足等。

②饲料及饮水品质不良：如饲草粗硬、柔韧、不易消化；饲喂多汁青饲料；饲喂冰冻、霉败变质或易膨胀发酵的饲料；过食谷物；饮水不足或过凉、混杂泥沙；矿物质含量不足；化学物质

中毒。

③天气骤变:在气温骤变的暴风雨雪天气及其前后,马腹痛病的发生常显著增多,其机理尚不清楚。

(2)内因

①牙病、胃肠寄生虫、饲料混杂异物等所致的胃肠溃疡及炎症等器质性变化;②饲料单纯、长期休闲、老龄、咽气癖、矿物质营养不足等所致的胃肠功能减退;③普通圆线虫幼虫寄生所致的肠系膜前动脉病变。许多学者认为,这是马急腹症最主要的内在发病因素;④马胃肠的解剖生理学特点也是马腹痛病多发的一个因素;⑤细菌(马沙门氏菌病等)、病毒(马病毒性动脉炎)感染;⑥回肠末段肥大;⑦肠内有毛球、肠石和异物;⑧急性肠扭转、肠套叠、肠绞窄、膈疝等;⑨腹膜炎。

5.腹痛病的诊断

(1)问诊　了解发病时间、起病情况、腹痛表现、治疗经过;通过询问饮食及粪尿,以推断胃肠是否阻塞以及阻塞程度。

(2)一般检查　腹痛病的一般检查,包括体温、脉搏、呼吸、结膜色泽、口腔变化(口腔干湿度、舌色、齿龈黏膜微血管再充盈时间等)、腹围大小、腹痛表现以及听取心音、肠音、胃音或食管逆蠕动音等。

(3)特殊检查　腹痛病的特殊检查,包括插入胃管、腹腔穿刺、直肠检查、血液检验等四项,可依据病情,灵活运用。

①胃管插入:通过插入胃管帮助确诊有无急、慢性胃扩张及胃扩张的类型(气胀性、食滞性或积液性)。实施导胃减压或洗胃,则兼具治疗作用。

②腹腔穿刺:可依据腹腔穿刺液的性状,辅助确定腹痛病的类型,在腹痛病的鉴别诊断和预后判断上具有重要意义。渗出性腹水,见于弥漫性腹膜炎和坏死性肠炎;血性腹水,见于肠变位、出血性肠炎和肠系膜动脉血栓-栓塞;混有尿液的腹水则表明膀胱破裂;含粪汁或食糜的腹水,则见于胃肠穿孔或破裂。

③直肠检查:通过直肠检查诊断和治疗马腹痛病.是临床上常用的一种手段。通过直肠检查,不仅能确定肠便秘的部位,结粪的大小、形状、硬度,变位的肠段和类型,还能确定有无胃扩张、肠积沙、肠结石、肠系膜动脉瘤以及肾结石、膀胱括约肌痉挛、子宫套叠、子宫扭转等假性腹痛病。

④血液检验:对腹痛病的确诊并无价值,但在腹痛病的预后判断上有较大的意义。常检测的有红细胞压积、血沉、血浆总蛋白等脱水指标;血浆二氧化碳结合力、血乳酸含量等反映酸碱血症的指标;白细胞总数、血小板数、鲎试验等内毒素血症指标。

6.腹痛病的治疗

首先确诊引起腹痛的病因,根据病情酌情应用下列治疗方法。

(1)镇痛　只要消除胃肠痉挛、膨胀,腹膜炎性刺激,肠系膜牵引等导致腹痛的病因,腹痛随即缓解或消失,一般可不予镇痛。但剧烈腹痛的持久存在往往会使病情加剧。因此,在病马腹痛剧烈而持续时,则应实施镇痛。

(2)胃肠减压　胃肠膨胀轻则引起疼痛,使呼吸和循环发生障碍,重则造成窒息或胃肠破裂,危及性命。因此,一切伴发胃肠膨胀的腹痛病,都必须立刻实施导胃减压或穿肠放气、排液。

(3)疏通胃肠道　除肠变位需要手术整复疏通外，各种动力性胃肠阻塞，可从以下方面实施疏通：①协调交感神经和副交感神经对胃肠平滑肌自动运动性的平衡控制；②通过神经和体液机制，调节胃肠血液供应，疏通微循环，以改善胃肠平滑肌的物质营养代谢；③通过调整胃肠内环境，给化学和压力感受器提供适宜刺激以恢复胃肠平滑肌的自动运动性。

(4)纠正酸碱失衡和水电解质失衡　胃肠道完全阻塞性腹痛病，机体会丢失大量的水和电解质，发生水电解质失衡和酸碱失衡，疏通措施如不能迅速奏效，则应实施补液。液体种类的选择，应考虑到阻塞的位置和性质，胃和十二指肠阻塞会导致代谢性碱中毒，应主要补充氯离子和钠离子，切忌补给碳酸氢根离子；回肠后肠管阻塞，会导致代谢性酸中毒，除补给氯化钠液外，要补给适量的碳酸氢钠注射液解除酸中毒；肠变位等机械性肠阻塞，伴有血液的渗漏，最好输注血液或血浆等胶体溶液。

(5)解除自体中毒　指的是缓解内毒素血症，防止内毒素休克的发生。国外治疗完全阻塞性肠便秘，早期即开始内服新霉素，而手术整复肠变位时，则十分强调切除变位的肠段，并要求尽量排空变位部前侧的胃肠内容物。

二、胃扩张

马胃扩张，又名过食疝或大肚结，是由于采食过多和(或)胃的后送机能障碍所引起的胃急性膨胀或持久性胃容积增大。按照病因分为原发性和继发性胃扩张；按照内容物性状分为气胀性胃扩张、积液性胃扩张和食滞性胃扩张。

(一)病因

1.原发性病因

①采食过量难以消化和容易膨胀与发酵的饲料，采食黏结的谷粉或糠麸，冻坏的块根类.堆积发蔫的青草等；②饲喂失时（食后重役；役后即食；食入大量精料后喝大量水；突然变更饲料等)。③慢性消化不良等使胃壁分泌和运动机能遭到破坏。④马本身的因素，如素有咽气癖、慢性消化不良、肠蠕虫病、肠系膜动脉瘤的马匹，其胃肠道内感受器对内外刺激的敏感性增高。

2.继发性病因

继发于小肠阻塞、小肠变位、小肠蛔虫性阻塞、小肠炎、胃内肿瘤或脓肿等病。胃状膨大部便秘和小结肠等完全阻塞性大肠便秘的后期，也可继发胃扩张。

(二)症状与诊断

1.症状

原发性急性胃扩张多在采食后不久或数小时后突然起病；继发性的一般先有原发病表现，然后才出现胃扩张的症状。

(1)腹痛　病初呈轻微或中等间歇性腹痛，但很快转为持续而剧烈的腹痛(患马起卧滚转，急起急卧，或快步急走，或往前冲。喜前高后低站立，有的呈犬坐姿势，以减轻膨大的胃对膈的挤压而缓解呼吸困难)。少数患马仅表现轻微腹痛。

(2)腹围　腹围一般不大。但有些病马，主要是气胀性胃扩张，仔细观察左侧 14～17 肋中部，即其髂骨突水平线上下稍显突出。在该处叩诊，常发鼓音或金属音，听诊可闻短促而高亢的胃蠕动音如沙沙声、金属音、流水音等，每分钟 3～5 次或更多，在导胃排出积聚的气体和液体性内容物之后，这种声音很快减少或消失。

⑶口症 病初口腔湿润而酸臭,随着病情发展,口腔黏膜逐渐发黏甚至干燥(重症),奇臭,黄腻苔。频频嗳气,视诊食管沟可见逆蠕动波,听诊食管有含漱样的食管逆蠕动音。有的患马呕吐或干呕(鼻孔呕出酸性食糜)。

⑷排粪和肠音 病初肠音活泼,频频排少量而松软粪便,随病情发展,肠音减弱或无,排粪减少或停止。

⑸胃管检查

①气胀性胃扩张:排出大量酸臭气体和少量食糜后,腹痛减轻或消失。

②食滞性胃扩张:仅能排出少量气体及粥状食糜甚至排不出食糜,胃后送机能试验显示障碍,胃管倒胃后腹痛不减轻。

③积液性胃扩张:从胃管自行流出大量(5～20 L)黄绿色或黄褐色酸臭液体(胆色素检查呈阳性反应),而气体和食糜均甚少,多是继发性的。先有原发病的表现,以后才出现呼吸迫促、嗳气、呕吐、腹痛加剧以及胃蠕动音等胃扩张所固有的症状。直肠检查时,除急性胃扩张外,还能发现小肠积食、小肠变位等原发病的变化。通过倒胃将胃内容物排出后,腹痛只是暂时得到缓解,经数小时又会复发。

(6)直肠检查 在左肾前下方常能摸到膨大的胃后壁,随呼吸前后移动,触压紧张而有弹性(气胀性或积液型)或呈捏粉样硬度(食滞型)。这是中国马急性胃扩张的固定体征和示病体征。李毓义老师等的经验表明,直肠检查对于食滞性胃扩张的诊断是至关重要的。在临床上,往往由于食滞性胃扩张病马的腹痛和呼吸迫促的症状不太明显;嗳气和食管逆蠕动音比较稀少,胃蠕动音几乎缺无,而误诊为肠性腹痛病,常在直肠检查后才得以确诊。

(7)全身状态 饮食欲废绝;结膜初期潮红,后期暗红;心率加快;呼吸迫促(甚至拉锯样),每分钟可达 20～50 次;体温变化不大,高者 39℃左右;局部或全身出汗;重症者常伴有眼窝凹陷、皮肤弹力减退、PCV 增高、血沉减慢等脱水体征;血中氯离子降低而碱储升高,发生代谢性碱中毒。

(8)胃或膈破裂 胃破裂:在倒地滚转或一阵呕吐动作之后,腹痛突然减轻或停止,但全身症状迅速恶化;病马惊惧;目光凝视、呆立不动;两唇弛垂,口色蓝紫或灰白甚至枯骨白;肢体厥冷;眼眶、耳根、胸前、肘后、股内等局部出汗或全身汗液淋漓,有的汗出如油;肌肉震颤,站立不动或卧地不起,腹壁紧张而敏感;脉搏细弱而频数,体温升高或低下;腹腔穿刺有大量污秽的红褐绿色胃内容物流出,往往混有草末。

膈破裂:全身症状迅速增重,突然呈现高度呼吸困难乃至窒息而死。当肠管嵌闭在膈破裂口时,腹痛加剧。很快死亡。笔者遇到一例胃扩张引起的胃破裂和膈破裂,患马由频频起卧打滚、吆喝不住,然后突然停止打滚,呆立不动,凝视地面,呼吸如拉锯样,牙床枯骨白,汗出如油,几分钟之后即死亡,解剖后发现胃破裂和膈破裂。

2. 诊断

(1)判定是不是胃扩张 采食后突然起病或在其他腹痛病的经过中病情突然加重,表现剧烈腹痛、口腔湿润而酸臭、频频嗳气、腹围不大而呼吸迫促,即可考虑是急性胃扩张。随即,作食管及胃的听诊。如听到食管逆蠕动音和胃蠕动音,即可初步诊断为急性胃扩张。

(2)插入胃管确定胃扩张的性质

①气胀性:见本病的“胃管检查”。

②食滞性:见本病的“胃管检查”。反复灌以 1～2 L 温水能证实胃后送机能障碍,且直肠

检查能摸到质地黏硬或捏粉样的胃壁。

③积液性：见本病的“胃管检查”。胃液检查胆色素阳性。排出积液后病情即缓解，反复发作(间隔越短，表明小肠不通部位距离胃越近)。可能由小肠积食、小肠变位、小肠炎、小肠蛔虫性阻塞、胃状膨大部便秘等继发，依据各原发病的临床特点，逐一加以鉴别。小肠炎导出的胃内容物多为黄红色黏稠液体，腹腔穿刺可获得混血的渗出液，体温常升高，而直肠检查摸不到秘结或变位的肠段；小肠蛔虫性堵塞，一般发生于1～3岁马驹。具反复发作性腹痛病史，腹痛特别剧烈，黄疸很明显，体温常升高，肠音活泼，直肠检查偶尔能摸到被虫体堵塞的肉样肠段。

(三)治疗

1.制酵解压

制止胃内容物腐败发酵和降低胃内压，是缓和胃膨胀、防止胃和膈破裂的急救措施，兼有消除腹痛和缓解幽门痉挛的作用。气胀性胃扩张.经过导胃减压并灌服制酵剂后，症状随即缓和乃至消失。

(1)气胀性胃扩张　在导胃减压后经胃管灌服适量制酵剂即可，如乳酸、食醋、75%酒精、液状石蜡、松节油、樟脑、鱼石脂、水合氯醛、福尔马林、芳香氨酯等。

(2)食滞性胃扩张　重点是反复洗胃，洗出胃内物。若洗胃效果不好，可用液体石蜡500～1 000 mL＋稀盐酸15～20 mL＋普鲁卡因粉3～4 g，常温水500 mL，一次灌服。严禁使用大量盐类泻剂。据报道，顽固的食滞性胃扩张，可通过开腹按压而获得痊愈。

(3)积液性胃扩张　多为继发，重点是治疗原发性，导胃减压只是治标，仅能暂时缓解症状。

2.镇静解痛

解压后实施。可用5%水合氯醛酒精液、安溴、普鲁卡因、戊巴比妥钠等药物，或阻断腰部交感神经干。

3.补液强心

多用于重症后期。依据其脱水失盐的性质，最好补给等渗或高渗氯化钠液或林格氏液，切勿补给碳酸氢钠液。

4.加强护理

适当保定，防止撞伤。

5.中兽医

称胃扩张为大肚结。以消积破气，化谷宽肠为主。可用调气攻坚散，导胃后内服。

《马腹痛病》书中介绍下列诸法可供选择：

5%水合氯醛酒精液300～500 mL，一次静脉注射；0.5%普鲁卡因液200 mL、10%氯化钠液300 mL，一次静脉注射；10%戊巴比妥钠液20 mL，肌肉注射；0.25%普鲁卡因液250～350 mL，两侧肾脂肪囊内注入；1%普鲁卡因液150～200 mL，两侧腹交感神经干阻断；水合氯醛15～30 g，酒精30～60 mL，福尔马林15～20 mL，温水500 mL，混合灌服；乳酸8～15 mL，或稀盐酸20～30 mL，或稀醋酸40～60 mL，温水500 mL，灌服；食醋0.5～1 kg或酸菜水1～2 kg，灌服；普鲁卡因粉3～4 g，稀盐酸15～20 mL，液状石蜡500～1 000 mL，常水500～1 000 mL，混合后灌服；水合氯醛15～25 g，樟脑2～4 g，95%酒精20～40 mL，乳酸8～12 mL，松节油20～40 mL，温水500～1 000 mL，混合灌服。

三、肠变位

肠变位又称机械性肠阻塞、变位疝。是指因肠管自然位置发生改变，致使肠系膜或肠间膜受到挤压绞榨，肠管血液循环障碍，肠腔陷于部分或完全闭塞的一组重剧性腹痛病。

肠变位分为肠扭转、肠套叠、肠缠结、肠嵌闭4种类型：①肠扭转，即肠管沿自身纵轴或以肠系膜基部为轴而作不同程度的偏转。较常见的有左侧大结肠扭转等。②肠套叠，即一段肠管套入其邻接的肠管内。③肠缠结，又名肠缠络或肠绞窄，即一段肠管以其他肠管、肠系膜基部、精索或韧带为轴心进行缠绕而形成络结。较常见的有空肠、小结肠缠结。④肠嵌顿，又称肠嵌闭(旧名疝气)，即一段肠管连同其肠系膜坠入与腹腔相通的天然孔或破裂口内，使肠壁血液循环障碍而肠腔闭塞。

(一)病因

1. 原发性肠变位

主要见于肠扭转和肠嵌闭。因在奔跑、跳跃、交配、难产等腹内压急剧增大的条件下，小肠或小结肠被挤入腹腔天然孔和病理裂口而发生闭塞。或重剧腹痛时马连续滚转，左侧大结肠与腹壁之间无系膜韧带固定而处于相对游离状态，此时上行结肠和下行结肠即可沿其纵轴偏转或发生扭转。

2. 继发性肠变位

多发生于肠痉挛、肠臌气、肠便秘等腹痛病的经过中。因肠管运动机能紊乱而失去固有的运动协调性；肠管充满状态发生改变，有的膨胀紧张有的空虚松弛，或因起卧滚转与体位急促变换等，均可致使肠管原来的相对位置发生改变。

(二)症状与诊断

1. 症状

典型的呈剧烈腹痛，排粪停止而常排出黏液和血液，迅速出现休克危象。

(1)腹痛

①肠腔完全闭塞的肠变位：初期呈中度间歇性腹痛；2～4 h后即转为持续性剧烈腹痛，大剂量镇痛剂难以奏效；至病后期，则变为持续而沉重的腹痛，显示典型的腹膜性疼痛表现，肌肉震颤，站立而不愿走动，趴着而不敢滚转，拱背站立而腹紧缩，牵行时慢步轻移拐大弯。

②肠腔不全闭塞的肠变位：如盲肠尖套叠，肠管嵌入较宽大的突然孔或破裂口，腹痛相对较轻。

(2)消化系统　食欲废绝，口腔干燥，肠音沉衰或消失，排粪停止或排少量恶臭稀粪并混有黏液和血液。均继发胃扩张和(或)肠臌气。

(3)全身症状　多在数小时内迅速增重，肌肉震颤，全身出汗，脉搏细数，呼吸迫促，体温大多升高(39℃以上)。后期主要表现休克危象，精神高度沉郁，舌色青紫或灰白，四肢及耳鼻发凉，脉弱不感手，微循环不良，微血管再充盈时间延长(4 s以上)等。

(4)腹腔穿刺　病后2～4 h内穿刺液即明显增多，从淡红黄色到血水样，含有多量红、白细胞及蛋白质。小肠的腹股沟管嵌闭，腹腔液可无变化。

(5)直肠检查　完全闭塞性肠变位直检的共同特点是，直肠内空虚，腹压较大，检手前进困难，可摸到局部气肠；肠系膜紧张如索状，朝一定方向倾斜而拽拉不动；某段肠管的位置、形状及走向发生改变，触压或牵引则病马剧痛不安；排气减压后触摸，仍如同往常。不同肠段，不同类型的肠变位，其直检变化亦各有特点。

2. 诊断

(1)临床特征　全身症状迅速恶化；剧烈腹痛；继发积液性胃扩张多为小肠变位，继发肠臌气多为大肠变位。

(2)腹腔穿刺液检查　穿刺液中混血，是肠变位主要体征之一。除阴囊疝外其他肠变位都可能有腹腔积液。

依据这两点建立初步诊断，通过直肠检查和剖腹探查即可确立诊断。

(三)治疗

本病的病情危重，病程短急，一般经过 12～48 h 不等。尽早手术整复，严禁投服一切泻剂。

1. 术前准备

先采取倒胃或排气减压、补液、强心、镇痛措施，维护全身机能；灌服抗生素，制止肠道菌群紊乱，减少内毒素生成。

2. 手术

尽量吸除闭塞部前侧的胃肠内容物；切除变位肠段，进行断端吻合。

3. 术后监护

(1)常规护理。

(2)重点治疗肠弛缓，防止内毒素性休克，为此应通过临床观察、内毒素检验和凝血相检验等，进行临床监查病程进展。

四、肠痉挛

马肠痉挛是由于肠平滑肌受到异常刺激发生痉挛性收缩所致的一种腹痛病。其临床特征是间歇性腹痛和肠音增强。本病又称肠痛和痉挛疝，中兽医称为冷痛和伤水起卧。

(一)病因

1. 寒冷刺激

如汗体淋雨，寒夜露宿，气温骤降，风雪侵袭，采食冰冻饲料或重役后贪饮大量冷水。

2. 化学性刺激

如采食霉烂酸败饲料，病马消化不良时其肠胃内的异常分解产物等致发的肠痉挛，多伴有胃肠卡他性炎症，故特称卡他性肠痉挛或卡他性肠痛。

3. 易发肠痉挛的内在因素

(1)寄生性肠系膜动脉瘤所致副交感神经紧张性增高和(或)交感神经紧张性降低。

(2)肠道寄生虫、肠溃疡和慢性炎症提高了壁内神经丛，包括黏膜下丛(曼氏丛)和肠肌丛(奥氏丛)的敏感性。

(二)症状与诊断

1. 症状

(1)腹痛　阵发性中度或剧烈腹痛，发作时起卧不安、滚转持续数分钟；间歇期照常采食饮状似无病。间隔若干时间(5～20 min),腹痛再次发作,随后腹痛越来越轻,间歇期越来越长,若给予适当治疗或稍作运动,即可痊愈。肠痉挛病程短急,预后良好。一般经几十分钟至数小时不药亦愈。予以适当治疗痊愈尤快。其病程延续,腹痛发作愈益频繁,肠音转为沉衰,而全身症状渐进增重的,常表明继发了肠变位,则预后不良。也有肠痉挛数小时之后,腹痛不减轻反而增重,肠音减弱,不见排粪,应注意检查是否继发肠便秘。

(2)肠音　两侧肠音高朗,常数步之外可闻,有时带有金属音调。

(3)排粪　次数增多,但粪量不多,粪松散带水或稀软,含未消化纤维或谷粒,有酸臭味,有时混有黏液。

(4)全身症状　轻微,体温、呼吸、心跳无明显改变;口腔湿润,舌色清白,耳鼻部发凉。

2.诊断

(1)病史　受寒史。

(2)口腔湿润,间歇性腹痛,肠音高朗连绵,粪便稀软带水,全身症状轻微。

3.鉴别诊断

(1)肠痉挛后期与肠便秘初期鉴别。

肠痉挛后期:口腔微干,结膜色泽正常或稍淡,腹痛逐渐减轻。直检感肛门紧缩,直肠紧压手臂,狭窄部较难入手。

便秘初期:口腔稍干燥,眼结膜潮红,腹痛逐渐加重。直检可发现结粪块。

(2)急性肠卡他　一般无腹痛或轻微腹痛,若病程中出现中度或剧烈间歇性腹痛,且肠音如雷鸣的,表明已继发卡他性肠痉挛。

(3)子宫痉挛　多发生于妊娠末期,腹肋部可见胎动,而肠音与排粪不见异常。

(4)膀胱括约肌痉挛(尿疝)　均见于公马及骟马,腹痛剧烈,汗液淋漓,频作排尿姿势但无尿排出,肠音与排粪无异常。

(三)治疗

1.解痉镇痛

因寒冷刺激所致的肠痉挛,单纯实行解痉镇痛即可。针刺分水、姜牙、三江穴,电针关元俞。白酒 250～500 mL,加水 500～1 000 mL,经口灌服;30%安乃近注射液 20～40 mL,皮下或肌肉注射;安溴注射液 80～120 mL 静脉注射。米椒散(米椒或辣椒 15～30 g,白头翁 100～200 g,滑石粉 200～400 g,研成细末)3～5 g,吹入鼻孔内;10%辣椒酊 15～30 mL,温水 30～50 mL,灌入直肠坛状部。

2.清肠制酵

急性肠卡他继发的肠痉挛,在缓解痉挛制止疼痛后,还应清肠制酵。用人工盐 300 g,鱼石脂 10 g,酒精 50 mL,温水 5 000 mL,胃管一次投服。还可用陈皮酊,姜酊等。

3.中兽医

温中散寒、和血顺气,如桔皮散。

五、肠臌气

马肠臌气是由于采食大量易发酵饲料,肠内产气过盛和(或)排气不畅,致使肠管过度膨胀而引起的一种腹痛病。又称肠臌胀、风气疝及中兽医称“肚胀”或“气结”等。其临床特征是,腹痛剧烈，腹围膨大而肷窝平满或隆突，病程短急。

(一)病因

1. 原发性病因

常见的有吞食过量易发酵饲料，如新鲜多汁、堆积发热、雨露浸淋的青草、幼嫩苜蓿、黑麦、玉米、豆饼等豆类精料，而此后又饮用大量冷水则更易发病。其次，与某些应激因素有关，如初到高原、过劳应激与运输应激等。

2. 继发性病因

常见于完全阻塞性大肠便秘、大肠变位或结石性小肠堵塞。弥漫性腹膜炎引起反射性肠弛缓、出血性坏死性肠炎引起的肌源性肠弛缓及卡他性肠痉挛等，均可继发本病。

(二)症状与诊断

1. 症状

(1)原发性病例，常在采食易发酵饲料后 2～4 h 起病，表现的典型症状有：

①腹痛：病初因肠肌反射性痉挛呈间歇性腹痛；随着肠管的膨胀，很快转为持续性剧烈腹痛；后期，因肠管极度膨满而陷于麻痹，腹痛减弱或消失。

②消化系统体征：初期，肠音高朗并带金属音调；排少量稀粪和气体；以后，肠音沉衰或消失，排粪排气完全停止。

③全身症状：在腹痛的 1～2 h 内，腹围急剧膨大，肷窝平满或隆突，右侧尤为明显；触诊紧张而有弹性，叩诊呈鼓音；呼吸迫促用力甚至呈窒息危象，脉搏疾速，静脉怒张，可视黏膜潮红或发绀。直肠检查，除直肠和小结肠外，全部肠管充满气体，腹压增高，检手进入困难，各部肠袢胀满腹腔、彼此挤压，相对位置发生改变。

(2)继发性病例，常在完全阻塞性大肠便秘或完全闭塞性大肠变位等原发病 4～6 h 之后，才逐渐显现肠臌气的典型症状。

原发性肠臌气，病程短急，经过一般为 10 h 左右，早发现早治疗，多可痊愈。重剧病例则常在数小时乃至 1 h 内死亡。致死的直接原因是窒息、急性心力衰竭、肠破裂和膈破裂。继发性肠臌气，病程较缓，其预后随原发病而定。

2. 诊断

依据腹围膨大而肷窝平满或隆突这一示病症状和固定症状，极易作出肠臌气的诊断。困难的问题在于确定肠臌气是原发性的还是继发性的：凡是起病于采食易发酵饲料之后，腹痛伊始、肚腹随即膨大而肷窝迅速平满乃至隆突的，均为原发性肠臌气；凡起病于腹痛病的经过中，在腹痛最初发作至少 4～6 h 之后，腹围才逐渐开始膨大的，均为继发性肠臌气。

能继发肠鼓气的疾病主要有 5 个。其中，最常见的是完全阻塞性大肠便秘和完全闭塞性大肠变位。较少见的是结石性小结肠堵塞，通过直肠检查找到便秘、变位或堵塞的肠段，即可确诊。如直肠检查无确定性异常所见，则应考虑出血坏死性肠炎和急性弥漫性腹膜炎，两者各具临床特征，不难鉴别。

(三)治疗

肠臌气治疗的原则是解痉镇痛，排气减压和清肠制酵。原发性肠臌气病情发展急速，尤应遵循此原则实施紧急抢救。

1. 解痉镇痛

下列方法效果均好，可根据情况选用。①普鲁卡因粉 1.0～1.5 g，常水 300～500 mL，直肠灌入；②水合氯醛硫酸镁注射液（含水合氯醛 8%，硫酸镁 10%）200～300 mL，一次静脉注射；③0.5%普鲁卡因液 100 mL，10%氯化钠液 200～300 mL，20%安钠咖液 20～40 mL，混合一次静脉注射；④0.25%盐酸奴夫卡因 200～300 mL 静脉注射；⑤水合氯醛 15～25 g，樟脑粉 4～6 g，酒精 40～60 mL，乳酸 10～20 mL，松节油 10～20 mL，混合后加水 500～1 000 mL，胃管投服，兼有解痉镇痛和制酵作用；⑥0.5%～1%普鲁卡因液 100～150 mL，两侧胸膜外腰交感神经干阻断；⑦30%安乃近液 20～30 mL，肌肉注射；⑧针刺后海、气海、大肠俞等穴。

2. 排气减压

在病马腹围显著膨大，呼吸高度困难而出现窒息危象时，应首先实施排气减压的急救措施。用细长封闭针头在右侧肷窝或左侧腹肋部穿刺盲肠与左侧大结肠；也可用注射针头在直肠内穿肠放气；伴发气胀性胃扩张的，可插入胃管排气放液。由于肠管移位或相互挤压而阻碍积气排出的，可在解痉镇痛之后，通过直肠用检手轻轻晃动、小心清理并按摩膨胀的肠管，以促进肠内积气排出，常可收到一通百通、立竿见影的效果。

3. 清肠制酵

通常要在排气基本通畅、腹痛和窒息危象已经缓和后实施。用人工盐 250～350 g，氨茴香精 40～60 mL，福尔马林 10～15 mL，松节油 20～30 mL，加水 5～6 L，胃管投服。也可用人工盐 200～300 g，克辽林 15～20 mL，水 5 000～6 000 mL，胃管投服。

在高原地区，当大批骡马在野外同时发生原发性肠臌气时，除采用穿肠排气急救措施外，还可就地取材，灌服浓茶水 1～1.5 L，白酒 150～250 mL，也有较好的效果。《马腹痛病》书中介绍用麝香 1～2 g，酒精 80～100 mL，温水适量，胃管投服，试治 31 例原发性肠臌气病马，经 30 min 至 2 h，全部治愈。

第九节 胃肠卡他

胃肠卡他是胃肠黏膜表层炎症和消化紊乱的统称。又称卡他性胃肠炎，或消化不良。

一、病因

常见病因有以下几方面：

1. 饲养管理不当

(1)草料质量不良或加工调制不当　草料质量不良如霉败、霜冻、堆积发热、过于粗硬或含泥沙过多等；草料加工调制不当如饲草过长或过短，硬料未泡软，颗粒料未粉碎，粉料过多。

(2)饮喂失宜　如突然改变饮喂顺序或变换草料，饮喂不定时、定量，水质不良或饮水不足，渴后暴饮。

(3)劳逸不均　饲喂后立即重役，或重役后立即饲喂。

2. 气候突变

气温骤降或骤升。

3. 常继发于

胃肠道寄生虫病、牙病、骨软症、纤维性骨营养不良、咽气癖、过劳、中毒等疾病。

二、症状与诊断

(一)症状

全身症状不明显，体温、呼吸和脉搏变化不大。

1. 急性胃卡他

食欲减退或废绝，常打哈欠，有的病马有异嗜现象。可视黏膜黄染。口症明显，唾液黏稠，口甘臭或恶臭，舌面被覆灰白色舌苔；肠音弱或无；粪便成球，干小而色暗，表面附少量黏液，含消化不全的饲料。

2. 急性肠卡他

食欲变化不明显。口腔湿润，舌苔较薄，口臭较轻。可视黏膜黄染轻微。最突出的症状是腹泻和贪饮。粪便呈稀糊状乃至水样，放恶臭，混有黏液、血液和未经消化的饲料，肠音多增强。

3. 慢性胃肠卡他

精神下降，食欲不定，多异嗜，有口症。便秘与腹泻交替发生，肠音增强、不整或减弱，粪便内有消化不全的食物。病程数月至数年，可出现贫血现象。

(二)诊断

根据食欲下降，口症明显，肠音不整，粪便臭味明显，黏液多及含粗大纤维和未完全消化谷粒的，可初步诊断为消化不良。

胃功能紊乱为主的消化不良，食欲下降明显或废绝；舌苔较厚，臭味较大；结膜黄染明显；粪球干小、色较暗或粪便变化不大。

肠功能紊乱为主的消化不良，食欲、口症和结膜黄染都比较轻；而肠音和粪便的变化明显，肠音多增强，粪松散、稀软或腹泻，粪渣内粗纤维多。

三、治疗

1. 除去病因

如修牙、驱虫、补充维生素和矿物质，更换优质饲料等。

2. 改善饮食

减饲并给予优质易消化食物，如青草、麸皮粥、稀粥、米汤、炒焦的高粱或米粉糊等，但量不要过多，次数不宜过频，给予充足饮水。最好是放牧，吃青草，晒太阳可加速治愈。

3. 清肠制酵

对排粪迟滞，胃肠道积滞多量消化不全产物或炎性产物的病马，必须给予清肠制酵剂。清理胃肠最好是根据粪便酸碱性用药，粪便呈酸性反应的，可用盐类泻剂，如芒硝或人工盐，一般用250～300 g，鱼石脂15～20 g，常水5 000～6 000 mL，一次内服。粪便呈碱性反应的，可用食盐200～300 g，鱼石脂15～20 g，常水5 000～6 000 mL，一次内服；或液状石蜡500～1 000 mL，加水适量内服。

4. 调整胃肠机能

为调整和恢复胃肠功能，在清理胃肠后，可适当选用健胃剂。

胃机能障碍为主：用苦味和酸类健胃剂为宜。稀盐酸混于水中饮服，同时服酊剂、胃蛋白酶、酵母等助消化剂；也可用龙胆酊或苦味酊 50～80 mL 或稀盐酸 15～30 mL，加水 500 mL，一次内服，每日 1～2 次；或龙胆末 20～50 g，制成舔剂，一次内服，每日 1～2 次。

肠机能为主：可用党参健脾散、加味四君子汤、参苓白术散、温脾健胃散等中药方剂及人工盐内服，配合针灸（详见马病妙方绝技）。对肠道内发酵过程旺盛、产气较多，或不断放屁的病马，选用芳香性或辛辣味健胃剂，如橙皮酊 20～50 mL，或姜酊 40～80 mL，或大蒜酊 40～80 mL，或氨茴香精 20～100 mL，加水 500 mL，一次内服，每日 1～2 次。

5. 抑菌消炎

对胃肠有轻微炎症，粪便内黏液较多的病马，可内服抗生素。

第十节 胃肠炎

胃肠炎是胃黏膜和肠黏膜及黏膜下深层组织重剧炎性疾病的总称。

按炎症类型分为：黏液性、化脓性、出血性、纤维素性和坏死性胃肠炎。

一、病因

1. 原发性肠炎

饲养失宜；饲料的品质不良（发霉变质、冰冻腐烂、误食蓖麻、巴豆等有毒植物及酸、碱、磷、砷、汞、铅等）；使役管理不善；应激（过度使役、车船输送、舍内拥挤受热等）。

2. 继发性病因

多由胃肠卡他、肠阻塞、肠变位继发。

二、症状与诊断

（一）症状

1. 全身症状重剧

精神沉郁，闭目呆立；食欲废绝而饮欲亢进；结膜潮红，巩膜黄染；皮温不整，体温升高；脉搏增数，初期充实有力，以后很快减弱。脱水体征明显，胃肠炎腹泻重剧的，在临床上多于腹泻发作后 18～24 h 可见明显（占体重 10%～12%）的脱水特征，包括皮肤干燥，弹性降低，眼球塌陷，眼窝深凹，尿少色暗，血液黏稠暗黑。

2. 口症明显

口干热而恶臭，舌面皱缩，被覆多量灰黄色乃至黄褐色舌苔，口臭难闻，口色潮红、红紫或蓝紫。

3. 胃肠机能障碍重剧

常有轻微腹痛，喜卧或回顾腹部，也有个别腹痛剧烈的。初期排粪干少而色深，附有多量黏液;中期腹泻粪便稀软或水样,腐败恶臭,混有未消化饲料、黏液、血液或脱落的坏死组织;后期肠管麻痹,肠音消失,肛门括约肌松弛,排粪失禁,里急后重。

4. 自体中毒症状明显

①病马衰弱无力,局部或全身肌肉震颤,耳尖、鼻端和四肢末梢发凉,脉搏细数或不感于手,结膜和口色蓝紫,微血管再充盈时间延长,有时出现兴奋、痉挛或昏睡等神经症状。

②心功能严重障碍:脉搏初期洪大后期转为弱而快,以致不感于手。

5. 实验室检查

白细胞总数增多,中性粒细胞比例增大,核左移。血液黏稠,血沉减慢,红细胞压积增高。

(二)诊断

根据全身症状重剧,口症明显,肠音初期增强以后减弱或消失,腹泻明显,以及迅速出现的脱水与自体中毒体征,白细胞总数增多,核型左移等不难诊断。症状的不同组合,有利于判断病变发生的部位,如口症明显,肠音沉衰,粪球干小的,主要病变可能在胃;腹痛和黄染明显,腹泻出现较晚,且继发积液性胃扩张的,主要病变可能在小肠;腹泻出现早,脱水体征明显,并有里急后重表现的,主要病变在大肠。应注意与下列疾病鉴别:

马沙门氏菌病:急性型虽体温升高,腹泻,腹痛,与胃肠炎症状相似,但血液、脾、淋巴结以及肌肉内可检出鼠伤寒沙门氏杆曲或肠炎沙门氏杆菌。

急性盲结肠炎:多在应激状态下发病,起病突然,经过急剧,微循环障碍等全身症状迅速增重,白细胞急剧减少,多于 24 h 内死亡。

马炭疽:肠型炭疽腹痛剧烈,排血样粪,体温也升高,症状易与胃肠炎混淆,但在濒死或死后,于血液内可检出炭疽杆菌,炭疽沉降反应呈阳性。

三、治疗

治疗原则是抑菌消炎,消理胃肠,补液,解毒,强心。

1. 抑菌消炎

可依据病情和药物敏感试验,选用抗菌消炎药物,如黄连素、环丙沙星、诺氟沙星、磺胺脒、酞磺胺噻唑或琥珀酰磺胺噻唑,伍用抗菌增效剂三甲氧苄氨嘧啶(TMP)等

2. 缓泻与止泻

是相反相成的两种措施,必须切实掌握好用药时机。

缓泻:适用于病马排粪迟滞,或排恶臭稀粪而肠胃内仍有大量异常内容物积滞时。病初常用人工盐、硫酸钠 300～400 g,加适量防腐消毒药内服。晚期病例,以灌服液状石蜡为好。据国外资料报道,槟榔碱 8 mg 皮下注射,每 20 min 一次,直至病状改善和稳定时为止,对马急性肠胃炎陷于肠弛缓状态时的清肠效果最好。

止泻:适用于肠内积粪已基本排净,粪的臭味不大而仍剧泻不止的非传染性肠胃炎病马。常用吸附剂和收敛剂,如木炭末 100～200 g,加水 1～2 L,配成悬浮液内服,或用矽炭银片 30～50 g,鞣酸蛋白 20 g,碳酸氢钠 40 g,加水适量灌服。

3. 对症治疗

(1)补液

①补液时机:在病马未拉稀或刚刚拉稀,出现脱水症状时即开始补液,则见效快。一旦大

量腹泻之后或已重剧脱水才实施补液，则效果差，恢复也慢。

②补液药物：复方氯化钠、生理盐水、5%葡萄生理盐水；加输一定量的10%低分子右旋糖酐液，兼有扩充血容量和疏通微循环的作用。

③补液数量和速度：依据脱水程度和心、肾的机能而定，一般以开始大量排尿作为液体基本补足的监护措施。

当病马心力极度衰竭时，既不宜大量快速输液，少量慢速输液又不能及时补足循环容量，可用5%葡萄糖生理盐水或复方氯化钠液腹腔注射，或用1%温盐水内服或灌肠，每次3 000～4 000 mL，每4～6 h一次。

(2)解毒　解除自体中毒可用5%葡萄糖加维生素C静脉注射；纠正酸中毒则常用5%碳酸氢钠液补碱，补碱量依据血浆CO_2结合力测定值估算，通常以病马血浆CO_2结合力测定值比正常值每降低3.5%，即补给5%碳酸氢钠液500 mL。

(3)补钾　在胃肠炎经过中，血钾往往降低，要适时补钾。可按氯化钾0.75 g/L的浓度，静脉滴注，至血钾得到矫正为止，或采血清用生化分析仪测钾离子浓度，根据钾离子降低的实际情况确定补钾量。

(4)止血　胃肠道出血时，可用10%氯化钙液100～150 mL，一次静脉注射；或0.5%兽用止血针注射液5～10 mL，肌肉注射，每日1次。

(5)强心　为维护心脏功能，在补液的基础上，可适当选用西地兰、地高辛等速效强心剂。

第十一节　急性盲结肠炎

急性盲结肠炎，又称急性出血性盲结肠炎、急性结肠炎综合征、结肠炎、出血水肿性结肠炎、应激后腹泻、衰竭性休克等，是以盲肠和大结肠，尤其下行大结肠的水肿、出血和坏死为病理特征的一种急性、超急性、高度致死性疾病，临床上以暴发性腹泻和速发进行性休克为特征。

一、病因

发病原因尚无定论。可能与重役，过食精料，饲料突然改变，应激(气候骤变、过劳、过度兴奋、手术等)，滥用抗生素导致肠道菌群失调有关。

二、症状与诊断

(一)症状

急性病例一般无明显的前驱症状即突然起病。病马精神高度沉郁乃至昏睡，食欲废绝而有饮欲，口腔干燥、恶臭，舌面被覆多量黄白色舌苔。体温升高到39～40℃。呼吸加快，每分钟30～40次。心率显著增数，每分钟60～80次，甚至100次以上，脉搏由最初的充实有力，迅速变为无力乃至不感于手，心音弱而浑浊。多数突发腹泻，粪便恶臭或腥臭，呈粥状、糊状或水样，呈黄褐色，粪内常夹杂多量未消化谷粒或混有血液、黏液或泡沫，潜血检查有的呈弱阳性。腹围逐渐增大，腹部冲击性触诊可感到肠管内贮留大量液体。小肠音沉衰，大肠音活泼，多数出现流水样或金属性音，甚至在腹泻前，听到频繁而高朗的金属性大肠音，甚至距离马几步之外都可听到。粪内白细胞和革兰氏阴性小杆菌增多，而革兰氏阳性菌消失或偶见几个菌体。

本病病情发展迅速，脱水、酸中毒、心力衰竭、微循环障碍和外周循环障碍的指征明显，并可能呈现休克状态。病马肌肉震颤，局部或全身出汗，皮温降低，耳、鼻、四肢发凉，呼吸浅表频数，脉搏细数或不感于手，心律失常，第一心音增强而第二心音减弱，时有阵发性心动过速。少尿以至无尿，尿液呈酸性反应，尿中出现蛋白质，尿沉渣中可发现肾上皮细胞、血细胞和管型等。血压和中心静脉压降低，齿龈黏膜、口腔和舌等黏膜常迅速变成暗红色、紫色或蓝紫色，乃至黑紫色。用指压齿龈黏膜，毛细血管再充盈时间常由正常的 1 s，延长至 5～9 s。血液浓稠暗黑，红细胞压积值与血浆总蛋白量平行增多。血小板减少，多在 15 万/mm^3 以下，鱼精蛋白试验呈阳性反应，这些变化，常指示有弥漫性血管内凝血存在，微循环障碍严重。

此外，在休克时可产生弥散性血管内凝血(DIC)现象，导致凝血因子不断消耗，临床上虽然不产生肉眼可见的血栓和栓塞，但病马出现尿血、便血等广泛出血，常伴有低血压、休克、呼吸功能与肝、肾功能衰竭和溶血性贫血。血液化验有以下特征：①凝血因子缺乏，表现为纤维蛋白原减低、凝血酶原时间延长以及血小板数值下降。②复钙时间试验多延长。③血浆鱼精蛋白副凝试验为阳性。

(二)诊断

本病临床诊断比较困难，多在尸体剖检后才能确诊。临床上根据无预兆症状，一旦发病，主要表现为休克危象，暴发性腹泻，脱水，酸中毒，内毒素血症，肠道菌群失调及弥漫性血管内凝血等变化，且病势进行性加重，往往在数小时到 24 h 内死亡等变化，可初步建立诊断。

尸体剖检主要是盲肠及大结肠病变突出，黏膜面充血，有散在小点出血和表面广泛坏死，肠内积满恶臭泡沫状内容物，浆膜面发绀，有的无出血变化，黏膜下高度水肿。胃、十二指肠和空肠无明显变化。全身微循环障碍和实质器官的主质细胞不同程度地退行性变性，如血管怒张，实质脏器瘀血。心脏扩张、质软，切面呈煮肉色，心肌变性和坏死，心外膜点状或块状出血；肺瘀血、肺泡气肿；肝细胞颗粒变性和脂肪变性；肾上皮细胞变性坏死；肾上腺皮质大片出血。

注意与马沙门氏菌病、马出血性败血症等病鉴别，详见胃肠炎的诊断。

三、治疗

本病的基本治疗原则是：抗菌消炎控制感染，复容解痉，解除酸中毒和维护心肾功能。

1. 抗菌消炎

首选针对革兰氏阴性菌的抗生素药物，控制肠道内革兰氏阴性菌继续增殖并防止全身感染，如庆大霉素、多黏菌素、呋喃唑酮、链霉素。为中和内毒素和扩张血管，可配合应用糖皮质激素，如氢化可的松、地塞米松等。

2. 复容解痉抗休克

补液复容，应用低分子右旋糖酐和血管扩张剂以疏通微循环，是抗休克治疗的核心措施。切记扩容后再解痉，不可颠倒，否则会更进一步降低血压。

内毒素休克的特点是血糖初高后低，因此，初期输含盐液体，腹泻为等渗性脱水，选用等渗液如复方氯化钠液、生理盐水为宜；后期输葡萄糖液；微循环严重瘀滞的患马，宜输注低分子右旋糖酐液以疏通微循环，常用 6%低分子右旋糖酐液，静脉注射，马一次 3 000～4 000 mL，多连用 2 次。在补足血容量的基础上，要及时应用扩血管药改善微循环，常用 1%多巴胺注射液 10～20 mL 或 0.5%盐酸异丙肾上腺素注射液 2～4 mL 静脉滴注或 0.25%盐酸氯丙嗪液肌肉注射,一次 8～24 mL,隔 6～8 h 一次。

补液的量要足,补液数量参见胃肠炎的治疗,输液至红细胞压积接近正常,表示血容量又重新恢复。

输液速度:输液速度应先快后慢,最后滴注。微循环高度障碍、严重休克的病马最初以每分钟每千克体重 1 mL 的速度,15～30 min 后,每分钟每千克体重 0.25～0.5 mL 的速度为宜。红细胞压积值在 50%以上时,每小时可输液体 5 000 mL 或以上。

3. 解除酸中毒

本病经过酸中毒发展极快且严重,及时大量输注碳酸氢钠是十分必要的。补碱量的估算:

需补 5%碳酸氢钠注射液(mL)=(50－血浆 CO_2结合力测定值)×0.5×体重(kg)

4. 维护心肾功能

可静脉滴注西地兰、地高辛或毒毛旋花子苷 K 等速效、高效强心剂。维护肾脏功能可内服双氢克尿噻或静脉注射速尿等利尿剂。

第十二节 便 秘

马肠便秘是因肠运动与分泌机制紊乱,内容物停滞而使某几段或某段肠管发生完全或不全阻塞的一组腹痛病。其临床特征是食欲减退或废绝,口腔干燥,肠音沉衰或消失,排粪减少或停止,有腹痛,直检可摸到秘结的粪块。是马属动物最常见的内科病,也是最多发的一种胃肠性腹痛病。

马肠便秘按秘结部位,可分为小肠便秘和大肠便秘;按秘结的程度,可分为完全阻塞性便秘和不全阻塞性便秘等。

一、病因

粗硬的饲草是决定肠便发生的基本因素,另外下列因素可促进本病的发生与发展:饮水不足,喂盐不足,饲养不定时,长期吃不洁食物,泥土、砂石,啃木头、树皮,食后重役或重役后喂食,天气骤变,采食过急,咀嚼不细,长期休闲,运动不足,放牧突然转为舍饲,牙齿不整,慢性消化不良,纤维性骨营养不良,腹膜炎,肠道寄生虫重度侵袭等易发便秘。

二、症状与诊断

(一)症状

肠便秘的临床症状因阻塞程度和部位而异。

1. 完全阻塞性便秘

呈中等或剧烈腹痛;初期口腔不干或稍干,随着脱水程度加重口腔越来越干燥,病程超过 24 h,口臭难闻,舌苔黄厚;初期排零星的干小粪球,表面被覆黏液,数小时后排粪停止;排尿减少或不排尿。初期肠音不整或减弱,以后逐渐减弱,甚至沉衰、消失;初期除食欲废绝、脉搏增数外,全身状态尚好,但 8～12 h 后全身即开始增重,表现结膜潮红甚至暗红,脉搏细数,达每分钟近百次。常继发胃扩张而呼吸迫促;继发肠鼓胀时则腹围膨大、肷窝平满、呼吸困难;继发肠炎和腹膜炎时则体温升高,腹壁紧张。病程短急,多为1~2天,也有拖延3~5天的。直肠检查:多数可以摸到一定形状和不同硬度结粪阻塞的肠段。

2.不全阻塞性便秘

腹痛多轻微,个别的呈中度腹痛;口腔不干或稍干,舌苔不显或呈灰白,口臭不明显;排粪迟滞或完全停止,粪便稀软、色暗而恶臭;肠音减弱或消失;直肠检查可摸到不全阻塞的秘结肠段;饮食欲多减退,很少有食欲废绝;全身病态不明显,一旦显现结膜发绀、脉搏细数、肌肉震颤、局部出汗等休克危象,则表明阻塞肠段已发生穿孔或破裂。病程多为1~2周,也有3~5周的。

不同部位肠便秘的临床特点:

(1)小肠便秘(完全阻塞) 包括十二指肠、空肠和回肠便秘。多发于十二指肠和回肠,空肠很少发生。多在采食中或采食后数小时内突然起病。剧烈腹痛,也有的病初腹痛较轻,全身症状明显,并在数小时迅速增重,但腹围不膨大,体温多无变化。食欲废绝,口腔干燥或黏滑,肠音减弱并很快消失,排粪停止。常继发胃扩张,鼻流粪水,肚腹不大而呼吸迫促,导胃则排出大量酸臭气体和黄绿色液体,倒胃后腹痛及全身症状暂时减轻,但在阻塞未疏通前,数小时后又可复发。病程短急,12~48 h不等,常死于胃破裂。

直肠检查,摸到秘结部肠段如手腕粗,表面光滑,呈圆柱形或椭圆形,质地粘硬或呈捏粉样。位于前肠系膜根后方,横行于两肾之间,且位置固定不能移动的,是十二指肠后段便秘;十二指肠前段便秘,位置靠前位于右肾之前下,直肠检查触摸不到;位于耻骨前缘,由左肾的后方斜向右后方,左端游离可牵动,右端连接盲肠而位置固定不能牵动的,且空肠普遍积气积液;触之有波动感且有弹性,是回肠便秘;位置游离,且有部分空肠膨胀的,是空肠便秘。检验血浆CO_2结合力增高,血氯、血钾降低。

(2)小结肠、骨盆曲、左上大结肠便秘(完全阻塞) 起病较急,呈中等度或剧烈腹痛,个别的腹痛轻微,起病6~8 h后继发肠臌气,10 h后全身症状明显,病程多在1~3天。

直肠检查,小结肠中后段便秘,多位于耻骨前缘的水平线上或体中线左侧,呈椭圆形或圆柱状,拳头至小儿头大小,坚硬且移动性大;小结肠起始部便秘,多呈弯柱形,位置固定,不能后移,在左肾内下方、胃状膨大部左后侧能摸到。骨盆曲便秘,秘结部位于耻骨前缘,体中线两侧,呈弧形或椭圆形,如小臂粗细,与膨满的左下大结肠相连,牵拉时虽有一定的移动性,但感到费劲。左上大结肠便秘,可在耻骨前缘、体中线左侧摸到,秘结部呈球形、椭圆形,如小儿头大,或呈圆柱形,如小臂至大臂粗,与膨胀的骨盆曲以及左下大结肠相连。

(3)盲肠和左下大结肠便秘(不全阻塞) 起病缓慢,腹痛轻微,个别呈长间歇期的中度腹痛。食欲多减退,很少有完全废绝的。肠音不整,但盲肠音或左侧结肠音多沉衰乃至消失。排粪迟滞,粪球干硬或松散,常排少量恶臭稀粪,也有排粪完全停止的。全身症状轻微,尤其盲肠便秘,即使生病十几天,体温、脉搏、呼吸也无明显改变,只是表现逐渐消瘦,病程通常1~2周,有的拖延3~5周,最后突然死于盲肠穿孔或破裂。盲肠便秘容易再发。左下大结肠便秘病程3~7天,预后良好。

直肠检查,盲肠体和盲肠底便秘,可在右肷部及肋弓部摸到秘结部,表面凹凸不平如排球或篮球大,质地呈捏粉样,位置固定,但有时向前内下方沉坠。左下大结肠便秘,可在左腹腔中下部摸到长扁圆形秘结部,质地黏硬或坚硬,可感到有2~3条纵带和多数肠袋,由膈走向盆腔前口，后端常偏向右上方，抵盲肠底内侧。

(4)胃状膨大部便秘(多为不全阻塞)　起病缓慢，腹痛轻微或呈间歇期较长(1 h 左右)的中度腹痛，全身症状多在 3～5 d 后开始增重，病程 3～10 d，个别可达半个月。常伴有明显的黄疸。有的继发胃扩张。多数排粪停止，也有不断排出少量稀粪或粪水的(热结旁流)。

直肠检查，秘结部位于前肠系膜根部右下方，盲肠体部的前内侧，比排球、篮球还大，后侧缘呈半球形，质地黏硬、表面光滑，随呼吸而前后移动。

(5)泛大结肠便秘　起病缓慢，食欲废绝，轻微或中度腹痛，排粪停止，大小肠音沉衰甚至消失，病程较长，多为 1 周左右，最终发生肠弛缓性麻痹，全身症状特别是脱水症状明显，取死亡转归。

直肠检查，肛门括约肌及直肠狭窄部松弛，胃状膨大部、左下大结肠、骨盆曲以至左上大结肠等凡能摸到的大结肠、几乎都充满干涸的粪块。

(6)全小结肠便秘(不全阻塞)　起病缓慢，腹痛轻微，或呈间歇期较长(0.5 h 以上)的中等度腹痛。全身症状在后期(2 d 以上)逐渐明显。排粪完全停止。大肠音沉衰或消失，气体可通过而液体和粪便不通，亦为典型的肠弛缓性麻痹。病程通常为 3～5 d，长的可达 1 周，预后不良，多以死亡转归。

直肠检查，直肠空虚而干涩，肛门括约肌及直肠狭窄部松弛，大部乃至整个小结肠段充满干硬的结粪，且愈往后段愈硬，呈圆柱状盘曲或串珠状，从小臂粗至大臂粗不等，有的一直延续到直肠狭窄部前侧。

(7)直肠便秘(完全阻塞)　起病较急，腹痛轻微或中度腹痛，不时做排粪姿势但无粪便排出。直肠检查，在直肠内即可触及秘结的球形粪块，肠音不整。全身症状发展较慢，2 d 以上才继发肠臌气，病程 3～5 d。

(二)诊断

便秘初期，精神较差，饮食欲降低；排粪量减少，粪球干硬，大小不均，覆有黏液，或粪便稀软、松散，含有未消化的谷粒和草；采食中突然退槽，表现不安、翻举上唇、回头顾腹、前肢刨地等腹痛症状。肠音减弱或消失，口腔干燥。依据口症、腹痛、肠音、排粪及全身症状等初步判断。通过直肠检查确诊是哪种类型便秘。

1. 完全阻塞性便秘

起病较急且腹痛较剧烈，肠音迅速消失，排粪很快停止，全身症状在发病后 12 h 内即明显或重剧，通常是完全阻塞性便秘。小肠便秘(十二指肠、空肠、回肠)很快继发胃扩张，某些大肠便秘(小结肠、骨盆曲和左上大结肠便秘)继发肠臌气。

2. 不全阻塞性便秘

起病较慢，腹痛较轻微，病后 12 h 以上还能排少量粪便，不继发胃扩张和肠臌气且全身症状不明显的，通常是不全阻塞性便秘，包括盲肠、左下大结肠、胃状膨大部便秘等。

胃状膨大部、泛大结肠、全小结肠或泛结肠便秘，腹痛轻微或呈间歇期较长的中等度腹痛，病程 3～5 d 全身症状已经比较明显；若病程 3～5 d 后全身状态仍然平和，腹痛仍然隐微或轻微，左侧结肠音或盲肠音特别沉衰，且肚腹反而蜷缩的要考虑左下大结肠，特别是盲肠便秘(《马腹痛病》)。

三、治疗

实施治疗时，应依据疏通肠道为主，结合镇痛、减压、补液、强心的综合性治疗原则。

（一）疏通肠道

可用于各病型，贯穿于全病程。便秘的疏通，应从破除秘结的粪块和恢复肠管运动机能两方面下手。

(1)破除秘结的粪块　多采用机械性的方法，如捶结术、直肠按压、开腹按压、秘结部注射、肠管侧切取粪等疏通肠道，且奏效迅速确实，但技术性颇强，可能造成直肠破裂。

(2)恢复肠管运动机能　一般通过两个作用途径达到：①通过大脑皮质、皮质下中枢以致植物神经系统（神经干、神经节、神经丛），以调整其对肠管血液供应和肠肌自动运动性的控制。如百会穴、后海穴、肾脂肪囊、腹部交感神经干、直肠黏膜浸润等普鲁卡因封闭疗法；耳穴水针或白针疗法、关元俞电针疗法、颈部迷走交感干电针疗法、球头梅花针电针疗法、钾离子健胃穴透入法等。②通过肠道内环境，提供对肠壁感受器的适宜刺激，包括机械性刺激和化学性刺激，以激励肠肌的自动运动性。如大黄、芒硝、硫酸镁、液体石蜡等容积性泻剂、刺激性泻剂、润滑性泻剂灌服法；碳酸氢钠液盲肠内注入法；粗制酵母菌粉灌服法、苏子灌服法；猪胰子治结法；深部灌肠法；辣椒酊直肠滴入法等（《马腹痛病》）。

(1)小肠便秘　首先导胃排液减压，随即灌服镇痛合剂，然后直肠检查并施行直肠按压术，使粪块变形或破碎；必要时内服容积小的泻剂，如液状石蜡或植物油 500～1 000 mL、松节油 30～40 mL、克辽林 15～20 mL、温水 500～1 000 mL；或水合氯醛 20～25 g、鱼石脂 10～15 g、乳酸 10～15 mL、加黏浆剂 500 mL，一次内服。坚持反复导胃和补液强心；静脉注射复方氯化钠液，适量添加氯化钾液，忌用碳酸氢钠液。经 6～8 h 仍不疏通的，则应实施剖腹按压。

(2)小结肠、骨盆曲、左上大结肠便秘　早期除注意穿肠放气减压镇痛解痉外，主要是破除结粪疏通肠道，最好的方法是施行直肠按压或捶结术，疗效确实，见效快；或灌服各种泻剂，如常用配方：硫酸钠 200～300 g，液状石蜡 500～1 000 mL，水合氯醛 15～25 g，芳香氨醑 30～60 mL，陈皮酊 50～80 mL，加适量水 1 次灌服。起病 10 h 以后，一般治疗不能奏效时，即采用直肠内按压或捶结，若按压或捶结有困难，可作深部灌肠，仍不见效且全身症状尚未重剧的应随即剖腹按压。病程超过 20 h，全身症状已经重剧，应用新针疗法和泻剂显然无效，唯有依靠直肠按压、捶结或深部灌肠，或剖腹按压，秘结肠段已坏死的，则应切除而行断端吻合术。

(3)胃状膨大部、盲肠、左下大结肠便秘及泛大结肠便秘、全小结肠便秘及该类型不全阻塞性便秘　历来是治疗上的难点。李毓义老师提出，不全阻塞性便秘肠弛缓性麻痹的起因，除胃肠植物神经调控失衡，即交感神经紧张性增高和（或）副交感神经紧张性减低外，可能主要是肠道内环境特别是酸碱环境的改变。并据此筛选了一个以碳酸钠和碳酸氢钠缓冲对为主药的碳酸盐缓冲合剂，对 104 例不全阻塞性大肠便秘自然病马进行了试验性治疗，治愈率高达 98.1%。对 47 例重症盲肠便秘的治愈率为 93.6%，对妊娠后期病马亦未发现其毒副作用。碳酸盐缓冲合剂组成：干燥碳酸钠 150 g，干燥碳酸氢钠 250 g，氯化钠 100 g，氯化钾 20 g，温水 8～14 L。每日 1 次灌服，可连用数天。如配合用 1%普鲁卡因液 80～120 mL 作双侧胸腰交感神经干阻断，每日 1～2 次；对泛大结肠便秘和全小肠便秘，配合用温水 5～10 L，液状石蜡 0.5～1.0 L，深部灌肠，少量多次肌肉注射硫酸甲基新斯的明液等，则疗效更佳。此外，依据全身状态要适时补液、强心、加强饲养管理。

(二)镇痛

多用于完全阻塞性便秘。可采用:肾脂肪囊内注射 0.25%～0.5%普鲁卡因液;针刺三江、分水、姜牙等穴位;肌肉注射 30%安乃近液 20～40 mL 或 2.5%盐酸氯丙嗪 8～16 mL;静脉注射 5%水合氯醛酒精和 20%硫酸镁液;禁用阿托品、吗啡等制剂。

(三)减压

目的在减低胃肠内压,消除膨胀性疼痛,防止胃肠破裂,缓解循环与呼吸障碍。用于继发胃扩张和肠鼓气的病例。可用胃管导胃排液和穿肠放气。

(四)补液强心

目的在纠正脱水失盐,调整酸碱平衡,缓解自体中毒,维护心脏功能。用于重症便秘或便秘中后期。对小肠便秘,宜大量静脉注射含氯化钠和氯化钾的等渗平衡液;完全阻塞性大肠便秘,宜静脉注射葡萄糖、氯化钠液和碳酸氢钠液;各种不完全阻塞性大肠便秘,应用含等渗氯化钠和适量氯化钾的温水反复大量灌服或灌肠,实施胃肠补液,效果确实。

第十三节　急性实质性肝炎

急性实质性肝炎,简称肝炎,是肝细胞变性乃至坏死的一种急性疾病,临床上以黄疸、肝区触痛、肝浊音区增大和一定的神经症状为特征。

一、病因

长期饲喂霉败草料,误食有毒物质(如砷、磷、锑、硒、铜等)或其他化学农药或有毒植物(如千里光属植物、野百合等),是引起本病的主要原因。

在一些传染病(如马传染性贫血、传染性脑脊髓炎、马传染性胸膜肺炎、出血性败血症、沙门氏菌病、钩端螺旋体病等)和寄生虫病(如肝片吸虫病、锥虫病及梨形虫病等)及脓毒症的经过中,由于毒素刺激肝脏,继发肝炎。在胃肠炎经过中,由于腐败发酵的异常产物大量被吸收,也能引起本病。

二、症状与诊断

(一)症状

病马有的兴奋不安,有的精神沉郁,昏睡或昏迷。食欲减退,全身无力,体温稍升高,(39～39.5℃)或正常,脉搏数减少,可视黏膜黄染,皮肤瘙痒。顽固性的消化障碍,开始排干粪,以后转为腹泻,或腹泻与便秘交替发生,粪便色淡、臭味大,呈灰白绿色或淡褐色,有油样外观。病马常有轻微腹痛。触诊肝区敏感,肝肿大明显时,叩诊可出现肝浊音区。经常出现神经症状,一般先兴奋后转为昏睡或昏迷。肌肉痉挛和搐搦,运动不协调,步样不稳,左右摇摆。后期倒地,不能站立。尿色发暗,尿中可检查出胆红素,若肝细胞发生坏死,则有酪氨酸和亮氨酸结晶,若继发肾病,则有肾上皮细胞、管型和蛋白。

血清中胆红素增多,胆红素定性试验呈双相反应或直接反应。血清硫酸锌浊度和麝香草酚浊度均增高。血清丙氨酸转氨酶(ALT)、天门冬氨酸转氨酶(AST)、乳酸脱氢酶(LDH)及山梨醇脱氢酶(SDH)活性均增高。

(二)诊断

本病症状复杂,又缺乏示病症状,确诊较困难。临床上多根据体温轻度升高、黄疸、顽固性消化不良、粪恶臭色淡、肝区触诊敏感及叩诊的变化、某些神经症状(主要是昏睡和痉挛),以及按一般消化不良治疗难以奏效等,初步诊断为急性实质性肝炎。通过肝功能检查进一步确诊。

三、治疗

(1)加强护理、除去病因　及时治疗原发病,停止饲喂霉败草料或有毒植物。更换优质草料,给予富含糖类、维生素和钙的饲料,如麦麸粥、玉米粥、胡萝卜、青草或优质干草,避免喂给富含脂肪的饲料,并减少蛋白质性饲料。

(2)保肝　静脉注射25%葡萄糖液和5%维生素C,肌肉注射维生素B_1注射液;一次内服40～60片酵母片(含丰富的B族维生素),每日2次。服用蛋氨酸、肝泰乐等保肝药。为防止肝性昏迷,防止肠道腐败产氨,可内服抗生素,如金霉素6～9 g,一日分三次内服,新霉素效果也良好。

(3)清肠利胆　人工盐或硫酸钠250～300 g,鱼石脂15～20 g,加水配成5%溶液,一次灌服。

(4)止血　有出血倾向的用止血剂和钙制剂。如维生素K_3或氯化钙。

(5)镇静　狂暴不安或疼痛的给予水合氯醛、安溴等。

(6)中药　茵陈汤蒿汤(茵陈蒿130 g、栀子70 g、大黄50 g)或茵陈回逆汤加味。

第十四节　腹膜炎

腹膜壁层和脏层炎症的统称。

一、病因

(1)原发性病因　腹壁创伤、手术感染(创伤性腹膜炎);腹腔和盆腔脏器穿孔或破裂等;直肠检查引起直肠破裂。

(2)继发性病因　邻近脏器感染性炎症的蔓延(如肠炎、肠变位、子宫炎、膀胱炎等)和细菌血行感染(如巴氏杆菌病、鼻疽及炭疽等病程经过中)。

二、症状与诊断

(一)症状

(1)弥漫性腹膜炎　病马精神沉郁,食欲废绝,体温升高,脉搏细数,呼吸加快,呈胸式呼吸。病马不断回顾腹部,弓腰屈背,四肢集于腹下,站立不动,想卧而又不敢卧,或卧下后很快又起立,运步小心,细步轻移,走走停停。腹围不同程度地膨大。肠音减弱或消失。触压腹壁紧张,腹痛不安。腹腔穿刺有大量渗出液。

(2)局限性腹膜炎　全身症状不明显,仅表现轻微腹痛甚至无腹痛表现,仅在触诊炎灶部位的腹壁时，病马才表现出腹痛反应。

（二）诊断

（1）初诊 病史和症状。

（2）确诊 腹腔穿刺诊断确定有腹腔积液，穿刺液利凡他试验阳性者（浆膜黏蛋白在酸性溶液中析出沉淀）为腹膜炎的炎性渗出液。

三、治疗

脏器穿孔或破裂引起的腹膜炎，应及时外科手术治疗。

（1）抗菌消炎 广谱或多种抗生素联合静脉注射，肌肉注射或腹腔注射。抗生素通常溶于等渗盐水或电解质溶液中进行腹腔注射，并只应使用无刺激的药物，应避免使用那些含有刺激基质如丙二醇的药物。如可能已发生粘连或炎症范围还小，则腹腔注射可能并无益处，如果消化道中有原发性损害，在消化道菌群不受到抑制的情况下，口服药物可能有好处。

（2）减轻疼痛 用安乃近、哌替啶、盐酸吗啡、水合氯醛等镇痛。

（3）制止渗出 静脉注射10％葡萄糖酸钙和乌洛托品。

（4）纠正水、电解质失衡与酸碱失衡 纠正水、电解质失衡可用5％糖盐水或复方氯化钠（20～40 mL/kg 体重）静脉输注。对出现心律失常，全身无力及肠弛缓等缺钾症状的病马，可加适量氯化钾溶液静脉滴注。用5％碳酸氢钠静脉注射纠正酸碱失衡。

（5）腹腔积液过多时可穿腹引流，温生理盐水冲洗腹腔 出现内毒素休克危象的应按中毒性休克实施抢救。

（6）护理 最初两天禁食，静脉给予营养药，随好转可喂给适量优质饲草和青草。

第二章　呼吸系统疾病

第一节　上呼吸道疾病

一、鼻炎

鼻炎主要是指鼻腔黏膜表层的炎症，以鼻腔黏膜充血、肿胀、分泌鼻液为临床特征。又称鼻卡他。

(一)病因

原发性鼻炎：寒冷；化学性刺激如吸入刺激性气体或异物；机械性刺激如经鼻投药或鼻腔检查动作粗暴。

继发性鼻炎：常见于马腺疫、马鼻疽、血斑病、咽喉炎、副鼻窦疾病和鼻腔寄生虫等。

(二)症状与诊断

1.症状

急性卡他性鼻炎：病马精神、食欲无明显变化。鼻黏膜潮红、肿胀，敏感性增高，常打喷嚏或摇头擦鼻，由于鼻黏膜高度肿胀，鼻腔变窄，可引起鼻狭窄音及吸气性呼吸困难。一侧或两侧鼻孔流出浆液性、浆液黏液性鼻液，后期则为脓性并逐渐减少变干，呈痂皮状附于鼻孔周围。有的下颌淋巴结肿胀。伴发结膜炎时，羞明流泪。若继发咽炎或喉炎，则可能出现吞咽困难或咳嗽等症状。

慢性卡他性鼻炎：病情发展缓慢，长期流鼻液，鼻液时多时少，其性状可能是浆液性、黏液性、黏液脓性。鼻黏膜有时呈现糜烂及溃疡，鼻孔下方皮肤因长期受鼻液的侵蚀，而引起局部皮肤糜烂，往往遗留无色素瘢痕。病马的精神、饮食欲和体温一般无明显变化。

格鲁布性鼻炎：病初的症状基本上同卡他性鼻炎，进而鼻黏膜有明显的出血及肿胀，且逐渐于黏膜上形成灰黄色或红黄色纤维素性伪膜。经若干天后，伪膜自行脱落，显露出红色且有出血的糜烂面。黏膜下层有浆液、脓性或出血性浸润。常流胶冻状黄色并混有血丝的鼻液。病马有精神萎靡、食欲减损、体温升高等变化。颌下淋巴结有时肿胀。

继发性鼻炎，除具有上述症状外，还具有原发病的症状。

2.诊断

根据症状即可诊断，注意与鼻腔鼻疽、马腺疫、马流感和马血斑病进行鉴别诊断。

(三)治疗

将病马置于温暖通风良好的厩舍内,改善饲养管理,除去致病因素,一般即可自愈。

重症病马,可根据鼻液的量及性状,选用药物冲洗,有大量黏稠鼻液时,可用10%食盐水或1%碳酸氢钠液;有大量稀薄鼻液时,可应用1%明矾液、2%～3%硼酸液、0.1%鞣酸溶液或0.1%高锰酸钾液等收敛消毒剂冲洗鼻腔,每日1～2次,冲洗后涂以青霉素或磺胺软膏,也可向鼻腔内撒布青霉素或磺胺类粉剂。鼻黏膜高度肿胀时,可内涂血管收缩剂,如0.01%肾上腺素液或滴鼻净。为了促进鼻液的吸收和排出,应用2%松节油或2%克辽林溶液进行蒸气吸入,具有较好的疗效。

中兽医疗法:(1)食盐(炒)、白矾(烤干)各等分,共为细末,取少许吹入鼻内,每天1次,连用2～3次。还可用鲜鹅不食草适量,捣烂压汁,加适量蒸馏水滴鼻,每天3次。(2)苍耳子散加减:苍耳子30 g、辛夷25 g、白芷15 g、薄荷15 g、菊花25 g、黄芩15 g、栀子20 g、苏叶30 g,水煎取汁,候温加蜂蜜100 g,鸡蛋清4枚,一次灌服,每日1剂,连服2～3剂。(3)清肺散:百合45 g、桑白皮45 g、贝母40 g、黄药子30 g、白药子30 g、桅子45 g、天花粉35 g、知母45 g、黄芩50 g、黄檗30 g、大黄30 g、桔梗30 g、甘草20 g,共为细末,开水冲调,候温入蜂蜜150 g,鸡蛋清4枚,一次灌服,每日1剂,连服2～3剂。

二、鼻出血

鼻出血是指鼻腔或副鼻窦血管破裂而发生的出血现象。

(一)病因

鼻出血可能是由鼻腔、鼻咽部、咽鼓管憩室(咽鼓管囊)或肺的损害引起。

①机械性损伤鼻腔黏膜:是本病最常见的原因,如吸入异物、寄生虫寄生、粗暴插胃管或内窥镜等。②鼻黏膜严重的炎症、鼻腔肿瘤。③中暑、高热、脑充血。④一些具有出血性素质的疾病,如炭疽、鼻疽及马传贫等传染病、维生素C和维生素K缺乏症、血斑病等也常伴有鼻出血症状。⑤马的肺脏损害引起支气管腔内出血也导致鼻出血,因马软颚长,肺出血大多由鼻孔排出,而不是从口排出,且鼻血不带泡沫,一般认为上呼吸道出血与下呼吸道出血可以从后者血液多泡沫来区别,这并不适用于马,因为马较大的支气管处于水平位置,血液可自由流出,无需咳出而形成泡沫。赛马正当比赛时鼻孔出血并且可能很快死亡,最常见的原因是肺出血,是由早先存在的肺部疾病引起。在较老的马,鼻出血虽然间隙发作,但很可能是一个永久存在的问题。在青年马,可能是暂时性的,并可能是由呼吸道病毒感染引起的肺损害所致。在南非有2.4%的马在比赛时出血,但未证明这种鼻出血是肺病引起或者只是与肺的疾病有关。⑥上呼吸道病变引起的鼻出血一般是在马休息时自然发生。马单侧鼻出血的最常见原因之一是咽鼓管囊壁血管的真菌性溃疡。即令是在运动期间出血也是在缓慢运动时发生。⑦鼻出血的其他不常见的原因包括:鼻腔黏膜或副鼻窦黏膜的出血性息肉和形如囊状的血肿,它看来好像出血性息肉,起自筛骨迷路附近,延伸入鼻腔和咽。表现呼吸阻塞、咳嗽、气闷和持续的一侧鼻出血。血肿的包囊是呼吸道上皮。外科矫正可以获得成功。最少见的另一种原因是绕经咽鼓管囊的内颈动脉的寄生虫性动脉炎。在充血性心力衰竭时可能有类似的轻度鼻出血。

(二)症状与诊断

1.症状

血液从一侧或两侧鼻孔(因机械性损伤而出血的,一般多呈一侧性出血;其他因素引起的多呈两侧性出血。)呈滴状、线状或喷射状流出，一般呈鲜红色，不含气泡或仅有少量较大的气泡。炎性出血，混有黏液或脓汁。出血时间短，无明显的全身症状；持续大量出血时，病马惊恐不安，结膜苍白，心跳加快，呼吸迫促，如不及时止血，可在8～12 h内死亡。

2.诊断

根据症状初步诊断为鼻出血，至于出血的来源则需要仔细鉴别。应在直射强光下检查鼻腔，判断鼻黏膜的完整性，只有鼻腔的前部分可以直接检查。因全身性疾病或凝血缺陷所致的鼻出血，鼻黏膜上的血通常不凝固。当鼻黏膜受到创伤或血管因占位性肿瘤、鼻息肉而糜烂时，在外鼻孔常可发现血凝块。

如因鼻腔投送胃管损伤鼻甲骨或存在具有出血性缺陷的全身性疾病时容易查明，然而在许多其他情况下，出血的来源并不明显，可能需要特殊检查。

此外应该检查鼻腔有无任何阻塞迹象。吸气时的任何喘息声或鼾声都提示有阻塞。可用一根棉纱来评定(观察偏斜度)每个鼻孔呼出气流的大小。通过每一鼻腔插入胃管可以找到占位性病变，胃管的直径应比动物正常使用的小一号，以保证易于通过。

当血液来源于咽部病变，则有频繁的吞咽动作和暴发性短咳，并可能有血液从口中流出。血液学检查有助于全身性疾病或凝血缺陷的诊断。当怀疑有占位性病变时可作头部放射检查。

必须仔细听诊肺部以获得与肺脏疾病相联系的异常肺音的证据。在因肺病引起的“出血综合征”的赛马，肺部听诊一般正常。

用能弯曲的光学纤维内窥镜可以对鼻腔、鼻咽部、咽鼓管囊、喉、气管以及大支气管作详细的检查。在马医业务中，这种内窥镜对于鉴定常规诊断技术所不能确定的几种呼吸道疾病是不可缺少的。

鉴别诊断：

胃出血：血呈褐色，随呕吐由两鼻孔流出并会含有少量饲料碎粒。

咯血：血液是从下呼吸道咳出并通过口和双侧鼻孔排出，出血通常来源于肺。部分血液常被吞咽，产生黑粪或粪中潜血。

(三)治疗

本病治疗，首先应确定和消除引起出血的原因。

小出血不必特别治疗，使病马安静，头部稍抬高，用冷水浇头或冷敷额部和鼻部，一般数分钟内即可止血。也可用气球压迫法：将导尿管前端插入椭圆形气球颈部，扎紧，将气球送入出血鼻腔内，导尿管的另一端接打气筒向气球内适量充气，然后扎紧导尿管，一般保持5～10 min即可。

如出血不止时，可向鼻腔内注入1%～2%明矾溶液或1%鞣酸溶液等收敛剂。如果一侧鼻孔出血不止时，可用浸有10%氯化高铁液或用系一根长绳的纱布球或纱布条浸0.02%肾上腺素溶液填塞鼻腔，经一段时间出血停止后，可牵引长绳取出填塞物，同时静脉注射止血剂，10%氯化钙注射液50～100 mL，安络血(肾上腺素缩胺脲)25 mg肌肉注射；止血敏1.5～3 g静脉注射。缺乏维生素C或维生素K的病马，则应及时补充。此外，中药冰片、血余炭或生龙骨、生白矾各等份，共为末，吹入鼻腔内，也有较好的止血作用。有条件的可以输血。

鼻黏膜的占位性病变外科手术治疗，与咽鼓管囊真菌病有关的鼻出血可能需要结扎患病的动脉。在无尘厩舍管理基础上治疗肺的慢性疾病看来是有益的，并能预防鼻出血和减少其发生的次数。

三、副鼻窦炎

副鼻窦炎是副鼻窦黏膜受感染所引起的一种炎性病症。

(一)病因

由于劳役过度，肺先受伤，心肺蓄火太盛，上升于鼻腔，日久引起鼻腔肿痛，形成蓄脓；或因创伤、气候骤变而引起。

也可并发或继发于鼻卡他，草料残渣、麦芒等异物进入窦腔，以及面部挫伤、鼻咽黏膜炎、鼻疽、上臼齿槽骨膜炎、龋齿、骨软症、骨折、马腺疫等疾病。

(二)症状与诊断

精神不振，食欲减少，或全身症状不明显。一侧或两侧鼻孔持续流浆液性、黏液性，以至脓性的腐臭鼻液，低头或强力呼吸、咳嗽时流出大量脓液。蓄脓时呼吸有吸气性呼吸困难和鼻腔狭窄音，触诊额窦或颌窦敏感、增温。窦壁骨骼膨隆，幼驹尤其明显。叩诊窦腔时患部疼痛并发浊音。穿刺可抽出脓性分泌物。口色鲜红，脉象洪大。

(三)治疗

1. 抑菌消炎

脓汁不多时可用抗生素或磺胺类药物肌肉或静脉注射，同时配合肌肉或静脉注射 20%硫酸镁溶液 100 mL，每日一次，4～5 次为一个疗程，一般有效。

2. 中兽医疗法

白针通天和喉门，配合灌服中药，可选用以下方剂。

(1)辛夷散　辛夷 30 g、酒知母 30 g、酒黄檗 30 g、沙参 20 g、木香 9 g、郁金 15 g、明矾 9 g，共研细末，开水冲调，候温入蜂蜜 150 g，鸡蛋 4 枚一次灌服，每日 1 剂，连用 3～7 剂。

(2)苍耳子 30 g、细辛 9 g、白芷 15 g、辛夷 30 g、酒知母 30 g、酒黄檗 30 g、沙参 30 g、郁金 30 g、枳壳 30 g、陈皮 30 g、当归 30 g、红花 25 g，共为细末，开水冲调，候温入蜂蜜 150 g，鸡蛋清 4 枚一次灌服，每日 1 剂，连用 3 剂。

四、喉囊炎

喉囊是马、骡、驴特有的一个开口于耳咽管，并沟通咽腔与中耳的耳咽管憩室。喉囊炎是指喉囊黏膜及其周围淋巴结炎症的总称。

(一)病因

本病多继发于鼻炎、咽炎、喉炎、马腺疫、腮腺炎和鼻疽，也有因食物、异物及致病性曲霉菌通过耳咽管侵入而发生感染的，后者特称喉囊霉菌病。

(二)症状与诊断

1. 症状

喉囊是耳咽管的膨大部分，正常是瘪的，位于耳根和喉头之间，腮腺的上内侧、下颌骨支的后方。仅马属动物有喉囊，故仅马属动物发生喉囊炎。喉囊发炎时，喉囊部位局部温度增高、肿胀、疼痛，触诊患部坚实或有波动感（有液体）或有弹性（有气体），喉囊积气时，叩诊呈鼓音。喉囊内有炎性渗出物或蓄脓时，同侧鼻孔流出黏液性或脓性鼻液，尤其在低头饮水、采食，或压迫病侧喉囊时鼻液流出增多。本病多发生于一侧喉囊，因此患侧鼻孔流脓性鼻液，头向健侧倾斜。穿刺喉囊可抽出液体或脓汁。喉囊严重肿胀或继发咽炎、喉炎时，可出现咳嗽、呼吸困难（喘鸣音），吞咽障碍等症状。

2.诊断

根据临床症状，配合喉囊穿刺，一般不难确诊，注意和副鼻窦蓄脓鉴别诊断。

(三)治疗

无全身症候的病马，只需作喉囊穿刺，生理盐水冲洗，最后注入抗生素，隔日冲洗一次，可以配合应用磺胺、抗生素注射，多数冲洗 2～5 次即痊愈。

穿刺时，马匹站立保定，头颈向前下方伸展并固定，术部（寰椎横突中央向下移动一指，触摸该处有波动感）剪毛消毒，取超过 12 cm 的长针头，持针头垂直刺入皮下，然后转向对侧眼角缓缓刺入 9～10 cm 深，当刺入喉囊时进针的阻力突然减轻，似有落空的感觉，随即连接注射器回抽，推抽没有阻力，证明针头已在囊腔。排液、排脓、冲洗后注入药液，完毕后立即拔出针头，局部用碘酒棉球消毒。也可将 80 万 IU 的青霉素，用 0.5%～1%普鲁卡因 30～50 mL 稀释，进行喉囊封闭，高抬马头并保持 20 min，以免药物从咽鼓管前口流出。每日封闭 1～2 次。或用 80 万 IU 的青霉素和 200 万 IU 的链霉素一次注入喉囊，高抬马头 20 min 防止药液流出。

久治不愈者则切开喉囊，用防腐收敛剂冲洗。也可口服碘化钾。

五、喉炎

喉炎是喉黏膜及黏膜下层组织的炎症。以剧烈咳嗽、喉部敏感及吸气性呼吸困难为特征。按病因分为原发性和继发性喉炎；按病程经过分为急性和慢性喉炎。临床上以急性喉炎为多见。

(一)病因

原发性的喉炎主要是由于受寒感冒，物理，化学及机械性刺激引起。

继发性喉炎主要是邻近器官炎症的蔓延，如鼻炎、咽炎、支气管炎等。或继发于某些传染病，如马腺疫、鼻疽、传染性上呼吸道炎等。

(二)症状与诊断

病势急骤，头颈伸直，避免向两侧转动，喉部肿痛，呼吸喘粗，频发咳嗽，初期为短、干、痛咳，以后随炎性渗出物的增多，变为湿长咳。在早晨吸入冷空气、饮冷水、驱赶或吃混有尘土的饲料时咳嗽加剧。触压喉部敏感疼痛，并可引起连续短促而剧烈的干咳。由于喉黏膜肿胀、喉腔狭窄，患马出现吸气性呼吸困难。并可听到喉狭窄音，如有渗出物时，喉部可听到湿啰音，病马有时流浆液性、黏液性或黏液脓性鼻液，下颌淋巴结呈中等度肿胀。

患马口色鲜红，舌苔黄，脉象洪数或滑数。体温升高 1～1.5℃。轻症喉炎，全身无明显变化，慢性喉炎多呈干性咳嗽，病程较长，病情呈周期性好转或复发。重症患马全身症状明显，喉中痰鸣，呼吸困难，口色赤紫或青紫如不及时救治，可发生窒息。

(三)治疗

1.咽喉部外敷

初期宜冷敷咽喉部,以后可用10%食盐水温敷,每天两次,也可在咽喉部外涂擦10%樟脑酒精、复方醋酸铅散或鱼石脂软膏。也可选用下列方剂外敷:

雄黄拔毒散:雄黄30 g、栀子30 g、大黄30 g、冰片3 g、白芷6 g,共研细末,用醋调成糊状,涂于咽喉外部,每天2~3次。

雄黄散;雄黄、白芨、白蔹、龙骨、大黄各等分,共为细末,醋或水调,患部外敷。

2.内服

可选用下列方剂灌服。

(1)普济消毒散 黄芩50 g、玄参40 g、桔梗30 g、柴胡30 g、连翘30 g、马勃30 g、黄连45 g、薄荷30 g、橘红30 g、牛蒡子30 g、甘草18 g、升麻20 g、僵蚕20 g、板蓝根45 g,共研细末,开水冲调,候温入蜂蜜150 g,鸡蛋清4枚一次灌服,每日1剂,连用3~5剂。

(2)消黄散加味 知母35 g、黄芩40 g、牛蒡子30 g、山豆根25 g、桔梗30 g、天花粉30 g、射干30 g、黄药子30 g、白药子25 g、郁金30 g、贝母30 g、栀子40 g、大黄30 g、连翘30 g、甘草20 g、黄连30 g、朴硝80 g,共研细末,加鸡蛋清4个,蜂蜜120 g,开水冲调,候温一次灌服,每日一剂,连用3~5剂。

(3)桔梗散 桔梗100 g、远志50 g、款冬花50 g、甘草50 g,共为末,开水冲,候温灌服。

3.针灸

血针颈脉、鼻腧穴。病情重危者,喉腧穴巧治。

4.全身用药

重症喉炎可应用磺胺类或抗生素药物。青霉素80万IU,用0.5%~1%普鲁卡因30~50 mL稀释,进行喉囊封闭,每日两次,两侧交替进行,效果显著。有窒息危象时,应进行气管切开术。

5.镇咳祛痰

见支气管炎的治疗。

六、喘鸣症

喘鸣症又称喉偏瘫,是因单侧或双侧返回神经(喉后神经)变性导致的喉肌群轻瘫或麻痹,勺状软骨及声带不能在吸气时外翻,致喉腔狭窄,造成吸气性呼吸困难。以高度吸气性呼吸困难和喘鸣为临床特征。较多见于轻型纯种马或杂种马。

(一)病因

病因迄今尚不完全清楚,一般认为与遗传因素有关,是一种先天性的返回神经远端轴索变性引起喉肌轻瘫,勺状软骨及声带不能在吸气时外翻,喉腔狭窄,随着吸气时气流的冲击,发生异常的喉狭窄音,造成吸气性呼吸困难。临床上,以左侧麻痹居多,右侧麻痹其次,双侧麻痹较少见。

引起神经麻痹的原因,主要是某些传染病如腺疫、媾疫、传染性胸膜肺炎等病的病原微生物所产生的毒素对神经的毒害麻痹作用;某些麻痹神经的农药、毒物或毒草中毒;局部食管扩张、肿瘤或肿大的淋巴结、甲状腺压迫神经发生麻痹;过度紧张的快速奔跑,喉头局部神经处于超出生理机能的紧张状态等。偶尔见于头部过度扭动或颈静脉周围渗漏刺激性药物之后。

(二)症状与诊断

本病一般为慢性经过，临床症状主要特征是吸气时呼吸困难伴发响亮的喉狭窄音，如同吹笛、干啰音或喘鸣声，呈慢性病程。病初，喘鸣音和吸气性呼吸困难只出现在重役、奔跑、挤压喉部、高抬或压低头部偏向右侧时，头部恢复正常姿势或重役后休息，喘鸣症状即行消失。随着病情的发展，患马在稍微运动或轻役之时，就可出现明显的喘鸣音和吸气性呼吸困难。严重者，倒地挣扎，惊恐不安，全身出汗，呈窒息危象。有的病马吞咽草料也可引起喘鸣。

如病程很长或返回神经完全麻痹且病因又不明的，一般很难治愈；凡能查明并消除病因，且神经麻痹能恢复的，则预后良好。

喉部触诊多数病例左侧喉软骨较右侧凹陷，压迫右侧勺状软骨，则可引起强烈的吸气性狭窄音。人工诱咳很难引起咳嗽，即使诱咳成功，也为无声的长咳。使用内窥镜检查，可发现病变。

(三)治疗

(1)治疗原发病　如手术摘除压迫神经的肿瘤、治疗毒物中毒等。

(2)疗法　①给予兴奋神经的药物。②喉头局部温敷、涂擦汞软膏、斑蝥软膏等刺激剂。③喉周围注射 70%酒精 5 mL(加 0.5 mL 注射用藜芦素)，并与硝酸士的宁(1%，5 mL)隔日交替使用。④红外线或紫外线照射等物理疗法。⑤手术切开喉头，切除麻痹的声带和勺状软骨，或切开气管，将麻痹的勺状软骨切断，可取得较好的疗效。⑥因淋巴结肿大或炎性渗出压迫引起的，可用碘化钾 5 g 内服。⑦电针疗法：从下颌骨和臂头肌的前缘引一水平线，下颌切迹至臂头肌前缘连线的中点处为喘鸣穴，向喉头方向斜刺 3 cm；另一穴位于喘鸣穴下方 1 cm 处，向斜上方的气管斜刺 7～10 cm，针尖抵气管环，但不刺伤气管，然后，连接电疗机的两极。电压与频率的调节由低到高，由慢到快，以病马能耐受为度。每日 2 次，有良好的效果。

第二节　支气管炎

是支气管黏膜表层的炎症。按发生部位分为大支气管炎和细支气管炎；按病程分为急性支气管炎和慢性支气管炎。如果继发感染了腐败菌则为腐败性支气管炎。临床上以咳嗽、流鼻液和胸部听诊有啰音为特征。按炎症侵害的部位可分为(大)支气管炎、细支气管炎、弥漫性支气管炎和腐败性支气管炎等。春秋季节多发。

一、病因

(1)寒冷刺激是原发性支气管炎的主要原因，寒冷能使机体的抵抗力降低，特别是破坏呼吸道的屏障功能，存在于呼吸道上的病原菌乘机繁殖而呈现致病作用，引起支气管炎。春秋季节气候多变，贼风侵袭，寒夜露宿，汗后被雨淋，突然饮食大量冰冻水或饲料等都易引起感冒而发生本病。

(2)吸入氨气、氯气、烟等刺激性气体及尘埃、真菌孢子和火灾时的闷热空气等，均可刺激呼吸道黏膜，而引起支气管炎。

(3)将药物误投入呼吸道，以及吞咽障碍时异物误入气管常引起腐败性支气管炎。

(4)继发性支气管炎，主要继发于鼻疽、腺疫、维生素 A 缺乏症等，邻近器官炎症的蔓延也能引起。

二、症状与诊断

(一)症状

(1)急性大支气管炎　病马全身症状轻微，呼吸、脉搏稍增数，体温正常或升高 0.5～1℃，不定型热，一般持续 2～3 d 后下降。主要症状是阵发性咳嗽。初期呈短、干、痛咳，以后因渗出物增多而变为湿长咳。从两侧鼻孔流浆液性、黏液性或黏液脓性鼻液，咳嗽后鼻液量增多。胸部听诊，肺泡呼吸音增强，可听到干啰音或湿啰音。当支气管黏膜肿胀或分泌物特别黏稠时，听诊出现干啰音；当支气管内有多量稀薄的渗出液时，则听到湿性啰音，一般为大、中水泡音。啰音的强弱与呼吸强弱及病变部位的深浅有关。胸部叩诊一般无变化。急性大支气管炎，一般经过 1～2 周，只要能及时治疗，预后良好。并发于传染病时，发高热且有重剧的全身症状。

(2)急性细支气管炎　多由急性支气管炎发展而来，全身症状重剧，食欲减退，体温升高 1～2℃，脉搏增数。呼吸疾速且高度困难，呈呼气性呼吸困难，病马头颈伸直，鼻孔开张。眼结膜等可视黏膜呈蓝紫色。有弱痛咳，极少能咳出痰液。胸部听诊，肺泡呼吸音增强，可听到干啰音及小水泡音。胸部叩诊音比正常稍高朗，若继发肺泡气肿，则呈过清音，肺叩诊界后移。细支气管炎病情比较重，病程也较长，且往往伴发支气管肺炎和继发肺泡气肿，预后应慎重。

(3)慢性支气管炎　病程长，病情弛张，病马常发干咳，尤其在运动、采食、或早晨气温较低时，咳嗽增加。气温剧变时症状增重。胸部可长期听到干啰音。无并发症时，一般全身症状不明显。后期，由于支气管壁结缔组织增生而变厚，支气管管腔狭窄，长期呈现呼吸困难。慢性支气管炎病情顽固，病程可达数周乃至数年。在经过中，极易受外界不良因素的影响，使病情加重或恶化，常继发支气管狭窄或扩张，预后要慎重。

(4)腐败性支气管炎　除具有急性支气管炎的全部症状外，全身症状重剧，呼出气带腐败恶臭，两侧鼻孔流污秽不洁的带腐败臭的鼻液，体温不及肺坏疽高，鼻液中无弹力纤维。腐败性支气管炎预后不良。

(二)诊断

根据病马全身症状较轻，频发咳嗽、流黏液性或黏液脓性鼻液，胸部听有啰音，而叩诊无明显变化，可以做出诊断。X 线检查，肺部有较粗纹理的支气管阴影，但无炎性病灶阴影。

鉴别诊断：

支气管肺炎：病马呈弛张热型，胸部听诊肺泡呼吸音减弱，可听到捻发音，叩诊音钝浊或呈灶状浊音。

纤维素性肺炎：病马呈稽留热型，个别病例流铁锈色鼻液，胸部听诊病变部肺泡音消失，可听见支气管呼吸音。叩诊呈大片浊音区。

肺水肿：多突然发生，病程发展急速，呼吸高度困难，从两侧鼻孔流白色或淡黄色混有均匀细小泡沫的鼻液。

三、治疗

1. 护理

厩舍保持温暖、清洁和通风，喂给患马柔软易消化的青饲料，勤饮清水。暖和天气可适当地牵遛晒太阳。以增强机体的抵抗力。

2. 抑菌消炎、抗病毒

用抗生素和磺胺类药物肌肉、静脉或气管内注射，若是病毒引起的，配合应用病毒唑、病毒灵、双黄连或清开灵抗病毒。常用青霉素 100～200 万 IU、或链霉素 100～200 万 IU，肌内注射，每 8～12 h 一次。也可用氨苄青霉素，头孢类等药物。

腐败性气管炎，可于气管内注射薄荷脑石蜡液(配制法：将液状石蜡煮沸，放冷至 40℃左右，加入薄荷脑，溶化后密封备用)。每次气管内注射 10～20 mL，第 1、2 天每日注射 1 次，以后隔日注射 1 次，4 次为一疗程。必要时，可间隔 1 周再进行第二疗程。

3. 祛痰止咳

炎性渗出物黏稠不易咳出时，使用溶解性祛痰剂，可选用：①氯化铵 10～20 g 内服，每日 1 次；②碳酸氢钠 15～30 g、远志酊 30～40 mL、温水 500 mL 一次内服；③氯化铵 15 g、杏仁水 35 mL、远志酊 35 mL、温水 500 mL，一次内服；④人工盐 20～30 g、茴香末 50～100 g，制成舔剂一次内服；⑤远志酊 10～20 g 内服，每日 1～2 次；⑥以 10％～20％痰易净溶液喷雾于咽喉部，每日 2～3 次。

为促进炎性渗出物排出：可用克辽林、来苏儿、木榴油、薄荷脑、麝香草酚等蒸气吸入。

患马频咳而分泌物不多时，可选用镇痛止咳剂内服，常用的有：①咳必清 0.5～1 g，每日 2～3 次；②复方樟脑酊 30～50 mL，每日 2～3 次内服；③磷酸可待因 0.2～2 g，每日 1～2 次；④水合氯醛 8～10 g，常水 500 mL，加入适量淀粉浆内服，每日 1 次。

4. 平喘

患马呼吸困难时，为舒张支气管，缓解呼吸困难，可皮下注射 5％麻黄素 4～10 mL。每日 1 次；或肌肉注射氨茶碱 1～2 mL，每日 2 次。

5. 中兽医治疗

(1)风寒型　以疏风散寒、宣肺止咳为原则，可白针肺腧穴，血针鼻腧穴，配合灌服中药，可选用：

①加味止咳散：桔梗 40 g、荆芥 30 g、紫菀 40 g、百部 40 g、白前 40 g、甘草 25 g、陈皮 30 g、防风 40 g，共为细末，开水冲，候温内服。②荆防散合止嗽散加减：荆芥 40 g、紫菀 30 g、前胡 30 g、杏仁 20 g、苏叶 24 g、防风 24 g、陈皮 24 g、远志 15 g、桔梗 15 g、甘草 15 g、生姜 25 g、大枣 50 g，共研细末，加鸡蛋清 4 个，蜂蜜 120 g，开水冲调，候温一次灌服，每日一剂，连用 3～5 剂。

(2)风热型　以疏风清热、宣肺止咳为原则，血针鼻腧穴、颈脉穴，配合灌服中药，可选用：

①款冬花散：款冬花 30 g、知母 30 g、贝母 30 g、桔梗 30 g、桑白皮 30 g、地骨皮 30 g、黄芩 30 g、金银花 30 g、杏仁 20 g、马兜铃 24 g、枇杷 24 g、陈皮 24 g、甘草 12 g，共研细末，加鸡蛋清 4 个，蜂蜜 120 g，开水冲调，候温一次灌服，每日 1 剂，连用 3～5 剂。②桑菊银翘散：桑叶 50 g、菊花 40 g、双花 35 g、连翘 35 g、杏仁 30 g、桔梗 30 g、甘草 20 g 薄荷 20 g、生姜 50 g、牛蒡子

30 g，共为细末，开水冲调，候温内服。

慢性支气管炎可选用补肺散或百合固肺散。

第三节 肺气肿

肺泡气肿，是指肺泡过度扩张，肺泡壁弹力丧失，肺泡内充满大量气体而极度扩张，呼出时气体残留于肺泡内。临床上以呼气性呼吸困难为特征。

肺泡气肿可分为急性和慢性两种。急性肺泡气肿又有泛发性及局限性（或称代偿性）之分。两肺叶同时发生气肿，称为泛发性肺气肿；气肿只限于肺的一部分，称局限性或代偿性肺气肿。乘马和老龄马多发。

一、病因

泛发性肺泡气肿的发病原因，主要是由于过度而繁重的使役、过度骑乘、长时间挣扎和鸣叫等引起；其次，是继发于上呼吸道狭窄的疾病（鼻炎、副鼻窦炎、喉炎）及慢性弥漫性支气管炎、细支气管炎等；一些刺激性物质，如尘埃、花粉及真菌孢子的吸入，由于变态反应引起细支气管痉挛常继发本病；急性肺气肿的散发病例还见于肺脏被穿透（如肺脓肿）、吸入焊接时冒出的烟及氯气中毒。

局限性（代偿性）肺气肿，主要继发于支气管和肺组织局灶性炎症或实变。肺脏的病变部位功能减退或消失，健康部分进行代偿，时间久后肺的健康部分发生扩张，造成局部肺气肿。

马的慢性肺泡气肿常与长期饲喂劣质粗饲料，特别是饲料多尘土有关。

二、症状与诊断

（一）症状

急性肺气肿常突然发生，并在休息时仍有严重症状。病马呼吸频数，呼气用力且时间延长，呈呼气性呼吸困难。可视黏膜发绀，静脉怒张。胸部听诊呼吸音并无明显异常，若是因慢性支气管炎引起的肺气肿，可听到干啰音或湿啰音，叩诊肺部呈过清音，尤其是肺脏后下缘叩诊音的变化更为明显，叩诊界扩大，心脏被扩大的肺脏遮盖。因此，心搏动减弱，心音浑浊。

慢性肺气肿的症状是逐渐出现的，早期只是在运动时才明显。马肺气肿最早的重要临床症状之一是休息时呼吸次数增加，呼气时相延长和增强，呼吸深度增加，呼气时肋骨架正常下降，继之以腹壁呼气性上缩。在晚期的病例，吸气时鼻孔明显扩张而呼气时腹部用力使肛门突出。当胸腔体积增大时，马匹肋弓显著突出，胸部外观如桶样。马的慢性肺气肿，短弱的咳嗽是特征性的表现，运动时表现更明显而且发喘，压迫喉部和运动时容易诱发上述症状。当马处于冷空气中，进行体力活动、兴奋以及在灰尘多的环境中或喂以多灰尘的饲料时，最常发病。

间歇性的两侧鼻液是病马常见的症状，鼻液可能由浆液性、黏液性、黏液脓性或血液构成，或是几种相混。患早期肺气肿的赛马可能在运动时引起肺出血，并表现鼻出血。在晚期病例，听诊时，大部分肺区可以听到响亮的捻发音伴有飞箭声、口哨声以及胸膜摩擦音。最后发生充血性心力衰竭。

(二)诊断

常有过度劳役及剧烈而频繁咳嗽的病史。突发呼气性呼吸困难,呼气用力且时间延长。结膜发绀。胸外静脉怒张。胸部听诊,病初肺泡音增强,以后由于肺泡弹性减退而减弱,有啰音。胸部叩诊呈过清音,肺界向后扩张。X线检查,肺野透明,膈肌向后移动。局灶性肺气肿时,呼吸困难逐渐增重,叩诊过清音仅限于浊音区周围,听诊有局限性啰音。

三、治疗

目前尚无理想的治疗方法。

护理及消除病因:治疗原发病,消除病因,如用抗生素或磺胺类药物治疗支气管炎;停止使役,安静休息,并改善饲养管理。马肺气肿早期最佳的治疗是供给新鲜空气,即使不放牧也应把马拴养在户外,但要注意保暖。必须舍饲的马,厩舍应当宽大且通风良好,最大限度地减少厩舍内灰尘。如果饲喂干草,则应选用优质干草,浸湿后再喂。将草放在地平面上饲喂可以促使马头长期放低,有利于支气管渗出物排出。

过敏性肺气肿,按每千克体重 0.5～1 mg 肌肉注射扑尔敏注射液,并每天肌肉注射青霉素。

对马 COPD 的治疗,首先应将患马安置在尘埃少、无霉菌孢子、空气清洁新鲜的环境中,应用抗生素或抗霉菌感染药物,以及肾上腺皮质固醇类药物可加快患马的恢复。

也可试用皮质类固醇、抗组胺药物、祛痰剂、雾化吸入剂等治疗肺气肿。

缓解呼吸困难:皮下注射 1%硫酸阿托品注射液 0.01～0.02 g/次;也可用 2%氨茶碱注射液或 0.5%异丙肾上腺素注射液、1%硫酸阿托品液 2～4 mL 雾化吸入。如呼吸困难、有窒息危象时,则可进行氧气疗法。

平喘散:桑白皮 50 g、葶苈子(炒)50 g、莱菔子 100 g、杏仁 40 g、黄芩 50 g、川郁金 30 g、生石膏 50 g、大黄 30 g、木通 30 g、栀子 40 g、苏子 35 g,水煎或研末冲服。如病情减轻,可去桑白皮和生石膏,加党参 20 g 和白术 25 g。

平喘清肺散:葶苈子 35 g、紫苏子 50 g、莱菔子 30 g、冬瓜子 30 g、桑白皮 30 g、杏仁 25 g、贝母 30 g、枇杷叶 30 g、天花粉 30 g、沙参 30 g、百部 30 g、紫菀 30 g、大黄 30 g、车前子 30 g、甘草 15 g,共研细末,加鸡蛋清 4 个,蜂蜜 120 g,开水冲调,候温一次灌服,每日 1 剂,连用 2～3 剂。

第四节　肺充血和肺水肿

肺充血与肺水肿是同一病理过程的两个阶段,先发生肺充血,后出现肺水肿。肺充血是肺毛细血管中血量过度充满引起,通常分为主动性充血和被动性充血。主动性充血是流入肺内的血量增多,流出量正常;而被动性充血是流入肺内的血量正常或增多,但流出量减少。肺水肿是指肺充血时间过长,血液中的浆液性成分进入肺泡、细支气管及肺泡间质内,引起肺水肿。

一、病因

(1)主动性肺充血　天气炎热、过度使役、剧烈运动、过敏反应、车船运输过度拥挤或吸入有刺激性的气体而发生。

(2)被动性肺充血 在心脏的瓣膜疾病，心肌炎以及心力衰竭时均可继发。患马长期一侧躺卧，可引起沉积性肺充血。

(3)肺水肿 是由于主动性或被动性肺充血的病因持续作用而引起。肺水肿最常发生于急性过敏反应，再生牧草热和充血性心力衰竭的充血之后。它也可在吸入烟和有机磷化合物中毒之后发生。

二、症状与诊断

(一)症状

肺充血和肺水肿的共同症状是，病马食欲减退或废绝，呈现进行性高度混合性呼吸困难，两鼻孔开张，呼吸用力，甚至张口呼吸，呼吸数剧增，可达百次左右。常有一种典型的站立姿势，两前肢叉开，两肘外展，头下垂。结膜发绀，眼球突出，静脉怒张，惊恐不安。

除具有上述的症状外，肺充血患马呼吸快而浅表，无节律，听诊肺泡呼吸音增强，无啰音，叩诊肺正常或呈轻度过清音。脉搏增数，听诊心音减弱(心功能障碍所致)。体温升高(39～40℃)，但充分休息后，体温和脉搏逐渐恢复，而呼吸仍频数(50～60 次/分)。耳、鼻、四肢末端发凉。常有咳嗽，声弱而呈湿性。充血早期出现少量至中等量的浆液性鼻液，但严重肺水肿时则鼻液大量增加，常为带血色的泡沫样鼻液。

肺水肿时，两鼻孔流出大量浅黄色或白色的细小泡沫样鼻液。胸部听诊有广泛的湿啰音和捻发音；肺部叩诊，当肺泡内充满液体时，呈浊音；肺泡内有液体或气体时，呈浊鼓音，浊音常出现于肺的前下三角区，而鼓音多在肺的中上部出现。

X 线检查，肺视野的阴影加深，肺门血管的纹理则较明显。

主动性肺充血和肺水肿，若马心脏功能较好，及时采取治疗措施经数分钟或数小时即自愈；个别病例，可拖延数天。重剧病例，可因窒息或心力衰竭而死亡。

被动性肺充血和肺水肿病情发展缓慢，预后视原发病而异。左心衰竭导致的肺充血和肺水肿病情重剧，若不及时治疗易导致死亡。

(二)诊断

依据病史和临床特点进行确诊。突然发病，出现进行性呼吸困难，神情不安，眼球突出，静脉怒张，黏膜发绀，尤其是伴有肺水肿时，流出浅黄色或粉红色泡沫状鼻液，可确诊。

在鉴别诊断上应注意与日射病和热射病、急性心力衰竭进行区别：日射病和热射病，除呼吸困难外，伴有神经症状及体温升高；急性心力衰竭时，常伴有肺水肿，但其前期症状是心力衰竭。感染、中毒引起的肺充血及肺水肿，依据流行病学，结合毒源分析及病史调查，可查明原发病的性质。

三、治疗

治疗原则是保持安静，减轻心脏负担，促进血液循环，缓解呼吸困难。

(1)护理 首先将病马安置在清洁、干燥和通风良好的环境中，减少各种刺激，使其保持安静。

(2)静脉放血 对呼吸困难的病马，可根据马体的大小和营养状况，静脉放血 1 500～

3 000 mL,能够缓解循环障碍、降低肺内压力、减轻肺充血,有急救功效。必要时可行氧气吸入,按每分钟 15～20 L 的速率输氧,共吸入 100 L,有良好效果。

(3)制止渗出　静脉注射 10%氯化钙 100～200 mL 或 10%葡萄糖酸钙 200～300 mL,也可静脉注射山梨醇。因低蛋白血症引起的肺水肿,可输注血浆或全血以提高血液胶体渗透压。因血管渗透性增强的肺水肿可用皮质类固醇,以保持血管的完整和降低肺血管的通透性,减少渗出。

(4)强心　心衰时可用强心剂,通常用 0.5%樟脑水或 10%樟脑磺酸钠 10～20 mL。

(5)过敏性肺充血与肺水肿,可使用肾上腺素,并配合抗组织胺类药物。

(6)抗泡沫疗法　支气管内存留的泡沫,可用 20%～30%酒精溶液 100 mL 左右雾化吸入 5～10 min,呼吸困难即随之缓和。据报道,应用二甲基硅油气雾剂抢救肺水肿,疗效较好。应用雾化吸入法虽然收效快,但持续时间短暂,因而在雾化吸入后,仍应采取综合性疗法继续治疗为宜。

(7)缓解呼吸困难　可皮下注射硫酸阿托品 15～30 mg。

(8)镇静　患马不安时,可适当应用镇静剂,如静脉注射安溴 100 mL 或肌肉注射氯丙嗪 150～300 mg。

(9)中兽医疗法　以清热泻肺、降气平喘为原则,方用葶苈散内服,配合血针颈脉穴。

葶苈子 40 g、马兜铃 20 g、桑白皮 35 g、百部 20 g、杏仁 20 g、贝母 30 g、大黄 45 g、天花粉 30 g、枇杷叶 20 g,沙参 30 g、甘草 18 g,共研细末,加鸡蛋清 4 个,蜂蜜 120 g,开水冲调,候温一次灌服,每日 1 剂,连用 3～5 剂。里热过盛者,加金银花 30 g、连翘 30 g、栀子 30 g、生地 40 g;痰涎多者,加桔梗 30 g、枯矾 10 g、瓜蒌 40 g、车前子 30 g、泽泻 30 g、木通 15 g。

第五节　支气管肺炎

支气管肺炎是细支气管和肺泡内充满上皮细胞及炎性渗出物的卡他性炎症,故又称卡他性肺炎。因为病变多限于一个或数个肺小叶,所以又叫小叶性肺炎。本病以幼驹和老龄体弱的马骡多发。临床上以弛张热型,叩诊有岛屿状浊音和听诊有啰音及捻发音为特征。

一、病因

与支气管炎的病因基本相同。通常是支气管炎蔓延的结果。还可继发于鼻疽、马腺疫、维生素缺乏症、佝偻病及骨软症等。

二、症状与诊断

(一)症状

病初呈急性支气管炎的症状,随着病情的发展,当多数肺泡群出现炎症时,全身症状明显加重,精神沉郁,食欲减退或废绝。体温升高至 40℃以上,呈弛张热型;脉搏增数,每分钟可达 60～100 次;呼吸增数,每分钟 40～100 次。初期为短、干、痛咳,以后转为湿咳。流少量浆液性、黏液性或脓性鼻液。呈混合性呼吸困难。肺部听诊,病灶部位肺泡呼吸音减弱或消失(当肺泡及细支气管内充满渗出物时),有捻发音或各种啰音,病灶周围及健康部位肺泡呼吸音增强;若病灶融合,病变部位较大时,在支气管畅通的情况,有时出现支气管呼吸音。胸部叩诊,病灶浅表时有灶状浊音区,多位于肺的前下三角区内;病灶深在时可能无变化或出现鼓音;如炎性病灶互相融合,则可出现大面积浊音区;如一侧肺脏发炎,对侧叩诊音高朗。

X 线检查,肺纹理增重,散在的炎性病灶部呈现大小不等的阴影,似云雾状,甚至扩散融合成一片。

血常规检查,白细胞总数升高,嗜中性粒细胞增多且核左移。单核细胞增多,嗜酸性粒细胞缺乏。继发化脓性肺炎时,白细胞总数可能达到 20 000 以上,核型由左移变为右移。

(二)诊断

根据咳嗽、呼吸困难等临床症状,体温升高且呈弛张热型,听诊有捻发音,叩诊呈灶状浊音区,X 线检查发现小片状阴影可确诊。但应注意与下列疾病进行鉴别诊断:

细支气管炎:咳嗽频繁,热型不定,体温不及支气管肺炎高,叩诊肺部呈过清音或鼓音,叩诊界后移,听诊有各种啰音。

大叶性肺炎:稽留热型,精神沉郁,铁锈色鼻液,在病灶部位可听到支气管呼吸音,叩诊呈大片浊音区。X 线检查,呈均匀一致的大面积阴影。

三、治疗

治疗本病的原则:加强护理,抑菌消炎,祛痰止咳,制止渗出和促进渗出物的吸收与排除。

1. 护理

马厩舍保持温暖、清洁和通风,喂给患马柔软易消化的青饲料,勤饮清水。

2. 抑菌消炎

有条件时进行药敏试验,对症给药。常用抗生素和磺胺类药物。常用的抗生素有青霉素、链霉素及广谱抗生素。青霉素 100 万~400 万 IU,链霉素 2~4 g,溶于 1%普鲁卡因,肌肉注射或气管内注射,2 次/天,还可用庆大霉素、卡那霉素、红霉素、氨苄青霉素、头孢类等药物。

3. 祛痰止咳

同支气管炎的治疗。

4. 平喘

患马呼吸困难时,为舒张支气管,缓解呼吸困难,可皮下注射 5%麻黄素 4~10 mL. 每日 1 次;或肌肉注射氨茶碱 1~2 mL,每日 2 次。

5. 制止渗出

可适当应用钙剂如静脉注射 10%氯化钙注射液或 10%葡萄糖酸钙注射液 100 mL,1 日 1 次。

6. 解毒、强心

为了保护心脏功能,改善血液循环,可应用强心剂,如强尔心液、樟脑磺酸钠液;为了防止自体中毒,可静脉注射撒乌安液 50~100 mL,每日一次。

7. 中兽医疗法

白针鬐甲、三川穴,同时选用下列方剂内服:

(1)麻杏石甘汤加味　麻黄 30 g、杏仁 45 g、桔梗 30 g、陈皮 30 g、半夏 30 g、黄芩 30 g、麦冬 30 g、五味子 30 g、石膏 45 g、桑白皮 45 g、知母 30 g、鱼腥草 30 g、紫菀 30 g、甘草 18 g，研为细末，开水冲调，候温一次灌服，每天 1 剂，连用 2～3 剂。

(2)款冬花散　冬花 50 g、知母 40 g、贝母 40 g、马兜铃 30 g、桔梗 35 g、杏仁 30 g、双花 40 g、桑皮 35 g、黄药 35 g、郁金 30 g，共为末，开水冲，候温灌服。

(3)清肺散　苏叶 50 g、桔梗 30 g、葶苈子 25 g、甘草 15 g，板蓝根 40 g、陈皮 30 g、乌药 25 g、广木香 20 g、川贝母 30 g，共研细末，加鸡蛋清 4 个，蜂蜜 120 g，开水冲调，候温一次灌服，每日 1剂，连用 3～5 剂。

第六节　大叶性肺炎

大叶性肺炎又称纤维素性肺炎或格鲁布性肺炎，是细支气管和肺泡内充满大量纤维蛋白和血细胞渗出物为特征的急性肺炎。因炎症侵害大片肺叶故称大叶性肺炎。临床特点是高热稽留，定型经过(充血水肿期、红色肝变期、灰色肝变期、溶解吸收期)，流铁锈色鼻液，叩诊有大面积浊音区。多发于体格健壮、营养佳良的马骡。

一、病因

病因尚不完全清楚，一般认为是由传染因素(病毒、细菌感染)或非传染性因素所致。

二、症状与诊断

(一)症状

(1)典型病例　病马精神沉郁，食欲减退或废绝，全身无力，肌肉震颤，结膜潮红黄染，体温突然升高，在半日之内即可升至 40～41℃或更高，高温持续 6～9 d，呈稽留热型，尔后突然降至常温，或于 2～5 d 内逐渐降至常温，有合并征时，则呈不定热型。脉搏增数与体温升高不相一致，即体温升高 2～3℃，脉搏只增加 10～15 次，此常作为早期识别本病的特点之一。病初脉搏充实有力，以后随心机能衰弱，变为细而快。呼吸加快且困难，如继发胸膜炎时，则呈现腹式呼吸。此外，病马还表现排便迟滞，站立时前肢向外叉开，卧地时常卧于病肺一侧。鼻液在病初呈少量浆液性或黏液性；充血期和肝变期呈棕黄色或铁锈色；溶解期则为多量黏性。病初呈干、短、痛咳，尤其当伴有胸膜炎时更为明显，甚至在叩诊肺部使出现连续的干、痛咳嗽，至肝变期多为弱咳，到溶解期则出现长的湿咳。肺部听诊，在充血期可听到捻发音或湿性啰音；肝变时，听诊患部呼吸音消失，可听到明显的支气管呼吸音；在溶解期时，又可听到捻发音和湿性啰音，肺泡呼吸音逐渐增强，啰音也逐渐消失，肺泡呼吸音趋于正常。肺部叩诊，患部在充血期呈过清音或浊音；肝变期则变为浊音；典型病例，浊音区多出现于肘关节后方，其上后界呈弓形；到溶解期，又经半浊音逐渐恢复正常。

(2)非典型病例　临床也较常见，一般有下列 3 种情况：一是经过较短，在发病 2～3 d 后即行退热，再经 1～2 d 肺炎症状消失，甚至只出现一天的发热和短时轻微的局部变化(暂时性肺炎)；二是炎症不断扩大蔓延(进行性或游走性肺炎)，病程长达数周，体温反复升高，故也称为迁延性肺炎，临床上相当常见；三是肺的病变部位异常，可能发生在肺后上缘或肺门附近，特别是在肺门附近的肺炎，除典型的体温曲线外，也许只有红黄色的鼻液和 X 线检查可以提供可靠依据。

(二)诊断

1. 实验室检查

(1)血液学变化 白细胞总数增加，嗜中性粒细胞增加且核左移，淋巴细胞、单核细胞、嗜酸性粒细胞均减少，血小板和红细胞减少，血沉加快。严重病例，白细胞可能减少。

(2)尿液变化 尿量充血期增多，肝变期减少，溶解期又增多。可出现蛋白尿，尿沉渣中出现各种细胞和管型。

(3)X线检查 充血期仅见肺纹理增粗，肝变期肺脏有大片均匀的浓密阴影(病变部的肺组织呈现大面积上界为弧形的阴影)，溶解吸收期肺脏出现散在不均匀的片状阴影。

2. 鉴别诊断

根据典型经过，铁锈色鼻液，稽留热型，叩诊肺部呈大片浊音，X射线检查呈大片阴影，听诊各病理阶段的特点，白细胞增多，不难诊断。在鉴别诊断上应注意与支气管肺炎、胸膜炎和传染性胸膜肺炎区别。

(1)支气管肺炎 弛张热型，没有周期性的病程，病灶局限于肺小叶并呈岛屿状分散存在。叩诊为灶状浊音。

(2)胸膜炎 不定热型，初期胸部触诊敏感、听诊有摩擦音，当胸腔积聚渗出液时，叩诊呈水平浊音，胸腔穿刺时有多量橙黄色混浊的液体流出。

(3)传染性胸膜肺炎 主要根据病区的流行病学调查，如果在同一地区出现多个病例时，应按传染性疾病处理，实际上传染性胸膜肺炎多是散发，并非成群发病。

三、治疗

本病的治疗原则是加强护理，抑菌消炎，促进炎性产物吸收，以及对症治疗。

(1)病的初期，可应用刺激疗法，如胸壁涂芥子泥软膏 45～60 min，以后改为温敷，可促进炎症的吸收。

(2)抑菌消炎 早期大量使用新胂凡纳明(九一四)，效果很好，每千克体重 15 mg(一般一次可用 2～4.5 g)，溶于 5%糖盐水 100～500 mL 中，缓慢静脉注射，3～5 d 1 次，共用 2～3 次。最好在注射前半小时先皮下注射强心剂，如樟脑磺酸钠或咖啡因，待心机能改善后再注射九一四，或将一次剂量分多次注射，比较安全。抗菌素或磺胺类药物，亦有较好的效果，常用的磺胺制剂有磺胺嘧啶，氨苯磺胺等，抗生素有青霉素、链霉素、金霉素、土霉素等。配合应用维生素 C 及可的松或地塞米松，疗效更佳。

(3)制止渗出和促进炎性渗出物的吸收和排出 在充血期可静脉注射 10%氯化钙或葡萄糖酸钙溶液 100～150 mL。在溶解期，为促进炎性渗出物吸收和排除，应用利尿剂和尿路消毒剂。为防止机化，可用碘化钾 5～10 g，或碘酊 10～20 mL，混调于粘浆剂内用胃管投服。每日 2 次，但碘制剂不能使用时间太长。

(4)对症治疗 强心、解热、解除酸中毒、祛痰镇咳、吸氧、健胃助消化。

(5)中兽医疗法 以清热解毒，泻肺消黄为治则，可选用清瘟败毒散或知贝散灌服。

知贝散：知母 30 g、贝母 30 g、连翘 30 g、柴胡 40 g、马兜铃 40 g、黄柏 40 g、花粉 40 g、百合 50 g、黄芩 50 g、桔梗 50 g、甘草 100 g、炙杏仁 50 g，共为末，开水冲调，加蜂蜜 250 g 为引，一次内服。

第七节　气喘综合征的鉴别诊断

气喘，即呼吸困难，是一种以呼吸用力和窘迫为基本临床特征的症候群。气喘不是一个独立的疾病，而是许多原因引起或许多疾病伴有的一种综合征。

呼吸困难，表现为呼吸强度、频度、节律和方式的改变。

一、病因

呼吸困难按照病因分类包括：

1. 乏氧性呼吸困难

是大气内氧气贫乏所致的呼吸困难，表现混合性呼吸困难。

2. 气道狭窄性呼吸困难

包括鼻、喉、气管等上呼吸道器官狭窄所致的吸气性呼吸困难和细支气管狭窄导致的呼气性呼吸困难。

3. 肺源性呼吸困难

各种肺病时(包括非炎性和炎性肺病)，肺换气功能障碍所致的呼吸困难。除慢性肺泡气肿和马慢性阻塞性肺病(COPD)为呼气性呼吸困难外，均为混合性呼吸困难。

4. 胸腹原性呼吸困难

是胸、肋、腹、膈疾病时，呼吸运动发生障碍所致的呼吸困难。

(1)胸原性呼吸困难　表现为腹式混合性呼吸困难，由胸膜炎、胸腔积气或积液、肋骨骨折等胸、肋疾病所致。呼吸时两侧胸廓不对称，要考虑肋骨骨折和气胸；断续性呼吸的，要考虑胸膜炎初期(干性胸膜炎)；单纯呼吸浅表、快速而用力的，要考虑胸腔积液或胸膜炎中后期(渗出性胸膜炎)。

(2)腹原性呼吸困难　表现为胸式混合性呼吸困难，由腹腔积液(腹水、肝硬化、膀胱破裂)、胃肠等器官膨胀(积食、积气、积液)、急性弥漫性腹膜炎、膈肌病、膈疝(腹痛)、膈肌痉挛、膈麻痹等腹、膈疾病所致。

5. 心源性呼吸困难

心肌疾病、心内膜疾病、心包疾病的重症和后期及许多疾病的危重濒死期，引起心力衰竭导致心原性呼吸困难，伴有心力衰竭的症状。表现为混合性呼吸困难，运动之后更为明显。

6. 血源性呼吸困难

是红细胞数量减少、血红蛋白数量减少和(或)性质改变，血液载 O_2 和释 O_2 障碍所致呼吸困难。表现混合性呼吸困难，运动之后更为明显，伴有可视黏膜和血液颜色的改变。见于贫血(苍白、黄染)、CO 中毒(鲜红)、亚硝酸盐中毒(褐变)、异常血红蛋白分子病(鲜红、红色发绀)、家族性高铁血红蛋白血症(褐变)等。

7. 细胞性呼吸困难

系细胞内氧化磷酸化过程受阻，呼吸链中断，组织氧供应不足或失利用(内窒息)所致。表现为混合性高度以至极度呼吸困难甚至窒息，见于氢氰酸中毒等，特点是静脉血鲜红色，病程呈闪电式。

8. 中枢性呼吸困难

即呼吸调控障碍性气喘。系因颅内压增高（脑炎、脑膜炎、脑出血、脑水肿、脑肿瘤）及呼吸中枢抑制和麻痹（高热、酸中毒、尿毒症、巴比妥和吗啡等药物中毒）所致的呼吸困难，呼吸节律发生改变，还有一般脑症状和灶症状。

其神经症状明显的，可能是脑病，如脑炎、脑水肿、脑出血、脑坏死、脑肿瘤（具一般脑症状和灶症状）和脑膜炎（具脑膜刺激症状）；

其全身症状重剧的，则可能是全身性疾病（高热病、酸中毒、尿毒症、药物中毒）的危重期以至濒死期。

二、鉴别诊断

遇到气喘的患马，首先确定其症状是吸气性呼吸困难、呼气性呼吸困难还是混合性呼吸困难，然后依据吸气困难、呼气困难和混合性呼吸困难进一步进行鉴别。

1. 吸气性呼吸困难的类症鉴别

吸气性呼吸困难表现吸气延长而用力，并伴有狭窄音（哨音或喘鸣）。表明上呼吸道通气障碍，因鼻腔、喉腔、气管或主支气管狭窄所致。

(1)单侧鼻孔流污秽不洁腐败性鼻液，且头颈低下时鼻液涌出的，应考虑颌窦炎、额窦炎和喉囊炎。

(2)双侧鼻孔流黏液—脓性鼻液，并表现鼻塞、打喷嚏等症状，应考虑鼻炎以及以鼻炎为主要临床表现的其他各种疾病，呈散发的，如感冒、腺疫、鼻腔鼻疽等；呈大批流行的，有流感、传染性上呼吸道卡他等。

(3)不流鼻液或只流少量浆液性鼻液的，要侧重考虑可造成鼻腔、喉、气管等上呼吸道狭窄的其他疾病。可轮流堵上单侧鼻孔，观察气喘的变化，以明确上呼吸道狭窄的部位。

①堵上单侧鼻孔后气喘加剧的，指示鼻腔狭窄。可通过鼻道探诊和相关检查，确定是鼻腔肿瘤、息肉、异物，还是纤维素性骨营养不良等。

②堵上单侧鼻孔后气喘有所增重的，指示喉气管狭窄。急性病程的有：喉炎（伴有局部刺激症状）、喉水肿（伴有窒息危象）。慢性病程的有：喉偏瘫、喉肿瘤（渐进增重）、气管塌陷以及甲状腺肿、食管憩室、纵膈肿瘤造成的喉气管受压。

2. 呼气性呼吸困难的类症鉴别

呼气性呼吸困难表现呼气延长而用力，伴随胸、腹两段呼气在肋弓部出现“喘线”（喘沟）。因肺泡弹力减退和下呼吸道狭窄所致。表现慢性病程的有：慢性肺泡气肿、马慢性阻塞性肺病（COPD）；表现急性病程的有：弥漫性支气管炎和毛细支气管炎。

3. 混合性呼吸困难的类症鉴别

吸气时听不到哨音，呼气时看不到喘线，是混合性呼吸困难的表现特点。混合性呼吸困难吸气呼气均用力、均缩短或延长，多数呼吸浅表而疾速、极个别呼吸深长而缓慢。

混合性呼吸困难指示 7 条诊断线路，即除气道狭窄性呼吸困难以外其他 7 种原因所致气喘（详见病因），可按下列各层次逐步进行鉴别诊断。

首先观察呼吸式有无改变，有明显改变的，指示属胸腹源性气喘（详见病因）；其次观察呼吸节律有无改变，有明显改变的，指示属中枢性气喘（详见病因）；如呼吸式、呼吸节律、呼吸运动对称性没有明显改变，需从以下五个方面寻找病因：心源性气喘、肺源性气喘、血原性气喘、细胞性气喘、乏气性气喘，尤其应该着重检查前两种病因。

（1）心源性气喘　混合性呼吸困难而伴有明显心衰体征的，常指示心源性气喘，其实质是心力衰竭，尤其左心衰竭引起肺循环瘀滞（肺瘀血、肺水肿）的表现。对这样的病马，要着重检查心脏。

其心区病征（视、触、听、叩等一般理学检查和心电图、超声、X线摄影、心血管造影及心功能试验等特殊检查）典型的，提示原发性心力衰竭，应考虑心内膜疾病、心肌疾病和心包疾病。

除心衰的一般症状（第一心音强，第二心音弱或胎儿样心音等），无明显心区体征的，提示为继发性心力衰竭，应考虑是否为其他疾病引起的心力衰竭。

（2）肺源性气喘　病马肺部症状突出的，常指示为肺源性气喘，是临床上最常见的一种气喘。

其呼吸特快，每分钟呼吸数多达80～160次的，常提示非炎性肺病，要考虑肺充血、肺水肿、肺出血、肺气肿及肺不张，应进一步鉴别并查明病因。

其呼吸普快，每分钟不超过40～60次的，常提示是炎性肺病，要考虑小叶性肺炎、大叶性肺炎、化脓性肺炎、坏疽性肺炎等，应逐个进行鉴别诊断。

（3）黏膜和血液颜色改变的气喘　混合性呼吸困难伴有黏膜和血液颜色改变的，常指示属血原性气喘、细胞性气喘以至乏氧性气喘。①其可视黏膜潮红，静脉血鲜红，呼吸极度困难（窒息危象），取闪电式病程的，应考虑氢氰酸中毒和一氧化碳中毒；②其可视黏膜苍白或黄白而血色浅淡的，常提示贫血性气喘，应进一步查明贫血的类型；③其可视黏膜发绀，血色褐变的，应采静脉血（抗凝）在试管中振荡，查明是还原性血红蛋白血症（振荡后由暗变红），还是变性血红蛋白血症（振荡后仍为暗褐色）。还原性血红蛋白血症是各种气喘的必然结果；变性血红蛋白血症呈急性病程的，要考虑亚硝酸盐中毒，慢性病程且呈家族性发生的，要考虑谷胱甘肽还原酶缺乏症；④混合性呼吸困难在静息时不显，运动后显现，且取慢性病程的，常提示继发性红细胞增多症，应考虑高山病。

三、治疗

寻找并消除病因，采取措施缓解呼吸困难，必要时吸氧。

第八节　胸膜炎

胸膜炎是指胸膜上纤维蛋白沉着和胸膜腔渗出液积聚的炎症过程。以腹式呼吸、听诊有胸膜摩擦音、叩诊呈水平浊音为临床特征。

按病程，可分为急性和慢性胸膜炎；按病变蔓延程度，可分局限性与弥漫性胸膜炎；按渗出物多少，可分干性与湿性胸膜炎；按渗出物性质可分为浆液性、浆液—纤维蛋白性、出血性、化脓性、化脓—腐败性胸膜炎等。

一、病因

原发性胸膜炎较少见。可因胸壁挫伤、透创、胸腔肿瘤或受寒冷刺激、过劳等使机体抵抗力降低时，病原微生物乘虚侵入胸腔而发病。

继发性胸膜炎较为常见。常因邻近器官炎症的蔓延或直接感染引起，如心包炎、各种类型肺炎、胸部食管穿孔以及肋骨骨折等。马腺疫、鼻疽、传染性胸膜肺炎、流行性感冒等传染病也常继发本病。

二、症状与诊断

(一)症状

患马精神沉郁，食欲减退或废绝。病初脉搏快而有力，以后变弱并节律失常。体温升高达40℃以上。呼吸浅表急速，多呈断续性呼吸和明显的腹式呼吸，发短、弱的痛咳。病马常取站立姿势，肘部外展，一旦躺卧，是病情严重的表现，常卧于健侧或伏卧。疾病初期触压胸壁，表现不安，躲闪或呻吟。

胸部叩诊，在病初及纤维蛋白性胸膜炎时，因疼痛而抗拒，并出现咳嗽加剧；渗出性胸膜炎时，于肩端水平线上下可叩出水平浊音，浊音上界呈鼓音。

胸部听诊，疾病初期，因胸膜面粗糙，可听到明显的胸膜摩擦音，随呼吸运动而反复出现，如同时有肺炎存在，可听到啰音或捻发音；随着渗出液的积聚，胸膜摩擦音消失，听诊心音及呼吸音都有所减弱，听起来好像很遥远；在恢复期，由于渗出液逐渐被吸收，纤维蛋白再度析出，胸膜摩擦音又复出现。在浊音区内，肺泡呼吸音减弱或消失，浊音区上缘往往听到支气管呼吸音，健康部位的肺泡呼吸音增强。

当胸腔内积聚大量渗出液时，胸腔穿刺(6～7 肋间)可穿刺出大量黄色或红黄色易凝固的渗出液，其蛋白含量超过 3%，比重 1.016 以上，利凡他(Rivalta)试验呈阳性反应。如渗出液呈红色，含有多量红细胞时，表明是出血性胸膜炎，若穿刺液有腐败臭或脓汁时，表示病情恶化，胸膜已部分化脓并坏死。

血常规检查，白细胞总数升高，嗜中性粒细胞增多且核左移，淋巴细胞相对减少。渗出期尿量减少，比重增高，常有蛋白尿，尿中氯化物减少，吸收期尿量增加。

X 线检查，可见到胸腔渗出物水平面随身体姿势而改变，纤维素沉着时，胸腔某一部阴影密度增加，当胸膜粘连时，可见到条纹样阴影。

(二)诊断

可以根据病史调查、胸膜疼痛、听诊摩擦音、叩诊水平浊音及胸腔穿刺检查结果等做出诊断。注意与胸腔积水和心包炎相区别。

胸腔积水：胸腔积水取慢性经过，无热无痛，且多为两侧性的。胸腔穿刺出的积液为透明而不易凝固的漏出液，利凡他(Rivalta)试验呈阴性反应。

心包炎：可以听到心包摩擦音，此摩擦音与心搏动相一致，而胸膜摩擦音与呼吸运动相一致，此两者不难鉴别。

三、治疗

治疗原则：护理，抑菌消炎，制止渗出，促进渗出物吸收及防止自体中毒。

(1)护理　病马休息,给予柔软、富有营养的饲料,并适当限制饮水。

(2)抑菌消炎　使用抗生素或磺胺类药物(详见支气管炎和肺炎的治疗),最好用穿刺液进行细菌培养和药敏试验,根据实验结果选择药物。由鼻疽引起的胸膜炎,土霉素效果较好,2 g 土霉素用 500 mL 生理盐水溶解静脉注射,每日 1～2 次,3～5 d 为一个疗程,此外,还可用氟喹诺酮类药物。与此同时,可在胸壁上涂搽 10%樟脑酒精、芥子精、复方醋酸铅散或松节油等刺激剂;亦可应用紫外线或透热疗法治疗,以促进炎症的消散。

(3)制止渗出和促进渗出物吸收　可静脉注射 5%氯化钙溶液和 10%葡萄糖酸钙溶液,马 100～200 mL,每日一次静脉注射;也可应用水杨酸钠 5～8 g、乌洛托品 8～12 g、葡萄糖粉 30～45 g、安钠咖 2～3 g、氯化钙 8～15 g、蒸馏水 300 mL,混合溶解,制成注射液,一次静脉注射,每日 1 次,3 次为一疗程。此方对制止渗出和促进渗出液的吸收,具有良好作用。配制时,因乌洛托品不耐高热,最好单独溶解,滤过后再加入煮沸后待温的溶剂中。

(4)胸腔穿刺排液　渗出液积聚过多而呼吸困难时,可胸腔穿刺排液。每次放液不宜过多,排放速度也不宜过快。有人主张应用地塞米松(按每千克体重 0.1 g 剂量),以减少渗出。化脓性胸膜炎时,在穿刺排液后,可用 0.1%雷佛奴尔液或 0.01%～0.02%呋喃西林液冲洗胸腔,然后注入抗生素,通常一次注入青霉素 100 万～200 万 IU,或链霉素 200 万～300 万 IU(加入 1%普鲁卡因注射液 30～40 mL)。

(5)对症治疗　咳嗽剧烈,可内服镇咳剂;心脏衰弱,则应用强心剂;为防止败血症可静脉注射樟酒糖溶液。

第三章 心血管系统疾病

心血管系统由心脏、血管和调节血液循环的神经体液等组成。其主要功能是为全身组织器官运输血液。通过血液将氧、营养物质、酶和激素等供给组织，并将组织代谢产生的废物运走。心血管系统疾病在马的内科疾病中占较大比重，常因无法挽救而死亡，对此类疾病应引起足够的重视。

马的心血管系统疾病可由先天性病因或后天性病因所导致。先天性疾病是由于心脏和大血管在胎儿期发育异常所致，临床发病率低。事实上，临床常见的是后天性心血管系统疾病，即出生后心脏受到内外因素的作用而致病。

马发生心血管系统疾病后，使役力和运动机能下降、出现心功能障碍、呼吸困难、发绀、咳嗽、昏迷、抽搐和水肿等症状。

体格检查是诊断心血管系统疾病的重要依据，也可进行实验室检查和仪器检查。常用的有血常规检查、尿液分析、测定血压和中心静脉压、心电图检查、并可对心脏进行 X 线或超声波等影像学检查。通过检查，可以确定心脏的解剖结构和功能有无异常，并能对病变进行准确定位和定性。

心脏机能障碍会影响马的运动能力，一旦发展为器质性心血管疾病，往往预后不良。急性心力衰竭和恶性心律失常可导致病马猝死；慢性心血管疾病常引起呼吸系统病变，最终转归死亡。临床上心血管系统疾病多伴发并发症，使预后更为严重。并发症既可发生于心血管本身，如风湿性心脏病引发的感染性心内膜炎；也可发生在心血管以外的部位，如心脏疾病引起的呼吸衰竭、肝硬化、肾衰竭等。

治疗心血管系统疾病应采取综合性措施，一般应加强护理、消除病因、减轻心脏负担、强心、缓解呼吸困难和缺氧、纠正酸中毒、防治休克、利尿消肿、抗菌消炎等。此外，还可运用介入疗法或外科手术纠正已形成的病理解剖改变，这些方法在医学上进展迅速，但在兽医临床上应用极少。

第一节 心力衰竭

心力衰竭简称心衰，又称心功能障碍或心功能不全，是因心脏结构或功能受损导致心室充盈或射血功能障碍而引起的一系列综合征。发病时心肌收缩力减弱，排血量减少，导致器官、组织血液灌流不足。病马表现为易疲劳、使役能力或运动机能下降，静脉瘀血，呼吸困难，皮下水肿，甚至心搏骤停。若病程延长，绵延数周、数月甚至数年，则称为慢性心力衰竭，因其在临床表现上以静脉瘀血为主，故又称为充血性心力衰竭。

心力衰竭既可独立发病，也可作为某些疾病的一个病理过程或病变阶段。按照病程长短不同，可将心力衰竭分为急性心力衰竭和慢性心力衰竭；按照病因不同，可分为原发性心力衰竭和继发性心力衰竭；按照发生部位不同，可分为左心衰竭、右心衰竭和全心衰竭。

一、病因

原发性心力衰竭主要是由于心肌负荷过重，超过了心脏的代偿能力所致。常见于使役不当或运动过度，特别是平时锻炼不够或长期休闲后突然劳役或过量运动。也多见于快速静脉注射钙、砷、色素制剂等具有强烈刺激性的药物。快速超量输液会导致心脏一时性负荷过重，引发本病。此外，当心肌受到某些原发性损害，例如缺血性心肌损伤、心肌炎、心肌代谢障碍等，也会引起发病。

凡是引起心负荷加重或心肌损伤的疾病均可引起继发性心力衰竭，此时心力衰竭作为一个病理过程或病变阶段而存在。常见于马的某些传染病，例如马传染性贫血等；寄生虫病，例如伊氏锥虫病、梨形虫病等；内科疾病，例如胃肠炎、中暑等；营养代谢性疾病，例如维生素 E 缺乏、硒缺乏等；中毒性疾病，例如腐败饲料中毒、夹竹桃中毒等。

慢性心力衰竭是由于心脏在休息时不能维持循环平衡所致，除长期重剧使役外，尚可继发或并发于多种亚急性和慢性感染，或心脏本身的疾病，例如心包炎、心肌炎、心脏扩张和肥大等；中毒病、慢性肺气肿、慢性肾炎等。

骑乘马在开始调教时，由于环境突变，惩戒和训练量过大，易发生急性应激性心力衰竭。

二、发病机理

心脏的负荷分为容量性负荷和压力性负荷。容量性负荷又称前负荷，是指舒张期心室内血液对心壁形成的压力。压力性负荷又称后负荷，是指收缩期心室排出血液时遇到的阻力。

在劳役或运动期间，心脏的血液排出量可比安静状态下增加 5～6 倍，这称为心脏的代偿。其机制如下：一是 Frank-Starling 机制，通过增加回心血量来提高心脏的排血量；二是心肌肥厚机制，通过心肌纤维增生，增加参与收缩的心肌细胞数量，从而提高收缩力，增加排血量。当后负荷增加时，心肌肥厚是主要的代偿机制。三是通过神经体液的代偿性调节，通过增强交感神经兴奋性和激活肾素—血管素系统，来增强心肌收缩力和提高心率，从而增加心脏排血量。

通过上述代偿机制，心脏输出量可增加数倍，但同时也带来了一系列损害：Frank-Starling 机制使容积性压力增加，引起肺充血和腔静脉充血。心肌肥厚仅仅是心肌纤维增多，提供能量的线粒体数量增加不多，心肌从整体上显得能源不足，继续发展会导致心肌细胞坏死。神经体液代偿性调节在使心排血量增加的同时也增加了心肌耗氧量，而且交感神经兴奋会使周围血管收缩，使心脏后负荷增加。肾素—血管素系统的激活则促进了醛固酮的分泌，增加了体液总量，使前负荷增加。因此，代偿机制只能在短期内满足机体需要，超出一定限度必然导致心脏和血管发生结构和机能的改变，心脏代偿能力丧失，出现血液循环障碍。此时若心肌营养良好则心壁变厚，心肌纤维变粗，形成心脏肥大；若心肌营养不良，则心肌纤维过度伸长，形成心脏扩张。

肌凝蛋白和肌动蛋白组成的肌节是心脏收缩的最基本单位。据研究，肌节长度为 2 μm 时，心肌收缩力最佳，过长或过短都会影响心肌收缩力。无论是心脏扩张还是心脏肥大，均使肌凝蛋白和肌纤蛋白分子间的距离加大，导致心肌收缩力降低，心脏排血量不能适应机体的需要，发生心力衰竭。

慢性心力衰竭是在心脏血管病变不断加重的基础上发展而来的。心脏长期负荷过重，心室肌张力过度，刺激心肌纤维变粗，发生代偿性肥大，在一定程度上提高了心肌收缩力，增加了心排血量。但肥厚的心肌静息时张力较高，收缩时张力增加速度减慢，致使耗氧量增加，肥大心脏的贮备力和工作效率明显降低。当劳役、运动或其他原因引起心动过速时，肥厚的心肌处于严重缺氧状态，使心肌收缩力减弱，收缩时不能将心室排空，遂导致心脏衰竭。

三、症状

急性心力衰竭初期，病马精神沉郁，食欲不振甚至废绝；易于疲劳，出汗，呼吸加快，肺泡呼吸音增强；可视黏膜轻度发绀，体表静脉怒张；心搏动亢进，脉搏细数。随着病情发展，病马发生肺水肿，胸部听诊有广泛湿啰音。两侧鼻孔流出多量无色细小泡沫状鼻液。伴发阵发性心动过速，有时出现心内杂音和节律不齐，脉搏细弱，不感于手。有的步态不稳，易摔倒，常在数秒钟至数分钟内死亡。

慢性心力衰竭发展缓慢，病程长达数周、数月甚至数年。除精神沉郁和食欲减退外，多不愿走动，不耐使役，运动能力下降，易疲劳，易出汗，黏膜发绀，体表静脉怒张。腹下和四肢下端水肿，触诊有捏粉样感，指压不留痕。尿液浓缩并含有少量白蛋白。病变初期排便正常，后期腹泻。随着病程发展，病马体重减轻，心率加快，心律失常，第一心音增强，第二心音减弱，有时出现相对闭锁不全性缩期杂音。心区叩诊可见心浊音区增大。

四、诊断

根据发病原因、临床特征和临床检查结果即可做出诊断。条件允许时可进行血清酶检测或心脏影像学检查。酶学检查可见乳酸脱氢酶（LDH）含量显著增高。而 X 线和超声波检查多显示心壁增厚或心室腔扩大，对本病的诊断有参考意义。

本病易导致缺氧、水肿等病变，应注意与具有相似症状的疾病进行鉴别。

中暑：发病有季节性，多在高温、高湿环境中使役或运动后发生，也常发生于闷热密闭的车船运输过程中。出现急性心力衰竭，并伴随高热稽留，大出汗，严重脱水等。

肺充血和肺水肿：多在剧烈运动、吸入刺激性气体或快速大量输液之后发病，立刻出现呼吸困难，肺部听诊有广泛湿啰音，两侧鼻孔流出带细小泡沫的鼻液。

皮下水肿：除本病外，皮下水肿尚可由肝脏疾病、肾脏疾病或营养不良引起。一般来说，肾性水肿最初多发生于眼睑，逐渐蔓延到颜面部，进而扩散至全身，且伴随排尿异常和尿液变化。肝性水肿多伴随腹水，且有消化紊乱，排便恶臭、结膜黄染等症状。营养不良性水肿常伴随体瘦毛焦、意识冷淡、反应迟钝、体温偏低、恶病质、贫血等症状。而心力衰竭引起的水肿多发生在肢蹄末端，逐渐向上蔓延，呈两侧对称性发生。且清晨或静息后水肿程度最重，运动后逐渐减轻甚至消失，和上述几种水肿明显不同，不难区别。

五、治疗与预防

马发生最急性心力衰竭时，往往在出现明显症状后数分钟甚至数秒钟内死亡。对于病程稍长的病例，可以采取积极措施来消除病因，调节心力衰竭的代偿机制。一般的治疗原则是加强护理，减轻心脏负担，增强心肌收缩力和排血量，对症治疗。

加强护理,限制病马活动,置于安静厩舍内休息,尽量避免刺激,给予柔软易消化的饲料,同时应注意通风和保持良好的环境卫生。

为减轻病马心脏负担,可采取以下措施:限制病马活动,控制日粮中食盐摄入,静脉放血和投服利尿剂。

急性重度心衰的病马通过颈静脉放血 1 000～2 000 mL,可迅速解除呼吸困难,但贫血病马切忌放血。放血后应静脉注射同等容量的生理盐水、葡萄糖溶液或糖盐水。即使未进行放血,输入适量液体亦可稀释血液,降低心脏的压力性负荷。但大量输液会增加心脏的容量性负荷,因此对未放血的病马输液应慎重。

给予利尿剂,可有效缓解瘀血,减轻水肿。常用利尿剂有噻嗪类、袢利尿剂和保钾利尿剂。

噻嗪类以双氢克尿塞(氢氯噻嗪)为代表。可按照每千克体重 1～2 mg 的剂量口服,或按照每次 50～150 mL 的剂量静脉注射或肌肉注射,每日 1～2 次,连用 2～3 d。本品可抑制钠、钾的重吸收。轻度心力衰竭可选此药,但大剂量使用时应注意补钾,否则会导致低血钾。本品不可与洋地黄配合使用。

袢利尿剂以呋塞米(速尿)为代表,可按照每千克体重 2 mg 的剂量口服,每日 1～2 次,连用 2～3 日,或按照每千克体重 0.5～1.0 mg 的剂量静脉注射或肌肉注射,每日 1～2 次。本品为强效利尿剂,副作用是会导致低血钾,一般应间歇用药,且初始用药使用小剂量,若长期用药应与氯化钾或保钾利尿剂合用,本品大剂量静脉注射过快可引起听力障碍,应予以注意。

保钾利尿剂有螺内酯(安体舒通)、氨苯喋啶、阿米诺利等。螺内酯可以使钾离子的吸收增多,但利尿作用不强,一般不作首选药,也不单独使用,临床上常与噻嗪类或袢利尿剂合用,加强利尿作用且能减少钾的丢失。可按照每千克体重 0.5～2 mg 的剂量口服,每日 3 次。使用螺内酯尚可抑制心血管的重构,改善慢性心衰的远期预后,若和血管紧张素转换酶抑制剂配合使用,可明显减少肾素-血管素系统激活后造成的不良影响。阿米诺利可单独用于治疗轻症心力衰弱,按照每次 12～25 mg 的剂量口服,每日 1～2 次。总之,保钾利尿剂可使血钾浓度升高,不宜同时补钾。

对于持续难治的病马,可试用血管扩张剂,包括静脉扩张剂和动脉扩张剂。常用的静脉扩张剂有硝酸甘油、硝酸异山梨酯等,可使循环血量减少,减轻心脏容积性负荷。常用的动脉扩张剂药物有硝酸盐制剂、钙通道阻滞剂等,可使外周血管阻力下降,降低心脏的压力性负荷。在使用洋地黄类药物和利尿剂疗效不理想时加用血管紧张素转换酶抑制剂,可明显减轻病症,甚至可以明显改善重度心力衰竭的远期预后,降低死亡率。常用的药物有卡托普利、贝那普利等。此类药物成本较高,且缺乏病马用药的研究资料,应谨慎使用,尤其是肾功能不全的病马,更应谨慎。

增强心肌收缩力和排血量。用强心药增强心肌收缩,提高心排出量,是治疗心力衰竭的主要措施。常用的药物有洋地黄类(洋地黄毒苷、地高辛、毛花苷丙和毒毛花苷)、肾上腺能受体兴奋剂(异丙肾上腺素、肾上腺素等)、中枢兴奋药(咖啡因、氧化樟脑等)、磷酸二酯酶抑制剂(氨力农、米力农等)及其他具有强心作用的药物(如钙离子、奎宁等)。临床上最常用的是洋地黄类,这类药物疗效可靠,但长期应用易蓄积中毒,应予以注意。另外,由心肌发炎或贫血引起的心力衰竭,肺源性心脏病及肥厚型心脏病应慎用或禁用本类药物。

洋地黄毒苷首次用药必须给予全量(负荷量),使心肌洋地黄化,然后给予维持量,否则需连续用药 3～4 周血药浓度才能达到稳态，本品因使用不便，安全阈值低，临床上已较少使用。本品的内服全效量为每千克体重 0.03～0.06 mg，维持量为每千克体重 0.01 mg。

地高辛片多用于中度心力衰竭的维持治疗，可口服，也可注射。口服片剂 4～8 h 后达最大效应。传统用法和洋地黄毒苷一样，先给予负荷量，每千克体重 0.06～0.08 mg，一次内服，每 8 h 一次，连续 5～6 次。然后给予维持量，每千克体重 0.01～0.02 mg，一次内服，每 12 h 一次。也可一开始就给予维持量，每日 2 次，连续用药一周后血药浓度可达稳态。

毛花苷丙(西地兰)和毒毛花苷(毒毛旋花子苷 K)为静脉注射用药，作用快速，注射 5～10 min后起效，最快 0.5 h 即可达峰。临床上常用来治疗急性心衰。毛花苷丙尚可用于治疗严重的慢性心衰。毛花苷丙注射液可按照每千克体重 1.6～3.2 mg 的剂量，混于 10～20 倍的 5%葡萄糖溶液中缓慢注射。必要时可于 4～6 h 后按照每千克体重 0.8～1.6 mg 的剂量重复注射 1 次，本品也可肌肉注射，剂量同静脉注射。毒毛花苷按每次 0.25～3.75 mg，用葡萄糖溶液或生理盐水稀释 10～20 倍，缓慢静脉注射，必要时可于 2～4 h 后以小剂量重复注射 1 次，也可首次静脉注射半量，余下以 1/8 剂量每隔 30 min 给药一次，或按照全量的 1/4，每 3 h 给药一次，本品可引起局部炎症反应，不能皮下注射。

肾上腺能受体兴奋剂：①肾上腺素和异丙肾上腺素均具有很强的强心作用，可使血管收缩，提高血压，其作用迅速，临床上用于急性心衰的抢救，一般可皮下或肌肉注射，每次 2～4 mg。也可加入等渗葡萄糖溶液中，静脉滴注。亦可直接心内注射，用于心脏骤停病马的心脏起搏。②多巴胺和多巴丁胺可增加心排血量，多用于洋地黄和利尿剂无效的心功能不全，但这两种药只能短期静脉应用。小剂量多巴胺可使心肌收缩力增强，血管扩张，但心率加快不明显。大剂量使用会起到不利于治疗心力衰竭的相反作用。病马对多巴胺的反应差别较大，应用时应从小剂量开始逐渐增量，开始时按每千克体重每分钟 1～5 μg 的剂量，静脉滴注，10 min内以每千克体重每分钟 1～4 μg 的速度递增，以不引起心率加快和血压升高为度。也可用 100～200 mg，加入 5%葡萄糖溶液中或生理盐水中，静脉滴注。

磷酸二酯酶抑制剂可使细胞内钙浓度增高，从而增强心肌的收缩力，还可直接松弛血管平滑肌，扩张血管，减轻压力性负荷。适用于治疗各种原因引起的急、慢性心力衰竭，短期应用可明显改善心衰症状。常用药物可选用氨力农和米力农，氨力农长期口服副作用大，只限用于对顽固性心力衰竭短期静脉应用。米力农的强心作用比氨力农强，副作用更少，可进行静脉注射，初次用药按照每千克体重 25～75 μg 的剂量，缓慢滴注，5～10 min 内滴注完，以后按照每分钟每千克体重 0.25～1.0 μg 的剂量给药。每日最大剂量不超过每千克体重 1.13 μg。亦可口服给药，每次 2.5～7.5 mg，每日 4 次。

奎宁：可口服奎宁片，第 1 天 5 g，如无不良反应可继续用药。第 2～9 日每天 10 g，其中第 2、3 天每日 2 次，第 4、5 天每日 3 次，第 6、7 天每日 4 次，第 8、9 天每 5 h/次，第 10 天以后每天 15 g，每日 4 次；也可应用复方奎宁注射液 10～20 mL，肌肉注射，每天 2～3 次。

对症治疗：为缓解呼吸困难，可用樟脑兴奋心肌和呼吸中枢，常用 10%樟脑磺酸钠注射液或 1.5%氧化樟脑注射液，10～20 mL，肌肉注射。

发生酸中毒时可用碳酸氢钠 15～30 g，一次静脉注射。发生严重缺氧的名贵马匹或种马可吸入氧气或用 3%双氧水 40～80 mL，加入 5%葡萄糖溶液 500～1 000 mL 中，一次缓慢静脉注射。

此外，可针对出现的症状，给予健胃，缓泻，镇静等药物，还可使用 ATP、辅酶 A、维生素 B_6

和葡萄糖等营养合剂。

若经过治疗不见好转，甚至恶化，应重新进行检查，找出潜在的病因，并予以纠正。如有无风湿活动、感染性心内膜炎或肿瘤等。同时应调整用药，联合应用强效利尿剂、血管扩张剂及强心剂。

按照中兽医辨证，心力衰竭属于虚证。心气虚可用养心汤，心血虚可用归脾汤，心阴虚可用补心丹，心阳虚可用保元汤。对表现为全身虚寒证的病马，可用"参附汤"或"营养散"。

参附汤：党参 60 g，熟附子 32 g，生姜 60 g，大枣 60 g，水煎两次，候温灌服。

营养散：当归 16 g，黄芪 32 g，党参 25 g，茯苓 20 g，白术 25 g，甘草 16 g，白芍 19 g，陈皮 16 g，五味子 25 g，远志 16 g，红花 16 g，共为末，开水冲服，每天 1 剂，7 剂为一疗程。

若马出现虚汗、水肿等，可按照"汗证"和"水肿"进行辨证施治。

预防：为了预防本病，应坚持锻炼与使役，提高马的适应能力，同时也应合理使役，防止过劳。在输液或静脉注射刺激性较强的药液时，应控制注射速度和剂量。

第二节　循环衰竭

循环衰竭又称循环虚脱，也称休克，是由于血管舒缩功能紊乱或血容量不足，导致心排血量减少，组织灌注不良的一系列全身性病理综合征。由血管舒缩功能紊乱引起的，称为血管性衰竭；由血容量不足引起的，称为血液性衰竭。循环虚脱的临床特征为心动过速、血压下降、体温偏低、末梢厥冷、浅表静脉塌陷、肌肉无力乃至昏迷和痉挛。

一、病因

循环虚脱的病因复杂，概括而言，主要是由血容量减少，微循环灌流不足所致。有效血容量的维持，除了要有足够的血量和正常的心功能，还要有正常的血管容量。在正常情况下，机体仅有 20%～30%的微循环在行使生理功能，其余 70%～80%处于关闭状态。若某些因素导致大量毛细血管开放，不仅会降低外围血管的阻力，使血压急剧下降，还会使大量的血液停滞在毛细血管内，影响静脉回流，引起全身循环血量减少，使行使正常生理功能的微循环灌流不足，引起循环衰竭。

血容量减少：大手术或损伤引起的失血，内脏破裂，严重的胃肠道疾病，大面积烧伤，或某些中毒，均可使血容量减少，导致循环衰竭。

心排血量减少：病马患有心脏疾病时，心肌收缩力下降，导致心排血量下降，有效循环血量减少而发生循环衰竭。

血管容量增大：①马患某些急性传染病，例如流行性脑炎、出血性败血症、严重创伤感染和脓毒血症、肠道菌群严重失调等。由于病原微生物及其毒素的侵害，引起毛细血管和小动脉收缩，血液灌注不足，引起缺血、缺氧，机体产生组胺与 5-羟色胺，导致毛细血管扩张或麻痹，血管容量增大，循环血容量相对减少，发生循环障碍。②过敏反应亦可导致血管容量增大。例如血斑病、荨麻疹等过敏性疾病，或注射青霉素、血清、疫苗等药物引发的过敏。此时体内产生大量组织胺、缓激肽等物质，引起周围血管扩张，血管容量增大。③伴有剧痛和神经损伤的疾病。例如手术、外伤、脑脊髓损伤、麻醉意外等可使交感神经兴奋或血管运动中枢麻痹，导致周围血管扩张,血管容量增大。

二、发病机理

循环虚脱的机理复杂,但基本发展过程大致相同,可分为初期,中期和后期三个阶段。

初期:即代偿期,又称缺血性缺氧期或微循环痉挛期。血容量急剧下降,有效循环血量减少,静脉回心血量和心排出量不足,血压下降。交感—肾上腺素系统兴奋,分泌大量儿茶酚胺,导致心率加快,毛细血管痉挛收缩,血压升高,血液被重新分配,以保证脑和心脏的供血。由于肾灌注不足,引起肾素分泌增加,通过肾素—血管紧张素—醛固酮系统,引起钠、水潴留,血容量增加,可起到一定程度的代偿作用。

中期:即失代偿期,又称瘀血性缺氧期或微循环扩张期。由于毛细血管网缺血,组织细胞发生缺血性缺氧,局部组织发生酸中毒,血管对儿茶酚胺的敏感性降低,使儿茶酚胺的释放量增加,以维持血管收缩。由于组织缺氧,释放出大量组织胺、5-羟色胺,加上缓激肽和细菌毒素的直接作用,使小动脉和微动脉紧张度降低,促使大部或全部毛细血管扩张,有效循环血量更加不足,血压急剧下降,组织细胞的缺血缺氧状态更加严重,促进了外周循环衰竭的发展。

后期:即弥漫性血管内凝血期(DIC),又称微循环衰竭期或微循环凝血期。随着病情的恶化,组织酸中毒加剧,外周局部血液 pH 降低,酸性血液在细菌、毒素等作用下,发生弥漫性血管内凝血,形成血栓,造成微循环衰竭。病马脉微欲绝,有出血倾向,发生水肿,陷于昏迷状态。

三、症状

初期:精神轻度兴奋,烦躁不安,汗出如油,耳尖、鼻端和四肢末端发凉,黏膜苍白,口干舌红,心率加快,脉搏频弱,气促喘粗,四肢与下腹部轻度发绀,少尿或无尿。

中期:精神沉郁,反应迟钝,甚至昏睡,血压下降,脉搏微弱,心音混沌,呼吸频数,病马站立不稳,步态踉跄,体温下降,肌肉震颤,黏膜发绀,眼球下陷,全身冷汗粘手,反射机能减退或消失,昏迷。

后期:血液停滞,血浆外渗,血液浓缩,血压急剧下降,微循环衰竭,第一心音增强,第二心音微弱,甚至消失。呼吸浅表频数,后期呈陈施二氏呼吸或间断性呼吸。

不同病因引起的循环衰竭有不同的症状。因血容量减少引起的,结膜高度苍白,呈急性失血性贫血的症状;因腹泻引起的,皮肤弹性降低,眼球凹陷,发生脱水症状;因严重感染引起的,有广泛性皮下水肿或出血;因过敏引起的,多突发强直性或阵发性痉挛,呼吸微弱等。

四、诊断

根据失血、脱水、感染、过敏或创伤等病史,结合黏膜发绀或苍白,四肢厥冷,血压下降,尿量减少,心动过速,反应迟钝,昏迷或痉挛等临床特征即可做出诊断。

本病应与心力衰竭进行鉴别。循环虚脱时浅表大静脉充盈不良而塌陷,颈静脉压和中心静脉压均低于正常值。心力衰竭时浅表大静脉过度充盈而怒张,颈静脉压和中心静脉压明显高于正常值。

五、治疗与预防

治疗本病,应根据病情发展阶段不同,确定相应的治疗原则,并采取综合性措施进行急救。

一般治疗原则为:加强护理,补充血容量,纠正酸中毒,调整血管舒缩机能,保护重要脏器的功能,及时进行抗凝血治疗。

首先应加强护理,避免受寒、感冒,保持安静,避免刺激,注意饲养,给饮温水。病情好转时给予大麦粥、麸皮或优质苜草等以增加营养。

补充血容量:常用适量乳酸钠林格氏液静脉注射,同时给予10%低分子右旋糖酐溶液500~1 000 mL,以维持血容量,防治血管内凝血。也可注射5%葡萄糖生理盐水。为防止输液过量引起肺水肿,可根据捏皮试验、眼球凹陷程度、尿量和红细胞压积来推算补液量,有条件的可在输液时监测中心静脉压。

纠正酸中毒:用5%碳酸氢钠注射液300~600 mL静脉注射;或用11.2%乳酸钠溶液300~500 mL静脉注射;酸中毒严重的病马,可在乳酸钠林格氏液中按每升0.75 g的比例加入碳酸氢钠,静脉注射。

调整血管舒缩机能:使用α-肾上腺素能受体阻断剂(氯丙嗪)、β-肾上腺素能受体兴奋剂(异丙肾上腺素,多巴胺)、抗胆碱能药(阿托品)等扩张血管药,直到病马黏膜变红,皮肤变温,血压回升为止。可用2.5%盐酸氯丙嗪溶液10~30 mL,肌肉注射或静脉注射,可扩张血管,同时还可镇静安神,适用于精神兴奋、烦躁不安、惊厥的病马。亦可应用大剂量硫酸阿托品注射液,皮下注射,可缓解血管痉挛,同时可增加心排出量,升高血压。但若用药后心脏功能未恢复,且血压不回升,应立即停用。

若病马的血容量已补足,但血压仍低,可用异丙肾上腺素或多巴胺。异丙肾上腺素2~4 mg,每1 mg混于5%葡萄糖注射液1 000 mL内,开始以30滴/min左右的速度静脉滴注,如发现心动过速、心律失常,必须减慢或暂停滴入。也可用多巴胺100~200 mg,加到5%葡萄糖溶液或生理盐水中静脉滴注。

保护脏器功能:对处于昏迷状态且伴发脑水肿的病马,为降低颅内压,改善脑循环,可用25%葡萄糖溶液500~1 000 mL静脉注射;或用20%甘露醇注射液1 000~2 000 mL静脉注射,每隔6~8 h重复注射一次。当出现陈施二氏呼吸时,可用25%尼可刹米注射液10~15 mL皮下注射,以兴奋呼吸中枢,缓解呼吸困难。当肾功能衰竭时,给予利尿剂。此外,为了改善代谢机能,恢复重要脏器的组织细胞活力,还可考虑应用三磷酸腺苷、细胞色素c、辅酶A等药物。

抗凝血:为了抑制微血栓的形成,减少凝血因子和血小板的消耗,可用肝素,按照每千克体重0.5~1.0 mg的剂量,溶于5%葡萄糖溶液内静脉注射,每4~6 h一次。同时应用丹参注射液效果更佳。应用肝素后,若出现出血加重现象,可缓慢注射鱼精蛋白(1 mg肝素用1 mg鱼精蛋白)。在发生弥漫性血管内凝血时,一般禁用抗纤溶制剂。但当纤溶过程过强,且与大出血有关时,可在使用肝素的同时,给予抗纤维蛋白溶解酶制剂,如6-氨基已糖5~10 g;用5%葡萄糖溶液或生理盐水配成3.5%的等渗溶液后静脉滴注。

按照中医辨证施治的原则,心悸气促、口干舌红、无神无力、眩晕昏迷,为气阴两虚,宜用生脉散:党参80 g、麦冬50 g、五味子25 g,热重者加生地、丹皮;脉微加石斛、阿胶、甘草,水煎去渣,内服。若因正气亏损,心阳暴脱,自汗肢冷,心悸喘促,脉微欲绝,病情危重,则应大补心阳,回阳固脱,宜用四逆汤:制附子50 g、干姜100 g、炙干草25 g,必要时加党参,水煎去渣,内服。

预防:本病的预防在于积极治疗可能引起循环衰竭的各种原发性疾病。

第三节 急性心内膜炎

急性心内膜炎是指心内膜及其瓣膜的炎症，按其病理变化特征可分为疣状心内膜炎和溃疡性心内膜炎(恶性)；按病因不同可分为原发性心内膜炎和继发性心内膜炎，按病程长短可分为急性心内膜炎和慢性心内膜炎。临床上以血液循环障碍，发热和心内器质性杂音为特征。

一、病因

原发性心内膜炎多数是由细菌感染引起的。常见的有马腺疫链球菌、链球菌、葡萄球菌、巴氏杆菌、大肠杆菌等。

继发性心内膜炎多继发于慢性肺炎、子宫炎和血栓性静脉炎。致炎因素沿着血液循环或淋巴途径转移到心内膜，引起炎性。也可由心肌炎、心包炎、胸膜炎等蔓延而发病。

此外，新陈代谢异常、维生素缺乏、感冒、过劳等，都可诱发本病。

二、发病机理

发生良性疣状心内膜炎时，在瓣膜游离缘、腱索及乳头肌上形成粟粒大的结节，呈灰白色或灰色，被覆血色或无色纤维蛋白的凝固物，随着结节融合而呈息肉状(菜花状)或疣状。由于结缔组织的增生，使心内膜增厚，瓣膜短缩，因而瓣孔狭窄或闭锁不全，成为器质性病变。

溃疡性心内膜炎是深部坏死性炎症。常发生于主动脉瓣和二尖瓣瓣膜，上有大小不等的溃疡面，被覆暗色的坏死性絮状片，其游离缘变形、腱索断离或瓣膜穿孔(有窗瓣膜)。坏死组织和纤维蛋白组织软化、分解、脱落成为栓子，随血流带到其他脏器，引起栓塞和脓毒败血症。

三、症状

急性心内膜炎由于致病菌种类及其毒性强弱，炎症的性质，原发病及有无全身性感染等情况的不同，其临床症状也不一样。大多数情况下，病马表现为精神沉郁或嗜睡，虚弱无力，易疲劳，运步蹒跚，食欲大减，持续或间歇性发热，呼吸困难，心动过速，轻度兴奋或运动便可使心搏动次数突然增加。心搏动节律不齐，叩诊心区浊音区增大，发病初期听诊多无异常，后期第一心音微弱、混沌，第二心音几乎消失，有时第一心音和第二心音融合为一个心音。疣状心内膜炎的病马，可听到较为固定的心内器质性杂音。溃疡性心内膜炎的病马，心内杂音不固定。若触压心区，常出现疼痛反应。

发病的后期，呼吸困难，可视黏膜发绀，静脉高度瘀血，垂皮、腹下发生水肿。如发生转移性病灶，则可出现化脓性肺炎、肾炎、脑膜炎、关节炎等。由于致病菌种类的不同，病马的症状也不尽相同。有的病马无任何前驱症状而突然死亡。有的病马体重下降，伴发游走性跛行和关节性强拘，滑膜炎和关节触疼。

急性心内膜炎病马，一般经 4～7 天后死亡，若能持续数周，往往转为慢性心内膜炎。疣状心内膜炎，多数可继发心脏瓣膜病，预后不良。溃疡性心内膜炎，多因血液循环严重障碍或继发败血症而死亡。

四、诊断

根据病史和血液循环障碍、心动过速、发热和心内器质性杂音等可做出诊断。

血液检查可见嗜中性白细胞增多和核左移，血清球蛋白升高，血液细菌培养多呈阳性，且能分离出病原菌。通过超声检查能确定病变部位，当超声束通过增厚的瓣膜及其赘生物时会出现多余的回声，多数病例可见心腔扩大。

五、治疗与预防

治疗本病的一般原则是：加强护理，控制感染，治疗原发病，强心利尿和对症治疗。

加强护理应避免病马兴奋或运动，保持安静，尽量不要使役。同时给予富有营养、易于消化的优质饲料，每天饮水量不宜过多。

控制感染是治疗本病的关键，须长期应用抗生素治疗。应通过药敏实验来选择药物。青霉素和氨苄青霉素是抑制化脓性放线菌和链球菌的首选药物，无革兰氏阴性菌或抗青霉素的革兰氏阳性菌感染时，可直接应用青霉素（每千克体重 2 万～4 万 IU）或氨苄青霉素（每千克体重 10～20 mg），每日 2 次，连用 1～3 周。对慢性化脓性放线菌感染，用青霉素配合口服利福平（每千克体重 5 mg），每日 2 次。

当出现充血性心力衰竭时，应限制食盐的食入量，并应用强心剂；当出现静脉扩张、腹下水肿时，可应用速尿等利尿剂。

当病马出现疼痛或强直及游走性跛行时，可口服阿司匹林 15～30 g，每日 2 次。

按照中兽医辨证，可用以下验方：千层纸、花粉、鳢肠、桃金娘各 150 g，鸡血藤 120 g，黄柏、古山龙各 60 g，加水 3 kg，煎汁 1 kg 候温内服，每日 1 剂，连用 6 剂。

或：破故纸、天花粉、鸡血藤各 120 g，旱莲草 150 g，古山龙、黄柏各 60 g，桃金娘 120 g，加水没药，煎汁 1 kg，加 95%酒精 50 mL，一次灌服，每日 1 剂。

预防：为了预防本病，应加强饲养管理，经常锻炼，提高马的抗病力，同时加强防疫检疫，预防可能导致心内膜炎的原发性疾病。

第四节　贫　血

贫血是指单位体积外周血液中的血红蛋白浓度、红细胞数低于正常值的综合征。主要表现为皮肤和可视黏膜苍白，心搏增强及器官组织缺氧。

按照引起贫血的原因，可将贫血分为四类：

出血性贫血：血管受损，血液大量丢失所致，按照病程发展快慢，可分为急性出血性贫血和慢性出血性贫血。常见于外伤引起的大出血、内脏出血、寄生虫病和某些中毒病。

溶血性贫血：红细胞被大量破坏所致，常见于传染病、寄生虫病、中毒病及免疫反应。

营养性贫血：是造血原料供应不足，红细胞和血红蛋白合成不足所引起的贫血，常见于微量元素、维生素及蛋白质缺乏。

再生障碍性贫血：骨髓等造血器官受损所致。多见于辐射、重金属和某些药物造成的损伤。

一、出血性贫血

(一)病因

急性失血性贫血是由于短期内丢失大量血液所致。由于外伤、手术或肿瘤导致血管壁损伤,大量血液流到血管外,循环血量急剧下降,形成贫血。如母马分娩时损伤产道,公马去势后止血不良,鼻腔、喉、肺及腹腔内脏器官受损引起的出血等。

慢性失血性贫血是由于血液持续缓慢丢失所致。常见于寄生虫病、中毒(如草木樨中毒、铜中毒等)、出血性素质、血斑病和反复发作的顽固性黏膜炎症。

(二)发病机理

大失血时,颈静脉窦的血压下降,交感神经兴奋性增高,促进肾上腺髓质分泌肾上腺素及去甲肾上腺素。同时肾小球旁细胞被激活,分泌肾素,动员血库所储备的血液进入血管,因此轻度的出血可在短期内自愈。

当失血过多过快,超过了机体自我调节的能力,便会出现严重的临床症状。由于缺氧,细胞以无氧酵解为主,导致酸中毒。同时器官组织供氧和供能不足,心、肺、肝、肾等重要器官的机能下降,病马精神沉郁,反应迟钝,站立不稳,行动迟缓,出现呼吸、循环、消化、泌尿等方面的症状,严重的出现低蛋白血症和高血氨症。

慢性失血性贫血时,血管内积有大量稀薄血液,形成少量易碎的凝胶状凝块,心肌、肝脏及其它器官发生脂肪变性,成年马骨髓扩大,呈灰红色。血液中血红蛋白减少,血液比重降低,血管渗透压降低,导致水肿及体腔积液。

急性出血后,骨髓开始再生活动,四、五天后达到最高峰,血液中的网织红细胞、多染性红细胞、嗜碱性颗粒红细胞增多。血色指数降低,血片检查可见红细胞淡染,呈现正细胞低色素。慢性失血性贫血时,末梢血液中幼稚型红细胞及网织红细胞增多,随着骨髓造血机能的很快衰竭,网织红细胞及多染性红细胞几乎绝迹,代之以低色素性红细胞及异型红细胞,血色指数降低,镜检可见大而淡染的红细胞,这是慢性出血性贫血的重要特征之一。白细胞及巨核胚细胞大量增多,病变初期粒细胞增多,以后逐渐减少。

(三)症状

根据机体状态,出血量及出血时间的不同,病马的临床表现不尽相同。轻症时主要表现为食欲下降,精神沉郁,反应迟钝,皮肤和可视黏膜苍白,心跳加快,心搏增强,站立不稳,行动缓慢,全身无力,严重时出现呼吸、循环及消化系统症状,昏迷甚至死亡。

慢性出血性贫血的发展缓慢,初期症状不明显,呈渐进性消瘦及衰弱。严重时可视黏膜苍白,衰弱无力,使役力和运动性能下降,精神不振,嗜眠。血压降低,脉搏快而弱,轻微运动后脉搏即显著加快,呼吸快而浅表。心音低沉而弱,心浊音区扩大。由于脑贫血及氧化不全的代谢产物中毒,引起各种症状,如晕厥、视力障碍、膈肌痉挛。随着病情的发展,胸腹部、下颌间隙及四肢末端水肿,体腔积液,胃肠吸收和分泌机能降低,腹泻,最终因体力衰竭而死亡。

(四)诊断

根据出血和可视黏膜苍白即可做出诊断。但对内出血的病马必须进行细心的检查,有很多方法可以判断有无内出血,最直接也是最有效的方法是进行腹腔穿刺。

慢性出血性贫血的诊断需要判断出血原因和出血部位，必要时应进行全面检查，发现白细胞及血小板增多的低血素性贫血时说明有出血存在。胃肠出血时可有便血，泌尿器官出血时可见血尿或尿潜血。

（五）治疗与预防

本病的治疗原则是立即止血，防治休克，补充造血物质，必要时可进行输血，同时加强饲养管理。

(1)止血　应立即止血，可视病情采取局部止血和全身止血。对马最为有效的局部止血方法是烧烙止血，亦可采用压迫止血、结扎止血、止血钳止血等。压迫止血时可在灭菌纱布或脱脂棉球上滴加适量 0.1%肾上腺素溶液，以促进局部血管收缩，增强止血效果。若局部出血严重，或有出血性素质倾向时，可应用止血药物。如安络血 5～20 mL，肌肉注射，每日 2～3 次。止血敏 10～20 mL，肌肉注射或静脉注射；或维生素 K_3 注射液 0.1～0.3 g，肌肉注射，每日 2～3 次；亦可用 10%的氯化钙注射液 100～150 mL，一次静脉注射。

(2)输血　输血能补充血细胞和血容量，提高血压，促进造血机能，还可促进止血，增加抗体，提高病马抗病力。小剂量输血可输入 100～300 mL，大剂量输血可输入 2 000～3 000 mL。

马有 8 种血型，临床上较有意义的有 A、C 和 Q 型。不同血型之间进行输血可导致溶血和过敏。一般初次小剂量输血可以不考虑血型是否相合，但大剂量输血或再次输血前应预先判断血型是否相合，常有的判断方法有三滴法、交叉配血法或生物学方法。

(1)三滴法　取供血、受血各一滴，滴到干燥、洁净的载玻片上，并滴加一滴抗凝剂，静置或用细棒搅拌均匀，观察，若产生絮状物，表示血型不相合，若不产生絮状物，表示血型相合。

(2)交叉配血　分别取供血和受血 5～10 mL，抗凝，离心或自然沉淀，分离出血浆和红细胞，然后进行交叉混合，即：供血红细胞和受血血浆混合，供血血浆和受血红细胞混合。前者称为主侧，后者称为次侧。若观察到红细胞呈颗粒状堆积，液体透明则判断为阳性；若混合液呈均匀红色则为阴性。主侧为阳性证明血型不合，不能进行输血；主侧和次侧均为阴性，说明血型相合；若主侧为阴性，次侧为阳性，最好不要进行输血，即使输血，速度亦不可过快，且应随时注意观察，一旦出现异常表现，应立即停输。

无论是三滴法还是交叉配血，都需要在适宜的温度下进行，且应注意观察时效。温度以 15～18℃为宜，高于 24℃可出现假阴性，低于 8℃可出现假阳性。观察时效以混合后 10～30 min内为宜，不可超过 30 min，否则会影响结果判定。

(3)生物法　先输入小剂量血液，100～200 mL，观察 10 min 左右，若马出现不安、脉搏加快、呼吸困难、肌肉震颤等，说明生物学实验阳性，血型不合。若无异常，说明血型相合，可继续大剂量输入。

(4)提高血管充盈度　可用 500～1 000 mL 右旋糖酐和高渗葡萄糖溶液混合液（每 500 mL液体中含右旋糖酐 30 g、葡萄糖 25 g），一次静脉注射。

(5)补充造血物质　可用硫酸亚铁 2～10 g 内服；或枸橼酸铁铵 5～10 g 内服，每日 2～3 次。补铁时可配合盐酸及抗坏血酸以促进铁的吸收，或配合铜、砷制剂刺激骨髓造血机能。

(6)加强饲养管理　应给予富含蛋白、维生素和铁质的饲料，给予良好的青草或干草，以及豆类和麦麸等。

二、溶血性贫血

溶血性贫血是由于红细胞平均寿命缩短，破坏增加，超过了骨髓造血代偿能力所引起的贫血。主要临床特征为黄疸，肝脏及脾脏增大，呈现血红蛋白过多的巨细胞性贫血。

(一)病因

病马溶血可由红细胞内在缺陷或外在致病因素所致。常见的内在缺陷有红细胞膜结构异常，球蛋白构造和合成缺陷，以及缺乏某些酶，例如缺乏糖酵解相关酶、磷酸戊糖旁路相关酶，或谷胱甘肽代谢酶。常见的外因有脾功能亢进，创伤及感染，免疫反应，物理、化学及生物性因素所致的溶血。如马传染性贫血、血液原虫病、蛇毒中毒、铜中毒、不合血型的输血，新生幼驹溶血性贫血等。

新生幼驹溶血性贫血是由于母马与幼驹血型不同，幼驹在胚胎期间产生一种抗原，刺激母马产生免疫性抗体。在胚胎期，抗体不能通过胎盘屏障进入胎儿体内，只存在于血液及初乳中。当初生幼驹吃了含有免疫性抗体的初乳后，抗体即通过肠黏膜进入血液，与带有抗原的幼驹红细胞凝集而发生溶血。

(二)症状

急性溶血或慢性溶血急性发作(溶血危象)时可见病马骤然起病，呈严重的背部疼痛，四肢酸痛，寒战，高热，多并发狂躁、恶心、腹痛、腹泻等胃肠道症状。由于溶血迅速，血红蛋白大幅下降，出现血红蛋白尿，发病 12 h 后，出现黄疸。可视黏膜黄染和苍白并存。严重时眼结膜以黄染为主。

慢性溶血性贫血起病缓慢，可有贫血、黄疸及脾肿大三大类型，主要表现为皮肤苍白，气短。若溶血未超过骨髓代偿能力时不出现贫血，仅表现为轻度黄疸。长期持续溶血，可并发胆石症和肝功能损害，血液中出现大量的脂质物质，例如胆固醇等。

(三)诊断

本病主要根据病因和临床特征进行诊断：具有引发溶血的原发疾病，急性病例骤然发病，可视黏膜苍白和黄染并存，出现血红蛋白尿。慢性溶血出现贫血、黄疸、肝脾肿大三大临床特征。如想确诊本病，应结合胆红素检测和血液学检测进行综合判断。血清胆红质间接反应明显，尿胆素增加；红细胞减少，且大小不等，尤其是网织红细胞增多。

(四)治疗与预防

防治本病的关键是消除原发病，输血并补充造血物质，同时加强护理，给予易消化且营养丰富的饲料。另外还可给予肾上腺皮质激素；其余治疗方法参照出血性贫血。

三、营养性贫血

血红蛋白的合成需要蛋白质、铁、铜、钴、维生素 B_6、维生素 B_{12} 和叶酸等，任何一种物质的缺乏都会导致贫血，统称营养性贫血。

(一)病因

缺铁性贫血：哺乳期单纯依靠哺乳以致铁供给不足，慢性消化紊乱以致铁吸收不良，幼驹发育过快或母马妊娠和哺乳以致铁需要增加，慢性失血或溶血以致铁质大量流失。以上因素皆可导致体内贮存的铁消耗殆尽而发生贫血。

缺铜性贫血:成年马发病的报道极少,偶发于幼驹。主要有两种情况:一是原发性缺铜,由于牧草和土壤中铜缺乏所致;二是继发性缺铜,如饲草中钼含量过高,干扰了机体对铜的贮存和利用,引起缺铜性贫血。

由于大肠中微生物具有合成作用,马极少缺乏B族维生素和叶酸,但哺乳期母马有可能发生缺钴性贫血。

(二)症状和诊断

缺铁性贫血起病徐缓,可视黏膜逐渐苍白,体温不高,病程较长,血清铁减少,血液学变化呈小细胞低色素型贫血,即平均红细胞容积(MCV)、平均红细胞血红蛋白含量(MCH)和平均红细胞血红蛋白浓度(MCHC)三项红细胞指数均偏低,卜—乔氏曲线左移,红细胞中心淡染区显著扩大。骨髓涂片用低铁氰化钾染色,可见含蓝色铁粒的幼红细胞稀少或缺失,且看不到蓝染的含铁血黄素和铁蛋白。

缺钴性贫血多见于缺钴地区,群发,起病徐缓,食欲减损,异嗜污物和垫草,消化紊乱,顽固不愈而渐趋瘦弱,可视黏膜日渐苍白,体温一般不高,病程很长,可达数月乃至数年。血液学变化呈大细胞正色系型贫血,即平均红细胞容积(MCV)偏高,而平均红细胞血红蛋白含量(MCH)和平均红细胞血红蛋白浓度(MCHC)基本正常。卜—乔曲线右移。血涂片上可见到较多的大红细胞乃至巨红细胞,并出现分叶过多的中性粒细胞。

(三)治疗与预防

营养性贫血的防治要点是及时补给所缺造血物质,并促进其吸收和利用。

治疗缺铁性贫血可补充硫酸亚铁或枸橼酸铁,混入饲料中喂给,或制成丸剂投给。开始每日6～8 g,3～4 d后逐渐减少到3～5 g,连用1～2周为一疗程。为促进铁的吸收,可同时用稀盐酸10～15 mL,加水500～1 000 mL灌服,每日一次。

治疗缺铜性贫血只需补铜而不能补铁,否则会造成血色病。通常口服硫酸铜2～4 g,溶于适量水中灌服,每隔5天一次,3～4次为一疗程。也可配成0.5%硫酸铜溶液,静脉注射100～200 mL。

缺钴性贫血可直接补钴,内服硫酸钴30～70 mg/次,每周一次,4～6次为一疗程。

四、贫血的诊断

诊断贫血并不难,但要正确辨别贫血性质,确定贫血原因则比较困难,需要对临床检查所见和实验室化验进行综合考虑。

1.临床检查

对病马进行临床检查时,应注意发病情况、可视黏膜的色彩、体温高低、病程长短和有无伴发症状。

遇到突然发病,可视黏膜短时间内苍白的病例,应考虑有无急性出血性贫血。检查病马有无外伤,有无尿血、便血、鼻出血等。如无体外失血,则应考虑有无急性内出血,因体内血管破裂多发生在腹腔,故需穿刺腹腔才能判断。

遇到发病很快,可视黏膜苍白,轻微黄染或黄染不明显,且排血红蛋白尿的病马,应考虑急性溶血性贫血。对于体温升高的,可考虑急性传染病或寄生虫病,如马传贫,梨形虫等。并做进一步的检查。对于体温正常甚至降低的,可考虑中毒、免疫性疾病或物理因素损伤,如新生幼驹溶血症、毒蛇咬伤、某些植物中毒等。

遇到病程较长，可视黏膜逐渐苍白并黄染，但不出现明显血红蛋白尿的病马，可以考虑慢性溶血性贫血或慢性内失血性贫血；体温升高的，可考虑传染性疾病或寄生虫疾病；体温不高的，可考虑慢性中毒或某些遗传性疾病，并做进一步的鉴别诊断。

遇到病程缓慢，可视黏膜逐渐苍白，且无明显伴随症状的病马，可考虑慢性失血性贫血或红细胞生成不足所致的贫血，包括再生障碍性贫血和营养性贫血。此时需要结合实验室化验进行诊断。

2. 实验室检查

(1)外周血液涂片观察　对诊断贫血比较有意义的有嗜碱性彩点与有核红细胞增多，多见于铅中毒；出现球形红细胞，见于免疫介导的溶血性贫血；碎红细胞增多，见于弥漫性血管内凝血和微血管内凝血；小红细胞比例升高，见于营养性贫血；网织红细胞增多与有核红细胞增多，表示血细胞再生旺盛。

(2)血液常规化验　常用的指标有红细胞数(RBC)、红细胞压积(HCT)、血红蛋白含量(Hb)、平均红细胞容积(MCV)、平均红细胞血红蛋白含量(MCH)和平均红细胞血红蛋白浓度(MCHC)。前三项可用来诊断是否存在贫血，任何一项低于正常值，即可认定为贫血。后三项可用来进一步诊断贫血原因、性质和程度，可根据这三项指标的变化，对贫血进行形态学分类。具体见表 2-3-1。

表 2-3-1　血液常规化验

分类	MCHC 正常	MCHC 减少
MCV 正常	正细胞正色素型	正细胞低色素型
MCV 增加	大细胞正色素型	大细胞低色素型
MCV 减少	小细胞正色素型	小细胞低色素型

正细胞正色素型贫血提示急性失血性贫血、急性溶血性贫血和慢性溶血性贫血。

大细胞正色素型贫血提示急性失血性贫血、急性溶血性贫血和缺钴引起的营养性贫血。

正细胞低色素型贫血提示急性失血性贫血和慢性失血性贫血。

大细胞低色素型贫血提示急性失血性贫血。

小细胞低色素型贫血提示慢性失血性贫血、缺铁引起的营养性贫血。

第四章　泌尿系统疾病

第一节　肾　炎

肾炎(nephritis)指肾小球、肾小管及肾间质组织发生炎症性病理变化的总称。主要特征是肾区敏感和疼痛，尿量减少，少尿或无尿，尿液含有病理性产物，出现蛋白尿、血尿及各种管型。临床常见急性肾炎和慢性肾炎两种。主要特征是肾区敏感和疼痛、水肿、蛋白尿、血尿及尿液中含有其他病理性产物。急性肾炎，一般指肾实质发生的急性炎症，由于炎症主要侵害肾小球，故又称为“肾小球性肾炎”。慢性肾炎，发病缓慢，病程长，一般为数月甚至数年，甚至持续终生，症状常不明显，可由急性转变而来，也可单独发生。一般表现为肾小球发生弥漫性炎症，肾小管发生变性以及肾间质组织发生细胞浸润的一种慢性肾脏疾病(慢性非硬化性肾炎)，或是伴发间质结缔组织增生，致实质受压而萎缩，肾脏体积缩小变硬(慢性间质性肾炎，或称肾硬化)。

本病各种家畜均有发生，以马、猪、犬较多见。

一、病因

肾炎的病因目前尚未完全阐明，目前认为肾炎的病因与感染、中毒及变态反应等因素有关。

原发性急性肾炎极少见，继发性或并发性的病因是感染与中毒。如继发于某些传染病，如：腺疫、传染性胸膜肺炎、口蹄疫、猪瘟、猪丹毒等；病毒或细菌所引起的某些胃肠道炎症、代谢病、烧伤等所产生的毒素、代谢产物或组织分解产物等内源性中毒；采食了有毒植物或霉变饲料，或化学物质中毒(汞、砷、磷等)等外源性中毒；变态反应；有毒物质经肾排出时产生强烈刺激作用而发病。

此外，肾炎还可能继发于邻近器官的炎症，如：膀胱炎、子宫内膜炎、阴道炎等。

机体遭受风、寒、湿的作用(受寒、感冒)，营养不良以及过劳等，也可以成为肾炎发病的诱因。其机制如下：机体受寒→全身血管反射性收缩，尤其是肾小球毛细血管壁痉挛性收缩→肾血液循环障碍→防御机能降低→微生物侵入繁殖→肾炎。

慢性肾炎的病因与急性肾炎相同，只是刺激作用轻微，持续时间长，引起肾的慢性炎症过程。由于病程长，常伴发间质结缔组织增生，致实质(肾小球、肾小管)变性萎缩。此外，当马患有急性肾炎后，由于治疗不当或不及时，或未彻底治愈，可转化为慢性肾炎。

有关家畜肾炎的发病机制，目前主要有两种学说。

一种观点认为，细菌等病原微生物感染产生毒素。有毒物质或有毒代谢产物随血液循环到达肾脏，并停留于肾小球毛细血管网或肾小管内，对肾脏产生刺激作用而引起肾充血、水肿、炎性渗出导致发病。

另一种观点则认为，肾炎的发生主要是由于变态反应。认为不是由于细菌或毒素直接对肾脏的毒作用，而是由某种细菌感染后所引起的一种变态过敏反应性疾病。这种肾炎发生于某种传染病发生后，而不发生于该病的病程中，由于致病因素的强度不同，可引起弥漫性或局灶性的病理变化。具体机制如下：病原微生物及其毒素随血液循环入肾，停留于肾小球毛细血管基底膜上皮侧，由于细菌大，不能通过基底膜，细菌蛋白与上皮侧基底膜黏多糖结合，生成特殊的复合抗原，抗体针对这种抗原物质生成特异抗体；当持续感染或再次感染时，抗原抗体发生反应，产生组织胺或类组织胺物质，作用于肾小球，使肾小球发生充血、肿胀、变性、坏死，最终导致肾小球发生变态反应，所以说肾炎的发生是由感染后所致的一种变态过敏性反应。

二、症状与诊断

1. 急性肾炎

病马精神沉郁，食欲减退，体温升高，消化不良。肾区敏感、疼痛，病马不愿活动。站立时，腰背拱起，后肢开张或集拢于腹下。强迫行走时腰背僵硬，步行困难，不愿行走或运步困难，步态强拘，小步前进。严重时，后肢不能充分提举而呈现后肢拖拽前进。触诊肾区疼痛，敏感。外部强力压迫肾区或行直肠触诊时，可发现肾脏肿大且敏感性增高，躲避或抗拒检查。

病马频频做排尿姿势，但每次排出尿量较少（少尿），个别病例会出现无尿现象。同时尿色变浓变暗，浓稠而浑浊。当尿中含有大量红细胞时，则尿呈粉红色，甚至深红色或褐红色（血尿）。尿检可见，尿中蛋白质含量增高，呈现蛋白尿、血尿及各种管型。尿沉渣中见有透明管型、颗粒管型或细胞管型，此外也见有上皮管型及散在的红细胞、肾上皮细胞、白细胞和病原细菌等。

出现肾性高血压，动脉血压增高，动脉第二心音增强，脉搏强硬。病程延长时，可出现血液循环障碍和全身静脉瘀血现象。发病的后期有时会出现水肿，可见有眼睑、胸腹下或四肢末端发生水肿。严重时病例可伴发喉水肿、肺水肿或体腔积水。

重症病马的血液中非蛋白氮含量增高，呈现尿毒症症状。此时病马体力急剧下降，衰弱无力，意识障碍或昏迷，全身肌肉呈发作性痉挛，严重的腹泻，呼吸困难。

2. 慢性肾炎

多由急性肾炎发展而来，故其症状与急性肾炎基本相似。但慢性肾炎发展缓慢，且症状多不明显，在临床上不易辨认。病初病马全身衰弱，疲乏无力，食欲不定。接着出现食欲减退，消化不良或严重的胃肠炎，病马逐渐消瘦。后期可见眼睑、腹膜下或四肢末端出现水肿，严重时可发生体腔积水或肺水肿。

尿量不定（正常或减少），比重增高，蛋白质含量增加，尿沉渣中见有多量肾上皮细胞，管型（颗粒、上皮），少量红细胞和白细胞。

3. 间质性肾炎

临床症状视肾脏受损害的程度不同而异。主要表现为尿量增多（初期）或减少（后期）。尿沉渣中见有少量蛋白、肾上皮、红细胞和白细胞。有时可能发现透明、颗粒管型。血压升高，心脏肥大，心搏动增强，主动脉性第二心音增强，脉搏充实、紧张。随病程的持续而出现心脏衰弱，皮下水肿（心性水肿）。

直肠内触诊肾脏体积缩小，呈坚硬感，但无疼痛、敏感现象。

主要根据病史和典型的临床症状，如是否患有某些传染病、中毒病，是否有受寒感冒的病史；是否表现肾区敏感疼痛等；特别注意尿液的变化，是否有少尿或无尿，是否有蛋白尿、血尿、管型尿，是否在尿沉渣中混有肾上皮细胞等；是否有血压升高、主动脉第二音增高、水肿、尿毒症等进行诊断。必要时也可进行肾功能测定（酚红排泄试验、稀释试验以及肌酐清除率测定），以进行确诊。

间质性肾炎可进行直肠内触诊：肾脏硬固，体积缩小。

三、治疗

治疗原则主要是：清除病因，加强护理，消炎利尿及对症治疗。首先应该改善饲养管理，将病马置于温暖、干燥、阳光充足且通风良好的畜舍内，并给予充分休息，防止继续受寒、感冒。在饲养方面，病初可施行1～2 d的饥饿或半饥饿疗法。以后应酌情给予富营养、易消化且无刺激性糖类饲料。为缓解水肿和肾脏的负担，应适当限制饮水和食盐饲喂量。

1. 抗菌消炎

可选用抗生素、磺胺类及喹诺酮类药物进行治疗。

抗生素类：如青链霉素，100万～200万IU，肌肉注射，每隔6～8 h注射一次；链霉素，2～3 g，肌肉注射，每日2次。氯霉素，2～4 g，肌肉或静脉注射。也可用卡那霉素，10～15 mg/kg体重（或1万～2万IU/kg），每日2次，肌肉注射。

磺胺类：对肾毒性较大，口服给药时用小苏打，促使其排出。

呋喃类：以呋喃吡啶钠盐的疗效最为显著。0.5～1 g，每日2～3次，肌肉注射，3～5 d为一个疗程。或1～2 g内服，口服后大多通过尿路排出，用于尿路感染。每日2次，连用3～4 d。

2. 免疫抑制疗法

应用某些免疫抑制剂治疗肾炎，可应用激素类（如促肾上腺皮质激素，可促进肾上腺皮质分泌糖皮质激素而间接发挥作用，可抑制免疫早期反应，同时有抗菌消炎作用）或抗恶性肿瘤类药物（烷化剂），如氮芥（环磷酰胺）等。

醋酸泼尼松：50～150 mg，内服，连续服用3～5 d，减量1/5～1/10。

氢化可的松或醋酸可的松：20～300 mg，静脉注射或肌肉注射。

氢化泼尼松：200～400 mg，分2～4次肌肉注射，连续应用3～5 d。

3. 利尿消肿

当有明显水肿时，以利尿消肿为目的，可酌情选用利尿剂。

利尿素：5～10 g内服。

25%氨茶碱注射液（利尿平喘）：4～8 mL，静脉注射。

氯噻酮：0.5～1 g，每日或隔日1次，内服。

双氢克尿噻：0.5～2 g，内服，每日1～2次。

速尿：10～20 mL肌肉注射。

如严重水肿，用利尿药效果不好，可用脱水剂，如山梨醇 250 mL/次静脉注射。

4. 尿路消毒

可根据病情选用尿路消毒药。

乌洛托品：15～30 g，内服或 40%注射液 10～50 mL，静脉注射。乌洛托品本身无抗菌作用，内服后以原形从尿中排出，遇酸性尿分解为甲醛而起到尿路消毒作用。

氯化铵：10～15 g，内服（使尿路保持酸性）。

5. 对症疗法

当心力衰竭时，可应用强心药，如安钠咖、樟脑或洋地黄制剂；当出现尿毒症时，可应用 5%碳酸氢钠注射液，200～500 mL，静脉注射或应用 11.2%乳酸钠溶液，溶于 5%葡萄糖溶液 500～1 000 mL 中，静脉注射。必要时也可用水合氯醛，静脉注射。当有大量蛋白尿时，为补充机体蛋白，可应用蛋白合成药物，如苯丙酸诺龙或丙酸睾丸素。当有大量血尿时，可应用止血剂。

当有大量腹水时，可用透析疗法，用离子将腹水吸掉。

四、预防

加强管理，防止家畜受寒、感冒。注意饲养，保证饲料的质量，禁止喂饲家畜有刺激性或发霉、腐败、变质的饲料。应用具有强烈刺激性和毒性的药物时，应严格控制剂量并遵守使用方法。

第二节 肾 病

肾病（nephrosis）又称肾变病，是一种肾小管上皮发生变性、坏死为主而非炎性变化的肾脏疾病。其病理变化特征是肾小管上皮浑浊肿胀，上皮细胞弥漫性脂肪变性与淀粉样变性及坏死。临床上以大量蛋白尿，明显水肿和无血尿为特征。

一、病因

本病多继发于某些急性传染病的经过中，如传染性胸膜肺炎、马传染性贫血、马鼻疽、流行性感冒等，由于病原因素（病毒、细菌或毒素）的刺激或导致全身性物质代谢障碍而发病。

其次，外源性和内源性毒素的作用，也是常见的病因。此外，肾脏局部缺血亦可引起本病。

二、诊断要点

本病无特征症状，常常被常发病症状所掩盖，其一般症状与肾炎相似，所不同的是不见血尿。尿沉渣中无血细胞及红细胞管型。

1. 轻症病例

仅呈现原发病固有症状。在病马的尿中有少量蛋白质如肾上皮细胞。当尿呈酸性反应时可见少量管型，并有食欲减退，周期性腹泻等。病马逐渐消瘦、衰弱和贫血，并出现水肿和体腔积水。尿量减少，比重增加，尿中含有大量蛋白质，尿沉渣中见多量肾小管上皮细胞及颗粒管型和透明管型。

2.慢性肾病

尿量及比重均无明显改变，当肾小管上皮细胞严重变性或坏死时，重吸收功能降低，尿量增加，比重降低。

3.血液学变化

轻症的无明显改变。重症可见红细胞数减少，血红蛋白降低，血沉加快，血浆总蛋白降至20～40 g/L(低蛋白血症)，血中胆固醇含量增高。

4.肾病的诊断　主要根据尿中有大量蛋白质、肾上皮细胞、透明管型和颗粒管型，但无红细胞和红细胞管型。血浆蛋白含量降低，胆固醇含量降低。结合病史(有传染病或中毒性疾病的病史)和临床症状(水肿但无血尿等)建立诊断。

三、治疗

肾病的治疗原则是，除去病因，改善饲养，促进利尿和消除水肿。

1.改善饲养管理

可适当给予富含蛋白质的饲料，如优质的豆科植物，配合少量块根饲料，以补充机体丧失的蛋白质。为防止水肿，适当限制食盐和饮水量。

2.药物治疗

主要治疗原发病，由感染引起的，可选用各种抗生素或磺胺类药物。为控制和消除水肿，可选用利尿剂。常见的利尿剂有：速尿，口服、肌内注射或静脉注射，一般用量0.25～0.5 g/kg体重，每日1～2次，连用3～5 d；双氢克尿噻，口服，0.5～2 g，每日1～2次，连用3～4 d；还可选用氯噻嗪、利尿素等其他利尿剂。为促进机体蛋白质的生成，可应用苯丙酸诺龙，每次0.2～0.4 g注射液，肌内注射。

第三节　膀胱炎

膀胱炎(cystitis)是指膀胱黏膜表层或黏膜下层的炎症。按膀胱炎的性质，可分为卡他性、纤维蛋白性、化脓性、出血性膀胱炎四种，临床上一般以卡他性膀胱炎较为常见。临床特征为疼痛性的尿频和尿液中出现较多的膀胱上皮、脓细胞、血液以及磷酸铵镁结晶。本病偶见于马。

一、病因

膀胱炎的发生与创伤、尿潴留、难产、导尿、膀胱结石等有关。常见病因如下：

(1)细菌感染　除某些传染病的特异性细菌继发感染之外，主要是化脓杆菌和大肠杆菌，其次是葡萄球菌、链球菌、绿脓杆菌、变形杆菌等经过血液循环或尿路感染而致病。

(2)机械性刺激或损伤　导尿管过于粗硬，插入粗暴，膀胱镜使用不当，以致损伤膀胱黏膜。膀胱结石、膀胱内赘生物、尿潴留时的分解产物以及刺激性药物的强烈刺激。

(3)邻近器官炎症的蔓延　肾炎、输尿管炎、尿道炎、尤其是母畜的阴道炎、子宫内膜炎等，极易蔓延至膀胱而引起本病。

(4)毒物影响或矿物质元素的缺乏　缺碘可引起马匹的膀胱炎。据报道，曾经发生过马因采食苏丹草后出现了膀胱炎的情况。

有强烈刺激性的药物（如松节油、斑蝥、甲醛等）随尿液排出刺激膀胱黏膜时，也可发生膀胱炎。

二、症状与诊断

1.急性膀胱炎

典型的兽医临床表现是病马频频排尿，或屡做排尿姿势，但无尿液排出。病马尾巴不断翘起，阴户区不断抽动，有时出现持续性尿淋漓，痛苦不安等症状。直肠检查，病马抗拒性明显，表现为疼痛不安，触诊膀胱，手感空虚，尿闭时则充盈。如果膀胱括约肌受炎性产物刺激，长时间的痉挛性收缩时可尿闭，严重者可导致膀胱发生自发性穿孔而破裂。

进行尿液检查，终末尿为血尿。尿液混浊，尿中可能混有黏液、脓汁、坏死组织碎片和血凝块，并伴有强烈的氨臭味。进行尿沉渣镜检，可见到大量膀胱上皮细胞、白细胞、红细胞、脓细胞和磷酸铵镁结晶等。

2.慢性膀胱炎

由于病程较长，病畜表现为营养不良，消瘦，被毛粗乱，无光泽，其排尿姿势和尿液成分与急性病例症状相似。如果伴有尿路梗塞，则出现排尿困难，但排尿疼痛不明显。病理变化患急性膀胱炎的家畜膀胱黏膜充血、出血、肿胀和水肿，尿液混浊，并含黏液。慢性病例，膀胱壁明显增厚，黏膜表面粗糙，且有颗粒，血管丰富的乳头突起，尿中混有血液并含有大的血液凝块。

急性膀胱炎可根据家畜疼痛性频尿，排尿姿势变化等临床特征以及尿液检查有大量的膀胱上皮细胞和磷酸铵镁结晶，进行综合判断。在兽医临床上，膀胱炎与肾盂炎、尿道炎有相似之处，但只要仔细检查分析和全面化验是可以明确区分的。具体来讲，肾盂炎表现为肾区疼痛，肾脏肿大，尿液中有大量肾盂上皮细胞。尿道炎，镜检尿液无膀胱上皮细胞。

三、治疗

本病的治疗原则是改善饲养管理，抑菌消炎，防腐消毒及对症治疗。

首先应使病马适当休息，饲喂以无刺激性、富营养且易消化的优质饲料，并给予清洁的饮水。适当限制高蛋白饲料和酸性饲料。

根据病情施行局部或全身疗法。局部疗法，首先是膀胱冲洗 2～3 次，并将药液排出或留于膀胱内待其自行排出。常用的消毒、收敛药液有：0.1%高锰酸钾溶液、1%～3%硼酸溶液、0.1%的雷佛奴尔溶液、0.5%～1%氯化钠溶液以及 1%～2%明矾溶液或 0.5%鞣酸溶液。

对于慢性膀胱炎可用 0.02%～0.1%硝酸银溶液，或 0.1%～0.5%蛋白银溶液。

对于重症病例，可先用冲洗液对膀胱冲洗，灌注青霉素 40 万～100 万 IU，溶于蒸馏水 500～1 000 mL 中，1～2 次/d。还可内服尿路消毒剂、磺胺类或抗生素。或在反复冲洗后，于膀胱内注射青霉素 80 万～120 万 IU，每天 1～2 次，治疗效果较好。同时可肌肉注射抗生素，配合治疗。进行尿路消毒，可口服 40%乌洛托品，马、牛 50～100 mL，进行静脉注射。当确定为绿脓杆菌感染是，可应用雷佛奴尔等；如果是变形杆菌感染，应该使用四环素；当怀疑为大肠杆菌感染时，可应用卡那霉素或新霉素。

四、预防

建立严格的卫生管理制度，防止病原微生物的侵袭和感染。导尿时，应严格遵守操作规程和无菌原则。家畜患有其他泌尿器官疾病时，应及时进行治疗，以防转移蔓延。

第四节　尿石症

在病理状态下，原来溶解在尿中的各种盐类析出形成的凝结物，称尿结石或尿石。尿石症(urolithasis)是尿路中盐类结晶的凝结物刺激尿路黏膜而引起出血、炎症和阻塞的一种泌尿器官疾病，是肾结石、输尿管结石、膀胱结石和尿道结石的总称，也可称为泌尿系统结石、尿石病和尿路结石。

一、病因及发病机理

泌尿系统结石病因是错综复杂的，其因素不是单一的，每个病因常相互关联、相互影响，且原始病因和继发病因常难以鉴别。目前普遍认为尿石的形成主要与饲料及饮水的数量和质量、机体矿物质代谢状态，以及泌尿器官，特别是肾脏的机能活动有密切关系。

在正常尿液中，含有大量呈溶解状态的盐类晶体及一定量的胶体物质，这些盐类晶体与胶体物质之间保持相对平衡，一旦这种平衡破坏，即晶体超过正常的过饱和浓度，或胶体物质分子间的稳定性结构破坏，会导致尿液中析出大量过饱和盐类结晶，进而形成尿石。尿石的核心(中心)是有机源物质，如脱落的上皮细胞、炎性产物(黏液、红细胞、白细胞、脓细胞、坏死组织、异物等)，其外周由矿物质盐类(碳酸钙、磷酸钙、草酸钙、碳酸镁、磷酸铵、尿酸铵等)和保护性胶体物质(多核酸、黏多糖、黏蛋白等)环绕凝结而成。前者(尿石的核心)称为尿石的基质，后者(尿液中析出过饱和盐类结晶)称为尿石的实体。

家畜种类不同，尿石的化学成分也不一致，饲料种类也影响结石构成。

综上所述，尿石形成的条件是：首先是有结石核心的存在，即必须有有机源物质存在，如脱落的上皮细胞等；其次是尿中溶质的沉淀，即尿中保护性胶体环境的破坏，尿中盐类结晶物质逐渐析出并凝集。

促进结石形成的因素主要是饲料和饮水的质量不良，具体可体现在以下几个方面：

1. 饲料因素

饲喂高能量饲料：大量给予精料，而粗饲料不足，可使尿液中黏蛋白、黏多糖含量增高，这些物质有黏着剂的作用，可与盐类结晶凝集而发生沉淀。

饲喂高磷饲料：富含磷的饲料有玉米、米糠、麸皮、棉壳、棉饼等。高磷的饲料饲喂过多，使Ca、P比例失调，易使尿液中形成磷酸盐结晶(如磷酸镁、磷酸钙)。

其他饲料因素：过多饲喂了含有草酸的植物，如大黄、土大黄、蓼科、水浮莲等，易形成草酸盐结晶；有些地区习惯于以甜菜根、萝卜、马铃薯、青草或三叶草为主要饲料，易形成硅酸盐结石；饲料中维生素A或胡萝卜素含量不足时，可引起肾及尿路上皮角化及脱落，导致尿石核心物质增多而发病。

2. 尿液 pH

马为草食动物，尿液呈碱性。慢性膀胱炎、尿液潴留、发酵产氨可使尿液 pH 升高。磷酸盐和碳酸盐在碱性尿液中呈不溶状态，促进尿石形成。

3. 饮水的数量、质量

饮水少，促进结石形成；多喝水，可预防尿石；水的硬度越大，水中矿物质多，易导致结石。

4. 甲状旁腺机能亢进

甲状旁腺素大量分泌，使骨中的钙、磷溶解，进入血液。

5. 感染因素

在肾和尿路感染的疾病过程中，由于细菌、脱落的上皮细胞及炎性产物的积聚，可成为尿中盐类晶体沉淀的核心。肾炎可破坏尿液中晶体与胶体的正常溶解与平衡状态，导致盐类晶体易于沉淀而形成结石。

6. 其他因素

尿道损伤、应用磺胺类药物等。

二、症状与诊断

如果结石的体积细小且数量较少，一般不显任何症状；如果结石体积较大，则会表现出明显的临床症状。尿石症的主要症状是排尿障碍（严重时尿闭）、肾性腹痛（亚急性疼痛）、膀胱破裂或血尿。由于尿石存在的部位及其对各器官损害程度的不同，其临床症状也不相同。

根据尿石形成和移行部位，可分为 4 类：

1. 肾结石

尿石形成的原始部位主要是肾脏（肾小管、肾盂、肾盏），肾小管内的尿石多固定不动，但肾盂尿石可移动到输尿管。多表现为肾炎样症状（肾区敏感疼痛、腰背僵硬、步态紧张强拘），并见有血尿现象。肾盂结石严重时可引起肾衰、肾盂积水。

2. 输尿管结石

病马表现为剧烈的疼痛不安，当单侧输尿管阻塞时，不表现尿闭现象。直肠内触诊，可摸到阻塞部的近肾端一侧输尿管显著紧张且膨胀，而远端呈正常柔软的波动。

3. 膀胱结石

有时不表现任何症状，但多数表现频尿或血尿，膀胱敏感性增高。结石位于膀胱颈部时，可呈现明显的疼痛和排尿障碍。病马频频呈现排尿动作，但尿量减少或无尿排出。排尿时病马呻吟，腹壁抽缩。

4. 尿道结石

仅见于公马，多阻塞于尿道的骨盆终部。当尿道不完全阻塞时，病马排尿痛苦且排尿时间延长，尿液呈断续或点滴状流出，有时排出血尿。当尿道完全阻塞时，则呈现尿闭或肾性腹痛症状。病马后肢屈曲叉开，拱背缩腹，频频举尾，屡呈排尿动作，但无尿液排出。尿道探诊时，可触及结石所在部位，尿道外部触诊时有疼痛感。直肠内触诊时，膀胱涨满，体积增大，富有弹性，按压膀胱也不能使尿液排出。长期的闭尿可引起尿毒症或发生膀胱破裂。

膀胱破裂的诊断：家畜疼痛现象突然消失，表现很安静，似乎好转；由于尿液大量流入腹腔而使腹围膨大；触诊腹腔，内有波动感，但无膀胱；腹腔穿刺液有尿味，含有蛋白并且呈 Rivalta 反应阳性；注射红色素或酚酞液，15 min 后出现在腹腔内，腹腔穿刺有红色液体。

根据临床症状（排尿障碍、肾性腹痛等），尿液变化（尿中混有血液及微细砂砾样物质），尿道触诊（压迫时疼痛不安），尿道探诊，以及直肠检查等进行综合诊断。

三、治疗

当怀疑有尿石症时，可通过改善饲养，即给予患畜以流体饲料和大量饮水。必要时可投予利尿剂和尿路消毒剂，如利尿素、双氢克尿噻、乌洛托品等，以期形成大量稀释尿，借以冲淡尿液晶体浓度，减少析出并防止沉淀。也可同时使用尿道肌松弛剂，如 2.5％氯丙嗪溶液，10～20 mL，肌肉注射，或皮下注射硫酸阿托品。

为防止结石继续增大，采用调节尿液 pH 的措施，即碱性尿液（磷酸盐结石）的病马内服氯化铵或稀盐酸；酸性尿液（草酸盐结石）时内服碳酸氢钠或硫酸镁可促进盐类溶解。药物疗法，仅能缓解病情，一般达不到预期的治疗效果。

对体积较大的膀胱结石，特别是伴发尿路阻塞或并发尿路感染时，需实行尿道切开手术或膀胱切开手术以取出结石。必要时可施行尿道改向手术。

为了防止尿道阻塞引起的膀胱破裂，可施行膀胱穿刺排尿。对膀胱破裂的患畜可试行膀胱修补术。

采用中西医结合保守疗法治疗早期尿石症并发尿道炎，可以取得较为理想的效果。中医认为尿石症是由湿热郁积膀胱、湿热下注膀胱所致小便淋漓。因此用利湿之剂，通过利湿使水湿从小便中排出。采取以化石、排石、消炎为主的保守疗法。具体方法为：①膀胱导尿。②消炎：氧氟沙星 40 mg、维生素 C 250 mg、5％葡萄糖氯化钠注射液 100 mL 静注，每日 1 次，3 d 为 1 个疗程，连用 2 个疗程。③口服排石饮液：排石饮液是一种新型排石特效药，纯中药制剂，具有溶石、排石、消炎、镇痛等作用，安全、可靠。这里排石饮液主要功效是利尿，加强输尿管蠕动，增加肾盂、膀胱压力，促使结石排出。

四、预防

避免长期单调饲喂富含某种矿物质的饲料或饮水。饲料日粮中钙磷比例应为 1.5～2∶1。日粮中应补充足够的维生素 A，防止上皮形成不全或脱落。对泌尿系统疾病（如肾炎、膀胱炎、膀胱痉挛等）应及时治疗，以免尿液潴留。平时应适当地给予多汁饲料或增加饮水，以稀释尿液，减轻泌尿器官的刺激，并保持尿中胶体与晶体的平衡。对舍饲的家畜，应适当地喂给食盐或添加适量的氯化铵，以延缓镁、磷盐类在尿石外周的沉积。

第五节　尿路炎

尿路炎（urinary tract inflammation）是指尿路黏膜的炎症，以尿频、尿痛及局部红肿为特征。

一、病因

主要是尿路的细菌感染，如给病马导尿时手指及器械消毒不严，或操作粗暴，损伤尿路黏膜并发生感染；尿结石的机械性刺激及某些药物的化学刺激，均可损伤尿路黏膜而继发细菌感染。公马包皮炎、母马子宫内膜炎、膀胱炎等临近器官炎症的蔓延。

二、诊断要点

病马频频排尿，尿呈断续状流出，并表现疼痛不安，公马阴茎勃起，母马阴唇不断开张，不时自尿道口流出黏液性或脓性分泌物。尿液浑浊，混有黏液、血液或脓液，甚至混有坏死和脱落的尿道黏膜。导尿时手感紧张，甚至尿导管难以插入。病马表现疼痛不安，并抗拒或躲避检查。

三、防治

减少或避免对尿路的刺激，保持褥草和马体卫生，勤饮温水，轻症不治自愈。如出现严重尿闭或膀胱高度充盈时可行手术治疗或穿刺排尿。

第五章　神经系统疾病

神经系统在机体的生命活动中起主导作用。它既能调节机体内部各个器官的活动，又能使机体适应外界环境的变化，从而保持机体与外界环境相对的统一与平衡。神经活动极其复杂，但是无论如何复杂，都是由各种反射性活动组成的，而反射性活动其实就是两个过程，即兴奋与抑制。这两种过程都起源于神经元，在时间与空间上相互联系和相互克制，保持动态平衡。如果机体受到外界或内在各种不良因素的影响，使兴奋或抑制这两种过程发生紊乱，失去了动态平衡，就会导致神经系统发生病变。

导致神经系统疾病的病因极其复杂。总的来说，无非是内因和外因两个方面。外因主要是机体受到物理、化学或生物因素的影响；例如辐射、电击、过劳、受寒、脑和脊髓的外伤、击伤、挫伤和震荡等物理因素；苯、苯胺、铅、砷、锑、士的宁、酒精及植物性饲料、毒物等化学因素；病毒、细菌、寄生虫等生物因素，都能引起神经系统病变。特别值得注意的是病原微生物的侵害对神经系统的危害极大，能造成很大的损失。此外，饲养管理不良亦可引起大脑皮层过度的紧张和抑制，从而导致神经系统的机能紊乱。内因主要是指体内各种毒素和异常代谢产物对中枢神经系统的影响。例如在肺炎、肝脏疾病、肾脏疾病、自体中毒、内分泌机能紊乱、新陈代谢障碍等病理过程中，会形成大量有害产物，这些有害产物会破坏神经系统的正常生理活动和机能。另外，心血管疾病、血液循环障碍、过敏性反应等，会影响到神经系统的血液供应，也能引起神经系统的病变。而脑及脊髓的病变，例如实质性炎症、肿瘤等，可直接导致神经系统疾病的发生。此外，大量的临床实践表明：遗传、品种、性别、年龄等因素和某些神经系统疾病的发生存在一定的相关性。

1. 病原微生物感染及寄生虫的侵害

病原微生物及寄生虫的侵害是神经系统疾病最常见的病因。例如各种嗜神经性病毒引起的非化脓性脑脊髓炎；各种化脓性细菌引起的化脓性脑炎；某些致病性微生物及其毒素引起的中枢与外周神经系统的损害；某些寄生虫寄生于脑或脊髓造成的机械性压迫和损伤；均可使神经系统的结构完整性和正常生理功能遭到破坏，导致严重的病变。

2. 中毒或毒素的作用

污染性饲料毒物或有毒植物能引发严重的神经系统疾病，例如有机农药中毒、霉菌毒素中毒、重金属元素中毒等。此外，一些有机溶剂、一氧化碳、某些过量的药物以及各种细菌毒素和异常的代谢产物，均能对神经系统产生毒性损害作用。

3. 血液循环障碍

中枢神经系统，尤其是大脑皮层对缺氧十分敏感，因此各种原因导致的大脑缺血、脑血栓、脑充血和水肿以及脑出血等，都可引起脑部血液循环障碍而出现严重的神经症状，甚至引起死亡。

4.理化因素或机械因素的影响

日射、震荡和挫伤可能对神经组织造成直接损伤,还能伴发循环障碍。严重的震荡和挫伤可导致休克,甚至死亡。

5.肿瘤的侵占与压迫

许多原发性或继发性肿瘤可生长于神经组织而造成压迫或损害,如生长于软脑膜的各种肉瘤、内皮瘤,生长于脑实质内的成神经细胞瘤、神经胶质细胞瘤、肉瘤,生长于外周神经的神经节细胞瘤等。

6.营养因素

例如维生素缺乏可引起神经细胞变性、神经细胞染色质溶解和坏死、脑软化、髓鞘脱失、视神经萎缩及失明等多种病理变化。

由此可见,马神经系统疾病的病因极其复杂,所引起的病理学变化及其临床症状也多种多样。有的具有全身症状,有的呈现局部症状,有的表现为一般脑症状,有的表现为灶性症状。但根据临床观察,马神经系统疾病通常表现为意识障碍、神情异常、精神沉郁、嗜眠、昏迷、狂躁不安、姿态异常、反射机能亢进或消失。有的脉搏、心律、呼吸亦有明显变化;有的在视觉、听觉、味觉、嗅觉以及营养状态等方面发生障碍。

1.精神状态异常

神经系统疾病发生时精神状态的变化可分为高度兴奋或精神沉郁两种类型。

高度兴奋时呈现狂暴或冲撞,兴奋狂暴可发生于有机磷农药中毒、急性铅中毒、某些植物中毒、脊髓炎早期等。病马常表现为不能自控的剧烈运动,且常有攻击人的倾向,有的病马甚至出现撞墙,抵栏和圆圈运动。

精神沉郁包括嗜睡、倦怠、晕厥和昏迷。它们是机体受到病因作用后,大脑皮层机能受到不同程度的抑制所致,可见于各种引起颅内压升高的疾病以及脑脊髓炎、大脑缺氧和低血糖症等。

大脑出血、脑震荡和挫伤、雷击及电击可引起晕厥。尿毒症、热射病和多数中毒病与传染病可导致昏迷。

2.感觉障碍

外周感受器或传入神经以及大脑皮层感受器的任何部位受到损伤都可以发生感觉障碍,表现为感觉缺失、感觉过敏和感觉异常等。

(1)感觉缺失　见于外周感受器、传入神经纤维受到器质性损伤,或受到强烈刺激而转入抑制状态时,由于受损部位不同,可表现为全部或部分感觉丧失,例如触觉、痛觉、温觉丧失等。

(2)感觉过敏　由于神经中枢或感觉神经末梢的兴奋性升高所致。升高的原因可能与局部轻微病灶或邻近部位有较强的刺激病灶有关。

(3)感觉异常　多发生于外周神经遭受各种病理性刺激时,例如神经炎、皮炎等。

3.运动障碍

运动障碍分为中枢性和外周性两类。主要临床表现是:麻痹、痉挛、共济失调和植物性神经机能紊乱。

(1)麻痹　中枢麻痹是由中枢神经的不同部位损伤或传导障碍所形成的,常发生于大脑、脑干和小脑出血与血栓形成或肿瘤生长期。病马可出现偏瘫、单瘫和截瘫等；外周性麻痹是因脊髓运动神经元及以下部分受损伤所致，可发生于脊髓外伤，脊髓腹角灰白质炎，外周神经干损伤及多发性神经炎。外周性麻痹的特点是随意运动丧失，随后病变区域的肌肉可发生萎缩。

(2)痉挛　指肌肉不随意收缩增强，最常见于神经系统受到病毒、细菌毒素及药物等的侵害和作用时，大出血、过热、外伤和电击时也可发生。

(3)共济失调　当调节肌肉收缩和肌群协调运动的神经系统受到损伤时，肢体的运动就会出现异常，失去准确性和协调性，病马表现为躯体平衡失调，步态踉跄和动作不协调。

(4)植物性神经系统机能紊乱　根据受损部位不同，植物性神经系统机能紊乱可分为交感与副交感性神经紊乱以及中枢性植物性神经紊乱两种。交感或副交感性神经机能紊乱是由于外周交感神经和副交感神经受损所致，常见于外伤、炎症、中毒和肿瘤等因素，主要表现为机能亢进和机能丧失。当发生机能亢进时，相应部位的皮肤血管收缩，体表温度下降，出汗增多。当机能丧失时，相应部位的皮肤血管扩张、充血、发热、排汗减少、皮肤干燥。中枢性植物性神经紊乱的发生主要是因控制植物性神经的神经中枢部位(例如脊髓、延髓、下丘脑和大脑皮层)发生外伤、炎症和肿瘤等病变所致，也可由血液循环障碍及感染因素引起。临床上病马可出现排便、排尿障碍，出汗、吞咽障碍、体温下降和嗜眠等症状。

痉挛、麻痹、共济失调、意识异常等症状，可作为诊断神经系统疾病的重要依据。

20 世纪 50 年代开始，医学已普遍地采用特殊检查方法和手段研究神经系统的器质性病变。例如脑、脊髓造影，脑扫描，脑电波等，但这些技术和方法在兽医临床上的应用不多，因此马神经系统疾病的诊断主要还是依赖于临床观察，对收集到的病史资料和各项检查的结果进行综合分析，并做出最终的诊断。通过听取主述和问诊来了解病马的行为变化、发病情况等病史；通过检查病马的步态、姿势、运动和行为，触诊肌肉紧张度，或针刺瘫痪部位来判断病变部位和性质；必要时可进行血液常规检查和血液生化检查，有条件的可检查脑脊髓穿刺液，或对脑或脊髓进行 X 线检查，以获得更为详细和准确的临床资料。

马的神经系统疾病通常发展迅速，发病急，病程短，特别是急性病例，往往在短时间内死亡。因此在临床上应及时采取有效的治疗措施。根据病情，制定相应的治疗原则，并采取综合性的治疗措施。对急性病例，要注意增进其大脑皮层的保护性抑制作用。一般来说，治疗神经系统疾病应遵循消除病因，治疗原发病，降低颅内压，镇静安神解痉或解除大脑皮层抑制，恢复神经系统调节机能，以及对症治疗的原则。还可根据神经系统疾病的类型，应用电、光、机械等各种物理学疗法，以增进治疗效果，促进康复。

预防马的神经系统疾病应有整体观念，必须充分认识到机体与外界环境的统一性，以及神经系统在机体生命活动中的主导作用。任何病理过程，都能影响到神经系统的调节机能，而神经系统疾病一旦发病，必然会导致全身机能状态的变化。因此，应为马创造良好的生活环境和条件，尤其是要有良好的饲养管理条件，以提高其健康和营养水平，使其能够充分地适应外界的生活环境。在日常管理中应充分意识到每匹马的个体特点，防止过度紧张和疲劳，搞好防疫卫生工作，增强其抵抗力，避免一切不良因素，特别是要避免感染性与中毒性因素的侵害和影响。若发现马发生了机体异常现象或内在器官机能障碍，应及时进行检查和治疗，预防神经系统疾病的发生。

第一节 脑膜脑炎

传染性或中毒性因素侵害颅脑，首先引起软脑膜及整个蛛网膜下腔发炎，继而通过血液循环或淋巴途径侵害到脑实质，引起脑实质炎症，通称为脑膜脑炎，临床上表现出一般脑症状或灶性症状，是一种严重的脑机能障碍性疾病。

一、病因

本病主要由内源性或外源性传染因素引起，例如链球菌、葡萄球菌、肺炎球菌、双球菌、巴氏杆菌、化脓杆菌、坏死杆菌、李氏杆菌、马蝇蛆幼虫、马圆虫幼虫、血液原虫病等。若病马身体其他部位发生感染创，且致病因素转移至脑，也可导致发病，例如中耳炎、化脓性鼻炎、额窦炎、眼球炎、腮腺炎、踢伤、额窦圆锯术、褥疮等。本病亦可由中毒性因素所致，例如铅中毒、霉玉米中毒、木贼中毒、节节草中毒等；而饲养管理不当、受寒感冒、过劳、中暑、脑震荡、车船输送、卫生条件不良、饲料霉败或饲喂豆类饲料过多等，均能促使本病的发生。

二、发病机理

无论是病原微生物（病毒、细菌、寄生虫）还是各种有毒物质，都可通过不同的途径侵入脑膜及脑组织，引起炎性变化。这些致病因素可突破感染部位（例如肺部、胃肠道等）的防御体系，进入血液；随血液循环或淋巴途径运行到脑，通过血脑屏障，侵入到脑的蛛网膜下腔和硬脑膜下腔，进而侵入到脑膜和脑实质，引起脑膜脑炎。若邻近器官发生炎症或感染，例如颅骨外伤、额窦炎、中耳炎、内耳炎、眼球炎、脊髓炎等，致炎因素可直接蔓延入颅腔，进而从蛛网膜下腔蔓延到脑组织，也可以通过脑脊液，或沿着血管的外膜鞘直接侵入脑组织，导致脑膜脑炎的发生。

发病后，脑组织发生炎性浸润，渗出增多，出现急性脑水肿，引起脑脊液增多，颅内压升高，脑神经和脑组织受到严重压迫和侵害，因而呈现一般脑症状。病马意识障碍，精神沉郁，或极度兴奋，狂躁不安；发生痉挛、震颤，以及运动异常；视觉障碍，呼吸与脉搏节律发生变化。并因病原微生物及其毒素的影响，引起菌血症和毒血症，进一步加重了病情。

由于发生炎症的具体部位不同，病马表现出不同的灶性症状，例如眼肌痉挛、面神经麻痹等。

三、症状

急性脑膜脑炎通常突然发病，发展迅速，大多呈现一般脑症状。病马行为异常，过度亢奋，或陷入深度抑制状态。以亢奋为主的病马多突发兴奋，狂躁不安，嘶鸣，攀登饲槽，挣脱缰绳，不避障碍，向前猛进，步态蹒跚，动作笨拙，共济失调，或举步高抬，如涉水状，或盲目徘徊，转圈运动。有时前肢腾空，以致摔倒，后期多痉挛抽搐，继而陷于嗜眠状态。以抑制为主的病马精神沉郁，闭目垂头，目光无神，不听呼唤，站立不动，直至昏睡，意识障碍。

有时病马会出现兴奋期与抑制期交替发作。在兴奋期知觉敏感，皮肤感觉异常，轻轻触摸即引起剧烈疼痛，个别有举尾现象；瞳孔缩小，视觉扰乱；反射机能亢进，易惊恐。抑制期呈现嗜眠、昏睡状态，瞳孔散大，视觉障碍，反射机能减弱乃至消失。

病初体温多升高，随着病情的发展而出现较大的波动。兴奋期呼吸疾速，脉搏增数。抑制期则呼吸缓慢而深长，脉搏数正常或减少。在濒死期多呈现潮式呼吸或毕欧氏呼吸，脉微欲绝。

除了一般脑症状，病马也可呈现不同的灶性症状，例如眼肌痉挛、咬肌痉挛、颈肌痉挛、咽和舌肌麻痹、面神经和三叉神经麻痹、眼肌和耳肌麻痹、单瘫与偏瘫等。这些症状不一定同时出现，有时仅表现为某一器官或某一组肌肉痉挛，有时则表现为明显的痉挛。

本病发展迅速，多数预后不良。一般发病 2～3 天可达病变高峰。最急病例多在 24 h 内死亡。病程稍长的可在发病数天后才出现一般脑症状和灶性症状。病的末期多陷于昏迷，卧地不起，常发生褥疮，伴发肺坏疽、沉积性肺炎、败血症等，死亡率可达 75%以上。有的病马经过治疗后好转，但很难痊愈，常遗留慢性脑水肿，耳聋，或某些肌肉麻痹等后遗症。

四、诊断

本病可根据病史调查和临床特点做出诊断。临床特征不明显时可进行脑脊液穿刺，可见脑脊液变得混浊，蛋白质与细胞含量显著增多，并可分离出病原微生物。若本病是因病毒或中毒引起的，脑脊液中可见淋巴细胞。

(1)血液学变化　病变初期可见血沉正常或稍快；嗜中性白细胞(幼稚型和杆状核)增多，核左移；嗜酸性白细胞消失，淋巴细胞减少。康复期可见嗜酸性白细胞与淋巴细胞恢复正常。血沉缓慢或趋于正常。

在临床实践中，本病应与传染性脑脊髓炎、霉玉米中毒或李氏杆菌病鉴别。

(2)马传染性脑脊髓炎　症状与本病很相似，多于秋季流行，除中枢神经系统机能紊乱外，尚有高度黄疸，与本病不同。

(3)霉玉米中毒　临床症状与本病相似，但有明显腹痛、下痢等消化系统症状，与本病鉴别不难。

(4)神经型李氏杆菌病　其临床症状与本病很相似。但马属动物较少发生，本病多发于春秋两季，伴发下痢、咳嗽以及败血症现象，故与本病易于鉴别。

五、治疗与预防

治疗本病应加强护理，消炎抗菌，降低颅内压，镇静安神，保护大脑，促进康复。

(1)加强护理　将病马置于宽敞、通风、安静的厩舍中，多铺褥草，墙壁应平滑，可沿墙铺设秸秆等，防止兴奋发作时冲撞。传染性因素引起的病例，应隔离观察，严密消毒，保持良好的环境卫生，加强防疫，防止传播。病的初期体温升高，颅顶灼热，可用凉水淋头，诱导消炎。

(2)消炎抗菌　可用青霉素，每千克体重 2 万～4 万 IU，必要时可配合链霉素，每千克体重 2～4 mg，肌肉注射。也可肌肉注射磺胺嘧啶钠，每千克体重 50～100 mg，或选用广谱抗生素，如盐酸四环素等，每千克体重 5～10 mg，置于 5%葡萄糖，生理盐水或葡萄糖生理盐水中静脉注射。需要注意的是由于血脑屏障的存在，只有部分抗生素能进入颅部病灶，因此在选择抗生素时除了考虑药物的抗菌谱，还应考虑药物是否能顺利通过血脑屏障，并在病灶部位形成有效的抑菌浓度。

(3)降低颅内压　本病多伴发急性脑水肿，导致颅内压升高，脑循环障碍。为降低颅内压，可实行泻血，成年马可泻血 1 000～2 000 mL，再静脉注射等量 10%～25%的葡萄糖溶液。但最好用脱水剂，通常用 20%甘露醇溶液或 25%山梨醇溶液，按每千克体重 1～2 g 的剂量，静脉注射，应在 30 min 内注射完毕，注射后 2～4 h 内病马即可大量排尿，颅内压降低。必要时可每隔 4 h 重复注射一次，直到中枢神经系统紊乱现象好转为止。

(4)镇静安神　若病马狂躁不安，可用 2.5%盐酸氯丙嗪溶液，10～30 mL，肌肉注射。亦可用 10%溴化钠溶液，或安溴注射液，50～100 mL，静脉注射；或用水合氯醛溶液灌肠或内服，也可用作静脉注射，以调整中枢神经系统机能，增强大脑皮层保护性抑制作用。

(5)对症治疗　若病马精神沉郁，心脏机能衰弱，应强心利尿，可用高渗葡萄糖溶液，小剂量、多次静脉注射。同时皮下注射安钠咖，氨茶碱等，以兴奋大脑皮层、缓解呼吸困难。若病马排便迟滞，可用硫酸钠或硫酸镁，加适量防腐剂，内服，以清肠消导，防腐止酵，减少腐解产物吸收，防止自体中毒。亦可内服山楂、麦芽、神曲等，以增强消化机能。

必要时可以考虑应用 ATP 和辅酶 A 等药物，促进新陈代谢，改善脑循环，进行急救。

按照中兽医辨证，本病通常称为"脑黄"或"心风狂"，一般可分惊狂和呆痴两种证型。惊狂型宜清热解毒，安神镇惊；方用天竺黄散加减，名贵的马匹和种马也可酌情使用安宫牛黄丸。天竺黄散加减：天竹黄 60 g，生石膏 90～120 g(先入)，生地 30 g，黄连 18 g，郁金、栀子、远志、茯神、桔梗、防风各 24 g，朱砂 12 g，甘草 9 g，水煎，加蜂蜜 120 g，鸡蛋清 4 个，调和投服。抽搐者加琥珀、丹皮、石决明、钩藤；粪便干燥、尿黄赤者加大黄、芒硝、木通。

呆痴型宜祛痰开窍，平肝熄风。方用朱砂散加减，也可酌情试用苏合香丸。朱砂散加减：朱砂 8 g，胆南星、天麻、钩藤、全蝎各 18 g，石决明、石富蒲、旋覆花、菊花各 30 g，细辛、白芷、藁本各 15 g，水煎服。

也可酌情选用下列方药：生石膏 250 g，元明粉 350 g，天竺黄 30 g，青黛 3 g，滑石 40 g，朱砂 12 g。前五味煎汤后去渣，再加朱砂，灌服。或用石膏 100 g(研极细末)，双花 90 g，朱砂 5 g，防风 45 g，甘草 30 g，芦荟 10 g，共为细末，一次灌服。

亦可用北京军区验方：生石膏 15 g～30 g(老弱马或高寒区改为煅石膏)，酒黄连 15 g，酒黄芩 15 g，酒黄柏 60 g，酒知母 15 g，酒栀子 18 g，生香附 25 g，广木香 18 g，焦山楂 25 g，苍术 18 g，茵陈 18 g，桔梗 15 g，木通 15 g，厚朴 20 g，大黄 30 g，芒硝 120 g(另入)，生甘草 15 g，香油 250 g(另入)，鸡蛋清 5 个(另入)。煎服，每日 1 剂，连用 5 d，停药两日后可再次使用。此方为发病初期用方，中后期狂暴者，减去焦山楂、厚朴、甘草，加朱砂 10 g、琥珀 6 g、天麻 15 g，天竹黄 30 g，连翘 30 g。沉郁者，减去焦山楂、厚朴、大黄，加党参 15 g，当归 18 g，决明 18 g，菊花 12 g。

针灸可选用颈脉、太阳、胸堂、通关、耳尖、尾尖、风门、伏兔等穴。

(6)预防　加强饲养管理，注意防疫卫生，防止传染性与中毒性因素的侵害；当同槽的马发生本病时，即应隔离和观察，防止传播。

第二节　脑震荡及脑损伤

颅骨受到钝力冲击，致使脑神经受损，若无肉眼或显微镜可见的病变，只是引起昏迷、反射机能减退和消失等脑机能障碍，称为脑震荡。若脑组织在外力作用下发生了肉眼或显微镜可见的病变，则称为脑损伤。脑震荡的临床特征是出现意识障碍和一般脑症状，而脑损伤除了意识障碍和一般脑症状外，还可出现不同的灶性症状。

一、病因

本病的发生和马的颅部受到强大外力的直接作用有密切关系。例如蹴踢、争斗、跌落、摔倒、打击或在运输途中从车上摔下、撞车、翻车等。战时由于各种火器伤或炸弹、炮弹、地雷，乃至原子弹爆炸时产生的冲击波的作用，亦可导致发生本病。

二、症状

由于脑震荡的严重程度与脑损伤部位不同，本病的临床症状也不一样，变化较大，但一般都具有一般脑症状，多数在发病时立刻出现，亦有在发病后数分钟至 15 min 才出现临床症状。

脑震荡：病情严重的瞬间倒地死亡，或于短时间内死亡。病情轻的站立不稳，踉跄倒地，失去知觉，反射减退或消失，瞳孔散大，呼吸缓慢，有时发哮喘音，脉搏增数，脉律不齐，有时大小便失禁。经过几分钟乃至数小时后苏醒，反射兴奋性逐渐恢复，可出现肌肉抽搐、痉挛，以及眼球震颤。病马经过多次挣扎，可重新站立，并逐渐恢复健康状态。

脑挫伤：除了出现意识、呼吸、脉搏、知觉、运动和反射机能异常等一般脑症状外，还可因受损部位的不同而呈现出不同的灶性症状。当大脑皮层颞叶和顶叶运动区、前庭核、迷路和小脑受损时，病马沿着脑受损伤的一侧方向转圈运动，若一侧颈肌麻痹，则头颈向另一侧弯曲。当小脑、小脑脚、前鹿、迷路受损害时，病马运动失调，或身向后仰滚转，有时头不自主地摇摆。当脑干受损时，体温、呼吸、循环等重要生命中枢都受到影响，意识异常，运动障碍，角弓反张，四肢痉挛，眼球震颤，或斜视，瞳孔散大，视觉障碍，反射消失。当大脑皮层和脑膜受损时，周期性兴奋发作，呈现癫痫状态。若硬脑膜出血形成血肿，脑组织受压迫，则出现意识障碍，半身不遂，感觉消失，瞳孔散大，一侧或两侧失明，听觉障碍。

此外，脑震荡和脑损伤多伴随颅骨损伤，局部出现肿胀和热痛反应。若颅底骨折，则咽和耳部血管受到损伤，耳鼻出血。由火器造成的开放性脑损伤，可在短时间内死亡。

脑震荡的病程及预后视病情而定。轻度的迅速康复，预后良好；重度的立即死亡，预后不良；一般病例预后慎重。而脑损伤的预后大多不良，多数病例直接死亡，或因长期躺卧伴发褥疮而死亡。有的可临床治愈，但常遗留后遗症，可能会降低生产性能和使役能力。颅部发生开放性损伤的，即使病情轻微，也会因继发感染而预后不良。

三、诊断

本病诊断不难，根据病史，发病原因，结合临床特征，即可做出诊断。有条件可应用 X 线对脑损伤做进一步确诊。脑震荡和脑损伤都是在外界暴力冲击下发病，脑震荡以意识障碍或伴发痉挛为主，无明显灶性症状，除少数病例迅速死亡外，大部分能于短时间内逐渐苏醒。而脑损伤除一般脑症状外，尚具有一定的灶性症状，多数病情严重，预后不良。

本病的发生和颅部受外力冲击有直接的关系，这和脑膜脑炎、脑溢血、脑血管栓塞等有明显不同，易于鉴别。

四、治疗与预防

除加强护理外，本病的治疗应根据病情发展，去除病因，镇静安神，保护大脑皮层，防止脑出血，降低颅内压，激活脑组织功能，对症治疗，防止继发感染，以促使病情好转。

(1)加强护理　保持安静，给病马充分休息。对陷于昏迷的病马，多铺垫草，头部垫高，经常翻转，防止褥疮；对意识清醒的病马可给予流食，如麸皮粥或大麦粥等。为维持病马营养，可通过消化道以外的途径补充营养，例如静脉注射葡萄糖、多种维生素等。

(2)防止颅部出血　如病马发生脑挫伤，可施行头部冷敷，同时应用0.5%安络血10～20 mL，肌肉注射。亦可用止血敏、钙制剂、维生素K等止血剂。

(3)降低颅内压，防止脑水肿　可用高渗葡萄糖溶液(浓度为25%～50%)，甘露醇溶液或山梨醇溶液。通常可用20%甘露醇溶液或25%山梨醇溶液，按每千克体重1～2 g的剂量，在30 min内静脉注射完毕，必要时可每隔4 h重复注射一次，直到中枢神经系统紊乱现象好转为止。同时还可根据病情应用利尿剂。如速尿，可按照每千克体重2～3 mg的剂量口服，每日1～2次，连用2～3 d，也可按照每千克体重0.5～1.0 mg的剂量肌肉注射，每日1～2次，本品亦可静脉注射，但大剂量静脉注射过快可引起听力障碍，且长期用药应注意补钾。

(4)防止继发感染　对出现开放性脑损伤的病马，可联合应用青、链霉素，以防继发感染。青霉素每千克体重2万～4万IU，链霉素每千克体重2～4 mg，肌肉注射或加入葡萄糖溶液中静脉注射；也可肌肉注射磺胺嘧啶钠，每千克体重50～100 mg。或视病情选用广谱抗生素。

(5)对症治疗　当病马发生痉挛、抽搐或兴奋不安时，可用盐酸氯丙嗪、安溴注射液等药物镇静安神。可用2.5%盐酸氯丙嗪溶液，10～30 mL，肌肉注射；亦可用10%溴化钠溶液，或用安溴注射液，50～100 mL，静脉注射；当病马极度抑制时可用安钠咖、樟脑磺酸钠等药物兴奋神经；也可应用细胞色素C，三磷酸腺苷等药物，肌肉或静脉注射，以改善大脑营养，激活脑组织功能。

(6)预防　加强平时饲养管理，防止摔伤、争斗等；在崎岖不平或光滑的路面上使役应谨慎，以防摔倒跌伤；进行运输时车厢船舱内应采取必要的防滑措施，如地面铺设防滑垫等。车辆行驶应平稳，避免猛然加速或突然制动，转弯或在不平道路上行驶时应减速慢行，谨慎驾驶。有恶癖的马不宜和其他马匹同槽饲喂或同厩饲养，以防争斗或蹴踢；对患有脑膜脑炎发生狂躁的病马，应避免刺激，厩舍墙壁应光滑，可沿墙铺设秸秆等，以防狂躁发作时撞墙。

第三节　中　暑

中暑包括日射病和热射病。马在炎热季节，头部受到强烈日光的持续照射而引起脑膜充血和脑实质的急性病变，导致中枢神经系统机能紊乱，称为日射病。当马处于在炎热季节潮湿闷热的环境中，由于温度高，湿度大，导致马体内产热多，散热少，体内积热而引起的严重中枢神经系统机能紊乱，通常称为热射病。若病马因大出汗、水盐损失过多，引起肌肉痉挛性收缩，可称为热痉挛，热痉挛其实是一种轻症的热射病。本病发展迅速，多在短时间内死亡，往往来不及救治，因此对本病应引起足够的重视。

一、病因

本病的发生有明显的季节性，仅发生于夏季。马在强烈阳光直射下或闷热环境中使役、驱赶和急速奔跑可引发本病。厩舍拥挤不堪，通风不良，无降温防暑措施或用密闭闷热的车、船运输也是引发本病的重要原因。

在炎热天气从北方运往南方的马常因适应能力差而发病。马平时饲养管理不当，长期休闲，缺少运动或调教锻炼，体质衰弱，心脏功能和呼吸功能不全，皮肤卫生不良，出汗过多，饮水不足，缺喂食盐等，都易促进本病的发生和发展。

二、发病机理

无论热射病还是日射病最终都会出现中枢神经系统紊乱，但两者的发病机理有一定的差异。

(1)日射病　病马头部受到强烈日光的持续照射，日光中紫外线穿过颅骨直接作用于脑膜及脑组织，引起头部血管扩张，脑及脑膜充血，头部温度和体温急剧升高，导致神智异常。又因日光中紫外线具有光化反应，会引起脑神经细胞炎性反应和脑组织中蛋白分解，从而导致脑脊液增多，颅内压增高，影响中枢神经调节功能，使病马体内的新陈代谢异常，出现呼吸浅表、自体中毒、心力衰竭，以致卧地不起、痉挛抽搐、昏迷。

(2)热射病　对于健康的马，在体温调节中枢的控制下，体内产热与散热处于平衡状态。体内物质代谢和肌肉运动不断产热，而通过皮肤表面的辐射、传导、对流和蒸发等方式不断地散热，产热和散热处于动态平衡状态，以保持恒定的体温。通过辐射、传导、对流进行散热，需要皮肤表面和外界空气之间有一定的温差，而蒸发则需要外界空气具有较低的湿度。在炎热季节，气温高，湿度大，机体的散热受到很大影响，若厩舍狭小，通风不良或马体表皮肤卫生不良，则会进一步加重散热障碍。此时若使役、驱赶、或急速奔跑，体内产热急剧增加，无法及时散出的热量在体内蓄积，造成机体过热，引起代谢紊乱和中枢神经机能紊乱，血液循环和呼吸机能障碍而发病。病马体温高达 41～42℃，体内物质代谢加强，氧化不完全的中间代谢产物大量蓄积，导致酸中毒；同时因热刺激，反射性地引起大量出汗，致使病马脱水，引起水、盐代谢失调。组织缺氧，碱贮下降，脑脊髓与体液间的渗透压急剧变化，影响中枢神经系统对内脏的调节作用，心、肺等脏器代谢机能衰竭，静脉瘀血，黏膜发绀，皮肤干燥，无汗，体温下降，最终导致窒息和心脏麻痹。

(3)热痉挛　因大量出汗、氯化钠损失过多，引起严重的肌肉痉挛性收缩，疼痛剧烈。但病马体温正常，意识清醒，仍有渴感。

中暑时脑及脑膜充血，并因脑实质受到损害，产生急性病变，体温、呼吸与循环等重要的生命中枢陷于麻痹。所以，部分病例会突然晕倒，甚至在数分钟内死亡。

三、症状

(1)日射病　初期病马精神沉郁，有时眩晕，四肢无力，步态不稳，共济失调，突然倒地，四肢作游泳样运动，眼球突出，神情恐惧，有时全身出汗。随着病情进一步发展，心血管运动中枢、呼吸中枢、体温调节中枢的机能紊乱，甚至麻痹。心力衰竭，静脉怒张，脉微欲绝，呼吸急促而节律失调，形成毕欧氏或陈-施二式呼吸，结膜发绀，瞳孔初散大，后缩小。皮肤干燥，汗液分泌减少或无汗，皮肤、角膜、肛门反射减退或消失，腱反射亢进。兴奋发作，狂暴不安。有的突然全身性麻痹，常发生剧烈的痉挛或抽搐而迅速死亡，或因呼吸麻痹而死亡。

(2)热射病　发病突然，体温急剧上升，高达41℃以上，皮温增高，甚至烫手，大汗淋漓，马在运动或使役中突然停步不前，站立不动，鞭策不走，剧烈喘息，倒地，状似电击。也有少数病马发病初期精神兴奋，狂暴不安，癫狂冲撞，难于控制。随着病情急剧恶化，心力衰竭，心悸，心律不齐，第一心音微弱，第二心音消失。脉搏疾速，可达每分钟百次以上，脉弱不感手，血压下降。静脉瘀血，黏膜发绀。呼吸浅表，并因伴发肺充血和肺水肿而呼吸困难，张口伸舌，有时口腔或两侧鼻孔喷出粉红色泡沫。眼结膜充血，瞳孔扩大或缩小。病马呈昏迷状态，意识丧失，四肢划动；病马脱水，汗液分泌迅速停止，皮肤干燥，尿液减少或无尿。濒死前，体温下降，静脉塌陷，昏迷不醒，多有体温下降，陷于窒息和心脏麻痹状态，并最终死亡。

本病发病突然，发展迅速，由于脑及脑膜组织受到严重损害，中枢神经，特别是重要的生命中枢陷于麻痹，因而引起窒息和心脏麻痹，可于短时间内死亡。也有病程长达1～3天，最终因衰弱和虚脱死亡。因此多数病例预后慎重，若能及时采取急救措施，有些病例可逐渐康复。不过严重的病例，中枢神经系统受到破坏，往往不能痊愈，预后不良。

(3)热痉挛　病马体温正常，意识清醒，但引人注意的是全身出汗、烦渴、喜饮水、肌肉痉挛，引起阵发性剧烈疼痛。

四、诊断

根据临床特征，结合发病情况和病因，可对本病做出诊断。在临床上日射病和热射病常同时存在，很难区分，因此一般不对两者进行鉴别。

中暑多发生于炎热的夏季，多因劳役过度，饮水不足，受日光直射，或因通风不良，潮湿闷热而发病。病程短，发展快，体温急剧上升，呈现一般脑症状及一定的灶性症状，短时间内出现严重的心肺机能障碍、重度脱水、甚至猝死。这些特点与单纯心力衰竭、肺充血和肺水肿、脑充血等疾病区别明显，不难鉴别。

本病可引起心肌、肝脏、肾脏受损，因此实验室化验可见血钾降低；谷丙转氨酶或谷草转氨酶、乳酸脱氢酶、磷酸激酶等多种血清酶活性升高；凝血异常并可出现蛋白尿。

五、治疗与预防

本病发生突然，发展急剧，常来不及治疗，因此临床上一旦做出诊断，应立即采取急救措施，以最大限度地避免死亡。若延误病情，或病马出现了严重心肺衰竭或中枢神经受到损伤，多预后不良。治疗本病的一般原则是消除病因，加强护理，防暑降温，镇静安神，强心利尿，缓解酸中毒，防止病情恶化等。

(1)加强护理　应立即停止使役，将病马移至阴凉通风处；若病马卧地不起，移动困难，可就地搭起荫棚，避免光、声音刺激和兴奋，力求安静。

(2)防暑降温　用冷水或深井水浇洒全身或灌肠，并给予大量1%～2%的凉盐水口服，如有条件可于头部、腋下等处放置冰块或冰袋，亦可用酒精擦拭体表，以促进散热。可用2.5%盐酸氯丙嗪溶液，10～20 mL，肌肉注射，以保护丘脑下部体温调节中枢，防止产热，扩张外周血管，促进散热，缓解肌肉痉挛。根据临床经验，先颈静脉泻血1 000～2 000 mL，再用2.5%盐酸氯丙嗪溶液10～20 mL，5%葡萄糖生理盐水1 000～2 000 mL，20%安钠咖10 mL，静脉注射,效果显著。

(3)缓解心肺机能障碍 对心功能不全者,可使用强心剂,例如20%安钠咖 10～20 mL,皮下注射;并立即静脉泻血 1 000～2 000 mL,泻血后,即用复方氯化钠溶液 1 000～2 000 mL,静脉注射,每隔 3～4 h 重复注射一次。若无复方氯化钠溶液,亦可用 5%葡萄糖生理盐水,或25%～50%葡萄糖溶液,促进血液循环,缓解呼吸困难,减轻心肺负担,保护肝脏,增强解毒机能。为防止肺水肿,可静脉注射地塞米松,每千克体重 1～2 mg。

(4)镇静安神 当病马狂躁不安,心搏动加快,出现痉挛时,可口服或直肠灌注水合氯醛黏浆剂,或肌肉注射 2.5%氯丙嗪 10～20 mL,亦可注射安乃近或安溴注射液,以增强大脑皮层保护性抑制作用。

若病马心力衰竭,循环虚脱,可用 25%尼可刹米溶液,10～20 mL,皮下或静脉注射;或用0.1%肾上腺素溶液,3～5 mL,加入 10～25%葡萄糖溶液,500～1 000 mL,静脉注射,以增进血压,改善循环,进行急救。然后可用安钠咖或氧化樟脑注射液,交替皮下注射,每隔 4～6 h一次,促进康复过程。

若出现酸中毒或自体中毒,可用 5%碳酸氢钠溶液 500～1 000 mL,静脉注射;或用洛克氏液,1 000～2 000 mL,静脉注射,改善新陈代谢,纠正酸中毒。

若病情好转,宜用 10%氯化钠溶液,200～300 mL,静脉注射;并用盐类泻剂,内服,改善水盐代谢,清理胃肠;同时如强饲养和护理,以利康复。

中暑的中兽医辨证有轻重之分,轻者称为伤暑或感暑;重者称为中暑,又称为马黑汗风。轻症以清热解暑为治疗原则,方用“清暑香薷汤”加减:香薷 25 g,藿香、青蒿、佩兰叶、炙杏仁、知母、陈皮各 30 g,滑石(布包先煎)90 g,石膏(先煎)150 g,水煎服;或用香薷 30 g,黄芩、甘草各 15 g,滑石 90 g,朱砂 6 g,共为末,加白糖 120 g,鸡蛋清 5 个,开水冲服。

重症治宜清热解暑,开窍、镇静,方用“白虎汤”合“清营汤”加减:生石膏(先煎)300 g,知母、青蒿、生地、玄参、竹叶、金银花、黄芩各 30～45 g,生甘草 25～30 g,西瓜皮 1 kg,水煎服。或用止渴人参散加减,党参(或人参)、芦根、葛根各 30 g,生石膏 60 g,茯苓、黄连、知母、玄参各25 g,甘草 18 g,共研末,开水冲服。无汗加香薷;神昏加石菖蒲、远志;狂躁不安加茯神、朱砂;若热极生风,四肢抽搐加钩藤、菊花。当气阴双脱时,宜益气养阴,敛汗固涩,方用“生脉散”加减:党参、五味子、麦冬各 100 g,煅龙骨、煅牡蛎各 150 g,水煎服。

亦可酌情采取以下验方:

西瓜(去籽)5 000 g,白糖 250 g 捣烂灌服。

鲜芦根 1.5 kg, 鲜荷叶 5 张,水煎,冷后灌服。

滑石粉 120 g,甘草 40 g,朱砂 10 g,芒硝 300～350 g,开水冲调,一次灌服。

藿香 70 g,滑石 90 g,甘草 45 g,陈皮 30 g,芒硝 350 g,共为末,一次灌服。

鲜马莲根 300～400 g,洗净后水煎,去渣,候温,一次灌服。

绿豆 250 g,水适量,煎汤,候温,一次灌服。

若能配合针刺鹘脉、耳尖、尾尖、舌底、太阳等穴位效果更佳。

(5)预防 为了预防本病,在炎热季节中,不使马受热,注意补喂食盐,给予充足饮水;厩舍保持通风凉爽,防止潮湿,闷热和拥挤。尽量避免在炎热的天气使役或运动,避免长时间暴露在强烈的日光中。在炎热的夏季进行运输时,应选择早晨或夜间,尽量避免在气温最高的中午运输,运输途中避免将马长时间置于封闭或通风不良的车厢或船舱内,并应提供足量清洁的饮水，供其自由饮用，水中可添加电解质等。

随时注意马群健康状态，放牧的地点应在水源附近，发现出现精神迟钝、无神无力或姿态异常、停步不前、饮食减退等中暑征兆时，即应检查和进行必要的处理。

第六章　营养代谢病

营养代谢是指动物体经一系列分解、合成、同化、异化作用，进行能量转化和物质交换，以维持机体各项正常生理功能的过程。机体对各种营养物质均有一定的需要量、允许量和耐受量。营养代谢病是营养缺乏病和新陈代谢障碍性疾病的统称。前者是指动物所需的营养物质缺乏或不足所致疾病的总称。后者是指因机体的一个或多个代谢过程发生异常，导致机体对营养物质消化、吸收、运输及转化障碍引起的一类疾病的总称。营养缺乏病包括碳水化合物、蛋白质、脂肪、矿物质、微量元素、维生素等营养物质的不足或缺乏引起的疾病；新陈代谢障碍性疾病包括碳水化合物代谢障碍病、脂肪代谢障碍病、蛋白质代谢障碍病、矿物质代谢障碍病及酸碱平衡紊乱。

第一节　概　述

营养代谢病的特点是发病缓慢，病程较长；多数伴有酸中毒和神经症状；体温变化不大或偏低；早期诊断困难；而且有些营养代谢病呈地方性发生，如动物的硒缺乏症、氟病等。目前，随着我国动物结构和饲养模式的改变，现代化、规模化、集约化饲养方式逐步增多，单一的自然饲料饲喂已逐渐转变为配合饲料或混合饲料饲喂，动物疾病的种类和分布随之也发生了很大的变化，特别是动物营养代谢病的发病率呈现增加趋势，对经济所造成的损失愈来愈为人们所认识和重视。

一、病因

1.日粮搭配不当

日粮搭配不当是营养代谢病的主要原因之一。比如日粮里某种或某些营养物质缺乏、含量不足、比例不当、饲料品质低劣、饲料储存时发霉、受潮、存放时间过长、不全价、混合不均匀等。如饲料中掺杂石粉太多，造成骨营养不良；存放时间长的饲料中维生素的损失严重。

2.饲料中营养物质拮抗物的存在

降低蛋白质的消化和利用：如豆科植物中的蛋白质抑制剂——胰蛋白酶抑制因子，可使胰腺受害而导致蛋白质的消化吸收、利用功能障碍。植物籽实中的红细胞凝集素可附着于肠道内壁细胞，干扰营养物质的吸收。降低矿物质的溶解、吸收和利用：最常见的就是植酸和草酸，能降低钙的溶解和吸收。氟对钙有干扰作用，硫对硒有干扰作用。使某些维生素效价降低：某些淡水鱼、虾、蛤类体内有硫胺素酶，能降解维生素 B_1，发霉的草木樨中含有维生素 K 拮抗因子——双香豆素。

3. 营养物质需求量增加

生长发育期的马匹、妊娠及泌乳期的母马、肥育期的马匹等对营养物质的消耗增多;热性疾病、慢性营养性消耗性疾病、处于应激(高温、转群、更换饲料、疫苗注射等)状态的马匹等对营养物质的消耗增多,所以,易患营养代谢病。

4. 消化吸收功能衰退

在临床中,在一些情况下,饲料中营养物质并不缺乏,但因马匹患有慢性胃肠道疾病、肝病、牙病、慢性肾功能衰竭等,使营养物质的消化吸收和代谢紊乱,造成营养缺乏。如肝、肾病可使维生素 D 的活化受阻。

5. 参与新陈代谢的酶缺乏

一类是获得性缺乏,见于重金属中毒、氢氰酸中毒、有机磷中毒及一些有毒植物中毒;另一类是先天性酶缺乏,见于遗传性代谢病。

6. 药物因素

长期使用抗生素类饲料添加剂预防马驹的消化道细菌感染,如土霉素、磺胺类等,导致肠道微生物区系紊乱,有益菌被杀死,不仅影响消化吸收,也影响某些营养物质的合成,导致代谢病发生。

7. 内分泌机能异常

如锌缺乏时血浆胰岛素和生长激素含量下降。纤维性骨营养不良继发甲状旁腺机能亢进等。

二、症状

马营养代谢病的种类较多,临床症状各异,但在疾病的发生上有其共同特点。

1. 群发性

在规模化、集约饲养条件下,特别是饲养管理不当造成的营养代谢病,常呈群发性,一种或多种动物同时或相继发病,表现相同或相似的临床症状。

2. 地方流行性

由于地球化学方面的原因,土壤中有些矿物元素的分布不均衡,如由于远离海岸线的内陆地区和高原土壤、饲料及饮水中碘的含量不足,而流行于人和动物的地方性甲状腺肿。我国缺硒地区分布在北纬 21°～53°和东经 97°～130°之间,呈一条由东北走向西南的狭长地带,包括 16 个省、自治区、直辖市,约占国土面积的 1/3。新疆、宁夏等地则流行绵羊铜缺乏症。

3. 起病缓慢

营养代谢病的发生,至少要历经化学紊乱、病理学改变及临床异常三个阶段。从病因作用至呈现临床症状一般需数周、数月乃至更长的时间。

4. 多种营养同时缺乏

在慢性消化道疾病、慢性消耗性疾病等营养性衰竭症中,往往缺乏的不仅仅是蛋白质,其他营养物质比如矿物质、维生素等也显不足。

5. 营养不良与生产性能低下

营养代谢病常影响马匹的生长、发育、成熟等生理过程,临床表现为生长停滞、发育不良、贫血、消瘦、异嗜、皮被异常、体温低下等营养不良症候群，产仔减少等生产性能低下，以及不孕、少孕、流产、死产等繁殖障碍综合征。

三、诊断

营养代谢病多呈慢性，脏器和组织损伤较为广泛，典型症状出现较晚。因此，诊断此类疾病应在结合临床症状和病理剖检变化的同时，注意综合分析，主要考虑以下因素。

(1)有些营养性代谢病呈群发、地方性发生，要注意气候、土壤等因素，并且与传染病、寄生虫病和中毒病等相鉴别。如白肌病、碘缺乏和高氟造成的骨营养不良等与土壤里硒、碘缺乏和氟过高有关。酸性土壤里的硒不易被植物吸收。干旱的年份易发纤维素性骨营养不良。

(2)注意消化代谢特点和生产性能。幼驹生长发育快，对营养物质需求量高，且消化代谢机能不够健全，易发代谢病。如马驹较成年马易患维生素 B 缺乏症。

(3)注意各种营养物质的含量、比例以及化合物的性质。如骨营养不良的发生，有时并不是钙磷的缺乏，而是二者比例不当所造成的。

(4)代谢病的特点是病程长、早期不易诊断，但在代谢病的临床症状未出现之前，一些临床病理学指标已经发生改变，即已出现了代谢机能障碍。因此，对马匹可进行定期的监测工作，包括饲料、饮水及中间代谢产物和畜禽产品等，以便早期发现疾病。中间代谢过程的监测样品主要是血、尿、粪。如血液丙酮酸升高为维生素 B_1 缺乏症的指标。

(5)观察治疗效果也是诊断的一种重要方法。例如有出血倾向时，补给维生素 K 效果不明显，而补充维生素 C 后有效，则是维生素 C 缺乏症。幼驹不明原因的腹泻，用多种抗菌素治疗无效，而用亚硒酸钠和维生素 E 迅速治愈，则为硒-维生素 E 缺乏症。

四、治疗与预防

治疗原则：平衡营养，加强饲养管理，科学储存饲料，缺什么补什么。

(1)应根据马匹年龄大小、用途和不同的生理阶段，合理配伍日粮。考虑日粮的数量与质量，注意机体的生理需求和营养物质间的协调平衡。

(2)注意母马妊娠期、泌乳期、马驹生长期、公马配种期等特殊生理时期的营养需要。

(3)注意饲料的储藏，防止饲料发霉变质。

(4)合理加工和调制饲料，防止营养成分的流失和破坏。

(5)加强饲养管理，防止消化道疾病和慢性消耗性疾病的发生。

(6)对于地方性某些营养缺乏，应合理改良土壤和施肥，保证饲料作物的良好品质。

(7)营养代谢病的治疗原则：平衡营养，加强饲养管理，科学储存饲料，缺什么补什么。但营养因子之间常存在一定的协同作用，有时单一补充某种营养物质是不够的。如维生素 B_1 缺乏症时除补充维生素 B_1 外，添加复合维生素 B 效果更好。

第二节 维生素 A 缺乏症

维生素 A 缺乏症是由于马匹体内维生素 A 或胡萝卜素不足或缺乏导致的皮肤、黏膜上皮角化、变性，生长发育受阻并以干眼病和夜盲症为特征的一种营养代谢病。本病各种年龄的马匹均可发生，但以幼龄的马驹多见。常常发生在冬、春青绿饲料缺乏的季节。

马匹体内没有合成维生素A的能力，其维生素A的常见来源主要是马匹的肝、乳、蛋等动物源性饲料，尤其是鱼肝和鱼油，如鳖鱼、鳕鱼和大比目鱼肝油以及北极熊肝油是其最丰富的来源。维生素A原——胡萝卜素的常见来源主要是植物性饲料，如胡萝卜、黄玉米、黄色南瓜、青绿饲料、番茄、木瓜和柑橘等是其丰富来源。

一、病因

1. 饲料中维生素A或维生素A原不足

各种青绿饲料包括发酵的青绿饲料在内，特别是青干草、胡萝卜、南瓜、黄玉米中都含有丰富的维生素A原，维生素A原能转变成维生素A。但在棉子、亚麻子、萝卜、干豆、干谷、马铃薯、甜菜根中几乎不含维生素A原。

2. 饲料中其他成分的影响

饲料中维生素E、维生素C缺乏，会导致维生素A破坏增加，脂肪含量低，会使维生素A吸收下降。

3. 继发因素

因为大量胡萝卜素是在肠上皮中转变成维生素A的，并且主要是在肝脏中贮存维生素A的，所以当发生慢性消化道疾病和肝脏疾病时，最容易继发维生素A缺乏症，马驹腹泻可导致维生素A缺乏症。

二、症状

马发生维生素A缺乏症，会出现皮肤增厚、粗糙和脱屑等。种畜的生殖能力降低，虽然公畜还可保留性欲，但精小管生殖上皮变性，精子活力降低，青年公马睾丸明显小于正常。母马受胎盘变性，可导致流产、死产或生后胎儿衰弱及母畜胎盘滞留。尤其是新生马驹，可发生先天性目盲及颅内水脑、脊索病和全身水肿，亦可发生肾脏异位、心脏缺损、脆病等其他先天性缺损。在临床上，马发生维生素A缺乏症常常出现以下症状。

1. 夜盲症

是一种突出性的病征，是最早出现的重要病征。特别在马驹，当其他症状都不明显时，就可发现在早晨或傍晚或月夜中光线暗时，盲目前进，行动迟缓，碰撞障碍物。

2. 干眼病

可见眼分泌出一种浆液性分泌物，随后角膜角化，形成云雾状，有时呈现溃疡和羞明。由于视神经受压，很可能引起视乳头水肿及失明，失明是由于视网膜变性所致。

3. 神经症状

维生素A缺乏症的马，还呈现中枢神经损害的病征，例如颅内压增高引起的脑病，外周神经根损伤引起的骨骼肌麻痹。表现为兴奋不安，盲目运动，尖叫等，运动失调，最初常发生于后肢，然后再见于前肢。有的患病马匹还可引起面部麻痹、头部转位和脊柱弯曲。有的患病马匹因脑脊液压力增高而发生脑病，多见于马驹，呈现强直性和阵发性惊厥及感觉过敏的特征。

三、诊断

根据饲养发病史和临床症状（夜盲症、干眼病、神经症皮肤变化和生殖能力下降等）作为初步诊断。确诊还须参考病理损害特征和对饲料中维生素 A 或维生素 A 原的含量进行检测。

在临床上,要注意因维生素 A 缺乏症引起的脑病与低镁血症性搐搦、脑灰质软化、D 型产气荚膜梭菌引起的肠毒血症和铅中毒的鉴别诊断。

四、治疗与预防

治疗原则:补充维生素 A,加强饲养管理,对症治疗。

1. 补充维生素 A

维生素 A 500 IU/kg 体重,肌肉注射。也可在饲料中添加维生素 A(每天正常需要维生素 A 最低量是 30 IU/kg 体重,每天正常需要胡萝卜素最低量是 75 IU/kg 体重),母马在妊娠和泌乳阶段,剂量可增加 600 IU/kg 体重。

2. 改善饲养管理

供给青绿饲料、黄玉米、胡萝卜,改善饲养条件,减少应激。

3. 对症治疗

(1)马驹可用麦芽粉、人工盐、陈皮酊等健胃药调整胃肠机能,促进消化吸收。

(2)眼有病变时可用 3% 的硼酸洗眼,然后滴入红霉素眼药水、氧氟沙星眼药水等对症治疗方法。

4. 添加防霉剂

饲料中应加入适当的防霉剂,防止饲料霉变,及时调整胃肠机能和治疗胃肠疾病。

第三节 维生素 K 缺乏症

维生素 K 是一种脂溶性化合物,自然界中有两种类型的维生素 K,即维生素 K_1 和维生素 K_2,至于所谓"维生素 K_3",则是一种合成式的维生素 K(甲萘醌)。维生素 K_1 在绿色植物中,特别是苜蓿和青草中含量最丰富,黄豆油中也含维生素 K_1。维生素 K_2 可以通过腐败肉质中的细菌或通过动物消化道中的微生物来合成。因此植物内含有维生素 K_1,而微生物体内则含有维生素 K_2,它们是两种活性很高的维生素 K,并且在动物正常饲养和生理条件下,极不容易发生维生素 K 缺乏症(vita-rain K deficiency)。

一、病因

对于马,维生素 K 的需要量很小,但对机体却是一种很重要的物质。维生素 K 缺乏会带来严重后果,我们必须予以重视。因此,弄清其病因对预防该病的发生很是非常必要的。

1. 摄入不够

由于饲养管理不当,比如饲喂干燥或青草时间过长,会造成马维生素 K 的摄入量不足。

2. 胃肠道吸收不良

比如慢性胃肠道疾病造成的长期腹泻会导致维生素 K 吸收减少。

3. 肝脏转化能力

患肝病时,脂肪类物质消化吸收障碍,致使脂溶性维生素 K 的吸收减少而患本病。

4. 内源性维生素 K 生成不足

在马体内有许多细菌，其中正常肠道菌群可以合成具有活性的维生素 K，但几乎所有的抗生素均可抑制肠道细菌，当某些疾病需长期服用广谱抗生素或者磺胺类药时，就会使维生素的合成减少，即自身合成维生素减少。

二、症状

马患本病，多数呈现亚临床症状。维生素 K 缺乏最明显的症状就是发生凝血功能障碍，主要表现在使凝血过程发生障碍，使血液凝固时间延长和出血。维生素 K 缺乏会影响骨折的愈合，因维生素 K 是特异骨肽骨变为结合钙的形成所需的生化程序的一部分。

另外，维生素 K 缺乏的马匹还表现为感觉过敏、贫血、厌食、衰弱。

三、诊断

(1)凝血酶原时间(PT)延长比部分凝血激酶时间(PTT)为甚。

(2)补充维生素 K 即可迅速矫治不适。

(3)有饲料缺乏或抗生素应用史。

(4)马长期饲喂干燥而变成白色的干草，或长期饲喂放置时间长的干草。

四、治疗与预防

治疗原则：补充维生素 K 和钙制剂，改善胃肠道的消化吸收功能。

(1)预防本病根本的办法是，注意日粮搭配，每千克饲料内增补维生素 K 0.5 mg，病马3～8 mg，有预防和治疗作用。

(2)及时治疗胃肠道及肝脏的疾病，以改善对维生素 K 的吸收和利用。

(3)磺胺和抗生素药物的应用时间不宜过长，以免破坏胃肠道微生物合成维生素 K。

(4)治疗畜群维生素 K 缺乏症，可应用维生素 K_3，当应用维生素 K_3 治疗时，最好同时给予钙剂治疗。至于缺乏症的预防，应注意不间断地保证青绿饲料的供给，对长期消化紊乱的马，应在日粮中适当补充维生素 K。

第四节　维生素 B_1 缺乏症

一、病因

(1)饲料中缺乏维生素 B_1　维生素 B_1 是水溶性维生素，在生物学上作为酶的辅酶。维生素 B_1 的来源很广泛，在青绿饲料、酵母、麦皮、米糠及发芽的种子中含量很高。此外，动物胃肠道中的微生物能合成维生素 B_1，一般不会缺乏，如果长期饲喂缺乏维生素 B_1 的饲料，或饲料中添加维生素 B 不足，就会发病。

(2)继发性病因　饲料发霉、或贮存过久，维生素 B_1 受到破坏，高温、应激、磺胺药的应用等因素，使维生素 B_1 消耗量过大。胃肠炎，消化障碍，吸收不良，使维生素 B 吸收减少而发生本病。

二、症状

以多发性神经病变、肌肉萎缩、组织水肿、心脏扩大、循环失调及胃肠症状为该病的主要特征。早期表现为马乏力、头痛、肌肉酸痛、厌食、腹胀、消化不良、便秘，随病情加重可出现典型的症状和体征，如下肢的灼痛和异样感，呈袜套样分布，肌肉有明显压痛。进而肌力下降，可出现端坐呼吸、发绀等心力衰竭的表现。水肿下肢先出现，严重者可出现全身水肿。心包、胸腔、腹腔积液。

三、诊断

(1)马属动物因采食蕨类植物中毒而继发维生素 B_1 缺乏，可见咽麻痹，共济失调，阵挛或惊厥，昏迷死亡。

(2)实验室检查，血液丙酮酸浓度从 20～30 μg/L 升高至 60～80 μg/L；血浆维生素 B_1 浓度从正常时 80～100 μg/L 降至 25～30 μg/L；脑脊液中细胞数量由正常时 0～3 个/mL 增加到 25～100 个/mL。

四、治疗与预防

治疗原则：补充维生素 B_1，加强饲养管理。

(1)应立即提供充足的富含维生素 B_1 的饲料如优质草粉、麸皮、米糠和饲料酵母；马驹应补充维生素 B_1，按 5～10 mg/kg 饲料计算，或每千克体重按 30～60 μg 计算。

(2)当饲料中含有磺胺或抗球虫药安丙嘧啶时，应多供给维生素 B_1，以防止拮抗作用。目前普遍采用复合维生素 B 预防本病。

(3)当严重维生素 B_1 缺乏症时，用盐酸维生素 B_1 注射液，每千克体重 0.25～0.5 mg，肌注或静注，1 次/3 h，连用 3～4 d。

(4)大剂量使用维生素 B_1 可引起外周血管舒张、心律失常、呼吸困难、进而昏迷等不良反应，一旦出现上述反应，及早使用扑尔敏、安钠咖和糖盐水抢救，大多能治愈。

第五节　维生素 B_2 缺乏症

一、病因

维生素 B_2 广泛存在于植物性饲料和动物性蛋白中，动物消化道中许多细菌、酵母菌、真菌等微生物都能合成维生素 B_2。因此，尽管维生素 B_2 是动物细胞氧化过程所必需的，但是在自然条件下，一般不会引起维生素 B_2 缺乏。然而下列情况可导致其缺乏。

(1)长期饲喂维生素 B_2 缺乏的日粮　各种青绿植物和动物蛋白富含维生素 B_2，但常用的禾谷类饲料中维生素 B_2 特别贫乏，每千克不足 2 mg。所以，肠道比较缺乏微生物的动物，又以禾谷类饲料为食，如果马匹单纯饲喂稻谷类饲料，又不注意添加维生素 B_2，则易发生缺乏症。

(2)饲料加工和贮存不当　饲料霉变，或经热、碱、重金属、紫外线的作用，特别是在日光下长时间曝晒，易导致大量维生素 B_2 破坏。

(3)饲料长期大量添加抗生素　长期大量使用广谱抗生素会抑制消化道微生物的生长，造成维生素 B_2 合成减少。

(4)患有胃肠疾病　动物患有胃、肠、肝、胰疾病，易造成维生素 B_2 吸收、转化和利用障碍。

(5)饲喂高脂肪、低蛋白饲料　长期饲喂高脂肪、低蛋白饲料时，往往会导致机体对维生素 B_2 的需要量增加。

(6)对维生素 B_2 的需要量增加　妊娠或哺乳的母马，在生长发育期的幼驹，应激、环境温度或高或低等特定条件下对维生素 B_2 的消耗增多，对维生素 B_2 的需要量随之增加。

(7)与遗传因素有关　系隐性遗传基因影响了维生素 B_2 的利用。

二、症状

(1)患维生素 B_2 缺乏症的马多数表现急性卡他性结膜炎，畏光，流泪，还可作为周期性眼炎的一种病因。

(2)表现不食，生长受阻，腹泻，流泪及秃毛，口角区周围充血，视网膜和晶状体混浊，视力障碍。

三、诊断

(1)根据饲养管理情况、发病经过、临床症状可做出初步诊断。

(2)测定血液和尿液中维生素 B_2 含量有助确诊。全血中维生素 B_2 含量低于 0.04 μmol/L，红细胞内维生素 B_2 含量下降。

(3)根据发病史、临床典型症状和饲料检测的结果进行综合诊断。

四、治疗与预防

治疗原则：调整饲料配方，补充维生素 B_2，加强饲养管理。

(1)调整日粮配方，增加富含维生素 B_2 的饲料，或补给复合维生素 B 添加剂。发病后，维生素 B_2 混于饲料中，马驹 30～50 mg/头。

(2)维生素 B_2 注射液，皮下或肌内注射，0.1～0.2 mg/kg 体重，7～10 d 为 1 个疗程。

(3)复合维生素 B 制剂，马 10～20 mL，每日 1 次口服，连用 1～2 周。

(4)防止抗生素大剂量长时间应用。

(5)不宜把饲料过度蒸煮，以免破坏维生素 B_2。

(6)饲料中配以含较高维生素 B_2 的蔬菜、酵母粉、鱼粉等，必要时可补充复合维生素 B 制剂。

第六节　纤维性骨营养不良

纤维性骨营养不良是由于钙磷代谢障碍，骨组织进行性脱钙，骨基质逐渐破坏、吸收而被增生结缔组织所代替的一种慢性疾病。骨组织的总量减少，但骨体积增大，重量减轻。临床上以面骨和长骨端肿胀变形为特征。马、骡多发，当冬末春初寒冷、日照少时更为多见。

一、病因

(1)饲料中钙、磷含量不足或比例不当是本病的主要原因 钙、磷的比例一般为1.3～(2∶1)。这样才能保证骨盐的沉积与代谢。饲料中钙多磷少或钙少磷多时,都容易形成不溶性磷酸钙随粪便排出体外,造成缺钙或缺磷,使骨盐难以沉积。一般粗饲料中的磷多是不能被利用的磷盐,而精料当中则磷多,而我国马骡的纤维性骨营养不良多是磷多钙少所致。

(2)饲料中的植酸盐、蛋白质及脂肪过多,可影响钙的吸收 因植酸盐在马骡的胃肠中不易被水解,与钙结合成不溶性化合物,不能被消化利用。各种饲料中均有植酸盐存在,但以米糠、麦麸和豆类含量较高。蛋白质过多时,在代谢过程中产生的硫酸、磷酸等物质,可以促进骨质中的钙脱出来。脂肪过多时,在肠分解产生过量的脂肪酸,与钙结合成不溶性钙皂,随粪便排出,所以草料中的植酸盐、蛋白质和脂肪过多时,都可以引发缺钙而引发本病。

(3)长期舍饲、缺乏运动、光照不足、皮肤的维生素D原不能转化为维生素D,使钙盐的吸收发生障碍,会影响钙、磷的吸收和代谢;机体甲状旁腺机能亢进,甲状腺素分泌增多,会加速骨质脱钙,均能促进本病的发病。

二、症状

初期,病马精神不振,喜欢卧地,不愿起立或起立困难,背腰凝硬,站立时两后肢交替负重,行走时步样强拘,步幅短缩,往往出现不明原因的一肢或整肢跛行,而且跛行常交替出现,时轻时重,反复发作。病马不耐使役,容易疲劳出汗。疾病进一步发展,骨骼肿胀变形。多数病马首先出现头骨肿胀变形,常见下颅骨肿胀增厚,轻者下顿骨边缘变钝、重者下颌间隙变窄;上颌骨和鼻骨肿胀隆起,故有“大头病”之称。有的鼻骨高度肿胀,致使鼻腔狭窄,呈现呼吸困难,伴有鼻腔狭窄音。牙齿往往松动,加上牙齿疼痛,常在采食中吐出草团。其次是四肢关节肿胀变粗,尤以肩关节肿大更为明显。长骨变形,脊柱弯曲,往往呈“鲤鱼背”。病至后期,病马常卧地不起,压迫肋骨,使肋骨变平,胸廓变窄。骨质疏松脆弱,容易骨折,额骨穿刺时容易刺入。严重的,病马逐渐消瘦,肚腹蜷缩,陷于衰竭。

在整个疾病过程中,病马常出现异嗜现象,舔墙吃土,啃咬缰绳,经常出现消化不良,粪便干稀交替。尿液澄清透明,呈酸性反应。无并发症时,体温、脉搏、呼吸一般无变化。

三、诊断

根据饲养情况、临床症状、骨针穿刺及X射线检查做出诊断。早期病例,根据饲养情况,吃草情况、跛行、喜卧、不愿站立、尿液清亮等情况进行分析。

马患本病时,要注意与风湿症,慢性氟中毒鉴别。猪要注意与萎缩性鼻炎鉴别。

四、治疗与预防

治疗原则:平衡钙磷比例,对症治疗,加强饲养管理。

(1)护理上注重调整钙磷比例,注重饲料搭配,减喂精料,多喂优质干草和青草,使钙、磷比例保持在1～(2∶1),而不得超过1∶1.4。有预防和治疗效果。条件许可时进行放牧,适当运动,多晒太阳。

(2)补钙时,以优质的石粉为主,常用南京石粉100～200 g,每日分2次混于饲料内给予。

10%葡萄糖酸钙注射液 200～500 mL，静脉注射，每日 1 次，连用数日。为促进钙盐吸收，可用骨化醇注射液 10～15 mL，分点肌内注射，每隔 1 周注射 1 次。重症病例可用 10%氯化钙 100 mL或葡萄糖酸钙 100～150 mL，一次性静脉注射，次日用水杨酸钠注射液 150～200 mL 静脉注射，两者交替一周，同时配合骨化醇注射液 10～15 mL 肌肉注射，7 d 后再用一次。

(3)对症治疗，为缓解病马疼痛，可用撒乌安注射液 150 mL 或 10%水杨酸钠注射液150～200 mL，静脉注射，每日 1 次，连用 3～4 d。为调节胃肠功能，可酌用健胃剂。

(4)加强饲养管理，有条件的话要定期进行放牧，适当运动，多晒太阳。

第七节　骨软病

骨软病是指成年动物当软骨内骨化作用完成后发生的一种骨营养不良性疾病，是一种发病机理复杂、病程长的慢性疾病。主要是由于饲料中钙或磷缺乏及二者的比例不当而发生。该病的病理特征是骨质的进行性脱钙，呈现骨质疏松，临床特征是消化紊乱、异嗜癖、跛行、骨质疏松及骨变形。

一、病因

日粮中钙磷比例不平衡　饲料中的精料(谷类、豆类及其残渣)富有磷酸，但钙的含量少。粗饲料特别是豆科植物的茎叶富含钙，磷酸却缺乏，因此，在临床中，粗精料要科学配伍。马骨软症多发生在冬季，冬季以稻草为主，其中添加少量米糠的饲养法，钙和磷酸都不足，尤其是稻草中的硅酸能阻碍钙的吸收，而易于发生骨软症。添加少量的米糠，也能招致蛋白质的不足，而发生骨质疏松症。

另外，母马妊娠、泌乳期间，对钙、磷的需要量增加，骨组织对这种反应最敏感。

二、发病机理

由于矿物质代谢紊乱，骨骼发生明显的脱钙，呈现骨质疏松，同时这种疏松结构又被过度形成的未曾钙化的骨样基质所代替，它与佝偻病的主要区别在于不存在软骨内骨化方面的代谢扰乱。

骨质疏松通常开始于骨的营养不足，以后借破骨细胞产生二氧化碳以破坏哈佛氏管，因此管状骨的许多间隙扩大，骨小梁消失，骨的外面呈齿形及粗糙，结果则使骨组织中呈现多孔，且容易折断。无论管状骨或扁骨，由于脱钙作用的同时又出现未钙化的骨基质增加，于是导致骨柔软弯曲、变形、骨折、骨痂形成以及局灶性增大和腱剥离。伴随时间的延长，沉积的钙质其密度也在增高，而胶性基质又部分地呈现萎缩，这个阶段当骨骼受到重压或牵引时(例如突然运动、运输和装卸)就可引起病理性骨折。

三、症状

(1)初期　在使役中易发生不明原因的四肢疼痛，四肢轻跛交替出现，不经治疗休息数日即愈。再使役跛行又复发，形成一种使役-轻跛-休息-痊愈的循环症状。患畜肌肉弹性减弱，被毛粗刚，精神倦怠。

跛行痛点多发生四肢关节，关节角的开张和闭合不全。

反复出现一时性的、长期的慢性消化不良，齿面磨灭不正、齿槽骨膜炎等常出现吐草，吃进的草，咀嚼几下后由口内吐出，粪便粗糙，多呈稀软便。口腔黏液增多，牙齿磨灭不正，咀嚼膏低沉，吃草缓慢。母马多发生在怀孕中期。

(2)中期　患畜多呈游走性的四肢疼痛。主要症状四肢呈无菌性关节病，如关节炎、腱鞘炎，韧带肌肉附着点损伤。发病关节增粗，腱鞘局部增温。鼻骨轻度隆起，下颌间隙狭窄，两下颌肥厚、粗糙，额骨、尾椎骨穿刺阻力减弱。消化不良，渐进为胃肠卡他，粪便干，呈小黑色球状。异食，咀嚼缓慢，牙齿磨灭异常。口腔多黏液，残有咀嚼不全的草团。

(3)后期　消瘦，肌肉僵硬，神经敏感性增高。四肢重度混跛，韧带松弛，关节肿胀，起立困难，驻立弓腰，后肢下蹲。母马因长期爬窝，幼驹发育不良，经常出现“母子双亡”的后果。

四、诊断

(1)临床诊断　根据日粮中矿物质含量及饲喂方法，饲料来源及地区自然条件，病畜年龄、性别、妊娠和泌乳情况，发病季节，临床特征及治疗效果，不难诊断。但在诊断时要与骨折、蹄病、关节炎症或肌肉风湿症、慢性氟中毒等相区别。

(2)骨质硬度检查　利用马纤维性骨营养不良诊断穿刺针，穿刺病马额骨，容易刺入，有95%站立在额部不倒(为阳性)。长骨 X 射线检查，骨影显示骨质密度降低，皮层变薄，最后1～2 尾椎骨被吸收而消失。

(3)X 射线检查　X 射线检查法可作为一种辅助诊断法。诊断部位：主腕前骨(中指骨)及趾关节。电源电压：100 V，管球电压 75 kV，管球电流 18 mA。摄影距离：75 cm，通电时间 1 s。管球焦点：与前肢的主腕前骨成垂直的方向。

(4)血液学检查　有人曾发现血钙浓度增高而血磷浓度下降，血清碱性磷酸酶水平亦有增高。

五、治疗与预防

治疗原则：调整钙磷比例，及时补充钙磷制剂，改善饲养管理条件。

(1)在发病地区，尤其对妊娠马，重点应放在预防上，如注意饲料搭配，调整钙磷比例，补饲骨粉等。磷钙比例应维持在 0.7～1.3 的范围内。

(2)查明饲料日粮中钙、磷含量。粗饲料以花生秸、高粱叶、豆秸、豆角皮为佳，红茅草、山芋干是磷缺乏的粗饲料。最好是补充苜蓿干草和骨粉，而不应补充石粉。

(3)对于病马，尽量改善饲养管理，给予含钙丰富的饲料。患病的妊娠、泌乳母马按每千克体重 0.2～0.3 g，普通马按 0.1～0.15 g 添加于饲料中，也可用 20%葡萄糖酸钙溶液 50～100 mL静脉注射，连用 3～5 d。对症疗法，当关节疼痛时，每天可内服水杨酸钠 25～30 g，连用 3～5 d。还有投服整肠健胃药，持续到食欲恢复为止。

(4)早期病例，单纯补充骨粉即可痊愈，马每天 250～300 g，5～7 d 一个疗程。较重的病例，可用 20%磷酸二氢钠液 300～500 mL，或 3%次磷酸钙溶液 1 000 mL，静脉注射。若同时使用维生素 D 400 万 IU，肌肉注射，每周一次，连用 2～3 次，则效果更好。也可用 NaH_2PO_4 100 g，口服，同时注射维生素 D。

第八节 佝偻病

佝偻病是生长快的幼畜维生素D缺乏及钙、磷代谢障碍所引起的骨营养不良性疾病。病理特征是成骨细胞钙化作用不全、持久性软骨肥大及骨骺增大的暂时钙化作用不全。临床特征是消化紊乱、异嗜癖、跛行及骨骼变形。本病主要发生于3～4月龄的幼龄马。

一、病因

(1)光照严重不足 马驹快速生长中,对维生素D的缺乏要比成年动物更敏感,舍饲和北纬高的地区,例如关禁饲养的幼龄马和集约化程度高的马匹,有时其发病率较高。在上述饲养管理条件的动物群中,有时并未发现在饲养上钙、磷不平衡现象,但却有佝偻病的发生。

(2)饲料中钙、磷比例不平衡 饲料中的钙、磷含量差异很大,母乳中,钙、磷含量则变化不大,所以幼年动物的佝偻病常发生于刚断乳之后的一个阶段中。

(3)维生素D缺乏 维生素D缺乏,容易引起佝偻病的发生,这就表明维生素D在完成成骨细胞钙化作用中具有特殊意义。由于母畜长期采食未曾经过太阳晒过的干草,干草中植物固醇(麦角固醇)不能转变为维生素D_3,若母畜长期被关禁饲养(特别是被覆很厚羊毛的母羊),皮肤中7-脱氢胆固醇则不能转变为维生素D_3,于是乳汁中出现维生素D严重不足,也是哺乳中的幼驹佝偻病的一种主要发病原因。

(4)日粮中蛋白质或脂肪性饲料过多 日粮中蛋白质或脂肪性饲料过多,代谢过程中产生大量酸类,与钙形成不溶性钙盐,大量排出体外导致缺钙。

(5)胃肠疾病和肝胆疾病 患胃肠疾病和肝胆疾病,影响机体对维生素D的吸收;患慢性肝肾疾病影响维生素D的活化。而磷和钙也能干扰机体对维生素D的利用率,并影响骨骼正常的钙、磷的沉积。

(6)甲状腺功能代偿性亢进 甲状腺功能代偿性亢进,甲状腺激素大量分泌,磷经肾排泄增加,引起低磷血症。

二、发病机理

佝偻病是以骨基质钙化不足为基础所发生的,而促进骨骼钙化作用的主要因子则是维生素D。当饲料中钙、磷比例平衡时,机体对维生素D的需要量是很小的;当钙、磷比例不平衡时,哺乳幼驹和青年马匹对维生素D的缺乏极为敏感。

当维生素D_3或维生素D_2被小肠吸收后进入肝脏,通过2,5-羟化酶催化转变为2,5-羟骨醇,再通过甲状旁腺激素分泌,降低肾小管中磷酸氢根离子的浓度,在肾脏通过1-羟化酶将2,5-羟化醇催化,转变为2,5-二羟骨化醇,后者既促进小肠对钙、磷的吸收,也促进破骨细胞区对钙、磷的吸收,这些钙、磷的吸收增强,血钙和血磷浓度升高。因此,维生素D具有调节血液中钙、磷之间最适当比例,促进肠道中钙、磷的吸收,刺激钙在软骨组织中的沉积,提高骨骼的坚韧度等功能。

当哺乳幼驹和青年马匹的骨骼发育阶段中,当日粮中钙或磷缺乏,或钙、磷比例不平衡时,若伴有任何程度的维生素D不足现象,就会造成成骨细胞钙化过程延迟,同时甲状旁腺促进小肠中的钙的吸收作用也降低，骨骼的骨基质不能完全钙化，呈现骨样组织增多为特征的佝偻病。在佝偻病的病例，骨骼中钙的含量明显降低(从66.33％降低到18.2％)，骨样组织明显占优势(从30％增高到70％)，骺软骨持久性肥大和不断地增生，骨板增宽，钙化不足的骨干突和骺软骨承受不了正常的压力而使长骨弯曲，骺变宽及关节明显增大。

三、症状

(1)早期呈现食欲减退，消化不良，精神不振、不活泼，然后出现异嗜癖。病马经常卧地，不愿起立和运动，发育停滞，消瘦，虽服轻役，但容易疲劳。

(2)肢骨(比如管状骨)骨端及头骨隆起。

(3)下颌骨增厚和变软，出牙期延长，齿形不规则，齿质钙化不全(凸凹不平，有沟，有色素)，常排列不整齐，齿面易磨损，不平整。鼻骨肿胀，引起鼻腔狭窄，呼吸困难，发生慢性鼻卡他的亦不少。

(4)肢骨弯曲虽不如猪之甚，但前肢骨也有弯曲，又往往呈山羊蹄、熊足等等的姿势，行步跛行。飞节、腕节皆肿胀，容易引起骨折。

(5)背凹陷或凸隆，前胸凹陷，病马时常以前肢爬地，左右动摇并搐动后肢，且呻吟诉痛。

(6)容易发生湿疹、支气管卡他、肠卡他、褥疮、甲状腺肿等。

(7)临床病理学检查，血清碱性磷酸酶活性(ALP活性)往往明显升高，但血清钙、磷水平则视致病因子而定，如由于磷或维生素D缺乏，则血清磷水平将在正常低限时的3 mg水平以下，血清钙水平将在最后阶段才会降低。

(8)X射线检查，能发现骨质密度降低，长骨末端呈现“羊毛状”或“峨蚀状”外观，外形上骨的末端凹而扁(正常骨则凸起而等平)。如发现骨骺变宽及不规则，更可证实为佝偻病。

四、诊断

(1)临床特征　根据动物的年龄、饲养管理条件、慢性经过、生长迟缓、异嗜癖、运动困难以及牙齿和骨骼变化等特征，做出诊断。

(2)临床病理学检查　血清钙，磷水平降低，血清碱性磷酸酶(ALP)活性往往明显升高，但血清钙、磷水平则视致病因子而定。如由于磷或维生素D缺乏，则血清磷水平将在正常低限时的3 mg/100 mL水平以下。血清钙水平将在最后阶段才会降低。

(3)X射线检查　骨质密度降低，长骨末端呈现“羊毛状”或“蛾蚀状”，外形上骨的末端凹而扁(正常骨则凸起而等平)。如发现骺变宽及不规则，更可证实为佝偻病。

(4)病史调查　动物的年龄、饲养管理条件。

五、治疗与预防

治疗原则：消除病因，加强护理，给予光照，调整日粮组成，补充钙及维生素D，调整钙磷比例。

(1)为了提高带仔母畜乳的质量，日粮中应按维生素D的需要量给予合理的补充，并保证冬季舍饲期得到足够的日光照射和经过太阳晒过的青干草。舍饲和笼养的畜禽，可定期利用紫外线灯照射，照射距离为1～1.5 m，20 min/d。

补充维生素D：鱼肝油幼驹为1～2 g，拌在饲料或皮下或肌肉注射。

浓缩维生素 D 油剂，既可混在饲料中，也可作皮下或肌肉注射，随年龄和体重不同，每天为 1～5 mL（每毫升约含 10 000 国际单位）。维生素 D_3 的油剂（骨化醇）作内服，各种幼畜均为 20～30 IU/kg 体重。鱼粉（混于饲料中）幼驹每天为 20～100 g。

（2）日粮应由多种饲料来组成，其中注意钙、磷平衡问题（钙、磷比例应控制在（1.2∶1）～（2∶1）范围内）。骨粉、鱼粉、甘油磷酸钙等是最好补充物。富含维生素 D 的饲料包括开花阶段以后的优质干草，豆科牧草和其他青绿饲料，在这些饲料中，一般也含有充足的钙和磷。青贮料或青干草晒太阳不彻底，其维生素 D_3 的含量都很少。

（3）对未出现明显骨和关节变形的病马，应尽早实施药治疗。

维生素 D 制剂　鱼肝油，犊牛、马驹 10～15 mL，每日一次，内服，腹泻时停药；骨化醇液（维生素 D_2），马驹 40 万～80 万 IU，每周一次，肌肉注射，重症的马驹可用 400 万 IU。

钙制剂　碳酸钙，马驹 5～10 g，每日一次内服。乳酸钙：马驹 5～10 g，每日一次内服。

第九节　硒和维生素 E 缺乏症

硒和维生素 E 缺乏症是由于硒和维生轰 E 不足或缺乏、而引起骨骼肌和心肌变性、坏死、肌营养不良及心肌纤维变性的一种急性或亚急性的营养代谢病。临床上以突然呈现运动障碍和急性心力衰竭为特征。主要危害幼驹，成年马、骡很少发病。本病常呈地区性发生，我国东北、华北、西北和西南等地区均有本病的发生。

一、病因

本病发生的直接原因是饲料中硒和/或维生素 E 含量缺乏或不足。

1. 维生素 E 广泛存在于动、植物饲料中，通常情况下，动物不会发生维生素 E 缺乏症。但是由于维生素 E 化学性质不稳定，易受许多因素的作用而被氧化破坏。临床上造成维生素 E 缺乏症的常见病因如下。

（1）饲料本身维生素不足或由于加工储存不当造成维生素 E 破坏是动物发生维生素 E 缺乏症的重要原因之一。如秸秆、块根饲料，维生素 E 的含量极少；劣质干草、稻草或陈旧的饲草，或是遭受暴晒、水浸、过度烘烤的饲草，其所含的维生素 E 大部分被破坏。如长期饲喂这些饲料，又不补给维生素 E，则可发病。

（2）长期饲喂含大量不饱和脂肪酸（亚油酸、花生四烯酸等），或酸败的脂肪类以及霉变的饲料、腐败的鱼粉等，促使维生素 E 的氧化和耗尽。日粮中含硫氨基酸、微量元素缺乏或维生素 A 含量过高，可促进维生素 E 缺乏症的发生。

（3）维生素 E 的需要量增加，未能及时补充。如动物在生长发育、妊娠泌乳、应激状态时，对维生素 E 的需要量增加，却仍以原来饲料饲喂动物，则有可能导致维生素 E 缺乏症。

2. 马对硒的要求每千克饲料是 0.1～0.2 mg，低于 0.05 mg 时，就可出现硒缺乏症。饲料、牧草中硒含量取决于土壤硒含量及溶解度。饲料种类不同，所含硒量差异比较明显。硒含量在鱼粉中较高（3 mg/kg）、叶类（白三叶草、苜蓿粉、甘薯叶粉）在 0.1～0.5 mg/kg，饼粕、糠麸次之（0.08～0.16 mg/kg），谷类最低。如玉米为 0.02 mg/kg。当以谷类饲料为主时，易导致硒的缺乏。

二、症状

该病主要见于幼驹，表现生长发育缓慢，营养不良，贫血，运动障碍，背腰弓起，四肢僵硬，运步强拘，共济失调，心律不齐，呼吸困难，并伴有消化机能紊乱。临床上可分为3种型。

1. 急性型

喜卧，嗜睡，心跳加快，节律不齐，呼吸困难，多突然死亡。

2. 亚急性型

病马精神沉郁，背腰发硬，后腿摇晃，臀部肿胀，触之僵硬，呼吸加快，并出现心律不齐，后期卧地不起，一般在发病8～12 h内死去。

3. 慢性型

精神不振，食欲下降，呼吸困难，腹泻，消瘦，心脏节律不齐。步态强拘，行走摇晃，肌肉震颤，蹄部龟裂，有时呈皮下水肿。

马匹繁殖机能障碍，隐性流产，幼驹发育受阻等。

三、诊断

急性型约占总发病率的20%。病驹多在无先兆症状，特别是在运动后突然死亡。有的呈现兴奋不安，心动疾速，心律失常，呼吸困难，往往两侧鼻孔流出泡沫样或血样鼻液，经10～30 min即死亡。亚急性型约占总发病的80%。临床症状明显，主要表现为运动障碍，病初病驹喜卧，放牧时跟不上群，站立时背腰弓起，肌肉震颤，尤以后肢更为明显，强使行走时，病驹背腰发硬，步样强拘，后躯摇晃，末期两后肢不能站立。臀部常见有对称性肿胀，触之坚固。脉搏急速，120次/min以上，初期，心搏动增强，第一心音增强第二心音减弱，以后心搏动和两心音均减弱，并出现心律失常。病驹异嗜，常舔食被毛，食欲减退，肠音减弱，初期粪便稀软，色黄无臭味，以后则排水样暗褐色恶臭粪便，内含脓汁、血液和脱落的肠黏膜。病初排淡红色、深红色甚至酱油色肌红蛋白尿，病程较长者，肌红蛋白尿消失。

四、治疗与预防

治疗原则：消除病因，加强护理，给予光照，调整日粮组成，补充钙及维生素D，调整钙磷比例。

1. 治疗

同时应用硒制剂和维生素E，如0.1%亚硒酸钠注射液8～10 mL，肌内或皮下注射，可间隔20 d用药1次，维生素E注射液50～70 mg，肌内注射，每日1次，连用数日，或亚硒酸钠维生素E注射液2～4 mL肌内注射，可间隔15～20 d用药1次。

2. 预防

在白肌病常发地区，入冬后对妊娠马应用硒制剂，即用0.2%亚硒酸钠注射液15 mL，肌内或皮下注射，每隔20 d用药1次，共用药3次，对本病的预防有较好的效果。

另外，要加强妊娠马和幼驹的饲养管理，增喂富含维生素E的饲料，如大麦芽、青刈大豆、青割燕麦、苜蓿干草等。

第七章　中毒病

第一节　中毒概论

一、毒物与中毒

1. 毒物(toxicant，toxic agent，poison)

在一定条件下，任何物质(固体，液体，气体)进入动物机体，干扰和破坏机体的正常生理机能，导致暂时或持久的病理过程，甚至危害生命者，都应该称为毒物。实际上，在特定的条件下，几乎所有的外源化学物都有引起机体损害的潜力，因为随着它们对生物体的过多暴露，都能导致对生物体的损害，因此，所谓的"毒物"是相对的，而不是绝对的。

2. 毒素(toxin)

是由活的生物有机体产生的一类特殊物质，某些毒素的化学结构尚不完全清楚。由植物产生的毒素称为植物毒素；由细菌产生的毒素称为细菌毒素，其中存在于细菌细胞内的毒素称为内毒素(endotoxin)；由细菌细胞合成后排出菌体外的毒素称为外毒素(exotoxin)；由某些真菌产生的毒素称为真菌毒素(mycotoxin)；由低等动物产生的毒素称为动物毒素(zootoxin)。凡通过叮咬(如蛇、蚊子)或蜇刺(如蜂)释放的动物毒素称为毒液(venom)。

3. 毒物的分类

自然界中毒物的种类很多，目前没有统一的分类方法，可按照毒物的来源和用途、毒物作用的靶器官及毒物的化学结构等进行分类。根据毒物的来源和用途可分为：饲料毒物、农业性毒物、药物性毒物、植物性毒物、霉菌毒素、细菌毒素、环境毒物、有毒气体等；按照毒物作用部位分为：腐蚀毒、实质器官毒、血液毒、酶系毒、神经毒等。但临床上毒物引起机体损伤的部位往往是多方面的，如有机磷对接触黏膜有明显的腐蚀作用，吸收后主要抑制胆碱酯酶的活性，同时引起中枢神经系统的功能紊乱。

4. 中毒(toxicosis，intoxication)

是毒物进入机体后产生毒性作用，引起组织细胞功能或结构异常而导致的相应病理过程。由毒物引起的疾病称为中毒病(poisoning disease)。兽医临床上根据中毒病的病程分为急性、亚急性和慢性 3 种类型。急性中毒(acute intoxication)是动物在短时间内(几分钟至 24 h 内)一次或多次接触或摄入较大剂量的毒物而引起一系列的中毒症状，通常病情紧急，症状严重，往往因生命器官的急性功能障碍可导致动物迅速死亡或突然死亡。慢性中毒(chronic intoxication)是动物在较长时间内(一般指30天以上)连续摄入或吸收较小剂量的毒物,在体内逐渐蓄积而引起的中毒过程,病程发展缓慢,症状逐渐加重。介于两者之间的称为亚急性中毒(subacute intoxication)。

二、毒物的毒性

1.毒性(toxicity)

在一定条件下,能与生物体相互作用并引起生物体功能性或器质性损害的外源化学物,称为外源性毒物,引起人和动物中毒的主要是外源性毒物。毒性是指外源性毒物对机体的易感部位引起有害生物学作用的能力,反应毒物剂量与机体反应之间的关系。毒性只有作用于生物体才得以表现出来,外源性毒物作用于生物体所产生的各种损害统称为有害影响。毒物对生物体产生有害影响必须具备一定的前提条件,即接触(exposure)。也就是说,生物体只有以不同的途径和方式接触到外源物,才有可能使外源物的毒性得以表现并对生物体产生有害影响。

2.毒性的表示方式

毒性的计算单位,通常采用某种物质导致实验动物产生某种毒性反应所需要的数量来说明。数量(剂量)愈小,表示毒性愈大。毒性反应用动物的致死数量或某种病理性变化来表示。常用的方式有以下几种:

一般毒性(急性、亚急性、慢性)和特殊毒性(致突变、致癌、致畸、致敏、免疫抑制等)。

致死量(lethal dose, LD)或致死浓度(lethal concentration, LC) 能使动物致死的剂量或浓度。如绝对致死量(LD_{100})或浓度(LC_{100}):能使全组实验动物全部死亡的最小剂量或浓度。半数致死量(median lethal dose, LD_{50})或浓度(LC_{50}):能使全群实验动物半数死亡的剂量或浓度。最小致死量(MLD)或浓度(MLC):能使全组实验动物中个别死亡的剂量或浓度。最大耐受量(LD_0)或浓度(LC_0):能使全组实验动物全部存活的最大剂量或浓度。

机体的某些病理反应 如最高无毒剂量(highest non-toxic dose, HNTD)是指毒物对动物不造成血液性、化学性、临床或病理性改变的最大剂量。最低毒性剂量(LTD)是指能使个别动物发生轻微病理改变的最低毒物剂量,但两倍的LTD不致引起动物死亡。最高毒性剂量(highest toxic dose, HTD)是指能引起或诱发机体病理变化的最高毒剂量,两倍的HTD可造成死亡。

毒性剂量单位通常用毒物的毫克数与动物体重的千克数之比来表示,即mg/kg体重。空气中的毒物用mg/m^3表示。

某一种物质产生同一反应的剂量(浓度),由于所用的实验动物的种属或种类、中毒的途径、有毒物质的剂型等条件不同,其结果亦有差异。所以在测定毒性时,应当对不同的动物和不同的中毒途径进行全面观察。

3.剂量与反应的关系

(1)直线关系,即剂量与反应呈正比。

(2)抛物线关系(对数线关系),即随着剂量的增加,反应逐步增快。若将剂量以对数值表示,则可呈现一条直线。

(3)S形曲线关系,即随着剂量的增加,开始阶段的反应改变不明显,接着出现反应改变明显阶段，然后反应改变不明显。大多数毒物的剂量-反应关系属于S形。根据这一规律，用数量统计方法将各剂量组的动物中毒后的死亡数计算出急性毒性指标，其中半数致死量(LD_{50})比较稳定可靠。

4.影响毒物作用的因素

任何毒物的毒性作用不仅决定于毒物的理化性质、吸收途径和蓄积作用，而且决定于外界环境条件，如气候、光照、温度和湿度。就植物有毒成分而言，其含毒量随季节、生长期、生长地和植物品种等的不同而变化。

动物的种类、性别、年龄、体重、毛色、体质、神经机能状态以及饲养管理或使役等情况的不同，对毒物的反应也有差异。在某些地区生长的动物对该地区的某些有毒植物和真菌毒素比从外地引进的动物耐受性要强。

毒物的拮抗作用指在动物体内一种毒物的毒性作用，被另一种毒物减弱或完全消除。毒物的协同作用指两种以上的毒物，在机体内相协同，毒性作用更强，致使病情急剧恶化。有些毒物被吸收到体内时，对一定的组织器官具有化学亲和力称为毒物的选择性或亲和性。一些毒物还表现出全身作用，只是对被侵害的主要组织器官较为强烈，而对其他各组织器官的损害力较弱。有些毒物直接侵害组织器官，引起器质性病理变化称直接作用，也有引起其他组织器官机能变化的间接作用。在一个统一完整的机体中，所有的组织器官都是相互联系、相互影响、相互制约的，任何毒物进入动物机体所引起的组织器官生理性或病理性改变是多方面的，也是十分复杂的。

三、中毒病的常见病因及特点

导致动物中毒的原因很多，大体上划分为动物暴露在自然条件下的中毒和人为的中毒两方面。

1.自然因素

包括无机物和有机物两大类。

(1)无机物　主要是来源于地壳的矿物元素(如硒、氟、砷、铅、镉、钼、铋、铊等)，这些矿物元素在土壤中一般以动物不能利用的形式存在，但能被植物吸收而通过食物链引起动物中毒。土壤硒含量过高，使当地植物硒含量较高，容易发生动物硒中毒，如我国湖北恩施和山西紫阳的部分地区。自然界中的一些岩石(如氟石、冰晶石、磷灰石等)含有大量的氟化物，并不断的浸出而进入土壤和地下水中，使生长的牧草和农作物氟含量增加，是人和动物地方性氟中毒发生的主要原因，我国的自然高氟地区主要集中在荒漠草原、盐碱盆地和内陆盐池周围。腐殖土和泥炭土一般钼含量较高，动物采食生长在这些土壤上的牧草容易发生以腹泻为特征的钼中毒。

(2)有机物　主要包括有毒植物、霉菌产生的毒素、动物毒素及藻类等。

①有毒植物：植物中毒具有明显的地方性和季节性。多数有毒植物具有一种令人厌恶的臭味或含有刺激性液汁，正常情况下动物往往拒食这些植物，当其他牧草缺乏或严重饥饿时，动物才被迫采食有毒植物。我国常见的有毒植物中毒主要有疯草中毒、萱草根中毒、栎树叶中毒等。

②霉菌和藻类：某些霉菌浸染农作物、食品、饲料和牧草时，在一定的温度(25～30℃)和湿度(相对湿度不超过70%)条件下，可产生霉菌毒素，导致人和动物中毒。藻是一类单细胞水

生生物，多数藻类不产生毒素，但一些蓝绿藻能产生有毒物质，动物饮用这种水源可引起中毒。

③动物毒素：主要是一些爬虫（如毒蛇、毒蜘蛛、蝎等）和昆虫（如蜂、斑蝥等）产生的毒素通过咬伤、蜇伤皮肤进入动物体内引起的中毒。另外，动物采食蚜虫寄生的植物可发生以光敏性皮炎为特征的蚜虫毒素中毒。

2.人为因素

主要是指工业污染及农药、化肥和杀鼠药管理不善或不合理使用，药或饲料添加剂使用不当以及使用劣质饲料和饮水等。还包括偶尔发生的人为投毒及恐怖行为。

(1)工业污染　随着现代工业的发展，工厂排放的废水、废气及废渣中的有害物质，未经有效的处理，污染附近的水源、土壤、牧草而引起人和动物中毒。常见的工业“三废”污染环境的无机物有砷、铅、镉、汞、氟、钼、铜、铬等，有机物有酚类、氰化物、乙醇等。此外，某些放射性物质、化工厂的毒气泄漏（如氯气）及天然气井喷外泄的大量硫化氢气体等则危害性更大，可造成大批人和动物中毒死亡。

(2)农药、化肥和杀鼠药　农药是农业生产中为防治病虫害、清除杂草、刺激作物生长、提高农作物产量和质量所使用的各种药剂的总称，包括杀虫剂、杀菌剂、杀螨剂、灭软体动物剂以及促植物生长调节剂等。随着现代农业生产的发展，农药的种类越来越多，其应用越来越广泛。但是由于各种农药都有不同程度的毒性作用，在农业生产中因使用和管理不当而污染环境，导致人和动物接触农药的机会越来越多，大量摄入或体内蓄积造成不同程度的毒性损害。动物摄入过量的化肥或饮用施用过化肥的农田水均可引起中毒。

(3)药物　大多数药物是选择性毒物，如果用药过量，给药速度过快，长期用药及药物配伍不当等，均可引起毒性反应。如正常剂量的硼酸葡萄糖钙，如果注射速度太快，就能致马中毒死亡。

(4)饲料添加剂　饲料添加剂的种类繁多，除营养性添加剂外，其中大部分属药品、化学品的管理范围（如生长促进剂、驱虫保健剂、饲料品质改良剂、饲料保藏剂等）。目前，畜牧业生产中饲料添加剂被广泛应用，且使用时间过长，几乎贯穿畜禽饲养的全过程，若不按规定使用，即用量过大或应用时间过长、或混合不当等均可引起某些毒副作用，严重时导致动物大批中毒，甚至死亡。在我国滥用饲料添加剂及兽药（如不遵守休药期）和非法使用违禁药物的现象仍然十分普遍，加之动物个体差异和不合理用药是导致动物性食品中残留超标的主要原因，已经影响到畜牧业的可持续发展，损害了我国动物源性食品在国际上的地位和声誉，并直接危害人们的健康。

(5)饲料毒物　主要是指饲料调制或贮存不当，产生有毒物质，如植物中的硝酸盐在一定的温度和湿度下转化为亚硝酸盐，草木樨中的香豆素在霉菌感染后转变为具有毒性的双香豆素等；或饲料原料中含有一定毒性成分的农副产品，在饲料配制或饲喂之前未经脱毒处理，如菜籽饼、棉籽饼、亚麻籽饼、酒糟等中毒。有的植物性饲料产生有毒物质与生长发育时期和季节有关，如狗舌草在夏季开花期毒性最强，高粱再生苗中生氰糖苷含量最高。

动物中毒病属临床普通病的范畴，但又不同于一般的器官系统疾病，其发病具有一定的特殊性，特别是群发性的急性中毒，在短时间内可造成严重的损失。一般中毒病具有以下特点：①普遍性：几乎所有的国家和地区都有动物中毒病的报道，只是由于地理、气候、物种、环境的不同在中毒病的类型上有所差异。②群发性：在同样饲养管理条件下许多动物突然同时发病，临床症状相同或相似。③地域性：某些有毒植物中毒、环境污染及矿物元素中毒等，均具有明显的地域性特点。④季节性：某些中毒病的发生具有明显的季节性，如有毒植物中毒与植物有毒部位的生长季节、动物采食时间有直接关系，霉菌毒素中毒与霉菌的生长条件、饲料贮存的条件有关。⑤无传染性：尽管中毒病可大群或呈地方性发生，但无传染性，不接触毒物的动物不会发生。⑥体温不升高：发病动物体温一般正常或低于正常。⑦经济损失严重：主要因中毒导致动物直接死亡、降低繁殖率（如导致流产、死胎、弱胎、不孕等疾病），造成巨大的经济损失。

四、毒物学基本原理

1. 毒物的代谢

毒物通过不同途径进入动物机体，吸收的毒物通过血液循环分布于体内不同组织，蓄积在靶组织中，或进行生物转化，又以一定渠道排出，其过程称为毒物的代谢或毒物动力学。

毒物中除极少部分在吸收之前损害所接触的局部组织，大多数需被机体吸收后才发挥毒害作用。而毒物的吸收、分布与排泄均需通过组织细胞膜进行不同方式的生物转运。毒物的生物转运指毒物的吸收、分布（包括毒物的运载状态），毒物分子与靶物质间的相互作用，毒物与细胞或亚细胞成分（如细胞膜和酶）间的相互作用，游离的活性毒物在血液中的存留时间，毒物进入储存部位并从中释放的方式等。

（1）毒物的吸收　毒物通过不同的途径进入血液的过程称为毒物的吸收。吸收的途径为消化道、呼吸道、皮肤和黏膜注射等，其中经消化道中毒为主要途径。

（2）毒物的分布　吸收后的毒物随血液循环遍及全身，在血液中少数呈物理溶解状态，多数与红细胞或血浆蛋白尤其是清蛋白（或球蛋白）结合，通过不同途径分布于各器官。毒物由于通过细胞膜的能力、组织亲和力不同，在组织中的分布和蓄积有很大的差异。一般认为，影响毒物在体内分布、沉积的因素有以下几方面：①毒物与血浆蛋白的结合能力；②毒物的脂溶性和水溶性；③毒物与组织的亲和力；④体内屏障等。

毒物蓄积的部位称为贮存库（storage depot），机体内主要的贮存库有：①血浆蛋白贮存库（转铁蛋白是一种 β 球蛋白，对体内铁的转运具有重要性；血浆铜蓝蛋白具有转运铜和使亚铁离子氧化的作用。α 和 β 脂蛋白在转运外源化学物和脂溶性物质如维生素、胆固醇及类固醇激素等方面具有非常重要的作用）；②肝和肾贮存库；③脂肪贮存库（脂溶性外源化学物易贮存在脂肪组织中，已发现氯丹、滴滴涕（DDT）、多氯联苯及多溴联苯等许多化学毒物可在脂肪中蓄积）；④骨骼蓄积库（一些与骨组织有特殊亲和力的化学毒物，特别是 F、Pb、Cd、Sr 等化学物都能够被吸收并蓄积在骨骼中）。

（3）毒物的排泄　吸收入血和分布于体内的毒物经过代谢转化后，以不同形式（原形、代谢产物或结合产物）、不同途径排出体外的过程。毒物排泄主要有以下途径：①肾排毒（尿液排泄）肾是排泄毒物及其代谢产物的最主要器官。②消化道排毒（胆汁排泄）多数毒物可通过唾液、胆汁和胃肠道排出。可排出相对分子质量大于 300 的强极性化合物，而胃肠中未被吸收的毒物则从粪便直接排出。影响消化道排毒的因素主要是毒物的脂溶性，因为脂溶性毒物可被肠道重吸收而形成肝肠循环，从而减缓了毒物随粪便排泄的速率，可通过应用泻剂阻止重吸收以促进毒物从肠道排泄。③肺排毒（呼吸排泄）在体温下呈气态的毒物主要通过肺排泄，挥发性的液体也易随呼气排出。溶解度高并易在脂肪组织蓄积的挥发性液体毒物，经此途径排出缓慢。④其他排毒途径 有些毒物（如棉酚、蓖麻毒、十字花科植物的致甲状腺肿物质等）可通过乳汁排泄，而对幼龄动物和人造成危害，故有重要意义。此外有些毒物可通过泪腺、汗腺和皮肤排出。

总之，因毒物的理化性质不同，毒物可以经胃肠道、肺或皮肤吸收，进入机体后通过生物转化进行代谢，并由尿液、粪便和呼气等途径排泄。当有毒化学物的吸收率超过排泄率时，可积聚并在一些靶位点达到临界浓度，进而引起毒性作用。一种化学物是否能引起毒性作用不仅取决于其自身的性能和靶位点特异性，同时还取决于机体对该化学物的清除过程。因此，化学物的吸收、分布、生物转化以及排泄速率对其毒性作用具有重要影响。

2. 毒物在机体内的生物转化

毒物进入体内后，经过水解、氧化、还原和结合等一系列代谢过程，其化学结构和毒性发生一定的改变，称为毒物的生物转化或代谢转化。毒物通过生物转化，其毒性的减弱或消失称为解毒或生物失活。有些毒物可能生产新的毒性更强的物质，称为致死性合成或生物活化。如氟乙酸盐在代谢过程中转变成氟柠檬酸后，竞争性抑制乌头酸酶的活性。对硫磷、乐果等经过生物转化后变成毒性更强的对氧磷和氧乐果；不少致癌物质，如 3,4-苯并芘及各种芳香胺也要通过代谢转化后才具有致癌作用。同时，这些物质也可以通过另一些生物转化途径来解毒。

肝脏、肾脏、胃肠组织、肺甚至皮肤、胎盘对各种毒物都具有程度不同的生物转化功能。肝细胞中内质网(特别是滑面内质网)的生物转化功能较为活跃。因此，肝脏不仅是物质代谢的重要器官，而且也是解毒的主要器官。

在体内生物转化过程中，毒物结构的改变是其与体内物质作用的结构，其中肝脏是毒物结构变化的主要器官。毒物在机体内通过酶的催化作用，或氧化、还原、分解等各种不同的代谢过程，产生极性增强、亲脂性减弱、亲水性增加的代谢产物。这些产物与蛋白质的结合力可能降低，脂肪储藏量减少，不易通过生物膜等。

3. 毒物的毒理作用

是指毒物吸收后在动物体内引起的代谢功能和组织结构的变化。毒物一般通过以下方式产生毒性作用。

(1)局部刺激和直接腐蚀作用　刺激性和腐蚀性毒物与动物机体接触或经不同途径进入体内的过程中，对所接触的表层组织产生化学作用而造成直接损害。如酸、碱和矿物质等，可直接腐蚀和刺激皮肤或黏膜。

(2)干扰生物膜的通透性　毒物对细胞和亚细胞结构的损害，主要是作用于膜上的蛋白质和脂质而破坏生物膜。如铅离子能够使红细胞的脆性增加，从而导致溶血；若亚细胞器被破坏，其所含的内酶释放入血，使血液中相应的酶含量增高，如四氯化碳、棘豆草能破坏线粒体结构，使其所含的丙氨酸氨基转移酶(ALT)在血中明显升高。

(3)阻止氧的吸收、转移和利用：①某些毒物可与携氧的载体结合，使载体失去携氧的能力，从而引起机体缺氧。如一氧化碳与血红蛋白氧结合的部位发生结合，使血红蛋白失去携氧功能，从而引起组织缺氧。②有些毒物可与细胞的氧化还原酶结合，以此阻断细胞氧化酶的氧化还原功能，从而导致细胞的有氧呼吸终止。如氢氰酸和氰化物中毒时，氰离子与细胞色素氧化酶中的 Fe^{3+} 结合形成稳定的氰化高铁细胞色素氧化酶，使其丧失电子传递能力，引起组织细胞呼吸链停止而发生生物化学性窒息(内窒息)。③还有些毒物可使血红蛋白变为高铁血红蛋白，使其失去结合氧和运氧能力，引起机体缺氧症，如亚硝酸盐中毒。

(4)抑制酶系统的作用　大多数毒物进入体内后以细胞内酶为靶分子，通过抑制细胞酶的活性而发挥毒害作用。如组织细胞中的多中巯基酶的巯基可与汞、砷等金属离子结合，而使酶失去活性，如丙二酸与琥珀酸结构相似，在三羧酸循环中丙二酸与脱氧酶结合，从而抑制了琥珀酸的正常氧化；氟中毒时，则 F^- 与 Mg^{2+} 结合成难溶性的复合物氟化镁（MgF_2），因而磷酸葡萄糖变位酶的活性受到抑制；有机磷化合物与胆碱酯酶结合，形成稳定的磷酰化胆碱酯酶而丧失该酶的水解能力，致使乙酰胆碱在组织中大量积聚而中毒。

五、中毒病的诊断

兽医临床上，只有快速、准确的诊断中毒病，才能及时采取有效的治疗和预防措施。大多数中毒病缺乏特征性的临床症状，根据临床资料难以做出结论。因此，中毒病的诊断应按照一定的程序进行综合分析，主要包括病史调查、临床症状、病理学检查、动物试验、毒物分析和治疗性诊断等。

1.病史调查

详细了解与中毒有关的流行病学资料是做出准确诊断的关键。调查的内容包括：

(1)发病情况　了解中毒病发生的时间、地点、畜种、年龄、性别、发病数、死亡数及发病后的主要症状等。

(2)饲养管理　了解饲料的来源、组成及加工、贮存方法、饲喂制度，药物使用及动物接触外源化学物的情况等。对急性中毒应特别了解发病前最后一次进食的时间、地点及饲草料的品种、批次、成分、质量、颜色、气味等，是否有发霉变质或加工不当，有毒饲料是否脱毒，饲料是否被农药污染或饲喂使用过农药的牧草及用农药拌过的剩余种子，杀鼠药的毒饵投放地点，使用药物是否过量等。

(3)周围环境　了解附件工厂“三废”排放情况，主要的污染物及对环境的污染状况，特别是对牧草和水源的污染。了解地理环境知识，如自然环境引起的地方性氟中毒、硒中毒、钼中毒等。

2.临床症状

观察临床症状要特别仔细，轻微的临床表现，可能就是中毒的特征。由于所有毒物都可能对机体各系统产生影响，但临床症状的观察和收集往往非常有限。临床兽医师看到中毒动物时，只能观察到某个阶段的症状，不可能看到全部发展过程的临床症状及其表现；同一毒物所引起的症状，在不同的个体有很大差别，每个场合不是各种症状都能表现出来，因而症状仅作诊断的参考依据。特殊症状出现顺序和症状的严重性，可能是诊断的关键，故症状对中毒的诊断，又是不容忽视的。

除急性中毒的初期，有狂躁不安和继发感染时有体温变化之外，一般体温不高。

有的中毒病可表现出特有的示病症状，常常作为鉴别诊断时的主要指标。如亚硝酸盐中毒时，表现可视黏膜发绀，血液颜色暗黑；氢氰酸中毒者则血液呈鲜红色，呼出气体及胃肠内容物有苦杏仁味；草木犀中毒病例具有血凝缓慢和出血特征；光敏因子中毒时，患畜的无色素皮肤在阳光的照射下发生过敏性疹块和瘙痒；黑斑病甘薯中毒时，患畜表现喘气、发吭；有机磷农药中毒时表现大量流涎、拉稀、瞳孔缩小、肌肉颤抖等临床特征。

3.病理学检查

中毒病的病理剖检和组织学检查对中毒病的诊断有重要的价值，有些中毒病仅靠病理剖检就能提高确诊的依据。在病理剖检时应抓住以下环节：

(1)皮肤和黏膜的色泽　亚硝酸盐中毒时，皮肤和黏膜均呈现暗紫色(发绀)；氢氰酸中毒或氰化钾中毒时，黏膜为樱桃红色，皮肤则是桃红色。

(2)胃肠道　主要检查消化道残留的未消化或吸收的毒物，内容物的气味、颜色，消化道黏膜的变化等。采食有毒植物时胃内可发现叶片或嫩芽。氰化物中毒有苦杏仁味，有机磷中毒时有大蒜臭味，酚中毒是有石炭酸味。有些毒物可使胃内容物颜色发生变化，如磷化锌将内容物染成黑色，铜盐染成蓝色或灰绿色，二硝基甲酚和硝酸盐染成黄色。强酸、强碱、重金属盐类及斑蝥、芫花等可引起胃肠道的充血、出血、糜烂和炎症变化。

(3)血液　主要检查血液的颜色、凝固性及出血。氰化物和一氧化碳中毒时血液为鲜红色，亚硝酸盐中毒则为酱油色或暗红色。砷、氰化钾及亚硝酸盐中毒时血液均凝固不良。草木犀、敌鼠、灭鼠灵、华法令等中毒时，全身可出现广泛性出血。

(4)肝脏和肾脏　肝脏是机体主要的解毒器官，肾脏是毒物排出的主要器官，大多数毒物通过肠道吸收后，经门静脉进入肝内，经过一系列的反应，将脂溶性化合物转化为容易被肾脏清除的水溶性物质而随尿液排出。在大多数中毒过程中，肝脏和肾脏发生不同程度的病理损伤。如黄曲霉毒素、重金属、苯氧羧酸类除草剂及氨中毒时，肝脏肿大、充血、出血和变性变化；栎树叶、氨、斑蝥中毒时，肾脏出血炎症、肿胀、出血等病变。

(5)肺和胸腔　安妥中毒时肺水肿和胸腔积液是特征性的病理变化。尿素或氨中毒时，呼吸道黏膜发生充血、出血、肺脏充血、出血和水肿。还有各种有毒气体(如二氧化硫、一氧化碳)、挥发性液体(如苯、四氯化碳)、液态气溶胶(如硫酸雾)吸入性中毒时均可表现气管和肺的炎症性病变。

(6)骨骼和牙齿　慢性氟中毒时，牙齿表现对称性斑釉齿和过度磨损，有的外观呈“波状齿”，骨骼呈白垩色、表面粗糙、外生骨疣，肋骨疏松易骨折，下颌骨肿胀等。

组织学检查主要是借助光镜观察组织细胞的病变，外源化学物引起细胞损伤的病变性质有退行性或增生性病变，损害的主要靶器官为肝脏、肾脏、心脏和神经组织等。一些植物毒素可破坏磷脂代谢酶，导致慢性、渐进性神经元肿大并伴有代谢产物积聚的空泡变性，如家畜疯草中毒。

4.动物试验

动物试验(复制动物模型)是在试验条件下，采集可疑毒物或用初步提取物对相同动物或敏感动物进行人工复制与自然病例相同的疾病模型，通过对临床症状、病理变化的观察及相关指标的测定和毒物分析等，与自然中毒病例进行比较，为诊断提供重要依据。由于影响中毒的因素很多，动物个体对毒物的敏感性差异很大，有时复制动物模型不一定成功。因此，在动物实验过程中要尽可能控制条件，使实验结果真实、可靠。

动物试验是一个很重要的手段，尤其当某种物质，如霉菌毒素、细菌毒素或植物毒素混入饲料时，为了证实在饲料中的特种化学物质是一种有毒物质，必须对可疑饲料进行各种成分的分离提取，用各组分进行动物实验，最后取得毒物的纯品，并在试验动物中得到复制。

5.毒物分析

某些毒物分析方法简便、迅速、可靠，现场就可以进行，对中毒性疾病的治疗和预防具有现实的指导意义。毒物分析的价值有一定的限度，在进行诊断时，只有把毒物分析和临床变现，尸体剖检等结合起来综合分析才能做出准确的诊断。对毒物分析结果的解释必须考虑到与本病有关的其他证据。

6.治疗性诊断

动物中毒性疾病往往发病急剧，发展迅速，在临床实践中不可能全面采用上述各项方法进行诊断，可根据临床经验和可疑毒物的特性进行试验性治疗，通过治疗效果进行诊断和验证诊断。治疗性诊断既适合个别动物中毒，亦适宜于大群动物发病。在个别动物中毒时，应从小剂量开始为宜。大群动物中毒时，则先选部分病例进行试治，在确定有效疗效时再扩大治疗范围。

六、中毒病的治疗

动物中毒病(尤其是急性中毒)发病急剧，症状严重，病情发展迅速，应及时准确的诊断，即使尚未明确为何种毒物也应立即按一般治疗原则进行急救。中毒病的治疗原则是维持生命及避免毒物继续作用于机体。根据毒物入侵途径，中毒机理及不同畜别的个体差异，采取以下综合治疗措施。

1.阻止毒物的吸收

首先除去可疑含毒的饲料，以免动物继续摄入，同时采取有效措施排除已摄入的毒物，如洗胃法清除胃内容物；用吸附法把毒物分子自然地结合到一种不能被动物吸收的载体上，再用轻泻法或灌肠法清除肠道的毒物。

(1)除去毒源　立即停止饲喂和饮用一切可疑饲料、饮水，收集、消除甚至销毁可疑饲料、呕吐物、毒饵等，清洗、消毒饲喂和饮水用具、厩舍、场地。如怀疑为吸入或接触性中毒时，应迅速将动物撤离中毒现场。将中毒动物置于空气新鲜和安静舒适的环境，供给清洁饮水和优质饲草料，尽量营造有利于康复护理的条件。

(2)排除毒物　清除病畜体表毒物，应根据毒物的性质，选用肥皂水、食醋水或3.5%醋酸、石灰水上清液，洗刷体表，再用清水冲洗；清除眼部酸性毒物应用2%碳酸氢钠溶液冲洗，然后滴入氯霉素眼药水，再涂金霉素眼膏以防止感染。

(3)洗胃　毒物进入消化道后，洗胃是一种有效排除毒物的方法。最常用的洗胃液体为普通清水，亦可根据毒物的种类和性质，选用不同的洗胃剂，通过吸附、沉淀、氧化、中和或化合等，使其失去毒性或阻止吸收，从而能够有效地被排除。毒物进入消化道1～4 h以内的，洗胃效果较好。首先抽出胃内容物(取样品作毒物鉴定)，继而反复冲洗，最后用胃导管灌入解毒剂、泻剂或保护剂。

(4)吸附　吸附法是把毒物分子自然地黏合到一种不被吸收的载体上，通过消化道排出，所有吸附剂以万能解毒剂(活性炭10 g、轻质氧化镁5 g、高岭石(白陶土)5 g和鞣酸5 g的混合物)效果最好。活性炭是植物有机质分解蒸馏的残留物，它是多孔的，含灰量少并具有很大的表面积(100 m^2/g)。它能吸附胃肠内各种有毒物质，如色素、有毒气体、细菌、发酵产物、细菌产物以及金属和生物碱等(但氰化物不能被吸附)。它的吸附功能因毒物的酸性或碱性而降低。被吸收的毒物一般都能经消化道排除。活性炭可以降低药物的功效，同时减少本身的解毒作用，1 g活性炭能吸附各种药物300～1 800 mg之多，因此不能与药物同时应用。使用吸附剂后可适当使用轻泻剂以加速毒物从消化道中排除，通常使用的轻泻剂为矿物油或硫酸钠。

排除已吸收的毒物 毒物进入血液后，应及时放血并输入等量生理盐水，有条件者可以换血。此外，大多数毒物由肾脏排除，有些毒物可经汗液排除。利尿剂和发汗剂也可加速毒物的排除。对肾机能衰竭的患畜，可进行透析，排除内源性毒物。

2.特效解毒疗法

主要是通过某些药物特异性的对抗或阻断毒物的效应，虽然特殊解毒药的应用属理想的解毒方法，但由于毒物多种多样，实际可用的特效解毒剂较少。常用的特殊解毒药有以下几类：

(1)有机磷农药中毒解毒药　有机磷化合物进入体内主要抑制胆碱酯酶的活性，致使胆碱能神经末梢释放的乙酰胆碱不被水解而蓄积，使胆碱能神经的传导紊乱，从而发生胆碱能神经持续兴奋的一系列症状。有机磷化合物解毒药的主要作用是加速胆碱酯酶活性的恢复、对抗出现的中毒症状。阿托品能与乙酰胆碱争夺胆碱受体，起到阻断乙酰胆碱的作用，称为生理拮抗剂。胆碱酯酶复活剂有解磷定、双解磷、氯磷定、双复磷等。

(2)有机氟农药解毒药　解氟灵(乙酰胺)可竞争性解除剧毒农药氟合物的中毒。因其化学结构与氟乙酰胺相似，能争夺酰胺酶，使氟乙酰胺不能脱氨产生氟乙酸，从而消除氟乙酰胺对机体三羧酸循环的毒性作用。

(3)高铁血红蛋白血症解毒药　小剂量(1～2 mg/kg 体重)的亚甲蓝(美兰)可使高铁血红蛋白还原为正常血红蛋白，用于治疗亚硝酸盐、苯胺、硝基苯等中毒引起的高铁血红蛋血症。大剂量(10 mg/kg 体重)则效果相反，可产生高铁血红蛋白血症。

(4)氰化物中毒解毒药　氰化物中毒主要是由于 CN^- 与体内细胞色素氧化酶中的三价铁牢固结合，从而阻断氧化还原过程中的电子传递，使组织细胞不能利用氧而引起细胞内窒息而致死。一般采用亚硝酸盐和硫代硫酸钠解毒，适量的亚硝酸盐使血红蛋白氧化，产生一定量的高铁血红蛋白，后者与血液中的氰化物形成氰化高铁血红蛋白。高铁血红蛋白还能夺取已与氧化型细胞色素氧化酶结合的氰离子，氰离子与硫代硫酸钠作用，转变为毒性低的硫氰酸盐排出体外。

(5)金属中毒解毒药　此类药物多属螯合物，常用的有依地酸钙钠、二巯基丙醇、二巯基丁二酸钠、二巯基丙磺酸钠及青霉铵等，可与组织中的重金属结合形成稳定而可溶的螯合物，再经肾脏排出。

3.对症治疗

很多毒物至今尚无特效解毒疗法，对症治疗很重要，目的在于保护及恢复重要脏器的功能，维持机体的正常代谢过程。主要的措施包括以下几方面：

(1)预防和治疗惊厥　应用巴比妥类制剂，同时配合肌肉松弛剂(如氯丙嗪等)或安定剂。但五氯酚钠中毒时不可用巴比妥类药物，它们之间有协同作用。

(2)维持呼吸机能　主要因毒物抑制中枢神经系统而导致肺换气不足或二氧化碳潴留所致，也可因中毒后呼吸肌麻痹或肺水肿而引起呼吸衰竭，应根据不同的原因采取相应的措施。同时注意清除分泌物，保证呼吸道畅通。

(3)维持体温　应随时注意体温的变化，并迅速用物理或药物纠正体温，以防止体温过高或过低使机体对毒物的敏感性增加，或导致脱水，影响毒物的代谢率。

(4)治疗休克　可采用补充血容量，纠正酸中毒和给予血管扩张药物(如苯苄胺、异丙肾上腺素)等。

(5)治疗脑水肿　应用甘露醇或山梨醇和地塞米松等。

(6)维持电解质和体液平衡 对腹泻、呕吐、或食欲废绝的中毒动物,常静脉注射5%葡萄糖溶液、生理盐水、复方氯化钠注射液等,脱水严重时要注意补钾。

(7)维持心脏功能 可注射5%~10%葡萄糖溶液,配合安钠咖、维生素C等。

(8)预防感染 根据病情适当选用抗生素,预防和治疗激发感染。

第二节 亚硝酸盐中毒

亚硝酸盐中毒(nitrite poisoning)是由于饲料富含硝酸盐,在体外或体内转化形成亚硝酸盐,进入血液后使血红蛋白氧化为高铁血红蛋白而失去携氧能力,导致组织缺氧而引起的中毒。临床上以突然发病,呼吸困难,黏膜发绀,血液褐变,痉挛抽搐为特征。

一、病因

自然界中的硝酸盐还原菌在适宜的温度、水分等条件下大量繁殖,迅速将饲料植物中的硝酸盐还原为亚硝酸盐。因此,亚硝酸盐的产生主要取决于饲料中硝酸盐的含量和硝酸盐还原菌的活力。马饲料中,各种鲜嫩青草、作物秧苗,以及叶菜类等均富含硝酸盐。在重施氮肥或农药的情况下,如大量施用硝酸铵、硝酸钠等盐类,使用除莠剂或植物生长刺激剂后,可使菜叶中的硝酸盐含量增加。硝化细菌广泛分布于自然界,其活性受环境的湿度、温度等条件的直接影响。最适宜的生长温度为20~40℃。在生产实践中,如将幼嫩青饲料堆放过久,特别是经过雨淋或烈日暴晒者,极易产生亚硝酸盐。

二、发病机理

亚硝酸盐的毒性作用机理如下:

(1)具有氧化作用 使血中正常的氧合血红蛋白(二价铁血红蛋白)迅速地被氧化成高铁血红蛋白(变性血红蛋白),从而丧失了血红蛋白的正常携氧功能。亚硝酸盐所引起的血红蛋白变化为可逆性反应,正常血液中的辅酶Ⅰ、抗坏血酸以及谷胱甘肽等,都可促进高铁血红蛋白还原成正常的低铁血红蛋白,恢复其携氧功能;当少量的亚硝酸盐导致的高铁血红蛋白不多时,机体可自行解毒。但这种解毒能力或对毒物的耐受性,在个体之间有着巨大的差异。如饥饿、消瘦以及日粮的品质低劣等,可使马对亚硝酸盐毒性的敏感性升高。据报道,当马体内20%氧合血红蛋白转变为高铁血红蛋白时就会出现中毒症状,高铁血红蛋白的含量达30%~40%可出现明显的中毒症状,达75%~90%即可出现严重的中毒症状,甚至发生死亡。即高铁血红蛋白的含量越多,症状越严重。

(2)具有血管扩张剂的作用 亚硝酸盐可直接作用于血管平滑肌,有松弛平滑肌的作用,导致血管扩张,血压下降,外周循环衰竭。

(3)亚硝酸盐与某些胺形成亚硝胺,具有致癌性,长期接触可能发生肝癌。

三、临床症状

亚硝酸盐中毒多为急性,中毒的严重程度、死亡率与饲料中的亚硝酸盐含量及采食量的多少有关。如采食大量亚硝酸盐,则中毒快,死亡率高;急性病例主要表现为一系列缺氧症状,出现呼吸困难、肌肉颤抖、步态摇晃、黏膜发绀、心动过缓、脉搏微弱、组织缺氧而死亡。

四、病理变化

血液暗褐如酱油色,凝固不良,暴露在空气中经长时间仍不变红。各脏器的血管瘀血,颜色变暗。肺充血,气管和支气管黏膜充血、出血、管腔内充满带红色的泡沫状液。心外膜、心肌有出血斑点。胃肠道炎性病变。

五、诊断

根据发病规律,结合病史和临床症状,如黏膜发绀、血液呈酱油色、呼吸困难、痉挛等,一般可做出诊断。特效解毒药亚甲蓝静脉注射疗效显著,可进一步验证诊断。亦可在现场作变性血红蛋白检查和亚硝酸盐简易检测,以确定诊断。

六、治疗

特效解毒药为亚甲蓝(美兰)和甲苯胺蓝,同时配合使用维生素 C 和高渗葡萄糖溶液,则疗效更好。

美兰用于马的剂量为 10 mg/kg 体重,制成 4%溶液慢慢静脉注射。美兰是一种氧化还原剂,小剂量的美兰具有还原作用。当少量美兰进入体内后,即在还原型辅酶Ⅰ脱氢酶(NADPH)的作用下,转变为白色美兰(还原型亚甲蓝),后者迅速将高铁血红蛋白还原成氧合血红蛋白,其本身又被还原为美兰。但在高浓度、大剂量时,还原型辅酶Ⅰ不足以使之变为白色美兰,于是过多的美兰发生氧化作用,使氧合血红蛋白变为高铁血红蛋白,从而加剧高铁血红蛋白血症。故在用药抢救时,应特别注意用量。

甲苯胺蓝的作用机制同美兰,且疗效较高。据试验,能使高铁血红蛋白还原的速度比美兰快 37%。其用量为 5 mg/kg 体重,配成 5%溶液静脉注射。

维生素 C 也具有使高铁血红蛋白还原为氧合血红蛋白的作用,但其作用效果不及美兰和甲苯胺蓝,25%的维生素 C 用量为 40～100 mL,静脉注射。

七、预防

马应避免在硝酸盐含量超过 1.0%(干物质)的草场上放牧。切实注意青饲料的采摘、运输与堆放,无论生熟青饲料,采用摊开敞放。接近收割的青饲料,不能再施用硝酸盐或 2,4-D 等化肥农药,以避免使硝酸盐或亚硝酸盐的含量升高。

第三节　食盐中毒

食盐中毒是在马饮水不足的情况下,过量摄入食盐或含盐饲料而引起以消化紊乱和神经症状为特征的中毒性疾病,主要的病理学变化为嗜酸性粒细胞(嗜伊红细胞)性脑膜炎。

一、病因

食盐是马机体内必需的矿物质营养,可提高食欲、增强代谢、促进发育,但当马采食食盐过量或饲喂方法不当，尤其是限制饮水时常引起食盐中毒。

放牧马多见于供盐时间间隔过长，或长期缺乏补饲食盐的情况下，突然加喂大量食盐，加上补饲方法不当，如在草地撒布食盐不均匀或让马饲槽中自由抢食。

用食盐或其他钠盐治疗肠阻塞时，一次用量过大，或多次重复用钠盐泻剂。也可见于高渗氯化钠溶液静脉注射剂量过大。

马食盐内服急性致死剂量约为2.2 g/kg体重；饮水是否充足，对食盐中毒的发生具有决定性影响；机体内水盐代谢状况，对食盐的耐受量亦有影响。

二、发病机理

大量高浓度的食盐进入消化道后，刺激胃肠黏膜而发生炎症过程，同时因渗透压的梯度关系吸收肠壁血液循环中的水分，引起严重的腹泻、脱水，进一步导致全身血液浓缩，机体血液循环障碍，组织相应缺氧，机体的正常代谢功能紊乱。

经肠道吸收入血的食盐，在血液中解离出钠离子，造成高钠血症，高浓度的钠进入组织细胞中积滞形成钠潴留。高钠血症既可提高血浆渗透压，引起细胞内液外溢而导致组织脱水，又可破坏血液中一价阳离子与二价阳离子的平衡，而使神经应激性升高，出现神经反射活动过强的症状。钠潴留于全身组织器官，尤其脑组织内，引起组织和脑组织水肿，颅内压升高，脑组织供氧不足，使葡萄糖氧化功能受阻。同时，钠离子促进三磷酸腺苷转化为一磷酸腺苷，并通过磷酸化作用降低一磷酸腺苷的清除速度，引起一磷酸腺苷蓄积而又抑制葡萄糖的无氧酵解过程，使脑组织的能量来源中断。另外，钠离子可使脑膜和脑血管吸引嗜酸性粒细胞在其周围积聚浸润，形成特征性的嗜酸性粒细胞“管套”现象，连接皮质与白质间的组织连续出现分解和空泡形成，发生脑皮质深层及相邻白质的水肿、坏死或软化损害，故又称为“嗜酸性粒细胞性脑膜炎”。

三、临床症状

马表现口腔干燥，食欲废绝，黏膜潮红，流涎，呼吸迫促，肌肉痉挛，步态蹒跚，兴奋不安，眼球震颤，视力减弱，呼吸、脉搏稍有增加；继而处于沉郁状态，反射减弱，共济失调，严重者后躯麻痹。同时有胃肠炎症状。

四、病理变化

急性食欲中毒，可见胃肠黏膜充血、出血、水肿，呈卡他性和出血性炎症；镜检主要变化在中枢神经系统，尤以大脑组织最典型，毛细血管内皮细胞肿胀，增生，核空泡变性，血管周围间隙因水肿而显著增宽，大脑灰质血管周围有大量嗜酸性白细胞和淋巴细胞浸润，形成明显的嗜酸性白细胞管套。

慢性中毒，胃肠病变多不明显，主要病变在大脑。除局灶性或弥漫性脑水肿及锥体束细胞变性外，较为明显的是大脑皮层灰质部出现软化坏死灶。

五、诊断

根据病马有摄入大量食盐或其他钠盐，同时饮水不足的病史，结合神经和消化机能紊乱的典型症状，病理组织学检查发现特征性的脑和脑膜血管嗜酸性粒细胞浸润，可初步诊断。

确诊需要测定体内氯离子、氯化钠或钠盐的含量。尿液氯含量大于1%为中毒指标。血浆和脑脊髓液钠离子浓度大于160 mmol/L，尤其是脑脊液钠离子浓度超过血浆时，为食盐中毒的特征。大脑组织（湿重）钠含量超过每100 g含180 mg，即可出现中毒症状。

本病的突发脑炎症状与伪狂犬病、病毒性非特异性脑脊髓炎、马属动物霉玉米中毒、中暑及其他损伤性脑炎容易混淆，应借助微生物学检验、病理组织学检查进行鉴别。表现的胃肠道症状还应与有机磷中毒、重金属中毒、胃肠炎等疾病进行鉴别诊断。

六、治疗

尚无特效解毒剂。对初期和轻度中毒病马，可采用排钠利尿、恢复阳离子平衡及对症治疗。

发现早期，立即供给足量饮水，以降低胃肠中的食盐浓度。中毒症状出现后应控制为少量多次饮水，对不能饮水的后期病例，应通过胃管给水。切忌一次大量给水或任其随意暴饮，否则脑水肿加剧使病情恶化。

用5%葡萄糖酸钙溶液200～500 mL或10%氯化钙溶液200 mL静脉注射。

利尿排钠可用双氢克尿噻，以0.5 mg/kg体重内服。解痉镇静主要用5%溴化钾、25%硫酸镁溶液静脉注射，或盐酸氯丙嗪肌肉注射。缓解脑水肿、降低颅内压可用25%山梨醇或20%甘露醇静脉注射。

七、预防

在马日粮中应添加占总量0.3%～0.8%的食盐，以防止因盐饥饿引起对食盐的敏感性升高。用食盐治疗肠阻塞时，在估计体重的同时要考虑马的体质，掌握好口服用量和水溶解浓度（1%～6%）。

第四节　霉玉米中毒

马霉玉米中毒又称马脑白质软化症（equine leucoencephalomalacia，简称ELEM），是一种以中枢神经机能紊乱和脑白质软化坏死为特征的马属动物的真菌毒素中毒病。本病在我国首次报道是20世纪50年代中期发生在河北省的一次大流行，后来其他地区亦有报道，造成大量马匹死亡，给国民经济带来很大损失。到目前为止，很多国家包括美国、埃及、南非等都有发生马霉玉米中毒的报道。

一、病因

串珠镰刀菌是污染玉米等粮食作物的主要霉菌，在玉米屑内能以高浓度存在并能产生多种代谢产物。1973年Cole首次从串珠镰刀菌培养物中分离提取出串珠镰刀菌素（moniliformin，MON），以后又陆续发现了镰刀菌素（fusarins）、伏马菌素（fumonisins）等。MON主要由串珠镰刀菌（*F. moniliforme*），串珠镰刀菌胶胞变种（*F. moniliformie* var *subglutinans*）、禾谷镰刀菌（*F. graminearum*）、多育镰刀菌（*F. proliferatum*）等产生。以串珠镰刀菌和串珠镰刀菌胶胞变种产毒量最高，最高达33.7 g/kg。MON对谷物的污染比较严重，污染程度与地区、环境和仓储条件等有很大关系，一般 MON 的检出率为 28%～40%之间。MON 对动物的毒性因品种、年龄、毒素剂量和持续时间不同而有差异。

二、发病机理

MON 对动物有较强的毒性，主要损害神经系统、心血管系统、软骨细胞，抑制机体的免疫机能，引起机体脂质过氧化作用。MON 作用于线粒体，选择性抑制丙酮酸脱氢酶系和 α-酮戊二酸脱氢酶系的活性，使糖的有氧氧化和三羧酸循环受阻，ATP 合成减少，导致心肌、脑等细胞得不到能量供应而损伤，最终因心力衰竭而死亡或神经机能紊乱；MON 可导致骨营养不良和骨软化，关节软骨深层发生类似人类大骨节病样的带状或片状坏死，并使软骨基质中蛋白聚糖含量降低，补硒能减轻病情严重程度；MON 能够抑制外周血液淋巴细胞的增殖，从而影响机体的免疫功能；MON 可导致自由基和过氧化物蓄积，破坏细胞膜、亚细胞膜结构的完整性，影响细胞的代谢，引起细胞的损伤。

三、临床症状

临床症状出现在饲喂有毒玉米几天之后，马表现为不发热，精神沉郁，顶头，嗜睡，行走时步态不稳，共济失调，肌肉颤抖，头颈及前驱向一侧偏斜，食欲不振，视力丧失，偶尔黄疸，最后抽搐死亡。

四、病理变化

大脑皮层下白质具有微小液化坏死灶，坏死灶周围的神经纤维水肿、疏松、胶质细胞增生，大脑皮质部有多量的卫星现象和噬神经现象。心内膜和心外膜下出血，肝、肾细胞变性，胃肠黏膜的固有层混合炎性细胞浸润。肝脏血清酶指标升高。

五、诊断

根据马采食发霉饲料的病史，结合临床症状和病理变化，可初步诊断。确诊必须进行 MON 含量的测定，测定方法有高效液相色谱法、薄层色谱法等。

六、治疗

本病尚无特效解毒药物，中毒病马应立即停止饲喂可疑饲料，供给全价日粮。并采取促进毒物排除、保护胃肠黏膜、强心及对症治疗等措施。

七、预防

本病的预防主要是饲料及其原料贮藏时防止霉变。将粮食烘干后保存，能有效避免 MON 的污染。发霉饲料严禁饲喂动物，或脱毒后再作饲料。

第五节 黄曲霉毒素中毒

黄曲霉毒素中毒是动物采食被黄曲霉污染的饲料而引起的以全身出血、消化机能紊乱、腹水、神经症状等为特征的中毒性疾病。主要的病理学变化是肝细胞变性、坏死、出血,胆管和肝细胞增生。本病为人畜共患病,各种动物为均可发病。长期小剂量摄入,还有致癌作用。

一、病因

黄曲霉毒素(aflatoxin,缩写 AFT)主要是黄曲霉(aspergillus flavus)和寄生曲霉(A,parasiticus)等产生的有毒代谢产物。黄曲霉毒素并不是单一物质,而是一类结构极相似的化合物,均为二呋喃香豆素(difurocoumarin)的衍生物。它们在紫外线照射下都发荧光,根据它们产生的荧光颜色可分为两大类,发出蓝紫色荧光的称 B 族毒素,包括黄曲霉毒素 B_1(AFB1)和 B_2(AFB2);发出黄绿色荧光的称 G 族毒素,有黄曲霉毒素 G_1(AFG1)和 G_2(AFG2)。人和动物摄入黄曲霉毒素 B_1 和 B_2 后,在乳汁和尿中可检出其代谢产物黄曲霉毒素 M_1(AFM1)和 M_2(AFM2)。目前认为,在饲料和食物中最重要的自然污染物为黄曲霉毒素 B_1、B_2、G_1、G_2 和 M_1。黄曲霉毒素的毒性强弱与其结构有关,凡呋喃环末端有双键者,毒性强,并有致癌性。已证明 AFB1、AFB2、AFG1 甚至 AFM1 均可使多种实验动物诱发肝癌,在这些毒素中又以 AFB1 的毒性及致癌性最强。所以在检验饲料中黄曲霉毒素含量和进行饲料卫生科学评价时,一般以 AFB1 作为主要检测指标。

黄曲霉毒素是目前已发现的各种霉菌毒素中最稳当的一种,在通常的加热条件下不易破坏。如 AFB1 可耐 200℃高温,强酸也不能将其破坏,加热到它的最大熔点 268～269℃才开始分解。毒素遇碱能迅速分解,荧光消失,但遇酸又可复原。很多氧化剂如次氯酸钠、过氧化氢等均可破坏其毒性。

黄曲霉毒素中毒发生的原因大多是动物采食被上述产毒霉菌污染的花生、玉米、豆类、麦类、棉籽及其副产品所致。本病一年四季均可发生,但在多雨季节,温度和湿度又较适宜时,若饲料加工、贮藏不当,更容易被黄曲霉菌所污染,增加动物黄曲霉毒素中毒的机会。我国长江沿岸及其以南地区的饲料污染黄曲霉毒素较为严重,而华北、东北及西北地区的饲料污染黄曲霉毒素则相对较少。已报道黄曲霉毒素可引起马急性肝功能衰竭(神经症状和黄疸)。

二、发病机理

黄曲霉毒素被动物摄入后,可迅速经胃肠道吸收,随门静脉进入肝脏,经代谢而转化为有毒代谢产物,然后大部分经胆汁入肠道,随粪便排出;少部分经肾脏、呼吸和乳腺等排泄。吸收的黄曲霉毒素主要分布在肝脏,肝脏含量可比其他组织器官高 5～10 倍,血液中含量极微,肌肉中一般不能检出。毒素吸收约一周后,绝大部分随呼吸、尿液、粪便及乳汁排出体外。

黄曲霉毒素 B_1 在体内的主要代谢途径是在细胞内微粒体混合功能氧化酶催化下,进行羟化、脱甲基和环氧化反应。这些酶主要存在于肝脏、肾脏、肺脏、皮肤,其他器官中也有少量存在。黄曲霉毒素 B_1 有 4 个代谢途径,脱甲基形成 AFP1,环氧化形成 AFB1-8,9-环氧化物,酮还原为黄曲霉毒醇,羟化为 AFM1、AFQ1;其中环氧化物具有急性毒性、诱变性和致癌性,而 AFM1 具有急性毒性。环氧化后形成的环氧化物能与细胞内大分子物质 DNA、RNA 和蛋白质共价结合,从而对机体细胞或组织产生危害。其形成过程是 AFB1-8,9-环氧化物本身先形成 2,3-二羟基黄曲霉毒素 B_1,随后氧化成二醛酚盐,再与赖氨酸上的 ε-氨基缩合,形成 AFB1-赖氨酸,黄曲霉毒素长期摄入时形成的这种 AFB1-白蛋白加合物可在体内蓄积,测定其含量能反映较长时间的接触情况。

黄曲霉毒素是目前已知的较强致癌物，肝脏是主要的靶器官，长期持续摄入较低剂量的黄曲霉毒素或短时间较大剂量的黄曲霉毒素，都可诱发原发性肝细胞癌。研究发现，AFB1 有很强的基因毒性，在肝细胞经 P450 活化，形成 AFB1-8,9-环氧化物，能与 DNA 上的鸟嘌呤结合形成 DNA 加合物，从而导致基因突变，包括使 p53 基因第 249 密码子 AGG 置换为 AGT，引起 p53 基因的功能损伤。目前认为，AFB1 的活化产物与 DNA 形成的加合物主要是亲电性攻击 DNA 的 N′-鸟嘌呤位置，G-C 碱基对是形成 AFB1-DNA 加合物的唯一位点。AFB1-DNA 加合物的形成不仅具有器官特异性和剂量依赖关系，而且与动物对 AFB1 致癌的敏感性密切相关，以及与 AFB1 诱发的突变和若干遗传毒性（如染色体畸变、姐妹染色体交换和染色体重排等）密切相关。

黄曲霉毒素抑制 DNA、RNA 和蛋白质的合成。黄曲霉毒素可直接作用于核酸合成酶而具有抑制信使核糖核酸（mRNA）的合成作用，并进一步抑制 DNA 合成，而且对 DNA 合成所依赖的 RNA 聚合酶也有抑制作用；黄曲霉毒素可与 DNA 结合，改变 DNA 的模板结构，干扰 RNA 转录；黄曲霉毒素还可改变溶酶体膜的结构，使 RNA 酶从溶酶体释放，从而增加了 RNA 的分解速率；也可刺激 RNA 甲基化酶而促进 RNA 的烷基化作用；因而使蛋白质、脂肪的合成和代谢障碍，线粒体代谢以及溶酶体的结构和功能发生变化。电子显微镜观察发现，在给予黄曲霉毒素后 30 min 内，最初的细胞变化发生在核仁内，使核仁的内含物重新分配；细胞质中的核糖、核蛋白体减少和解聚，内质网增生，糖原损失和线粒体退化。该毒素的靶器官是肝脏，因而属肝脏毒。急性中毒时，肝实质细胞变性坏死，胆管上皮细胞增生。慢性中毒时，动物生长缓慢，生产性能降低，肝功能和组织结构发生变化，肝脂肪增多，可发生肝硬化和肝癌。黄曲霉毒素也可作用于血管，使血管通透性增加，血管变脆并破裂而发生出血。另外，黄曲霉毒素通过改变维生素 D 代谢和甲状旁腺激素的作用而影响钙、磷代谢。

黄曲霉毒素可抑制机体的免疫功能，抑制机体免疫机能的主要原因之一是抑制 DNA 和 RNA 的合成，以及对蛋白质合成的影响，使血清蛋白含量及其比值发生变化，即 α-球蛋白、β-球蛋白与白蛋白含量降低，血清总蛋白含量减少，但 γ-球蛋白含量正常或升高。另外，黄曲霉毒素引起肝脏损害和巨噬细胞的吞噬功能下降，从而抑制补体（C4）的产生。

三、临床症状

黄曲霉毒素是一类肝毒物质，中毒后以肝脏损害为主，同时还伴有血管通透性破坏和中枢神经损伤等，马表现精神沉郁，食欲缺乏，震颤，黄疸，衰竭，一般 2～6 周死亡。

四、病理变化

脑软化，肝细胞坏死和肝脏纤维化，胆管增生，出血性肠炎，心肌变性。

五、诊断

根据病史和饲料样品的检查，结合临床表现（黄疸、出血、水肿、消化障碍及神经症状）和病理学变化（肝细胞变性、坏死、增生、肝癌）等可初步诊断。确诊必须对可疑饲料进行产毒霉菌的分类培养及饲料中黄曲霉毒素含量测定。必要时还可以进行雏鸭毒性试验。本病与肝片吸虫病、钩端螺旋体病、酚和煤焦油中毒、铜中毒、双吡咯烷类生物碱中毒等均可引起肝脏损伤和黄疸、应进行鉴别。

黄曲霉毒素的检验方法有生物学方法,免疫学方法和化学方法,后者是常用的实验室分析法。由于化学检测法操作繁琐、费时,在对一般样品进行毒素检测前,可先用简易方法鉴定,主要用于玉米样品,对可疑玉米放于盘内,摊成一薄层,直接在 360 nm 波长的紫外灯光下观察荧光。如果样品中存在黄曲霉毒素 B_1,则可看到蓝紫色荧光,若为阳性再用化学方法检测。

六、治疗

本病尚无特效疗法。中毒时应立即停喂霉败饲料,改喂富含碳水化合物的青绿饲料和高蛋白饲料,减少或不喂含脂肪过多的饲料。

一般轻型病例,不给任何药物治疗,可逐渐康复。对有狂躁表现的马若需保持安静状态可使用戊巴比妥或苯巴比妥(静脉注射,5.0～11.0 mg/kg 体重),不能使用安定。重度病例,应采用保肝和止血疗法,可用 20%～50%葡萄糖溶液、维生素 C、葡萄糖酸钙或 10%氯化钙溶液。心脏衰竭时,皮下或肌肉注射强心剂。为了防止继发感染,可应用抗生素制剂,但严禁使用磺胺类药物。

七、预防

预防本病的关键是饲料的防霉和去毒,禁止饲喂发霉饲料,或将黄曲霉毒素含量控制在规定的允许量以内。

1. 防止饲草、饲料发霉

防霉是预防饲草、饲料被黄曲霉菌及其毒素污染的根本措施。引起饲料霉变的因素主要是温度与相对湿度,因此在饲草收割时应充分晒干,且勿雨淋。饲料应置阴凉干燥处,勿使受潮、淋雨。为了防止发霉,还可使用化学熏蒸法或防霉剂。常用的防霉剂有丙酸钠、丙酸钙,饲料中添加 1～2 kg/t,可安全存放 8 周以上。

2. 霉变饲料的去毒处理

霉变饲料不宜饲喂畜禽,发霉严重的饲料应废弃;轻度发霉的饲料去除其中的毒素后仍可饲喂动物。常用的去毒方法有:

(1)连续水洗法　此法简单易行,成本低,费时少。具体操作是将饲料粉碎后,用清水反复浸泡漂洗多次,至浸泡的水呈无色时可供饲用。

(2)化学去毒法　最常用的是碱处理法。在碱性条件下,可使黄曲霉毒素结构中的内酯环破坏,形成香豆素钠盐而溶于水,再用水冲洗将毒素除去。亦可用 5%～8%石灰水浸泡霉败饲料 3～5 h 后,再用清水淘净,晒干便可饲喂;饲料拌入 125 g/kg 的农用氨水,混匀后倒入缸内,封口 3～5 天,去毒效果达 90%以上,但饲喂前应挥去残余的氨气;还可用 0.1%漂白粉水溶液浸泡处理等。

(3)物理吸附法　常用的吸附剂有活性炭、白陶土、黏土、高岭土、沸石等,特别是沸石可牢固地吸附黄曲霉毒素,从而阻止黄曲霉毒素经胃肠道吸收。

(4)微生物去毒法　据报道,无根根霉、米根霉、橙色黄杆菌以及枯草杆菌等对除去粮食中黄曲霉毒素有较好效果。真杆菌对饲料中的脱氧雪腐镰刀菌烯醇(DON)有一定的去除作用。

第六节 单端孢霉毒素中毒

单端孢霉毒素类又称单端孢霉烯族化合物(trichothecenes)，属于镰刀菌毒素族。这类毒素包括40多种结构类似的化合物，其共同的特点为具有倍半萜烯结构，能引起动物疾病的毒素主要有T-2毒素、二醋酸藨草镰刀菌烯醇、新茄病镰刀菌烯醇、雪腐镰刀菌烯醇。

一、T-2毒素中毒

T-2毒素中毒是由单端孢霉烯族化合物中的T-2毒素引起的以拒食、呕吐、腹泻及诸多脏器出血等为特征的中毒性疾病。本病为人畜共患病，如在第二次世界大战期间，前苏联发生的“食物中毒性白细胞缺乏症”就是由该毒素所引起。各种动物和人均可发生。

(一)病因

其病原为T-2毒素，由三隔镰刀菌、拟枝孢镰刀菌、梨孢镰刀菌、粉红镰刀菌和禾谷镰刀菌等产生。本病发生原因是由于畜禽采食被T-2毒素污染的玉米、麦麸等饲料所致。T-2毒素可在饲料中无限期地持续存在。

(二)发病机理

T-2毒素和二醋酸藨草镰刀菌烯醇的化学结构与生物学活性都非常相似。它们对机体的损害主要是以下几个方面：

1. T-2毒素对皮肤和黏膜具有直接刺激作用

毒素可引起口腔、食道、胃肠道烧灼，造成口、唇、肠黏膜溃疡与坏死。由于胃肠道炎症，导致动物呕吐、腹泻、腹痛、体重下降、饲料利用率降低和生产性能下降等。

2. 对造血器官的损害

T-2毒素对骨髓造血功能有较强的抑制作用，并可导致骨髓造血组织坏死，引起血细胞特别是白细胞减少。

3. 引起凝血功能障碍

T-2毒素可被迅速吸收进入血液循环并产生细胞毒作用，损伤血管内皮细胞，破坏血管壁的完整性，使血管扩张、充血、通透性增高，引起全身各组织器官出血。T-2毒素可使血小板再生、血小板凝聚和释放功能发生障碍，其抑制强度与毒素浓度呈正相关，与作用时间无关。除此之外，T-2毒素可降低凝血因子活性。据认为，T-2毒素增加了凝血因子的消耗，也可能是T-2毒素抑制蛋白质的合成，使凝血因子生成减少。

(三)临床症状

马表现狂躁不安，转圈，共济失调，痉挛，食欲减退，口腔溃疡；有时腹痛，腹泻；呼吸困难，心律不齐；后期转为沉郁，全身乏力，肌肉震颤，昏迷，故有“醉谷病”或“毒燕麦病”之称。体温升高1～1.5℃，也有下降至常温以下。严重者体质虚弱，不能站立。

(四)病理变化

马急性中毒剖检变化不明显，仅见黏膜及浆膜出血。马慢性中毒剖检可见广泛性出血和坏死，消化道黏膜及实质脏器内均有出血与坏死灶，口腔黏膜有单个或多个坏死灶，口腔和食道有大小不等的溃疡，有时也见于胃肠道，特别是大肠。黏膜的坏死可波及黏膜下层乃至肌层，坏死病灶周围没有明显界限。全身所有器官广泛性出血，如胸腹膜、心脏、淋巴结、脾脏、肺脏、膈肌等可见点状、斑状或弥漫性出血。心肌脆弱，呈煮肉样，肝脏外观呈泥土色，肝实质成脂肪变性，并有坏死灶。

(五)诊断

根据马采食霉败变质饲料的病史，结合口腔黏膜溃疡与坏死、腹泻、血便等临床症状及病理剖检变化，可做出初步诊断。确诊必须测定饲料中的T-2毒素含量，目前常用的方法有薄层色谱法、气相色谱法、气-质联用法、高效液相色谱法、放射免疫法和酶联免疫吸附法等。

(六)治疗

本病无特效解毒药物，治疗原则是一般解毒和对症治疗。中毒动物立即停止饲喂被霉菌污染的饲料，供给适口性好的优质饲料，提高饲料营养水平，尤其是赖氨酸、维生素等；保护胃肠道黏膜，抗菌消炎；必要时采取补液、补充能量和维生素等措施，提高机体的解毒能力。

(七)预防

预防本病发生的主要措施有以下方面：

1.田间或贮藏期间防霉

饲料和饲草多在田间和贮藏期间易被产毒霉菌污染，因此在生产过程中除加强田间管理、防止污染外，收割后应充分晒干，严防受潮、发热。贮藏期要勤翻晒、通风，以保持其含水量不超过10%～13%。

2.去毒或减少饲料中毒素含量

由于T-2毒素结构稳定，一般加热、蒸煮和烘烤等处理后仍有毒性。去毒或减毒可采取下列方法：1份毒素污染的饲料加4份水，搅拌均匀，浸泡12 h。浸泡两次后大部分毒素可被除掉；或先用清水淘洗污染饲料，再用10%生石灰上清液浸泡12 h以上，期间换液3次，捞取，滤干，小火炒熟(温度120℃)；沸石、漂白土吸附剂可以除去饲料中的T-2毒素；15%苜蓿的日粮可有效拮抗3 mg/kg体重T-2毒素污染引起的毒性作用，饲料中添加0.05%～0.1%酯化葡甘露聚糖，可减轻T-2毒素的毒害作用，效果优于沸石、膨润土等吸附剂。碳酸氢钠溶液处理效果也较好，能有效地部分破坏T-2毒素；碳酸铵能除去1/2毒素。

二、二醋酸藨草镰刀菌烯醇中毒

该毒素是由藨草镰刀菌、木贼镰刀菌、三隔镰刀菌和接骨木镰刀菌等镰刀菌属霉菌产生的。这些产毒霉菌常污染玉米等谷物，尤其是在受潮的夏秋季节，当温度降到6～18℃时污染率最高。

这种毒素的毒性作用与T-2毒素极为相似。动物中毒后，主要损害骨髓造血器官，脑组织，淋巴结，睾丸及胸腺，还可以引起胃肠炎。

三、新茄病镰刀菌烯醇中毒

产生该毒素的主要是茄病镰刀菌、燕麦镰刀菌、黄色镰刀菌、藨草镰刀菌、拟枝孢镰刀菌、梨孢镰刀菌和三隔线镰刀菌等。

该毒素主要引起马属动物中毒。据报道，马属动物霉豆荚中毒的病原性化合物是新茄病镰刀菌烯醇。动物中毒后主要表现为神经症状-沉郁或狂躁。病理组织学变化为脑膜充血，出血，水肿，脑白质液化坏死。这与我国报道的马属动物玉米中毒非常相似。

四、雪腐镰刀菌烯醇中毒

该毒素由雪腐镰刀菌产生。人和家畜误食后被该产毒菌污染的小麦后，人则引起头昏、恶心、呕吐、头疼、疲倦、腹泻等；家畜则发生拒食、呕吐、生长迟缓等。故该毒素又有致吐毒素之称。

第七节　玉米赤霉烯酮中毒

玉米赤霉烯酮中毒又称 F-2 毒素中毒，是指动物采食了被玉米赤霉烯酮污染的饲料而引起的以会阴部潮红和水肿、流产、乳房肿大、过早发情等雌激素综合征为特征的一种中毒性疾病。

一、病因

病原为玉米赤霉烯酮，它是由禾谷镰刀菌、粉红镰刀菌、拟枝孢镰刀菌、三隔镰刀菌、串珠镰刀菌、木贼镰刀菌、黄色镰刀菌和茄病镰刀菌等霉菌产生。发病原因是家畜采食被上述产毒霉菌污染的玉米、大麦、高粱、水稻、豆类以及青贮饲料等。

玉米赤霉烯酮首先由赤霉病玉米中分离出来。玉米赤霉烯酮是一种酚的二羟基苯酸内酯，其衍生物至少有 15 种，统称为赤霉烯酮类毒素。玉米赤霉烯酮的纯品为白色结晶，不溶于水、二硫化碳和四氯化碳，易溶于碱性溶液、乙醚、苯、氯仿和乙醇等。

二、发病机理

玉米赤霉烯酮主要发挥雌激素效应，能与 17β-雌二醇竞争性结合胞浆雌激素受体，且甾体类抗雌激素 ICI182、780 能抑制玉米赤霉烯酮的作用，这说明玉米赤霉烯酮发挥雌激素作用可能是由雌激素受体所介导。玉米赤霉烯酮与子宫雌激素受体的结合亲和力是雌二醇的 1/10。玉米赤霉烯酮在 1～10 nmol/L 浓度能刺激雌激素受体 α 和 β 的转录活性，是雌激素受体 α 的完全激动剂，但对雌激素受体 β 则发挥激动-拮抗剂地作用。玉米赤霉烯酮可导致动物激素过多症，它可使未成熟母马外阴水肿，子宫增大，乳腺增生，甚至直肠和阴道脱出；使性成熟母马发生多种生殖功能失调，引起怀孕母马流产、畸胎、死胎等。玉米赤霉烯酮具有细胞毒性，并呈现明显的量效关系，且毒素含量愈高，对细胞毒性愈大；还能抑制蛋白质和 DNA 的合成，从而导致细胞周期紊乱，使丙二醛的浓度增加。据推测玉米赤霉烯酮的细胞毒性和氧化损伤是引起中毒的机理之一。玉米赤霉烯酮通过抑制激素敏感性脂肪酶活性，对肾上腺素诱导的脂肪分解有明显的抑制作用。玉米赤霉烯酮还具有免疫毒性和遗传毒性。

三、临床症状

临床上最常见的是雌激素综合征或雌激素亢进症，引起假性发情、不育和流产，死亡率很低。马表现食欲降低，体重减轻，兴奋不安，敏感，慕雄狂；阴户肿胀，阴道黏膜潮红，流出黏液，屡取排尿姿势，子宫肥大，卵巢纤维样变性；公马可见睾丸炎，睾丸萎缩，性欲降低，精液的数量和质量下降。

四、病理变化

F-2 毒素中毒的主要病理变化在生殖器官。阴唇、乳头肿大，乳腺间质性水肿。阴道黏膜水肿、坏死和上皮脱落。子宫颈上皮细胞增生，出现鳞状细胞变性，子宫壁肌层高度增厚，各层明显水肿和细胞浸润，子宫角增大和子宫内膜发炎。卵巢发育不全，常出现无黄体卵泡，卵母细胞变性，部分卵巢萎缩。公马睾丸萎缩。

五、诊断

根据采食发霉饲料的病史，结合会阴部充血和肿胀及乳房增大等症状，更换无污染饲料后发病停止，病情逐渐减轻，可初步诊断。确诊必须进行玉米赤霉烯酮含量的测定，测定方法有高效液相色谱法、气相色谱法、薄层色谱法、毛细管电泳法、酶联免疫吸附法等。本病应与正常发情、外生殖器损伤、伪狂犬病、钩端螺旋体病等进行鉴别。

六、治疗

本病尚无有效的药物治疗。发病后应立即停用霉变饲料，供给青绿多汁的饲料。一般在更换饲料后 7～15 d 临床症状即可消失。病情严重者可通过大量补液促进毒物迅速排除，并采取保肝等措施。

七、预防

同 T-2 毒素中毒。

第八节　有机磷农药中毒

有机磷农药是磷和有机化合物合成的一类杀虫药。按其毒性强弱，可分为剧毒、强毒及弱毒等类别。有机磷农药中毒时家畜接触、吸入或采食某种有机磷制剂所引起的病理过程，以体内的胆碱酯酶活性受抑制，从而导致神经机能紊乱为特征。

一、病因

引起有机磷农药中毒的常见原因，主要有以下方面：

(1)违反保管和使用农药的安全操作规程。如保管、购销或运输中对包装破损未加安全处理，或对农药和饲料未加严格分隔贮存，导致毒物散落，或通过运输工具和农具间接沾染饲料；如误用盛装过农药的容器盛装饲料或饮水，以致动物中毒；或误饲撒布有机磷农药后，尚未超过危险期的田间杂草、牧草、农作物以及蔬菜等而发生中毒；或误用拌过有机磷农药的谷物种子造成中毒。

(2)不按规定使用农药做驱除内外寄生虫等医用目的而发生中毒。

(3)人为的投毒活动。

二、发病机理

有机磷农药主要经胃肠道、呼吸道、皮肤和黏膜吸收,吸收后迅速分布于全身各脏器,其中以肝脏浓度最高,其次是肾脏、肺脏、脾脏等,肌肉和大脑最低。有机磷进入体内后,可抑制许多酶的活性,但毒性主要表现在抑制胆碱酯酶。

正常情况下,胆碱能神经末梢所释放的乙酰胆碱,在胆碱酯酶的作用下被分解。胆碱酯酶在分解乙酰胆碱的过程中,先脱下胆碱并生成乙酰化胆碱酯酶的中间产物,继而水解,迅速分离出乙酸,使胆碱酯酶又恢复其正常生理活性。

有机磷化合物与胆碱酯酶结合,产生对位硝基酚和磷酰化胆碱酯酶。前者为除草剂,对机体具有毒性,但可转化成对氨基酚,并与葡萄糖醛酸相结合而经由泌尿道排除;而磷酰化胆碱酯酶则为较稳定的化合物,使胆碱酯酶失去分解乙酰胆碱的能力,导致体内大量乙酰胆碱积聚,引起神经传导功能紊乱,出现胆碱能神经的过度兴奋现象。但由于健康机体中一般都贮备有充足的胆碱酯酶,故少量摄入有机磷化合物时,尽管部分胆碱酯酶受抑制,但仍不显临床症状。

据测定人类血浆中的胆碱酯酶活性降低至70%～80%时,仍无任何症状,降至40%以下时才呈现临床症状。达到10%左右才会死亡,故以50%作为危险指标。

三、临床症状

马有机磷农药中毒时,因制剂的化学特性及造成中毒的具体情况等不同,其所表现的症状及程度差异极大,但都表现为胆碱能神经受乙酰胆碱的过度刺激而引起过度兴奋的现象。临床根据病情程度可分为以下3种:

1.轻度中毒

精神沉郁或不安,食欲减退或废绝,流涎,微出汗,肠音亢进,粪便稀薄。

2.中度中毒

除上述症状更为严重外,表现瞳孔明显缩小,腹痛,腹泻,骨骼肌纤维震颤,严重时全身抽搐、痉挛,继而发展为肢体麻痹,最后因呼吸肌麻痹而窒息死亡。

3.重度中毒

主要以中枢神经症状为主,表现体温升高,全身震颤、抽搐,大小便失禁,继而突然倒地,四肢作游泳状划动,随后瞳孔缩小,心动过速,很快死亡。

四、病理变化

最急性中毒在10 h内死亡者,尸体剖检一般无肉眼和组织学变化,经消化道中毒者,胃肠内容物呈蒜臭味,同时消化道黏膜充血。中毒后较长时间死亡的病例,胃肠黏膜大片充血,肿胀或出血,有的糜烂和溃疡,黏膜极易剥脱。肝脏肿大、瘀血,胆囊充盈。肾肿大,切面紫红色,层次不清晰。心脏有小出血点,内膜可见不整形白斑。肺充血、水肿,气管、支气管内充满泡沫状黏液,有卡他性炎症。全身浆膜均有广泛性出血点、斑。脑和脑膜充血、水肿。

组织学变化为消化道黏膜上皮变性、坏死和脱落,固有层和黏膜下层充血、出血、水肿和较多的中性粒细胞浸润;肝细胞颗粒变性和脂肪变性;肾小管上皮细胞变性;细支气管平滑肌增厚,管腔狭窄,黏膜呈许多皱裂突向管腔;神经细胞变性,比正常细胞肿大20倍左右,常有嗜神经细胞现象和卫星化。另外,三邻甲酸磷酸酯(TOCP)、丙氟酸和丙胺氟酸等有机磷农药中毒还可引起外周神经脱髓鞘,超微结构发现神经细胞线粒体肿胀,轴浆有空泡形成,髓鞘质板分离。

五、诊断

根据流涎,瞳孔缩小,肌纤维震颤,呼吸困难,血压升高等症状进行诊断。在检查病马存在有机磷农药接触史的同时,应采集病料测定其胆碱酯酶活性和毒物鉴定,以此确诊。同时还应根据本病的病史、症状、胆碱酯酶活性降低等变化同其他可疑病相区别。

六、治疗

立即停止使用含有机磷农药的饲料或饮水。因外用敌百虫等制剂过量所致的中毒,应充分水洗用药部位(勿用碱性药剂),以免继续吸收。同时,尽快用药物救治。常用阿托品结合解磷定解救。阿托品为乙酰胆碱的生理拮抗药,是速效药剂,可迅速使病情缓解。但由于仅能解除毒蕈碱样症状,而对烟碱样症状无作用,须有胆碱酯酶复活剂的协同作用。常用的胆碱酯酶复活剂有解磷定(α-PAM)、氯磷定(PAM-Cl)、双复磷(DMO_4)等。

通用的阿托品治疗剂量为:静脉注射1 mg/kg体重。按上述剂量首次用药后,若经1 h以上仍未见病情消减时,可适量重复用药。同时密切注意马的反应,当出现瞳孔散大,停止流涎或出汗,脉数加速等现象时,即不再加药。

解磷定20～50 mg/kg体重,溶于葡萄糖溶液或生理盐水100 mL中,静脉注射或皮下注射或注入腹腔。对于严重的中毒病例,应适当加大剂量,给药次数同阿托品。解磷定在碱性溶液中易水解成剧毒的氰化物,故忌与碱性药剂配伍使用。解磷定的作用快速,持续时间短,1.5～2 h。对内吸磷、对硫磷、甲基内吸磷等大部分有机磷农药中毒的解毒效果确实,但对敌百虫、乐果、敌敌畏、马拉硫磷等小部分制剂的作用则较差。

氯磷定可作肌肉注射或静脉注射,剂量同解磷定。氯磷定的毒性小于解磷定,对乐果中毒的疗效较差,且对敌百虫、敌敌畏、对硫磷、内吸磷等中毒经48～72 h的病例无效。

双复磷的作用强而持久,能通过血脑屏障,对中枢神经系统症状有明显的缓解作用(具有阿托品样作用)。对有机磷农药中毒引起的烟碱样症状,毒蕈碱样症状及中枢神经系统症状均有效。60 mg/kg体重。因双复磷水溶性较高,可供皮下、肌肉或静脉注射用。

对症治疗,以消除肺水肿,兴奋呼吸中枢,输入高渗葡萄糖溶液等,提高疗效。

七、预防

(1)健全对农药的购销、保管和使用制度,落实专人负责,严防坏人破坏。

(2)开展经常性的宣传工作,以普及和深化有关使用农药和预防家畜中毒的知识,以推动群众性的预防工作。

(3)由专人统一安排施用农药和收获饲料,避免互相影响。对于使用农药驱除家畜内外寄生虫,也可由兽医人员负责,定期组织进行,以防意外的中毒事故。

第九节 磷化锌中毒

磷化锌中毒是动物摄入磷化锌毒饵而引起的以中枢神经和消化系统功能紊乱为主要特征的中毒性疾病。磷化锌是一种强力、廉价的灭鼠药。

一、病因

动物多因误食毒饵或污染磷化锌的饲料而中毒;偶尔也见人为地蓄意破坏性投毒引起中毒。磷化锌的毒性常用动物品种、诱饵的酸碱性而有差异,也与胃内容物的数量和 pH 有关。

二、发病机理

磷化锌在胃酸作用下分解产生磷化氢和氯化锌。磷化氢对胃肠道黏膜有刺激作用,被胃肠道吸收,随血液循环分布于肝、心、肾和骨骼肌等组织器官,抑制细胞色素氧化酶,影响细胞代谢,引起细胞窒息,使组织细胞发生变性、坏死,主要损害中枢神经系统、呼吸系统和心脏、肝脏、肾脏等实质性器官,导致多器官功能障碍,出现一系列临床症状。氯化锌对胃肠黏膜有强烈的刺激与腐蚀作用,与磷化氢一起导致黏膜充血、出血和溃疡。若吸入性中毒,还可刺激呼吸道黏膜,引起肺充血、肺水肿。

三、临床症状

一般于误食毒饵后 15 min 至 4 h 出现症状,个别可延迟至 18 h。严重中毒可在 3～5 h 死亡,很少超过 48 h。初期表现短期的兴奋,惊恐不安,口流白色黏液,剧烈腹痛,全身出汗,黏膜苍白,心跳无力;随后全身肌肉颤抖、痉挛,呼吸困难,最后倒地窒息而死,最急性的病例从出现症状至死亡约 2 h。

四、病理变化

剖检可见口腔和咽部黏膜潮红、肿胀、出血、糜烂;胃内容物带有大蒜或乙炔样特殊的臭味,在暗处发出磷光(PH_3);胃肠道黏膜充血、肿胀、出血,甚至糜烂或溃疡,黏膜脱落;肝脏肿大,质地脆弱,呈黄褐色;肾脏肿胀,柔软,脆弱;心脏扩张,心肌实质变性;肺脏瘀血、水肿与灶状出血,气管内充满泡沫液体;脑组织水肿,充血,出血。有些病例还可见到皮下组织水肿,黏膜点状出血,以及胸腔积液。

组织学变化为肝脏窦状隙扩张、充血,小叶周边肝细胞脂肪变性,甚至严重的脂肪变性和坏死,毛细胆管扩张。肾小管上皮细胞颗粒变性、脂肪变性或水泡变性,部分胞浆内见有透明滴状物,严重时发生坏死。心肌纤维颗粒变性和脂肪变性,肌束间血管充血,间质轻度水肿和出血。

五、诊断

根据误食毒饵或染毒饲料的病史,结合流涎、腹痛、腹泻、呼吸困难、呼出气体和胃内容物带大蒜臭味等症状,既可以初步诊断。确诊必须对胃内容物或残剩饲料进行磷化锌检测,主要是检测磷和锌，因磷化氢气体容易挥发，送检样品需密封、冰冻保存。

六、治疗

尚无特效解毒疗法。病初可用5%碳酸氢钠溶液洗胃，以延缓磷化锌分解为磷化氢；也可口服活性炭；还可用0.1%～0.5%高锰酸钾溶液洗胃，可使磷化锌氧化为磷酸盐而失去毒性。镇静可用苯巴比妥，静脉注射5%碳酸氢钠溶液缓解中毒，配合强心、补液和应用皮质类固醇激素可预防休克；必要时可酌情加入10%葡萄糖酸钙溶液，以减轻肺水肿；应用复合维生素B和右旋糖可减轻肝脏损伤。

七、预防

加强磷化锌的保管和使用，包装磷化锌毒饵的麻袋禁止装饲料或饲草；人畜较多处，最好夜间投放毒饵，白昼除去，以防止动物接触毒饵。投放毒饵后，应及时清理未被采食的残剩毒饵，并对中毒死鼠深埋。

第十节　抗凝血杀鼠药中毒

抗凝血类杀鼠药中毒是这类药物进入机体后干扰肝脏对维生素K的利用，抑制凝血因子，影响凝血酶原合成，使凝血时间延长，导致广泛性多器官出血为特征的中毒性疾病。

一、病因

抗凝血杀鼠药是目前效果最好、使用最安全、应用最广泛的一大类慢性杀鼠剂。按化学结构分为4-羟基香豆素(4-hydroxycoumarins)和茚满二酮(indanediones)两类。动物中毒主要见于误食灭鼠毒饵，也见于作为抗凝血剂治疗凝血性疾病时，4-羟基香豆素类用量过大、疗程过长或配伍用保泰松等能增进其毒性的药物，而引起动物中毒。

二、发病机理

4-羟基香豆素类杀鼠灵在小肠中被完全吸收，但吸收缓慢，血清峰值出现在6～12 h，吸收后大部分与血清蛋白结合，肝脏、脾脏和肾脏含量较高。动物实验表明，抗凝血杀鼠剂在大剂量时抗凝血作用不是主要的，主要表现以先兴奋后抑制为特征的中枢神经症状，动物最终死于呼吸衰竭，而无任何出血体征，抗凝血作用主要是其慢性毒性。抗凝血杀鼠剂的杀鼠作用，一方面是作用于血管壁使其通透性增加，容易出血；另一方面是通过干扰凝血酶原等凝血因子合成，使血液不易凝固，这一过程主要是通过抑制环氧化物还原酶(还原剂为二硫苏醇糖，DTT)、维生素K还原酶和羧化酶的活性，切断维生素K的循环利用而阻碍凝血倾向。因机体广泛性出血造成缺氧和贫血，引起肝脏坏死。这种作用对已形成的凝血因子没有影响，而凝血酶原的半衰期长达60 h，肝脏凝血因子被阻断后，需要待血液中原有的凝血因子耗尽(1～3天)，才能发挥抗凝作用。因此，这类药物的抗凝作用发生缓慢，作为杀鼠主要是发挥慢性毒力的结果。而其他动物中毒常常发生于一次性误食，连续几天误食的可能性很小。由此可见，其他动物一次大剂量摄入中毒的机理仍有待进一步阐明。

三、临床症状

马表现精神不振，背部黏膜有出血点，结膜黄染，瞳孔散大，视力减退。呼吸次数增加，肺部听诊有湿罗音，脉搏加快(100 次/min)，心音浑浊，心律不齐。肠蠕动增强，粪便带血或排紫黑色粪便，血尿。后期肌肉震颤，拱背，磨牙，全身出汗，呼吸困难，突然倒地死亡。

四、病理变化

4-羟基香豆素类杀鼠剂中毒以大面积出血为特征，常见出血部位为胸腔、纵膈间隙、血管外周组织、皮下组织、脑膜下和脊髓、胃肠及腹腔。心脏松软，心内外膜出血，肝小叶中心坏死。

茚满二酮类杀鼠剂中毒可见天然孔流血，结膜苍白，血液凝固不良或不凝固。全身皮下和肌肉有出血斑。心包、心耳和心内膜有出血点，心腔内充满未凝固的稀薄血液，呈鲜红色或煤焦油色。肝、肾、脾、肺均有不同程度出血，气管和支气管内充满血样泡沫状液体。胃肠黏膜脱落，弥漫性出血或有染血内容物，腹腔有大量血样液体。有的病例全身淋巴结、膀胱、尿道出血。

五、诊断

根据接触抗凝血杀鼠剂的病史，结合广泛性的出血及凝血时间、凝血酶原时间、活化的部分凝血活酶时间延长和凝血因子含量降低，可初步诊断。确诊需对呕吐物、胃内容物、肝脏、肾脏和可疑饲料进行毒物检测。本病应与牛蕨中毒、草木犀中毒、蛇毒中毒及血小板减少性紫癜等进行鉴别。

六、治疗

出现中毒症状后应加强护理，用苯巴比妥使马保持安静，尽量避免运动及创伤，供给青绿饲料。严重的病例应静脉输血，10～20 mL/kg 体重，缓慢滴注。并尽早应用维生素 K 制剂，维生素 K_1 效果最好，剂量应小于 2.0 mg/kg 体重，且不能用维生素 K_3。注射应选择小号针头，以免引起局部出血。持续用药时间因杀鼠剂和症状不同而有差异。

七、预防

加强杀鼠剂和毒饵的管理，毒饵投放地区应严加防范动物误食；并要及时清理未被鼠吃食的残剩毒饵；配制毒饵的场地在进行无毒处理前禁止堆放饲料或饲养动物。

第十一节　种衣剂中毒

种衣剂是由农药原药(杀虫剂、杀菌剂等)、肥料、生长调节剂、成膜剂及配套助剂经特定工艺流程加工制成的，可直接或经稀释后包覆于种子表面，形成具有一定强度和通透性的保护层膜的农药制剂。种衣剂中毒是动物因接触、吸入或摄入种衣剂引起的急性或慢性中毒，能引起动物中毒的种衣剂农药原药主要有氨基甲酸酯类农药、甲脒类杀虫剂、有机硫农药、拟除虫菊酯类农药等。

一、氨基甲酸酯类农药中毒

氨基甲酸酯类农药中毒是动物摄入该类药物后抑制体内胆碱酯酶的活性，而出现以胆碱能神经兴奋为主要症状的中毒性疾病。

(一)病因

氨基甲酸酯类农药可经消化道、呼吸道和皮肤吸收，经皮肤吸收的毒性较其他途径为低。造成动物中毒的常见原因有：

1. 环境污染

生产和管理不严及使用不当，造成饲料、饮水污染而引起中毒；也可使周围环境污染，虽其在空气中易氧化分解，在水中易水解，在土壤中易降解而仅造成短期和局限性的环境污染，但在1～5周的半衰期中亦可引起马有机会接触而发生中毒。

2. 饲养管理不善

马采食近期喷洒过氨基甲酸酯类农药的农作物或牧草。

3. 其他

偶尔见于人为蓄意破坏性投毒。

(二)发病机理

氨基甲酸酯类农药可经呼吸道、消化道及皮肤吸收。吸收后分布于肝脏、肾脏、脂肪和肌肉组织中，其他组织中含量甚低。在肝脏进行代谢，一部分经水解、氧化或与葡萄糖醛酸结合而解毒，一部分以原形或其代谢产物迅速有肾脏排泄，24 h可排出90%以上。

氨基甲酸酯类农药的立体结构式与乙酰胆碱相似，可与胆碱酯酶阴离子部位和酯解部位结合，形成可逆性复合物，即氨基甲酰化胆碱酯酶，从而抑制该酶的活性，造成乙酰胆碱蓄积，刺激胆碱能神经，出现与有机磷中毒相似的临床症状。但与有机磷相比，氨基甲酸酯对胆碱酯酶的结合力既较弱又不稳定，形成的氨基甲酰化胆碱酯酶易水解，使胆碱酯酶活性在4 h左右自动恢复。故症状轻于有机磷中毒且恢复较快。

(三)临床症状

急性中毒的症状与有机磷农药中毒相似，经呼吸道和皮肤中毒者，2～6 h发病，经消化道中毒发病较快，10～30 min即可出现症状。主要表现为流涎，呕吐，腹泻，胃肠运动功能增强，腹痛，多汗，呼吸困难，黏膜发绀，瞳孔缩小，肌肉震颤。严重者发生强直痉挛，共济失调，后期肌肉无力，麻痹。气管平滑肌痉挛导致缺氧，窒息而死亡。

(四)病理变化

急性中毒的剖检变化仅限于肺、肾脏的局部充血和水肿，胃黏膜点状出血。慢性中毒时见到神经肌肉损害。组织学检查可见局部贫血性肌变性，透明或空泡性肌变性。小脑、脑干和上部脊髓中的有鞘神经发生水肿，并伴有空泡变性。

(五)诊断

根据接触氨基甲酸酯类农药的病史，临床上副交感神经过度兴奋的典型症状，结合全血胆碱酯酶活性降低，即可初步诊断。可疑饲草料、饮水和胃肠内容物氨基甲酸酯类农药的定性和定量分析，为本病的确诊提供依据。

氨基甲酸酯类农药的定性检测：饲料及胃内容物可用无水硫酸钠脱水，加甲醇振荡提取，甲醇液在硫酸钠溶液存在下加石油醚洗涤，除去提取物中的油类及色素等弱极性物质；净化液经二氯甲烷提取，氨基甲酸酯类农药转入二氯甲烷层；二氯甲烷液在50℃水浴上减压浓缩1 mL，用氮气吹尽二氯甲烷溶剂，用丙酮溶解残渣并定容至2.0 mL，供分析用。将样液滴在滤纸或反应板上，加5 g/L 2,6-二氯醌氯亚胺丙酮溶液1滴，再加50 g/L氢氧化钠溶液1滴，如有氨基甲酸酯类农药，呈蓝绿色反应。

(六)治疗

病马应尽快注射硫酸阿托品，使胆碱酯酶活性恢复，注射剂量和间隔时间依照病情而定，建议用量为马0.1～0.2 mg/kg体重，一般1/4量静脉注射，必要时可重复给药，也可用氢溴酸东莨菪碱。肟类化合物如解磷定等胆碱酯酶复活剂对氨基甲酸酯中毒无效，且可出现不良反应，主要是肟类化合物可使农药与胆碱酯酶结合的可逆反应减慢甚至停止，抑制胆碱酯酶活性的自然恢复，故禁用。同时采取相应的对症治疗。

(七)预防

生产和使用农药应严格执行各种操作规程，严禁马匹接触当天喷洒农药的田地、牧草和涂抹农药的墙壁，以免误食中毒。

二、甲脒类杀虫剂

甲脒类杀虫剂及其代谢产物的苯胺活性基团可将血红蛋白氧化成高铁血红蛋白，失去携氧功能，导致全身器官和组织缺氧。还能抑制细胞线粒体的氧化磷酸化作用，可逆性的抑制单胺氧化酶，影响能量合成，干扰细胞的代谢功能，是脑内5-羟色胺浓度增高而蓄积。马表现中枢神经系统高度抑制，共济失调和腹痛。

三、有机硫农药

有机硫农药中毒主要是农药管理和使用不当，造成动物误食、误饮；也见于饲养管理粗放，使马有机会接触或采食喷洒过有机硫农药的农作物、蔬菜等，一旦大量摄入即可发生中毒。农药进入机体的主要途径为消化道和皮肤，由于其有强烈的刺激作用，经消化道时刺激胃肠黏膜，发生不同程度的炎症。皮肤染毒时，可引起局部皮肤红肿、疱疹。进入体内后主要分布于肾上腺、脾脏，而肝脏及脊髓含量较少。中毒后主要侵害中枢神经系统，出现先兴奋、后抑制的神经症状，严重时抑制呼吸、循环导致衰竭。此外，对肝、肾等实质器官也有一定的损害。

四、拟除虫菊酯类农药

拟除虫菊酯类农药中毒主要是在封闭性较好的环境里喷雾使用该类药物，使生活在其中的马过多吸入或摄入；饲料、饮水被农药污染；农药可经消化道、呼吸道和皮肤黏膜进入动物机体；进入体内的毒物，在肝微粒体混合功能氧化酶和拟除虫菊酯酶的作用下，进行氧化和水解等反应而生产酸(如游离酸、葡萄糖醛酸或甘氨酸结合形式)、醇(对甲基羧化物)的水溶性代谢产物及结合物而排出体外。主要经肾排出，少数随大便排出，24 h内排出50%以上，8天内几乎全部排出，仅有微量残存于脂肪及肝脏中。该类药物主要是神经毒，但毒性机理尚未完全清楚。

第三篇　外科篇

第一章 损 伤

损伤是由各种不同外界因素作用于机体，引起机体组织器官产生解剖结构上的破坏或生理功能上的紊乱，并伴有不同程度的局部或全身反应的病理现象。

第一节 开放性损伤——创伤

一、创伤的概念

创伤是因锐性外力或强烈的钝性外力作用于机体组织或器官，使其受伤部位皮肤或黏膜出现伤口及深层组织与外界相通的机械性损伤，创伤各部位名称如图 3-1-1 所示。

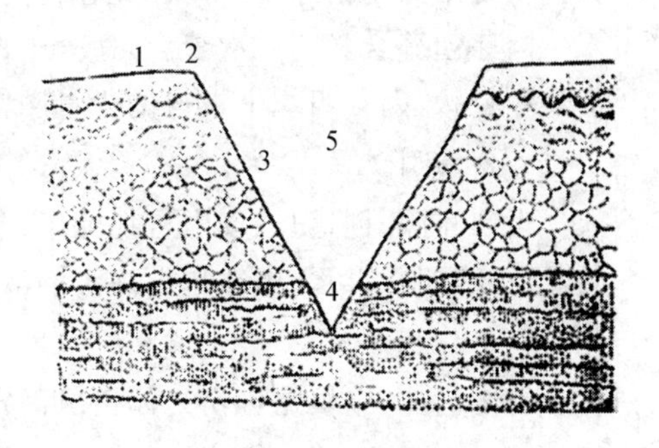

图 3-1-1 创伤各部名称

1. 创围 2. 创缘 3. 创面
4. 创底 5. 创腔

二、创伤愈合

1. 一期愈合

创伤一期愈合是一种较为理想的愈合形式。其特点是创缘整齐，创口吻合，炎症反应轻。创内无异物、坏死灶及血肿，组织仍有活力，无感染，整个过程需 6～7 d。

2. 二期愈合

一般见于伤口大，伴有组织缺损，创缘及创壁不整，伤口内有血液凝块、细菌感染、异物、坏死组织以及由于炎性产物、代谢障碍等致使组织丧失一期愈合能力。

3. 痂皮下愈合

表皮损伤，伤面浅在并有少量出血，以后血液或渗出的浆液逐渐干燥而结成痂皮，覆盖在损伤的表面，痂皮下损伤的边缘再生表皮而治愈。

三、创伤的治疗

1. 创围清洁法

先用数层灭菌纱布块覆盖创面，后剪去创围被毛，如被毛黏着时，可用 3％过氧化氢和氨水（100 ∶ 2 ）混合液除去。再用 70％酒精棉球反复擦拭紧靠创缘的皮肤。较远的皮肤，可用肥皂水和消毒液洗刷。最后用 5％碘酊或 5％酒精福尔马林溶液，涂擦创围皮肤。

2.创面清洁法

用生理盐水冲洗创面后，除去创面上的异物、血凝块或脓痂，再用生理盐水或防腐液反复清洗创伤。浅创且无污物时，用浸药棉球轻轻地清洗；深创或存有污物时，可用洗创器吸取防腐液冲洗创腔，除去创面的污物，再用灭菌纱布块擦拭创面。

3.清创手术

用外科手术的方法将创内所有的失活组织切除，除去可见的异物、血凝块，消灭创囊、凹壁、扩大创口（或做辅助切口），保证排液畅通。

4.创伤用药

如创伤污染严重、外科处理不彻底、不及时和因解剖特点不能施行外科处理时，应尽早使用广谱抗菌性药物；对感染严重的化脓创，应用抗菌性药物；对肉芽创应使用保护肉芽组织和促进肉芽组织生长以及加速上皮新生的药物。

5.创伤缝合法

根据创伤情况可分为初期缝合、延期缝合和肉芽创缝合。

初期缝合是对受伤后数小时的清洁创或经彻底外科处理的新鲜污染创施行缝合。有污染的创伤先用药物治疗 3～5 天，无创伤感染后，再施行缝合，称此为延期缝合。

肉芽创缝合又叫二次缝合，适合于肉芽创，缝合的创内应无坏死组织，肉芽组织应呈红色平整颗粒状，肉芽组织上被覆的少量脓汁内无细菌存在。可合理施行部分或密闭缝合。

6.创伤引流法

当创腔深、创道长、创内有坏死组织或创底遗留渗出物等时，常用引流法。引流纱布条要浸以药液（如青霉素、中性盐类高渗溶液等）。也可用胶管、塑料管做引流。

7.创伤包扎法

创伤包扎，应根据创伤具体情况而定。一般经外科处理后的新鲜创都要包扎。

8.全身性疗法

当病马出现体温升高、精神沉郁、食欲减退、白细胞增数等全身症状时，则应实行全身性治疗。对伴有大出血和创伤愈合迟缓的病马，应输血；对严重污染而很难避免创伤感染的新鲜创，应使用抗生素或磺胺类药物，必要时需输液，注射破伤风抗毒素或类毒素；对有局部化脓性炎症的，可静脉注射 10％氯化钙溶液 100～150 mL 和 5％碳酸氢钠溶液 500～1 000 mL。

第二节 软组织的非开放性损伤

软组织的非开放性损伤是指由于钝性外力的撞击、挤压、跌倒等而致伤，伤部的皮肤和黏膜保持完整，而有深部组织的损伤。常见的有挫伤、血肿和淋巴外渗。

一、挫伤

挫伤是机体在钝性外力直接作用下，引起的组织非开放性损伤。

(一)分类与症状

1. 皮下组织挫伤

多由皮下组织的小血管破裂引起。少量的出血常发生局限性的小的出血斑(点状出血),出血量大时,常发生溢血。发生凝固,血色素发生溶解,皮下出血后小部分血液成分被机体吸收,大部分红细胞破裂后被吞噬细胞吞噬,经血液循环和淋巴循环吸收,挫伤部皮肤初期呈黑红色,逐渐变成紫色、黄色后恢复正常。

2. 皮下裂伤

皮肤仍完整,但皮下组织与皮肤发生剥离,常有血液和渗出液等积聚皮下。

3. 皮下深部组织挫伤

常见的有以下几种。

(1)肌肉挫伤　由钝性外力直接作用引起,轻度的常发生溢血或出血,重度的常发生坏死,肌肉软化呈泥样,治愈后形成瘢痕。重症的因长时间趴卧,皮肤损伤,进而形成湿性坏疽。

(2)神经挫伤　神经的挫伤多为末梢性的混合神经,损伤区域发生感觉和运动麻痹,肌肉呈渐进性萎缩。中枢神经系统脊髓挫伤时,可发生呼吸麻痹、后躯麻痹、尿失禁等。

(3)腱挫伤　腱的挫伤多由过度的运动,腿的剧烈伸展而引起,多见于四肢的屈肌腱。

(4)滑液囊挫伤　挫伤后常形成滑液囊炎,滑液大量渗出,局部显著肿胀,初期热痛明显,形成慢性炎症后,呈无痛的水样潴留。

(5)关节挫伤　皮肤脱毛,皮下出血,局部稍肿,关节有疼痛反应,跛行等。

(6)骨挫伤　多见于骨膜的局限性损伤。局部肿胀、有压痛,易形成骨赘。

4. 破裂

挫伤的同时常伴有内脏器官破裂和筋膜、肌肉、腱的断裂。脏器破裂后形成严重的内出血,常易导致休克的发生。

5. 皮下挫伤

若发生感染时,全身及局部症状加重,可形成脓肿或蜂窝织炎。有的部位反复发生挫伤,可形成淋巴外渗、滑液囊炎及患部皮肤肥厚、皮下结缔组织硬化。

(二)治疗

1. 注意观察

在受到强烈外力的挫伤时要注意全身状态的变化。

2. 冷疗和热疗

有热痛时施行冷却疗法,使动物安定,消除急性炎症,缓解疼痛。热痛肿胀特别严重时给予冰袋冷敷。2～3天后改用温热疗法、红外线疗法等,以恢复机能。

3. 刺激疗法

炎症慢性化时可行刺激疗法。涂氨搽剂(氨∶蓖麻油＝1∶4),樟脑酒精或5%鱼石脂软膏、复方醋酸铅散,可引起一过性充血,促进炎性产物吸收,对促进肿胀的消退有良好的效果。或用中药山栀子粉加淀粉或面粉,以黄酒调成糊状外敷。

二、血肿

血肿是由于各种外力作用,导致血管破裂,溢出的血液分离周围组织,形成充血的腔洞。

(一)病因及病理

血肿形成速度快,一般均呈局限性肿胀,且能自然止血。较大的动脉断裂时,血液沿筋膜下或肌间浸润,形成弥漫性血肿。小血肿,由于血液凝固而缩小,血清部分被吸收,凝血块在蛋白分解酶的作用下软化、溶解和被组织逐渐吸收。其后由于周围肉芽组织的新生,血肿腔结缔组织化。大的血肿,周围可形成较厚的结缔组织囊壁,中间仍有血液,久则变为褐色或无色。

(二)症状

血肿的临床特点是肿胀迅速增大,肿胀呈明显的波动感或饱满有弹性。4～5 天后肿胀周围坚实,并有捻发音,中央部有波动,局部增温。穿刺时,可排出血液。有时可见局部淋巴结肿大和体温升高等全身症状。血肿感染也可形成脓肿,需注意鉴别。

(三)治疗

治疗主要是制止溢血、防止感染和排除积血。可于患部涂碘酊,装压迫绷带。经 4～5 天后,可穿刺或切开血肿,排出积血或血凝块和挫伤组织。如发现继续出血,可行结扎止血,清理创腔后再行缝合创口或开放疗法。

三、淋巴外渗

淋巴外渗是在钝性外力作用下,由于淋巴管破裂,致使淋巴液聚积于组织内的一种非开放性损伤。其原因是钝性外力在动物体上强行滑擦,致使皮肤或筋膜与其下部组织发生分离,淋巴管发生断裂。淋巴外渗常发生于淋巴管较丰富的皮下结缔组织,而筋膜下或肌间则较少。

常发生于颈部、胸前部、鬐甲部、腹侧部、臂部和股内侧部等。

(一)症状

淋巴外渗在临床上发生缓慢,一般于伤后 3～4 天出现肿胀,并逐渐增大,有明显的界限,呈明显的波动感,皮肤不紧张,炎症反应轻微。穿刺液为橙黄色稍透明的液体,或其内混有少量的血液。时间较久,析出纤维素块,如囊壁有结缔组织增生,则有明显的坚实感。

(二)治疗

首先使动物安静,有利于淋巴管断端的闭塞。较小的淋巴外渗可不必切开,于波动明显处,用注射器抽出淋巴液,然后注入 95％酒精或酒精福尔马林液(95％酒精 100 mL、福尔马林 1 mL,碘酊数滴,混合备用),停留片刻后,将其抽出,使淋巴液凝固堵塞淋巴管断端。

较大的淋巴外渗,可行切开,排出淋巴液及纤维素,用酒精福尔马林液冲洗,并将浸有上述药液的纱布填塞于腔内做假缝合。当淋巴管完全闭塞后,可按创伤治疗。

第三节 损伤并发症

动物发生重大外伤时,由于大量出血和疼痛,容易并发休克和贫血;常见的外科感染、严重组织挫灭产生毒素吸收、机体抵抗力减弱和营养不良以及治疗不当,往往发生溃疡、瘘管和窦道等晚期并发症。

一、溃疡

皮肤(或黏膜)上经久不愈合的病理性肉芽创称为溃疡。

(一)病因

血液循环、淋巴循环和物质代谢紊乱;中枢神经和外周神经损伤或神经营养紊乱;某些传染病、外科感染和炎症刺激;维生素不足和内分泌紊乱;机体衰竭、严重消瘦及糖尿病等;异物、机械性损伤、分泌物及排泄物的刺激;防腐消毒药的使用不当;急性或慢性中毒和某些肿瘤等。

(二)分类、症状及治疗

1.单纯性溃疡

表面见蔷薇红色、颗粒均匀的健康肉芽。肉芽表面覆有少量黏稠黄白色的脓性分泌物,干涸后形成痂皮。溃疡周围新的幼嫩上皮呈淡红色或淡紫色。上皮有时在不同部位增殖形成突起,再与边缘上皮带汇合。肉芽组织逐渐成熟形成瘢痕。

治疗时要注意保护肉芽正常发育,可使用加2%~4%水杨酸的锌软膏、鱼肝油软膏等。

2.炎症性溃疡

肉芽组织呈鲜红色,有时因脂肪变性而呈微黄色。表面被覆大量脓性分泌物,周围肿胀,触诊疼痛。

治疗时,有脓汁潴留时应切开创囊排脓。溃疡周围可用普鲁卡因溶液封闭。亦可用浸有20%硫酸镁或硫酸钠溶液的纱布覆于创面。

3.坏疽性溃疡

溃疡表面被覆软化无构造的组织分解物,并有腐败性液体浸润。对此溃疡应采取全身和局部并重的治疗措施。防止败血症,促进肉芽生长。

4.水肿性溃疡

肉芽苍白脆弱呈淡灰白色,水肿明显。溃疡周围组织水肿,无上皮形成。

治疗时应消除病因。局部可涂鱼肝油、植物油或包扎血液绷带、鱼肝油绷带等。禁止使用刺激性较强的防腐剂。应用强心剂调节心脏机能活动并加强饲养管理。

5.蕈状溃疡

局部出现高出于皮肤表面、大小不同、凹凸不平的蕈状突起,外形如散布的真菌。肉芽呈紫红色,被覆少量脓性分泌物且易出血。上皮生长缓慢,周围呈炎性浸润。

治疗时,如蕈状肉芽组织超出于皮肤表面很高,可剪除或切除,或搔刮后进行烧烙止血。或用硝酸银棒、氢氧化钾、氢氧化钠、20%硝酸银溶液烧灼腐蚀。也可用盐酸普鲁卡因溶液封闭。

6.褥疮及褥疮性溃疡

坏死的皮肤变得干涸皱缩,呈棕黑色。坏死区与健康组织之间有明显的界限。由于皮下组织的化脓性溶解遂沿褥疮的边缘出现肉芽组织。坏死的组织逐渐剥离最后呈现褥疮性溃疡,表面被覆少量黏稠黄白色的脓汁。可每日涂擦3%~5%龙胆紫酒精或3%煌绿溶液。夏天多晒太阳,可缩短治愈时间。

7.神经营养性溃疡

溃疡愈合非常缓慢,溃疡周围轻度肿胀,无痛感,不见上皮形成。手术切除,术后按新鲜创处理。亦可用盐酸普鲁卡因溶液封闭,配合组织疗法或自家血液疗法。

8.胼胝性溃疡

特征是肉芽组织血管微细、苍白、平滑无颗粒,并过早地变为厚而致密的纤维性瘢痕组织。不见上皮组织的形成。

治疗时,切除胼胝,再按新鲜手术创处理。亦可对溃疡面进行搔刮,涂松节油等。

二、窦道和瘘

窦道和瘘都是狭窄不易愈合的病理管道,其表面被覆上皮或肉芽组织。窦道管道一般呈盲管状。瘘的管道是两边开口。

(一)窦道

1.病因

(1)异物常随同致伤物体一起进入体内,或手术时遗忘于创内的异物如弹片、砂石、木屑、骨芒、钉子、被毛、金属丝、结扎线、棉球及纱布等。

(2)化脓坏死性炎症　脓肿、蜂窝织炎、开放性化脓性骨折、腱及韧带的坏死、骨坏疽及化脓性骨髓炎等。

(3)创伤深部脓汁不能顺利排出,而有大量脓汁潴留的脓窦,或长期不正确地使用引流等都容易形成窦道。

2.症状

从体表的窦道口不断地排出脓汁。窦道口下方的被毛和皮肤常附有干涸的脓痂。当深部存在脓窦且有较多的坏死组织并处于急性炎症时,脓汁多而较为稀薄并常混有组织碎块和血液。病程拖长,窦道壁已形成瘢痕,且窦道深部坏死组织少时,则脓汁少而黏稠。

3.诊断

对窦道口的状态、排脓的特点及脓汁的性状进行检查,对窦道的方向、深度、有无异物等也要进行探诊,必要时亦可进行X线诊断。

4.治疗

对疖、脓肿、蜂窝织炎自溃或切开后形成的窦道,可灌注10%碘仿醚或3%双氧水等。当窦道内有异物、结扎线和坏死组织时,须手术除去。当窦道口过小、管道弯曲,可扩开,也可造反对孔或做辅助切口,可做引流。窦道管壁有不良肉芽或形成疤痕组织者,可用腐蚀剂腐蚀,或用锐匙刮净或用手术方法切除。当窦道内无异物和坏死组织块,脓汁很少且窦道壁的肉芽组织较好时,可填塞铋碘蜡泥膏(次硝酸铋10 g,碘仿20 g,石蜡20 g)。

(二)瘘

先天性瘘,如脐瘘、膀胱瘘及直肠——阴道瘘等。瘘管壁上常被覆上皮组织。后天性瘘多见于腺体及空腔器官的创伤或手术。常见有胃瘘、肠瘘、食道瘘、颊瘘、腮腺瘘及乳腺瘘等。

1.分类及症状

(1)排泄性瘘　其特征是经过瘘的管道向外排泄空腔器官的内容物。

(2)分泌性瘘　其特征是经过瘘的管道分泌腺体器官的分泌物。

2.治疗

(1)对肠瘘、胃瘘、食道瘘、尿道瘘等必须手术。堵塞瘘管口,扩开创口,剥离粘连组织,找出通向空腔器官的内口并作修整，部分或全部切除，密闭缝合，修整周围组织、缝合。

(2)对腮腺瘘，向管内灌注20%碘酊，10%硝酸银溶液等。或先滴入甘油数滴，再撒布高锰酸钾粉破坏瘘的管壁。也可先向管内灌注溶解的石蜡，后装绷带。亦可先注入5%～10%的甲醛溶液或20%的硝酸银溶液15～20 mL，数日后当腮腺发生坏死时进行摘除。

三、休克

(一)概念

休克是神经、内分泌、循环、代谢等发生严重障碍时在临床上表现出的症候群。以循环量锐减，微循环障碍为主的急性循环不全，是组织灌注不良，致组织缺氧和器官损害的综合征。

(二)病因

(1)失血与失液　大量失血可引起失血性休克，见于外伤、消化道溃疡、内脏器官破裂引起的大失血等。大量失液，见于剧烈呕吐、严重腹泻、肠梗阻等引起的严重脱水。

(2)创伤　严重创伤可导致创伤性休克，与出血和疼痛有关。

(3)烧伤　大面积烧伤常可引起烧伤性休克。

(4)感染　严重感染特别是革兰氏阴性细菌感染常可引起感染性休克。感染时，内毒素起重要作用，故又称为内毒素性休克或中毒性休克。且常伴有败血症，故又称为败血症性休克。

(5)心泵血功能障碍　急性心泵血功能严重障碍引起的休克，称为心源性休克。

(6)过敏　具有过敏体质的马匹接受某些药物(如青霉素)治疗时可引起过敏性休克。

(7)强烈的神经刺激及损伤、剧烈疼痛、高位脊髓麻醉或损伤，可引起神经源性休克。

(三)症状及诊断

通常在发生休克的初期，主要表现兴奋状态，也称休克代偿期。表现兴奋不安，血压无变化或稍高，脉搏快而充实，呼吸增加，皮温降低，黏膜发绀，无意识排尿、排粪。

继兴奋之后，出现典型沉郁、饮食欲废绝、反应微弱，或对痛觉、视觉、听觉的刺激全无反应，脉搏细而间歇，呼吸浅表不规则，肌肉张力极度下降，反射微弱或消失，此时黏膜苍白、四肢厥冷、瞳孔散大、血压下降、体温降低、全身或局部颤抖、出汗、呆立不动、行走如醉，此时如不抢救，容易导致死亡。

临床检查和生理生化测定指标：

(1)首先了解患畜机体　在临床上除注意结膜和舌的颜色变化外，要特别注意齿龈和舌边血液灌流情况，通常采用手指压迫齿龈或舌边缘来测定血液循环状况。

(2)测定血压　初期血压变化不明显，休克期降低。

(3)测定体温　除某些特殊情况体温增高外，一般休克时低于正常。特别是末梢更低。

(4)呼吸次数　在休克时，呼吸次数增加，用以补偿酸中毒和缺氧。

(5)心率　心率加快。

(6)心电图检查　酸中毒和休克结合能出现大的T波。高血钾症是T波突然向上，基底变窄，P波低平或消失，ST段下降，Q波幅宽增大，PQ延长。

(7)观察尿量　尿量减少，提示肾灌流量减少。如无尿则表示肾血管痉挛，血压急剧下降。

(8)测定有效血容量　血容量的测定，早期作休克诊断，决定是否输液。

(9)测定血清钾、钠、氯、二氧化碳结合力和非蛋白氮等，对休克作出诊断。

(四)治疗

(1)消除病因　如出血性休克,要止血,同时补充血容量。中毒性休克,尽快消除感染源。

(2)补充血容量　对贫血和失血,要输血。还要补充乳酸钠、复方氯化钠、葡萄糖溶液等。

(3)改善心脏功能　异丙肾上腺素和多巴胺是应选药物。在中毒性休克早期,可用甲基强的松龙15～30 mg或地塞米松4～5 mL,静注,配合抗生素。洋地黄在长期休克和心肌有损伤时用。中心静脉压高,血压、心率正常,可用氯丙嗪。同时使用血管扩张剂并补充血容量。

(4)调节代谢障碍　要注意酸中毒,轻度的可给生理盐水;中度的用碱性药物;严重的或肝受损伤时,不得使用乳酸钠。对于缺钾的患马要考虑补钾。要加强饲养管理。

四、坏死与坏疽

坏死是指生物体局部组织或细胞失去活性。坏疽是组织坏死后受到外界环境影响和不同程度的腐败菌感染而产生的形态学变化。

(一)病因

(1)外伤　严重的组织挫灭、局部的动脉损伤等。

(2)持续性的压迫　如褥疮、鞍伤、绷带的压迫、肠扭转等。

(3)物理、化学性因素　见于烧伤、冻伤、腐蚀性药品及电击放射线、超声波等引起的损伤。

(4)细菌及毒物性因素　多见于坏死杆菌感染、毒蛇咬伤等。

(5)其他　血管病变引起的栓塞、中毒及神经机能障碍等。

(二)症状及分类

(1)凝固性坏死　坏死部组织发生凝固、硬化,表面上覆盖一层灰白至黄色的蛋白凝固物。

(2)液化性坏死　坏死部肿胀、软化,随后发生溶解。多见于热伤、化脓灶等。

(3)干性坏疽　坏死组织初期表现苍白,水分渐渐失去后,颜色变成褐色至暗黑色,表面干裂,呈皮革样外观。

(4)湿性坏疽　局部组织脱毛、浮肿、暗紫色或暗黑色、表面湿润,有恶臭的分泌物。

(三)治疗

(1)局部进行剪毛、清洗、消毒。用蛋白分解酶除去坏死组织,等待生出健康的肉芽。或用硝酸银或烧烙阻止坏死恶化,可用外科手术切除坏死组织。

(2)对湿性坏疽应手术切除坏疽部位,应用化学消毒剂进行局部清洗消毒,同时,在疾病早期,足量应用敏感抗生素对控制病情极为重要,注意保持营养状态。

第二章　外科感染

第一节　概　述

一、外科感染的概念

感染是机体对致病菌的侵入、生长和繁殖造成的一种反应性病理过程。外科感染是指需要用手术方法治疗(包括切开引流、异物去除等)的感染性疾病以及在创伤或手术后发生的感染并发症。

(一)外科感染的途径

(1)外源性感染　周围环境的致病菌通过皮肤或黏膜面的伤口侵入机体局部,随循环带至其他组织或器官内的感染过程。包括手术切口的感染。

(2)内源性感染　是侵入机体内的致病菌当时未被消灭而隐藏存活于某部(腹膜粘连部位、形成瘢痕的溃疡病灶和脓肿内、组织坏死部位、做结扎和缝合的线上、形成包囊的异物等),当机体全身免疫功能下降和局部的防卫能力降低时则发生感染。当皮肤的正常菌群发生生态失调或手术时,机体自身的正常菌群即可随时定植于皮肤或软组织而引起感染。

如外科感染是由一种病原菌引起的则称单一感染;由多种病原菌引起的则称为混合感染;在原发性病原微生物感染后,经过若干时间又并发它种病原菌的感染,则称为继发性感染;被原发性病原菌反复感染时则称为再感染。

(二)外科感染时常见的致病菌

常见的化脓性致病菌多为需氧菌,其中金黄色葡萄球菌是主要的致病菌,链球菌、大肠杆菌、绿脓杆菌等也是重要的致病菌。也有厌氧菌与需氧菌共同引起的感染。

二、外科感染发生发展的基本因素

外科感染即机体与侵入体内的致病菌相互作用所产生的局部和全身反应,它是机体与致病菌感染与抗感染斗争的结果。它的发生发展中,存在着两种相互制约的因素:即机体的防卫机能和促进外科感染发展的因素。此两种过程始终贯穿着感染和抗感染、扩散和反扩散的相互作用。主要表现在以下几个方面:

(一)促进外科感染发展的因素

(1)细菌的致病力　在外科感染的发生和发展过程中,致病菌数量越多,毒力越强,发生感染的机会也越大。

细菌侵袭组织的能力主要决定于细菌产生的各种毒素和酶。金黄色葡萄球菌能产生凝固酶、溶血素、坏死毒素和杀白细胞素；溶血性链球菌能产生溶血素、透明质酸酶、链激酶和脱氧核糖核酸酶，这几种毒素是链球菌感染迅速扩散和脓液稀薄的原因。革兰氏阴性菌所产生的内毒素，具有复杂的生物活性，是引起补体激活和感染性休克的物质基础。厌氧性类杆菌则能产生外毒素。凡是毒力较强的细菌容易引起严重的外科感染。

(2)局部环境条件　局部组织缺血缺氧，伤口中存有异物、坏死组织、血肿和渗出液均有利于细菌的生长繁殖。某些代谢障碍，如动物的糖尿病、尿毒症、皮质类固醇疗法、免疫抑制疗法等均能引起血管反应缺陷、白细胞趋化和吞噬功能异常，从而有利于外科感染的发生。

(二)机体的防卫机能

在动物的皮肤表面，被毛、皮脂腺和汗腺的排泄管内，在消化道、呼吸道、泌尿生殖器及泪管的壁上，经常有各种微生物(包括致病能力很强的病原微生物)存在。在正常的情况下，这些微生物不呈现任何有害作用，因为机体正常的防卫机能，足以防止其发生感染。如果机体的局部和全身的免疫防卫机能下降，就可能导致外科感染。主要有以下几方面。

1. 皮肤、黏膜及淋巴结的屏障作用

皮肤表面被覆角质层及致密的复层鳞状上皮(pH 5.2～5.8)，黏膜上皮也由排列致密的细胞和少量的间质组成，表面常分泌酸性物质。某些黏膜表面还具有排出异物能力的纤毛，因此，在正常的情况下皮肤及黏膜不仅具有阻止致病菌侵入机体的能力，而且还分泌溶菌酶、抑菌酶等杀死细菌或抑制细菌生长繁殖的抗菌性物质。淋巴结和淋巴滤泡可固定细菌，阻止它们向深部组织扩散或将其消灭。

2. 血管及血脑屏障作用

血管的屏障是由血管内皮细胞及血管壁的特殊结构所构成。它可以一定程度地阻止进入血液内的致病菌进入组织中。血脑屏障则由脑内毛细血管壁、软脑膜及脉络丛等构成。该屏障可以阻止致病菌及外毒素等从血液进入脑脊液及脑组织。

3. 体液中的杀菌因素

血液和组织液等体液中含有补体等杀菌物质。它们或单独对致病菌呈现抑菌或杀菌作用，或同吞噬细胞、抗体等联合起来杀死细菌。

4. 吞噬细胞的吞噬作用

网状内皮系统细胞和血液中的嗜中性白细胞等均属机体内的吞噬细胞，它们可以吞噬侵入体内的致病菌和微小的异物并进行溶解和消化。

5. 炎症反应和肉芽组织

炎症反应是机体与侵入体内的致病因素相互作用而产生的全身反应的局部表现。当致病菌侵入机体后局部很快发生炎症充血以提高局部的防卫机能。充血发展成为瘀血后便有血浆成分的渗出和白细胞的游出。炎症区域的网状内皮细胞也明显增生。这些变化都能有利于防止致病菌的扩散和毒素的吸收，又有利于消灭致病菌和清除坏死组织。当炎症进入后期或慢性阶段，肉芽组织则逐渐增生，在炎症和周围健康组织之间构成防卫性屏障，从而更好地阻止致病菌的扩散并参与损伤组织的修复，使炎症局限化。肉芽组织是由新生的成纤维细胞和毛细血管所组成的一种幼稚结缔组织。它的里面常有许多炎性细胞浸润和渗出液并表现明显的充血。渗出的细胞和增生的巨噬细胞主要在肉芽组织的表层。通过它们的吞噬分解和消化作用使肉芽组织具有明显的消除致病菌的作用。

6.透明质酸

透明质酸是细胞间质的组成成分，而细胞间质是由基质和纤维成分所组成。结缔组织的基质是无色透明的胶质物质。基质有黏性，故在正常情况下能阻止致病菌沿结缔组织间隙扩散。透明质酸对许多致病菌所分泌的透明质酸酶有抑制作用。

三、外科感染的病程演变

1.局限化、吸收或形成脓肿

当动物机体的抵抗力占优势，感染局限化，有的自行吸收，有的形成脓肿。小的脓肿也可自行吸收，较大的脓肿在破溃或经手术切开引流后，转为恢复过程，病灶逐渐形成肉芽组织、瘢痕化而愈合。

2.转为慢性感染

当动物机体的抵抗力与致病菌致病力处于相持状态，感染病灶局限化，形成溃疡、瘘、窦道或硬结，由瘢痕组织包围，不易愈合。此病灶内仍有致病菌，一旦机体抵抗力降低时，感染可重新发作。

3.感染扩散

在致病菌毒力超过机体抵抗力的情况下，感染不能局限化，可迅速向四周扩散，或经淋巴、血液循环引起严重的全身感染。

第二节　外科局部感染

一、疖

疖(furuncle)是细菌经毛囊和汗腺侵入引起的单个毛囊及其所属的皮脂腺的急性化脓性感染。若仅限于毛囊的感染称毛囊炎；同时或连续发生在患畜全身各部位的疖称为疖病。

(一)病因

疖是细菌经毛囊和汗腺侵入机体引起的单个毛囊及其所属的皮脂腺的急性化脓性感染。仅限于毛囊的感染称毛囊炎；同时或连续发生在患畜全身各部位的疖称为疖病。马的被毛不洁导致皮脂腺排泄障碍，皮肤受到摩擦、刺激，汗液的浸渍及污染等，可导致金黄色葡萄球菌或白色葡萄球菌感染而引起疖；马的维生素缺乏、气候炎热等可促使疖的发生；患马的抵抗力下降时能促使疖的发生，常继发为疖病。疖多发生于四肢，其次见背部、腰部及臀部等。

(二)症状

(1)皮肤薄部位疖的症状　期初局部出现温热而又剧烈疼痛的圆形肿胀结节，界限明显，呈坚实样硬度。继而病灶顶端出现明显的小脓包，中心部有被毛竖立。以后逐步形成小脓肿，波动明显并突出于皮肤的表面。

(2)皮肤厚部位疖的症状　病初肿胀不显著，触诊有剧痛；以后逐渐增大，但不突出于皮肤表面，而在毛囊周围组织形成炎性浸润，并迅速向周围深部蔓延，很快形成小脓肿。

病程经数日后，病灶区的脓肿可自行破溃，流出乳汁样微黄白色浓汁，局部形成小的溃疡炎症随之消退，其后表面被覆肉芽组织和脓性痂皮。疖常无全身症状，但发生疖病时，马常出现体温升高、食欲减退等全身症状。

(三)治疗

对浅表的炎症性疖，可外涂2.5%碘酊、鱼石脂软膏等，已有脓液形成的，局部消毒切开。对浸润期的疖，可用青霉素及5%盐酸普鲁卡因溶液注射于病灶周围，亦可涂擦鱼石脂软膏、5%碘软膏等。对于疖病的治疗，除局部处理同时全身给予抗生素。加强饲养管理。

二、痈

痈(carbuncle)是由致病菌同时侵入多个相邻的毛囊、皮脂腺或汗腺所引起的急性化脓性感染。有时痈为许多个疖或疖病发展而来，实际上是疖和疖病的扩大。其发病范围已侵害皮下的深筋膜。

(一)病因

痈主要是由葡萄球菌，其次是链球菌等致病菌同时侵入多个相邻的毛囊、皮脂腺或汗腺所引起的急性化脓性感染。有时痈由许多个疖或疖病发展而来，实际上是疖和疖病的扩大。其发病范围已侵害皮下，蔓延至深筋膜，由于感染的继续发展而形成了很大的痈。

(二)症状

痈的初期在患部形成一个迅速增大有剧烈疼痛的化脓性炎性浸润，局部皮肤紧张、坚硬，界限不清。继而在病灶中央区出现多个脓点，破溃后呈蜂窝状。以后病灶中央部皮肤、皮下组织坏死脱落，在其自行破溃或手术切开后形成大的脓腔，其深层的炎症范围超过体表的脓灶区域。病马除有局部疼痛外，常有寒战、高热等全身症状，常伴有淋巴管炎、淋巴结炎和静脉炎。病情严重者可引起全身化脓性感染，血常规检查白细胞明显升高。

(三)治疗

局部治疗结合全身治疗。在痈的初期，可全身应用抗菌药物，如头孢类抗生素、青霉素、红霉素类药物。局部配合使用50%硫酸镁，也可用金黄膏等外敷。病灶周围应用5%的盐酸普鲁卡因青霉素封闭。如局部水肿的范围大，并出现全身症状时，可行局部十字切开清创、防腐消毒。术后应用开放疗法。

三、脓肿

在任何组织或器官内形成外有脓肿膜包裹、内有脓汁潴留的局限性脓腔时称为脓肿。它是致病菌感染后所引起的局限性炎症过程。如果在解剖腔内(胸膜腔、喉囊、关节腔、鼻窦)有脓汁潴留时则称之为蓄脓。如关节蓄脓、上额窦蓄脓、胸膜腔蓄脓、子宫蓄脓等。

(一)病因

多数脓肿是由细菌感染引起。主要是葡萄球菌，其次是化脓性链球菌、化脓性棒状杆菌、大肠杆菌、绿脓杆菌和腐败性细菌等。静注水合氯醛、氯化钙、高渗盐水及砷制剂等刺激性强的化学药品时出现漏注，也能发生脓肿。注射时违规操作而引起注射部位脓肿。或由于血液或淋巴将致病菌由原发病灶转移至新的组织或器官内所形成转移性或多发性脓肿。

(二)病理

在化脓感染的初期,局部出现以分叶核白细胞为主的炎性细胞浸润。在致病菌的作用下机体出现一系列的应答性反应,首先是在发炎病灶的局部,酸度增高而出现酸中毒。在酸中毒的影响下,血管壁扩张,血管壁的渗透性增高,因此,白细胞特别是分叶核白细胞经管壁大量渗出而出现局部的炎性细胞浸润,使局部的组织细胞受到强烈的压迫,继而出现血液循环和新陈代谢的严重扰乱,造成局部细胞的大量坏死和有毒分解产物及毒素的积聚,而后者又能加重细胞的坏死,最后由细胞,主要是分叶核白细胞分泌蛋白分解酶以促进坏死细胞和组织的溶解。最后在炎症病灶的中央形成充满脓汁的腔洞,并于病灶的周围形成脓肿膜。随着脓肿膜的形成,脓肿亦告成熟。

脓肿膜是脓肿与健康组织的分界线,由两层细胞组成,内层为坏死的组织细胞,外层是具有吞噬能力的间叶细胞,排脓后脓肿膜成为肉芽组织,后逐渐成为瘢痕组织而使脓肿治愈。

(三)诊断

根据症状容易确诊浅在性脓肿,深在性脓肿可做诊断性穿刺和超声波检查。当脓汁稀薄时可从针孔直接排出,过于黏稠时常不能排出,可见针孔内常有干涸黏稠的脓汁或脓块附着。

由葡萄球菌感染所产生的脓汁一般呈微黄色或黄白色、黏稠、臭味小。链球菌,特别是溶血性链球菌感染所产生的脓汁稀薄微带红色。大肠杆菌感染所产生的脓汁呈暗褐色,稀薄有恶臭。绿脓杆菌感染所产生的脓汁呈苍白绿色或灰绿色黏稠,而坏死组织呈浅灰绿色。腐败性致病菌感染时脓汁呈污秽绿色或巧克力糖色,稀薄而有恶臭。

脓肿诊断时,必须与其他肿块性疾病如血肿、淋巴外渗、挫伤和某些疝、肿瘤等相区别,且不能盲目穿刺,以免损伤重要器官组织。

(四)治疗

1.消炎、止痛及促进炎症产物消散吸收

当局部肿胀正处于急性炎性细胞浸润阶段可局部涂擦樟脑软膏,或用冷疗法(如复方醋酸铅溶液冷敷、鱼石脂酒精、桅子酒精冷敷),以抑制炎症渗出并具有止痛作用。病灶周围可用0.5%普鲁卡因青霉素溶液进行封闭。当炎性渗出停止后,可用温热疗法(热敷、红外线、TDP照射等)、短波透热疗法、超短波疗法以促进炎症产物的消散吸收或促进脓肿的成熟。

2.促进脓肿的成熟

当炎症产物无法自行消散,局部可用鱼石脂软膏、鱼石脂樟脑软膏、超短波疗法、温热疗法等以促进脓肿成熟。待局部出现明显的波动、脓肿成熟时,即可手术。

3.手术疗法

如果让脓肿自溃排脓,则很难自愈,只有进行手术排脓,并经过适当的处理才能治愈。常用的手术疗法有三种:

(1)脓汁抽出法　有的部位脓肿不易切开、脓肿膜形成良好的小脓肿,如关节部脓肿。可利用注射器将脓肿腔内的脓汁抽出,然后用生理盐水反复冲洗脓腔,抽净腔中的液体,最后灌注混有青霉素的溶液。

(2)脓肿切开法　脓肿成熟出现波动后立即切开。切口应选择在波动最明显且容易排脓的部位。按手术常规对局部进行剪毛消毒,再根据情况对动物做局部或全身麻醉。为防止切开时脓汁向外喷射,先用粗针头排出一部分。切开时一定要防止外科刀损伤对侧的脓肿膜。

作纵向切口以保证脓汁能顺利排出。深在性脓肿切开时要麻醉,最好进行分层切开,并对出血的血管进行仔细的结扎或钳夹止血,以防脓肿的致病菌进入血循环,污染其他器官。

切开后,要排尽脓汁,但切忌用力压挤脓肿壁。或用棉纱等粗暴擦拭脓肿膜内肉芽组织。必要时可做辅助切口,如反对孔等。对浅在性脓肿可用较温和的防腐液(3%双氧水、0.1%新洁尔灭溶液等)或生理盐水反复清洗脓腔。最后用脱脂纱布轻轻吸出残留在腔内的液体。切开后的脓肿创口可按化脓创进行外科处理,装置引流条,定时(24~48 h)清洗脓腔和更换引流条,直至伤口愈合。

(3)脓肿摘除法 常用以治疗脓肿膜完整的浅在性小脓肿。在小脓肿周围的健康组织上完整切除脓肿,然后缝合形成新的无菌手术创。

四、蜂窝织炎

在疏松结缔组织内发生的急性弥漫性化脓性炎症称为蜂窝织炎。它常发生在皮下、筋膜下及肌间的蜂窝组织内,以在其中形成浆液性、化脓性和腐败性渗出液并伴有明显的全身症状为特征。

(一)病因

引起蜂窝织炎的致病菌主要是葡萄球菌和链球菌等化脓性球菌,也能见到腐败菌或化脓菌和腐败菌的混合感染。疏松结缔组织内误注或漏入刺激性强的化学制剂后(如氯化钙、高渗盐水、松节油等)也能引起蜂窝织炎的发生。

一般是经皮肤的微细创口而引起的原发性感染,也可继发于邻近组织或器官化脓性感染的直接扩散,或通过血液循环和淋巴管的转移而发生。

(二)病理

蜂窝织炎的初期,在感染的疏松结缔组织内首先发生急性浆液性渗出,由于渗出液大量积聚而出现水肿。渗出液最初透明,以后因白细胞,特别是分叶核白细胞渗出的增加而逐渐变为浑浊。白细胞(主要是分叶核白细胞)游走至发炎组织不断死亡、崩解,释放出蛋白溶解酶;同时致病菌和局部坏死组织细胞崩解时,也释放出组织蛋白酶等溶解酶,它们共同溶解坏死的发炎组织,最后就形成了化脓性浸润。化脓性浸润约经两昼夜即可转变为化脓灶,以后化脓浸润的蜂窝组织即陷于弥漫性化脓性溶解或形成蜂窝织炎性脓肿。此时,脓肿膜上的肉芽性防卫面发育得很不均匀,容易破溃。

(三)症状

蜂窝织炎病程发展迅速。其局部症状主要表现为大面积肿胀,局部温度增高,疼痛剧烈和机能障碍。其全身症状主要表现为病马精神沉郁,体温升高,食欲不振并出现各系统(循环、呼吸及消化系统等)的机能紊乱。

1. 皮下蜂窝织炎

常发生于四肢(特别是后肢),主要是由于外伤感染所引起。病初局部出现弥漫性渐进性肿胀。触诊时热痛反应非常明显,初期呈捏粉状,有指压痕,后变为稍坚实感。局部皮肤紧张。

随着炎症的进展,局部的渗出液由浆液性转变为化脓性浸润。此时,患部肿胀更加明显,热痛反应剧烈,病马体温显著升高。随着局部坏死组织的化脓性溶解而出现化脓灶,触诊柔软而有波动感。病程经过良好者化脓过程局限化或形成蜂窝织炎性脓肿,脓汁排出后病马局部和全身症状减轻;病程恶化时化脓灶继续往周围和深部蔓延使病情加重。

2.筋膜下蜂窝织炎

常发生于前肢的前臂筋膜下、鬐甲部的深筋膜和棘横筋膜下,以及后肢的小腿筋膜下和阔筋膜下的疏松结缔组织中。其临床特征是患部热痛反应剧烈,机能障碍明显,患部组织呈坚实性炎性浸润。感染根据发病筋膜的局部解剖学特点而向周围蔓延。全身症状严重恶化,甚至发生全身化脓性感染而引起动物的死亡。

3.肌间蜂窝织炎

常继发于开放性骨折、化脓性骨髓炎、关节炎及腱鞘炎之后。有些是由于皮下或筋膜下蜂窝织炎蔓延的结果。

(四)治疗

蜂窝织炎治疗的原则:减少炎性渗出、抑制感染扩散、减轻组织内压、改善全身状况、增强机体抗病能力,局部和全身疗法并举。

1.局部疗法

(1)控制炎症发展,促进炎症产物消散吸收　病马绝对休息。最初24～48 h以内,当炎症继续扩散,组织尚未出现化脓性溶解时,为了减少炎性渗出可用冷敷(50%硫酸镁溶液、10%鱼石脂酒精、90%酒精、0.1%雷佛奴尔、醋酸铅明矾液、栀子浸液等),涂以醋调制的醋酸铅散,用0.5%盐酸普鲁卡因青霉素溶液做病灶周围封闭。当炎性渗出已基本平息(病后3～4 d),为了促进炎症产物的消散、吸收,可用上述溶液温敷,也可用红外线疗法、紫外线、超短波等进行治疗。亦可外敷雄黄散,内服连翘散。

(2)手术切开　如冷敷后炎性渗出不见减轻,组织出现进行性肿胀,病马体温升高和其他症状都有明显恶化的趋向时,不需等待脓肿成熟,应立即进行手术切开以减轻组织内压,排除炎性渗出液。局限性蜂窝织炎性脓肿时,可等待其出现波动后再行切开。

2.全身疗法

早期应用抗生素疗法(青霉素G,氨苄青霉素、头孢类抗生素等),必要时可联合用药。局部应用盐酸普鲁卡因封闭。加强饲养管理。注意补液,纠正水、电解质及酸碱平衡的紊乱。

五、淋巴管炎和淋巴结炎

淋巴管炎是动物末梢部受病原菌的侵袭,沿淋巴管上行感染,引起淋巴管及其周围组织的急性或慢性炎症。炎症严重者可波及临近淋巴结,引起淋巴结炎。损伤的皮肤、黏膜或其他感染性病灶是细菌的入侵门户。多发于动物的四肢。

(一)病因病理

淋巴管炎和淋巴结炎的致病菌常为金黄色葡萄球菌和溶血性链球菌,其次是鼻疽杆菌、结核杆菌及放线菌等。致病菌从损伤破裂的皮肤或黏膜侵入,或从其他感染性病灶侵入。动物的踏创、蹄叉腐烂、趾间腐烂、鬐甲肿等均能引起本病。腺疫、鼻疽、假性鼻疽的发展过程中,也常发生淋巴管炎。急性淋巴结炎是急性化脓性感染的常见并发症。

病原菌经组织的淋巴间隙进入淋巴管内,引起淋巴管及周围炎症。淋巴管腔内有细菌、凝固的淋巴液和脱落的内皮细胞。如急性淋巴管炎继续扩散到局部淋巴结,或化脓性病灶经淋巴管蔓延到所属区域的淋巴结,就可引起急性淋巴结炎或化脓性淋巴结。

(二)症状

(1)淋巴管炎 临床表现为局部创口充血、疼痛、硬结，沿淋巴管有索状肿胀、充血、浮肿。如果局部成熟软化可自溃排脓，当转变为慢性炎症，局部为索状肿胀、淋巴管壁肥厚，伴有皮下蜂窝织炎增生，表现为“橡皮腿”。

(2)淋巴结炎 急性淋巴结炎时，淋巴结迅速肿胀，触诊疼痛；慢性淋巴结炎呈硬固肿胀，活动性小；化脓性淋巴结炎的临床表现有体温升高、精神沉郁、食欲废绝等。

(三)治疗

积极治疗原发病灶，控制感染来源，如用0.5%高锰酸钾溶液清洗、浸浴患部，或用50%硫酸镁湿敷。一旦脓肿形成，应进行切开引流，按化脓创进行处理。

如有全身症状时，应早期应用抗生素治疗，如青霉素、红霉素及磺胺类药物。急性淋巴结炎时，适当延长抗生素使用时间。

第三节 厌气性感染和腐败性感染

一、厌气性感染

厌气性感染是一种迅速发展的严重外科感染，一旦发生，往往表现重剧，预后多不良。

(一)病因

引起厌气性感染的致病菌主要有产气荚膜杆菌(即魏氏梭菌)、恶性水肿杆菌、溶组织杆菌、水肿杆菌及腐败弧菌等。常与其他需氧化脓性细菌混合，引起混合感染。

1.缺氧的条件

所有厌氧菌均在缺氧时容易繁殖。因此，由弹片及子弹所引起的盲管创、深刺创、有死腔的创伤、创伤切开和坏死组织切除不彻底、紧密的棉纱填塞、创伤的密闭缝合等有利于厌气性感染。混合感染时，因需氧菌消耗了氧，更有利于厌氧菌的生长繁殖。

2.软组织，尤其是肌肉组织的大量挫灭

厌气性感染主要发生在软组织，特别是肌肉组织内。当它们严重挫灭坏死、存有死腔和异物而丧失血液供应时，厌氧菌则易于生长繁殖，并容易感染。开放性骨折也易引起厌氧菌感染。

3.局部解剖学的特点

臂部、肩胛部、颈部肌肉的肌肉层很厚，外面又有致密的深筋膜覆盖，因此当这些部位发生较严重的损伤时，即容易造成缺氧的条件，再加上大量的肌肉组织挫灭，也有利于厌氧菌的生长繁殖。

4.厌氧菌易污染某些部位

如肛门附近、阴囊周围、后肢发生损伤及创内留有被土壤菌污染的异物时容易发生厌气性感染。

5.机体防卫机能降低

大失血、过劳、营养不良、维生素缺乏及慢性传染病所致的全身性衰竭是容易发生厌气性感染的内因。

(二)症状

感染初期,创伤周围出现水肿和剧痛。水肿的组织开始有热感,疼痛剧烈,但以后局部变凉,疼痛的感觉也降低甚至消失。创伤表面分泌液呈红褐色,有时混有气泡,具有坏疽恶臭的腐败液。创内的坏死组织变为绿灰色或黑褐色。肉芽组织发绀且不平整,因毛细血管脆弱,接触时容易出血。有时因动脉壁受到腐败性溶解而发生大出血。

厌气性(气性)坏疽时,初期局部出现疼痛性肿胀,并迅速向外扩散,产气后触诊肿胀部则出现捻发音。从创口流出少量红褐色或不洁带黄灰色的液体。肌肉呈煮肉样,失去其固有的结构,最后由于坏死溶解而呈黑褐色。病马出现严重的全身紊乱。

(三)治疗及预防

由于厌气性感染发展急剧,预后不良,应着重预防。一旦发生感染,应尽早诊断和及时的治疗,并应尽量采取综合性的治疗措施。病灶应广泛切开,以利于空气的流通,尽可能切除坏死组织,用氧化剂、氯制剂及酸性防腐液等处理感染病灶。

1.手术治疗

一经确诊后,对患部应立即进行广泛、多处的纵形切开,包括伤口及其周围水肿或气肿区。清除坏死组织、肌肉,除去被污染的异物、碎骨片等。消除脓窦,切开筋膜及腱膜,制造不利于厌氧菌生长繁殖的环境。用大量的3%过氧化氢溶液、0.5%高锰酸钾溶液等氧化剂,中性盐类高渗溶液及酸性防腐液冲洗创口或湿敷。创口不缝合。如病马肢体或其他末梢部位的组织已广泛感染,毁损严重,可考虑做截肢或断尾等。

2.全身治疗

必须大剂量使用对厌氧菌感染敏感的抗生素。大多数厌氧菌对青霉素G敏感。也可用林可霉素(或氯林可霉素)。甲硝唑对厌气性感染疗效好,对所有的厌氧菌均有效。

临床上混合感染多见,治疗时,需联合使用对需氧菌和厌氧菌敏感的药物,如青霉素+甲硝唑等。第三代头孢菌素,例如头孢唑啉和头孢噻呋对需氧菌和厌氧菌均有效,且对所有的厌氧菌均有极强的杀菌力。

3.预防

手术时须严格遵守无菌操作规程。敷料、器械、术野和手等要认真消毒。局部用甲硝唑可降低厌气性感染和化脓。对深的刺创必须进行外科处理,必要时应扩创,通畅引流,切除坏死组织,并用氧化剂冲洗创口。对病马应加强饲养管理。

二、腐败性感染

腐败性感染的特点是局部坏死,发生腐败性分解,组织变成黏泥样无构造的恶臭物。

(一)病因

引起本病的致病菌主要有变形杆菌、产气芽孢杆菌、腐败杆菌、大肠杆菌及某些球菌等。葡萄球菌、链球菌及上述的厌氧菌常与之发生混合感染。内源性腐败性感染可见于肠管损伤、直肠炎及肠管陷入疝轮而被嵌闭时。外源性腐败性感染常发生于创内含有坏死组织、深创囊或有可阻断空气流通的弯曲管道的创伤。

(二)症状

感染初期,创伤周围出现水肿和剧痛。创伤表面被浆液性血样污秽物(有时呈褐绿色)所浸润,并流出初呈灰红色后变为巧克力色发恶臭的腐败性渗出物,有时混有气泡。创内的坏死组织变为绿灰色或黑褐色,肉芽组织发绀且不平整,接触时容易出血。或因动脉壁受腐败性溶解而发生大出血。腐败性感染时常伴发筋膜和腱膜的坏死以及腱鞘和关节囊的溶解。患马体温显著升高,并出现严重的全身性紊乱。

(三)治疗及预防

病灶应广泛切开,尽可能地切除坏死组织,用氧化剂、氯制剂及酸性防腐液处理病灶。

预防:在手术时应注意无菌操作。外科处理时,早期合理扩创,切除坏死组织,切开创囊,畅通引流,保证脓汁和分解产物能顺利排出,创内空气流通。全身应用抗菌药物。

第四节 全身化脓性感染

病原菌侵入机体的血液循环,并在其中生长繁殖或产生毒素,引起严重的全身性感染症状或中毒症状,称为全身性感染。在众多病原菌中,以化脓菌最常见,故称为全身化脓性感染。真菌也可引起全身性感染。

全身化脓性感染往往是继发于污染或损伤严重的创伤,以及各种化脓性感染,如开放性骨折、局部化脓感染、腹膜炎等,也是手术或不适当使用抗生素、激素等的并发症。

分类:一般分为败血症和脓血症。败血症是指病原菌侵入血液循环,并在其中迅速生长繁殖,产生大量毒素及组织分解产物而引起严重的全身性感染。见于病马全身体况差,病原菌毒力大、数量多的情况下。脓血症是指局部化脓性病灶的细菌栓子或脱落的感染血栓,间歇性地进入血液循环,在其他组织和器官形成转移性脓肿。二者同时存在,叫脓毒败血症。

毒血症虽可引起剧烈的全身反应,但系大量的毒素进入血液循环所致,病原菌一般停留在局部感染处,并不侵入血液循环。菌血症是指病原菌仅在血液循环内短暂停留,迅速被机体防御系统清除,不繁殖致病。所以,全身化脓性感染仅包括败血症、脓血症和脓毒败血症。

临床上,很难区分败血症、脓血症和毒血症。因此,将全身化脓性感染统称为败血症。

(一)病因病理

此类致病菌主要有金黄色葡萄球菌、溶血性链球菌、大肠杆菌、厌氧菌和腐败菌等。当机体内存在有化脓性、厌氧性、腐败性或混合性感染病灶时,则构成发生全身化脓性感染的基础。通常机体免疫系统能将入侵的病原菌杀灭。只有在感染灶局限化不完整,大量毒力强的病原菌不断侵入血液循环或超过机体的防御能力,才引起全身化脓性感染。

毒素一般引起实质脏器细胞的变性和坏死(脏器的浑浊肿胀、灶性坏死和脂肪变性等),毛细血管受损引起出血点和皮疹。病原菌可特别集中于某些组织造成脑膜炎、心内膜炎、肝脓肿、关节炎等。网状内皮系统和骨髓反应增生,引起脾肿大和周围血液中白细胞数量增多。严重而病程长者,内脏器官、皮下组织和肌肉等均可发生转移性脓肿或感染性血栓梗塞。同时,机体代谢的严重紊乱可引起水和电解质代谢失调、酸中毒等。微循环受到影响则导致感染性休克,甚至发生多脏器衰竭。

营养不良、贫血、年老及某些慢性消耗性疾病；局部病灶处理不当；脓肿未及时切开，清创不彻底，粗暴的处理创伤损伤肉芽面；引流不畅或创内有异物、坏死灶和脓窦等，均有助于病原菌的入侵和繁殖，导致全身化脓性感染。

（二）症状

他们的相似之处，病马表现病情重剧、寒战、体温高、烦躁、脉搏细数、呼吸急促困难、呕吐、腹泻、出汗、白细胞增多（可达 22 000～35 000）、核左移等。不同之处如下：

1. 败血症

病马全身症状急剧而严重，高热前常有剧烈寒战。体温可达 40℃以上，且每日波动不大，0.5～1℃，呈稽留热型，仅在死前才下降。动物常躺卧，起立困难，运动时步态蹒跚，肌肉剧烈颤抖，有时出冷汗，食欲废绝，呼吸困难，脉弱而快，结膜黄染，有时有出血点。白细胞增多，核左移。血液细菌培养常是阳性。

2. 脓血症

其特征是致病菌栓子或被感染的血栓进入血循环而被带到各种不同的器官和组织内，遇到有利条件时，即可形成转移性脓肿。

最初精神沉郁，恶寒战栗，食欲废绝，喜饮水，呼吸加速，脉弱而频，出汗。在体温升高前发生战栗，体温下降后出汗。且寒战和高热呈间歇性发作。有些体温明显升高，呈典型的弛张热型，有些则呈间歇热型或类似间歇热型。第二周开始出现转移性脓肿，病程多呈亚急性或慢性。倘若转移性败血灶不断有热源性物质吸收则可出现稽留热。

当肝脏发生转移性脓肿时，眼结膜可出现高度黄染。肠壁发生转移性脓肿时，可出现剧烈的腹泻。呼气带有腐臭味并有大量脓性鼻漏，是肺内发生转移性脓肿的特征。病马出现痉挛可能是脑组织内发生了转移性脓肿。

血液检查时，可见到血沉加快，白细胞数增加，核左移。嗜中性白细胞中幼稚型白细胞占优势。在血检时如见到淋巴细胞及单核细胞增加时，常为康复的标志。如红细胞及血红蛋白显著减少，而白细胞中幼稚型的嗜中性白细胞占优势，此时淋巴细胞增加表示病情恶化。

在检查原发灶创面的按压标本脓汁相时，若无巨噬细胞及溶菌现象，脓汁内见有大量细菌，表示病情严重。如脓汁相内出现静止游走细胞和巨噬细胞，则机体尚有抵抗力和反应能力。

（三）诊断

该病多为继发性，在原发感染灶的基础上出现典型的全身化脓性感染临床表现时，即可作出诊断。但表现不典型或原发病灶隐蔽时，诊断较困难。因此，对一些临床表现，如畏寒、发热、贫血、脉搏细数、皮肤黏膜有瘀血点、精神状态改变等，应考虑败血症，在治疗的同时应作病原学检查。同时配合血液电解质、血气分析、血尿常规检查及重要器官功能的监测。

（四）治疗和预防

本病是严重的全身性病理过程，预后较差，死亡率高，应着重预防。治疗方法如下：

1. 局部疗法

必须切开并清除原发和继发的败血病灶的坏死组织，切开创囊、流注性脓肿和脓窦，除去异物，排脓，引流，用刺激性较小的防腐消毒剂冲洗败血病灶。创围用混有青霉素的盐酸普鲁卡因溶液封闭，局部按化脓性感染创进行处理。

2. 抗菌疗法

一般选用青霉素类、头孢菌素等。联合用药时，可用头孢菌素＋氨基糖苷类、耐青霉素酶半合成青霉素（如苯唑西林）＋头孢菌素或氨基糖苷类、氨苄西林＋氨基糖苷类等用药组合。如果是厌氧菌感染可联合应用甲硝唑、第三代头孢菌素（如头孢噻呋等）等。如有真菌感染，可应用两性霉素 B，酮康唑等。临床上，常用磺胺增效剂（常用的有二甲氧苄啶，TMP）、喹诺酮类抗生素等。抗菌药物的剂量要大，疗程也需较长，一般 1～2 周。

3. 激素疗法

主要是用肾上腺糖皮质激素。按 20～40 mg 剂量使用氢化可的松或甲基强的松龙，或地塞米松 1～3 mg（加入 5%葡萄糖溶液中，静注），每 4～6 h 一次，连用 1～2 d。

4. 一般疗法

由于肾上腺糖皮质激素有免疫抑制作用，使用时必须配合应用抗生素，以免感染扩散。要加强饲养管理，预防褥疮。静脉滴注葡萄糖、电解质和氨基酸等，以补充热量、保肝、调整电解质和酸中毒。防治酸中毒还可应用碳酸氢钠疗法，补给各种维生素，特别是维生素 B 和维生素 C。必要时可输血或血浆制品以维持循环血容量，纠正贫血和中和毒素，提高免疫力。高热时，可采取物理降温及药物降温措施。

第三章 肿 瘤

第一节 肿瘤概论

肿瘤是机体中正常的组织细胞，在不同的始动与促进因素的长期作用下，产生细胞增生与异常分化而形成的病理性新生物。它与受累组织的生理需要无关，无规律生长，正常细胞功能遗失，原来的器官结构被破坏，有的还会转移到其他部位，危及生命。

一、肿瘤的流行病学

1.品种因素

家畜肿瘤的发生因为品种间的易感性不同而存在很大的差异，例如黑色素瘤多发于白毛或青毛马。

2.年龄因素

肿瘤的发病与年龄有相关性，一般的规律是年龄越大，肿瘤发病率就越高，则危害性也越大。可能与老龄动物机体免疫功能低下、致癌物质的多次影响和代谢功能衰退有关。

3.条件因素

饲养管理条件也在一定条件下对肿瘤的发生存在影响。霉败变质饲料容易致癌，且饲喂过多霉败饲料、饲喂的时间过长，肿瘤发病率就越高。

二、马肿瘤分类和命名

(一)分类

(1)乳头状瘤 多发生于四肢、尿道口、乳房和尾根部皮肤，呈现花椰菜头形状、乳头状或结节状，表面不平整，常常有皱纹，一般多单发，且界限分明，有短蒂或柄，与正常的组织相连接。

(2)鳞癌 发生于包皮、眼睑、肛门近旁与胸前。呈较快生长，结节状或大肿块，与周围的组织界限不清。其表面多有出血或化脓。

(3)纤维瘤 多位于皮下，也见于黏膜，如会阴、四肢、胸、包皮、龟头、眼睑、颈、背部以及口、唇黏膜和颌下腺中。一般为多发，甚至呈瘤团状，界限分明，其中瘤体的大小不一，质地坚硬，切面多汁，呈现色灰红或淡灰白。

(4)纤维肉瘤 位于龟头与前颈部。形态特征与纤维瘤基本相同，但生长速度快，多有出血、坏死，切除后常再发。

(5)黑色素瘤 主要位于尾根、肛门附近、尾体和会阴部，也常见于肩胛部。一般呈结节状，伴随有痛感，表面常摩擦出血，切面色黑或灰。恶化的时候会转移到全身各个部位，尤其是内脏器官和淋巴结。

(二)命名

(1)良性肿瘤的命名 一般称为“瘤”，通常在发生肿瘤的组织名称之后加上一个瘤字。例如纤维组织发生的肿瘤，称为纤维瘤；而脂肪组织发生的肿瘤，则称脂肪瘤等。

(2)恶性肿瘤的命名 上皮组织的肿瘤，称为“癌”。为表明癌的发生位置，在癌字的前面可冠以发生的器官或组织的名称。如鳞状细胞癌、食道癌等。

良性肿瘤和恶性肿瘤的临床病理特征鉴别点见表 3-3-1。

表 3-3-1 良性肿瘤和恶性肿瘤的鉴别

项目	良性	恶性
1. 生长特性		
(1)生长方式	膨胀性生长居多	侵袭性生长为主
(2)生长速度	生长缓慢	较快生长
(3)边界与包膜	大多有包膜，边界清楚	大多无包膜，边界不清楚
(4)质地与色泽	近似正常组织	与正常组织存在较大差别
(5)侵袭性	一般不侵袭	有侵袭及蔓延现象
(6)转移性	不转移	易转移
(7)复发	完整切除后不复发	易复发
2. 组织学特点		
(1)分化与异型性	分化良好，无明显异型性	分化不良，有异型性
(2)排列	规则	不规则
(3)细胞数量	稀散，较少	丰富，致密
(4)核膜	较薄	增厚
(5)染色质	细腻，少	深染，多
(6)核仁	不增多，不变大	增多，变大
(7)核分裂相	不易见到	能见到
3. 功能代谢	一般代谢正常	异常代谢
4. 对机体影响	一般影响不大	对机体影响大

三、肿瘤的病因

现代医学阐明，肿瘤的发生是一个多阶段多因素的过程。正常细胞核的染色体内存在着无数基因，一般可以分为两类：一类是参与细胞生长、调节细胞增殖和分化的原癌基因；另一类是对细胞生长繁殖产生抑制的抑癌基因。当原癌基因被激活或抑癌基因发生失活，便会引起细胞的无限制增殖，继而导致肿瘤的发生。

根据大量的实验研究及临床观察而初步认为肿瘤发生与外界环境因素相关，其中化学因素较主要，其次是病毒和放射线。现在已被认知的病理学说及某些致瘤因子，只是可以解释不同肿瘤的发生，而不能用一种学说来对各种肿瘤的病因进行解释。

(一)外界因素

(1)物理因子 如机械的、电离辐射、紫外线等刺激都可直接或间接的诱发肿瘤、白血病与癌。

(2)化学因子 当前已知的化学致癌物质大约有一百余种，且伴随着日益严重的环境污染，实验发现3,4-苯并芘、1,2,5,6-二苯蒽等致癌性都很强，在局部涂敷会引起动物的乳头状瘤及至癌变，而注射则引起肉瘤。亚硝胺类的二甲基亚硝胺、二乙基亚硝胺可诱发哺乳动物多种组织的各类肿瘤。

(3)病毒因子 按5%比例在FS瘤继代细胞上接种马鼻肺炎病毒及马疱疹病毒2型(EHV_2)。进行30 min,37℃培养观察，结果马鼻肺炎病毒在接毒后24～48 h内出现明显病变，而马疱疹病毒2型则在接毒后2 h出现病变。

(二)内部因素

在相同的外界条件下，有的动物发生肿瘤，而有的不发生，这说明外界因素仅仅是致瘤的条件。外界因素必须通过内在因素起作用。

(1)免疫状态 如果免疫功能正常，小的肿瘤一般可以自消或长期保持稳定，尸体剖检所得到生前无症状的肿瘤可能与此有关。在实验性肿瘤中验证体液免疫和细胞免疫这两种机理都存在，但细胞免疫占主导。机体在抗原刺激下会出现免疫淋巴细胞，可以释放淋巴毒素和游走抑制因子等，使相应的瘤细胞受到破坏或抑制肿瘤生长。因此，检验预后良好的标志是看肿瘤组织中是否含有大量淋巴细胞。如果是由于先天性免疫缺陷或各种因素引起的免疫功能低下，则肿瘤组织很可能无法被免疫细胞监视，使机体的防御系统被冲破，从而导致瘤细胞的大量增殖和无限地生长。由此可见机体的免疫状态与肿瘤的发生、扩散和转移之间存在巨大联系。

(2)内分泌系统 实验证明性激素平衡紊乱，长期过量使用激素都会引起肿瘤或对其发生起到一定程度的影响。此外，癌的发生也受肾上腺皮质激素、甲状腺素紊乱的作用。

(3)遗传因子 遗传因子与肿瘤发生存在一定关系已被很多实验证明，如一卵性双生子的相同器官的肿瘤相当普遍。但也有人不认为存在遗传因子，而是环境因素更为重要。

(4)其他因素 神经系统、微量元素、营养因素、年龄等也有很大影响。

四、肿瘤的症状

肿瘤症状取决于其性质、部位、发生组织和发展程度。肿瘤发生早期一般无明显临床症状。但若在特定的组织器官上发生，可能出现明显症状。

(一)局部症状

(1)肿块(瘤体) 发生于体表或浅在的肿瘤，肿块是主要症状。通常伴有相关的静脉扩张、增粗。肿块的硬度、可动性和有无包膜，因肿瘤的种类而存在不同。位于深在或内脏器官时，不易触及，但可表现功能异常。瘤肿块的生长速度，良性慢，恶性快且有发生相应的转移灶的可能。

(2)疼痛　肿块膨胀生长、损伤、破溃、感染时,神经会受到刺激或压迫,伴随有不同程度的疼痛。

(3)溃疡　体表、消化道的肿瘤,若生长过快,会因供血不足而继发坏死,或感染导致溃疡。恶性肿瘤,呈菜花状瘤,肿块表面常有溃疡,并有恶臭和血性分泌物。

(4)出血　表在肿瘤,易损伤、破溃、出血。消化道肿瘤,可能存在呕血或便血;泌尿系统肿瘤,可能出现血尿。

(5)功能障碍　肠道肿瘤会导致肠梗阻;乳头状瘤于上部食管发生,可引起吞咽困难。

(二)全身症状

早期恶性及良性肿瘤,一般不存在明显的全身症状,或存在如贫血、消瘦、低烧、无力等非特异性的全身症状。如当肿瘤对营养摄入产生影响或并发出血与感染时,会有明显的全身症状出现。一般恶性肿瘤晚期全身衰竭的最主要表现是恶病质,瘤发部位不同,恶病质出现的时间各异。某些部位的肿瘤可能导致相应的功能亢进或低下情况的出现,继发全身性改变。例如颅内肿瘤一般会引起颅内压增高和定位症状等。

五、肿瘤的诊断

诊断的目的在于确定有无肿瘤及明确其性质,来进一步拟订治疗方案及预后判断。临床诊断方法如下:

(一)病史调查

病史的调查,马主人是主要来源。当发现马体存在非外伤肿块,或长期性厌食、进行性消瘦等,都可能为有关肿瘤的发生提供线索。此外了解患马的年龄、品种、饲养管理、病程及病史等也是必要的。

(二)体格检查

首先要做的是系统的、常规的全身检查,然后结合病史进行局部检查。全身检查时,对全身症状有无厌食、发热、易感染、贫血、消瘦等要特别注意。而局部检查则必须注意:

(1)肿瘤发生的部位,对肿瘤组织的来源和性质进行分析。

(2)认识肿瘤的性质,包括肿瘤的大小、表面温度、形状、质地、血管分布、有无包膜及活动度等,这些对区分良、恶性肿瘤及估计预后都有十分重要的临床意义。

(3)区域淋巴结和转移灶的检查对判断肿瘤分期、制订治疗方案均有临床价值。

(三)影像学检查

应用X线、超声波、核磁共振(MRI)、各种造影、X线计算机断层扫描(CT)、远红外热像等各种方法所得成像,来检查有无肿块及肿块所在部位阴影的形态和大小,再结合病史、症状及体征,是诊断有无肿瘤及其性质的重要依据。

(四)内窥镜检查

应用金属或纤维光导的内窥镜对胸腔、空腔脏器、腹腔以及纵隔内的肿瘤或其他病理状况进行直接的观察。同时内窥镜还可以用来检取病变的细胞或组织;能对小的病变如息肉做摘除治疗;能够向胆总管、输尿管、胰腺管插入导管来做X线造影检查。

(五)病理学检查

诊断肿瘤最可靠的方法一直是病理学检查,方法主要包括如下类型:

(1)病理组织学检查　对真性肿瘤和瘤样变、肿瘤的良性和恶性的鉴别，恶性肿瘤的扩散与转移，以及肿瘤的组织学类型与分化程度等的确定，起着决定性的作用；并为临床制订治疗方案和判断预后等提供重要依据。

(2)临床细胞学检查　以组织学为基础来观察细胞形态和结构的诊断方法。常用脱落细胞检查法，采取腹水、尿液沉渣或分泌物涂片，或借助穿刺或内窥镜取样涂片，以观察有无肿瘤细胞。

(3)分析和定量细胞学检查法　细胞诊断学的一个新领域就是应用电子计算机分析及诊断细胞。应用流式细胞仪和图像分析系统开展DNA分析，结合肿瘤病理类型来判断肿瘤的程度及推测预后。该技术专用性强、速度快，但准确性不高，可作为肿瘤病理学诊断的辅助方法。

(六)免疫学检查

随着肿瘤免疫学的深入研究，我们发现在肿瘤细胞或宿主对肿瘤的反应过程中，某些物质会异常表达，如细胞分化胚性抗原、激素、抗原、酶受体等肿瘤标志物。而此类肿瘤标志物会在肿瘤和血清中异常表达，这为肿瘤的诊断奠定了物质基础。为了针对肿瘤标志物而制备了多克隆抗体或单克隆抗体，利用酶联免疫吸附、放射免疫和免疫荧光等技术来检测肿瘤标志，目前已经被应用或试用于医学临床。

(七)酶学检查

近些年来，大量研究揭示了肿瘤同工酶的变化趋向于胚胎型，随着肿瘤组织行态失去分化，其胚胎型同工酶活性也会随之增加。因而认为胚胎与肿瘤不仅是在抗原方面具有一致性，在酶的生化功能方面也有诸多相似之处，故应该在肿瘤诊断中采用同工酶和癌胚抗原进行同时测定，例如癌胚抗原(CEA)与γ-谷氨酰转肽酶(γ-GT)，甲胎蛋白(AFP)与乳酸脱氢酶(LDH)等。这样，不仅可以提高诊断的准确性，又能对肿瘤损害的部位及恶性程度进行准确地反映。

(八)基因诊断

肿瘤的发生及发展与正常癌基因的激活及过量表达有着十分密切的关系。近些年来，细胞癌基因在结构与功能方面的研究取得了重大突破，目前已知癌基因是一大类基因族，通常是以原癌基因形式而普遍存在于正常动物基因组内的。

六、肿瘤的治疗

(一)良性肿瘤治疗

治疗原则是手术切除。但手术时间的选择，应根据肿瘤的种类、位置、症状、大小和有无并发症而有所不同。

(1)易恶变的、已有恶变倾向的、难以排除恶性的良性肿瘤等应该在早期进行手术，连同部分正常组织一起彻底地切除。

(2)当良性肿瘤出现危及生命的并发症时，应做紧急手术处理。

(3)影响使役、肿块大或并发感染的良性肿瘤可择期进行手术。

(4)某些生长慢、无症状、不影响使役的较小的良性肿瘤可以不选择手术，施行定期观察。

(5)冷冻疗法对良性瘤具有良好的疗效，可以直接对瘤体进行破坏，也可以短时间内阻塞血管而破坏细胞。被冷冻的肿瘤会日益缩小，直至消失。

(二)恶性肿瘤的治疗

近年来，在治疗恶性肿瘤方面已经取得了前所未有的进步，内科治疗开始逐渐渗透到肿瘤治疗的各个方面，已经告别了最初的单纯姑息性治疗，开始进入到根治性治疗或与手术及放疗有机地结合，以达到提高生存率、减少治疗损伤和改善生存质量的目的。

1.手术治疗

迄今为止仍不失为一种治疗手段，但前提是肿瘤还未扩散或转移，通过手术切除病灶，要连同切除部分周围的健康组织，应注意切除附近的淋巴结。为了避免因手术而导致癌细胞的扩散，有以下数点需要注意：①动作要轻而柔，不要挤压；②手术部位应在健康组织的范围内进行，不要进入癌组织；③尽可使癌细胞扩散的通路闭合；④尽可能将癌肿连同原发器官和周围组织一次整块切除；⑤手术过程中采用纱布将癌肿和各层组织切口保护好，避免种植性转移；⑥选用高频电刀或激光刀切割，止血效果好且可减少扩散；⑦对于部分癌肿在术前、术中可用化学消毒液对癌肿区进行冲洗。

2.放射疗法

是利用各种射线，如深部X射线、γ射线或高速电子、中子或质子等照射肿瘤，使其生长受到抑制而死亡。新陈代谢愈旺盛、分化程度愈低的细胞，对放射线的敏感程度愈高。在兽医实践上对基底细胞瘤、会阴腺瘤、乳头状瘤等疗效较好。根据美国科罗拉多州立大学兽医院的报道，放射疗法对会阴瘤疗效为69%，巨细胞瘤为54%，纤维肉瘤为34%，鳞状细胞癌为74%。过去一般认为肉瘤对放射线不敏感，比癌更难控制，但给予攻击性剂量有可能达到控制的效果。因为在治疗时大部分病例已侵害到骨，而一般X线治疗机的穿透力达不到如此深度，当采用钴^{60}Co远距离单位4 000或更多的拉德照射时，则对马纤维肉瘤的控制可达56%。

3.激光治疗

光动力学治疗(PDT)是一种新的治疗措施，光生物学原理可被应用于各种肿瘤和疾病的治疗。目前以血卟啉衍生物(HPD)制剂研究最广泛。其对癌细胞的脱氧核糖核酸分子具有特殊的亲和力，注入体内后会自动浓集并在癌细胞内潴留，且在注射后24～48 h大多数的血卟啉衍生物(HPD)从正常细胞和器官被代谢排出，在注药72 h(清除期以后)用相应波长的光激活感光剂，能直接照射到肿瘤，癌灶呈红色荧光，因此病区可以被确定。可发生轻微的某些热反应，而感光剂可诱发靶细胞的化学反应，除造成荧光，还可形成单价氧(释放出)，而伴有光中毒和选择性的肿瘤细胞损伤。

4.化学疗法

早期是用如硝酸银、氢氧化钾等腐蚀性药物，对皮肤肿瘤进行烧灼、腐蚀，通过化学烧伤形成痂皮而达到愈合的目的。50%尿素液、鸦胆子油等对乳头状瘤有良好的效果。此外，还有烷化剂的氮芥类，例如马利兰、甘露醇氮芥类、环磷酰胺及噻哌等药物。植物类抗癌药物如长春新碱和长春花碱等。抗代谢药物如氨甲喋呤，6-硫基嘌呤等均有一定的疗效。

5.免疫疗法

近年来，随着免疫的基本现象不断被发现和免疫理论的不断发展，利用免疫学原理对肿瘤防治的研究已取得了明显的成就。已作为对肿瘤手术、放射或化学疗法后消灭残癌的综合治疗法。

第二节　常见肿瘤

一、上皮性肿瘤

上皮性肿瘤的组织来源包括柱状上皮、复层鳞状上皮、各种腺上皮和移行上皮。由这些上皮组织形成的肿瘤，临床常见类型如下：

(一)乳头状瘤

乳头状瘤是由皮肤或黏膜的上皮转化而形成的。是最常见的表皮良性肿瘤之一，各种家畜的皮肤均可发生。此肿瘤可以分为传染性和非传染性两种。

乳头状瘤的外形，上端经常呈乳头状或分支的乳头状突起，表面光滑或凹凸不平，可呈结节状与菜花状等，瘤体一般呈球形或椭圆形，大小不一，小者米粒大，大者可达数斤，有的以单个散在，有些则多个集中分布。皮肤的乳头状瘤，颜色多为灰白、淡红或黑褐色，表面常伴随有角化现象。采用手术切除，或烧烙、冷冻及激光疗法等是治疗本病主要措施。据报道，疫苗注射可达到治疗和预防本病的效果。

(二)鳞状细胞癌

鳞状细胞癌是由鳞状上皮细胞转化而来的恶性肿瘤，亦称鳞状上皮癌，简称鳞癌。最常在动物皮肤的鳞状上皮和有此种上皮的黏膜上发生，此外，不是鳞状上皮的组织(如鼻咽、支气管和子宫的黏膜)亦会在发生了鳞状化生之后，出现鳞状细胞癌。

1.皮肤鳞状细胞癌

发病原因主要是长期暴晒、化学性刺激和机械性损伤。常发部位为马的耳、唇、乳腺、鼻孔及中隔等处，眼睑周围及生殖器官等也经常发生。一般质地坚硬，常有溃疡，溃疡边缘则呈不规则的突起。

(1)眼部皮肤鳞状细胞癌　此病的发生首先是在角膜和巩膜面上出现癌前期的色斑，略带白色，稍突出表面；然后逐渐发展成为由结膜面被覆的疣状物；再进一步形成乳头状瘤；最后在角膜或巩膜上形成癌瘤。可用手术切除的方法进行治疗。

(2)外阴部和会阴部的鳞状细胞癌　可发生在阴茎、外阴、阴筒、肛门和肛周，在缺乏色素的阴茎和阴筒部位较常见。以老龄公马和阉马多见。

2.黏膜鳞状细胞癌

质地较脆，多形成结节或不规则的肿块，向表面或深部浸润，癌组织有时发生溃疡，切面颜色灰白，呈粗颗粒状。肿瘤无包膜，与周围组织分界不明显。膀胱鳞状上皮癌据认为是有黏膜上皮化生为复层的扁平上皮癌变而来。

(三)基底细胞瘤

基底细胞瘤是发生于皮肤表皮基底细胞层的瘤，也是马常见的肿瘤。

发病部位以眼、耳廓、口、胸及颊部多发，躯干很少发生。基底细胞瘤的生长速度较慢，且很少出现转移现象。较小的肿瘤呈圆形或囊体，中央缺毛，表皮反光，而大的瘤体会形成溃疡。一般只侵害皮肤，很少侵至筋膜层。个别瘤体含有黑色素，表面呈棕黑色，外观极似黑色素瘤。

若发生的为皮肤基底细胞癌，则瘤体表面多呈结节状或乳头状突起，底层多呈浸润性生长，与周围的组织分界不清。

外科切除和冷冻疗法或激光切除对此瘤的治疗均有良效。

（四）腺瘤与腺癌

腺瘤与腺癌也是马比较常见的一种肿瘤，见于多种动物。

1. 腺瘤

腺体腺瘤以圆形居多，外有完整的包膜。腺瘤可分为实性或囊性。实性腺瘤切面外翻，它的颜色和结构与其正常的腺组织相似，但有时有坏死、液化与出血现象。囊性腺瘤的切面有囊腔，囊内有多量的液体，囊壁上皮呈现出不同程度的乳头状增生。黏膜腺瘤呈息肉状突起，基部有蒂或无蒂，切面似增厚的黏膜，此称为息肉样腺瘤。

2. 腺癌

是由腺上皮发生或有化生的移行上皮而发生的恶性肿瘤。一般多发于动物的胃肠道、胸腺、甲状腺、卵巢、支气管、乳腺和肝脏等器官。腺癌呈现不规则的肿块，一般情况下无包膜，与周围健康组织分界不清，癌组织硬而脆，颗粒状，颜色灰白，生长于黏膜上的腺癌，表面常有坏死与溃疡。

二、间叶性肿瘤

间叶性肿瘤来自于纤维组织、血管、淋巴管、间皮、骨和软骨组织、脂肪组织、肌肉组织、黏液组织等。这些组织所形成的常见的肿瘤如下：

（一）纤维瘤和纤维肉瘤

纤维瘤和纤维肉瘤是马常见的一种肿瘤，可见于多种动物。

1. 纤维瘤

是一种由结缔组织发生的成熟型的良性肿瘤，由胶原纤维和结缔组织细胞构成。常见于胸、腹侧、头部和四肢的皮肤及黏膜。大小不一，生长缓慢，呈球形，质硬，有包膜。肿瘤切面呈现半透明灰白色。包膜不完整，但边界基本清楚，质硬，有一定的弹性，切面呈白色或淡红色等，眼观切面有时可见纤维样纹理错综排列。纤维瘤可以分为硬性和软性两种，前者多发生于黏膜、肌膜、皮肤、骨膜和腱等部位；而后者多见于皮肤、黏膜和浆膜下等部位。

2. 纤维肉瘤

是来源于纤维结缔组织的一种恶性肿瘤。发生在皮下、黏膜下、筋膜、肌间隔等结缔组织以及实质器官。有时瘤体生长迅速。当转移到内脏器官时可引起病马死亡。纤维肉瘤质地坚实，大小不一，形状不规整，边界不清。可长期生长而不扩展。临床上常常误诊为感染性损伤。纤维肉瘤内血管丰富，因而切除和活检时，易出血是其特征。溃疡、感染和水肿往往是纤维肉瘤进一步发展的后遗症。

纤维肉瘤与纤维型肉样瘤不同，后者多发于四肢部，属于良性瘤。手术切除后，大约经过几周或1个月左右，又会再发，继而发生转移。因而在治疗上，常常采取手术与放射疗法合用。

（二）脂肪瘤

脂肪瘤是由成熟脂肪组织构成的一种良性肿瘤，是属于比较常见的间叶性皮肤肿瘤。

皮下组织的脂肪瘤，外表一般呈现息肉状或结节状，同周围组织存在明显的界限。瘤体大小不一,质地略为坚实。而位于胸、腹腔的脂肪瘤,常常会和胸膜及肠系膜的脂肪连接在一起。胸内较大的脂肪瘤,会使吞咽、心血管以及呼吸功能出现异常。脂肪瘤原本属于良性,但若肿块过多、过大而使重要器官受到压迫从而影响功能时,则会危及生命。少数发生在马的脂肪瘤可能浸润到肌束之间,虽然仍属于良性,但手术切除有难度。若不进行切除,则可能会造成跛行。

对实体性脂肪瘤,采用比较恰当的方法是手术切除。

(三)骨瘤和骨肉瘤

骨瘤属于常见的良性结缔组织瘤,是由骨性组织形成的。常见的原因是由外伤、炎症和营养障碍的慢性过程所致。

一般于头部与四肢发生。发生在上颌骨和下颌骨时,通常会附着一个狭窄的基部,容易用骨锯切除,对有再发趋势的可重复进行多次手术而治愈。如若发生在四肢关节附近,一般会引起顽固性跛行。若骨瘤压迫重要器官、神经、组织、血管时,可造成一定的机能障碍。良性骨瘤一般预后良好,但病程长。

1.骨瘤

质地坚硬,镜检瘤细胞为分化成熟的骨细胞和形成的骨小梁,小梁通常无固定排列,能互相连接成网状。小梁之间为结缔组织。一些瘤组织中可见骨髓腔,其中有肌髓细胞。

2.骨肉瘤

是来自成骨细胞的恶性肿瘤,通常见于头骨,一般是由血行性转移于肺脏的。骨肉瘤常由软骨肉瘤或黏液肉瘤形成混合肿瘤、骨软骨肉瘤或骨黏液肉瘤。恶性骨瘤,一般预后不良,病程短,且死亡率高。

(四)平滑肌瘤和平滑肌肉瘤

平滑肌瘤和平滑肌肉瘤通常是以动物具有平滑肌的消化管道或阴道及外阴为来源。

1.平滑肌瘤

平滑肌瘤是一种良性肿瘤,在各种动物中均可见到,其组织来源主要为平滑肌组织,所以凡是有这种组织的部位如子宫、胃、肠壁和脉管壁,都有发生平滑肌瘤的可能;此外,在无平滑肌组织的地方,如脉管的周围,也可同幼稚细胞发生这种肿瘤。

瘤体呈实体性,大小不一,一般表面平滑。大的瘤体可发生出血、溃疡和继发感染,常成为后遗症。恶性者,一般具有侵袭性,但范围不大。子宫以外的平滑肌瘤体积一般不太大,多呈结节样,如胃肠壁的平滑肌瘤,质地坚硬,切面呈灰白色或淡红色。较大的肿瘤会存在完整包膜,同周围组织存在明显分界。平滑肌瘤常含有两种成分,一般是以平滑肌细胞为主的,同时也含有一些纤维组织。平滑肌瘤细胞呈长梭形,胞浆丰富,胞核呈梭形,两端钝,不见间变,出现核分裂象的现象极少,细胞有纵行的肌原纤维,染为深粉红色。瘤细胞常以束状纵横交错排列,或呈漩涡状分布。且纤维组织在平滑肌瘤中多少不定。

2.平滑肌肉瘤

是一种恶性肿瘤,相比于平滑肌瘤来说它要少见得多。此肿瘤一般直接从平滑肌组织发生,少数可由平滑肌瘤发生,特别是子宫的平滑肌瘤。

在组织学上,平滑肌肉瘤细胞的分化程度不一。高分化的平滑肌肉瘤细胞的形态与平滑肌瘤细胞颇为相似,但前者能找到核分裂象。低分化的平滑肌肉瘤细胞体积比较小,圆形,胞浆极少，胞核也呈圆形，但核仁和核膜都不甚清楚，核染色质呈细颗粒状，均匀分布；稍分化的平滑肌肉瘤细胞两端有突起的胞浆，瘤细胞间不见纤维。

外科切除的同时要进行活检。通常在前阴道内发生的肿瘤切除较难，采用冷冻疗法能发挥较好的治疗作用。

(五)血管瘤

血管瘤是较常见的一种良性肿瘤。在任何年龄的动物都可发生，其中幼龄动物比较多发，且可发生于动物的全身各处，如皮肤、皮下深层软组织；也可见于舌、鼻腔、肝脏和骨骼等部位。血管瘤既能单发，也能多发。根据血管瘤不同的结构特点，一般分为以下几个类型：①毛细血管瘤；②海绵状血管瘤；③混合性血管瘤。

血管瘤虽然是良性肿瘤，但其表面并无完整包膜，可呈浸润性生长。瘤体的大小不一，切面灰红色，质地较松软。血管瘤的血管处于扩张状态时，其中常充满血液，呈现海绵状结构。血管瘤的特征为大量的内皮细胞呈实性堆聚，或形成数量与体积不同的血管管腔，腔内充满红细胞。内皮细胞呈扁平状或梭状，胞浆较少，胞核为椭圆形或梭形，无异型性。瘤组织中一般有数量不等的纤维组织可将堆积的瘤细胞分隔为巢状。

治疗措施，实体性血管瘤可以借助手术切除或冷冻疗法治疗。而多发性的或内脏型的则切除困难。体表的，孤立性的小血管瘤用CO_2激光刀切除效果最好，既彻底又不出血。

三、淋巴造血组织肿瘤

淋巴造血组织的肿瘤，临床主要是以淋巴肉瘤和白血病两种多见。

(一)淋巴肉瘤

淋巴肉瘤是一种淋巴组织不成熟的恶性肿瘤，可见于多种家畜。淋巴肉瘤是发生于淋巴结或其他器官的淋巴滤泡，逐渐增生肿大，然后突破包膜，向周围组织浸润生长，最后与邻近的淋巴组织的瘤灶彼此汇合之后，形成体积较大的肿瘤。

临床病理特征，肉眼观察，呈现大小不等的团块或结节，质地致密，切面颜色灰红，如鱼肉样。较大的淋巴肉瘤通常存在出血或坏死。镜检时，肿瘤细胞的成分主要为异型性的成淋巴细胞和淋巴细胞样瘤细胞。

(二)白血病

白血病可以分为骨髓组织增生性和淋巴组织增生性两大类型。淋巴组织增生性白血病包括非白血性淋巴组织增生病、淋巴细胞性白血病和骨髓肉瘤病等。其中常见于各种哺乳动物是淋巴细胞性白血病。

临床病理特征：外周血液中幼稚型白细胞大量增数，其中淋巴细胞相对增多。全身淋巴结显著肿大，并且各器官组织可见到肿瘤病灶浸润生长，因此患畜的脾脏、肝脏异常肿大，其他器官也出现瘤灶；同时呈全身贫血症状，红细胞可下降为100万或几十万，血红蛋白降至20%～30%以下。发病的马会发现全身的淋巴结显著肿大，脾脏肿大。肿大的淋巴结呈一种实体性肿瘤状，属于恶性，所以称为恶性淋巴瘤。

马的恶性淋巴瘤，临床上一般可以分为3种类型：

(1)皮肤型 肿瘤生长在真皮和皮下，大小不等。患处皮肤坚实或硬固，肿块圆。

(2)纵隔型 临床表现为下腹部水肿，慢性咳嗽，发热，心肌衰弱，有时会突然发生死亡。

(3)营养型 本型临床主要表现为疝痛、腹泻、营养不良。肿瘤也可以侵害眼睑周围而引起眼球突出和继发结膜炎。

四、其他肿瘤

(一)黑色素瘤

黑色素瘤是由能制造黑色素的细胞所组成的良性或恶性肿瘤。这种含黑色素的新生物,以马最为多发,尤以老龄青毛马(毛白皮黑的马)更为好发。马的黑色素瘤多发生在会阴至肛门部位和尾根下面,还有头部皮肤、阴囊、包皮、乳房及四肢也可发生。在眼内,黑色素瘤可以从含有色素组织的虹膜和脉络膜处发生。肿瘤可能是黑色的、灰色的或无色的,也可能被皮肤包被形成溃疡和感染。皮肤的黑色素瘤为圆形、椭圆形或具有肉茎的瘤体,不呈弥散或浸润。横断面呈棕色或亮黑色,色素越少反而恶性程度越高。区域淋巴结、肺、脾和肝往往成为远方转移点,转移方式可经血液和淋巴液途径。

根据临床所见和细胞学、组织学的特征不难确诊。虽然无黑色素的黑色素瘤诊断比较困难,但一般见到坏死、溃疡发生在具有黑色素的损伤处,则可引起注意。无黑色素的黑色素瘤常被误诊为癌或其他肿瘤。

马的小而有肉茎的黑色素瘤,可以手术切除。然而有些人认为手术切除可以诱发肿瘤转移,但并非都是一致看法。发生在眼睑的小黑色素瘤可以根治,但常不能彻底切除。

有条件时,采用手术切除或冷冻外科与化学疗法及免疫法配合治疗,效果较好。化学药物可用氮烯唑胺,免疫疗法可用卡介苗注射在黑色素瘤切除后的伤口处。

预后根据发生部位和种别不同。在一些青毛马身上的黑色素瘤可多年不增大,也不转移;但在另一些青毛马身上的黑色素瘤,可能迅速转移。

(二)肥大细胞瘤

肥大细胞瘤多发生于皮肤表面或皮下组织。本病可能是良性或恶性。恶性的称为肥大细胞肉瘤;出现在血液中者,则称为纯粹肥大细胞性白血病。

该肿瘤直径为一至数厘米,常为实体性或多发性。良性肿瘤可长时间局限在一定部位,数月至数年不变;恶性的生长迅速,而且从原发地很快通过淋巴和血源向远处转移和扩散。有时可因切除不彻底,放射治疗或化学药物治疗后,引起急剧恶化。十二指肠溃疡和胃溃疡常属本病合并征。冷冻、激光疗法有效,并发胃溃疡时,配合支持疗法。

第四章　风湿病

风湿病是一种易于反复发作的急性或慢性非化脓性炎症。其特征是胶原结缔组织发生纤维蛋白变性以及骨骼肌、心肌和关节囊中的结缔组织出现非化脓性局限性炎症。胶原结缔组织的变性是由于在变态反应中大量产生的氨基乙糖所引起。如氨基乙糖能被身体细胞的精蛋白所中和，就不会发生纤维蛋白变性或表现的不明显。该病常侵害对称型的骨骼肌、关节、蹄和心脏，中医称之为痹症。临床特征为病情反复发作，发病部位为对称性、游走性疼痛，跛行随运动而减轻。本病在我国各地均有发生，但以东北、华北、西北等地发病率较高。常发生于寒冷、潮湿的季节和环境，多发生于冬季、秋季和初春。

一、病因及病理

风湿病发病原因复杂，经临床诊疗、流行病学及免疫学的研究证明，风湿病是一种变态反应性疾病，是由 A 型溶血性链球菌感染所引起的。表现为延期性非化脓性疾病，即变态反应性疾病。

变态反应是有机体对抗原性物质作用所表现的一种以抗原抗体反应为基础的高反应性反应。有机体的变态反应过程包括准备阶段和激发阶段。免疫学研究证实，链球菌体及其代谢产物有高度的抗原性和特异性。抗原能使有机体产生抗体，而抗体达到一定程度时，有机体即处于致敏状态(准备阶段)，此时如再遇到即使极少量的相同抗原，有机体也会立即呈现出过高(敏)反应(激发阶段)而产生变态反应，同时在特定的组织上产生非化脓性炎症性变化。

溶血性链球菌是上呼吸道和副鼻窦的常在菌，当机体抵抗力降低时则侵入机体组织，并引起隐在的局限性感染。由链球菌产生的毒素和酶类，如溶血毒素、杀白细胞素、透明质酸酶以及链激酶等则使机体产生相应的抗体。在机体的抵抗力降低时(风、寒、潮、湿及过劳等)，它们可以重新侵入进体内而发生再感染。链球菌再次产生的毒素和酶类则成为抗原性物质，与体内先前已形成的抗体相互作用即引起传染性变态反应而发生风湿病。因此，病的发作不是在感染当时，而是在感染后经过数周的潜伏期。这是变态反应性疾病的一般规律。在风湿病发作之前常出现咽炎、喉炎、扁桃体炎等上呼吸道感染。如能早期大剂量的应用抗生素(如青霉素)对其彻底治疗，就能减少风湿病的发生。

实验证明溶血性链球菌的抗原与抗体能从血液渗入到结缔组织中。这种“多糖类”抗原在结缔组织中停留的时间较长，它能深入网状内皮细胞的胞浆及颗粒中。因此，当机体产生足够量的抗体时，它广泛的在结缔组织内起作用，使这些组织产生变性和溶解，以致引起各类型的风湿性炎症。

在临床实践中我们体会到，风、寒、潮湿、过劳等因素在风湿病的发生上起着重要的作用。如厩舍潮湿，阴冷，大汗后受冷雨浇淋，受贼风特别是穿堂风的侵袭，夜卧于寒湿之地或露宿于风雪之中，以及管理使役不当都是容易发生风湿病的诱因。

中兽医认为，风湿病是风、寒、湿三种病邪乘虚侵入机体，引起气滞血凝、气机不畅的一种疾病。可分为行痹（风盛）、痛痹（寒盛）、着痹（湿盛）、热痹（风湿热盛）等类型。采取祛风、除湿、散寒、通络等治法，药用通经活络散、独活寄生汤等，取得了很好的疗效。

二、病理解剖

有机体的风湿性变化可分为以下三期：

第一期（营养不良期）　这期只有某些生化方面的改变，并不发生形态方面的变化。

第二期（炎性期）　这期主要表现渗出阶段和肉芽肿阶段。由于结缔组织细胞增生而形成大小不同的结缔组织小结节。此种风湿性小结节或肉芽肿发生在心肌和血管附近关节的滑膜、肌膜、肌肉、腱及腱鞘、皮下蜂窝组织、神经及内脏上。这些结节的出现是发生最严重的结节性风湿病的一种症候。

第三期（硬化期）　这期的特征是风湿性结节中的结缔组织细胞转化为结缔组织而形成瘢痕。

三、分类及症状

风湿病的主要症状是发病的肌群、关节和蹄的疼痛和机能障碍。疼痛表现时轻时重，部位多固定但也有转移的。风湿病有活动型的、静止型的，也有复杂型的。根据其病程及侵害器官不同可出现不同的症状。临床上常见的分类方法和症状如下：

1.根据发病的组织和器官的不同划分

（1）肌肉风湿病（风湿性肌炎）　该病主要发生于活动性较大的肌群，如肩臂肌群、背腰肌群、臀肌群、股后肌群及颈肌群等。其特征是急性经过时则发生浆液性或纤维素性炎症，炎性渗出物积聚于肌肉结缔组织中；而慢性经过时则出现慢性间质性肌炎。

因患病肌肉疼痛，故表现运动不协调，步态强拘不灵活，常发生1～2肢的轻度跛行。跛行可能是支跛、悬跛或混合跛行。其特征是随运动量的增加和时间的延长而有减轻或消失的趋势。风湿性肌炎时常有游走性，时而一个肌群好转时另一个肌群又发病。触诊患病肌群有痉挛性收缩，肌肉表面凸凹不平且有硬感，肿胀。急性经过时疼痛症状明显。

多数肌群发生急性风湿性肌炎时可出现明显的全身症状。病马精神沉郁，食欲减退，体温升高1～1.5℃，结膜和口腔黏膜潮红，脉搏和呼吸次数增加，血沉稍快，白细胞数稍增加。重者出现心内膜炎症状，可听到心内杂音。急性肌肉风湿病的病程较短，一般经数日或1～2周即好转或痊愈，但易复发。当转为慢性经过时，病马全身症状不明显。病马肌肉及腱的弹性降低。重者肌肉僵硬、萎缩，肌肉中常有结节性肿胀。病马容易疲劳，运步强拘。

（2）关节风湿病（风湿性关节炎）　常发于活动性较大的关节，如肩关节、肘关节、髋关节和膝关节等。脊柱关节（颈、腰部）也有发生。常对称关节同时发病，有游走性。

本病的特征是急性期为风湿性关节滑膜炎。关节囊及周围组织水肿，滑液中有的混有纤维蛋白及颗粒细胞。患病关节外形粗大，触诊湿热、疼痛、肿胀。运步时出现跛行，跛行可随运动量的增加而减轻或消失。病马精神沉郁，食欲不振，体温升高，脉搏及呼吸均增数。有的可听到明显的心内性杂音。

转为慢性经过时则呈现慢性关节炎的症状。关节滑膜及周围组织增生、肥厚，因而关节肿大轮廓不清,活动范围变小,运动时关节强拘,能听到噼啪音。

(3)心脏风湿病(风湿性心肌炎) 主要表现为心内膜炎的症状。听诊时第一心音及第二心音增强,有时出现期外收缩性杂音。

2.根据发病部位的不同划分

(1)颈风湿病 主要为急性或慢性风湿性肌炎,有时也可能累及颈部关节。表现为低头困难(两侧同时患病时,俗称低头难)或风湿性斜颈(单侧患病)。患病肌肉僵硬,有时疼痛。

(2)肩臂风湿病(前肢风湿) 主要为肩臂肌群的急性或慢性风湿性炎症。有时亦可波及肩、肘关节。病马驻立时患肢常前踏,减负体重。运步时则出现明显的悬跛。两前肢同时发病时,步幅缩短,关节伸展不充分。

(3)背腰风湿病 主要为背最常肌、髂肋肌的急性或慢性风湿性炎症,有时也波及腰肌及背腰关节。临床上最常见的是慢性经过的背腰风湿病。病马驻立时背腰稍拱起,腰僵硬,凹腰反射减弱或消失。触诊背最常肌和髂肋肌等发病的肌肉时,僵硬如板,凹凸不平。病马后驱强拘,步幅缩短,不灵活,卧地后起立困难。

(4)臀股风湿病(后肢风湿) 病程常侵害臀肌群和股后肌群,有时也波及髋关节。主要表现为急性或慢性风湿性炎症的症状。患病肌群僵硬而疼痛。两后肢运步缓慢而困难,有时出现明显的跛行症状。

(5)全身风湿 全身肌肉和关节僵硬,呈木马状。

3.根据病理过程的经过划分

(1)急性风湿病 发生急剧,疼痛及机能障碍明显。常出现比较明显的全身症状。一般经过数日或1~2周即可好转或痊愈,但容易复发。

(2)慢性风湿病 病程拖延较长,可达数周或数月之久。患病的组织或器官缺乏急性经过的典型症状,热痛不明显或根本见不到。但病马运动强拘,不灵活,容易疲劳。

四、临床诊断

在临床上,风湿病主要还是根据本病有寒湿侵袭的病史;患部具有对称性、游走性、复发性特点;局温增高,肿胀,疼痛,能摸到硬结;跛行时轻时重,随运动量增加和时间延长,其症状减轻或消失;步态强拘,黏着步样做出诊断。

临床上也用水杨酸钠皮内反应试验做辅助检查,用新配制的0.1%水杨酸钠10 mL,分数点注入颈部皮内。注射前和注射后30 min、60 min分别检查白细胞总数。其中白细胞总数有一次比注射前减少1/5,即可判定为风湿病阳性。

五、治疗措施

治疗以加强护理,消除病因,解热镇痛抗风湿,消炎,祛风解痉,通经活络为原则。

1.水杨酸疗法

10%复方水杨酸钠,100~200 mL,静脉注射,1次/d,连用3~5 d。也可与乌洛托品、葡萄糖酸钙联合应用,内服,10~60 g/次;或保泰松,每千克体重4.4 mg,内服,2次/d,3 d后用量减半。

2.皮质激素疗法

0.5%强的松龙0.05~0.15 g,2次/ d,静脉或肌肉注射;关节腔注射,4~8 mL;或0.5%

氢化可的松注射液，40～100 mL，用生理盐水或5%葡萄糖注射液稀释，静脉注射，1次/d，关节腔注射，10～20 mL；或普克安（0.5%普鲁卡因200 mL，0.5%氢化可的松40 mL，10%安钠咖20 mL，5%糖盐水500 mL）静脉注射，隔日或每日1次；或醋酸可的松注射液，0.25～1 g，2次/d，肌内注射。

3.抗生素疗法

急性风湿病初期，无论是否证实机体有链球菌感染，均可使用抗生素。首选青霉素160 U×10～15支，地塞米松10～15 mL，生理盐水1 000 mL，静脉注射，2～3次/d，6日一个疗程。

4.镇痛疗法

30%安乃近20～30 mL，穴位或肌内注射。氢化可的松10～25 mL，前肢主穴抢风穴，配穴中搏、下腕；后肢主穴百会、大胯，配穴小胯、大转，分注于主穴和配穴，1次/d，连用3～5次。

5.物理疗法

麸皮热敷，麸皮与醋按4∶3的比例混合炒热，装于布袋，敷于患部，至皮肤微微出汗为止，温敷后要注意患部保温，1～2次/d，连用6～7 d。也可用酒精热绷带（40℃左右）敷于患部。

6.局部涂擦刺激剂

局部可应用水杨酸甲酯软膏（处方：水杨酸甲酯15.0、松节油5.0、薄荷脑7.0、白色凡士林15.0），水杨酸甲酯莨菪油擦剂（处方：水杨酸甲酯25.0、樟脑油25.0、莨菪油25.0）亦可局部涂擦樟脑酒精及氨擦剂等。

7.预防

风湿病在北方地区发病率较高，特别是冬春季节，因此要特别注意马的饲养管理和环境卫生，不要过劳，使役出汗后勿系于房檐下或有穿堂风处，免受风寒。厩舍应保持卫生、干燥，冬季时应保温以防马匹受潮湿和着凉。对溶血性链球菌感染后引起的马匹上呼吸道疾病，如急性咽炎、喉炎、扁桃体炎、鼻卡他等应及时治疗。

第五章　眼　病

第一节　眼睑疾病

一、麦粒肿

睑腺组织的化脓性炎症通常称为麦粒肿，是由葡萄球菌特别是金黄色葡萄球菌感染引起的，由睫毛囊所属的皮脂腺发生感染的称为外麦粒肿（外睑腺炎），由睑板腺发生急性化脓性炎症称为内麦粒肿（内睑腺炎）

（一）症状与诊断

眼睑缘的皮肤或睑结膜呈局限性红肿，触之有硬结及压痛，一般在 4～7 d 后，脓肿成熟，出现黄白色脓头，可自溃流脓，严重者可引起眼睑蜂窝织炎。

（二）治疗

麦粒肿初期可应用热敷以促进血液循环，有助于炎症消散，缓解症状，并使用抗生素眼药水或眼药膏。如伴有淋巴结肿大，体温升高时可加用抗生素，脓肿成熟时必须切开排脓。但在脓肿尚未形成之前，切不可过早切开或任意用力挤压，以免感染扩散导致眶蜂窝织炎或败血症。

二、眼睑内翻

眼睑内翻是指眼睑缘向眼球方向内卷，上下及双侧眼睑均可同时发病，下眼睑最常发病。内翻后，睑缘的睫毛对角膜和结膜有很大的刺激性，可引起流泪与结膜炎，如不及时治疗，刺激则可以导致角膜炎和角膜溃疡。

（一）病因

眼睑内翻多半是先天性的；后天性的眼睑内翻主要是由于睑结膜、睑板瘢痕性收缩所致。眼睑的撕裂创和愈合不良以及结膜炎与角膜炎刺激，使睑部眼轮匝肌痉挛性收缩时可发生痉挛性眼睑内翻，老年动物皮肤松弛、眶脂肪减少、眼球陷没、眼睑失去正常支撑作用时也可发生。

（二）症状与诊断

睫毛的不规则排列，向内向外歪斜，向内倾斜的睫毛刺激结膜及角膜，致使结膜充血潮红，角膜表层发生浑浊甚至溃疡，患眼疼痛、流泪、羞明、眼睑痉挛。

（三）治疗

目的是保持眼睑边缘于正常位置，幼龄动物眼睑内翻可采取简单的治疗方法，用镊子夹起眼睑的皮肤皱襞，使眼睑边缘能保持正常位置，并在皮肤皱襞处缝合1～2针。也可用金属的创伤夹来保持皮肤皱襞，夹子保持数日后方除去，使该组织受到足够的刺激来保持眼睑于正常位置。也可用细针头在眼睑边缘皮肤与结膜之间注射一定量灭菌液体石蜡，使眼睑肿胀，而将眼睑拉至正常位置。在肿胀逐渐消失后，眼睑将恢复正常。

对痉挛性的眼睑内翻，应积极治疗结膜炎和角膜炎，给予镇痛剂，在结膜下注射0.5%普鲁卡因青霉素溶液。

手术治疗：术部剃毛消毒，在局部麻醉后，在离眼睑边缘0.6～0.8 cm处作切口，切去圆形或椭圆形皮片，去除皮片的数量应使睑缘能够覆盖到附近的角膜缘为度。然后作水平纽扣状缝合，矫正眼睑至正常位置。严重的应施行与眼睑患部同长的横长椭圆皮肤切片，剪除一条眼轮匝肌，以肠线作结节缝合或水平纽扣状缝合使创缘紧密靠拢，7 d后拆线。手术中不应损伤结膜。

三、眼睑外翻

眼睑外翻是指睑缘向外翻转离眼球，睑结膜常不同程度的暴露在外，常合并睑裂闭合不全。

(一)病因

本病可能是先天性的遗传性缺陷或继发于眼睑的损伤，慢性眼睑炎、眼睑溃疡，或眼睑手术时切去皮肤过多，皮肤形成瘢痕收缩所引起。在眼睑皮肤紧张而眶内容又充盈情况下眶部眼轮匝肌痉挛可发生痉挛性眼睑外翻。

(二)症状与诊断

(1)轻度　仅有睑缘离开眼球，但由于破坏了眼睑与眼球之间的毛细作用而导致泪溢。

(2)重度　睑缘外翻，部分或全部睑结膜暴露在外，使睑结膜失去泪液的湿润，最初局部充血，分泌物增加，久之干燥粗糙，高度肥厚，呈现角化。下睑外翻可使泪点离开泪湖，引起泪溢。更研究时，睑外翻常有眼睑闭合不全，使角膜失去保护，角膜上皮干燥脱落，易引起暴露性角膜炎或溃疡。

(三)治疗

可使用各种眼药膏以保护角膜。

手术：有两种方法。一是在下眼睑皮肤作“V”形切口，然后向上推移“V”形两臂间的皮瓣，将其缝成“Y”形，使下睑组织上推以矫正外翻。二是在外眼眦手术，先用两把镊子折叠下睑，估计需要切除多少下睑皮肤组织，然后在外眦将睑板及睑结膜作一个三角形切除，尖端朝向穹窿部，分离欲牵引的皮肤瓣，再将三角形的两边对齐缝合(缝前应剪去皮肤瓣上带睫毛的睑缘)，然后缝合三角形创口，使外翻的眼睑复位。

第二节　结膜和角膜疾病

一、结膜炎

结膜炎是结膜组织在外界和机体自身因素的作用而发生的炎性反应的统称，是最常见的一种眼病。有卡他性、化脓性、滤泡性、伪膜性及水泡性结膜炎等型。

(一)病因

结膜对各种刺激敏感,常由于外来的或内在的轻微刺激而引起炎症,可分为下列原因。

1. 机械性因素

结膜外伤、各种异物落入结膜囊内或粘在结膜面上。泪管吸吮线虫多出现于结膜囊或第三眼睑内。眼睑位置改变(如内翻、外翻、睫毛倒生等)以及笼头不合适。

2. 化学性因素

如各种化学药品或农药误入眼内。

3. 光学性因素

眼睛未加保护,遭受夏季日光的长期直射、紫外线或 X 射线照射等。

4. 传染性因素

多种微生物经常潜伏在结膜囊内。用碘化钾治疗时,由于碘中毒,常出现结膜炎。

5. 免疫介导性因素

如过敏、嗜酸细胞性结膜等。

6. 继发性因素

本病常继发于邻近组织的疾病(如上颌窦炎、泪囊炎、角膜炎等)、重剧的消化器官疾病及多种传染病经过中(如流行性感冒、腺疫等)常并发所谓症候性结膜炎。眼感觉神经(三叉神经)麻痹也可引起结膜炎。

(二)症状与诊断

结膜炎的共同症状是羞明、流泪、结膜充血、结膜浮肿、眼睑痉挛、渗出物及白细胞浸润。

1. 结膜充血

结膜血管充血的特点是愈近穹窿部充血愈明显,血管呈网状分布,色鲜红,可伸入角膜周边形成角膜血管翳,滴用肾上腺素之后充血很快消失。

2. 分泌物

脓性分泌物多见于淋球菌性结膜炎;黏膜脓性或卡他性分泌物多见于细菌性或衣原体性结膜炎,常可坚固地黏于睫毛,使晨起眼睑睁开困难;水样分泌物通常见于病毒性结膜炎。

3. 结膜水肿

结膜炎症致使结膜血管扩张、渗出导致组织水肿,因球结膜及穹隆结膜组织松弛,水肿时隆起明显。

4. 结膜下出血

多为点状或小片状,病毒所致的流行性出血性结膜炎常可伴结膜下出血。

5. 乳头

是结膜炎症的非特异性体征,可位于睑结膜或角膜缘,表现为隆起的多角形马赛克样外观,充血区域被苍白的沟隙所分离。

6. 滤泡

滤泡呈黄白色、光滑的圆形隆起,直径 0.5～2.0 mm,但在有些情况下如衣原体性结膜炎，也可出现更大的滤泡；病毒性结膜炎和衣原体性结膜炎常因伴有明显的滤泡形成，被称为急性滤泡性结膜炎或慢性滤泡性结膜炎。

(三)治疗

1.局部治疗

(1)冲洗结膜囊　其作用主要是清洁，常用者为生理盐水、2%～3%硼酸溶液或(1∶5 000)～(1∶10 000)升汞(或高锰酸钾)溶液。

(2)不要遮盖患眼　因结膜炎时分泌物很多，如果把患眼遮盖，分泌物不易排出，而集存于结膜囊内；且遮盖后会使结膜囊温度升高，更有利于细菌的繁殖，使结膜炎加剧。

(3)局部用药　抗菌药物或抗病毒滴眼剂 根据病原学诊断，选择相应的治疗药物。常用0.5%～1%硝酸银，滴眼时要翻转眼睑，将眼液滴于睑结膜上，滴眼后稍停片刻，即用生理盐水冲洗。或用棉签蘸少量药液，涂于睑结膜表面，随即用生理盐水冲洗。

2.全身治疗

对于严重的结膜炎，如淋球菌性结膜炎、沙眼等，需结合全身用药治疗。

(四)预防

(1)保持厩舍和运动场的清洁卫生。注意通风换气与光照，防止风尘的侵袭。严禁在厩舍里调制饲料和刷拭畜体。笼头不合适应加以调整。

(2)在麦收季节，可用0.9%生理盐水经常冲洗眼。

(3)治疗眼病时，要特别注意药品的浓度和有无变质情形。

二、角膜炎

角膜炎是最常发生的眼病。可分为外伤性、表层性、深层性(实质性)及化脓性角膜炎数种。

(一)病因

角膜炎多由于外伤(如鞭梢的打击、笼头的压迫、尖锐物体的刺激)而引起。角膜没有血管，所以急性传染病不易侵及角膜。可是角膜组织却参与全身的免疫反应，尽管其免疫反应的程度较其他组织的为低，但是正因为它没有血管，新陈代谢较为迟缓，才使这种免疫反应变化持续经久，角膜在较长时间内处于一种敏感状态，以致容易发生变态反应性疾患。角膜暴露、细菌感染、营养障碍、邻近组织病变的蔓延等均可诱发本病。此外，在某些传染病(如腺疫、流行性感冒)和浑睛虫病时，能并发角膜炎。

(二)症状与诊断

除麻痹性角膜炎外，多数角膜炎患者都有强度发炎症状，如羞明、流泪、疼痛、眼睑闭合、角膜浑浊、角膜缺损或溃疡。轻的角膜炎常不容易直接发现，只有在阳光斜照下可见到角膜表面粗糙不平。

外伤性角膜炎常可找到伤痕，透明的表面变为淡蓝色或蓝褐色。由于致伤物体的种类和力量不同，外伤性角膜炎可出现角膜浅创、深创或贯通创。角膜内如有铁片存留时，于其周围可见带铁锈色的晕环。

由于化学物质所引起的热伤，轻的仅见角膜上皮被破坏，形成银灰色浑浊。深层受伤时则出现溃疡；重剧时发生坏疽，呈明显的灰白色。

角膜面上形成不透明的白色瘢痕时叫作角膜浑浊或角膜翳。角膜水肿和细胞浸润(如多形核白细胞、单核细胞和浆细胞等)可致角膜混浊,致使角膜表层或深层变暗而浑浊。浑浊可能为局限性或弥漫性,也有呈点状或线状的。角膜浑浊一般呈乳白色或橙黄色。

新的角膜浑浊有炎症症状,境界不明显,表面粗糙稍隆起。陈旧的角膜浑浊没有炎症症状,境界明显。深层浑浊时,由侧面视诊,可见到在浑浊的表面被有薄的透明层;浅层浑浊则见不到薄的透明层,多呈淡蓝色云雾状。

角膜炎表现的充血及新生血管均来自于结膜,呈树枝状分布于角膜面上,可看到其来源。深层性角膜炎的血管来自角膜缘的毛细血管网,呈刷状,自角膜缘伸入角膜内,看不到其来源。

因角膜外伤或角膜上皮抵抗力降低,致使细菌侵入(包括内源性)时,角膜的一处或数处呈暗灰色或灰黄色浸润,后即形成脓肿,脓肿破溃后便形成溃疡。用荧光素点眼可确定溃疡的存在及其范围,但当溃疡深达后弹力膜时不着色,应注意辨别。

角膜损伤严重的可发生穿孔,眼房液流出,由于眼前房内压力降低,虹膜前移,常常与角膜,或后移与晶状体粘连,从而丧失视力。

(三)治疗

治疗角膜溃疡的基本原则是采取一切有效措施迅速控制感染,争取早日治愈,将角膜炎的后遗症减少到最低程度。由于大多数溃疡性角膜炎为外因所致,因此,除去致病外因,消灭致病微生物极为重要。为了有助于病因诊断,应从角膜溃疡的进行缘取材做涂片,作细菌培养和药物敏感试验(必要时做霉菌培养)。但不要为等待试验结果而贻误治疗,应立即采取必要的措施,可应用下面方法:

1.热敷

使眼部血管扩张,解除瘀滞,同时促进血流,增强抵抗力和营养,使溃疡得到迅速的恢复。

2.冲洗

如果分泌物较多,可用生理盐水或3%硼酸溶液,每日冲洗结膜囊3次或更多次数,以便将分泌物、坏死组织、细菌和细菌产生的毒素冲洗出去。这样,不但减少感染扩大的因素,同时也可保证局部上药的浓度不至减低。

3.散瞳

阿托品为常用的药物,浓度为0.25%~2%溶液或软膏,每日滴、涂1~2次(滴药后注意压住泪囊,以免溶液被黏膜过分吸收,引起中毒)。对单纯性角膜溃疡或刺激症状不显著者可以不用,对刺激症状显著和势将穿孔的溃疡必须使用。

4.制菌剂

(1)磺胺类化学制剂如10%~30%磺胺醋酰钠和4%磺胺异恶唑眼药水。

(2)对于革兰阳性球菌的感染,每日局部滴用4~6次,0.1%利福平眼药水或0.5%红霉素或0.5%杆菌肽眼药水即可控制。有些广谱抗菌素如0.5%金霉素、0.25%氯霉素和0.5%四环素,其抗菌作用更为有效。

(3)对于革兰阴性杆菌的感染,可选用1%~5%链霉素、0.3%~0.5%庆大霉素、多黏菌素B(2万IU/mL)、0.25%~0.5%新霉素、0.5%卡那霉素等。

(4)对于细菌培养及药物敏感试验结果尚未知晓而病情较为严重的溃疡,开始时可同时试用多种广谱抗菌素,轮流交替地每数分钟或15 min滴1次,继则酌情递减。此外亦可采用结膜下注射的给药途径，每日1次，并连续注射数日，直到溃疡症状消退为止。有些药物结膜下注射后，有时发生结膜坏死，应予以注意。

(5)抗病毒的药有0.1%疱疹净等。抗霉菌制剂则有制霉菌素(25 000 IU/mL)，0.1%二性霉素乙、0.5%曲古霉素和0.5%匹马霉素等。

三、吸吮线虫病

吸吮线虫病据文献记载本病曾多发于苏联南部和欧亚中部，于夏秋之时大批流行。我国河南、南京等地区曾发生过，又叫东方线虫，是寄生于哺乳类和鸟类泪管、瞬膜或结膜囊内的一类线虫，此病在流行期间，给畜牧业带来一定的损失。

(一)病因

马的病原为露得西吸吮线虫，出现于结膜和第三眼睑下，也有的出现于泪管里。马的泪管吸吮线虫，出现于泪管和结膜囊内。

(二)症状与诊断

病初患眼羞明、流泪。眼睑浮肿并闭合，结膜潮红肿胀，患眼有痒感，食欲减退，性情变得暴躁。由眼内角流出脓性分泌物(化脓性结膜炎)。角膜浑浊，先自角膜中央开始，再向周围扩散，致整个角膜均浑浊。一般呈乳青色或白色，后则变为浅黄或淡红色。角膜周围新生血管致密呈明显的红环瘢，角膜中心呈白色脓疱样向前突出。此时若不治疗，角膜便开始化脓并形成溃疡。某些病例由于溃疡逐渐净化，溃疡面常为角膜翳所覆盖。化脓剧烈时，可发生角膜穿孔。病程为30～50天。

检查结膜囊，特别是第三眼睑后间隙和溃疡底，寻找寄生虫。也可作泪液的蠕虫学检查。有时多次他动地开闭眼睑后，常可在角膜面上发现虫体。天亮前检查患眼，也可在角膜面上发现虫体。

(三)治疗

行患眼表面麻醉，用眼科镊拉开第三眼睑，用浸以硼酸液的小棉棒插入结膜囊腔、第三眼睑后间隙擦去虫体。也可用0.5%～3%含氯石灰水冲洗患眼，以便将虫体冲出，然后滴入抗生素。10%敌百虫或3%己二酸哌嗪点眼，均有杀死虫体的作用。

四、鼻泪管阻塞

鼻泪管阻塞即泪囊炎，一侧或两侧发病，临床上以溢泪和眼内眦有脓性分泌物附着为特征。

(一)病因

脱落的睫毛、沙尘等异物落入鼻泪管；外伤引起管腔黏膜肿胀或脱落；继发于结膜炎、角膜炎等眼病；先天性泪点、泪小管缺乏或鼻泪管闭锁。新生马驹鼻泪管下端鼻腔开口处被先天性膜组织所封闭，出生后1月这一膜组织仍没有脱落也会导致鼻泪管阻塞。

(二)症状与诊断

1.症状

先天性泪点缺失，在眼内眦找不到下泪点或上泪点。除上泪点及其泪小管阻塞，其他部位的阻塞均表现出溢泪、内眼眦有脓性分泌物附着，在淡色被毛的马匹，面部被毛可能红染。其下方皮肤因受泪液长期浸渍，可发生脱毛和湿疹。

2.诊断

将1%荧光素溶液滴于结膜囊内，数分钟染料如不能在鼻孔内出现，证明鼻泪管阻塞。被检眼表面麻醉后，将适当粗细的钝圆针头插入泪点及泪小管，连接装有生理盐水的注射器，缓慢冲洗，若阻力大或完全不能注入，即可诊断为该病。

(三)治疗

对于继发于其他眼病者，应首先治疗原发性疾病。为排除鼻泪管内可能存在的异物或炎性产物，应进行鼻泪管冲洗术。可在鼻前庭找到鼻泪管开口，插入软导管作逆向冲洗，更为方便。

对先天性泪点缺失，可施行泪点重建术。在上泪点插入软导管，注入冲洗液，可在内眼眦下睑缘内侧出现局限性隆起，在隆起最高点用眼科镊夹住，提起，剪掉一小块圆形或卵圆形结膜。术后结膜囊内滴氯霉素滴眼液和醋酸氢化可的松滴眼液。

先天性鼻泪管闭锁不全手术造口。倒卧保定，浸润麻醉或全身麻醉。在距眼内眦0.6～0.8 cm的下眼睑游离缘找到下泪点，插入25号不锈钢丝，直接朝向内侧0.6～0.8 cm，然后向下向前朝鼻泪管方向推进，直到鼻前庭。用手可触摸到黏膜下的钢丝前端，将黏膜切开2～3 cm，用弯止血钳夹住钢丝前端向外牵拉，直至组织内留下6 cm长钢丝为止。剪断钢丝，使切口外留下3 cm长，再用肠线将外露的钢丝缝在黏膜组织上，打结固定。当肠线被吸收后，钢丝脱落，从而形成永久性管口。

对于顽固性鼻泪管狭窄，可用单丝尼龙线穿过鼻泪管，尼龙线上再套入口径适合的前端为斜面的聚乙烯管，两端分别固定在眼内眦皮肤和鼻孔侧方皮肤上，保留2～4周。

第三节 虹膜和视网膜疾病

一、虹膜炎

(一)病因

虹膜炎即虹膜发生炎症，但通常影响睫状体，故很少单独发生，常与睫状体伴发，统称结膜睫状体炎，又称前葡萄膜炎。可分为原发性和继发性两种，原发性虹膜炎多由于虹膜损伤和眼房内寄生虫的刺激；继发性虹膜炎继发于各种传染病（如流行性感冒、全身性霉菌病、线虫幼虫迷走性移行等），也可能是邻近组织的炎症蔓延的结果，如晶状体破裂和白内障。

(二)症状与诊断

患眼羞明、流泪、增温、疼痛剧烈是本病的主要症状。虹膜由于血管扩张和炎性渗出致使肿胀变形，纹理不清，并失去其固有的色彩和光泽。眼前房由于渗出物的积蓄而浑浊。由于房水混浊变性和睫状前动脉扩张，角膜营养受影响，因此，角膜呈轻度弥漫性浑浊。因瞳孔括约肌痉挛和虹膜肿胀，瞳孔常缩小，并对散瞳药的反应迟钝。由于瞳孔缩小和调节不良，易形成粘连。虹膜炎时眼内压常下降。

(三)治疗

应将病马系于暗厩内,装眼绷带。局部以用散瞳药为主(处方:硫酸阿托品0.1～0.2 g、蒸馏水10.0 mL),每日点眼6次。对急性期病例可用0.05%肾上腺素溶液或0.5%可的松溶液点眼,也可应用抗生素溶液点眼。疼痛显著时可行温敷以扩张血管,促进血液循环,加强炎症吸收。严重病例可结膜下注射皮质类固醇,全身应用抗生素。对严重的葡萄膜炎和交感性眼炎,使用激素无效时可考虑使用免疫抑制剂或免疫增强剂,以调整异常的免疫功能。

二、视网膜炎

视网膜炎以视网膜组织水肿、渗出和出血为主,引起不同程度的视力减退。一般继发于脉络膜炎,导致脉络膜视网膜炎症。

(一)病因

外源性:由细菌、病毒、化学毒素等伴随异物进入眼内,或眼房内的寄生虫刺激,引起脉络膜炎、脉络膜视网膜炎症、渗出性视网膜炎等。

内源性:继发于各种传染病,在患菌血症或败血症时微生物可经血行转移散布到视网膜血管,导致眼组织发生脓毒病灶而引起转移性视网膜炎。或见于体内感染性病灶引起的过敏性反应,发生转移性视网膜炎。

(二)症状与诊断

一般眼症状不明显,仅视力逐渐减退,直到失明。急性和亚急性期瞳孔缩小,转为慢性时,瞳孔反而散大。

眼底检查,视网膜水肿、失去固有的透明性。初期视网膜血管下出现大量黄白色或青灰色的渗出性病灶,引起该视网膜不同程度的隆起或脱离。渗出部位的静脉常有出血,静脉小分支扩张呈弯曲状。视神经乳头充血、增大,轮廓不清,边界模糊,后期出现萎缩。随病变发展玻璃体可因血液的侵入而变为浑浊。后期由于渗出物的压力和血管自身收缩、闭塞而看不见血管。病灶表面有灰白色、淡黄色或淡黄红色小丘。陈旧者常伴有黄白色的胆固醇结晶沉着。

视野检查有中心暗点。

视网膜炎的后期,可继发视网膜剥脱、萎缩和白内障、青光眼等。

(三)治疗

(1)病马放于暗室,装眼绷带,保持安静。

(2)消除原发性病因。

(3)控制局部炎症。眼结膜下注射青霉素、庆大霉素、螺旋霉素、地塞米松、普鲁卡因溶液以控制炎症发展。

(4)采用全身性抗生素疗法。

(5)病情严重的可采取眼球摘除术。

三、晶状体脱位

晶状体悬韧带(小带)部分或完全断裂,致使晶状体从玻璃体的碟状凹脱离,称为晶状体脱位。半脱位时,晶状体虽位置异常,但仍有部分小带附着,晶状体仍位于碟状凹内;完全脱位时,晶状体完全失去小带的固定,从碟状凹移位。

(一)病因

原发性晶状体脱位是遗传因素所致,但确切的遗传机制还不清楚,可作为单独发生的先天异常,多由于一部分晶体悬韧带薄弱,牵引晶体的力量不对称,使晶体朝发育较差的悬韧带相反方向移位。继发性晶状脱位比原发性晶状脱位多发,可继发于下列疾病。

青光眼:眼球增大使晶状体小带受到物理性牵张,引起断裂。

眼内炎症:与慢性炎症有关的蛋白水解及氧化性损害使小带断裂。

损伤与肿瘤:眼的钝性损伤和眼内肿瘤可破坏小带,使晶状体脱位。

(二)症状与诊断

患眼流泪,畏光疼痛,球结膜充血。当眼或头部运动时,虹膜震颤。瞳孔对光反射抑制。大多数病例角膜发生不同程度的浑浊。当浑浊局限在角膜中央时,可能在该部位见到移位至眼前房的晶状体前极。在某些病例,整个晶状体牢固地黏附在角膜上。在瞳孔散大的情况下,可见到银灰色的晶状体边缘,并可见晶状体囊上仍然附着的小带。在暗室用伍德灯检查,晶状体显绿色荧光,边缘清楚,有助于诊断。眼底检查时,无晶状体区反射增强。随着时间推移,移位的晶状体发生浑浊,无论其位置如何,容易分辨。如果角膜浑浊妨碍眼部检查,超声波检查有助于诊断。

(三)治疗

用药物控制因晶状体脱位引起的色素层炎(见虹膜炎治疗)。如眼内压升高,可用噻吗心安点眼或口服乙酰唑胺,3～5 mg/kg 体重,每日 3 次。

对于晶状体已完全脱位的病例,可施行手术摘除,术前术后用药物控制炎症。

四、浑睛虫病

(一)病因

浑睛虫病是马丝状线虫的童虫寄生于马的眼房内引起的寄生虫病。虫体乳白色,长1～5 cm,形态构造与成虫近似,唯生殖器官尚未成熟。

(二)症状与诊断

临床上所见的病例多为一侧眼患病,于眼前房液中可看到虫体的游动(多见为一条虫)。虫体若游到眼后房,则不见其游动 ,但随时都可游到眼前房内。由于寄生虫的机械性刺激和毒素的作用,患眼羞明、流泪,结膜和巩膜表层血管充血,角膜和眼房液轻度混浊,瞳孔散大,影响视力。病马不安,头偏向一侧,或试图摩擦患眼。

(三)治疗

最好的治疗方法是进行角膜穿刺术除去虫体。理论上,应当用 3%毛果芸香碱溶液点眼,使瞳孔缩小,防止虫体回游到眼后房。但实践中可不缩瞳,仍能获得成功。

一般在柱栏内行站立保定,将头部确实固定。用 1%盐酸可卡因溶液或 5%盐酸普鲁卡因溶液点眼两次(接触角膜面无闭眼反应是麻醉确实之征)。术者右手拿灭菌的尖端稍为磨钝的采血针头(或角膜穿刺针),左手拉住马笼头,注视眼前房,当见虫体游动时,于瞳孔缘的下方靠眼内角,迅速刺入采血针头,针头进入眼前房后,即无抵抗的感觉,拔出针头后,虫体即随眼房液流至穿刺口并作挣扎。术者立即用眼科镊夹取虫体(有时虫体随房水流出),也有人用注射器接穿刺针反复吸出虫体。由于马角膜中央部较薄,有人认为从该处穿刺容易成功。术后装眼绷带。由于致病的虫体被取出，角膜的浑浊就将逐渐地消散，穿刺点附近的白斑约经 3 周左右便可吸收。

第四节　马周期性眼炎

马周期性眼炎或马再发性色素层炎，常发生于马骡，是马骡失明的主要原因。病的发作常呈周期性，有人 1991 年统计，在 129 匹患马中，约半数病马为一次性发作，其他病马发作 2～4 次，发作间隔期多为 1 周至 1 个月。以前曾误认为本病与月亮的盈亏有关，故有月盲症之称。现已知本病初发时是色素层的一种周期再发性炎症，其后侵害整个眼球组织，引起眼球萎缩，终致失明。

本病一年四季均可发生，但夏、秋季多发，冬春发病较少。有时可在一个地区或一个马群中呈流行性发生，1～4 岁龄的公马发病率高。

本病见于世界各国，我国大多数地区均有发生，也有骆驼发病的报道。

(一)病因

确切的病因尚未肯定，大多数学者倾向认为钩端螺旋体是本病的病原。1999 年，德国学者从 117 匹患马的 130 个病眼的玻璃体中，分离到 35 株钩端螺旋体，其中 31 株属于感冒伤寒型钩端螺旋体，4 株为澳州型钩端螺旋体。应用显微凝集试验对这些病马的玻璃体及血液样品进行抗体检测，其中 70.7%(92/130)的玻璃体和 82%(96/117)的血液样品中有钩端螺旋体抗体存在。其血清凝集价比健康马高 7～10 倍，至少可达 1∶400。

对于钩端螺旋体的致病作用，有人认为该微生物可局限并永存于眼组织内，本病的再发可能是钩端螺旋体在色素层移行所致。另有人认为在钩端螺旋体菌血症期间，眼组织变得敏感，以后导致迟发性超敏型反应。

另有寄生虫(弓形体)性、中毒性、过敏性和具有遗传倾向的自身免疫反应性等假说。

(二)症状与诊断

可人为的区分为 3 期：即急性期(疾病初发期)、间歇期(慢性变化期)与再发期。

急性期：突然发病，羞明、流泪甚至眼睑肿胀闭锁。指压眼球，除感局部温度增高外，患畜还会出现疼痛反应。若强行张开患眼，即由眼内角流出多量的黏液性泪液。结膜轻度充血，有时被覆有分泌物(黏液性，间或为黏液脓性)。角膜变得无光泽，同时有红褐色的纤维蛋白小块覆盖。发病的同时或经过 3～5 天，角膜轻度浑浊。角膜面上出现新生血管。角膜周围血管呈刷状充血。一般病后 5～6 天角膜完全浑浊，以致不能观察到眼内部变化。巩膜表面血管充血。在发病的前 2～3 天，眼前房内有纤维素性或纤维素出血性渗出物蓄积。虹膜失去其固有色彩而呈暗褐色。表面粗糙，其固有放射状细沟变得不明显。瞳孔缩小，且对散瞳药的反应缓慢甚至不显反应。当仔细检视瞳孔时，往往在眼后房发现小片状的纤维素渗出物，这是睫状体炎的特征。

晶状体呈局限性或泛发性浑浊(白内障)，严重病例玻璃体也浑浊。眼底不清，视神经乳头呈黄色或淡红黄色，视神经乳头周围变暗。发病后 4～12 天，眼内变化达最高潮，以后则逐渐减轻。急性期持续 12～20 天，极个别病例可达 45 天之久。渗出物被吸收后，急性炎症现象消失。外观类似已康复，但在绝大多数病例的眼内仍有不同的病理变化。如仔细检查仍可见到由于炎症的结果而遗留各种痕迹，如虹膜粘连、撕裂、瞳孔边缘不整，晶状体上常附有大小不等的虹膜色素斑点，玻璃体内有时可看到絮状或线状的浑浊。

间歇期：在急性发作期过后，局部症状好转，然而病理过程却未完全终止。用检眼镜检查患眼内部，常可见到以下病变：虹膜粘连、撕裂，瞳孔边缘不规整；晶状体附有大小不同的虹膜色素斑点；玻璃体内呈絮状或线状浑浊；视网膜部分脱落，视神经乳头往往萎缩，影响病马视力。此期时间长短不一，短者1～2周，长者达数月以至数年，但病马经过1～6个月症状缓和期后，即可再次急性发作。

再发期：通常经过4～6周后或更长时间，又出现急性期的临床症状，但与第一次初发时比较要轻微得多。如此反复发作，致使晶状体完全浑浊或脱位，玻璃体浑浊与视网膜脱离，最终使患眼失明。根据多数病例的观察证实，每再发一次，眼的受害必加重。

(三)治疗

治疗病马，应以消除炎症，促进渗出物的吸收，防止虹膜粘连，增强机体抗病能力为原则。

对急性期病马，应向眼内滴入1%～2%硫酸阿托品溶液(每日4～6次)，待瞳孔散大后，再改用0.5%硫酸阿托品溶液(每日1～2次)点眼。也可每日一次地使用1%硫酸阿托品软膏，以维持瞳孔的散大。疼痛和充血剧烈时，可在阿托品内添加盐酸可卡因和肾上腺素溶液。此方法可有效防止虹膜粘连。

我国临床动物医学者的经验认为：链霉素(每日3～5 g，肌肉内注射，连用1～2周)有使间歇期延长的作用。胃肠外、局部和结膜下使用皮质激素，对急性期病例有一定的效果。可用链霉素、可的松、普鲁卡因(每毫升0.5%普鲁卡因溶液中加入链霉素0.1～0.2 g，可的松2 mg)作眼球结膜下注射，或眼底封闭(总量40 mL左右，内含可的松10 mg，链霉素0.5 g)，每周2次。

静脉内注射10%氯化钙溶液100 mL(每日一次，连用一周)不但可使血管壁变致密，而且还有解毒作用。

有人推荐用1%台盼蓝溶液100 mL静脉内注射。

急性期，每日静脉内注射维生素C 400 mg(连用一周)，据说可能有预防疾病再发作。

碘离子透入疗法对加速渗出物的吸收有明显的效果。

据报道，对患眼实施玻璃体摘除术，可使病马减轻疼痛，并在一定时期内保有视力。

(四)预防

有人介绍，发病后应采取下列诸措施。

(1)隔离病马。

(2)及时地进行钩端螺旋体病的血清学检查，严格隔离阳性马。

(3)尽量避免饲料的急变。除去劣质的或发霉的饲料。每匹马每天给以核黄素40 mg并补充矿物质。如条件许可，应将马匹转移到较高的干燥牧场。

(4)进行马匹的驱虫工作。

(5)驱虫后应将马厩清扫干净并消毒。对所有的粪便均应进行无害化处理，挖去厩床上的泥土(约挖20 cm深)，重新更换泥土并撒上漂白粉。

(6)注意牧场上的排水工作。不用来自沼泽地的牧草，尽量用井水饮马。

(7)避免过劳。

(8)定期检查马匹,以便早期发现。

(9)加强防鼠和灭鼠工作。

(10)连续3周,每天在饲料中添加酚噻嗪0.45 g与核黄素40 mg。停药一周后,再单喂核黄素一年(每天混在饲料中给予)。

第六章　头部疾病

第一节　耳的疾病

一、耳血肿

耳血肿是耳部在外力的作用下出现较大的血管破裂，血液流至耳软骨与皮肤之间而形成的血肿。一般多在耳廓内侧面发生，也可见于耳廓外的两侧或侧面。

(一)病因

机械性损伤，如挫伤、咬伤、对耳壳的压迫、抓伤等均可导致耳血肿。耳部疾患，例如外耳道炎等引起耳部瘙痒，马剧烈摇头甩耳也会损伤血管而引起发病。

(二)症状

当耳廓内面的耳前动脉受到损伤，耳廓内面肿胀迅速形成，触碰会有脉搏样的波动及产生疼痛反应。且因有出血凝固，导致纤维蛋白析出，触诊会存在捻发音。沿耳廓软骨外面行走的耳内动脉出现损伤时，也会在耳廓的外面形成类似的肿胀。形成血肿后，耳的厚度会增加数倍，出现下垂。耳部皮肤呈白色者，会变成暗紫色。若穿刺则可见有血色液体或血液流出。听道被肿胀阻塞时，听觉会出现障碍。血肿感染后可形成脓肿。

(三)治疗

应排除积血、制止溢血和防止感染。

1.穿刺疗法

仅适用于局限性小血肿。采用穿刺法抽取血液后，通过加压耳绷带而达到制止继续出血的效果，绷带一般保持7～10天。此外小血肿不经治疗也可以自愈。

2.切开疗法

在血肿形成的首日内采用干性冷敷并结合压迫绷带制止出血的方法较好。由于术后的出血较多，所以不宜对大血肿过早地进行手术处理。通常在肿胀形成的数日之后，在肿胀的最明显处切开，排除凝血块和积血后进行密闭缝合，然后装置压迫绷带。保持耳部安静，必要的时候可以使用止血剂。术后3～5天用注射器经切口处灌入青霉素或氨苄青霉素溶液，为防感染可在随后的数日采取全身使用抗菌素。10～12天拆除缝线。

二、外耳炎

外耳炎指发生于外耳道的炎症。根据病情可分为急性、慢性两种。而根据病原则可分为寄生虫性、霉菌性和细菌性外耳炎。

(一)病因

(1)机械性刺激　异物进入外耳道内(如泥土、带刺的植物种子、昆虫等)、耳道内耳垢较多、有寄生虫寄生(如疥螨)或进水,耳廓或垂耳内有较多被毛而使水分不易蒸发时会导致外耳道内长期湿润,湿疹、耳根皮炎的蔓延等因素会刺激外耳道皮肤而引起炎症。

(2)病原微生物　引起外耳炎的常见细菌有金黄色葡萄球菌、假单胞菌、链球菌等;常见真菌有糠疹癣菌、念珠菌等。

(3)过敏反应　如食物过敏。

(4)肿瘤　鳞状细胞癌、黑色素瘤等。

发生外耳炎时,自然的上皮迁移被抑制,出现棘皮症或表皮的过度角化,炎性细胞浸润,表皮增厚;顶浆腺和皮脂腺的分泌增加,会导致耳垢过多且于耳道中积存,为细菌和真菌的进一步感染、繁殖提供了条件,持续性感染和炎症反应导致耳软骨骨化或钙化,真皮纤维化和耳道狭窄。

(二)症状

耳内分泌物的刺激会引起耳部瘙痒,此时病马表现不安,经常摇头、摩擦或痛叫。自外耳道内可排出带臭味的不同颜色的分泌物,含量不等。分泌物大量流出,会使耳廓周边被毛粘着,同时浸渍皮肤发炎,甚至会形成溃疡。由于疼痛是由炎症引起,所以指压耳根部动物会很敏感。发生慢性外耳炎,分泌物浓稠,外耳道上皮出现肥大、增生,会使外耳道堵塞,造成动物听力的减弱。

(三)治疗

对由于耳部疼痛而呈现高度敏感的动物,在处置前可以向外耳道内注入可卡因甘油(可卡因 0.1 g 加甘油 10 mL)。用抗生素生理盐水、3%过氧化氢溶液对外耳道进行清洗,除去耳道中的痂皮、碎屑、耳蜡等异物。然后,把耳道内的液体吸出,用灭菌棉球擦干,再进行耳道局部用药。耳道用药大多数为抗真菌药、抗炎药、抗生素及抗寄生虫药的复合剂,也可根据病因、病原抗真菌药、抗炎药分析结果,选用特异药物。一般情况下的常规防腐剂有效,如涂以 1%～2%龙胆紫溶液或 1∶4 碘甘油溶液,此外涂布氧化锌软膏也可达到效果。细菌性感染时,用抗生素溶液滴耳。寄生虫感染时,可用杀螨剂滴耳。分泌物干涸堵塞时,可用注射用糜蛋白酶 4 000 IU溶于 8 mL 氯霉素眼药水后滴耳,软化后取出。

对外耳炎并发中耳炎的病例,需要全身应用抗生素和抗炎药,如阿莫西林、泼尼松龙或美洛昔康。对顽固性马拉色菌感染,可口服或注射抗真菌药,如酮康唑、特比萘酚等。

三、中耳炎

中耳炎是指中耳各组成部分的急性或慢性炎症,包括骨膜、鼓室、鼓室神经、咽鼓管和 3 块听小骨的炎症。

(一)病因

常继发于上呼吸道感染,其炎症蔓延至耳咽管,再蔓延至中耳而引起中耳炎。此外,外耳炎、鼓膜穿孔也可引起中耳炎。链球菌和葡萄球菌是中耳炎常见的病原菌。马拉色菌、念珠菌等真菌偶尔也可引起中耳炎。外伤以及外耳道与中耳道的肿瘤(如息肉、乳头状瘤、皮脂腺瘤、黑色素瘤、鳞状细胞癌等），也可继发中耳炎。

（二）症状

单侧性中耳炎时，动物将头倾向患侧，患耳下垂，有时出现回转运动。有的病马患侧瞳孔缩小，上眼睑下垂，眼球凹陷，第三眼睑突出，听力减退。吞咽硬的食物或张嘴时，表现疼痛或痛苦。若并发患侧面神经麻痹，出现面部不对称，唇、眼睑、耳下垂偏向健侧，角膜干燥，出现干性角膜结膜炎。两侧性中耳炎时，动物头颈伸长，以鼻触地。化脓性中耳炎时，动物体温升高，食欲不振，精神沉郁，有时横卧或出现阵发性痉挛等症状。炎症蔓延至内耳时，动物表现耳聋和平衡失调、转圈、头颈倾斜而倒地。

检耳镜检查鼓膜，正常鼓膜略微内凹，半透明，呈珍珠灰色，可见鼓锤和放射状排列的血管。鼓膜变色是发生疾病的标准。急性中耳炎时鼓膜微红色，化脓性中耳炎时鼓膜不透明，呈琥珀色或黄色；鼓室内出血，鼓膜为蓝色或紫色。慢性中耳炎可导致鼓膜穿孔，中耳息肉、肉芽肿、肿瘤、中耳积脓、积血或积液，使鼓膜向外隆起。取分泌物做细胞学、细菌学和寄生虫检查，有利于诊断。X线或CT检查，可观察硬组织、腔隙的变化。

（三）预后

非化脓性中耳炎一般预后良好，化脓性中耳炎常因继发内耳炎和败血症而预后不良。

（四）治疗

原则是消除感染，清理耳道内的分泌物或异物，保持耳道通畅，排除诱因，减少并发症、后遗症和复发。全身麻醉，用生理盐水或抗生素生理盐水冲洗耳道至冲洗液清亮，其中无组织碎块及血液为止。若鼓膜已穿孔或无鼓膜，可将细吸管插入中耳深部冲洗，若鼓膜未破，用细长的灭菌穿刺针穿通鼓膜，放出中耳内积液，用普鲁卡因青霉素反复冲洗，直至排出液清亮为止。对于外耳道狭窄、病情严重的病例，可隔周进行一次耳道深部冲洗，直至感染被完全控制。冲洗后，耳道内放置抗生素、抗炎药等复方膏剂。在每次用药前，均需要先清理耳道，然后用药。

全身用抗生素、抗炎药，例如头孢菌素类、喹诺酮类抗菌药，配合地塞米松、泼尼松龙或美洛昔康等。局部用药可以用抗生素与类固醇类复合剂，但要避免用氨基糖苷类抗生素，特别是发生鼓膜穿孔的病例，脂溶性与有毒性的药物，易损伤内耳和前庭。若有真菌感染，可用酮康唑、伊曲康唑等，一个疗程3～6周。

对保守疗法无效，或有中耳息肉、增生物、异物的病例，或继发外耳道严重增生导致分泌物排除不畅的病例，可做垂直外耳道外侧壁切除术或全耳道切除术。

严重慢性中耳炎，上述方法无效时，可施中耳腔刮除治疗；先施垂直外耳道外侧壁切除术和冲洗水平外耳道，然后用耳匙经鼓膜插入鼓室进行广泛的刮除，其组织碎片用灭菌生理盐水清除掉；术后几周全身应用抗生素和抗炎药。伴有鼓泡骨硬化和骨髓炎性中耳炎时。常需做鼓泡骨切除术。

第二节 副鼻窦蓄脓

副鼻窦蓄脓是指副鼻窦内的黏膜发生化脓性炎症而导致的窦腔内脓汁潴留。副鼻窦是指鼻腔周围头骨内的含气空腔，主要包括额窦、上颌窦、蝶腭窦、筛窦等。额窦和上颌窦蓄脓在临床上较为常见。马的发病率较高。

一、病因

一般引起马的上颌窦炎和蓄脓的主要原因是牙齿疾病，其次是额骨或上颌骨的骨折；此外，某些传染病、寄生虫病，如马腺疫、马鼻疽、放线菌病等，以及肿瘤、异物进入等也都可以导致窦炎与蓄脓。

二、症状

病程初期一侧鼻孔会流出少量的浆液性鼻液，通常不引起注意，直到额骨隆起，或是眶后憩室部的额骨增厚时才被发现。患畜头部常常呈现倾斜姿势，有时下颌淋巴结出现肿大。由于分泌物的潴留与黏膜的肥厚，会使患畜呼吸受到影响，并发出鼻塞鼾音，在患畜安静时发现鼻翼呈开张的状态，与健康侧形成明显对比。局部骨骼微膨隆，颜面较丑，其中幼驹最为明显，同时骨骼也因脓液侵蚀而变软。随着病程的逐渐发展，分泌物转变为黏液脓性，排出量也增多，干涸后会在鼻孔周围黏附。绝大多数情况下呈现一侧鼻液，有时一侧鼻液比较显著而另侧较轻微。病马通常表现为低头、摆头等动作，摆头时会从鼻孔中流出较多的脓性物。如果脓性鼻液中带有新鲜血液，表明窦内有骨折性损伤；混有草屑或饲料，表明龋齿或牙齿缺损与上颌窦相通；混有腐败血液则表明窦内有坏疽或恶性肿瘤。

马的上颌窦蓄脓通常表现为一侧颌下淋巴结肿胀，可以移动，且无痛感，严重时由于波及鼻泪管，会出现流泪现象。导致骨质变软时，一侧局部肿胀而颜面变得隆起，叩诊有钝性浊音。

经临床检查可以做初步诊断，确诊后可进行 X 线检查、超声检查，抽出物细胞学检查、细菌分离培养或活组织检查。对急性窦炎，经细菌的分离培养和药敏试验可确定病原菌的种类和可以使用的敏感抗生素。慢性病例的细胞学检查，有利于区别诊断窦内肿瘤。

三、治疗

主要是抗菌消炎，必要时要对窦腔进行冲洗和引流。急性窦炎，可全身应用敏感的抗生素，连用 10～14 天。抗生素要首选青霉素类、头孢菌素类，然后根据药敏试验结果变换抗生素。对于急性窦炎做局部处理，要选择适当位置进行手术。用吸引器或连接橡皮管的注射器吸出脓汁，再用 0.1%高锰酸钾或新洁尔灭灌注冲洗。随后用微温的生理盐水冲洗，同时采用灭菌纱布导入窦内吸干后，填入抗生素油剂纱布，如此处理直至化脓减少或停止。

中药用辛荑散或加味知柏汤有一定疗效。

辛荑散：辛荑 45 g，酒知母 30 g，沙参 21 g，木香 9 g，郁金 15 g，明矾 9 g，研细后开水冲服，连服 3～5 剂，重症 4～6 剂，然后隔天一剂，一般服 7～8 剂。

加味知柏散：酒知母 60～120 g，酒黄柏 60～120 g，广木香 15～30 g，制乳香 30～60 g，制没药 30～60 g，连翘 24～45 g，桔梗 15～30 g，金银花 15～30 g，荆芥 9～15 g，防风 9～15 g，甘草 9～15 g，水煎灌服，隔日一剂，可服 3～5 剂。

第三节 咽部疾病

一、咽后脓肿

咽后脓肿主要因异物刺破咽部或置留在舌下、咽部软组织而引起局部感染和形成脓肿。

(一)症状

急性发作时,颈前下方(咽部)灼热、疼痛、肿胀、硬实,全身发热,若不及时治疗,可能胀破软组织;慢性咽后脓肿多是因药物治疗和局部有效的防御机制而致使异物在结缔组织内保持稳定,但由于组织对异物持续发生反应,故咽部会有多量血清样渗出物积聚,触诊肿胀物硬实或柔软,一般无痛。

(二)诊断

根据临床症状和咽部检查,容易诊断,这个部位也易发生唾液腺黏液囊肿。如果穿刺难以区别,将其穿刺液作特异的黏多糖染色试验,如糖原染色(PAS)即可辨认黏液囊肿中的黏液细丝。另外,X 线检查在诊断咽后脓肿方面也有重要作用。

(三)治疗

治疗急性咽后脓肿,在动物镇静后,切开脓肿,进行冲洗和引流,并用手指探明腔内有无异物和小脓肿,若有,应将异物取出或撕破脓肿膜。当有全身反应发生时,需全身使用抗生素。

慢性脓肿时,需要切开脓肿,撕破间隔,将脓肿壁彻底刮除。若未能找到异物,要保持切口开放,将浸有防腐剂的纱布填入腔内,促进肉芽组织生成,防止皮肤创缘闭合。每日换药一次,直到肿胀消退、肉芽组织形成及创口收缩为止,一般需 2~3 周治愈。

二、扁桃体炎

扁桃体是咽、喉头部的集合淋巴结装置,与机体的防卫机能密切相关。扁桃体通常随着动物的成长而逐渐退化。为预防和治疗原发疾病,一般采取将扁桃体摘除,这不会对机体产生明显不利的影响。

对扁桃体进行检查,正常时候为粉红色,发炎时,其颜色变得暗红、肿大、突出,有时会出现出血或坏死斑点,并被覆有黏液或脓性分泌物。

(一)病因

通常由某些物理或化学因素,如动物舐食积雪、骤饮冷水等寒冷刺激或异物(针、骨等)刺入造成的损伤等因素引发本病。细菌感染时,会发生化脓性扁桃体炎,本病最常见的病原菌是溶血性链球菌和葡萄球菌。咽炎和其他上呼吸道炎症蔓延至扁桃体也会继发此病。肾炎、关节炎等也可并发扁桃体炎。

(二)症状

急性扁桃体炎:病马体温升高,流涎,吞咽困难,精神沉郁或食欲废绝,颌下淋巴结肿大,有时发生短促而弱的咳嗽、呕吐、打哈欠。对扁桃体进行视诊,会发现其肿大、突出,呈暗红色,并有小的坏死灶或坏死斑点,表面被覆有黏液或脓性分泌物。

慢性扁桃体炎:动物通常表现出精神沉郁,食欲减退,有时呕吐、咳嗽。反复发作数次后,全身状况不良,对疾病抵抗力差,扁桃体视诊呈“泥样”,隐窝上皮纤维组织增生,口径变窄或闭锁。慢性扁桃体炎的特征是反复发作,间隔时间不定,有时也急性发作。

(三)治疗

治疗包括保守疗法和手术疗法。

1.保守疗法

细菌性扁桃体炎应该及时全身使用抗生素。多数病例发现,青霉素效果最好,连用5～7 d,也可采用2%碘溶液对扁桃体和腺窝进行擦拭,热敷咽喉部,在吞咽困难消失前几日,饲喂柔软可口的食物。不能采食的动物应进行补液。

2.手术疗法

慢性扁桃体炎反复发作,药物治疗无效、急性扁桃体肿大而引起机械性吞咽困难、呼吸困难等适宜施扁桃体摘除术。

(1)术前准备　全身麻醉,在气管内进行插管,可以避免吞咽反射,防止血液和分泌物吸入气管。采用俯卧保定,安置开口器。仔细清洗口腔,局部消毒,并浸润肾上腺素溶液于扁桃体组织。拉出舌头,充分暴露扁桃体。

(2)手术方法　有以下三种:①直接切除法:用扁桃体组织钳钳住其隐窝的扁桃体向外牵引,使深部扁桃体组织充分暴露,然后将其基部用长的弯止血钳夹住,再用长柄弯剪由前向后剪除之。可用结扎、指压、电凝等方法止血。最后用可吸收线闭合所留下的缺陷。②结扎法:将扁桃体基部用小弯止血钳钳住,用4号或7号丝线在其基部全部结扎或穿过基部结扎即可,将其切除。③勒除法:先用扁桃体勒除器放在腺体基部,再用组织钳提起扁桃体,勒除器收紧即将其摘除。最后修剪残留部分。

第四节　齿的疾病

一、牙齿异常

牙齿异常是指乳齿或恒齿数目的减少或增加,生齿、换齿、齿磨灭异常,以及齿的排列、大小、形状和结构的改变。齿发育异常和牙齿磨灭不正在临床上比较多见。牙齿异常的发病率,臼齿比切齿要高。

(一)牙齿发育异常

1.赘生齿

在动物牙齿数量定额之外所新生的牙齿均称为赘生齿(但牙齿更换推迟而有乳齿残留者不属此范围)。赘生的牙齿通常是位于正常牙齿的侧方,也存在臼齿赘生位于其后方的情况,这些都会引起该侧的口腔黏膜、齿龈等出现机械性损伤。

2.牙齿更换不正常

除了后臼齿以外,切齿和前臼齿都是首先生乳齿,然后在一定的生长发育期间再更换为恒齿,同时乳齿脱落。但在更换牙齿的时候,特别是4～5岁,经常会有门齿的乳齿遗留而与恒齿并列地发生于乳门齿的内侧。前臼齿有时也可能会发生同样的情况。尤其是骨软症马还可能因此而诱发齿槽骨膜炎，出现局部的肿胀与疼痛，所以马的牙齿更换期间要经常检查牙齿的变化，保持正常换牙。

3. 牙齿失位

是指颌骨发育不良，齿列不整齐，而导致牙齿齿面不能正确相对，凡是先天性的上门齿过长，突出于下颌者称为鲤口，与此相反出现下门齿突出前方的称为鲛口。若下颌骨各向一方捻转，或向侧方移位，称为交叉齿。

4. 齿间隙过大

多因先天性牙齿发育不良而造成，易留饲料，产生机械性损伤。特别是相对应的齿过长时，往往会使齿龈和齿槽骨受到损伤。

(二)牙齿磨灭不正

马属动物上下臼齿的咀嚼面，并不是垂直正面相对，上臼齿的外缘通常向外向下，超出了下臼齿的外缘，下臼齿的内缘向内向上而超出上臼齿的内缘，咀嚼时不仅仅是上下运动，更是以横向运动为主，除了具有撞击捶捣功能外，还有锉磨研压的机能，虽然上下颌的宽度不同，齿列广度不等，但是牙齿的咀嚼面是一致的。草食动物的臼齿平均每年会磨灭 2 mm。牙齿磨灭不正常见下列几种类型：

1. 斜齿(锐齿)

由下颌过度狭窄及经常仅用一侧臼齿咀嚼而引起的。上臼齿外缘及下臼齿内缘通常特别尖锐，很容易对舌或颊部造成伤害。在老马或患骨软症的马多发，严重的斜齿称为剪状齿。

2. 过长齿

臼齿中有一个牙齿特别长，突出至对侧，在对侧臼齿短缺的部位常发生。

3. 波状齿

通常以下颌第四臼齿为最低，上颌第四臼齿为最长，从整个齿列的咀嚼面来看就呈现出凹凸不平的线条。一般将臼齿磨灭不正而造成的上下臼齿咀嚼面高低不平呈波浪状的称为波状齿。一旦凹陷的臼齿磨成与齿龈相齐，则对方臼齿将压迫齿龈而产生疼痛，甚至引起齿槽骨膜炎。

4. 阶段齿

基本原理同波状齿，只是形成如同阶梯之病齿。

5. 滑齿

指臼齿失去了正常的咀嚼面，饲料的难以被嚼碎，常见于老龄马。幼驹发本病是由于先天性牙齿釉质缺乏硬度所致。

(三)治疗

根据牙齿异常的种类及其情况分别选用下列疗法。

1. 过长齿

先将过长的齿冠用齿剪或齿刨打去，再用粗、细齿锉进行修整。

2. 锐齿

先用齿剪或齿刨把尖锐的齿尖打去，再用齿锉对其残端进行适当修整。注意下臼齿的锐齿重点在内侧缘，而上臼齿的重点在外侧缘。打磨同时要用0.1%高锰酸钾溶液，或2%氯酸钾溶液对口腔反复冲洗。舌、颊黏膜的伤口或溃疡可用碘甘油合剂涂擦。用电动锉，功效较高，可减轻繁重的体力劳动。

3.齿间隙过大

引起齿龈损伤，致使与上颌窦相通，可用塑胶镶补堵塞漏洞，

先装上开口器，把堵塞在齿间隙或蓄积在上颌窦内的饲草（必要时在相应位置作圆锯孔）掏清，并仔细冲洗，用灭菌棉球拭干，保持干燥。用适量的自凝牙托粉和自凝牙托水（按粉与水3∶1比例），调拌均匀，待塑胶聚合作用经湿砂期、糜粥期、丝状期到面团期时，即可填塞。根据经验最好先在上颌窦相应部位作圆锯孔，用棉花吸干创孔内的液体，迅速用调好的塑胶从口腔的创孔（齿间隙）向上填塞，塞满创孔。再用食指经圆锯孔由上向下挤压体，使其密接创壁，作成上端呈一膨大部，体下端亦作成一膨大部，如铆钉样形状，但须光滑与扁平，使不影响舌运动。体填塞后，须等待其硬固后才能取下开口器。经查有保持2～3年仍完好者。

牙齿不正而继发口腔黏膜损伤时，可用0.1%高锰酸钾溶液对口腔进行反复冲洗。舌、颊黏膜的伤口或溃疡要用碘甘油涂擦，连续治疗直至痊愈。

二、龋齿

龋齿是部分牙釉质、牙本质及牙骨质的慢性或进行性破坏，一般伴有牙齿硬组织缺损、牙齿松动、齿槽骨膜炎或齿瘘。

(一)病因

龋齿的发生常常是由两个条件引起的：一是有细菌的存在，龋齿一般是由一些产酸的细菌，如变形链球菌、乳酸杆菌等导致的。菌斑和龋齿的发生也存在着密切的关系，这些细菌在均半钟生长，而产生的酸会滞留在牙齿局部，致使釉质脱钙进而发生龋齿。二是口腔中有食物会给细菌提供营养。牙齿发育异常和磨灭不正时，会造成口腔中的嵌塞、滞留部分食物，这就为细菌的繁殖提供良好的条件。细菌在生活过程中产生糖基转移酶，此酶能把食物中的糖类转化成高分子的细胞外糖，这种糖能使细菌黏附于牙齿的表面。产酸菌最终的代谢产物是有机酸，它使牙齿的无机成分脱钙。牙齿表面脱钙后，在细菌产生的蛋白溶解酶的作用下，其中的有机物分解，牙齿组织崩溃，形成龋洞。

(二)症状

马的龋齿最初是在釉质和齿质的表面发生变化，然后逐渐向深处发展，当釉质与齿表层被破坏时，牙齿表面粗糙，称为一度龋齿或表面龋齿。随着龋齿的发展，由暗黑色小斑逐渐变为黑褐色，并形成凹陷空洞，然而龋齿腔与齿髓腔之间仍有较厚的齿质相隔，称为二度龋齿或中度龋齿，再向深处发展两个腔相邻时，称为三度龋齿。凡是损害波及全部齿冠者则称为全龋齿，它常继发齿髓炎与齿槽骨膜炎。马在9～10岁时最常发生龋齿，且多见于第二、第四上臼齿。

病初很容易被忽视，当出现咀嚼的障碍时，损害通常已波及了齿髓腔或齿周围。当龋齿破坏范围变大时出现口臭显著，咀嚼无力或困难，经常呈偏侧咀嚼，流涎或将咀嚼过的食物由口角漏出等症状。且饮水缓慢.检查口腔时轻轻叩击病齿会有痛感出现。牙齿松动，并易引起齿裂，且能并发齿槽骨膜炎或齿瘘。

(三)防治

平时对动物的采食、咀嚼和饮水的状态要严格重视,定期对牙齿进行检查,力争早发现早治疗。一度龋齿可用硝酸银饱和溶液涂擦龋齿,来阻止其继续向深处崩解。二度龋齿应彻底除去病变组织,消毒并充填固齿粉。三度龋齿实行拔牙术为好。

齿髓炎容易引起齿根尖脓肿、组织坏死、齿松动和全身性感染,X 线检查会发现齿根尖脓肿或齿及齿周组织溶解吸收影像。确诊后应尽快拔除无保留价值的牙齿。如果病牙需要保留,则要做齿髓腔冲洗、修补术等工作。可用齿钻于齿冠上部的鼻侧向下垂直钻入,抵至齿髓腔根部,但不能钻出齿根,以扩大齿髓腔,然后用生理盐水或过氧化氢溶液冲洗齿髓腔,将腔内所有异物清除并擦拭干净。最后用固齿粉等材料修补齿髓腔与齿冠孔洞。术后全身应用抗生素 5～7 d,用洗必泰冲洗空腔至痊愈。

三、齿周炎

齿周炎是牙龈炎的进一步发展,累及牙周较深层组织,是牙周膜的炎症,通常为慢性炎症。主要特征是形成牙周袋,并伴有牙齿松动和不同程度的化脓,所以临床上也称齿槽脓溢。X 线检查显示齿槽骨缓慢吸收。以上特征可与牙龈炎相鉴别,牙周袋是龈沟加深而形成的,正常的龈沟深约 2 mm。

(一)病因

齿龈炎、食物塞的机械性刺激、齿石、口腔不卫生、菌斑的存在和细菌的侵入使炎症由牙龈向深部组织蔓延是齿周炎形成的主要原因,不适当饲养和全身疾病,如甲状腺机能亢进、慢性肾炎,钙磷代谢失调和糖尿病等此外,也都会诱导齿周炎的继发。

细菌和菌斑是齿周病的始动因素。细菌可浸入并存在于齿周软组织中,甚至可以侵入牙骨质。细菌产生的代谢产物如吲哚。粪臭素、胺类、硫化氢等,以及多种溶组织酶如透明质酸酶、蛋白酶、溶血酶等,皆会造成牙周组织炎性细胞浸润和组织坏死。细菌及其产物可引起机体免疫应答反应,导致齿周组织损伤,使结缔组织发生病变,造成齿周袋加深,齿槽骨吸收等破坏性病变。初期为边缘齿龈的急性炎症,齿龈结缔组织炎性细胞浸润,齿龈下齿表面也出现菌斑,大量阴性菌侵入,炎症自齿龈槽或齿周袋向齿根尖发展。X 线检查显示齿槽骨被缓慢吸收。

(二)症状

急性期齿龈红肿、变软,齿龈边缘水肿、增厚、变圆,边缘齿龈出现红斑。转为慢性时,齿周袋、齿龈萎缩、增生。由于炎症的刺激,牙周韧带破坏,使正常的齿沟加深破坏,形成蓄脓的牙周袋,轻压齿龈,牙周有脓汁排出。由于牙周组织的破坏,出现牙齿松动,影响咀嚼。突出的临床症状是口腔恶臭。其他症状包括口腔出血、厌食、不能咀嚼硬质食物、体重减轻等。X 线检查可见牙齿间隙增宽,齿槽骨吸收。

(三)治疗

治疗原则是除去病因,防止病程进展,恢复组织健康。局部治疗主要应刮除齿石,除去菌斑,充填龋齿和矫治食物塞。无法救治的松动牙齿应拔除。用生理盐水冲洗齿周,涂以碘甘油。切除或用电烧烙器除去肥大的齿龈组织,消除牙周袋。如牙周形成脓肿,应切开引流。术后全身给予抗生素、维生素 B、烟酸等。数日内喂给软食。

四、齿槽骨膜炎

齿槽骨膜炎是齿根和齿槽壁之间软组织发生的炎症，也是牙周病发展的另一种形式。多发于马属动物，且多见于下颌齿。

(一)病因

凡是可以引起牙齿、齿龈、齿槽、颌骨等损伤或炎症的各种原因，例如齿病处理不当时的机械性损伤等均是本病的直接原因。此外，由于口蹄疫及溃疡性口炎时造成的齿龈疾病、牙齿疾病(如齿裂、龋齿、齿髓炎等)，颌骨骨折，放线菌病，以及粗饲料、异物、齿石入齿龈与齿槽之间而使齿龈与齿分离等都会导致本病被继发。

(二)症状

非化脓性齿槽骨膜炎时，动物只发生暂时性采食障碍，咀嚼异常，经6～8天症状减轻或消失，但多数转为慢性。继发骨膜炎时，齿根部齿的骨质增生而形成骨赘，由此而发生齿根与齿槽完全粘连。弥散性齿槽骨膜炎可见饲草或饲料和坏死组织混合，发出奇臭气味，病齿在齿槽中松动，严重者甚至可用手拔出，有时病齿失位。

患化脓性齿槽骨膜炎时，齿龈水肿、出血、剧痛，并有恶臭，病齿四周还有化脓性瘘管，并由此排出少量脓汁。下颌臼齿瘘管开口于下颌间隙，下颌骨边缘或外壁；上颌齿瘘管则通向上颌窦，引起化脓性窦炎及同侧鼻孔流出脓汁。齿根部化脓用X射线检查时，可见到齿根部与齿槽间透光区增大呈椭圆形或梨形。若欲判断瘘管的通道，可先用造影剂碘油灌注瘘管，再进行X射线摄片。

(三)治疗

对非化脓性齿槽骨膜炎，给予柔软饲料，每次饲喂后可用0.1%高锰酸钾溶液冲洗口腔，齿龈部涂布碘甘油。对弥散性齿槽骨膜炎，则宜尽早拔齿，术后冲洗，填塞抗生素纱布条于齿槽内，直至生长肉芽为止。对化脓性齿槽骨膜炎，应在齿龈部刺破或切开排脓，对已松动的病齿则应拔除，但不应单纯考虑拔牙，应注意其瘘管波及的范围。发生在上臼齿时往往因为从口腔来的饲料、饲草等进入上颌窦而造成上颌窦蓄脓，如不配合圆锯术则治疗效果不佳。发生在下颌骨骨髓炎的瘘管则应扩大瘘管孔，尤其是骨的部分，剔出死骨，用锐匙刮净腔内感染物，骨腔内用消毒药冲洗后填上油质纱布条引流，或用干纱布外压以吸脓，消毒后用火棉胶封闭，这样可防止杂菌感染。随着脓汁的逐渐减少而延长换药时间，直至伤口愈合为止。当有全身症状时配合全身性应用抗生素。

第七章　颈部疾病

第一节　颈静脉炎

颈静脉炎是由于不按无菌操作规程或手术造成其损伤感染或刺激性药物漏至其外部，从而导致颈静脉及其周围组织发生炎症的一种疾病。

一、病因

(1)颈静脉采血、放血、注射等不按照无菌操作规程，反复多次地刺激或损伤颈静脉及其周围组织。

(2)颈部手术时，造成颈静脉组织的损伤和继发感染。

(3)将刺激性药物(如氯化钙、水合氯醛等)漏至颈静脉外，从而导致无菌性颈静脉周围炎，而继发颈静脉炎。

二、症状与诊断

根据炎症发生的范围和性质可分为下列几种：

1.颈静脉炎

指单纯性颈静脉本身组织的炎症，静脉管壁增厚，硬固而有疼痛。病马患部忌接触，触诊按压时表现出摇头、刨蹄。压迫静脉近心端，患病静脉怒张不明显。一般发病后5～6天即可逐步恢复正常。

2.颈静脉周围炎

颈静脉沟出现不同程度的急性炎症现象，患部肿胀、热、痛明显。随着病程的发展，至后期在颈静脉沟中可出现质地稍硬、高低不平的增生性肿胀。压迫病马颈静脉近心端时，若只可见其远心端扩张，且此种扩张在压迫除去后又立即消失，这可证明其血管没有堵塞。

3.血栓性颈静脉炎

颈静脉沟出现炎性水肿，局部热、痛，颈静脉内有血栓形成，并在沟内出现长索状粗大的肿胀物，质较硬，血栓远心端颈静脉怒张，患侧眼结膜瘀血，甚至头颈浮肿，当侧副循环建立后，则这些现象逐渐缓解。血栓近心端颈静脉触之空虚。

4.化脓性颈静脉炎

视诊及触诊可发现弥漫性温热、疼痛及炎性水肿。不易触知颈静脉。病马出现精神沉郁、食欲减退、体温升高等全身症状。头颈部活动受限,有时可见头部浮肿。以后患处可出现一处或多处小脓肿,脓肿破溃后,不断排出混有组织碎片的脓汁。在某些重症病例,血栓和血管壁可发生化脓性溶解,而突然发生大出血,并危及生命。如经血流途径发生全身性转移,可形成败血症。

三、治疗

1.病马应停止使役、比赛并制动,以防炎症扩散和血栓碎裂。并根据不同病因和病程选择合适的治疗方法。

2.对注射刺激性药物失误而漏至颈静脉外时,应立即停止注射,并向局部隆起处注入生理盐水,同时用20%硫酸钠热敷。也可在隆起周围用盐酸普鲁卡因封闭。若隆起过大,可考虑在其下缘作切口,以排出漏出的药物。如氯化钙漏出,可局部注射10%～20%硫酸钠,以使形成无刺激性的硫酸钙。

3.无菌性血栓性颈静脉炎,可应用局部温热疗法。也可应用复方醋酸铅散等外敷。不宜涂有刺激性强的软膏。

4.颈静脉周围蜂窝织炎时,应当早期切开,切口一般不小于6～8 cm,深度必须切透皮肤、肌膜以及受侵害的肌肉层,这样才能有效地排出有毒物质和渗出液。

5.化脓坏死性血栓性颈静脉炎时,宜采用颈静脉切除术。其手术过程为:水合氯醛0.1 g/kg体重,加适量水,待其溶解后,用胃管投入进行全身麻醉。术部用1%盐酸普鲁卡因注射液在坏死组织周围分4点注射,每点注射2～3 mL作浸润麻醉。让患马侧卧保定,四肢用绳捆缚,专人保定其头部。术部先剃毛、消毒,再用有齿镊将坏死组织固定,然后用手术刀剥离坏死组织及颈静脉,剥离时要沿坏死组织的边缘,并且在健康组织与坏死组织的交界处,分离颈静脉并结扎。在离结扎线1 cm处,切除颈部静脉及坏死组织。用灭菌生理盐水冲洗伤口,并撒上消炎粉,再外敷上磺胺软膏,最后用纱布绷带包扎,之后按外伤处理。

当静脉病变很长时,为避免手术创广阔而裂开,同时为了缩短术后治疗期限,手术时可以作数个间断切开,每个切口间隔约4 cm。然后可经这些切口,将病变静脉部切除,最后按创伤疗法进行治疗。

6.若经血流途径发生全身性转移形成败血症,则应使用败血症的治疗方法。其治疗原则为:彻底处理局部病灶,尽早实施清创术,全身应用足量的抗生素控制感染;提高机体抗病能力,恢复组织器官的功能。其治疗方法为

(1)早期应用抗生素　联合应用抗生素,即1 000万～1 500万IU青霉素加8～16 g链霉素,1次肌注,每6 h注射1次;或者使用四环素,每日5 mg/kg体重,分1～2次静注。

(2)全身支持疗法　解热、镇痛、输液、输血、强心、对症治疗。

对于颈静脉炎,重点在于预防。预防时要注意以下几点:①严格遵守静脉注射和采血的操作规程,注射药物准确无误,术野、针头和操作者的手都要严密消毒灭菌。②误漏药液时,可于局部注射0.5%普鲁卡因液,或注射生理盐水,进行封闭。若误漏刺激性药液较多时,应及时切开患部,切口要有足够的长度和深度,这样做不仅可以起治疗作用,而且可以防止化脓性或坏死性颈静脉炎的发生。

第二节　颈椎疾病

一、颈椎间盘脱位

颈椎间盘脱位(dislocation of cervical intervertebral disc)又称颈椎间盘脱出,是指由于颈椎间盘变性、纤维环破裂、髓核向背侧突出压迫脊髓,而引起的以运动障碍为主要特征的一种脊椎疾病。也可由于某种原因颈椎间盘受到损伤,使其改变正常的解剖位置,椎间盘的一部分向外或向椎管内突出或挤出。该病可分为两种类型,一种是椎间盘的纤维环和背侧韧带向颈椎的背侧隆起,髓核物质未断裂,一般称之为椎间盘突出;另一种是纤维环破裂,变性的髓核脱落,进入椎管,一般称之为椎间盘脱出。颈椎间盘脱位约占脊椎椎间盘脱位病例的15%。

(一)病因

本病主要是由于椎间盘退行性变化所致,退变的诱因目前尚无定论。

(1)颈椎间盘的变性是引发椎间盘脱位的主要原因,而其变性常是从髓核边缘开始。椎间盘变性的原因一般认为与下列因素有关:椎间盘受到直接或间接机械外力的损伤,如过度的压迫、牵张等,容易发生退行性变,使间盘髓核水分减少,弹性降低,韧性减退,此时在受到突然的打击、挤压、牵拉和扭转等外力作用时,椎间盘就容易破裂而脱位。

(2)当发生某些免疫性疾病时,机体会释放溶酶体酶,该酶可促使椎间盘蛋白多糖的分解,在这种情况下,患马即使受到外力的作用不大,也能诱发椎间盘变性、脱位。

(3)椎间盘的发育缺陷也可能与遗传因素有关。

(4)某些激素可能会影响椎间盘的退变,如雌激素、雄激素、甲状腺素和皮质类固醇等。

(5)外伤一般不会导致椎间盘脱出,但可以作为其诱因。

(二)症状与诊断

颈椎间盘突出的好发部位为第2～3节和第3～4节椎间盘。

由于椎间盘突出而压迫神经根、脊髓或椎间盘本身,故颈部疼痛十分明显,患马拒绝触摸颈部,疼痛常呈持续性,也可呈间歇性。头颈运动或抱着头颈时,疼痛明显加剧。触诊时颈部肌肉高度紧张,颈部、前肢过度敏感。患马低头,常以鼻触地。耳竖立,腰背弓起。多数患马出现前肢跛行,不愿行走。重者可出现四肢轻瘫或共济失调。

根据病史和症状可作出初步诊断,确诊则需进行X光、脊髓造影检查或CT等影像学检查。

(三)治疗

1.保守疗法

病初时适用。主要方法是强制休息。可用夹板、制动绷带等限制颈部活动2～3周,并配合应用肾上腺皮质激素、消炎镇痛药物。有神经麻痹者可选用B族维生素口服或注射。保守疗法可使患马症状改善,但也有一半左右可能复发。

2.手术疗法

在保守疗法无效,或出现明显轻瘫,或X光摄影证明椎管内有椎盘物质,应对患马做颈椎间盘髓核摘除术。手术一般取后径路，如果挤出的间盘较小，可做部分椎板切除，即开窗术，以显露突出的椎间盘；如果椎间盘挤出较大，则需行全椎板切除，以利于摘除椎间盘。全身浅麻醉，或者使用镇静剂，同时配合局部麻醉。患马俯卧或侧卧保定，且使其头颈伸直。在其颈背侧或稍偏于一侧做一纵行切口，其切口的长度一般以能显露3～4个椎板为佳。颈椎椎板间隙较窄，因此必须先用颅钻在椎间盘脱位的椎板间隙处钻孔，这样便于咬骨钳的插入。使用咬骨钳将部分椎板(或整个椎板)一块一块地咬除，并将黄韧带切除。然后使用神经剥离器将硬脊膜外脂肪剥开，术者沿硬脊膜向深部探查突出的椎间盘，如果发现有呈半球状隆起的较硬肿物，便可以认定其为脱位的椎间盘。用尖刀在突出的椎间盘上做环形切除或十字形切开。切开后，有时髓核可自行脱出，此时可以用有齿钳或组织钳将其取出，再用小锐匙伸入椎间隙，将髓核及纤维环的破裂部分彻底刮除，最后将湿纱布条塞入椎间隙，擦拭干净，并除去所有的游离的椎间盘碎屑。使用生理盐水冲洗切口，然后逐层缝合切口。

术后，颈部应制动3周。注意给予抗生素以预防其切口的感染，同时也要注意创液的排出。

二、斜颈

斜颈(torticollis)是指颈部向一侧偏斜或扭转的一类症候群。它包括颈部肌肉的痉挛或麻痹、风湿性颈肌炎、颈椎脱位、颈椎骨折、颈神经障碍、颈椎韧带损伤等。本病在临床上要确诊为某一组织发病尚有一定困难，至少是一侧颈肌、颈椎关节的病而引起。

(一)病因

本病病因非常复杂，但以机械性损伤最为常见。其中主要为与颈椎长轴呈一定角度的暴力所致，如缰绳被踩，动物猛拉，突然摔倒头颈弯曲并被压于体下，车祸或动物头颈侧部撞到坚固的物体等。另外侧卧保定时头颈未确实固定、从高处跌落、头颈猛摆而致颈部肌肉和韧带等软组织拉伤、颈椎脱位及骨折等均可致病。其次为一侧性颈部肌肉的风湿病，颈肌麻痹也可引起斜颈。先天性斜颈、颈神经性斜颈在临床中少见。

(二)症状与诊断

本病的主要症状就是发生颈部偏斜。患马侧卧，且不能站起，头部斜向一侧，同时下弯，其颈的一侧为凸弯，相对侧则为凹弯，凸弯的最高点通常在第四或第五颈椎处。运动时患畜不能直线行走，但可以做圆周运动，因为该病亦可导致其做圆周运动。

仅是颈部肌肉损伤导致的斜颈，症状较轻，患部肌肉肿胀，病初局部增温、疼痛，常常出现运动障碍。颈部软组织损伤所致斜颈要根据病史、症状综合分析。

如果由于颈椎椎体或椎弓骨折或颈椎脱位，则症状明显，常在发病后即由于脊髓的损伤而倒地不起，视其损伤程度，严重时可致高位截瘫。颈椎脱位、颈椎骨折所致斜颈需通过X光诊断或CT诊断。

如为颈部肌肉风湿病，则表现出风湿病的一般症状，其颈部有疼痛，严重时表现为红、肿、热、痛和功能障碍等。晨起或休息时间较长后，会出现晨僵，活动后可缓解或者消失。疼痛的关节常体现为滑膜炎或者周围软组织炎。其肌力下降或丧失，同时常伴有疲劳，严重时无法完成日常活动。颈肌肉风湿所致者，可参照风湿病诊断。

(三)治疗

由于斜颈的病因较为复杂，治疗时要针对病情来采取相应的疗法。其治疗原则是整复和固定。

对颈部肌肉、韧带、肌腱等软组织损伤所致的斜颈，如患马卧地不起，则应尽可能使其站立，并限制其头颈部运动。在早期，颈部可用夹板或石膏绷带加以固定，并注意整复。为了便于整复应先对患畜注射适量的镇静剂或肌松剂。整复时，助手要抓住笼头用力向前牵引，术者在颈部凸侧用力推压，使患部复位。如将患马横卧保定，保定时应让其颈部凸侧向上，在全麻的情况下，术者可用膝盖抵在凸侧的最高点处，并用手抓住其笼头，用力向上牵引，即可使患部复位。

对于水肿的患马，可将其头部抬高，同时使用刺激性擦剂，如樟脑酒精、樟脑鱼石脂软膏等，或行物理疗法以促进炎症的消散。

颈部风湿病亦可引发斜颈，因此对于风湿病的治疗也十分重要。治疗风湿病首选水杨酸制剂，对病马可用 100～200 mL 的 10％水杨酸钠注射液和 200～300 mL5％葡萄糖酸钙注射液分别静脉内注射，每日 1 次，连用 1 周。也可配合使用皮质激素疗法，即可选用地塞米松、强的松、氢化可的松等。另外，也可应用局部温热疗法：红外线照射，每日 1～2 次，每次 30 min；或行醋酒热敷，或用热沙袋热敷。局部还可以涂刺激剂，如涂搽樟脑酒精液，然后对患马使用按摩疗法。同时，需要及时治疗原发病，加强对病马的饲养管理，严防风、寒、湿的侵袭，对原发病及时治疗。

三、颈椎脱位

颈椎脱位(dislocation of cervical vertebrae)是由于暴力作用于颈椎，导致椎关节脱位，并可能导致脊髓损伤的外科病。本病可分为全脱位与不全脱位两类，以不全脱位多见。本病在斜颈中占有一定比例。由于第 4～6 颈椎活动范围大，易发病，其他颈椎也可发生。

(一)病因

主要是机械性暴力作用于颈椎，如冲撞、打击、猛跌、强烈拖拉、家畜猛烈挣扎等，使颈椎关节超出活动范围而突然发病。另外初生幼驹发病多在分娩或难产时，不正确地助产，仅牵拉头部而不拉前肢，常会拉伤其颈部而发病。

(二)症状与诊断

颈部突然出现异常，表现出不同程度的斜颈症状。头颈偏向一侧，即使轻轻复位，松手后又会弹回原位。不全脱位时症状表现较轻，全脱位时局部畸形明显，头颈倾斜严重，也不易复位。全脱位时，往往由于脊髓受到损伤，而卧地不起。颈椎脱位的部位不同，症状也可有差异。在寰枢关节脱位时，表现头部僵直，上扬，颈部感觉过敏，前、后肢运动失调或不同程度的轻瘫；其后的颈椎脱位时，可发生四肢痉挛性麻痹和四肢反射活动过强，如损伤严重，尤其是伤及膈神经时，可发生高度呼吸困难甚至窒息死亡。

应根据病因、病史和临床表现，结合 X 光检查，作出诊断。X 光检查对确诊和治疗有重要的意义。作 X 光检查时，通常需全身麻醉。X 光片能确定脱位的部位和程度，如需确定脊髓损伤的程度，可作脊髓造影检查。

(三)治疗

1. 现场急救

颈椎脱位发生后，病情一般都较危重，应考虑脊髓损伤的可能性。所以搬动动物时要小心谨慎,以防损伤加重,有条件时可用镇静剂或镇痛剂。从发病后到治疗,尽量保持颈椎平衡。

2.颈椎复位

应尽早进行,需全身麻醉,并注意防止麻醉时呼吸功能的抑制而致窒息。侧卧保定,颈部突起的一侧在上。复位的要点是进行头颈牵引后,缓缓用力压迫突出部,直至颈椎恢复正常的生理曲线。全脱位时复位难度较大,如脊髓受压,可考虑行椎板切除术、脊髓减压术。

3.颈椎固定

复位后的颈椎需固定。可因地制宜地使用夹板或支架。也可用颈椎融合术作内固定,其固定的方法为在椎体上钻孔后,嵌入移植骨或拧入骨螺钉。

4.护理

如发生脊髓损伤,易导致膀胱麻痹而尿潴留,因此要防止泌尿系感染并经常导尿。患马卧地不起时,还容易导致其便秘和褥疮,此时应常灌肠,并变换其体位。另外,还需适当地进行对症治疗和支持疗法。

难产时不正确的助产会导致幼驹颈椎脱位,因此助产要使用正确的方法。

四、颈椎骨折

颈椎骨折(fracture of cervical vertebrae)较常发生于马,一般前4个颈椎为易发病部位,尤其第3、4颈椎发生最多。颈椎骨折可分为椎体骨折、椎体不全骨折和椎骨棘突、横突等骨折。

(一)病因

强大的直接或间接暴力是最常见原因,如跌落时头颈部着地,人为的粗暴打击,动物间剧烈的打斗,猛烈的冲撞,头部保定不确实时动物大幅度摇摆头颈等。颈部肌群的强力收缩,可能会导致椎骨突起的骨折。骨代谢病如骨质疏松、佝偻病、氟中毒等是颈椎病理性骨折的诱因。

(二)症状与诊断

颈椎骨折的临床表现因受伤部位及对脊髓和脊神经的影响程度不同而有较大的差异。

第2颈椎骨折时,头颈呈强直姿势。其他椎体骨折一般都有不同程度的斜颈。患部因软组织损伤而出血,可导致肿胀,但需与单侧肌肉收缩和头颈低位时的水肿相区别,触压肿胀部位时疼痛反应明显,一般不易出现骨摩擦音。颈部运动障碍,多数椎体骨折病例卧地不起,即使人为使之站立,运步也很勉强,头低垂,前肢不愿负重。如椎体腹侧骨折,并伤及气管时,可出现气管塌陷或狭窄,从而出现呼吸困难。一般情况下,颈椎椎体全骨折都可能伤及脊髓及附近脊神经,椎管内还可能形成血肿并压迫脊髓,从而出现高位截瘫。这种情况下,预后不良。若骨折发生在第五颈椎以下,并损伤到了颈椎以下的神经分枝,患马就会出现不同的症状:如并发膈神经麻痹,表现出其呼吸困难;如脊髓液内混有出血,进而压迫通向四肢的神经,从而患马的四肢运动出现障碍,或者压迫颈部脊髓而迫使病马卧地不起;若影响到延脑中枢,患马将会很快死亡;若使骨碎片损伤椎动脉或颈动脉时,患马将在极短时间内大出血,进而引起急性贫血甚至死亡。

颈椎的棘突、横突等部位骨折时,症状轻微,有不同程度斜颈、局部压痛、颈部肌肉强直、局部出汗、运动受限等症状。

一般来说，颈椎的压缩性骨折非常少见。

根据病因、病史、症状等进行综合分析，确诊则需进行 X 光诊断。需注意颈椎突起、椎弓的病变，怀疑有脊髓损伤时，还可进行脊髓造影，以确定脊髓是否受压。

(三)治疗

椎体棘突和横突的骨折一般不需特别治疗，注意护理，待其自愈。

椎体不全骨折时，可考虑外用夹板、支架等进行固定，4～6 周后拆除固定物。

椎体全骨折时，一般预后不良。因此应根据经济价值来决定治疗方案，并判定是否有必要进行治疗。治疗则通常采用手术复位，并行内固定。内固定可根据骨折的部位和程度选用骨髓针、接骨板等骨科器材，也可选用颈椎棘突椎间融合术。

手术复位方法：将患畜进行仰卧保定，并使其颈部伸直。在颈腹侧正中线作 30 cm 皮肤切口，切开胸骨甲状肌，分离气管和颈动脉鞘之间的深筋膜，将气管牵至左侧，将右侧迷走神经与动脉拉至右侧，在椎体腹缘两椎骨相连的椎体终板上钻一个大孔，插上骨钉，颈长肌、胸骨甲状肌分别进行间断缝合，皮下组织及皮肤分层缝合。

第八章 胸腹壁及脊柱疾病

第一节 鞍挽具伤

鞍挽具伤(saddle gall)是由于鞍挽具对马过度压迫和摩擦而引起的肩胛和背部的损伤。多因鞍具不适,驮载超重和使役不当导致脊背鞍伤,以肩胛和背部肿胀、破溃、化脓及坏死等为特征。马鞍挽具伤是兽医外科常见疾病之一,常年都可发生,特别夏秋农忙季节使役频繁时多发,病程较长,易于复发,直接影响使役的能力。

一、病因

下列因素可引起鞍挽具对鬐甲部的压迫性和摩擦性损伤:

马体部结构不良:高鬐甲、低鬐甲、凸背、凹背、平肋、圆肋;鞍挽具不适合:鞍的形状与马背的形状不相适应、鞍具易折断或变形、鞍褥硬固而无弹性、挽具的套包质量不良、夹板绳或两侧的套绳长短不合适等;装鞍及卸鞍不当:鞍的位置不正;卸鞍过早,受压部位因突然减压而引起血管过度充盈或渗出;骑乘及驮载失宜:骑坐姿势不正;驮载量过重或左右不平衡,驮载时间过长;急剧行走,使鞍具过度震动。

二、症状与诊断

由于受伤的部位、组织损伤的程度和病理发展过程不同,鞍挽具伤的临床表现不同。

1.皮肤擦伤

(1)轻度擦伤　患部部分或全部被毛脱落,表皮剥离,伤面有黄色透明的浆液性渗出物,干燥后形成黄褐色痂皮,并与周围被毛粘连。

(2)重度擦伤　多伤及皮肤深层,可露出鲜红色的创面,创围炎症反应明显。如不及时治疗,常感染化脓。

2.炎性水肿

通常在卸鞍 30 min 后,患部的皮肤和皮下组织逐渐发生局限性或弥漫性水肿,与周围界限不明显。局部增温,敏感,按压时出现压痕。

3.血肿与淋巴外渗

常在鬐甲部皮下呈局限性的肿胀,触之有波动。血肿常在卸鞍后发生,并迅速增大,穿刺检查为血液,血液凝结后可产生捻发音。淋巴外渗形成较缓慢,穿刺检查为淋巴液。

4. 黏液囊炎

根据黏液、囊液的性质可分为浆液性、浆液纤维素性和化脓性黏液囊炎。黏液囊炎急性期热、疼痛较明显。浅层黏液囊炎在鬐甲顶部皮下出现局限性波动明显的肿胀。深层黏液囊炎在肩胛软骨前方的颈间隙处出现一侧性或两侧性隆起的肿胀，但表面组织一般不出现水肿。

5. 皮肤坏死

在鬐甲、颈基部及背部，由于鞍挽具压迫，血液供应障碍，皮肤发生坏死。在临床上多为干性坏死，因感染形成的湿性坏死较少见。患病部位感觉减退或消失，皮温降低，坏死的皮肤逐渐变为黑褐色或黑色，硬固而皱缩，经 6～8 天，坏死的皮肤与周围健康皮肤界线明显并出现裂隙。坏死皮肤脱落时，伤面边缘干燥，呈灰白色，而中央为鲜红色肉芽组织，若不及时清除坏死皮肤，则因压迫而影响上皮的生长。如果感染腐败菌，病变皮肤则形成湿性坏疽。此时，患部的周围出现显著的炎性肿胀，皮肤由中心向周围分解，形成柔软的、浅灰色的腐败样物。缺损部肉芽组织增生及上皮再生较缓慢。

6. 脓肿

本病多因血肿、淋巴外渗、外伤性水肿及非感染性黏液囊炎等治疗不合理，感染化脓菌而造成。也有少数在病初即发展为脓肿的。一般浅在性脓肿比较容易诊断。深在性脓肿，肿胀不明显，且缺乏波动症状，但可穿刺识别。深部脓肿常会向颈深间隙、韧带下间隙、背间隙等部位蔓延。脓肿向表面破溃可形成窦道。

7. 蜂窝织炎

由于伤后感染，鬐甲皮下、肌间或筋膜下结缔组织出现急性弥漫性化脓性炎症。临床表现为弥漫性肿胀，皮肤紧张，温热、疼痛明显，有的伴发体温升高，精神沉郁，脉搏、呼吸加快等全身症状。本病经常伴发肩胛上韧带、筋膜及棘状突起的坏死。由深层化脓性黏液囊炎继发蜂窝织炎，其炎性肿胀可对称地局限于第 2～4 胸椎棘突的鬐甲前部。

8. 鬐甲窦道

鞍挽具引起鬐甲部损伤，继发感染后出现其黏液囊、筋膜、韧带、软骨或骨等组织的化脓、坏死，最后形成化脓性窦道。鬐甲窦道在临床上较为常见，因经久不愈合而影响马的健康和运动能力。本病具有化脓性窦道的一般临床特征。鬐甲部肿胀、疼痛、缓慢化脓、坏死，出现一个或几个排脓口，周围结缔组织增生。由于化脓、坏死的组织不同，排脓的位置和情况也不一样。

三、治疗

1. 皮肤擦伤

治疗时先除去病因，停止骑乘和使役，防止感染，促进创面干燥结痂。可用 2%～3%龙胆紫或 5%高锰酸钾溶液涂擦，促使局部痂皮形成。渗出液过多时可在创面撒布碘仿磺胺粉(1∶9)。

2. 炎性水肿

治疗时在病初可用冷敷，以限制其向四周扩散。其后可用饱和氯化钠、硫酸镁或硫酸钠等溶液浸湿纱布温敷，也可用复方醋酸铅散加醋调敷于患部。

3. 血肿与淋巴外渗

治疗见前述血肿和淋巴外渗的治疗方法。

4. 黏液囊炎

对急性期黏液囊炎可在患部涂敷用醋调制的复方醋酸铅散。如果黏液囊内渗出液过多时，可在抽出渗出液后注入复方碘溶液，也可注入青霉素、可的松和盐酸普鲁卡因的混合溶液，相隔 4～5 天以同样的方法重复治疗。一旦感染化脓，应尽早切开治疗。

5. 皮肤坏死

对于皮肤干性坏死，应使用温热疗法促使坏死皮肤的干燥脱落。当坏死皮肤与健康组织分离时，应及时将其剪除。创面可涂擦魏氏流膏、氧化锌软膏等。对于皮肤湿性坏疽，应除去坏死组织，创面涂擦碘仿或撒布碘仿磺胺粉(1∶9)。

6. 脓肿

治疗与一般脓肿疗法相同。治疗原则：在急性炎症期，应促进炎症的消散及炎性产物的吸收。较难吸收的应促进其成熟，脓肿成熟后，应尽早切开排脓。

(1)消散炎症　局部剪毛后，涂栀子粉，复方醋酸铅散，白及拔毒散，雄黄散等，并全身使用抗生素和磺胺类药物。

(2)促进脓肿成熟　局部可涂 5%～10%鱼石脂软膏，应用温热疗法、红外线照射等。

(3)小的已成熟的脓肿　一旦成熟，应尽早切开，防止压迫神经干、大血管、重要器官；当脓肿饱满时应先穿刺，后再切开排脓；切开时应在脓肿的低位、软化部切开，且不可损伤大的血管、神经(索状物)，不超过脓肿界限；若脓肿腔较大，可做辅助切口，畅通引流；切开脓肿时应尽量保护脓肿膜，不损伤肉芽组织，深部脓液不要强行清洗，不得挤压；可向深在性脓肿腔内注入挥发性药物(碘仿醚)等引流，以防创口过早愈合；有明显包囊时(病程久者)可考虑将其完整摘除。

7. 蜂窝织炎

对蜂窝织炎应使用敏感的抗生素，并采用封闭治疗。若患部肿胀仍不消退，为了减轻组织的压力和坏死，宜尽早将组织切开。根据病变的蔓延情况作一个或数个平行的长达 10～12 cm的垂直切口，切口深度应达到病灶的底部，以保证排液通畅。手术切开后按化脓创进行处理，同时根据全身状况采取补液、强心和防止酸中毒等措施，并加强护理。

8. 鬐甲窦道

首先应了解病史，仔细检查窦道，弄清主要病灶所在部位和窦道的基本走向，然后采取相应的治疗方法。

(1)一般处理　适用于浅在化脓灶或暂时不宜作根治手术的病例。对患部剪毛、消毒，用防腐消毒药物冲洗窦道，最后灌注 10%碘仿醚、魏氏流膏等。

(2)手术治疗　手术是治疗鬐甲窦道的有效方法，主要是切开化脓、坏死灶，排除脓汁，彻底清除坏死组织，消除病理性肉芽组织，保证引流通畅，促进肉芽组织生长，加速疾病的痊愈。术前可用 2%～3%亚甲蓝酒精溶液或 2%～5%龙胆紫溶液注入管道内，使管壁及其分支的坏死组织着色，以便在手术过程中易于确定窦道走向，并与正常组织相区别。由于鬐甲部位手术出血多，应作好预防性止血。手术切口部位应根据脓灶位置确定。

第二节　胸壁透创及其并发症

胸壁透创(perforated wound in the chest wall)是穿透胸膜的胸壁创伤。发生胸壁透创时,大多数能引起或多或少的合并征——气胸(pneumothorax)。胸腔内的脏器往往同时遭受损伤,可继发气胸、血胸、脓胸、胸膜炎、肺炎及心脏损伤等一系列疾病。及时准确诊断并在极短的时间内关闭胸腔是治疗的关键。

一、病因

胸壁透创多由胸壁的钝性伤和穿刺伤引起。胸壁钝性伤常因机动车碰撞、高处坠落或人为打击而发生;胸壁穿刺伤最常见的原因多由尖锐物体(如叉、刀、树枝和木桩)刺入、车辕杆的冲击、牛角的顶撞、枪击伤或被其他动物咬伤。

二、症状与诊断

由于受伤的情况不同,创口的大小也不一样。创口大的,可见胸腔内面,甚至部分脱出创口的肺脏;创口狭小时,可听到空气进入胸腔的"呲呲"声,如以手背靠近创口,可感知轻微气流。创缘的状态与致伤物体的种类有关。由锐性器械所引起的切创或刺创,创缘整齐清洁,由子弹所引起的火器创有时创口很小,并由于被毛的覆盖而难以认出。另外,铁钩、树枝、木桩等所致的创伤,其创缘不整齐,常被泥土、被毛等所污染,极易感染化脓和坏死。病马不安、沉郁,一般都有程度不等的呼吸、循环功能紊乱,出现呼吸困难,脉快而弱。还可见出汗,肌肉震颤等。创口周围常有皮下气肿。胸壁透创大多数能引起或多或少的合并征,即气胸、血胸、血气胸、脓胸和胸膜炎。

1. 气胸(pneumothorax)

是由于胸壁及胸膜破裂,空气经创口进入胸腔所引起。根据发生的情况不同,气胸可分为如下三种:

(1)闭合性气胸　胸壁伤口较小,创道因皮肤与肌肉交错、血凝块或软组织填塞而迅速闭合,空气不再进入胸膜腔者称为闭合性气胸。空气进入胸膜内的多少不同,伤侧的肺发生萎陷的程度不同。少量气体进入时,病马仅有短时间的不安,已进入胸腔的空气,日后逐渐被吸收,胸腔的负压也日趋恢复。多量气体进入时,有显著的呼吸困难和循环功能紊乱。伤侧胸部叩诊呈鼓音,听诊可闻呼吸音减弱。

(2)开放性气胸　胸壁创口较大,空气随呼吸自由出入胸腔者为开放性气胸。开放性气胸时,胸腔负压消失,肺组织被压缩,进入肺组织的空气量明显减少。吸气时,胸廓扩大,空气经创口进入胸腔。由于两侧胸腔的压力不等,纵隔被推向健侧,健侧肺脏也受到一定程度的压缩。呼气时胸廓缩小,气体经创口排出,纵隔也随之向损伤一侧移动。如此一呼一吸,纵隔左右移动称纵隔摆动。

由于肺脏被压缩,肺通气量和气体交换量显著减少;胸腔负压消失,影响血液回流,使心排血量减少;空气反复进出胸腔和纵隔摆动,不断刺激肺脏、胸膜和肺门神经丛。因而,患马表现严重的呼吸困难、不安、心跳加快、可视黏膜发绀和休克症状。胸壁创口处可听到"呼呼"的声音。伤口越大,症状则越严重。

(3)张力性气胸(活瓣性气胸)　胸壁创口呈活瓣状,吸气时空气进入胸腔,呼气时不能排出,胸腔内压力不断增高者称为张力性气胸。另外,肺组织或支气管损伤也能发生张力性气胸。临床表现极度的呼吸困难、心律快、心音弱、颈静脉怒张、可视黏膜发绀,有的出现休克症状。受伤侧气体过多时患侧胸廓膨隆,叩诊呈鼓音,呼吸时胸廓运动减弱或消失,不易听到呼吸音，常并发皮下或纵隔气肿。

2. 血胸

胸部大血管受损，血液积于胸腔内的称为血胸。若与气胸同时发生则称为血气胸。肺裂伤出血时，因肺循环血压低，且肺脏组织又有弹性回缩力，一般出血不多，并能自行停止，裂口不大时还可自行愈合；子弹、弹片、骨片等进入肺内，在病马体况良好的情况下也可为结缔组织包围而形成包囊；肺脏或心脏的大血管、肋间动脉、胸内动脉、膈动脉受损后破裂，出血十分严重，病马表现贫血和呼吸困难等症状，常出现死亡。

血胸主要根据胸壁下部叩诊出现水平浊音、X 光检查在胸膈三角区呈现水平的浓密阴影、听诊胸下部出现拍水音，肺呼吸音减弱或消失、胸腔穿刺获得带血的胸水等作出诊断。严重时出现贫血、呼吸困难等与失血、呼吸障碍有关的相应症状。并发气胸时兼有上述气胸的特点。

3. 脓胸

是胸壁透创后胸膜腔发生的严重化脓性感染，常在胸壁透创后 3～5 天出现。病马体温升高，食欲减退，心率加快，呼吸浅表、频数，可视黏膜发绀或黄染，有短、弱、带痛的咳嗽。血液检查可见白细胞总数升高，核左移。在慢性经过的病例，可见到营养不良，顽固性的贫血，血红蛋白可降至 40％～50％。叩诊胸廓下部呈浊音；听诊时肺泡呼吸音减弱或消失；穿刺时可抽出脓汁。

4. 胸膜炎

指壁层和脏层胸膜的炎症，是胸壁透创常见的并发症。本病预后不良，常导致死亡。

三、治疗

根据动物胸壁的受伤情况与呼吸机能的改变，可对胸壁损伤程度做出初步判断。但最好进行 X 光检查，以此准确诊断胸壁损伤程度，及时进行正确的治疗。胸壁的穿透创须立即用灭菌敷料覆盖创口，并采取必要的对症治疗稳定病情，然后再对胸壁创口进行处理，胸壁损伤若伴有肋骨骨折，应视骨断端移位情况，决定是否采取肋骨内固定术。

1. 尽快闭合胸壁创口使其转变为闭合性气胸，然后排出胸腔积气

及时闭合创口，制止内出血，排除胸腔内的积气与积血，恢复胸腔内负压，维持心脏功能，防治休克和感染。为防止休克，可按伤情给予补液、输血、给氧及抗休克药物，随后尽快进行手术。

开放性气胸及张力性气胸的抢救，主要是尽快闭合胸壁创口使其转变为闭合性气胸，然后排出胸腔积气。在创伤周围涂布碘酊，除去可见的异物，然后，在病马呼吸间歇期，迅速用急救包或清洁的大块厚敷料（如数层大块纱布、毛巾、塑料布、橡皮）紧紧堵塞创口，其大小应超过创口边缘 5 cm 以上。在外面再盖以大块敷料压紧，用腹带、扁带、卷轴带等包扎固定，以达到不漏气为原则。经上述处理之后，如有条件可进行强心、镇痛、止血、抗感染等治疗。

2. 手术方法

(1)保定与麻醉　尽量采用站立保定和肋间神经传导麻醉，以减少对肺脏代偿性呼吸的影响。伴有胸腔内脏器官损伤而需作胸腔手术的病马，可用正压氧辅助或控制呼吸，在全身麻醉与侧卧保定后进行。

(2)清创处理　创围剪毛消毒，取下包扎的绷带，然后以 3％盐酸普鲁卡因溶液对胸膜面

进行喷雾，以降低胸膜的感受性。除去异物、破碎的组织及游离的骨片。操作时，防止异物在病马吸气时落入胸腔。对出血的血管进行结扎，对下陷的肋骨予以整复，并锉去骨折端尖缘。骨折端污染时，用刮匙将其刮净。对胸腔内易找到的异物应立即取出，但不宜进行较长时间的探摸。在手术中如患马不安，呼吸困难时，应立即用大块纱布盖住创口，待呼吸稍平静后再进行手术。

(3)闭合　从创口上角自上而下对肋间肌和胸膜作一层缝合，边缝边取出部分敷料，待缝合仅剩最后1～2针时，将敷料全部撤离创口，关闭胸腔。胸壁肌肉和筋膜作一层缝合。最后缝合皮肤。缝合要严密，以保证不漏气为度。较大的胸壁缺损创，闭合困难时可用手术刀分离周围的皮肌及筋膜，造成游离的筋膜肌瓣，将其转移，以堵塞胸壁缺损部，并缝合以修补肌肉创口。

(4)排除积气　在病侧第七、八肋间的胸壁中部(侧卧时)或胸壁中1/3与背侧1/3交界处(站立或俯卧时)，用带胶管的针头刺入，接注射器或胸腔抽气器，不断抽出胸腔内气体，以恢复胸内负压。

3.肌肉或静脉注射止血药物

对急性失血的病畜，肌肉或静脉注射止血药物，同时要迅速找到出血部位进行彻底止血，防止发生失血性休克。必要时给予输血、补液，以补充血容量。

4.穿刺法排出脓液

对脓胸的病马，穿刺排出胸腔内的脓液，然后用温的生理盐水或林格氏液反复冲洗，还可在冲洗液中加入胰凝乳蛋白酶以分离脓性产物，最后注入抗生素溶液。

5.术后观察

胸部透创在术后应密切注意全身状况的变化，让病马安静休息，注意保温，多饮水，增加易消化和富有营养的饲料。全身使用足量抗菌药物控制感染，并根据每天病情的变化进行对症治疗。

第三节　腹壁透创

腹壁透创(penetrating wound of abdo minal wall)是穿透腹膜的腹壁创伤。本病多伤及腹腔脏器，严重者可致内脏脱出，继发内脏坏死、腹膜炎或败血症，甚至死亡。

一、病因

多由尖锐物体(如叉、刀、树枝和木桩)刺入、车辕杆的冲击、牛角的顶撞、枪弹和弹片射入等造成。此外，还可见于剖腹术后的并发症及马匹相互撕咬。

二、症状与诊断

创口的大小不同，临床表现不同。创口较大的穿透创，极易使内脏器官受创，同时会伴有肠管或网膜脱出。若是实质脏器(肝、脾、肾)损伤或者腹腔内大血管出血，则会引起急性贫血的症状。若是腹腔内感染时，可能会发生急性败血性腹膜炎症状。如果损伤到肾脏和膀胱，就会出现血尿或尿中毒症状，严重时能发生休克。这根据创伤的深度、性质及内脏脱出情况，一般不难诊断，但对于伤口较小的穿透创，必须查明内脏器官是否受损伤，可根据腹腔穿刺物的性质，初步判定某个器官受损伤。一旦术者怀疑患马是内脏损伤，则需要进行剖腹探查，只有进行详细检查后才能最后确诊。

腹壁透创有各种不同情况，主要分为四种类型。

1.单纯性腹壁透创

指不并发腹腔脏器损伤或脱出的腹壁透创。在刺创、弹创时，因创口小而周围有炎性肿胀及异物的覆盖，有时不易确诊。大的创口，内脏容易暴露，较容易作出诊断。

2.并发腹腔脏器损伤的腹壁透创

最常见的为胃、肠穿孔，其内容物流入腹腔而引起腹膜炎。肝、脾和肾实质器官受损时易发生长时间的、大量的、间歇性出血，或急性大失血，引起死亡。肾和膀胱受损时，可发生血尿。膀胱破裂时，尿液流入腹腔，排尿减少或停止。

3.并发肠管部分脱出的腹壁透创

小肠的管径小、蠕动强、易脱出，脱出的肠管受到不同程度的污染。当发生腹壁斜创时，脱出肠管可进入肌间，有时可进入腹膜与深层肌肉之间。

4.脱垂肠管已有损伤的腹壁透创

脱垂肠管时间较长且有损伤，是一种较严重的腹壁透创。肠管及网膜有严重污染、破损、断裂，甚至坏死。

腹壁透创的主要并发症是腹膜炎和败血症，若伴随实质性器官或大血管损伤时可出现内出血、急性贫血，引起休克、心力衰竭，甚至死亡。

三、治疗

腹壁透创的急救主要应根据全身性变化决定，预防或制止腹腔脏器脱出，采取止血措施，如有严重内出血症状还应立即输血或补液，防止失血性休克。

(1)对单纯性腹壁透创，应严密消毒创围，彻底清理创腔，分层缝合腹壁。

(2)对肠管脱出的腹壁透创应根据其脱出的时间和损伤的程度而选择治疗方法。若肠管没有损伤，颜色接近正常，仍能蠕动，可用温灭菌生理盐水或含有抗生素的溶液冲洗后送回腹腔；若肠管因充气或积液而整复困难时，可穿刺放气、排液。对坏死肠管或已暴露时间较长，缺乏蠕动力，即使用灭菌生理盐水纱布温敷后也不能恢复蠕动者，则应考虑作肠部分切除术，再进行肠管断端吻合。

(3)对胃、肠破裂，且胃肠内容物已流入腹腔的病例，应在缝合破损后，用温生理盐水反复冲洗腹腔，然后采用电动吸引器抽出或用消毒纱布块吸出冲洗液。

(4)肝、脾及肾等实质脏器出血时，应使病马保持安静，静脉或肌肉注射止血药物。若发现继续出血或有大出血时，应对相应脏器进行缝合止血，必要时采取输血、补液及抗休克措施。

腹壁闭合前，为了预防腹膜炎及脏器间粘连的形成，可于腹腔内注入抗生素。必要时安置引流管。

第九章　疝

第一节　概　述

疝(hernia)是临床上常见的一种外科疾病,又称赫尔尼亚,是因腹腔及盆腔内的器官从自然孔道或病理性的破裂孔脱至皮下或邻近的解剖腔内所致。

一、疝的分类

根据发生部位分为外疝和内疝,外疝又称皮下疝,包括脐疝、腹股沟阴囊疝、会阴疝、腹壁疝等。内疝为体腔疝,如膈疝。

根据发生时间分为先天性疝和后天性疝。

根据可否还纳分为可复性和不可复性疝,后者包括粘连性疝和嵌闭性疝,如粪性嵌闭疝和逆行性嵌闭性疝。

二、疝的组成

疝由疝孔(即疝轮或疝环)、疝囊和疝内容物组成。

疝孔是由于自然孔(如脐孔、腹股沟环等)发生异常的增大,或腹壁上发生病理性或外伤导致的破裂口,导致内脏由此脱出。疝孔多为卵圆形、圆形或狭窄的通道,由于解剖部位不同和病理过程的时间长短不同,疝孔的结构也发生不同的变化。新发的疝孔多数变薄,是断裂的肌纤维收缩导致的,常被血液浸润。陈旧性的疝孔多发生增厚现象,是局部结缔组织增生导致,使疝孔边缘变钝(图 3-9-1)。

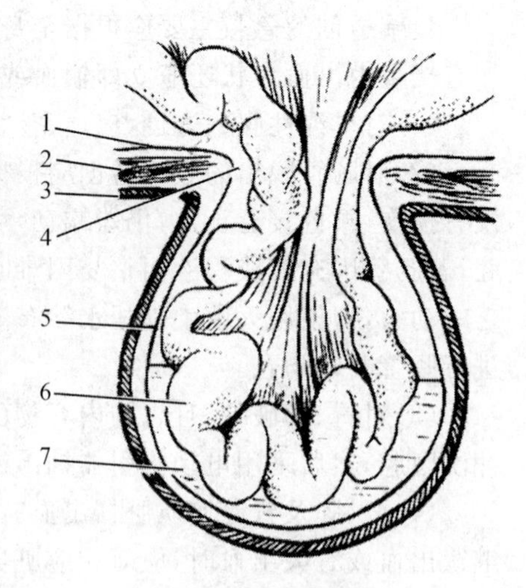

图 3-9-1　疝的模式图

1. 腹膜　2. 肌肉　3. 皮肤　4. 疝轮　5. 疝囊　6. 疝内容物　7. 疝液

疝囊是由皮肤、腹膜及腹壁的筋膜等构成,腹壁疝的最外层常为皮肤。典型的疝囊应包括囊颈、囊口(囊孔)、囊底及囊体。疝囊的大小及形状取决于发生部位的局部解剖结构,小的疝囊容易被忽视,大的疝囊可达篮球大甚至更大,可呈鸡卵形、扁平形或圆球形等。在外伤性疝囊的底部有时发生脱毛和皮肤擦伤等。

疝内容物是一些可移动的内脏器官通过疝孔脱出到疝囊内的,常见的有网膜、小肠肠襻,其次为胃，较少为子宫、膀胱等，几乎所有病例疝囊内都含有数量不等的浆液——疝液。这种液体常在腹腔与疝囊之间互相流通。在可复性的疝囊内此种疝液常为透明、微带乳白色的浆液性液体。当发生嵌闭性疝时，起初由于血液循环受阻，血管渗透性增强，疝液增多，然后肠壁的渗透性被破坏，疝液变混浊，呈紫红色，并带有恶臭腐败气味。在正常的腹腔液中仅含有少量的嗜中性白细胞和浆细胞。当发生疝时，如果血管和肠壁的渗透性发生改变，则在疝液中可以见到大量崩解阶段的嗜中性白细胞，而几乎看不到浆细胞，依此可作为是否有嵌闭现象存在的一个参考指征。当疝液减少或消失后，脱到疝囊的肠管等就和疝囊发生部分或广泛性粘连。

根据可否还纳分为可复性疝和不可复性疝。当改变体位或压迫疝囊时，疝内容物可通过疝孔而还纳到腹腔的称为可复性疝。不可复性疝是指用压迫或改变体位的方法疝内容物依然不能回到腹腔内。疝内容物不能回到腹腔的原因可能是：疝内容物与疝囊发生粘连；疝孔比较狭窄或者疝道长而狭；肠管内充满过多的粪块或气体；肠管之间互相粘连。如果疝内容物被嵌闭在疝孔内，脏器受到压迫，血液循环受阻而发生瘀血，甚至坏死等统称为嵌闭性疝。

嵌闭性疝又可分为弹力性、粪性及逆行性等数种。粪性嵌闭是由于脱出的肠管充满大量粪块而引起，增大的肠管不能回入腹腔。弹力性嵌闭是由于腹内压增高而发生，腹膜与肠系膜被高度牵张，引起形成疝孔的肌肉反射性痉挛，孔口明显缩小。以上两种嵌闭性疝均使肠壁血管受到压迫而引起循环障碍、瘀血，甚至引起肠管坏死。逆行性嵌闭是由于游离在疝囊的肠管，其中的一部分又通过疝孔钻回腹腔中，二者都可受到疝孔的弹力压迫，造成血液循环障碍。

三、症状

外疝中除了腹壁疝以外，其他的疝，如脐疝、腹股沟阴囊疝、会阴疝等发病都有其固定的解剖部位。腹壁疝可发生在腹壁的任何部位。非嵌闭性疝一般不引起全身性障碍，而只是在局部突然呈现一处或多处柔软性隆起，当改变体位或用力压迫疝部时有可能使隆起消失，并可触摸到疝孔。当病马强烈努责或咳嗽时，隆起变得更大，这表明疝囊内容物随时有增减的变化。外伤性腹壁疝由于腹壁的组织受伤程度不同，扁平的炎性肿胀范围也往往不同，严重的可从疝孔开始逐步向下向前蔓延，有时甚至可一直延伸到胸壁的底部或向前达到胸骨下方处，压之有水肿指痕。嵌闭性疝则突然出现剧烈的腹痛，局部肿胀增大、变硬、紧张，排粪、排尿受到影响，或继发臌气。

四、诊断

腹壁疝诊断没有难度，应注意了解病史，并从全身性、局部性症状中加以分析，要注意与血肿、脓肿、淋巴外渗、蜂窝织炎、精索静脉肿、阴囊积水及肿瘤等作鉴别诊断。

第二节　脐　疝

脐疝以幼驹多见。一般以先天性原因为主，可见于初生时，或者出生后数天或数周，多数在5～6月龄后逐渐消失。发生原因是脐孔发育不全或没有闭锁、断脐不当、脐部化脓、突然性腹压增大或腹壁发育缺陷等。

胎儿的脐静脉、脐动脉和脐尿管通过脐管走向胎膜，它们的外面包围着疏松结缔组织。当胎儿出生后脐带被扯断，血管和脐尿管就变成空虚不通，而在四周则出现结缔组织增生，并在较短时间内完全闭塞脐孔。如果断脐不正确（如扯断脐带血管及尿囊管时留得太短）或发生脐带感染，腹壁脐孔则闭合不全。此时若动物出现强烈努责或用力跳跃等原因，使腹内压增加，肠管容易通过脐孔而进入皮下形成脐疝。

一、症状

脐部呈现局限性球形肿胀，质地柔软，也有的紧张，但缺乏红、痛、热等炎性反应。病初多数能在挤压疝囊或改变体位时将疝内容物还纳到腹腔，且可以摸到疝轮。听诊可听到肠蠕动音。由于结缔组织增生及腹压大，往往摸不清疝轮。脱出的网膜常与疝轮粘连，或肠壁与疝囊粘连，也有疝囊与皮肤发生粘连的。肠粘连往往是广泛而多处发生，因此手术时必须仔细剥离。嵌闭性脐疝虽不多见，一旦发生就有显著的全身症状，病马极度不安，马出现程度不等的疝痛，食欲废绝。患马可很快发生腹膜炎，体温升高，脉搏加快，如不及时进行手术则常引起死亡。

二、诊断

发生于脐部，由小变大，一般可还纳，可摸出疝孔，听诊有肠音，肿胀随腹压增大而增大。应注意与脐部脓肿和肿瘤等相区别，必要时可慎重地作诊断性穿刺。

三、预后

可复性脐疝预后良好，在幼驹经保守疗法常能痊愈，疝孔由瘢痕组织填充，疝囊腔闭塞而疝内容物自行还纳于腹腔内。嵌闭性疝预后可疑，如能及时手术治疗，预后良好。

四、治疗

非手术疗法（保守疗法）适用于疝轮较小，年龄小的动物。可用疝带（皮带或复绷带）、强刺激剂。幼驹用赤色碘化汞软膏等促使局部炎性增生闭合疝口，但强刺激剂常能使炎症扩展至疝囊壁以及其中的肠管，引起粘连性腹膜炎。国内有人用 95%酒精（碘液或 10%～15%氯化钠溶液代替酒精），在疝轮四周分点注射，每点 3～5 mL，取得了一定效果。国外用金属制疝夹治疗马驹可复性脐疝，疝轮直径不超过 6～8 cm 时可成功。

幼驹可用一大于脐环的、外包纱布的小木片抵住脐环，然后用绷带加以固定，以防移动。若同时配合疝轮四周分点注射 10%氯化钠溶液，效果更佳。

手术疗法比较可靠。术前禁食。按常规无菌技术施行手术。全身麻醉或局部浸润麻醉，仰卧保定或半仰卧保定，切口在疝囊底部，呈梭形。皱襞切开疝囊皮肤，仔细切开疝囊壁，以防伤及疝囊内的脏器。认真检查疝内容物有无粘连和变性、坏死。仔细剥离粘连的肠管，若有肠管坏死，需行肠部分切除术。若无粘连和坏死，可将疝内容物直接还纳腹腔内，然后缝合疝轮。若疝轮较小，可做荷包缝合，或纽孔缝合，但缝合前需将疝轮光滑面作轻微切割，形成新鲜创面，以便于术后愈合。如果病程较长，疝轮的边缘变厚变硬，此时一方面需要切割疝轮，形成新鲜创面，进行纽孔状缝合，另一方面在闭合疝轮后，需要分离囊壁形成左右两个纤维组织瓣，将一侧纤维组织瓣缝在对侧疝轮外缘上，然后将另一侧的组织瓣缝合在对侧组织瓣的表面上。修整皮肤创缘，皮肤作结节缝合。

常见到疝囊的腹膜上发生脓肿，如仔细手术，可完整摘除脓肿，而不致造成破裂。其次是用包皮覆盖疝轮时，可沿包皮作 U 形切口，将包皮翻向后方。也可在包皮的侧方作两个椭圆形切口，包括疝囊皮肤过多的部分，用钝性分离法将疝囊的腹膜部分与包皮分开，直至囊壁与外围组织完全游离为止。

手术最好在全身麻醉下仰卧保定进行，将后肢向后伸直保定在地桩上，两侧肩部各垫上一个垫子。按无菌手术操作在脐的两边作两个椭圆形切口，可在其前方与后方连起来，用钳子固定脐部皮肤并拉紧，在脐部沿疝轮的边缘作钝性分离，仅在某些坚硬部位(结缔组织增生处)做锐性分离。分开皮肤与疝轮，将腹膜囊推入腹腔，用 1 号肠线作内翻缝合。腹壁肌肉与筋膜作系列的重叠褥状缝合，一般采用 2 号或 3 号铬制肠线双股作重叠褥状缝合，先将每个结的缝线穿好，再一并逐个拉紧打结。皮肤作减张缝合，两边用乳胶管或纱布卷保持减张。

现在已有人造的脐疝修补网，并成功地用于马。制修补网的材料有塑料、不锈钢、尼龙及碳纤维等。修补网有两种用法，一种放置在腹腔疝环的内面，另一种放在疝轮的外侧面。用脐疝修补网缝合在疝环内或疝轮外进行修补手术。

五、术后护理

术后少食少饮少运动，防止腹压增高，忌奔跑。术部包扎绷带，保持 7～10 d，可减少复发。全身抗菌消炎，连续应用抗菌素 5～7 d。

第三节　腹股沟阴囊疝

腹股沟阴囊疝见于公马，母马常发生腹股沟疝。公马的腹股沟阴囊疝有遗传性。若腹股沟环过大，则容易发生疝。常在胎儿睾丸下降过程留下腹股沟环，过大或关闭不全时引发先天性腹股沟阴囊疝，若非两侧同时发生，则多半见于左侧。后天性腹股沟阴囊疝主要是腹压增高而引起的，如公马配种时，两前肢凌空，身体重心向后移，腹内压加大，有时发生腹股沟阴囊疝；还可发生于装蹄时保定失误，也是剧烈挣扎而加大腹内压力所引起。

一、症状

临床上腹股沟疝常在内容物被嵌闭、出现腹痛时才发现，或只有当疝内容物下坠至阴囊、发生腹股沟阴囊疝时才引起马主人的注意。疝内容物可能是网膜、膀胱、小肠、子宫或大肠等。

当发生腹股沟疝时，疝内容物由单侧或双侧腹股沟裂口直接脱至腹股沟外侧的皮下，位于耻骨前腱腹白线两侧，局部膨胀突起，肿胀物大小随腹内压及疝内容物的性质和多少而定。触之柔软，无热、无痛，常可还纳于腹腔内。若脱出时间过长可发生嵌闭，触诊有热痛，疝囊紧张，动物出现腹痛或因粪便不通而腹胀，肠管瘀血，坏死，并出现全身症状。

发生腹股沟阴囊疝时，一侧性阴囊增大，皮肤紧张发亮，触诊时柔软有弹性，多半不痛；也有的呈现发硬、紧张、敏感。听诊时可听到肠蠕动音。先天性及可复性疝时直肠检查可触知腹股沟内环扩大(可以自由通过 3 指)，落入阴囊的肠管即使在站立保定下也可以轻轻牵引，并有回至腹腔的可能。嵌闭性腹股沟疝的全身症状明显，若不能及时发现并采取紧急措施，往往因耽误治疗而发生死亡。病马表现为剧烈的腹痛，一侧(或两侧)阴囊变得紧张，出现浮肿、皮肤发凉(少数病例发热),阴囊的皮肤因汗液而变湿润。病马不愿走动,并在运步时开张后肢,步态紧张,表示显著疼痛;脉搏及呼吸数增加。随着炎症现象的发生,全身症状加重,体温增高。当嵌闭的肠管坏死时,表现为嵌闭疝综合征,进行急救手术切除坏死肠段,有可能免于死亡。

二、诊断

根据临床症状较易作出诊断。马以三个手指并列通过为过大,并可查出通过内环的内脏。其次是与阴囊积水、睾丸炎与副睾炎相区别。前者触诊柔软,直肠检查触摸不到疝内容物。后两者局部触诊肿胀稍硬,在急性炎症阶段有热痛反应。还应与阴囊肿瘤相区分。

临床上也容易与马疝痛相混淆,在投给泻剂后使病情加重时更应考虑是否存在本病。

三、治疗

嵌闭性疝具有剧烈腹痛等全身性症状,只有立即进行手术治疗(根治疗法)才可能挽救其生命。可复性腹股沟阴囊疝,尤其是先天性的,有可能随着年龄的增长而逐渐缩小其腹股沟环而达到自愈,但本病的治疗还是以早期进行手术为宜。

马属动物应该在全身麻醉下进行手术,既可消除努责,又便于整复脱出的内容物。若不是为了保留优良的种公马,整复手术常与公马去势术同时进行。其实按遗传学的观点,即使病马其他性能良好也不宜再留作种用,因为有资料表明本病属于遗传性疾病。切口选在靠近腹股沟外环处,一般在阴囊颈部正外侧纵切皮肤,然后剥离总鞘膜,并将其引出创外,立即整复疝内容物,同时可由助手将手伸向直肠内帮助牵引,或者鉴定整复是否彻底。将总鞘膜及精索捻转数周后于距离腹股沟外环 3～4 cm 处,用铬制肠线双重结扎精索,随即连同总鞘膜一并切除睾丸。将切断精索的游离端送回腹股沟管中作为生物填塞,用肠线在每边缝 1～2 针,然后撒布青霉素粉,皮肤结节缝合,并在阴囊的底部作反对孔,以利于排除创液。对于腹股沟阴囊疝肠管脱出较多、且又发生嵌闭的,必须先将腹股沟环扩大,以改善脱出肠管的血液循环,并同时用温热的灭菌生理盐水纱布托住嵌闭的肠管,视其颜色能否由暗紫红色转为鲜红色,肠蠕动能否逐步恢复。根据各地经验,凡是介于恢复与不能恢复之间的要特别慎重,多数勉强保留下来的肠管还是不能避免坏死的结局,所以要果断地做肠切除术与端端吻合术。有人曾对嵌闭性腹股沟阴囊疝肠管已处于坏死状态的病例做过比较试验,究竟是先扩开疝环,然后做肠切除术,还是先用肠钳夹住病肠再用扩开疝环的方法。结果前者病马在短期内出现中毒性休克症状,若抢救不及时病马可死于手术过程;而后者采取先夹住坏死肠管然后再切开腹股沟管的手术方法成功率更高。

修补腹股沟疝时,平行于腹皱褶,在外环处疝囊的中间切开皮肤,钝性分离,暴露疝囊,向腹腔挤压疝内容物,或抓起疝囊扭转迫使内容物通过腹股沟管整合到腹腔。若不易整复,可切开疝囊,扩大腹股沟管。紧贴疝囊内缘结扎疝囊后,切除疝囊。然后,用结节缝合法将围成内环的腹内斜肌和腹直肌缝到腹股沟韧带(即腹外斜肌腱膜的后缘)上,闭合内环。将腹外斜肌腱膜的裂隙对合在一起,闭合外环。闭合皮肤切口。本手术也可采用脐后腹中线切口。自耻骨前缘向前切至越过疝囊后为止。切开皮肤前将疝囊上被覆的皮肤向腹中线方向牵拉,使皮肤切开后切口接近疝囊。钝性分离皮下组织和乳腺组织,暴露疝囊及腹股沟外环。该切口可避开正在泌乳的乳腺组织。利用一个切口,可同时修复左右两侧腹股沟疝。

第四节　外伤性腹壁疝

外伤性腹壁疝约占疝病的 3/4，由于腹肌或腱膜受到钝性外力的作用而形成腹壁疝的较为多见，主要是强大的钝性暴力所引起。由于皮肤的韧性及弹性大，仍能保持其完整性，但皮下的腹肌或腱膜直至腹膜易被钝性暴力造成损伤。

一、病因

虽然腹壁的任何部位均可发生腹壁疝，但多发部位是膝褶前方下腹壁。这里由腹外斜肌、腹内斜肌和腹横肌的腱膜所构成，肌肉纤维很少，对于外伤的抵抗能力很低，这一特点是形成腹壁疝的诱因。此外，手术缝合不牢、孕后期及生产时腹直肌断裂而形成子宫胎儿疝等也可导致外伤性腹壁疝。

二、症状

外伤性腹壁疝的主要症状是腹壁受伤后局部突然出现一个局限性扁平、柔软的肿胀（形状、大小不同），触诊时有疼痛，常为可复性，多数可摸到疝轮。伤后两天，炎性症状逐渐发展，形成越来越大的扁平肿胀并逐渐向下、向前蔓延。外伤性腹壁疝可伴发淋巴管断裂，淋巴液流出是浮肿的原因之一。其次是受伤后腹膜炎所引起的大量腹水，经破裂的腹膜而流至肌间或皮下疏松结缔组织中间而形成腹下水肿，此时原发部位变得稍硬。在腹下的水肿常偏于病侧，一般仅达中线或稍过中线，其厚度可达 10 cm。发病两周内常因大面积炎症反应而不易摸清疝轮。疝囊的大小与疝轮的大小有密切关系，疝轮越大则脱出的内容物也越多，结果疝囊就越大。但也有疝轮很小而脱出大量小肠的，此情况多是因腹内压过大所致。有人研究腹膜破裂与疝囊的大小有关，腹膜破裂的腹壁疝其疝囊总是相对较大。在腹壁疝病马肿胀部位听诊时可听到皮下的肠蠕动音。

嵌闭性腹壁疝虽发病比例不高，但一旦发生粪性嵌闭将出现程度不一的腹痛。病马的表现可由轻度不安、前肢刨地到时卧时起、急剧翻滚，有的甚至因未及时抢救继发肠坏死而死亡。

腹壁疝内容物多为肠管（小肠），但也有网膜、真胃、瘤胃、膀胱、怀孕子宫等各种脏器，并经常与相近的腹膜或皮肤粘连，尤其是在伤后急性炎症阶段更为多见。

三、诊断与鉴别诊断

外伤性腹壁疝的诊断可根据病史，受钝性暴力后突然出现柔软可缩性肿胀，触诊能摸到疝轮，听诊能听到肠蠕动音（如为肠管脱出），视诊时疝囊体积时大时小，有时甚至随着肠管的蠕动而忽高忽低。腹壁外伤性炎性肿胀有其发生规律，马属动物最为明显，一般在第三天至第五天达到最高潮，炎性肿胀常常妨碍触摸出疝的范围，更不易确定疝轮的方向与大小，因此诊断为腹壁疝时应慎重。有时还会误诊为淋巴外渗或腹壁脓肿。

淋巴外渗发生较慢，病程长，既不会发生疝痛症状，也不存在疝轮。靠近后方的肿胀可作直肠检查，从腹腔内探查腹壁有无损伤。凡存在疝轮的肯定是疝。体表炎性肿胀或穿刺出淋巴液，仅能证明腹肌受到损伤的同时淋巴管也发生断裂。此外，还应与蜂窝织炎、肿瘤与血肿等进行区别诊断。

四、治疗

目前仍可采用保守疗法(非手术疗法)与手术疗法。各有其适应症和优缺点。

1.保守疗法

适用于初发的外伤性腹壁疝,凡疝孔位置高于腹侧壁的1/2以上,疝孔小,有可复性,尚不存在粘连的病例,可试作保守疗法。在疝孔位置安放特制的软垫,用特制压迫绷带在畜体上绷紧后可起到固定填塞疝孔的作用。随着炎症及水肿的消退,疝轮即可自行修复愈合。缺点是压迫的部位有时不很确实,绷带移动时会影响疗效。压迫绷带的制备:用橡胶轮胎或5 mm厚的胶皮带切成长25～30 cm,宽20 cm的长方块,按图3-9-2打上8个孔,接上8条固定带,以便固定。固定法:先整复疝内容物,在疝轮部位压上适量的脱脂棉。随即将压迫绷带对正患部,将长边两侧的三条固定带经背上及腹下交叉缠好,紧紧压实,同时将向前的两条固定带拴在颈环上,以防止其前后移动。经常检查压迫绷带,使其保持在正确的位置上,经过15 d,如已愈合即可解除压迫绷带。

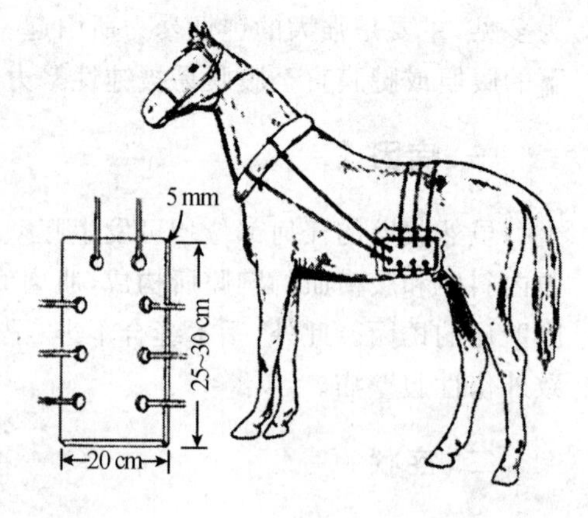

图3-9-2　压迫绷带治疗马腹壁疝

2.手术疗法

手术是积极可靠的方法。术前应作好确诊和手术准备,手术要求无菌操作。停喂一顿,饮水照常。对疝轮较大的病例,要充分禁食,以降低腹内压,便于修补。关于进行手术的时间问题,应根据病情决定。国外不少人主张发病后急性炎症阶段(5～15 d)不宜做手术。但国内许多单位经长期实践证明,手术宜早不宜迟,最好在发病后立即手术。

现将手术疗法要点分述如下:

(1)保定与麻醉　马侧卧保定,患侧在上,行全身麻醉。同时配合静松灵等药物进行全身浅麻醉。

(2)手术径路　切口部位的选择决定于是否发生粘连。在病初尚未粘连的,可在疝轮附近作切口;如已粘连须在疝囊处作一皮肤梭形切口。钝性分离皮下组织,将内容物还纳入腹腔,缝合疝轮,闭合手术切口。

(3)疝修补手术　外伤性腹壁疝的修补方法甚多,需依具体病情而定:

①新患腹壁疝:又因疝轮的大小不等而有所不同,分为以下两种情况区别对待。

当疝轮小,腹壁张力不大时,若腹膜已破裂用2号或3号铬制肠线缝合腹膜和腹肌,然后用丝线作内翻缝合法闭锁疝轮,皮肤结节缝合。

当疝轮较大,腹壁张力大,缝合过程病马挣扎时就可能发生撕裂,因此要用双纽孔缝合法。腹膜与腹肌依然用肠线缝合,然后用双股10号或16号粗丝线和大缝针先从疝轮右侧皮肤外方刺透皮肤,再刺入腹外斜肌与腹内斜肌(勿伤及已缝好的腹横肌与腹膜),将缝针拔出后再从对侧(左侧)由内向外穿过腹内斜肌、腹外斜肌将针拔出,相距约1 cm处在左侧由外向内穿过腹外斜肌和腹内斜肌再回到右侧,由内向外将缝针穿过腹内斜肌和腹外斜肌及皮肤,将线头引出作为一个纽孔暂不打结。用相似方法从左侧下针通过右侧面又回到左侧，与前面一个纽孔相对才成为双纽孔缝合法。根据疝轮的大小作若干对双纽孔缝合。所有缝线完全穿好后逐一收紧，助手要使两边肌肉及皮肤靠拢，分别在皮肤外打结并垫上圆枕，皮肤结节缝合。

②陈旧性腹壁疝：因腹壁疝急性期错过手术治疗的机会，或因其他原因造成疝轮大部分已瘢痕化，肥厚而硬固的疝称为陈旧性腹壁疝，其疝轮必须作修整手术将瘢痕化的结缔组织用外科刀切削成新鲜创面，如果疝轮过大还需用邻近的纤维组织或筋膜作成瓣以填补疝轮。在切开皮肤后先将疝囊的皮下纤维组织用外科刀将其与皮肤囊分离。然后切开疝囊，将一侧的纤维组织瓣用纽孔缝合法缝合在对侧的疝轮组织上，根据疝轮的大小作若干个纽孔缝合；再将另一侧的组织瓣用纽孔缝合法覆盖在上面，最后用减张缝合法闭合皮肤切口。

近年来国外选用金属丝或合成纤维如聚乙烯、尼龙丝等材料修补大型疝孔，取得了较好的效果。也有用钽丝或碳纤维网修补马的下腹壁疝孔的报道。方法是先在疝部皮肤作椭圆形切口，选一块比疝孔周边略大 2～3 cm 的钽丝网，将其入腹壁肌与腹膜之间，用铬制肠线固定钽丝网作结节缝合，然后选用较粗的铬制肠线作水平纽孔状缝合，关闭疝孔，皮肤作结节缝合。

五、术后护理

(1)注意术后是否发生疝痛或不安，尤其是马属动物的腹壁疝，如疝内容物整复不确实、手术粗糙过度刺激内脏或术后粘连等均可引起疝痛。此时要及时采取必要的措施，甚至重新做手术。

(2)少数腹壁疝病例已发生感染时，应在疝的修补术前控制感染，待机进行修补术。修补术后感染化脓者，局部作好引流，使用大剂量抗生素，而不需要去掉修补筛网。

(3)保持术部清洁、干燥，防止摔跌。

(4)嵌闭性疝的术后护理可参照肠梗阻护理方法，尤其要注意肠管是否畅通，并适当控制饲喂等。

(5)腹壁疝手术部位易伤及膝褶前的淋巴管，常在术后 1～3 天出现高度水肿，并逐渐向下蔓延，应与局部感染所引起的炎症相区别，并采取相应措施。

第五节　膈　疝

膈疝是腹腔内的一种或几种内脏器官通过膈的破裂孔进入胸腔。在膈的腱质部或肌质部遭到意外损伤的裂孔或膈先天性缺损时可导致本病。由于有些病例不表现症状，临床上不易发现。

一、病因

先天性膈的缺损常见于幼驹。马后天性的膈疝常由于强烈运动，外伤或腹内压高度增加而使膈破裂造成。

二、症状

马膈疝症状差异很大，主要有呼吸困难和疝痛，但呼吸困难并非主要特征。呼吸次数的增加是内毒素、疼痛以及肺塌陷导致。当马出现疝痛症状且用一般性的治疗无效时，常常是诊断本病的一个依据。肠梗阻是最常见的死亡原因，小肠变位时肠梗阻的症状明显，常常比大肠阻塞更快致死。

病马喜欢站立或站在斜坡上，保持前高后低姿势，头颈伸展不愿卧地，呼吸加深加快。患先天性膈疝的仔畜，常在奔跑或挣扎中突然倒地，呈现高度呼吸困难，可视黏膜发绀，安静后症状逐渐消失，也有的发生急性死亡。患轻膈疝的马匹，不能耐受运动，易发生呼吸道疾病。采食减少，腹泻或便秘交替出现，机体消瘦，生长发育不良。一般来讲，腹腔器官突入胸腔越多，对呼吸和循环的影响越大。

三、诊断

先天性膈疝在出生后有明显的呼吸困难，常在几小时或几周内死亡。听诊心界不清、部分患马直肠检查可见后腹部空虚、剖腹探查术验证患马膈疝周围是否粘连，部分病例血液白细胞增多等可提供诊断参考。

叩诊变化不能算是诊断本病的特殊检查方法，但右侧肺叩诊，可确定疝孔的位置。

四、治疗

手术修补膈疝时，要注意预防心脏纤颤，它是手术的主要并发症。最好供给氧气，施行人工呼吸。马膈疝手术修补也有成功的报道，腹中线切开皮肤和腹壁，助手将疝内容物拉回腹腔后，用一片合成纤维盖于疝环处，用双股合成纤维(0.6 mm)线作简单的连续缝合，相距 2 cm，离疝轮边缘 3 cm，分别闭合腹壁与皮肤。

手术后应注意对病马进行纠正水盐代谢紊乱，适当补充电解质与水，应特别注意膈疝主要出现呼吸性酸中毒。抗生素连用 7～10 d，其他治疗可根据术后情况决定。

第十章 直肠及肛门疾病

第一节 直肠脱出

直肠和肛门脱垂是指肛管、直肠甚至乙状结肠下端向下移位突出于肛门外的一种病理状态。严重的病例在发生直肠脱的同时并发肠套叠或直肠疝。

一、病因

直肠脱是由多种原因综合的结果，但主要原因是直肠韧带松弛，直肠黏膜下层组织和肛门括约肌松弛和机能不全。而直肠全层肠壁脱垂，则是由于直肠发育不全、萎缩或神经营养不良、松弛无力，不能保持直肠正常位置所引起。直肠脱的诱因为长时间泻痢、便秘、病后瘦弱、病理性分娩，或用刺激性药物灌肠后引起强烈努责，腹内压增高促使直肠向外突出。此外，马胃蝇蛆直肠肛门停留，也是诱发本病的原因。

中医把直肠脱看成是全身性疾病的局部表现，故有“脏冷脱肛”的论述。多为饲养失调，年老体弱，劳逸过度，中气不足，元阳衰弱，气虚下陷的结果。

二、症状

病症较轻的病马卧地或排粪后部分脱出，即直肠部分性或黏膜性脱垂。当发生黏膜性脱垂时，直肠黏膜的皱襞往往在一定的时间内不能自行复位，若长时间出现此症状则脱出黏膜发炎肿胀，导致无法自行复位。临床诊断可在肛门口处见到圆球形、颜色淡红或暗红的肿胀。随着炎症和水肿的发展，则直肠壁全层脱出，即直肠完全脱垂。诊断时可见到由肛门内突出呈圆筒状下垂的肿胀物。由于脱出的肠管被肛门括约肌箝压，而导致血循障碍，水肿更加严重，同时因受外界的污染，表面污秽不洁，沾有泥土和草屑等，甚至发生黏膜出血、糜烂、坏死和继发损伤。此时，病马常伴有全身症状，体温升高，食欲减退，精神沉郁，并且频频努责，做排粪姿势。

三、诊断

1. 脱肛

常发生在排粪后，脱出的直肠末端黏膜呈暗红色半球状，表面有轮状皱缩，中央有肠道的开口。初期常能自行缩回。如果脱出的黏膜发炎，水肿，体积增大，则不易恢复原位。如果脱出的黏膜发生损伤，可引起感染或坏死。

2. 直肠脱

常继发于脱肛之后，也有原发的。其特点是脱出物为直肠壁，体积大，呈圆柱状，由肛门垂下且向下弯曲，往往发生损伤、坏死，甚至由于直肠壁破裂而引起结肠脱出。直肠脱常伴发套叠，此时表现为圆柱状肿胀物向上弯曲，手指可沿直肠脱出物和肛门之间插入。

四、治疗

病初及时治疗便秘、下痢、阴道脱等。并注意饲予青草和软干草，充分饮水。对脱出的直肠，则根据具体情况，参照下述方法及早进行治疗。

1. 整复

是治疗直肠脱的首要任务，其目的是使脱出的肠管恢复到原位，适用于发病初期或黏膜性脱垂的病例。整复应尽可能在直肠壁及肠周围蜂窝组织未发生水肿以前施行。方法是先用0.25%温热的高锰酸钾溶液或1%明矾溶液清洗患部，除去污物或坏死黏膜，然后用手指谨慎地将脱出的肠管还纳原位。为了保证顺利地整复，可使马躯体后部稍高。为了减轻疼痛和挣扎，最好给病马施行荐尾硬膜外腔麻醉或直肠后神经传导麻醉。在肠管还纳复原后，可在肛门处给予温敷以防再脱。

2. 剪黏膜法

是我国民间传统治疗直肠脱的方法，适用于脱出时间较长，水肿严重，黏膜干裂或坏死的病例。其操作方法是按“洗、剪、擦、送、温敷”五个步骤进行。先用温水洗净患部，继以温防风汤（防风、荆芥、薄荷、苦参、黄柏各12.0 g，花椒3.0 g，加水适量煎两沸，去渣，候温待用）冲洗患部。之后用剪刀剪除或用手指剥除干裂坏死的黏膜，再用消毒纱布兜住肠管，撒上适量明矾粉末揉擦，挤出水肿液，用温生理盐水冲洗后，涂1%～2%的碘石蜡油润滑，然后从肠腔口开始，谨慎地将脱出的肠管向内翻入肛门内。在送入肠管时，术者应将手臂随之伸入肛门内，使直肠完全复位。最后在肛门外进行温敷。

3. 固定法

对于还纳的直肠仍继续脱出时，在肛门周围可行荷包缝合，但要留出2指的开口，经7～10 d即可拆除缝线。应用本疗法时，须特别注意护理，如果病马排粪困难，应每隔3～6 h用温肥皂水灌肠，然后用手指将直肠内的积粪取出，之后灌入油脂，使黏膜润滑，有助于排粪。

4. 直肠周围注射酒精或明矾液

本法是在整复的基础上进行的，其目的是利用药物使直肠周围结缔组织增生，借以固定直肠。临床上常用70%酒精溶液或10%明矾溶液注入直肠周围结缔组织中。方法是在距肛门孔2～3 cm处，肛门上方和左、右两侧直肠旁组织内分点注射70%酒精3～5 mL或10%明矾溶液5～10 mL，另加2%盐酸普鲁卡因溶液3～5 mL。注射的针头沿直肠侧直前方刺入3～10 cm。为了使进针方向与直肠平行，避免针头远离直肠或刺破直肠，在进针时应将食指插入直肠内引导进针方向，操作时应边进针边用食指触知针尖位置并随时纠正方向。

5. 直肠部分截除术

手术切除用于脱出过多、整复有困难、脱出的直肠发生坏死、穿孔或有套叠而不能复位的病例。

（1）麻醉　行荐尾间隙硬膜外腔麻醉或局部浸润麻醉。

(2)手术方法　常用的有以下两种方法：

①直肠部分切除术：在充分清洗消毒脱出肠管的基础上，取两根灭菌的兽用麻醉针头或细编织针，紧贴肛门外交叉刺穿脱出的肠管将其固定。若是直肠管腔较粗大，最好先在直肠内插入一根橡胶管或塑料管，然后用针交叉固定，进行手术。在固定针后方约 2 cm 处，将直肠环形横切，充分止血后(应特别注意位于肠管背侧痔动脉的止血)，用细丝线和圆针，把肠管两层断端的浆膜和肌层分别做结节缝合，然后用单纯连续缝合法缝合内外两层黏膜层。缝合结束后用 0.25% 高锰酸钾溶液充分冲洗、蘸干，涂以碘甘油或抗生素药物。

②黏膜下层切除术：适用于单纯性直肠脱。在距肛门周缘约 1 cm 处，环形切开达黏膜下层，向下剥离，并翻转黏膜层，将其剪除，最后顶端黏膜边缘与肛门周围黏膜边缘用肠线作结节缝合。整复脱出部，肛门口作荷包缝合。

当并发套叠性直肠脱时，采用温水灌肠，力求以手将套叠肠管挤回盆腔，若不成功，则切开脱出直肠外壁，用手指将套叠的肠管推回肛门内，或开腹进行手术整复。为防止复发，应将肛门固定。

6. 封闭疗法

普鲁卡因溶液盆腔器官封闭，效果良好。

五、护理

术后应将病马置于清洁干燥的厩舍内，喂以柔软饲草，防止病马卧地。如排粪困难，用肥皂水浅部灌肠，或内服缓泻剂，并根据病情采取镇痛、消炎等对症疗法。

第二节　直肠损伤

直肠损伤包括两类，一类是直肠黏膜和肌层的损伤，但浆膜完整无损称直肠不全破裂；另一类为直肠壁各层完全破损称直肠全破裂或直肠穿孔。根据破裂的部位，又分为腹膜内直肠破裂和腹膜外直肠破裂两种，腹膜内直肠破裂时，肠内容物流入腹腔，常造成病马死亡；腹膜外直肠破裂时，则粪便污染直肠周围蜂窝组织。

一、病因

引起直肠损伤的原因大致有以下几方面：

1. 机械性损伤

如直肠检查时，病马突然骚动或努责，误将直肠戳破，或灌肠时被灌肠器尖端刺破，有时可遇到不明原因的直肠内发现木棍、秸秆等异物，导致直肠破裂。

2. 火器创

如枪弹、弹片等所致的损伤。

3. 病理性损伤

如骨盆骨折、病理性分娩、肛门附近发生创伤而并发直肠损伤等。

二、症状及诊断

1. 直肠前部破裂(腹腔内直肠破裂)

是位于腹腔被有浆膜的直肠前段破裂,可分为不全破裂与全破裂。

(1)不全破裂 为直肠黏膜和肌层破裂,仅黏膜破裂时,出血较少,多能自然治愈。黏膜和肌层同时破裂时,尤其撕破面积较大时,出血较多,排血便,直检可摸到破口创面粗糙,有的形成创囊,囊内蓄积血块和粪便,以后局部出现炎性肿胀。

(2)全破裂 为直肠壁的全层破裂。穿孔后,肠内容物落入腹腔,病马表现肌肉震颤,全身出汗,呼吸促迫,心脏衰弱,轻度腹痛,腹壁紧张而敏感,时作排粪姿势,有时排血便,精神高度萎靡。直检时可摸到破口,体温升高食欲废绝,很快会出现急性弥漫性腹膜炎症状。

2. 直肠后部破裂(腹膜外直肠破裂)

这段直肠无被膜覆盖,由疏松结缔组织与肌肉和临近器官相连。黏膜和肌层同时破裂,粪便进入直肠周围组织,易引起直肠周围蜂窝织炎和脓肿。

三、治疗

在治疗时可根据病情选用下述的某一种方法。

1. 一般处理

保证病马处于安静状态防止破溃口内容物流入腹腔。为使病马安静,可静脉注射5%水合氯醛溶液200~300 mL,然后根据病情及时处理。仅仅损伤直肠黏膜和出血不多的病例,可不予以治疗,如损伤直肠黏膜和肌层且创口较大,出血较多,则应适当增加止血药物的使用,并在轻微压力下向直肠内注入收敛剂。直肠损伤部分可用云南白药涂敷。当直肠内有积粪,应及时仔细地掏出积粪,以减少对损伤部的刺激和压迫,并喂给柔软的饲料和适量盐类泻剂。当直肠周围发生蜂窝织炎或脓肿时,可在肛门侧方肿胀的低位处,切开排脓。

2. 保守疗法

适用于无浆膜区的损伤和前部有浆膜区较小范围的损伤,目的在于保护局部创面,防止造成破裂孔。方法是在直肠破损处创面的创囊内,填塞浸有抗生素的脱脂棉,借以保护局部创面,防止粪便蓄积而将浆膜撑破。为了提高治疗效果,要及时地将直肠内的粪便掏出,并给予少量柔软的饲料和适量的盐类泻剂,以使粪便稀软而减少刺激。此类病例的治疗预后极为重要,应注意饲养管理,加强营养,以增强抗病能力,并配合必要的对症疗法或全身抗生素的应用。在治疗过程中,应每天检查创口的变化情况,并根据病情的发展而采取相应的治疗措施。

3. 手术疗法

凡直肠全破裂的病例均应及早施行手术治疗,提高疗效。手术治疗方法较多,现介绍下面几种方法:

(1)直肠内单手缝合法 主要用于大动物,适用于直肠后段破裂或人工直肠脱出有困难的病例。

①保定:柱栏内站立保定。

②麻醉:取2%盐酸普鲁卡因注射液30~40 mL,行荐尾硬膜外腔麻醉。

③手术:选小号或中号全弯针,穿以1~1.5 m长的10号缝线,以拇指和食指持针尖,手掌

保护针身，将缝线送入直肠内，用中指和无名指触摸和固定创缘，以掌心推动针尾，穿透肠壁全层，从一侧创缘至对侧创缘，第一针缝毕后，将针线握在手掌中，谨慎地拉出体外，两个线尾在肛门外打第一结扣，助手牵引线尾，术者用食指将线结推送到直肠内缝合部位，再由助手在外打一个结，送到直肠内缝合部，使之形成一针结节缝合，用同样方法对整个破裂口进行全层单纯连续缝合，每缝一针均需拉紧缝线。缝完破裂口须作细致检查，必要时可作补充缝合，最后打结并剪除线尾，用白芨糊剂涂敷缝合处。

直肠内单手缝合法的缺点是缝合时仅用单手操作，又不能在直视下进行，所以，没有熟练的缝合技巧，往往缝合不够确实。

(2)长柄全弯针缝合法　本缝合法用特制长柄缝针。全弯针弧度的直径约 3 cm 左右，距针尖 0.6 cm 处有一挂线针孔。缝合方法与直肠内单手缝合基本相同。术者在直肠内的手只需固定创缘和确定进针部位，推针动作则由另一手在体外转动针柄进行。

(3)直肠缝合器缝合法　是长柄全弯针缝合法的一种改进新法，是应用特制的 T_{64} 型直肠缝合器，结合应用直肠手术窥镜，进行直肠破裂处缝合，其操作方法基本与上述缝合法类同，由于缝合器内配有线梭、刀片、线导，从而简化了在直肠内打结、剪线等操作。

(4)肛门旁侧切开缝合法　适应于直肠各部位破裂的缝合，但手术难度大，需对直肠壁及其周围组织进行广泛的分离，易误伤血管和神经，为此，要求术前熟知局部解剖，术中操作仔细，否则将导致直肠麻痹、蜂窝织炎等后遗症的发生。

(5)人工直肠脱出术　本法适用于直肠壶腹前段狭窄部的损伤。

①保定：侧卧保定或柱栏内站立保定。

②麻醉：全身麻醉，同时作阴部神经与直肠后神经传导麻醉。也可行荐尾硬膜外腔麻醉，同时作阴部神经与直肠后神经传导麻醉。

③手术：麻醉后 15～20 min，针刺肛门反应减弱时即可施行人工脱出直肠。方法是在探寻到破裂口后，术者手指夹持小块纱布进入直肠内，拇指与中指夹住破裂口创缘两侧，谨慎而徐缓地向外牵引破裂口的黏膜，使其翻至肛门外，形成人工直肠脱。直肠脱出后，助手手指隔着纱布夹持破裂口使之固定，并用青霉素生理盐水冲洗破裂口，术者迅速而准确地连续缝合外翻的黏膜和肌层后，还纳到直肠腔内。缝合部参照直肠损伤的保守疗法进行处理。

第三节　锁　肛

锁肛是肛门被皮肤所封闭而无肛门孔的先天性畸形。可并发直肠阴道瘘，是一种先天性疾病。

一、病因及病理

在胚胎早期，尿生殖窦后部和后肠相接共同形成一空腔称泄殖腔；在胚胎发育第七周时，由中胚层向下生长，将尿生殖窦与后肠完全隔开，前者发育为膀胱、尿道或阴道等，后肠则向会阴部延伸发育成直肠。在第七周末，会阴部出现一凹陷称原始肛，遂向体内凹入与直肠盲端相遇，中间仅有一膜状膈称肛膜，以后肛膜破裂即成肛门。但其中有个别的发育不全，即后肠、原始肛发育不全或后肠和原始肛发育异常或发育不全，则可出现锁肛或肛门与直肠之间被一层薄膜所分隔的直肠与肛门的畸形。

二、症状与诊断

锁肛通常发生于初生马驹，一时不易发现，数天后病马腹围逐渐增大，频频作排粪动作，弓腰、努责、鸣叫不安，尾下肛门处的皮肤向外突出，触诊可摸到胎粪。如在发生锁肛的同时并发直肠、肛门之间的膜状闭锁，则可感觉到薄膜前面有胎粪积存所致的波动。若并发直肠、阴道瘘或直肠尿道瘘，则稀粪可从阴道或尿道排出。如排泄孔道被粪块堵塞，则出现肠闭结症状，最后以死亡告终。

三、鉴别诊断

主要同直肠闭锁相鉴别。直肠闭锁是直肠盲端与肛门之间有一定距离，因胎儿时期的原始肛发育不全所致，症状比锁肛严重，努责时肛门周围膨胀程度比锁肛小。

锁肛和直肠闭锁可通过X线检查确定。抬高病马后躯，根据肠内气体聚集于直肠末端的部位来判断。

四、治疗

施行锁肛造孔术（人造肛门术）。可行局部浸润麻醉，倒立或侧卧保定。在肛门突出部或相当于正常肛门的部位，行外科常规处理，然后按正常仔畜肛门孔的大小切割成一圆形皮瓣，暴露并切开直肠盲端，将肠管的黏膜缝在皮肤创口的边缘上。为了便于排粪和防止粪便污染术部，可在切口周围涂以抗生素软膏。若直肠盲末端下降至会阴皮肤处，可在切开剥离皮瓣后，继续分离皮下组织直达直肠盲端，在直肠盲端上缝以牵引线，充分剥离直肠壁并拖至肛门口外2～3 cm，使之与皮肤对接缝合，然后以细丝线将直肠壁与四周皮下组织缝合固定，再环切盲肠端，掏出胎粪，冲洗消毒，最后将直肠断端黏膜结节缝合于皮肤切口边缘上。

五、术后护理

保持术部清洁，防止感染，给予适当抗生素，伤口愈合前宜在排粪后用防腐溶液洗涤清洁，并注意加强饲养管理，防止便秘影响愈合。

第四节　直肠憩室

直肠憩室是直肠壁局部向外膨出形成的囊状突出。可单个发生也可多个同发。主要发生在直肠后部，可单侧发病，也有双侧同发。尤以老龄患畜为多，且常伴有会阴疝。

一、病因

正常时直肠末端由外侧尾肌、肛门提举肌及骨盆膈膜从侧面支撑。当会阴疝时，这些肌肉受到不同程度的损害。直肠末端失去支撑，肠壁伸长而形成憩室。如果肠内有异物或充满粪便时，后躯受到突然的撞击，可能促使直肠憩室的形成。在直肠憩室的形成过程中，突出的直肠黏膜分离和压迫肌纤维，使直肠黏膜肌层和肛门括约肌逐渐萎缩，加速了憩室的形成。只有极少数的病例是直肠支持肌的破坏而引发。

二、症状

部分直肠憩室无明显症状，部分可表现为腹痛、腹泻或其他排便异常，憩室内滞留较多粪便时可发展为憩室炎或直肠坏死。当并发会阴疝时，有的憩室可进入疝内。个别情况下也可造成直肠穿孔，引发腹膜炎或直肠周围脓肿。

三、诊断

直肠检查，直肠镜检查，钡剂灌肠造影等均可确诊。

四、治疗

直肠憩室无症状或症状不明显者不必进行外科手术治疗。因为已形成的直肠憩室如果不切开直肠肠腔，几乎不可能复位。只能用可吸收缝线缝好支撑肌的缺陷或损伤，一般不需切除突出的黏膜。当肛门外括约肌、内括约肌受损严重并伴发会阴疝和巨大结肠症时，即使做了外科手术也不可能恢复正常通便。因此只有特别大的直肠憩室，且在修复会阴憩室时才考虑进行手术复位。

第五节　直肠阴道瘘

直肠阴道瘘是直肠与阴道相通形成瘘道，且常伴发锁肛。粪便可经阴道流出。此类病例很少有其他临床症状，初生不易发现，除非动物发生便秘或瘘口较小，排便受阻时才出现腹围增大，排便困难，继发巨结肠症等。病马阴部周围常被粪便污染，引起湿疹、阴部敏感等症状。

一、病因

直肠阴道瘘并非均为先天性畸形。有的成年母马在分娩中胎儿通过产道时，其蹄及突出部分损伤阴道顶部和直肠底部，在直肠阴道之间形成一个通道，粪便随之进入阴道而排出。有时人工助产和直肠手术也可能产生此种情况，必须引起高度注意。

二、治疗

对于先天性直肠阴道瘘，唯一的治疗方法是手术。可在会阴正中线，由阴道向后上方至肛门缘切开，分离直肠与周围的结缔组织，阴道瘘管处行梭形切口，将瘘管与周围组织分离。牵引直肠，移于肛门部，将瘘管口直肠黏膜与皮肤缝合。最后缝合会阴切口。也可先由阴道内围绕瘘口环形切开黏膜，沿瘘管将直肠与周围组织分离。然后在肛门原位开一纵切口，将直肠由切口牵出，并将直肠黏膜与肛门皮肤缝合，如无括约肌时，再做括约肌成形术。

对于分娩引起的直肠阴道瘘，可采取下面的手术方法。站立保定，适当麻醉，排空直肠蓄粪，用蘸湿的无刺激性消毒棉拭子伸入直肠内，仔细地将直肠壁擦净，在肛门和阴户之间作一横切口，长 10～13 cm，分离直肠创口与阴道创口，勿损伤直肠壁，保留其厚度不小于 1～1.5 cm，避免缝合时撕裂。且缝合方向应垂直于马体的长轴，以免因张力大再次损伤。采用内翻缝合，使创缘翻入直肠腔内，另一只手应在直肠内小心地检查，勿使缝针穿透黏膜层，为保证缝合的确实，在内翻缝合后再加几针间断缝合。阴道创口用同样的方法缝合，但缝合的方向正好与直肠缝线相反，应与阴道长轴相一致。如果阴道壁组织缺损难以缝合，则可不缝合，将会形成肉芽组织而愈合。皮肤结节缝合。术后护理，最好肌肉注射抗生素数日，以防感染。

第十一章　泌尿器官外科疾病

第一节　膀胱破裂

膀胱破裂(rupture of the bladder)可发生于马、驴、骡等马属动物,比较而言常见于幼驹、公马。该病发病急,变化快,若确诊和治疗稍有拖延往往造成患马死亡。

一、病因

1. 开放性损伤

主要发生于战争时的战马,由子弹、弹片和其他锐器所致,常常合并其他后腹部脏器的损伤,如阴道、直肠损伤,并形成膀胱阴道瘘、膀胱直肠瘘、腹壁尿瘘等。一般而言,从会阴或股部进入的子弹、弹片或刺伤所引发的膀胱损伤多归属腹膜外型,经腹部的贯穿性创伤所引起的则多为腹膜内型。

2. 闭合性损伤

空虚的膀胱位于骨盆腔深部,受到周围组织良好的保护,一般不易破裂。引起膀胱破裂最常见的原因是继发于尿路的阻塞性疾病,特别是由尿道结石、砂性尿石或膀胱结石阻塞了尿道或膀胱颈;尿道炎引起的局部水肿、坏死或瘢痕增生;阴茎头损伤以及膀胱麻痹等,造成膀胱积尿,均易引发膀胱破裂。膀胱内尿液充盈,容积增大,内压增高,膀胱壁变薄、紧张,此时任何可引起腹内压进一步增高的因素,例如卧地、强力努责、摔跌、挤压等,都可导致膀胱破裂。由慢性蕨中毒、棉酚中毒等继发的膀胱炎或膀胱肿瘤等,有时也可以引起膀胱破裂。其他外伤性原因,如火器伤、骨盆骨骨折、粗暴的难产助产等。

初生幼驹的膀胱破裂可能是在分娩过程中,胎儿膀胱内充满尿液,当通过母体骨盆腔时,于腹压增大的瞬间膀胱受压而发生破裂,主要发生在公驹;另一原因是由于胎粪滞留后压迫膀胱,导致尿的潴留,在发生剧烈腹痛的过程中,可继发膀胱破裂,公母驹均有发生。

二、症状与诊断

马属动物的膀胱在骨盆腔和腹腔的腹膜部保留着较大的活动性。当尿液过度充满时,其大部或全部伸入腹腔,所以膀胱破裂几乎都属腹膜内破裂。破裂的部位可以发生在膀胱的顶部、背部、腹侧和侧壁。膀胱破裂后尿液立即进入腹腔,临床上根据破裂口的大小及破裂的时间不同,症状轻重不等。主要出现排尿障碍、腹膜炎、尿毒症和休克的综合征。

一般从尿路阻塞开始到膀胱发生破裂的时间约3天。破裂后,凡因尿闭所引起的腹胀、努责、不安和腹痛等症状，随之突然消失，患马暂时变为安静。发生完全破裂的患马，虽然仍有尿意，如翘尾、体前倾、后肢伸直或稍下蹲、轻度努责、阴茎频频抽动等，但却无尿排出，或仅排出少量尿液。大量尿液进入腹腔，腹下部腹围迅速增大，一天后可呈圆形。在腹下部用拳短促推压，有明显的振水音。腹腔穿刺，有大量已被稀释的尿液从针孔冲出，一般呈棕黄色，透明，有尿味。置试管内沸煮时，尿味更浓。继发腹膜炎时，穿刺液呈淡红色，较混浊，且常有纤维蛋白凝块将针孔堵住。直肠检查，膀胱空虚皱缩，或膀胱不易触摸到，经数小时复查，膀胱仍然空虚，有时可隐约摸到破裂口。根据以上症状即可确诊。必要时可以肌肉或静脉内注射染料类药物，于 30～60 min 后，再行腹腔穿刺，根据腹水中显示注入药物的颜色，即可确诊。另外，插入导尿管，并向内注入 300～500 mL 15%泛影葡胺，拍摄腹部侧位片，之后抽出造影剂再摄片，可发现造影剂散弥在膀胱之外，排液后的 X 光片可更好地显示膀胱外的造影剂。腹膜内膀胱破裂时，则显示造影剂衬托的肠袢。也可注入空气造影，若空气进入腹腔，膈下见到游离气体，则为腹膜内破裂。

随着尿液不断进入腹腔，腹膜炎和尿毒症的症状逐渐加重。患马精神沉郁，眼结膜高度弥漫性充血，体温升高，心率加快，呼吸困难，肌肉震颤，食欲消失。腹部触摸紧张、敏感，患马努责，有时出现起卧不安等明显的腹痛症状。饮水少的患马呈现脱水现象，血液浓缩，白细胞增数。一般于破裂后 2～4 天进入昏迷状态，并迅速死亡。

新生幼驹的膀胱长而窄，顶端伸向前方达脐部。膀胱破裂的部位可从膀胱顶至膀胱颈，破口大多在腹侧。膀胱破裂后，通常经过 24h 即持续呈现上述各种典型症状，主要是无尿和腹围增大，腹壁紧张。经 2～3 天逐渐不愿吃奶，呈现轻微腹痛等。出生后由于脐尿管没有闭合而向腹腔内排尿的病驹症状与膀胱破裂相似，这类病驹只有在手术治疗中才能识别。此外应注意与初生幼驹的腹痛性疾病—胎粪滞留相鉴别。

三、治疗

膀胱破裂的治疗应抓住三个环节：①对膀胱的破裂口及早修补；②控制感染和治疗腹膜炎、尿毒症；③积极治疗导致膀胱破裂的原发病。以上三点互为依赖，相辅相成，应该统筹考虑，才能提高治愈率。

施行膀胱修补的马采用半仰卧保定。用硬膜外腔麻醉合并局部浸润麻醉，必要时作全身浅麻醉。切口一般都选在左侧阴囊和腹股沟管之间，紧靠耻骨前缘，距离腹白线 8～10 cm 处；幼驹采用镇静剂或全身浅麻醉，配合局部浸润麻醉，仰卧保定。切口可在耻骨前缘和脐之间的阴筒或腹白线两侧 1～2 cm 处。母驹可以在腹白线上切开，也可在乳头外侧 1～2 cm 处作切口。

腹壁由后向前分层纵行切开，到达腹膜后，先剪一小口，缓慢地放出腹腔内积尿。随着破裂时间不同，马一般有 20～30 L 或更多。然后清除血凝块和纤维蛋白凝块。手伸入骨盆腔入口处检查膀胱，若膀胱和周围的组织发生粘连，就应认真细致地尽可能将粘连分离解除。用舌钳固定膀胱后轻轻向外牵引，经切口拉出，但在临床上并不是所有的病例都能拉出切口。拉出后检查破裂口，修整创缘，切除坏死组织，然后检查膀胱内部，如有结石、砂性尿石、异物等，将其清除，有炎症的可进行冲洗。用铬制肠线修补膀胱，缝合破裂口。缝合时缝针不穿过膀胱壁全层，只穿过浆膜、肌层，缝合两层，第一层作连续缝合(裂口小的可做荷包缝合)，第二层作间断内翻缝合。

对于直肠膀胱瘘的患马,在修补膀胱裂口后,应同时修补直肠裂口。

为了有利于治疗导致膀胱破裂的原发病,减少破裂口缝合的张力,保证修补部位良好愈合,减少粘连,或者在膀胱不通畅、膀胱麻痹、膀胱炎症明显时,可在修补破裂口的同时,作膀胱插管术。方法是在膀胱前底壁用刀切一小口,作一荷包缝合,将医用 22 号开花(或蕈状)留置导管放入膀胱内后,紧紧结扎缝线以固定导管。在腹壁切口旁边的皮肤上作一小切口,伸入止血钳钝性穿入腹腔,夹住留置导管的游离端,通过小切口将其引出体外斜向前方,并用结节缝合使之固定在腹壁上。导管在膀胱与腹壁之间应留有一定的距离,以防止术后患马起卧时,腹壁与导管固定部位受到牵拉移动,导致导管从膀胱内拉出。最后以大量灭菌生理盐水冲洗腹腔,尽量清除纤维蛋白凝块、缝合腹壁各层(图 3-11-1)。

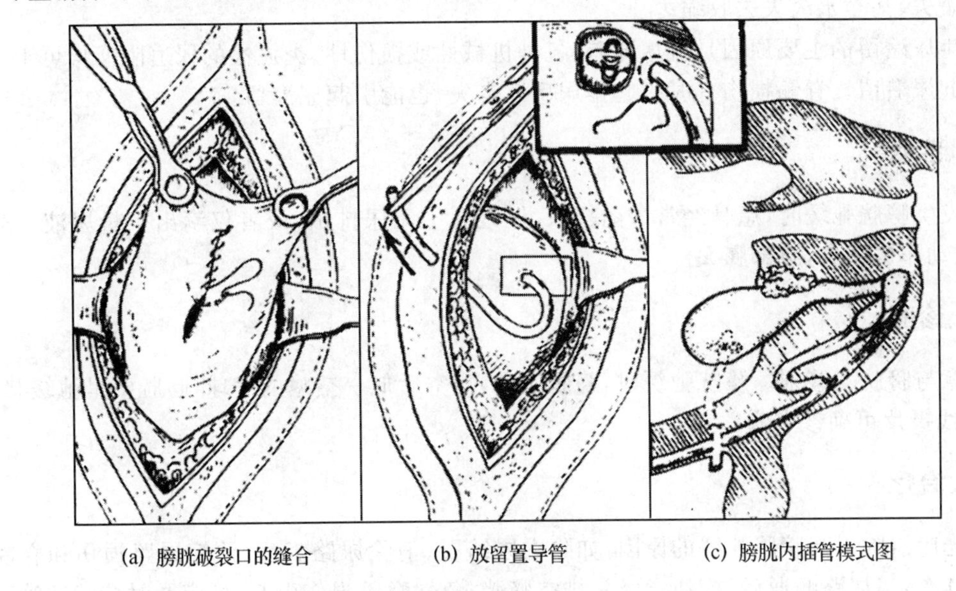

(a) 膀胱破裂口的缝合　(b) 放留置导管　(c) 膀胱内插管模式图

图 3-11-1 膀胱修补术

对于原尿路畅通,膀胱炎症不严重,收缩功能尚好的患马,如幼驹的膀胱破裂等,修补后可不作膀胱插管术。在幼驹,若有必要,可在膀胱内放置软质导尿管,通过尿道将尿液引向体外。

膀胱修补的患马,一旦破裂口修补好,大量尿液引向体外后,腹膜炎和尿毒症通常在 1～2 d 后即能缓解,全身症状很快好转,此时在治疗上切勿放松,必须在治疗腹膜炎和尿毒症的同时,抓紧时间治疗原发病,使原尿路及早地通畅,恢复排尿功能。

要防止开花(蕈状)留置导管滑脱和保持排尿通畅。若有阻塞,应立即用生理盐水、2%硼酸溶液等消毒液冲洗疏通,以清除血凝块、纤维蛋白凝块、脱落的坏死组织或砂性尿石等。

患膀胱炎的患马,术后除了需全身用药外,每日应通过导管用消毒药液冲洗 2～3 次,随后注入抗菌药物。经过 5～6 d 后可夹住管头,定时释夹放尿,待炎症减轻和尿路畅通后,每日延长夹管时间,直到拔管为止。

经过治疗多天后,若导致膀胱排尿障碍的下尿路阻塞仍未解除,可考虑会阴部尿道造口术以重建尿路。

若原发病已治愈或排尿障碍已基本解决,可将开花留置导管拔除,一般以手术后 10 d 左右为宜,不超过 15 d。导管留置的时间过长,易继发感染化脓,或形成膀胱瘘。

第二节 膀胱弛缓

膀胱弛缓(atony of the bladder)是膀胱壁肌肉的紧张性消失,不能正常排尿的一种疾病。通常见于雄性马属动物。

一、病因

常见于各种原因引起的尿潴留,发生急性或慢性膀胱扩张,而使膀胱壁肌肉收缩力呈不同程度的丧失、甚至永久失去收缩力。

发生尿潴留的主要原因是排尿障碍,各种机械性或损伤性、炎症性的尿道阻塞均可干扰排尿而引起尿潴留。脊髓损伤有时引起排尿反射丧失,也能引起尿潴留。

二、症状

新发生膀胱弛缓时,患马经常试图排尿,但是几乎无尿排出,或者仅滴出少量尿液。久病者,排尿动作也消失,腹部膨大。

三、诊断

注意与膀胱炎鉴别。膀胱弛缓时,膀胱胀满,排空后似一空瘪的气球,膀胱壁呈弛缓状态。通过 X 线摄片可确诊本病。

四、治疗

首先应清除引起膀胱弛缓的原因,如除去尿结石、消除尿路炎症、治疗尿路损伤和脊髓损伤等。其次,当尿路畅通后,应注意经常排空膀胱;急性脊髓损伤引起时,应及时持续插管引流或间歇性插管,以防止膀胱过度膨胀和随之发生的感染和逼尿肌损害。必要时,要进行人工按摩腹部,挤压出尿液。

对于该病的药物治疗还在研究中,一些药物在其他动物已经取得了明显的疗效,但应用于马的相关报道较少。使用这些药物的目的是改善膀胱的储尿和排空情况。抗胆碱能药或解痉药(如盐酸丙咪嗪 0.6～0.8 mg/kg 体重,氯化羟丁宁 0.06～0.08 mg/kg 体重,或溴化丙胺太林 0.15～0.2 mg/kg 体重,2～4 次/d,成年马使用剂量)常可减轻或消除逼尿肌的痉挛状态和不自主收缩。在药物使用过程中可能出现口渴、口干和便秘等副作用,可能还有些未知的副作用未被查明。如发生括约肌协同失调(膀胱出口肌群和逼尿肌的协同活动失调)可对 α 交感神经阻滞剂(如盐酸酚苄明、磺甲酸多沙唑嗪、盐酸特拉唑嗪、盐酸哌唑嗪等)有效。

对于顽固性膀胱弛缓,经药物和其他治疗均失败时,应考虑进行永久性尿道改造术。一般情况下该术只适用于种马及宠物马。

第三节 尿道损伤

尿道损伤(injure of the urethra)是因强烈的机械、物理因素直接或间接地作用于尿道而使其受到伤害。多见于公马。

一、病因

会阴部及阴茎遭受直接或间接的打击、蹴踢、碰撞或跳越障碍物时引起挫伤；枪弹、弹片或锐器造成损伤；或因耻骨碎骨片穿刺等发生尿道撕裂和穿透伤；不正确的尿道探查、尿道手术后遗症等，也可引起尿道损伤。

二、症状

阴茎部尿道闭合性损伤，损伤部位肿胀、增温、疼痛，触诊时敏感。患马拱背，步态强拘，有的患马阴茎不能外伸或回缩，时间稍长伸出的阴茎可因损伤而发生感染，甚至坏死。患马出现排尿障碍，尿频、尿不畅、尿淋漓，甚至无尿、血尿。会阴部肿胀，皮肤呈暗紫色。尿闭严重者可引起膀胱破裂。会阴部尿道开放性损伤，尿液可流入皮下，引起腹下局部水肿，如感染化脓可引起蜂窝织炎和形成瘘管。骨盆部尿道损伤时常伴发休克。尿液渗到骨盆腔内，下腹部肌肉紧张，并发水肿。尿液流入腹腔可发生腹膜炎、尿毒症。尿道阻塞而引起的尿道压迫性坏死或穿孔，可导致尿道破裂，局部突发严重肿胀及引起腹下广泛性肿胀(水肿性捏粉样肿)。若发生感染则继发蜂窝织炎、脓肿、皮肤和皮下组织坏死。尿道外伤常伴有阴茎的损伤。

三、诊断

临床需与膀胱破裂相鉴别，可通过直肠检查与导尿管探查确诊。直肠检查还可查知有无骨盆部骨折。

四、治疗

治疗原则是解除疼痛、预防休克和控制感染。

尿道损伤如为闭合性挫伤或损伤可先用冷敷疗法，后改用温热疗法或使用红外线照射，局部可注射0.5%普鲁卡因青霉素溶液进行封闭。对开放性损伤可按创伤处理，清洗，除去异物，修补破裂的尿道。为促进尿道创口的愈合，可插入导尿管，留置7天。膀胱积尿时可穿刺导尿，若尿道阻塞严重排尿不畅，可做会阴部尿道造口。当损伤位置靠近骨盆或坐骨弓时，可作膀胱插管手术建立临时尿路。再行修补尿道，治疗损伤。腹下水肿可乱刺，并配合使用利尿剂，局部红外线照射。

早期使用抗生素控制感染及防治腹膜炎，尿毒症。

第四节　脐尿管闭锁不全

脐尿管是连接胎儿膀胱和尿膜囊的管道，是脐带的组成部分。正常情况下，胎儿出生前或出生后脐尿管即自行封闭，当脐尿管封闭不良时，即可发生脐尿管闭锁不全(urachus fistula)。驹的脐尿管是断脐后才封闭的，所以容易发病。

一、病因

粗暴的断脐，或是残端发生感染、脐带被其他幼驹舔咬使脐尿管封闭处被破坏，均可造成脐尿管完全或部分开放而发病。

二、症状

少数病例在断脐后即发现有尿液从脐带断端流出或滴出，但多数患马是断脐数日后，脐带发炎感染时才发生漏尿。同时，局部往往有大量肉芽组织增生，在肉芽组织中心的位置有一小孔，尿液间断地从孔中流出。

三、治疗

对出生后即发生漏尿者，可以对脐带断端进行结扎，之后注意局部卫生和消毒。

脐带残端太短难以结扎时，可用圆弯针穿适当粗细的缝合丝线，在脐孔周围作一荷包缝合，局部每日用碘酊消毒两次，将患马隔离饲养，防止其他动物舔咬缝合部。7～10 d局部愈合后拆除缝线。

对于局部肉芽组织增生严重，久不愈合的瘘孔，宜行手术治疗：将动物仰卧保定，局部行浸润麻醉（必要时可全身麻醉或采取镇静措施），在漏尿孔后方白线旁，作一与腹中线平行的切口，将长袋状膀胱顶端漏尿处作双重结扎。常规闭合腹壁切口，7～10 d拆线。当局部增生严重时，也可考虑在管口周围作一梭状切口，将切下的脐部向外牵拉，在靠近膀胱的脐尿管上作双重结扎，截除脐尿管远端和切下的脐部组织。

为了预防和治疗局部感染，应全身应用抗生素治疗。

第十二章　跛行诊断

第一节　跛行概述

跛行不是一个具体病名，而是四肢机能障碍的综合症状的临床表现。常在一些外科疾病中出现，特别易表现在四肢病和蹄病的过程中。除了外科病，有些内科病、产科病、传染病、寄生虫病及神经系统疾病也可引起跛行，应注意进行鉴别诊断。

据东北、华北和西北等省份统计相关病例表明，四肢病和蹄病在马属动物的普通病中占有较大的比重。对四肢病和蹄病，若诊治不及时，病程延长，转变为慢性疾病，跛行将反复出现，甚至很难治愈。跛行对役用马，不但影响使役，而且还消耗大量饲料和药品，甚至遗留后遗症，减低或失去畜力。对于比赛用马，出现跛行应及时准确诊治，延误治疗时机，可能会对比赛能力产生重大影响，甚至导致马匹的淘汰。

四肢病和蹄病的发生，与不合理的饲养管理，特别是不合理的使役或骑赛有密切关系。饲料中矿物质不足或比例失调、维生素缺乏等，常可造成骨、关节代谢紊乱，是引起跛行的全身性因素。在英国对马属动物健康状况最新调查结果中表明，马蹄疾病所引发的跛行概率只是四肢病引发跛行几率的 1/3。削蹄和装蹄是维持四肢和蹄正常机能的有力措施，若削蹄和装蹄失宜，可直接引起蹄病和诱发四肢病。临床上最常见的跛行是由于使役(竞赛)不当，引起四肢各部位的机械性损伤，因伤后发生疼痛，出现运动机能障碍。四肢外周神经的损伤，常导致所支配肌肉的弛缓，由于肌肉活动机能和拮抗作用的消失，出现特定状态的跛行。

引起跛行的原因除上述一些情况外，肢蹄的某些机械障碍，如关节僵直、软骨化骨、腱短缩等也可引起运动障碍。此外，脊椎的畸形、增生和损伤，常常压迫神经，影响四肢的运动。

马匹过度地进行单一运动；或四肢有病，强迫其长途运输或作业；或长途车运动物，动物需经常紧张地维持身体的平衡，可出现全身肌肉僵硬，蹄叶炎，运步强拘，甚至不能站立。

跛行可发生于一肢，也可发生于两肢以上，甚至四肢同时发病。跛行可能突发或徐发，有时还可间歇出现。有的跛行是运动前表现严重，随运动逐步减轻；有的跛行是在运动开始时很轻，随运动逐步加重。

跛行诊断，在临床上一般是比较困难的，需应用各种办法收集病史和所表现的临床症状，仔细地、反复地观察、比较，并结合解剖和生理知识，进行归纳整理，加以综合分析，找出其发病原因和部位，定出病名。

临床上遇到跛行的病例，首先，应该分清是症候性跛行，还是运动器官本身的疾病，否则只着眼运动器官，而忽略对疾病本质的认识，会贻误治疗时机；其次，在运动器官本身的疾病，也应分清是全身性因素引起的四肢疾病，还是单纯的局部病灶引起的机能障碍，这对跛行诊治有很大益处，因为有些疾病，如骨质疏松症引起的跛行，在四肢上不是只局限于一个部位，治疗上也不应只治疗局部，而应从全身疗法上着手；第三，在局部病变上也应分清是疼痛性疾病，还是机械障碍，因为有的疾病引起跛行并不见得都有痛点，这在考虑治疗措施上也很有益处。总之，在诊断过程中，应该应用对立统一法则，正确地对待现象与本质、局部与整体、个性与共性、正常与异常、病因与诱因等一些辩证关系。

第二节 跛行的种类和程度

一、跛行的种类

(一) 跛行分类的依据

四肢在运动时，每个肢体的动作可分为空中悬垂阶段和地面支柱阶段这两个阶段。

在空中悬垂阶段，由两个时间相同的步骤组成，各关节按顺序屈曲和各关节按顺序伸展。前者是从蹄离开地面，直到蹄达到对侧肢的肘关节（或跗关节）直下。第二步骤是蹄从肘关节（或跗关节）直下开始，到重新到达地面（图 3-12-1）。

蹄从离开地面到重新到达地面，为该肢所走的一步，这一步被对侧肢的蹄印分为前后两半，前一半为各关节按顺序伸展在地面所走的距离，后一半为各关节按顺序屈曲在地面所走的距离。健康马一步的前一半和后一半基本是相等的，而在运步有障碍时，绝大多数是有变化的，某一半步出现延长或缩短。患肢所走的一步和相对健肢所走的一步是相等的、不变的，而只是一步的前一半或后一半出现延长或缩短，以调节其运步（图 3-12-2）。患马健肢所走的一步和正常时该肢所走的一步比较，可能较短。

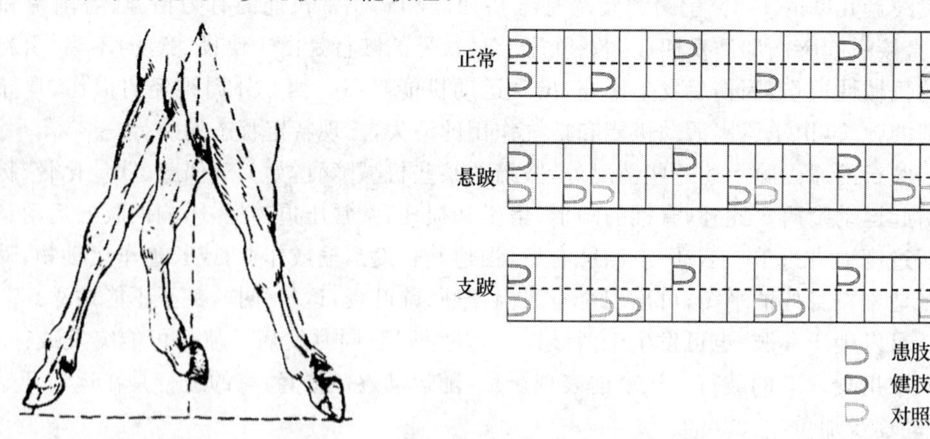

图 3-12-1 健康马运步时悬垂阶段的两个时期

图 3-12-2 健康马和跛行马所走的蹄印

在地面支柱阶段，可分为着地、负重和离地 3 个步骤。在这阶段中，支持器官负重很重，不同时期各器官的负担也有不同。

四肢的运动机能障碍，在空间悬垂阶段表现明显，被称为悬垂跛行，简称悬跛；如在支柱阶段表现机能障碍，被称为支柱跛行，简称支跛。

悬跛和支跛是跛行的基本类型，是相对的分类，因为事实上有机体是一个统一的整体，每条腿的活动是在中枢神经的支配下，通过条件反射和非条件反射，各部组织共同配合完成的一个动作。动物四肢的每一个动作，包含着很复杂的运动，有协调动作，也有拮抗运动。在某部分的机能发生障碍时，很可能影响到另外一个部分的机能。如某部分组织或器官在悬垂阶段发生运动机能障碍，在支柱阶段也可能出现异常；相反，支柱阶段有运动机能障碍时，悬垂阶段也可能有异常表现。很多临床事实证明了上述论断。单纯的悬跛和支跛比较少见，而最多的还是混合跛行。

所谓混合跛行就是在悬垂阶段和支柱阶段都表现有程度不同的机能障碍，值得注意的是：在临床上应判明是以悬跛为主的混合跛行，还是以支跛为主的混合跛行，因为这样确定，对寻找疾病的部位有很大帮助。

（二）各型跛行的特征

1.以生理机能分类的跛行的特征

(1)悬跛的特征　悬跛最基本的特征是“抬不高”和“迈不远”，民间称为“敢踏不敢抬，病痛在胸怀”。患肢前进运动时，在步伐的速度上和健肢比较常常是缓慢的。因患肢抬不高，所以观察两肢腕跗关节抬举的高度，患肢常常是比较低下，该肢常拖拉前进。因为患肢“抬不高”和“迈不远”，所以以健蹄蹄印量患肢的一步时，出现前半步短缩，临床上称为前方短步。前方短步，运步缓慢，抬腿困难是临床上确定悬跛的依据。

(2)支跛的特征　支跛最基本的特征是负重时间缩短和避免负重。因为患肢落地负重时感到疼痛，所以驻立时呈现减负体重或免负体重，或两肢频频交替，民间称为“敢抬不敢踏、病痛在腕下”。在运步时，患肢接触地面为了避免负重，所以对侧的健肢就比正常运步时伸出得快，即提前落地，所以以健蹄蹄印量患肢所走的一步时，呈现后一半步短缩，临床上称为后方短步。在运步时也可看到患肢系部直立，听到蹄音低，这些都是为了减轻患部疼痛的反射。所以后方短步、减负或免负体重、系部直立和蹄音低是临床上确定支跛的依据。

骨、肢下部的关节、腱、韧带及蹄等负重装置的疼痛性疾患常引起支跛，其中特别是蹄，所表现的支跛特别典型。固定前后肢主要关节的肌肉，如臂三头肌、股四头肌有炎症时，或分布这些肌肉的神经有损伤时，也可表现为支跛，甚至表现为肢的崩屈。某些负重较大的关节，其关节面或关节内有炎症或缺损时，也表现为支跛。

(3)混合跛行的特征　其特征是兼有支跛和悬跛的某些症状。

混合跛行的发生可能有两种情况，一种是在肢上有引起支跛和悬跛的两个患部；另一种是在某发病部位负重时有疼痛，运步时也有疼痛，所以呈现混合跛行。

四肢上部的关节疾患、上部的骨体骨折、某些骨膜炎、黏液囊炎等都可表现为混合跛行。

2.临床上以某些独特状态命名的特殊跛行的特征

(1)间歇性跛行　马在开始运步时，一切都很正常，在劳动或骑乘过程中，突然发生严重的跛行，甚至马匹卧下不能起立，过一会儿跛行消失，运步和正常马匹一样。但在以后运动中，可再次复发，这种跛行常发于动脉栓塞、髌骨习惯性脱位及关节石等情况。

(2)粘着步样　呈现缓慢短步，见于肌肉风湿、破伤风等。

(3)紧张步样　呈现急速短步，见于蹄叶炎。

(4)鸡跛 患肢运步呈现高度举扬,膝关节和跗关节高度屈曲,肢在空间停留片刻后,又突然着地;如鸡行走的样子。

(5)飞节内肿性跛行 马的跗关节部罹患慢性骨关节疾病时,出现的一种特有的功能障碍,称为飞节内肿性跛行。这种跛行的特征是在运动开始时跛行显著,随运动时间的延长,其跛行逐渐减轻,甚至完全消失。经休息后,再运动时,跛行又重复出现。

二、跛行的程度

马属动物的运动机能障碍,由于原因和经过不同,可以表现为不同的程度,所以当跛行诊断时,除了确定跛行的种类外,同时还要确定跛行的程度,以便测知病患的严重性。跛行程度临床上分为三类。

1. 轻度跛行

患肢驻立时可以蹄全负缘着地,有时比健肢着地时间短。运步时稍有异常,或病肢在不负重运动时跛行不明显,而在负重运动时出现跛行。

2. 中度跛行

患肢不能以蹄全负缘负重,仅用蹄尖着地,或虽以蹄全负缘着地,但上部关节屈曲,减轻患肢对体重的负担。运步时可明显看出提伸有障碍。

3. 重度跛行

患肢驻立时几乎不着地,运步时有明显的提举困难,甚至呈三肢跳跃前进。

第三节 跛行诊断法

对跛行进行准确诊断是比较困难的,首先是原因复杂,各科疾病都可引起跛行,其次是患马不能诉说它的感觉和疼痛,因而在进行跛行诊断时,必须细致地按一定方法和顺序从各方面收集症候,然后根据解剖生理知识加以综合、分析、判断和推理,必要时还需进行治疗性试验。

一、问诊

患马来到兽医院以前的饲养管理、使役和发病前后的情况等,主要依靠问诊得到。因为这些情况对于判断疾病非常重要,必须注意搜集。饲养员和使役员(赛马骑手)终日与患马接触,对于患马的情况最为了解,我们必须认真听取他们的意见,共同完成诊治任务。在问诊时必须耐心地有重点地提出问题,尊重马主人的意见,抱着向他们学习的态度,就能充分发挥畜主的主动性和积极性,搜集到许多对诊断跛行有非常重要价值的宝贵材料。但对畜主(赛马骑手)所提供的情况也应该进行分析和判断,去粗取精、去伪存真地加以取舍。

二、视诊

患马来到兽医院后,不要立刻进行检查,要短暂休息后,再进行检查。视诊时要仔细耐心,做到重点和一般相结合,在全面搜集材料中突出重点。视诊应该在问诊基础上进行,但切忌因问诊材料影响全面看问题。

视诊时应注意动物的生理状态、体格、营养、年龄、神经型、肢势、指(趾)轴、蹄形等,因为这些材料对判断疾病有着很重要的参考价值。

视诊可分驻立视诊和运步视诊。

(一)驻立视诊

驻立视诊在确诊疾病上有时可起主导作用,因为通过驻立视诊,可找到确诊疾病的线索。

驻立视诊时,应离患马 1 m 以外,围绕患马走一圈,仔细发现各部位的异常情况。观察应该是从蹄到肢的上部,或由肢的上部到蹄,从头到尾仔细地反复地观察比较,比较两前肢或两后肢同一部位有无异常。

驻立视诊时应该注意以下几个问题。

1. 肢的驻立和负重

观察肢是否平均负重。有无减负体重或免负体重,或频频交互负重。如发现一肢不支持或不完全支持体重时,确定其有无伸长、短缩、内收、外展、前踏或后踏。

2. 被毛和皮肤

注意被毛有无逆立,局部被毛如逆立,可能有肿胀存在。肢及邻接部位的皮肤有无脱毛、外伤,或存在瘢痕,这些都是发现患部的标志。

3. 肿胀和肌肉萎缩

比较两侧肢同一部位的状态,其轮廓、粗细、大小是否一致,有无肿胀。注意肢上部肌肉是否萎缩,患肢若有疼痛性疾病,或跛行时间较久后,肢上部肌肉即发生萎缩。

4. 蹄和蹄铁

注意两侧肢的指(趾)轴和蹄形是否一致,蹄的大小和角度如何？蹄角质有无变化？是否是新改装的蹄铁？蹄铁是否适合？蹄钉的位置如何？如系早装的蹄铁,应注意蹄铁磨灭的状况及磨损程度。

5. 骨及关节

注意两侧肢同一骨的长度、方向、外形是否一致,关节的大小和轮廓、关节的角度有无改变。

(二)运步视诊

运步视诊的目的主要有三:首先是确定患肢,中度和重度跛行在驻立视诊时,患肢就可看出,但轻度跛行只能在运步视诊时才能确定。其次肯定患肢的跛行种类和程度。第三是初步发现可疑的患部,为进一步诊断提供线索。

运步视诊应选择宽敞平坦、光线充足的场地,最好场内没有树木,以免树的阴影影响观察。最理想的是有特殊设备的诊断场,除了有平坦开阔的场地外,还应该有软地、硬地、不平的石子地、上坡及下坡等。软地、硬地、不平的石子地应该有 2 m 宽、5 m 长。软地可用粗砂铺垫,深度要在 35 cm 以上。硬地可用水泥地面。不平的石子地可用多角形石块用水泥灌砌。上坡和下坡用土石堆砌,角度要有 50°角。

运步视诊时,应该让马主人牵导患马沿直线运步,缰绳不能过长或过短,1 m 左右比较合适。如过长马匹可自由低头,寻觅食物,影响运步;过短亦可影响头部自然摆动和运步。

运步视诊时,不能驱策和恐吓,以免隐蔽轻微的疼痛,或突然变步,影响观察。

先使患马沿直线走常步,然后再改为快步。运步视诊不能只看一面,而要轮流看到所有的面，即前面、侧面和后面。

1.确定患肢

如一肢有疾患时，可从蹄音、头部运动和尻部运动找出患肢。蹄音是当蹄着地时碰到地面发出的声音，健蹄的蹄音比病蹄的蹄音要强，声音高朗，如发现某个肢的蹄音低，即可能为患肢。头部运动是患马在健前肢负重时，头低下，患前肢着地时，头高举，以减轻患肢的负担，在点头的同时，有时可见头的摆动，特别在前肢上部肌肉有疼痛性疾患，当健前肢负重患前肢高举时，颈部就摆向健侧。由头部运动可找出前肢的患肢。尻部运动是在一后肢有疾患时，为了把体重转向对侧的健肢，健肢着地时，尻部低下，而患肢着地的瞬间尻部相对高举。从尻部运动可找出后肢的患肢。

两前肢同时得病时，肢的自然步样消失，病肢驻立地时期短缩，前肢运步时肢提举不高，蹄接地面而行，但运步较快。肩强拘、头高扬、腰部弓起、后肢前踏、后肢提举较平常为高。在高度跛行时，快速运动比较困难，甚至不能快速运动。

两后肢同时得病时，运步时步幅短缩，肢迈出很快，运步笨拙，举肢比平时运步较高，后退困难。头颈常低下，前肢后踏。

同侧的前后肢同时发病时，头部及腰部呈摇摆状态，患前肢着地时，头部高举，并偏向健侧，健后肢着地时，尻部低下。反之，健前肢着地时，头部低下，患后肢着地时，尻部举起。

一前肢和对侧后肢同时发病时，患肢着地时，体躯举扬，健肢着地时，头部及腰部均低下。

三个肢以上同时得病时，情况更为复杂，运步时的表现根据具体情况有所不同，需仔细分辨。

值得注意的是在重度跛行时，前后肢互相影响，不要把一个肢的跛行，误认为两个肢的跛行。特别是有些马，在运步时，同侧的前后肢，同时起步和落步，这样如一肢有病时，往往互相影响。例如一前肢蹄部有病时，呈现典型支跛，当患前肢着地时，同时着地的健后肢向前伸出较远，并弓腰，以减轻患肢的负重，没有经验的临床工作者，常常误认为后肢也有病。

用上述方法尚不能确定患肢时，可用促使跛行明显化的一些特殊方法，这些方法不但能够确定患肢，而且有时可确定患部和跛行种类。

(1)圆周运动　圆周运动时圈子不能太小，过小不但阻碍肢的运动，而且不便于两肢比较。支持器官有疾患时，圆周运动病肢在内侧可显出跛行，因为这时体重心落在靠内侧的肢上较多。主动运动器官有疾患时，外侧的肢可出现跛行，因为这时外侧肢比内侧肢要经过较大的路径，肌肉负担较大。

(2)回转运动　使患马快步直线运动，趁其不备的时候，使之突然回转，患马在向后转的瞬时，可看出患肢的运动障碍。回转运动需连续进行几次，向左向右都要回转，以便比较。

(3)乘挽运动　驻立和运步都不能认出患肢时，可行乘骑或适当的拉挽运动，在乘挽运动过程中，有时可发现患肢。

(4)硬地、不平石子地运动　有些疾病患肢在硬地和不平石子地运动时，可显出运动障碍，因为这时地面的反冲力大，可使支持器官的患部遭受更大震动，或蹄底和腱、韧带器官疾患在不平石子上运步时，加重局部的负担，使疼痛更为明显。

(5)软地运动　在软地、沙地运步时，主动运动器官有疾患时，可表现出机能障碍加重，因为这时主动运动器官比在普通路面上要付出更大力量。

(6)上坡和下坡运动　前肢的悬跛和后肢的悬跛，上坡时跛行都加重，后肢的支跛在上坡时，跛行也加重；前肢的支持器官有疾患时，下坡时跛行明显。

2.判定跛行的种类和程度

患肢确定后，就可以进一步观察跛行的种类和程度。用健肢蹄印衡量患肢所走的一步，观察是前方短步，还是后方短步。肉眼辨不清时，划出蹄印用尺测量。确定短步后，就注意是悬垂阶段有障碍，还是负重阶段有障碍，同时要观察患肢有无内收、外展、前踏、后踏情况。注意系关节是否敢下沉，若不敢下沉，说明负重有障碍。蹄音如何？若蹄音低表明支持器官有障碍。两侧腕关节和跗关节提举时能否达到同一水平？若不能达到同一水平时，表明患肢提举有困难。进一步注意肩关节和膝关节的伸展情况，指关节的伸展情况，若伸展不够或不能伸展，表明蹄前伸有障碍。根据视诊所搜集到的症状，最后确定跛行的种类和程度。

3.初步发现可疑患部

在观察跛行种类程度的同时，就可注意到可疑的患部，因为在运步以前，已在驻立视诊时搜集到一些可疑的部位。在运步时，又因患部疼痛或机械障碍，临床上出现特有表现，如关节伸展不便，呈现内收或外展；肌肉收缩无力，呈现颤抖；蹄的某部分避免负重等。结合进一步观察，确定悬垂阶段有障碍时，是提举有问题，还是伸展有问题，当驻立阶段有障碍时，是着地有问题，还是离地有问题，或是负重有问题。这样，就可初步发现可疑患部，为进一步诊断提出线索。

三、四肢各部的系统检查

前肢从蹄（指）到系部、系关节、掌部、腕关节、前臂部、臂部及肘关节、肩胛部，后肢从蹄（趾）到系部、系关节、跖部、跗关节、胫部、膝关节、股部、髂部、腰荐尾部，进行细致的系统检查，通过触摸、压迫、滑擦、他动运动等手法找出异常的部位或痛点。系统检查时应与对侧同一部位反复对比。系统检查时应严格遵从规定的检查方法，客观地收集异常征候。

四、特殊诊断方法

在上述诊断方法尚不能确诊时，根据情况可选用下述的特殊诊断方法。

（一）测诊

测诊在判断疾病上，有时可提供确实的根据。测诊常用的工具有穹窿计、测尺（直尺和卷尺）、两角规等，如无上述工具，也可用绳子、小木棍等代替。

关节的测诊，常用卷尺量其周径，以确定其肿胀程度。怀疑四肢某部位增粗时，也可测其周径，与对侧同一部位进行比较。

怀疑髋骨骨折时，可测髋结节到荐结节的距离，髋结节到坐骨端的距离，髋结节到髋关节的距离，髋关节到坐骨端的距离等。

怀疑关节脱位时，也可测该骨突起和附近其他骨突起的距离，或肢的长短。

因测诊主要靠同健侧的比较，所以动物必须在平地上站正，否则差异会很大。

（二）X 射线诊断

跛行诊断时，X 射线检查不但对诊断有着重要的科学和实践价值，而且对疾病的经过、预后，甚至对合理的治疗也有很大的帮助。

在四肢的骨和关节疾患，如骨折、骨膜炎、骨炎、骨髓炎、骨质疏松、骨坏死、骨溃疡、骨化性关节炎、关节愈合、关节周围炎、脱位等，可以广泛地应用X射线检查。

当怀疑肌肉、腱和韧带有骨化时，可用X射线确诊，当组织内进入异物，如子弹、炮弹片、针、钉子、铁丝等，可用X射线检查。

怀疑关节囊或腱鞘破裂时，可在所怀疑的关节囊和腱鞘内注入空气，然后用X射线摄影。若关节囊或腱鞘没有破裂，囊内可明显地看到充满空气，当囊壁或腱鞘壁破裂时，可看到空气进入皮下。

(三)直肠内检查

直肠检查在马髋部疾病的确诊上有着特殊的、不可替代的作用，因为髋骨外面有很厚的肌肉，不容易摸到骨的病理变化，同时，骨盆腔内有许多器官，它们有病理过程时，也会引起肢的机能障碍，这些病理变化，不通过直肠检查，一般无法知晓。

当髋骨骨折、腰椎骨折、髂荐联合脱位时，直肠检查不但可确诊，而且还可了解其后遗症和并发症，如血肿、骨痂等。此外，腰肌的炎症过程、腹主动脉及其分枝的血栓、股骨头脱位等都可用直肠检查确诊。

直肠检查时，可配合后肢的主动运动和他动运动，如诊断髋关节脱位时，检查者的手伸入直肠内，让马慢慢向前走，或让助手牵动患肢，感觉关节的活动情况。

(四)热浴检查

当蹄部的骨、关节、腱和韧带有疾患时，可用热浴作鉴别诊断。在水桶内放40℃的温水，将患肢热浴15～20 min，如为腱和韧带或其他软组织的炎症所引起的跛行，热浴以后，跛行可暂时消失或大为减轻，相反，如为闭锁性骨折、籽骨和蹄骨坏死或骨关节疾病所引起的跛行，应用热浴以后，跛行一般都增重。

(五)斜板试验

斜板(楔木)试验主要用于确诊蹄骨、屈腱、舟状骨(远籽骨)、远籽骨滑膜囊炎及蹄关节的疾病。斜板为长50 cm，高15 cm，宽30 cm的木板一块，检查时，迫使患肢蹄前壁在上，蹄踵在下，站在斜板上，然后提举健肢，此时，患肢的深屈腱非常紧张，上述器官有病时，患马由于疼痛加剧不肯在斜板上站立(图3-12-3)。

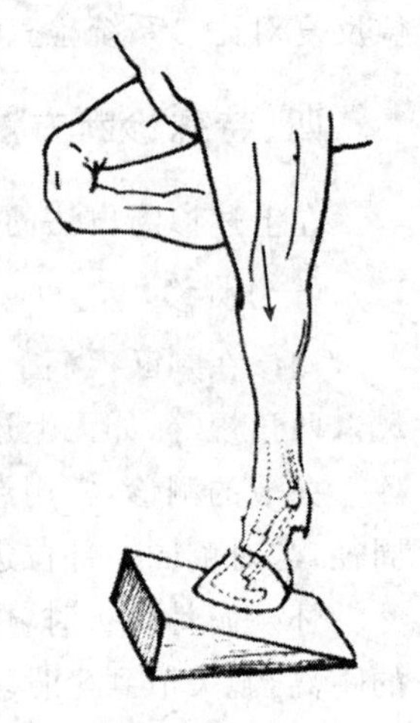

图3-12-3 斜板试验

检查时应和对侧肢进行比较。

蹄骨和远籽骨有骨折可疑时，禁用斜板试验。

(六)实验室诊断

实验室检查在跛行诊断上可起辅助作用。通过实验室检查，对某些病的病理性质可以确诊。

当怀疑关节、腱鞘、黏液囊有炎症过程时，可抽出腔内液体进行检查，检查颜色、黏稠度、细胞成分及氢离子浓度等。关节单纯性炎症时，抽出物为浆液性并含有炎性细胞；化脓时，抽出物常为混浊状态；关节血肿时，抽出物为血液成分；关节内骨折时，抽出物中常含有血细胞成分和脂肪颗粒。

(七)运动摄影法

最简单的运动摄影法是用普通的摄影机或摄像机，拍摄动物运动时步伐影片或录像，然后对播放的影片或录像进行分析鉴定。

更精确的方法是用高速摄影机，拍摄动物通过一定距离的全过程，当常速放映时，可判明步幅长度、频率，蹄和关节的抬举弧度，肢体各段位移的长度、角度以及关节活动的范围等。

第十三章　四肢疾病

第一节　骨的疾病

一、骨膜炎

骨膜炎顾名思义是指骨膜发生的炎症(periostitis)。临床上可根据感染的程度分为非化脓性与化脓性;病程的长短分为急性与慢性骨膜炎。

(一)非化脓性骨膜炎

1.病因

(1)骨膜直接遭受机械性损伤,如打击、跌倒、蹴踢、冲撞等引起。最常发生在四肢下部没有软组织覆盖而浅在的骨上,一侧性的为主。

(2)肌腱、韧带等在快速运动中过度的牵张,或长期受到反复的刺激,致使其附着部位的骨膜发生炎症。

(3)有些病例的发生由骨膜附近关节及软组织的慢性炎症蔓延而来。凡是肢势不正,削蹄不当,幼驹过早地训练或服重役,以及患有骨营养代谢障碍的马匹,容易发生本病。

2.症状

(1)急性骨膜炎　病初以骨膜的急性浆液性浸润为特征。病变部充血、渗出,出现局限性、硬固的热痛性扁平肿胀,皮下组织呈现不同程度的水肿。触诊有痛感,指压留痕。机能障碍的程度不一,四肢的骨膜炎可发生明显跛行,跛行随运动而增重。若一肢发病,站立时病肢常屈曲,以蹄尖着地、减负体重;两肢同时发病的,常常交互负重。严重的患马,常不愿站立而卧地。

(2)慢性骨膜炎　由急性骨膜炎转变而来,或因骨膜长期遭到频繁、反复的刺激而发生,有两种病理过程。

①纤维性骨膜炎:以骨膜的表层和表、深层之间的结缔组织增生为特征。病患部出现坚实而有弹性的局限性肿胀,触诊有轻微热、痛。肿胀紧贴在骨面上,该部的皮肤仍有可动性,大多数病例机能障碍不显著或没有。

②骨化性骨膜炎:病理过程由骨膜的表层向深层蔓延。由于成骨细胞的有效活动,首先在骨表面形成骨样组织,以后钙盐沉积,形成新生的骨组织,小的称骨赘,大的称外生骨瘤。视诊可见病部呈界限明显、突出于骨面的肿胀。触诊硬固坚实,没有疼痛,表面呈凹凸不平的结节状,或呈显著突出的骨隆起,大小不定,可由拇指大到核桃大或更大些。大多数病马仅

造成外貌上的损征而无机能障碍，只有当骨赘发生于关节的韧带部或肌腱的附着点时，可发生跛行。

3.治疗

急性浆液性骨膜炎时，令患马安静休息。发病 24 h 以内，可用冷疗法。以后改用温热疗法和消炎剂，如外敷用醋或酒精调制的复方醋酸铅散、10％碘酊或碘软膏、10％～20％鱼石脂软膏等。用盐酸普鲁卡因溶液加皮质激素制剂局部封闭，可获良好效果。局部可装着压迫绷带，以限制关节活动，使患马能有较长的时间充分休息，对病的恢复很重要。

纤维性骨膜炎和骨化性骨膜炎的治疗，主要是消除跛行以达到机能性治愈的目的。早期可用温热疗法及按摩。跛行较重的病例可应用刺激剂。可涂擦 20％碘酊，每次 10 min，一日 2 次，共 3 次；10％碘化汞软膏，水杨酸碘化汞软膏（处方：碘化汞软膏 95.0、水杨酸 5.0），每 5～7 天一次；碘酒精溶液（处方：碘酊 1.0、70％酒精和蒸馏水各 15.0），一次皮下注射。

骨化性骨膜炎在上述治疗无效时，可在无菌条件下进行骨膜切除术。将骨赘周围 2～3 mm宽的骨膜环形切除，摘除骨赘，骨赘底部用锐匙或锐环刮平，最后撒布抗生素粉剂，密闭缝合皮肤。治疗无效时，为了充分利用使役能力，可作神经切除术，但其延长使役能力的时间不长。

各种骨膜炎都应当除去病因，对肢势不正的患马，应及时进行适当的削蹄和装蹄矫正。

（二）化脓性骨膜炎

1.病因

化脓性骨膜炎是因化脓性病原菌（多为葡萄球菌、坏死杆菌、链球菌）感染而引起。常发生于开放性骨折、骨膜附近的软组织损伤、进行内固定手术及化脓性骨髓炎时。骨膜遭受化脓菌侵入后，首先发生浆液性化脓性浸润，在骨膜上形成很多小脓灶，或是形成骨膜下脓肿。脓肿破溃，脓汁进入周围软组织，其后或穿破皮肤形成化脓性窦道，或继续蔓延而发生蜂窝织炎。由于骨膜与骨的分离，骨质失去了营养和神经分布，在脓汁作用下发生坏死、分解，呈砂粒状脱落于脓腔内，骨表面形成粗糙的溃疡缺损。弥漫性骨膜炎时，可发生大块骨片坏死。

2.症状

初期局部出现弥漫性、热性肿胀，有剧痛，皮肤紧张，可动性变小或消失。随着皮下组织内脓肿的形成和破溃，成为化脓性窦道，流出混有骨屑的黄色稀脓。探诊时，可感知骨表面不平或有腐骨片。局部淋巴结肿大，触诊疼痛。发生在四肢的化脓性骨膜炎，跛行显著，病肢不能负重。病初全身体温升高，精神沉郁，饮食欲废绝。严重的可继发败血症。血常规检查有助于确诊。

3.治疗

使病马安静。病初局部应用酒精热绷带，以盐酸普鲁卡因溶液封闭，全身应用抗生素。随着软化灶的出现，及时切开脓肿，形成窦道的要扩创，充分排除脓液，用锐匙刮净骨损伤表面的死骨，导入中性盐类高渗液引流及装着吸收绷带。急性化脓期过后，改用 10％磺胺鱼肝油、青霉素鱼肝油等纱布引流条。密切注意全身变化，防止败血症的发生。

（三）掌（跖）骨和指（趾）骨骨化性骨膜炎

1.掌（跖）骨骨化性骨膜炎（掌骨瘤或管骨瘤）

是沿着大小掌（跖）骨骨膜所发生的骨瘤，是马属动物最常见的疾病。以 5 岁以下或者大小掌(跖)骨尚未骨化之前的马、骡发生较多,乘马比挽马或驮马多发,前肢比后肢多发。据调查我国成年马、骡约75%患有骨瘤。

(1)病因及病理 本病最常见于掌(跖)骨内侧方,第二、三掌(跖)骨之间的韧带结合处(第三、四掌(跖)骨之间发生的较少),称侧骨瘤;发生于第二掌骨后面,腕关节内侧后下方约10 cm处者称后骨瘤;第三掌骨近端掌侧面的称深骨瘤。上述部位都是肌腱、筋膜、韧带的附着部。

本病的发生除了骨膜的直接损伤外,马匹在快速奔驰中、驮载过重、在硬地或不平道路上训练或服重役,以及滑倒、跳跃等,均可使骨间纤维性韧带及其附近的骨膜受到过度的牵张,或持续的刺激而发生骨膜炎。幼龄马过早地剧烈训练或服役,尤其是患有骨营养不良,骨和屈腱发育不良,以及有广踏、外向、卧系肢势,护蹄、削蹄、装蹄不良时,更容易发生本病。

(2)症状 局部存有骨瘤是掌(跖)骨骨化性骨膜炎的特有症状。触诊坚硬如骨,无移动性,指压通常无痛,骨赘的大小不一,形状不定,数目不等。对侧骨瘤和后骨瘤,可用拇指置于第三掌骨前外侧,其余四指置于内侧或后面,仔细地上下滑动,可摸出;深骨瘤需将病肢提起,屈曲腕关节,将屈腱推向一侧后,或从后方压迫悬韧带起始部,即可摸到。必要时可用X线检查确诊。

患有掌骨瘤的病马,有些没有跛行。只有在骨赘影响肌腱的活动时,或是再次受到刺激而复发时才呈现轻度支跛,当骨瘤发生在前臂筋膜和腕斜伸肌附着点时,出现悬跛。后骨瘤、深骨瘤、悬韧带骨化时,跛行明显而比较顽固。本病跛行的特点是骨赘的大小与跛行程度不成正比;跛行在慢步时常不出现,而在快步时出现;行走在软地或平地上跛行不明显,但在硬地、不平地或下坡时跛行加重;病马长期休息时跛行消失,但在使役中或使役后跛行又复出现,而且跛行随运动增加而增重;运步时病肢腕关节屈曲不全,并表现内收肢势。

由于骨瘤的存在与跛行之间没有一定的规律,临床上为了要证实所发现的骨瘤是否即为引起现存跛行的原因,可对局部用传导麻醉或浸润麻醉,经10~15 min,若疼痛减轻而跛行也随之减轻,但并不完全消失,即可判定为本病。

(3)治疗 同非化脓性骨膜炎。

2. 指(趾)骨骨化性骨膜炎(指骨瘤)

本病是第一、二指(趾)骨(系骨、冠骨)或第三指(趾)骨(蹄骨)发生骨化性骨膜炎,最后形成骨赘的总称。前肢比后肢多发。在系骨时多位于近端背侧或掌侧的关节韧带和腱的固着处;冠骨主要在背侧面;严重的病变常波及冠关节或系关节周围,形成关节周围指骨瘤(环骨瘤);少数病例发生在冠骨软骨炎或滑液囊炎后,病变侵犯到冠关节或蹄关节的关节面,叫关节指(趾)骨瘤,常可引起关节粘连。

(1)病因及病理 大部分病例发生在关节捩伤、挫伤,使关节附着部的韧带或肌腱过度牵张,或骨直接受到损伤或打击,造成骨膜、骨、韧带的慢性炎症而引起。有些病例发生于冠骨骨折,或因指总伸肌腱强力牵引所造成的伸腱突骨折,以及蹄冠部各类炎症之后。

发生本病的因素为肢势不正,如狭踏、广踏、内向、外向等,或是装蹄、削蹄不良,使指关节特别是冠骨的负重不均衡,或关节韧带一侧性的剧伸;关节发育不良,关节面狭而扁平,不能作各种完全的运动,也易使韧带持续牵张;卧系的马匹,冠骨大部分位于蹄匣内,承担体重时,冠骨和蹄骨在同一线上,而系骨则成水平状态,使冠关节过度掌曲而损伤韧带;起系的马匹指骨缓冲能力减弱,奔跑时受到强烈震荡,同样可使骨膜韧带损伤。

(2)症状　多数病例呈慢性经过。根据骨赘发生的部位,在冠骨近端以上的叫高指骨瘤,冠骨远端以下的叫低指骨瘤,关节周围指骨瘤常在冠关节的背侧与侧面。骨赘大的外观可见蹄冠部背侧及周缘膨隆,小的和深的要用X射线检查,方得确诊。

所有病例并非都出现跛行。发病早期,外生骨赘过大,或在关节附近时,呈现轻度支跛。在各种步态和回转运动时,可促使跛行明显化。患马长时间休息后,跛行稍有减轻,但当剧烈使役,尤其在硬地或不平地上使役时,跛行明显增重。病蹄由于长期的运动机能障碍而变小,蹄角度增大,患肢上部肌肉萎缩。

(3)治疗　同非化脓性骨膜炎。

二、骨折

由于各种外力的作用,骨质的延续性或者完整性遭到破坏。骨折的同时常伴有周围软组织不同程度的损伤,一般以血肿为主。马多因比赛,驴、骡等多因使役造成的四肢长骨骨折。

(一)骨折的病因

1.外伤性骨折

(1)直接暴力　骨折磕碰、挤压、火器伤等各种机械外力直接作用的部位。如车祸、护栏磕撞、蹴踢等,常发生开放性骨折,甚至出现粉碎性骨折,大都伴有周围软组织的严重损伤。

(2)间接暴力　指外力通过杠杆、传导或旋转作用而使远处发生骨折。如奔跑中扭闪或急停、跨沟滑倒、肢蹄嵌夹于洞穴、木栅缝隙强行抽出等。

(3)肌肉过度牵引　肌肉突然强烈收缩,可导致肌肉附着部位骨的撕裂。

2.病理性骨折

病理性骨折是有骨质疾病的骨发生骨折。如患有骨肿瘤、骨髓炎、佝偻病、骨软病、骨疽、衰老、营养神经性骨萎缩、慢性氟中毒等。

(二)骨折的分类

1.按骨折病因分为

(1)外伤性骨折。

(2)病理性骨折。

2.按皮肤是否破损可分为

(1)闭合性骨折　骨折部皮肤或黏膜无创伤,骨断端与外界不相通。

(2)开放性骨折　骨折伴有皮肤或黏膜破裂,骨断端与外界相通。此种骨折病情复杂,容易发生感染化脓。

3.按有无合并损伤分为

(1)单纯性骨折　骨折部不伴有主要神经、血管、关节或器官的损伤。

(2)复杂性骨折　骨折时并发邻近重要神经、血管、关节或器官的损伤。如股骨骨折并发股动脉损伤,骨盆骨折并发膀胱或尿道损伤等。

4.按骨折发生的解剖部位可分为

(1)骨干骨折　发生于骨干部的骨折,临床上多见。

(2)骨骺骨折　多指幼龄动物骨骺的骨折,在成年动物多为干骺端骨折。如果骨折线全部或部分位于骨骺线内，使骨骺全部或部分与骨干分离，称骨骺分离。

5.按骨损伤的程度和骨折形态可分为

(1)不全骨折 骨的完整性或连续性仅有部分中断。如发生骨裂。

(2)全骨折 骨的完整性或连续性完全被破坏。

(三)骨折的症状

1.骨折的特有症状

(1)肢体变形 骨折两断端因受伤时的外力、肌肉牵拉力和肢体重力的影响等，造成骨折段的移位。骨折后的患肢呈弯曲、缩短、延长等异常姿势。诊断时可把健肢放在相同位置，仔细观察和测量肢体有关段的长度并两侧对比。

(2)异常活动 正常情况下，肢体完整而不活动的部位，在骨折后负重或作被动运动时，出现屈曲、旋转等异常活动。

(3)骨摩擦音 骨折两断端互相触碰，可听到骨摩擦音，或有骨摩擦感。但在不全骨折、骨折部肌肉丰厚、局部肿胀严重或断端间嵌入软组织时，通常听不到。

2.骨折的其他症状包括

(1)出血与肿胀。

(2)疼痛。

(3)功能障碍 。

3.全身症状

轻度骨折一般全身症状不明显。严重的骨折伴有内出血、肢体肿胀或者内脏损伤时，可并发急性大失血和休克等一系列综合症状；闭合性骨折于损伤 2～3 天后，因组织破坏后分解产物和血肿的吸收，可引起轻度体温上升。骨折部若继发细菌感染时，体温升高，局部疼痛加剧，食欲减退。

(四)骨折的诊断

根据外伤史和局部症状，一般不难诊断。根据需要，可用下列方法作辅助检查。

1. X 线检查

对诊断骨折可以清楚地了解到骨折的形状、移位情况、骨折后的愈合情况等，以及关节附近的骨折需要和关节脱位作鉴别诊断时，常用 X 线透视或摄片。摄片时一般要摄正、侧两个方位，必要时加斜位比较。

2.直肠检查

用于马髋骨或腰椎骨折的辅助诊断，常有助于了解到骨折部变形或骨的局部病理变化。

开放性骨折:除具有上述的变化外，可以见到皮肤及软组织的创伤。有的形成创囊，骨折断端暴露于外，创内变化复杂，常含有血凝块、碎骨片或异物等，容易继发感染化脓。

(五)骨折的急救

目的在于用简单有效的方法作现场就地救护。骨折发生后应不让患马走动。严重的骨折常伴有不同程度的休克，开放性骨折有大出血时，首先要制止出血和防治休克。患马疼痛不安或有骚动时，宜使用全身镇静剂。局部麻醉药或吗啡、哌替啶等止痛药，虽然止痛效果确实，但是应用后患马可因无痛感使病肢作不适当的活动，而加重骨折部的损伤，故不宜采用。

开放性骨折在使用全身镇静剂后,清创并撒布抗菌药物,随后包扎。

骨折的暂时固定在现场救护中十分重要,它可以减少骨折部的继发性损伤,减轻疼痛,防止骨折断端移位和避免闭合伤变为开放性骨折。应就地取材,用竹片、木板、树枝、树皮、钢筋等,将骨折部上、下两个关节同时固定。装着时要最大限度地起到固定作用并保持病肢的血液循环不受影响。

处理结束,用较宽大的车辆、铺厚的垫草或者棉垫,尽快将骨折动物送动物医院治疗。性情暴躁的患马,可在全身麻醉或应用镇痛镇静剂后再运送。

(六)骨折的治疗

骨折经过治疗后,是否能恢复比赛能力及役用性能,这是必须考虑的问题。由于患马的年龄、营养状况不同,发生骨折的部位、性质、损伤程度不一,以及治疗条件、技术水平等因素。骨折后愈合时间的长短以及愈合后病肢功能恢复的程度有较大差异。除了有价值的种马或宠物马,可尽力进行治疗外,对于一般役用马,若预计治疗后不能恢复生产性能,或治疗费用要超过该家畜的经济价值时,就应该断然做出淘汰的决定。

1.闭合性骨折的治疗

包括复位与固定和功能锻炼两个环节。

(1)复位与固定　四肢是以骨为支架、关节为枢纽、肌肉为动力进行运动的。骨折后支架丧失,不能保持正常活动。骨折复位是使移位的骨折端重新对位,重建骨的支架作用。时间要越早越好,力求做到一次整复正确。为了使复位顺利进行,应尽量使复位时无痛和局部肌肉松弛。对于复杂骨折,需要进行内固定手术或局部麻醉无效时,可采用全身麻醉。必要时还可以同时使用肌肉松弛剂。

①闭合复位与外固定:在兽医临床中应用最广,适用于大部分四肢骨骨折。整复前应该使病肢保持于伸直状态。前肢可由助手以一手固定前臂部,另一手握住肘突用力向前方推,使病肢肘以下各关节伸直;后肢则一手固定小腿部,另一手握住膝关节用力向后方推,肢体即伸直。

轻度移位的骨折整复时,可由助手将病肢远端适当牵引后,术者对骨折部托压、挤按,使断端对齐、对正;若骨折部肌肉强大,断端重叠而整复困难时,可在骨折段远、近两端稍远离处各系上一绳,以方便进行牵引。

按“欲合先离,离而复合”的原则,先轻后重,沿着肢体纵轴作对抗牵引,然后使骨折的远侧端凑合到近侧端,根据变形情况整复,以矫正成角、旋转、侧方移位等畸形,力求达到骨折前的原位。复位是否正确,可以根据肢体外形,抚摸骨折部轮廓,在相同的肢势下,按解剖位置与对侧健肢对比,以观察移位是否已得到矫正。有条件的最好用 X 射线判定。在兽医临床中,粉碎性骨折和肢体上部的骨折,在较多的情况下只能达到功能复位,即矫正重叠、成角、旋转,有的病例骨折端对位即使不足 1/2,只要两肢长短基本相等,肢轴姿势端正,角度改变不大,大多数患马经较长一段时间后,可逐步自然矫正而恢复功能。

外固定在兽医临床中应用最多。目前,在治疗骨折中采用中西结合,运用固定和活动结合起来的原则,提出固定时应尽可能让肢体关节尚能有一定范围的活动,不妨碍肌肉的纵向收缩。肢体合理的功能活动,有利于局部血液循环的恢复和骨折端对向挤压、密接,可以加速骨折的愈合。

由于骨折的部位、类型、局部软组织损伤的程度不同,骨折端再移位的方向和倾向力也各不相同。因而局部外固定的形式应随之而异。临床常用的外固定方法有：

A. 夹板绷带固定法：采用竹板、木板、铝合金板、铁板等材料，制成长、宽、厚与患部相适应，强度能固定住骨折部的夹板数条。包扎时，将患部清洁后，包上衬垫，于患部的前、后、左、右放置夹板，用绷带缠绕固定。包扎的松紧度，以不使夹板滑脱和不过度压迫组织为宜。为了防止夹板两端损伤患肢皮肤，里面的衬垫应超出夹板的长度或将夹板两端用棉纱包裹。

B. 石膏绷带固定法：石膏具有良好的塑型性能，制成石膏管型与肢体接触面积大，不易发生压创，对四肢骨折均有较好固定作用。但对于马这类大动物的石膏管型最好夹入金属板、竹板等加固。

对马的四肢骨折，无论用何种方法进行外固定，都须注意使用悬吊装置。例如在四柱栏内，用粗的扁绳兜住马的腹部和股部，使患马在四肢疲劳时，可伏在或倚在扁绳上休息。这对保持骨折部安静，充分发挥外固定的作用，是重要的辅助疗法。

②切开复位与内固定：是用手术的方法暴露骨折段进行复位。复位后用对动物组织无不良反应的金属内固定物，或用自体或同种异体骨组织，将骨折段固定，以达到治疗的目的。

切开复位与内固定是在直视下进行手术，以使骨折部尽量达到解剖学复位和相对固定的要求。

单纯的切开复位加用内固定，对成年马常因固定不够牢固而失败，为此，正确地选用内固定方法并结合外固定以增强支持；最大限度地保护骨膜并使骨折部的血液循环少受损害，严格按无菌技术进行手术，积极主动地控制感染，这三点是提高治愈率的必要条件。内固定的方法很多，但适用于马属动物的主要有以下几种。

A. 接骨板固定法：是用不锈钢接骨板和螺丝钉固定骨折段的内固定法（图 3-13-1）。

应用这种固定法损伤软组织较多，需剥离骨膜再放置接骨板，对骨折端的血液供应损害较大，但与髓内针相比，可以保护骨痂内发育的血管，有利于形成内骨痂。适用于长骨骨体中部的斜骨折、螺旋骨折、尺骨肘突骨折，以及严重的粉碎性骨折、老龄动物骨折等，是内固定中应用最广泛的一种方法。

接骨板的种类和长度，应根据骨折类型选购。特殊情况下需自行设计加工。固定接骨板的螺丝钉，其长度以刚能穿过对侧骨密质为宜，过长会损伤对侧软组织，过短则达不到固定目的。螺丝钉的钻孔位置和方向要正确。为了防止接骨板弯曲、松动甚至毁坏，绝大部分患马需加用外固定，特别是对成年马，并用外固定是必需的。

值得注意的是，近年来有报道认为骨折的两个断端在复位时不必完全对合，有 1 mm 的间歇对于骨折的愈合反而有益。

接骨板一般需装着较长时间（成马为 4～12 个月），而于接骨板的直下方，由于长期压迫而脱钙，使骨的强度显著降低。取出接骨板后，其钉孔被骨组织包埋需 6 个月以上。在此期间，应加强护理，防止二次骨折发生。

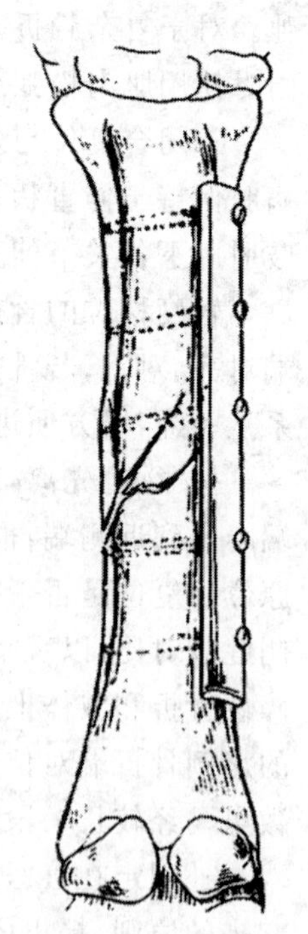

图 3-13-1 接骨板固定

B. 贯穿术固定法：是用不锈钢骨栓，通过肢体两侧皮肤小切口，横贯骨折段的远、近两端，结合外涂塑料粉糊剂，硬化后，将骨栓连接起来，也可应用石膏硬化剂或金属板将骨拴牢固连接。这是一种内外固定相结合的一种方法。适用于体重不大的马的桡骨、胫骨中部的横骨折或斜骨折(图 3-13-2)。

根据需要可在骨折段远、近两端各插入 2～3 根骨栓,骨栓有不同的直径和长度,可按患马大小选用。操作要在 X 射线透视配合下进行。骨栓插入时,皮肤先切一小口,用手动骨钻钻透两层骨密质,于对侧皮肤作同样切开,然后插入带有螺丝帽的骨栓,再分别装上螺丝帽固定。在同一轴线上的螺丝帽间用粗丝线或塑料管串连起来,并用临时配制的塑料粉糊剂涂抹,硬固后即可加固各个骨栓间的连接。经 6 周到 3 个月不等,待骨痂形成后拔除骨栓。这种方法的缺点是通常伴发软组织的感染、骨坏死和骨髓炎,但因骨栓贯穿在骨折段以外的骨组织,将不影响骨折部的愈合。在治疗中要定时处理创口,更换绷带。一般待骨栓拔除后,感染化脓即很快停止。

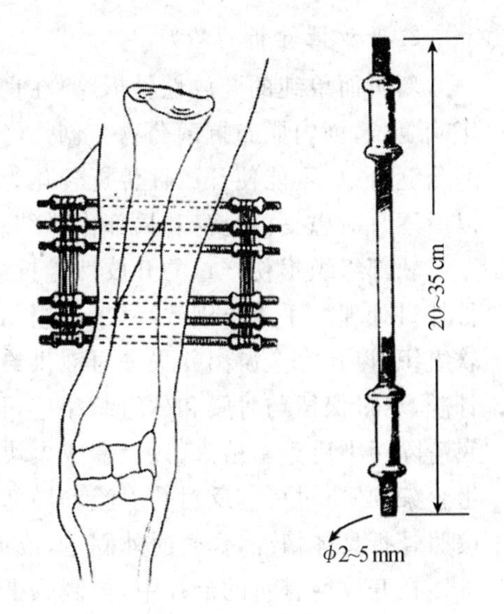

图 3-13-2　贯穿术

C. 移植骨固定法:在四肢骨折时,有较大的骨缺损,或坏死骨被移除后造成骨缺失,应考虑做骨移植。同体骨移植早已成功地运用到临床上,尤其是带血管蒂的骨移植可以使移植骨真正成活,不发生骨吸收和骨质疏松现象。

新鲜的同种异体骨移植的排异问题尚未解决,而经过特殊处理后的同种异体骨被排斥的可能性大大减低。这种特殊处理法包括冷冻法或冷冻干燥法、脱蛋白和脱蛋白高压灭菌法、脱钙法、钴射线照射法等,而效果较好的是冷冻法和几种方法的综合性应用。

(2)功能锻炼　功能锻炼可以改善局部血液循环,增强骨质代谢,加速骨折修复和病肢的功能恢复,防止产生广泛的病理性骨痂、肌肉萎缩、关节僵硬、关节囊挛缩等后遗症。它是治疗骨折的重要组成部分。

骨折的功能锻炼包括早期按摩、对未固定关节作被动的伸屈活动、牵行运动及定量使役等。

①血肿机化演进期:伤后 1～2 周内,病肢局部肿胀、疼痛,软组织处于修复阶段,容易再发生移位。功能锻炼的主要目的是促进伤肢的血液循环和消肿。可在绷带下方进行搓擦、按摩,以及对肢体关节作轻度的伸屈活动。也可同时涂擦刺激药。这一时期患马应固定在柱栏内,要十分注意对侧健肢的护理。

②原始骨痂形成期:一般正常经过的骨折,2 周以后局部肿胀消退,疼痛消失,软组织修复,骨折端已被纤维连接,且正在逐渐形成骨痂。此期的功能锻炼,为了改善血液循环,减少并发症,最好能关在一间小的土地的厩舍内,任之自由活动,地面要保持清洁干燥。或是开始逐步作牵行运动,根据患马情况,每次 10～15 min,每日 2～3 次。10～15 天后,逐渐延长到 1～1.5 h。一般在最初几天牵行运动后,大多数患马可出现全身性反应,而且跛行常常加重,但以后可逐渐好转。

③骨痂改造塑型期:当患马已开始正常地用病肢着地负重时,可逐步进行定量的轻役,以加强患肢的主动活动,促使各关节能迅速恢复正常功能。

2. 开放性骨折的治疗

新鲜而单纯的开放性骨折，要在良好的麻醉条件下，及时而彻底地作好清创术，对骨折端正确复位，创内撒布抗菌药物。创伤经过彻底处理后，根据不同情况，可对皮肤进行缝合或作部分缝合，尽可能使开放性骨折转化为闭合性骨折，装着夹板绷带或有窗石膏绷带暂时固定。以后逐日对患马的全身和局部作详细观察。按病情需要更换外固定物或作其他处理。

软部组织损伤严重的开放性骨折或粉碎性骨折，可按扩创术和创伤部分切除术的要求进行外科处理。手术要细致，尽量少损伤骨膜和血管。分离筋膜；清除异物和无活力的肌、腱等软组织，以及完全游离并失去血液供给的小碎骨片。用骨钳或骨凿切除已污染的表层骨质和骨髓，尽量保留与骨膜和软组织相连，且保有部分血液供给的碎骨片。大块的游离骨片应在彻底清除污染后重新植入，以免造成大块骨缺损而影响愈合，然后将骨折端复位。如果创内已发生感染，必要时可作反对孔引流。局部彻底清洗后，撒布大量抗菌药物。如青霉素鱼肝油等。按照骨折具体情况，作暂时外固定，或加用内固定，要露出窗孔，便于换药处理。

在开放性骨折的治疗中，控制感染化脓十分重要。必须全身运用足量(常规量的一倍)敏感的抗菌药物 2 周以上。

3. 骨折的药物疗法和物理疗法

多数临床兽医认为用一定的辅助疗法，有助于加速骨折的愈合。骨折初期局部肿胀明显时，宜选用有关的中草药外敷，同时结合内服有关中药方剂。

中药方剂一：

乳　香	30 g	没　药	30 g	骨碎补	30 g	土鳖虫	30 g
血　竭	15 g	自然铜	15 g	汉三七	15 g	川　芎	15 g
刘寄奴	15 g	制川乌	15 g				

共为细末、开水冲调，候温灌服。

中药方剂二：

血　竭	100 g	没　药	50 g	川续断	50 g	煅然铜	50 g
当　归	25 g	红　花	25 g	川牛膝	50 g	骨碎补	50 g
乳　香	100 g	制南星	25 g				

共为细末，每一剂加黄酒 500 mL 为引，开水调，每日 1 剂，连服 5 剂以后酌情应用。

为了加速骨痂形成，增加钙质和维生素亦是需要的。可在饲料中加喂骨粉、碳酸钙和增加青绿饲草等。幼畜骨折时可补充维生素 A、维生素 D 或鱼肝油。必要时可以静脉补充钙剂。

骨折愈合的后期常出现肌肉萎缩、关节僵硬、骨痂过大等后遗症。可进行局部按摩、搓擦，增强功能锻炼，同时配合物理疗法如石蜡疗法、温热疗法、直流电钙离子透入疗法、中波透热疗法及紫外线治疗等，以促使早日恢复功能。

(六)骨折修复中的并发症

在骨折的修复中，若治疗不及时或处理不当，就可发生压痛、感染、延迟愈合、畸形愈合、不愈合等多种并发症。

1. 压痛

由外固定所引起的擦伤和轻微的压痛，多数患马是可以忍受的，对骨折的愈合一般没有影响。外固定对某些骨突起或关节囊所造成的大的压痛，一般在解除固定之后，经过适当的护理，也是可以治愈的。但若在骨折修复的早期、中期有严重压痛时，将会影响固定时间，常需改装外固定装置。

2.感染

骨折部的感染应着重于预防。骨折早期如果不能立即治疗，局部应作临时固定，以防止骨断端或碎骨片继续损伤周围的软组织和皮肤。软组织和骨膜的血液供应良好对减少感染的发生极为重要。开放性骨折污染明显的，必须及早作彻底的清创术。内固定手术应严格按照无菌技术要求先作外科处理，局部和全身应用敏感的抗菌药物直到感染控制后，再进行确实的固定。开放性骨折发生感染化脓或骨髓炎时，可用抗生素溶液冲洗，必要时在创口附近作一反对孔插入针头冲洗。

3.延迟愈合

即骨折愈合的速度比正常缓慢，局部仍有疼痛、肿胀、异常活动等症状。造成延迟愈合的原因很多，如骨折周围大的血肿和神经损伤或受压，整复不良或反复多次的整复，固定不恰当，骨折部感染化脓，创内存有死骨片等等。主要是骨膜和软组织破坏严重，局部血液循环不良，发生感染，从而影响骨的正常愈合，延长愈合时间。这些因素只要在治疗中正确对待，大部是可以避免和解决的。

4.畸形愈合

大多是骨折断端在错位的情况下愈合的结果。马骨折后移位的情况常常不易确定，造成复位不良或复位后固定不确实，特别是前臂或小腿部，肢体上粗下细，固定的绷带容易下滑移位。有的患马在无保护下过早的负重，有的则根本不固定，任之自由活动，致使骨折远近两端的重叠、旋转和成角移位等畸形未能矫正，造成骨折愈合后肢体姿势的畸形。

5.不愈合

是骨折断端的愈合过程停止。大多发生于延迟愈合。畸形愈合的许多原因未及时纠正，少数发生于内固定装置有异物反应。有大的骨缺损或骨断端间嵌有软组织等，这类骨折断端骨痂稀少，萎缩光圆，髓腔封闭，周围为结缔组织包裹，因而局部发生动摇。形成假关节。肢体变形，功能丧失。这类患马的处理，大都需进行手术，消除不愈合的原因后应用内固定加外固定，为骨的愈合重新创造适宜的条件。

三、骨髓炎

骨髓炎(osteomyelitis)是指化脓性细菌感染骨髓、骨皮质和骨膜而引起的炎症性疾病。临床上以化脓性骨髓炎为多见。按病情发展可分为急性和慢性两类。

(一)病因

化脓性骨髓炎主要因骨髓感染葡萄球菌、链球菌或其他化脓菌而引起。感染来源有以下三类。

(1)外伤性骨髓炎大多发生于骨损伤后，例如开放性骨折、粉碎性骨折或在骨折治疗中应用内固定等，病原菌可直接经由创口进入骨折端、骨碎片间，以及骨髓内而发生。

(2)蔓延性骨髓炎系由附近软组织的化脓过程直接蔓延到骨膜后，沿哈佛氏管侵入骨髓内而发病。

(3)血源性骨髓炎发生于蜂窝织炎、败血症、腺疫等情况下，骨组织受到损伤，抵抗力降低时，病原菌经由血液循环进入骨髓内引起发病。病原菌一般为单一感染。

患马骨髓炎的常发部位为四肢骨、上(下)颌骨、胸骨、肋骨等。

(二)病理

病原菌侵入骨髓后发生急性化脓性炎症。其后可能形成局限性的骨髓内脓肿，也可能发展为弥漫性骨髓的蜂窝织炎。

血源性骨髓炎时，脓肿在骨髓腔内迅速增大，穿破后病原菌通过骨小管达于骨膜下，形成骨膜下脓肿。脓肿将骨膜掀起使骨膜剥离，骨密质失去血液供给，造成部分骨质和骨膜坏死。随后脓肿穿破骨膜，进入周围软组织，形成软组织内蜂窝织炎或脓肿，经一定时间穿破皮肤而自溃，急性炎症症状逐渐消退。由于死骨的存在，即转入慢性骨髓炎阶段。临床上一些外伤性骨髓炎的病理过程，通常比较缓慢，常取亚急性和慢性经过。

在化脓性骨髓炎的病理过程中，被破坏的骨髓、骨质、骨膜在坏死和离断的同时，病灶周围的骨膜增生为骨痂，包围死骨和骨样的肉芽组织，形成死骨腔。断离的死骨片分解后由窦道自行排除，或经手术摘除之后，死骨腔就有可能被肉芽组织所填充，肉芽组织经过逐渐钙化而成为软骨内化骨，这种骨组织始终不具有正常的骨结构。另一种情况是死骨腔内的死骨片未能排出，从而成为长期化脓灶，遗留为久不愈合的窦道。

(三)症状

急性化脓性骨髓炎经过急剧，患马体温突然升高，精神沉郁。病部迅速出现硬固、灼热、疼痛性肿胀，呈弥漫性或局限性。压迫病灶区疼痛显著。局部淋巴结肿大，触诊疼痛。患马出现严重的机能障碍，发生于四肢的骨髓炎呈现重度跛行，下颌骨的出现咀嚼障碍、流涎等。血液检查白细胞增多。严重的病情发展很快，通常发生败血症。

经过一定时间脓肿成熟，局部出现波动，脓肿自溃或切开排脓后，形成化脓性窦道，临床上只要浓稠的脓液大量排出，全身症状即能缓解。通过窦道探诊，可感知粗糙的骨质面和探针进入到骨髓腔，若能用手指探查，可摸得更清楚。局部冲洗时，脓汁中常混有碎骨屑。

外伤性骨髓炎时，骨髓因皮肤破损而与外界相通，临床常取亚急性或慢性经过，可见窦道口不断地排脓，无自愈倾向。窦道周围的软组织坚实、疼痛、可动性小。由于骨痂过度增生，局部形成很大面积的硬固性肿胀，通常可见局部肌肉萎缩和患马的消瘦。

(四)治疗

应使患马保持安静，及早控制炎症的发展，防止死骨形成和败血症。

早期应运用大剂量敏感的抗生素以控制感染。必要时进行补液和输血以增强抵抗力等，来控制病变的发展。

由开放性骨折、创伤等引起的急性化脓性骨髓炎，要及时扩创，作清创术，清除坏死组织、异物和死骨，用含有抗菌药物的溶液冲洗创腔；已形成脓肿或窦道的，应及时手术切开软组织，分离骨膜，暴露骨密质，用骨凿打开死骨腔，清除死骨片；慢性病例用锐匙刮去死骨腔内肥厚的瘢痕和肉芽组织，消灭死腔，为骨的愈合创造条件。以后按感染化脓创治疗原则处理。肋骨骨髓炎可作部分肋骨骨膜下切除术。

为了确保术部的充分休息；防止发生病理性骨折，局部应装着夹板绷带或有窗石膏绷带固定。

第二节　关节疾病

一、关节捩伤

关节捩伤(关节扭伤,sprain of the joint)是指关节在突然受到间接的机械外力作用下,超越了生理活动范围,瞬时间的过度伸展、屈曲或扭转而发生的关节损伤。此病是马、骡常见和多发的关节病,最常发生于系关节和冠关节,其次是跗、膝关节。

(一)病因和病理

关节捩伤发病原因,在马常由于在不平道路上的重剧使役,急转、急停、转倒、失足登空、嵌夹于穴洞的急速拔腿、跳跃障碍、不合理的保定、肢势不良、装蹄失宜等。这些病因的主要致伤因素是机械外力的速度、强度和方向及其作用下所引起的关节超生理活动范围的侧方运动和屈伸。轻者引起关节韧带和关节囊的全断裂以及软骨和骨骺的损伤。急剧关节侧动,首先损伤侧韧带或同时损伤关节囊及骨组织,临床上最多见。韧带损伤常发生于骨的附着部,纤维发生断裂,若暴力过大,能撕破骨膜和扯下骨片,成为关节内的游离体。韧带附着部的损伤,可引起骨膜炎及骨赘。

关节囊或滑膜囊破裂常发生于与骨结合的部位,易引起关节腔内出血或周围出血,浆液性、浆液纤维素性渗出。如滑膜血管断裂时,发生关节血肿。或由于损伤其他软部组织,造成循环障碍、局部水肿。软骨和骨骺损伤时,软骨挫灭,骺端骨折,破碎小软骨片成为关节内的游离体。

(二)症状

关节捩伤在临床上表现有疼痛、跛行、肿胀、温热和骨质增生等症状。由于患病关节、损伤组织程度和病理发展阶段不同,症状表现也不同。

1.疼痛

原发性疼痛,受伤后立即出现,是关节滑膜层神经末梢对机械刺激的敏锐反应。炎性反应性疼痛,根据组织损伤程度和炎症反应情况而异。韧带损伤痛点位于侧韧带的附着点纤维断裂处,触诊可发现疼痛。他动运动有疼痛反应,举起患肢进行关节他动运动,只要使受伤韧带紧张,即使不超过其生理活动范围,立即出现疼痛反应,甚至拒绝检查。同时转动关节向受伤的一方,使损伤韧带弛缓,则疼痛轻微或完全无痛。当作他动运动检查,有时发现关节的可动程度远远超过正常活动范围,这是关节侧韧带断裂和关节囊破裂的严重表现,此时疼痛明显。

2.跛行

原发性跛行,受伤时突发跛行。行走数步之后,疼痛减轻或消失,这是原发性剧烈疼痛的结果。反应性疼痛跛行在伤后经 12～24 h,炎症发展为反应性疼痛,再次出现跛行,跛行程度随运动而加剧,中等度、重度捩伤时表现这种跛行,而且组织损伤的越重,跛行也越重。如损伤骨组织时表现为重度跛行。患马在站立时,如为中等度捩伤,患肢屈曲以蹄尖着地,免负体重;重度捩伤以蹄尖支柱,时时提起患肢或悬起不敢着地。

3. 肿胀

挫伤关节的肿胀，出现在病程的两个阶段。病初炎性肿胀，是关节滑膜出血。关节腔血肿、滑膜炎性渗出的结果特别是关节周围出血和水肿时，肿胀更为明显；另一种肿胀出现在慢性经过的骨质增殖，形成骨赘时，表现硬固肿胀。因四肢上部关节外被有厚的肌肉，患部肿胀不甚明显。轻度挫伤，基本没有明显肿胀，中等度挫伤有程度不同的肿胀，只在严重关节挫伤时，炎症反应越剧烈，肿胀也越重。

4. 温热

根据炎症反应程度和发展阶段而有不同表现。一般伤后经过半天乃至一天的时间，它和炎性肿胀、疼痛和跛行同时并存，并表现有一致性。仅在慢性过程关节周围纤维性增殖和骨性增殖阶段有肿胀、跛行而无温热。

5. 骨赘

慢性关节挫伤可继发骨化性骨膜炎，常在韧带附着处形成骨赘，因而存在长期跛行。

(三)治疗

关节挫伤的原则：制止出血和炎症发展，促进吸收，镇痛消炎、预防组织增生，恢复关节机能。

1. 制止出血和渗出

在伤后 12 天内，为了制止关节腔内的继续出血和渗出，应进行冷疗和包扎压迫绷带。冷疗可用冷水浴（将患马系于小溪、小河及水沟里，或用冷水浇）或冷敷。症状严重时，可注射加速凝血剂使患马安静。

2. 促进吸收

急性炎性渗出减轻后，应及时使用温热疗法，促进吸收。如温水浴（用 25～40℃温水浴，连续使用，每用 2～3 h 后，应间隔 2 h 再用）、干热疗法（热水袋、热盐袋）促进溢血和渗出液的吸收。如关节内出血不能吸收时，可作关节穿刺排出，同时通过穿刺针向关节腔内注入 0.25％普鲁卡因青霉素溶液。或使用碘离子透入疗法、超短波和短波疗法、石蜡疗法、酒精鱼石脂绷带，或敷中药四三一散（处方：大黄 4.0、雄黄 3.0，龙脑 1.0，研细，蛋清调敷）。

3. 镇痛

注射镇痛剂。可向疼痛较重的患部注射盐酸普鲁卡因酒精溶液（处方：普鲁卡因 2 mL、25％酒精 80 mL、蒸馏水 20 mL，灭菌）10～15 mL，或向患关节内注射 2.0％盐酸普鲁卡因溶液。或涂擦弱刺激剂，如 10％樟脑酒精、碘酊樟脑酒精合剂（处方：5％碘酊 20 g、10％樟脑酒精 80 mL），或注射醋酸氢化可的松。在用药的同时适当牵遛运动，加速促进炎性渗出物的吸收。韧带、关节囊损伤严重或怀疑有软骨、骨损伤时，应根据情况包扎石膏绷带。

对转为慢性经过的病例，患部可涂擦碘樟脑醚合剂（处方：碘 20 g、95％酒精 100 mL、乙醚 60 mL、精制樟脑 20 g、薄荷脑 3 g、蓖麻油 25 mL）每天涂擦 5～10 min，涂药同时进行按摩，连用 3～5 天。

4. 装蹄疗法

如肢势不良，蹄形不正时，在药物疗法的同时进行合理的削蹄或装蹄。在药物疗法的同时，可配合新针疗法或用氦氖激光照射、二氧化碳激光扩焦照射。

内服中药治疗：(1)止痛散：当归 30 g、乳香 15 g、没药 15 g、土鳖虫 30 g、煅自然铜 30 g、广地龙 30 g、大黄 30 g、胆南星 10 g、川牛膝 30 g、红花 20 g、炙骨碎补 30 g、甘草 15 g，共为细末，开水冲调，入蜂蜜 120 g、黄酒 200 mL 为引，候温一次灌服，每日 1 剂，连服 3～5 剂。(2)金樱子汤：金樱子 200 g，水煎取汁，入蜂蜜 120 g、黄酒 200 mL 为引，候温一次灌服，每日 1 剂，连服 3～5 剂。

(四)预后

除重症者外，绝大部分病例预后良好。但是凡发生关节捩伤，常引起关节周围的结缔组织增生，关节的运动范围变窄，多数不能完全恢复功能。

重症者，由于关节内外的病变，留下长期的关节痛，外伤性关节水肿、变形性骨关节病及关节僵直等后遗症。

二、关节挫伤

马、骡经常发生关节挫伤(contusion of the joint)，多发生于肘关节，腕关节和系关节，而其他缺乏肌肉覆盖的膝关节、跗关节也有发生。

打击、冲撞、跌倒、跳越沟崖，挽曳重车时滑倒等常引起关节挫伤。

致病的机械外力直接作用于关节，引起皮肤脱毛和擦伤，皮下组织的溢血和挫灭。关节周围软组织血管破裂形成血肿以及急性炎症。损伤黏液囊时，引起黏液囊炎。外力过大损伤翼状韧带及滑膜层的血管，在纤维层与滑膜层间将形成血肿。

轻度挫伤时，皮肤脱毛，皮下出血，局部稍肿，随着炎症反应的发展，肿胀明显，有指压痛，他动患关节有疼痛反应，轻度跛行。

重度挫伤时，患部常有擦伤或明显伤痕，有热痛、肿胀，病后经 24～36 h 则肿胀达高峰。初期肿胀柔软，以后坚实。关节腔血肿时，关节囊紧张膨胀，有波动，穿刺可见血液。软骨或骨骺损伤时，症状加重，有轻度体温升高。患马站立时，以蹄尖轻轻支持着地或不能负重。运动时出现中度或重度跛行。损伤黏液囊或腱鞘时，并发黏液囊炎或腱鞘炎。

治疗方法同关节捩伤。擦伤时，按创伤疗法处理。

(一)肘关节挫伤(contusion of the elbow joint)

主要发生于马、骡，常挫伤肘关节外侧，伤后局部肿胀疼痛，一般在病后第二天肿胀达最高潮。关节改变原形，紧张，跛行重于捩伤。

(二)腕关节挫伤(contusion of the carpal joint)

驮马、挽马都常发生腕关节挫伤，挫伤部位多在腕关节前面。

马、骡发病原因是在肢势不正或过度疲劳的基础上，驮载超重，突然跪倒，挽马在爬坡时跪倒，辕马在下坡路上滑倒，粗暴倒马时摔伤腕的前部等。

腕关节挫伤的特点，主要多发生在腕部前面。轻度挫伤皮肤或皮下软组织，即使发生擦伤，如及时合理治疗，可迅速治愈。如挫伤程度不重，但反复发生，常能引起皮肤、皮下组织慢性炎症，患部皮肤肥厚或形成瘢痕。当挫伤严重时，关节血肿时，局限性肿胀，初期波动、热痛，有明显混合跛行。出现蜂窝织炎时，腕关节高度肿胀、热痛，并发骨折时，症状更明显。有时并发腱鞘炎。

治疗除按关节捩伤处理外，对皮肤伤面，应按创伤处置，注意消毒，预防感染，清除伤内泥沙和挫灭坏死组织，包扎绷带。在进行治疗的同时，要使用胶皮、毛毡制成的护膝预防反复发生。为了预防复发，注意平整畜舍地面，对肢体弱并常发挫伤的患马注意使役管理。

(三)系关节挫伤(contusion of the fetlock joint)

马、骡较多发生系关节挫伤，伤后患部立即出现疼痛肿胀，经过 20～30 h 肿胀达高潮。站立时，屈腕以蹄尖着地，并表现中等或重度跛行。损伤组织严重时，伤后出现剧烈的疼痛和肿胀，关节腔大量出血时，明显跛行，经 2～3 h，随出血量的增加跛行同时加重，一时体温升高。关节肿胀波动并有捻发音，他动患关节有剧痛，感染并发关节周围蜂窝织炎时，关节囊初期炎症反应剧烈，肿胀疼痛温热。慢性经过关节囊肥厚，关节周围炎或关节粘连，运动不便。

三、关节创伤

关节创伤(wound of joint)是指各种不同外界因素作用于关节囊招致关节囊的开放性损伤。有时并发软骨和骨的损伤，是马、骡常发疾病，多发生于跗关节和腕关节，并多损伤关节的前面和外侧面，但也发生于肩关节和膝关节。

(一)病因

锐利物体的致伤，有刀、叉、枪弹、铁丝、铁条、犁铧等所引起刺创、枪创，钝性物体的致伤，如车撞、蹴踢，特别是冬季冰掌的踢伤，在冬季路滑、挽曳重车时、跌倒等引起的挫创、挫裂创等。

(二)症状

根据关节囊的穿透有无，分关节透创和非透创。

1. 关节非透创

轻者关节皮肤破裂或缺损、出血、疼痛，轻度肿胀。重者皮肤伤口下方形成创囊，内含挫灭坏死组织和异物，容易引起感染。有时甚至关节囊的纤维层遭到损伤，同时损伤腱、腱鞘或黏液囊，并流出黏液。非透创病初一般跛行不明显，腱和腱鞘损伤时，跛行显著。

为了鉴别有无关节囊和腱鞘的损伤时，可向关节内、腱鞘内注入带色消毒液，如从关节囊伤口流出药液，证明为透创。诊断关节创伤时，忌用探针检查，以防污染和损伤滑膜层。也可以作关节腔充气造影 X 线检查。

2. 关节透创

特点是从伤口流出黏稠透明、淡黄色的关节滑液，有时混有血液或由纤维素形成的絮状物。滑液流出状态，因损伤关节的部位以及伤口大小不同，表现也不同，活动性较大的跗关节胫距囊有时因挫创损伤组织较重，伤口较大时，则滑液持续流出；当关节因刺创，组织被破坏的比较轻，关节囊伤口小，伤后组织肿胀压迫伤口，或纤维素块的堵塞，只有自动或他动运动屈曲患关节时，才流出滑液。一般关节透创病初无明显跛行，严重挫创时跛行明显。跛行常为悬跛或混合跛行。诊断关节透创时，需要进行 X 线检查有无金属异物残留关节内。

如伤后关节囊伤口长期不闭合，滑液流出不止，抗感染力降低。则出现感染症状。临床常见的关节创伤感染为化脓性关节炎和急性腐败性关节炎。

急性化脓性关节炎，关节及其周围组织广泛的肿胀疼痛、水肿，从伤口流出混有滑液的淡黄色脓性渗出物，触诊和他动运动时疼痛剧烈。站立时以患肢轻轻负重，运动时跛行明显。患马精神沉郁，体温升高，严重时形成关节旁脓肿。有时并发化脓性腱炎和腱鞘炎。

急性腐败性关节炎，发展迅速，患关节表现急剧的进行性浮肿性肿胀，从伤口流出混有气泡的污灰色带恶臭味稀薄渗出液，伤口组织进行性变性坏死，患肢不能活动，全身症状明显，精神沉郁，体温升高，食欲废绝。

(三)治疗

1.治疗原则

防治感染，增强抗病力，及时合理的处理伤口，力争在关节腔未出现感染之前闭合关节囊的伤口。

创伤周围皮肤剃毛，用防腐剂彻底消毒。

2.伤口处理

对新创彻底清理伤口，切除坏死组织和异物及游离软骨和骨片，排除伤口内盲囊，用防腐剂穿刺洗净关节创，由伤口的对侧向关节腔穿刺注入防腐剂、禁忌由伤口向关节腔冲洗，以防止污染关节腔。最后涂碘酊，包扎伤口，对关节透创应包扎固定绷带。

限制关节活动，控制炎症发展和渗出。关节切创在清净关节腔后，可用肠线或丝线缝合关节囊，其他软组织可不缝合，然后包扎绷带，或包扎有窗石膏绷带。如伤口被凝血块堵塞，滑液停止流出，关节腔内尚无感染征兆时，此时不应除掉血凝块，注意全身疗法和抗生素疗法，慎重处理伤口，可以期待关节囊伤口的闭合。

在关节腔未发生感染之前，为了闭合关节囊伤口，可在伤口一般处置后，用自家血凝块填塞闭合伤口，效果较好。方法：在无菌条件下取静脉血适量，放于3～6℃处，待血凝后析出血清，取血凝块塞入关节囊伤口，压迫阻止滑液流出，可迅速促进肉芽组织增生闭合伤口。还可以同时使用局部封闭疗法。

对陈旧伤口的处理，已发生感染化脓时，清净伤口，除去坏死组织，用防腐剂穿刺洗涤关节腔，清除异物、坏死组织和骨的游离块，用碘酊凡士林敷盖伤口，包扎绷带，此时不缝合伤口。如伤口炎症反应强烈时，可用青霉素溶液敷布，包扎保护绷带。

3.局部理疗

为改善局部的新陈代谢，促进伤口早期愈合，可应用温热疗法，如温敷、石蜡疗法、紫外线疗法、红外线疗法和超短波疗法，以及激光疗法，用低功率氦氖激光或二氧化碳激光扩焦局部照射等。

全身疗法：为了控制感染，从病初开始尽早的使用抗生素疗法，磺胺疗法、普鲁卡因封闭疗法(腰封闭)、碳酸氢钠疗法。自家血液和输血疗法及钙疗法(处方：氯化钙10 g、葡萄糖30 g、苯甲酸钠咖啡因1.5 g、生理盐水溶液500 mL，灭菌，一次注射，或氯化钙酒精疗法(处方：氯化钙20 g、蒸馏酒精40 mL、0.9%氯化钠溶液500 mL，灭菌，马一次静脉内注射)。

四、关节脱位

关节骨端的正常的位置关系，因受力学的、病理的以及某些作用，失去其原来状态，称关节脱位(脱臼，dislocation)。关节脱位常是突然发生，有的间歇发生，或继发于某些疾病。本病多发生于髋关节和膝关节。肩关节、肘关节、指(趾)关节也可发生。

(一)分类

按病因可分为：先天性脱位、外伤性脱位、病理性脱位、习惯性脱位。按程度可分为：完全脱位、不全脱位、单纯脱位、复杂脱位。

(二)病因

外伤性脱位最常见。以间接外力作用为主，如蹬空、关节强烈伸曲、肌肉不协调地收缩等，直接外力是第二位的因素，使关节活动处于超生理范围的状态下，关节韧带和关节囊受到破坏，使关节脱位，严重时引发关节骨或软骨的损伤。

在少数情况是先天性因素引起的，由于胚胎异常或者胎内某关节的负荷关系，引起关节囊扩大，多数不破裂，但造成关节囊内脱位，轻度运动障碍，不痛。

如果关节存在解剖学缺陷，或者是曾经患过马腺疫、产后虚弱或者维生素缺乏的患马，当外力不是很大时，也可能反复发生间歇性习惯性脱位。马有时还可发生髋关节或者膝关节的脱位。

病理性脱位是关节与附属器官出现病理性异常时，加上外力作用引发脱位。这种情况分以下 4 种：因发生关节炎，关节液积聚并增多，关节囊扩张而引起扩延性脱位；因关节损伤或者关节炎，使关节囊以及关节的加强组织受到破坏，出现破坏性关节脱位；因变形性关节炎引发变形性关节脱位；由于控制固定关节的有关肌肉弛缓性麻痹或痉挛，引起麻痹性脱位。

(三)症状

关节脱位的共同症状包括：关节变形、异常固定、关节肿胀、肢势改变和机能障碍。

1. 关节变形

因构成关节的骨端位置改变，使正常的关节部位出现隆起或凹陷。

2. 异常固定

因构成关节的骨端离开原来的位置被卡住，使相应的肌肉和韧带高度紧张，关节被固定不动或者活动不灵活，他动运动后又恢复异常的固定状态，带有弹拨性。

3. 关节肿胀

由于关节的异常变化，造成关节周围组织受到破坏，因出血、形成血肿及比较剧烈的局部急性炎症反应，引起关节的肿胀。

4. 肢势改变

呈现内收、外展、屈曲或者伸张的状态。

5. 机能障碍

伤后立即出现。由于关节骨端变位和疼痛，患肢发生程度不同的运动障碍，甚至不能运动。

由于脱位的位置和程度的不同，这 5 种症状会有不同的变化。在诊断时，根据视诊、触诊、他动运动与双肢的比较不难做出初步诊断；但是，当关节肿胀严重时，需做 X 线检查以做出正确的诊断。同时，应当检查肢的感觉和脉搏等情况，尤其是骨折是否存在。

(四)预后

影响因素包括动物的种类、关节的部位、发生的时间长短、关节及周围组织损伤的程度、外伤与骨折，关节内是否出血、骨折、骨骺分离、韧带、半月板和椎间盘的损伤情况等。当未出现合并损伤而且整复及时的时候，固定的好坏决定预后的效果。如果并发关节囊、腱、韧带的损伤或者有骨片夹在骨间并且并发骨折时，很难得到令人满意的整复效果。病理性脱位时，整复后仍可能再次发生关节的脱位。

有些病例没有经过治疗，当肿胀逐渐消退后，患关节可以恢复到一定的程度，但是会遗留比较明显的功能障碍；当关节囊和关节周围软组织发生结缔组织化时，关节的功能不能完全恢复正常。

(五)治疗

治疗原则：整复、固定、功能锻炼。

整复就是复位。复位是使关节的骨端回到正常的位置，整复越早越好，当炎症出现后会影响复位。整复应当在麻醉状态下实施，以减少阻力，易达到复位的效果。

整复的方法有按、揣、揉、拉和抬。在成年马关节脱位的整复时，常采用绳子将患肢拉开反常固定的患关节，然后按照正常解剖位置是脱位的关节骨端复位；当复位时会有一种声响，此后，患关节恢复正常形态。为了达到整复的效果，整复后应当让动物安静1～2周。对于不易复发的部位可外用中药：透骨草60 g、伸筋草60 g、当归30 g、乳香30 g、没药30 g、苏木30 g、防风30 g、红花15 g、刘寄奴25 g、海桐皮25 g、白芷25 g、川椒15 g，水煎取汁，趁热擦洗患部，每日2次，连用3～5 d。

对于易复发的部位，固定是必要的。整复后，下肢关节可用石膏或者夹板绷带固定，经过3～4周后去掉绷带，牵遛运动让患马恢复。在固定期间用热疗法效果更好。由于上肢关节不便用绷带固定，可以采用5%的灭菌盐水或者自家血向脱位关节的皮下做数点注射(总量不超过20 mL)，引发周围组织炎症性肿胀，因组织紧张而起到生物绷带的作用。

五、滑膜炎

滑膜炎(synovitis)是以关节囊滑膜层的病理变化为主的渗出性炎症。

按病原性质可分为无菌性和感染性；按渗出物性质可分为浆液性、浆液纤维素性、纤维素性、化脓性及化脓腐败性滑膜炎；按临床经过可分为急性、亚急性和慢性滑膜炎。

(一)浆液性滑膜炎

浆液性滑膜炎(serosynovitis)的特点是不并发关节软骨损害的关节滑膜炎症。临床常见于马的肩关节、系关节、膝关节及跗关节的急性和慢性滑膜炎。

引起该病的主要原因是损伤，如关节的捩伤、挫伤和关节脱位都能并发滑膜炎；幼龄马过早的重使役，马在不平道路、半山区山区或低湿地带挽曳重车，肢势不正、装蹄不良及关节软弱等也容易发生；有时也是某些传染病(马腺疫)的并发病，急性风湿病也能引起关节滑膜炎。

本病的特点是滑膜充血，滑液增量及关节的内压增加和肿胀。急性炎症病初滑膜及绒毛充血，肿胀，纤维蛋白的浆液渗出物大量浸润、以后关节腔内存有透明或微浑浊(因内含有白细胞、剥脱的滑膜细胞及大量蛋白)的浆液性渗出物，有时浆液中含有纤维素片。重外伤性滑膜炎滑膜破损较重，滑液(渗出物)有血红色。一般病例关节软骨无明显变化。

如若原发病因不除掉，例如轻度的捩伤、挫伤等反复发生或有肢势不良及关节软弱等因素存在时，则容易引起慢性滑膜炎，但也有个别病例不是来自急性滑膜炎，而是逐渐发生的。慢性过程的特点是滑膜，特别是纤维囊由于纤维性增殖肥厚，滑膜丧失光泽，绒毛增生肥大、柔软，呈灰白色或淡蓝红色。关节囊膨大，贮留大量渗出物，微黄透明，或带乳光，黏度很小，有时含有纤维蛋白丝，渗出物量多至原滑液的15～20倍，其中含有小量淋巴细胞、分叶核白细胞及滑膜的细胞成分。慢性关节滑膜炎多发生于马的系关节、跗关节和膝关节。

1. 症状

急性浆液性滑膜炎：关节腔积聚大量浆液性炎性渗出物，或因关节周围水肿，患关节肿大，热痛，指压关节憩室突出部位，明显波动。渗出液含纤维蛋白量多时，有捻发音。他动运动患关节明显疼痛。站立时患关节屈曲，免负体重。两肢同时发病时交替负重。运动时，表现以支跛为主的混跛。一般无全身反应。

慢性浆液性滑膜炎：关节腔蓄积大量渗出物，关节囊高度膨大。触诊只有波动，无热痛。临床称此为关节积液。他动运动屈伸患关节时，因积液串动，关节外形随之改变。一般病例无明显跛行，但在运动时患关节活动不灵。还由于流体动力的影响，关节屈伸缓慢，容易疲劳。如积液过多时，常引起轻度跛行。

2. 治疗

治疗原则：制止渗出，促进吸收、排出积液、恢复功能。

急性浆液性滑膜炎时，保持患马安静。为了镇痛和促进炎症转化，可使用 2%利多卡因溶液15～25 mL 患关节腔注射，或 0.5%利多卡因青霉素关节内注入。

为了制止渗出，病初可用冷疗法，包扎压迫绷带或石膏绷带，适当制动。

急性炎症缓和后，为了促进渗出物吸收，可应用温热疗法，一般用干温热疗法，或饱和盐水、饱和硫酸镁溶液湿绷带，或用樟脑酒精、鱼石脂酒精湿敷。也可以使用石蜡疗法及离子透入疗法等。制动绷带一般两周后拆除即可。

对慢性滑膜炎可用碘樟脑醚涂擦后结合用温敷，或应用理疗，如碘离子透入疗法、透热疗法等。还可用低功率氦氖激光患关节照射或二氧化碳激光扩焦患部照射。

关节积液过多，药治无效时，可穿刺抽液，同时向关节腔注入盐酸利多卡因青霉素溶液，包扎压迫绷带。

可的松疗法效果较好，可用于急、慢性滑膜炎，常用醋酸氢化可的松 2.5～5 mL 加青霉素20 万 IU，用前以 0.5%盐酸利多卡因溶液 1∶1 稀释患关节内注射，隔日一次，连用 3～4 次。在注药前先抽出渗出液适量(40～50 mL)然后注药。也可以使用强的松龙。

(二)化脓性滑膜炎

化脓性滑膜炎(suppurative synovitis)是关节化脓性炎症的初发阶段，化脓感染仅局限于关节滑膜层，临床所见的关节化脓感染多为此种类型。但是，由于原因的不同、组织损伤的程度、病原菌的种类和毒力、机体抗感染能力的强弱以及治疗效果等，导致关节的感染化脓的程度也不同。如若病势不断发展，可能感染侵害关节纤维层和韧带(化脓性关节囊炎)、软骨和骺端(化脓性全关节炎)，则往往并发关节周围组织的化脓性炎症、骨髓炎等，结局或在早期阶段消灭感染恢复正常；或引起全身化脓性感染。此病常发生于马的肘关节、腕关节及系关节。

1. 病因与病理

本病主要是化脓菌引起的关节内感染。病原菌的侵入经路为：关节创伤感染；邻近软组织或由骨的感染所波及；马去势创化脓病灶的转移；马的败血病所引起多发性关节炎。

血行感染病原菌多为葡萄球菌、链球菌、大肠杆菌、坏死杆菌等。初生畜的血行感染常为大肠杆菌和链球菌。还有脐带感染(初生驹的副伤寒杆菌)，或为某些传染病(马腺疫)的并发症。除细菌性感染外，还有霉形体、病毒和真菌性感染。

2.症状

化脓性滑膜炎：比浆液性滑膜炎的症状剧烈，并有明显的全身反应，体温升高(39℃以上)，精神沉郁，食欲减少或废绝。患关节热痛，肿胀，关节囊高度紧张，有波动。站立时患肢屈曲，运动时呈混合跛行，严重时卧地不起，穿刺检查容易确诊。

关节透创时，由伤口流出混有滑液的脓液，但有时因伤口过小或被纤维蛋白凝块堵塞时，只有在屈伸患关节时，能明显流出脓液。

化脓性关节囊炎：是化脓性滑膜炎症的感染进一步发展，感染发展至侵害纤维层和韧带。在关节软组织中形成脓肿或蜂窝织炎。患部显著肿胀，关节外形展平，发热疼痛。如有瘘管或伤口则由此处流出脓液。他动运动有剧痛，患马高度跛行，患肢不能负重。精神沉郁、食欲减退、体温增高。

化脓性全关节炎：化脓性滑膜炎病后经2～3周后，如病势过重或治疗不当，有时发展到关节的所有组织滑膜层、关节囊、软骨、骺端及关节周围组织都引起发病。并发关节周围炎及蜂窝织炎。由于关节腔脓液蓄留过多，关节囊扩大，易引起扩延性关节脱位。关节囊、软骨及骺端的破坏是引起破坏性关节脱位的原因。患关节热痛，肿胀硬固，关节旁组织形成脓肿或瘘管。患肢炎性水肿。患马站立提屈患肢。常卧地不起。重度跛行。患肢肌肉表现萎缩。患马精神沉郁，无食欲，体温39～41℃。慢性病例表现间歇热型，患马逐渐消瘦。

临床诊断时，首先作滑液检查是识别滑膜炎类型、病原体及病的发展阶段时间及组织的受害程度。在区别诊断方面应注意与化脓性黏液囊炎、化脓性腱鞘炎鉴别。

3.预后

急性化脓性滑膜炎，及时妥善治疗，一般预后良好。化脓性关节囊炎、化脓性全关节炎多数并发全身症状，预后不定或不良，往往死于治疗不当和不及时，慢性化脓性滑膜炎常遗留关节僵直后遗症，高度运动障碍，失去其经济价值。

4.治疗

治疗原则：早期控制与消灭感染、排出脓液减少吸收、提高抗感染能力。

原发性关节创伤，做周密的创伤处理，按关节创伤处置。

为了控制与消灭感染，参照滑液检查反应，全身应用大剂量的抗生素和磺胺制剂，患关节包扎制动绷带。排除脓液，局部外科处理后，穿刺排脓，然后用0.5%盐酸利多卡因溶液洗至滑液透明为止，再向关节内注入利多卡因青霉素和链霉素。

患关节肿胀严重时，可用普鲁卡因封闭。

化学疗法药物很多，药物的选择应注意到对用药的反应，患马用药的经过史，现症及病的发展趋势等。有的病例须作早期大剂量冲击疗法，可取得明显效果。某些病马体内产生抗青霉素的青霉素酶，对青霉素有抗药性，葡萄球菌感染，当用青霉素无效时，应及时选用其他抗生素，在滑液中持续时间较长，对马的化脓性滑膜炎、化脓性全关节炎效果显著。当马感染金黄色葡萄球菌性化脓性滑膜炎和化脓性全关节炎时，用新青霉素Ⅰ(methicillin)效果良好。

在使用强力化学疗法已控制住局部化脓情况下，在治疗用药的第5～6天，为了加强抗炎、抑制渗出和预防转为慢性、作为辅助手段可用类固醇激素和蛋白分解酶进行治疗。

系关节化脓性滑膜炎蓄脓过多时，可切开。正面切开在系关节前面指总伸肌腱侧方垂直切开5～6 cm，侧面切开部位在内、外两侧掌骨远端与悬韧带之间垂直切开3～4 cm。切开后用0.25%～0.5%盐酸利多卡因青霉素溶液、生理盐水冲洗关节腔。

关节周围脓肿时，切开按化脓创处理。

严重的关节囊蜂窝织炎时，切口要大，便于排脓和洗涤。

在治疗中注意全身疗法，广泛使用抗菌、强心、利尿及健胃剂。对原发传染病进行彻底治疗。

对患马加强护理，起立困难，长时间侧卧时，注意预防褥疮和治疗，特别是驹不能采食、吸乳时，须加强人工喂饲，以防衰竭。

六、关节周围炎

凡发生在关节滑膜以外的纤维层、韧带及关节骨膜的慢性炎症，均称为关节周围炎(periarthritis)。此病多发生于马的腕关节，跗关节、系关节和冠关节，特别是前二者比较多见。

(一)病因

常继发于关节的捩伤、挫伤、关节脱位及骨折等，因关节剧伸，韧带、关节囊的抵止部的滑膜发生撕裂，有时并发于关节囊的蜂窝织炎，以及凡能使关节边缘的骨膜长期受刺激的慢性关节疾病，关节烧烙和涂强刺激剂都能引起关节周围炎。

(二)症状

本病可分为慢性纤维性关节周围炎和慢性骨化性关节周围炎两种。

慢性纤维性关节周围炎时，患关节出现无明显热痛、界限不清的坚实性肿胀，关节粗大，外形稍平坦，关节活动范围变小，他动运动有疼痛。运动时关节不灵活，特别是在休息之后，运动开始时更为明显，继续运动一段时间后，此现象逐渐减轻或消失，久病可能因增生的结缔组织收缩，发生关节挛缩。

慢性骨化性关节周围炎时，由于纤维结缔组织增殖，骨化，关节粗大，活动性小，甚至不能活动，肿胀坚硬无热痛。硬肿部位根据骨赘或骨瘤的部位不同，有的在某侧，有的在关节的屈面或伸面，有的包围全关节。肿胀部位皮肤肥厚，可动性小。运动时，关节活动不灵活(强拘)、屈伸不充分，并根据骨质增生的程度、部位的不同，机能障碍的程度也不同。有的跛行明显，有的仅在运动开始时出现跛行，有的不出现跛行。休息时不愿卧倒，卧倒时起立困难。病久患肢肌肉萎缩。诊断本病时，对有疑问的病例，可进行传导麻醉或X线检查。

(三)治疗

对慢性纤维型关节周围炎，应用温热疗法、酒精温敷、可的松皮下注射、透热疗法及碘离子透入疗法。可试用二氧化碳激光扩焦患部照射。

已发展到骨化性关节周围炎时，可参考骨关节炎和骨关节病疗法。

七、骨关节炎

骨关节炎(osteoarthritis)是关节骨系统的慢性增生性炎症，又称慢性骨关节炎。在关节软骨、骨骺、骨膜及关节韧带发生慢性关节变形。并有机能障碍的破坏性、增殖性的慢性炎症，所以又称慢性变形性骨关节炎。最后导致关节变形、关节僵直与关节粘连。

骨关节炎与骨关节病是两种不同的慢性经过的骨关节疾病。其不同点是：第一，骨关节炎系来自急性炎症过程(包括原发性慢性型)的慢性骨关节炎，而骨关节病是骨关节的慢性变性疾病;第二,按病因、病理发生、病理解剖以及X射线诊断上的某些点是完全不同的,骨关节炎最终引起关节骨性粘连,骨关节病却不发生粘连。二者都是马属动物常见危害性较大的关节疾病,临床症状有很多相似之处。

(一)病因

骨关节炎是急性关节炎症过程的晚期阶段,各种关节损伤,如关节的扭伤、挫伤、关节骨折及骨裂等,都是发生骨关节炎的基本原因。甚至关节骨组织的轻微损伤,如骨小梁破坏、骨内出血及韧带附着部的微小断裂等引起轻微的或几乎不易见到临床症状的病理过程,最后可发展为骨关节炎。此外,也可能继发于风湿病。化脓性关节炎最后也可引起骨关节炎。

马的肢势不正、关节的结构不良、削蹄装蹄不当等为发生骨关节炎的内在因素。

(二)病理发生

骨关节炎是由关节各组织急性炎症过程发展而来的,病理发生决定于原发性炎症的部位,有的可能由关节软骨、骨骺或骨膜先开始发病;有时是单一组织发病,有时是几种组织同时发病。骨膜的炎症过程,由急性炎症转为慢性骨化性骨膜炎;形成骨赘或外生骨疣。当关节软骨受损伤时,软骨迅速破坏,发生于骨的变化是骨质损伤及骨关节面的破坏,随后出现骨性肉芽组织;骨关节粘连,骨质硬化,关节滑液量减少。有的可能开始于关节囊的纤维层、滑膜层以及关节韧带和周围的软组织慢性增生性炎症,引起结缔组织增生。

骨关节炎常发生于关节的内侧面,与肢体的负重和承受压力有关,在肩关节和跗关节更为显著。

(三)症状

骨关节炎的主要临床症状是跛行和关节变形(畸形)。原发于急性关节炎时有关节急性炎症病史,转为慢性炎症过程表现骨关节炎的特有症状。关节骨化性骨膜炎时,形成骨赘或外生骨疣,关节周围结缔组织增生,关节变形以及关节粘连。因此,表现跛行,跛行的特点是随运动而加重,休息后减轻。这些病状较为明显。发生于反复微小的损伤时,只在病的晚期逐渐呈现临床症状,病初不明显。

(四)诊断

病初诊断有一定困难,当已发展为慢性变形性骨关节炎时,容易诊断。为了与骨关节病、关节周围炎的鉴别诊断及查明病程阶段,必须进行X线检查,判明有无外生骨赘和关节粘连。但在骨关节病时,可见骨质增生,无关节粘连。

跗关节骨关节炎在X线像上表现患关节粘连,关节间隙消失,临床上见到的关节肿胀处,在X线像上反映为骨赘形成和关节韧带骨化。关节屈曲试验阳性,与骨关节病相同。

慢性骨关节炎晚期常发生患肢肌肉萎缩及蹄变形。

为了区别患肢的某一关节发病,可进行传导麻醉。

(五)预后

跗关节骨关节炎发生于活动性较小的关节(中央跗骨与第三跗骨间)时,最终关节粘连,跛行减轻或消失,预后尚可;胫跗关节骨关节炎常伴发顽固性难以消除的跛行,预后不良。

(六)治疗

合理地治疗早期的急性炎症,可以在病初阶段控制与消除炎症,有利于防止本病的发生。当在临床上已发现慢性渐进性骨关节炎症状时,必须给患马45～60 d的休息;患部涂刺激性药物，或用离子透入疗法。为了消除跛行，促进患关节粘连，可用关节穿刺烧烙法（在跗关节骨关节炎）。顽固性跛行，可进行截神经术。

1.慢性肩关节骨关节炎

患关节边缘骨质赘生，形成骨赘或骨疣，关节变形粗大，或弥漫性肿胀，肿胀硬固，轻微疼痛或无痛。关节皮肤硬固。关节进行性僵直、跛行。站立时患肢屈曲。运动时，活动性变小，他动运动有疼痛。跛行随使役的紧张而加重，休息后减轻，病马起卧感到困难，患肢肌肉萎缩。

2.慢性系关节骨关节炎

常在患关节内侧或背侧面形成外生骨赘，变形粗大，或弥漫性肿胀，肿胀硬固，疼痛轻微或无痛。患关节进行性僵直，表现中等度支跛。站立时患关节屈曲，运动时患关节迈出困难，他动运动患关节有疼痛。跛行特点同前。

3.慢性膝关节骨关节炎

病初缺乏临床上形态学变化，有轻度支跛。跛行程度随关节软骨和骨骺的破坏性变化的发展逐渐加重，站立时屈曲患肢的膝、跗关节，高抬患肢。两膝关节同时发病时表现交替负重。运动时患肢蹄尖轻轻着地，磨损蹄尖。快步运动感到困难。患关节变形时特别是关节周围型骨关节炎，患部硬固粗大无痛，以患关节内侧胫骨头附近最明显。股四头肌和臀肌明显萎缩。

4.慢性跗关节骨关节炎

患关节肿胀部位不规律，有时位于胫距关节的内侧和外侧面，肿胀硬固。关节仍有一定活动性，此时表明病变主要集中于关节囊。当患关节已失去活动性时，表明关节发生粘连，肿胀硬固无热痛。有时胫距关节、中心跗骨与第三跗骨及第三跗骨与第三跖骨间同时发病，关节变形严重粗大，患肢运动开始跛形较重，随运动逐渐减轻。

八、骨关节病

四肢关节慢性非渗出性关节骨组织系统的退行性变性疾病，称骨关节病（osteoarthropathy）又称变形性关节病，缺乏病理解剖的炎症变化，表现为明显的变性、破坏与反应性修复的慢性病理过程。病变发生于关节软骨、骨骺及关节小骨之间。

常发于肩关节、腕关节、膝关节、跗关节及系关节，是马、骡的多发关节疾病，特别多发于跗关节。跗关节骨关节病曾有惯用旧名“飞节内肿”之称，实际是包括骨关节病与骨关节炎。跗关节骨关节病常发生在缺乏活动性的关节（多在中央跗骨与第三跗骨之间），发病部位多在该关节的内前侧。

（一）病因

在正常情况下，四肢关节不论在静止或运动时，关节面的接受压力与抗压力、摩擦与抗摩擦，都保持着相对的平衡状态。马、骡的钙磷代谢失调，骨软症，维生素缺乏，肢势不正（内弧肢势、外弧肢势、外向肢势），肢体内侧负重偏大，关节发育不良（关节狭小与负重需要不适应）等是发病的主要内因；削蹄、装蹄失宜，幼驹过早使役，突然在坚硬不平道路上剧烈使役，奔驰中的急转急停，辕马用力后退等诱因，能促使具有上述内因的马、骡的关节接受压力过重、过激，以及超生理范畴的摩擦与压迫，使关节的动力平衡受到破坏，均容易引起骨关节病。

（二）病理发生

骨关节病初期有关节软骨的慢性变性，关节软骨失去光泽，弹性减退，在磨损、破坏及消耗变性过程中，软骨表面凹凸不平、粗糙、纤维解离，在软骨上发生大小不等的缺损，关节骨面暴露。在失去软骨的关节骨面，由于相互摩擦和冲击压迫，使骨组织受到损伤，松质骨的骨小梁有的遭到轻微的破坏，在骨的边缘由于骨膜受刺激发生骨质增生。在骨组织系统的变性破坏的基础上，引起反应性修复，骨组织发生增生，增生的骨质一般比较疏松，最终出现关节变形。关节面的密质骨增厚，致密硬化。关节滑液常为混浊，有时含有少量絮状物。

（三）症状

骨关节病是逐渐发生发展而形成，早期症状不明显，不易确诊，只有在疾病的发展中，关节功能出现障碍时，一般在临床上只见跛行，无明显的局部变化（如跗关节骨关节病时，一般称为隐性飞节内肿）。当骨质增殖形成骨赘时，骨赘多在韧带附着处，关节变形，跛行明显，以混合跛行为主，其特点是随运动减轻。有时虽患关节明显变形，但跛行不甚明显。患病过久，患肢肌肉萎缩，关节不粘连。

（四）诊断

跗关节骨关节病的诊断较难，应注意与跗关节骨关节炎鉴别诊断。常用下列四种方法。

跗关节屈曲试验阳性，与跗关节骨关节炎、膝关节骨关节炎及骨关节病均表现相同反应。因此，必须参考其他诊断方法作细致的鉴别。

用诊断麻醉确定病变部位。

触摸跗关节沟，正常马、骡的跗关节，在剪毛或剃毛后可摸到四道关节沟：一是第二跖骨与第三跖骨，第四与第三跖骨之间的垂直沟；二是第三跗骨与第一、二跗骨之间的垂直沟；三是第三跗骨与第三跖骨之间的横沟；四是第三跗骨与中央跗骨之间的横沟。第三、四条横沟表现不清是骨关节病的特征。

X线检查，骨关节病的X线像特点：第一是患关节骨间隙比正常的狭窄，在中央跗骨第三跗骨间最狭窄，不论病程长短与症状轻重，患关节的间隙都不消失，反之，跗关节骨关节炎因关节粘连，见不到骨间的间隙；二是中央跗骨、第三跗骨及第三跖骨的近端骨质因硬化。表现骨的影像改变；三是中央跗骨及第三跗骨内侧面有骨质增生（骨赘）。

根据上述X线的表现特点，可进一步确定骨关节病的病性和病理过程的阶段时期。

（五）预后

发病早期，预后慎重，少数不良；慢性经过至晚期并长期存在跛行者，预后不良。

（六）治疗

早期发现与早期治疗，消除跛行，恢复功能。

早期治疗以镇痛和温热疗法为主，或用封闭疗法。温热疗法用透热疗法、短波疗法等调节代谢，促进修复。

晚期治疗以消除跛行、恢复功能为主，为使已形成骨赘、能微动的患关节发生粘连，消除跛行，保存畜力，可应用强刺激疗法，诱发患部骨关节出现急性炎症，以达到关节粘连消除跛性。涂擦5%碘化汞软膏、斑蝥软膏，包扎绷带，观察疗效。或用1∶12的升汞酒精溶液涂于患部，每天一次用至皮肤结痂为止，休息7天可再用药，连用3次。分注2～3点，诱发急性炎症。或用穿刺烧烙疗法促进关节粘连，局部剃毛、消毒。麻醉后，于中央跗骨与第三跗骨之间骨赘明显处向深部穿刺烧烙2～3点（跗关节骨关节病时），用碘仿火棉胶封闭烧烙孔，包扎无菌绷带。此外，需要配合进行削蹄、装蹄疗法。蹄踵过低的马、骡，削蹄时应注意保护蹄踵，或在装蹄时加橡胶垫,或装着特殊蹄铁,如用内侧铁支剩缘宽的蹄铁、剩尾长的蹄铁及铁头部不设上弯的蹄铁等。

胫前肌腱内支切断术,可消除跛行,效果较好。

(七)预防

加强饲养管理、注意补给维生素C和钙盐。不饲喂霉败饲料,预防骨软病。提高使役技术,改善使用方法,调整使役,如轮换使辕马等。普及护蹄知识,提高削蹄、装蹄质量。对不正肢势、不正蹄形马、骡,作好矫形装蹄。定期检查护蹄、饲养管理和使役情况,发现问题及时排除。

1.跗关节骨关节病

常发生于马(骡)的某后肢,两后肢同时发病较少,有时一肢发病,经过一定时间他肢又发病。以跛行和关节变形位主要症状。

跛行的特点是在整个病程中都存在跛行,但程度不同,发病早期常为支跛,随病势激化表现以支跛为主的混跛。患马站立以蹄尖着地或屈曲系关节,不时起落患肢。如两后肢发病则交替负重。他动伸展,患关节有疼痛。运动时跗关节屈曲不全,患肢提起慢而低,蹄尖先着地。运动开始时跛行明显,随运动逐渐减轻,甚至消失。经过短时间休息后再运动,仍跛行明显。

关节变形来源于骨质增生。骨赘多发生于中央跗骨和第三跗骨之间、第三跗骨与第三跖骨之间(比较少些)的关节边缘,很少发生在距骨与中央跗骨之间。变形部位多在患关节的内前面,呈扁平形,无痛无热。

2.腕关节骨关节病

发病部位常在腕掌关节和腕骨间关节、主要症状是跛行和关节变形。跛行特点是站立时负重不确实,运动时腕关节活动不灵活,表现轻度或中等度的混跛。快步易跌。

关节变形部位多在腕关节的内侧或背侧,骨质增生形成骨赘,一般不侵及桡腕关节。患关节粗大肿胀硬固,无热无痛。他动运动患关节屈伸不灵活,有抵抗感,表现疼痛。

九、骨软骨炎

骨软骨炎(osteochondritis)是动物局部或全身性的软骨内骨化障碍,即骨发育不良所致。常危害关节骨骺和干骺端软骨。以肩关节、肘关节、系关节、髋关节、膝关节和跗关节多发。

本病可引起多种临床症状,最常见的有分离性骨软骨炎和软骨下囊状损伤(骨囊肿)两种。多见于赛马。近些年发病率逐渐增多的趋势。

(一)病因及病理发生

1.营养和生长速度关系

马属动物。若摄入的其他营养成分正常,仅蛋白质过剩,对软骨和钙的吸收利用并无影响,很少发病。但是蛋白和能量同时过剩,则发病率显著上升。

2.外伤

广泛的压迫可影响成熟过程中的软骨细胞的正常生长,反复的外伤可能造成软骨骨折以及骨的离断。

3.遗传因素

目前认为归因于动物遗传性生长速度过快。

4.激素代谢失调

骨钙化过程是在激素控制下进行的。雌性激素和睾酮抑制软骨细胞的增殖;糖皮质激素抑制骨骼生长;生长激素调节软骨细胞的有丝分裂;甲状腺素是软骨细胞成熟和增殖所必需的。已知激素代谢可调可引起骨生长紊乱。但激素在本病发生中的作用机理尚未完全清楚。

本病的发生一般认为主要因外伤引起软骨下骨缺血性坏死所造成。其早期变化是软骨内骨化异常。软骨内骨化包括软骨增殖、成熟和钙化,最后形成骨。软骨基质的钙化导致软骨细胞的死亡。结局形成新的骨质。

在本病发生时软骨细胞正常增殖,但其成熟和分化过程异常。在病的进展中随着软骨细胞继续增殖,而被保留于周围的软骨下骨内。接着,较深层的软骨发生坏死,于是在坏死软骨内出现许多裂隙。如发病面积大,这些裂隙可延伸到关节表面,导致分离性骨关节炎。反之面积局限较小,坏死软骨就成了软骨下骨内的一个局部缺损—软骨囊状损伤。

该两种情况,软骨下骨小梁都变得很致密,同时骨髓腔内发生纤维性组织增生。

(二)症状

本病的临床特点:分离性骨软骨炎多发于两岁以下幼龄动物的股膝关节和胫跗关节。股骨远端发病往往跛行,而胫跗关节则无跛行,关节渗出性病变明显。

软骨下囊状损伤多发于老马,病初跛行不明显或间歇性跛行,晚期有时跛行严重。一般不出现渗出性病变。

患关节滑液检查,一般正常或有轻度炎症反应。有核细胞总数在 1 000/mm^3 以下,蛋白质水平一般在 1.5～3 g/100 mL 之间。

病理学和 X 线所见,胫骨正中嵴远端常出现一块以上的碎片,附于胫骨上。患部在股骨远端侧滑车嵴时,出现疏松骨片,或在关节内呈游离小体。患部周围的软骨出现皱缩和变软。X 线照片上显示出软骨下骨轮廓不规则并有断裂。

镜检可见软骨退化、裂隙、软骨下骨小梁变粗,骨髓间隙出现纤维组织增生。

(三)治疗

本病有保守与手术疗法两类,以何为主尚待探究。

1.保守疗法

主要针对症状轻微、发病时间短的患马。休息静养。应用非固醇类抗炎药物。

2.手术疗法

主要针对症状严重、病程持续 2 个月以上的患马。若 X 光摄影有明显的分离性骨软骨炎和脱落的软骨片者,必须采取手术治疗。

常规关节手术,首先切开关节,暴露患部,取出游离软骨片,用钻或匙刮除损伤部的软骨达骨实质。然后闭合关节。

关节镜手术,有条件的可借助关节镜完成手术过程。

胫跗关节骨软骨炎:跛行兼有渗出时,进行关节手术,摘除骨软骨片。有渗出而无跛行时,手术效果较好,特别是对赛马。

股膝关节骨软骨炎:X 线证明存在骨碎片和疏松小体,宜手术,效果较好。若膝盖骨滑车侧嵴有明显缺损,不宜手术。膝盖骨远端损伤也可以手术。

肩部骨软骨炎:很少见到游离骨碎片,但一般都出现第二次退行性关节病,以保守疗法为主动。

指(趾)关节骨软骨炎:若一肢发病存有骨碎片时可行手术,多肢则不可。

软骨下囊状损伤的治疗:过去很多人主张保守疗法,加大患马的运动量,可使病情好转,囊消失。但不排除手术的疗效。要根据患部、病情酌情决定治疗方法。

第三节　肌肉疾病

正常肌肉的生理机能具有严格的规律性。其拮抗作用与协同作用相互调节,同时肌肉与肌纤维的收缩频率、强度和顺序协调有序。如肌肉遭到机械的、温热的和生物学的刺激时,则引起肌肉组织的生物化学和解剖学的变化,致使四肢的动力学规律发生紊乱,表现出临床症状。马属动物肌肉疾病,最常见的有肌炎、肌肉断裂和肌肉转位。

一、肌炎

肌炎(myositis)是肌纤维发生变性、坏死,肌纤维之间的结缔组织、肌束膜和肌外膜也要发生病理变化。

(一)病因与分类

各种损伤性因素,如挫伤、蹴踢、跌落、剧伸和马具的压迫,马匹平素缺乏锻炼,突然激烈的训练和狂奔,轻者导致肌纤维断裂、溢血和炎性渗出;重者出现血肿和肌肉断裂等无菌性肌炎。此外,也有风湿性肌炎。

感染葡萄球菌、链球菌、大肠杆菌以及周围组织炎症蔓延与转移后(如关节炎、化脓灶、脓肿、蜂窝织炎等),可发生化脓性肌炎。

肌红蛋白尿症可发生症候性肌炎。此外,护蹄(装蹄)良否亦与本病的发生有密切关系。

(二)症状

急性肌炎:多为突然发病,在患病肌肉的一定部位指压有疼痛。患部增温、肿胀的有无因部位而各有差异,但不论症状轻重都有跛行,一般规律多数为悬跛,少数是支跛,悬跛之中有的兼有外展肢势。

慢性肌炎:多来自急性肌炎,抑或致病因素经常反复刺激而引起。患病肌纤维变性、萎缩,逐渐由结缔组织所取代。患部脱毛,皮肤肥厚,缺乏热、痛和弹性,肌肉肥厚、变硬。患肢机能障碍。

化脓性肌炎:除深在肌肉外,炎症进行期有明显的热、痛、肿胀、机能障碍。随着脓肿的形成,局部出现软化、波动。深在病灶虽无明显波动,但可见到弥散性肿胀。穿刺检查,有时流出灰褐色脓汁。自然溃开时,易形成窦道。

(三)治疗

治疗原则:除去病因,消炎镇痛,防治感染,恢复功能。

急性肌炎时,病初停止使役,先冷敷后温敷,控制炎症发展或促进吸收。用青霉素盐酸普鲁卡因封闭,涂刺激剂和软膏。为了镇痛,注射安替比林合剂、2%盐酸普鲁卡因、维生素 B_1 等,也可以使用安乃近、安痛定、水杨酸制剂及类皮质激素等。

慢性肌炎时，可应用针灸、按摩、涂强刺激剂、石蜡疗法、超短波和红外线疗法等。

化脓性肌炎，前期应用抗菌素或磺胺疗法，形成脓肿后，适时切开，根据病情注意全身疗法。

对某些疾病除药物疗法外，应配合进行装蹄疗法。

1. 臂头肌炎(myositis of the brachiocephalicus)

臂头肌位于颈的两侧，主要作用是颈的左右侧动和提举前肢。

发病原因：剧烈运动中突然猛勒一侧缰绳，使颈部向一侧强屈曲而剧伸该肌；拉车中滑倒及冲撞，夹板压迫，蹄角度过低，蹄铁上弯不足，铁头突出等因素均可致本病。多发生于马。

临床表现：常在该肌的颈基部有指压痛点(同时指压左右同名肌的同一部位，比较观察)，痛点有时在该肌的上中部。呈现跛行，重者肿胀、热痛，一侧发病时表现颈部歪斜，两侧发病时低头困难。他动肩关节时，疼痛明显。

治疗：除一般治疗法外，应注意装蹄疗法，蹄铁上弯要大，蹄返回容易，便于肢体轻快前进。

2. 臂三头肌炎(myositis of the triceps brachii)

臂三头肌位于肩胛骨与臂骨之后侧。其功能是固定肘关节，伸张肘关节与屈曲肩关节。在支持前肢与负担体重上起决定作用。

本病多发于乘马，在快步急走前肢着地负重时，该肌因固定肘关节而处于高度紧张状态，且在此瞬间担负着一前肢的全部负重，由于负担比慢步运动大，易引起该肌剧伸，特别是缺乏锻炼的马、骡更容易发病。削蹄不当，蹄内侧过削，或假性内向蹄，造成蹄内侧负重较大，致使臂三头肌过度紧张而发病。

发病部位多在长头和外头的抵止部抑或长头的中部，沿肩下走的肌沟有指压痛，局部热肿，表现混合跛行，临床检查应注意与肩关节炎的鉴别诊断。

治疗时，除理化疗法外，注意装蹄疗法，切削外蹄尖和外蹄踵部，造成内向肢势，疗效显著。

3. 臂二头肌炎(myositis of the biceps brachii)

臂二头肌位于臂骨前方，起端二头肌腱下有黏液囊，臂二头肌常与黏液囊同时发病。臂二头肌起屈曲肘关节、固定肩关节和肘关节、提伸前肢的作用。

发病原因，除机械性损伤外，装蹄不当，也容易发病。

患马在站立时，肘关节以下各关节屈曲。运动时，举肢困难，呈悬跛，重者三肢跳跃，但后退正常。肩端轻度肿胀，指压肌下端有压痛，他动患肢时，向后牵引疼痛显著，反之向前无变化。

治疗时，在进行一般治疗的同时，注意装蹄疗法，调整蹄的角度，便于肢体运动。

4. 背最长肌炎(myositis of the longissimus dorsi)

该肌位于胸椎、腰椎的棘突和横突之间的三棱形夹角内(背最长肌段)，有伸张腰背和左右活动躯干的作用。

当马、骡剧烈运动，在上坡时后肢用力踏着，背最长肌最劳累。马、骡的蹴踢或交配时，该肌高度紧张，以及蹄踵过低，都容易发生本病。

本病多为两侧性肌炎，单侧发病很少，表现悬跛，后肢蹄的踏着位置不确定，容易交突，抑或后肢步样强拘，运步短缩。喜卧，卧时下肢伸直，不愿起立。局部温热肿胀疼痛。触诊腰部两侧肌肉时，凹腰时有疼痛。

治疗时，注意患马休息，应用镇痛剂沿两侧肌点注射。装蹄时加大蹄的角度。

5. 股二头肌炎(myositis of the biceps femoris)

股二头肌位于股骨后方(臀浅、中肌的后方)，主要作用是伸展后肢和外展后肢以及推进躯体和后肢站立。

引起本病的原因主要是外伤，以及装蹄、削蹄不当，如过削外侧蹄尖和蹄踵部。

患马站立时，为减轻患肢负重以蹄尖着地。慢步运动时，表现中度混合跛行，同时患肢向前迈步不充分，并支持困难。触诊患部疼痛肿胀、温热、肌肉僵硬。慢性经过久病不愈，能引起肌肉萎缩。

6. 半腱肌和半膜肌炎(myositis of the semitendinosus and semimembranosus)

半腱肌位于股二头肌与半膜肌之间，半膜肌位于半腱肌和腓肠肌的内侧面。其主要作用是蹴踢、屈膝、伸髋、后肢站立和推进躯体。

机械性损伤、激烈的挽曳、保定不当、肢势不正(前踏肢势)、卧系、蹄角度过低以及蹄踵发育不良等因素都可诱发本病。

患马站立时，将患肢前伸，全负面负重。运动时，以悬跛为主兼有混跛。伸膝不充分，运步缓慢。在坐骨结节部出现弥散性肿胀，在股骨后面及坐骨结节附近有明显指压痛。慢性经过发展成为纤维性肌炎，甚至引起肌肉萎缩。

在进行一般疗法的同时应注意装蹄疗法，装厚尾蹄铁、胶垫蹄铁，加大蹄的角度，便于蹄的运动。

二、肌肉断裂

肌肉断裂(rupture of muscles)常发生于肌肉弹力和反弹力小的部位，如肌肉的骨附着点、肌纤维与腱的胶原纤维结合处。肌肉断裂，有时是部分断裂，也有时为完全断裂。

(一)病因

损伤性肌肉断裂多发，如马踢、冲撞、牵引重车时肌肉的过度牵张、后肢踢空、跌倒、跳跃障碍、四肢陷于穴洞内时的用力拔出等直接、间接暴力所引起。

症候性肌肉断裂有时发生，如代谢疾病或某些传染病发病过程中，肌纤维组织变性、萎缩、弹性降低，肌肉中结缔组织瘢痕形成，都是发病的因素。

(二)症状

肌肉断裂的功能障碍有轻有重，视断裂部位与程度而异。支撑作用的肌肉断裂时，跛行比较明显。提伸肢的肌肉断裂时，跛行较轻或不明显。局部变化，新患在断裂处凹陷，随炎症发展，局部肿胀，常出现血肿，温热疼痛。临床上常见的肌肉断裂如下：

冈下肌断裂(rupture of the infraspinatus)常发生于臂骨结节附近的浅腱肢。突然发生重度支跛，肩关节显著外展。常能诱发腱下黏液囊炎。注意与肩胛上神经麻痹鉴别诊断。

臂二头肌断裂(rupture of the biceps brachii)：断裂部位多在腱质的移行部位。全断裂时，患马站立状态下肩关节和指关节屈曲，支撑困难。运动时，表现混合跛行。肌肉断裂处凹陷，疼痛肿胀，局部温热。应注意与该肌的腱下黏液囊炎鉴别诊断。

臂三头肌断裂(rupture of the triceps brachii)：常发生于肘突附近。站立时患肢负重困难，重度支跛。运动时，患支关节屈曲拖曳前进。注意与桡神经麻痹作鉴别诊断。

胫骨前肌和第三腓骨肌断裂(rupture of the anterior tibialis and peroneus tertius)：断裂部位多在骨的附着点。站立时，患肢膝关节高度屈曲，跗关节伸直，跗关节与趾部构成直线向后方伸展。他动患肢，可无阻力的向后方自由牵拉(图 3-13-3)。由于该肌位于深筋膜下，故不易判定断裂部位。在运动时呈悬跛，患肢股部高度提举，膝关节过度屈曲，跗关节处于反常伸展状态，患马基本不能后退(图 3-13-4)。

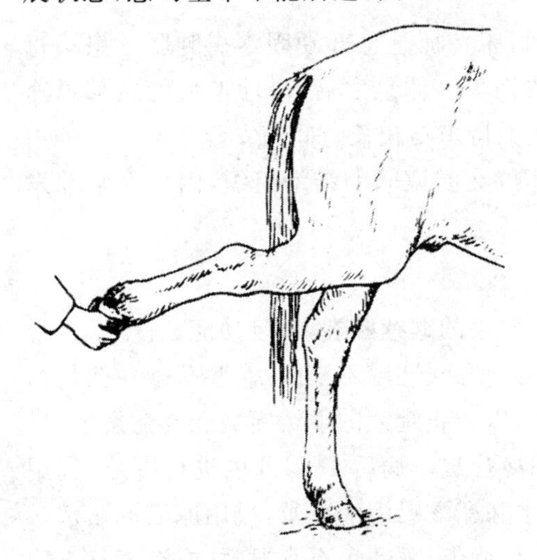

图 3-13-3　右后胫骨前肌和第三腓骨肌断裂

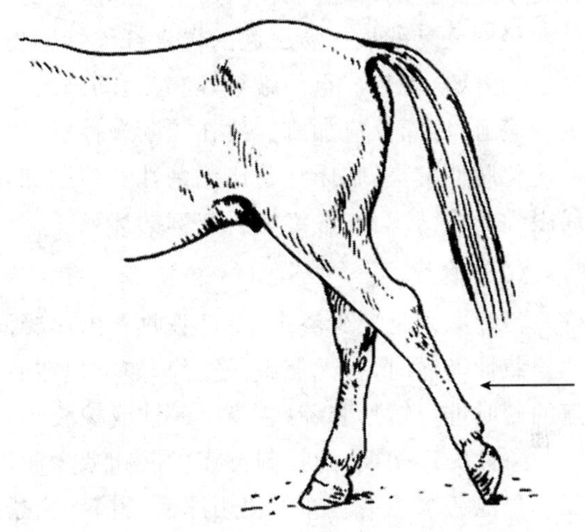

图 3-13-4　左后胫骨前肌和第三腓骨肌断裂

(三)治疗

病初绝对安静，根据部位尽可能进行固定(石膏绷带及其他固定绷带)，有利于促进肌肉的再生修复。局部可应用红外线照射、钙离子诱入疗法、石蜡疗法和刺激剂。治疗经过 1～2 个月后，根据病情，可进行少量的牵遛运动，禁忌在痊愈后立即进行重度使役。注意防止复发。

第四节　腱及腱鞘的疾病

一、腱炎

腱炎(tendintis)是赛用马、骡、驴等常见病。在马、骡、驴的前肢支持作用较大，因而腱炎在前肢多发。一般屈腱炎较伸腱炎多发，而在屈腱之中则指深屈肌腱多发病。

马属动物在适宜负重的情况下，腱出现自然紧张的现象，但因其有一定的弹性，可以应对负重，如超出其承受范围，将引发病理反应，腱纤维因过度牵张而发生炎症，严重时或突然加力甚至会引发腱纤维的断裂。

(一)病因、分类和病理

比赛时滑倒和跌倒、使役不当、装蹄不当(蹄角度过小)是引发马、骡等常见病因。长期休息后突然大强度使役，将引起腱的剧烈伸张，腱纤维发生损伤而出现腱炎。也可因外伤或局部感染引起腱炎。另外，发生于蟠尾丝虫的寄生，引起非化脓性或化脓性腱炎。

(二)症状

急性无菌性腱炎时,突然发生程度不同的跛行,患部增温,肿胀疼痛。如病因不除或治疗不当,则容易转为慢性炎症。腱变粗而硬固,弹性降低乃至消失,结果出现腱的机械障碍。抑或因损伤部位的肉芽组织机化形成瘢痕组织,腱短缩,甚至与之有关的关节活动均受限制,此即腱挛缩。腱的挛缩和骨化,常能引起腱性突球。

经常反复的损伤所引起的慢性纤维性腱炎,它的临床特征是患部硬固疼痛肿胀。患马每当运动开始,表现严重的跛行,随着运动则跛行减轻或消失。休息之后,慢性炎症的患部迅速出现瘀血,疼痛反应加剧。故在诊断慢性腱炎之前,须保持患马较长时间的安静。

化脓性腱炎,临床症状比无菌性炎症剧烈,常发部位在腱束间的结缔组织,因而经常并发局限性的蜂窝织炎,最终能引起腱的坏死。

(三)治疗

治疗原则是减少渗出,促进吸收和出血凝固,防止腱束的继续断裂,恢复功能。

急性炎症时,首先使患马安静,如出现在肢势不正或护蹄、装蹄不当的病例中,须在药物治疗的同时进行矫形装蹄(装厚尾蹄铁或橡胶垫)和削蹄,以防止腱束的继续断裂和炎症发展。

急性炎症初期,为控制炎症发展和减少渗出,可用冷疗法。病后1～2 d内进行冷疗(利用江、河、池塘水冷浴),亦可使用冰囊、雪囊、凉醋、明矾水和醋酸铅溶液冷敷,或用凉醋泥贴敷。

急性炎症减轻后,为了消炎和促进吸收,使用酒精热绷带、酒精鱼石脂温敷,或涂擦复方醋酸铅散加鱼石脂等。抑或使用中药消炎散(处方:乳香、没药、血竭、大黄、花粉、白芷各100 g,白芨300 g,碾细加醋调成糊状)贴在患部,包扎绷带,药干时可浇以温醋。

封闭疗法,将盐酸普鲁卡因注射液注于炎症患部,效果较好。

对亚急性和转为慢性经过时间不久的患马,应当使用热疗法,如电疗、离子透入疗法、石蜡疗法,或试用可的松3～5 mL加等量0.5%盐酸普鲁卡因注射液在患肢两侧皮下进行点注,每点间隔2～3 cm,每点注入0.5～1 mL,每4～6 d一次,3～4次为一疗程。

对慢性经过时间较久的腱炎,可以涂擦碘汞软膏(处方:水银软膏30 g、纯碘4 g)2～3次,用至患部皮肤出现结痂为止,但在每次涂药后,应包扎厚的绷带。或涂擦强刺激性的红色碘化汞软膏(处方:红色碘化汞1 g、凡士林5 g),为了保护系凹部,应在用药同时涂以凡士林,然后包扎保温绷带,用药后注意护理,预防咬舔患部。经过5～10 d换绷带(夏季时间短,冬季应长些)。对顽固的病例可使用点状或线状烧烙,在烧烙的同时涂强刺激剂,注意包扎保温绷带,加强护理。借以诱发皮肤及皮下组织出现急性炎症,形成炎性水肿,白细胞增加,在酶的作用下,可以促进腱的病态结缔组织软化。在治疗过程中应保持患马的适当运动。

腱挛缩时可进行切腱术。

对化脓性腱炎,应按照外科感染疗法治疗。

二、指(趾)屈肌腱炎和悬韧带炎

指(趾)屈肌腱炎和悬韧带炎(tendinitis of the superficial and deep digital flexor and suspensory ligament):指(趾)屈肌腱炎是指(趾)浅屈肌腱、指(趾)深屈肌腱和悬韧带的炎症,是四肢主要常发病之一。马、骡的屈腱炎多发生于前肢。三条屈肌腱中单一发病的较多见,有时二、三条腱同时发病,尤其是指深屈肌腱的上翼状韧带发病率最高,并主要多发生于挽马和驮马。而指浅屈肌腱则次之，悬韧带炎就更少些，此两种腱炎常见于骑马和赛马。

(一)病因

屈腱炎是一种使役性疾病，由于使役性质不同所引起各腱的发病情况也不同。一般来说指屈肌腱炎可由内外双重因素引起。

外因，主要是不合理的使役与管理。例如挽驮重载，在深水泥瘀的水田里耕地，或突然持续性的长时间飞跑，以及跳跃障碍物，特别是在泥泞或不平的道路上激烈的强度使役，使屈肌腱反复受到超生理机能范围的活动，引起腱纤维或部分腱束的断裂。有时也可能发生于偶然的挫伤、踢伤或邻近组织(如腱鞘炎)炎症的蔓延。

内因，腱质纤细，肢势不良(起系或卧系)，蹄踵过低以及装蹄不当，铁尾过短、过薄等。

(二)症状

指浅屈肌腱炎：骑马和赛马较多发。指浅屈肌腱炎根据发病部位共分四个类型：一种是全指浅屈肌腱的腱纤维破裂，纤维破坏严重时呈乱麻样，沿腱的长轴弥散性肿胀；第二种是发生在籽骨的上方，局部腱束断裂，局限性肿胀，常能摸到断端的间隙，病久形成坚硬的瘢痕组织，有时与指深屈肌腱粘连，呈球状硬结；第三种是发生于系骨侧方腱附着点附近的炎症，在系骨两侧呈斜长形索状肿胀，该处炎症的预后多不良；第四种发生于腕上的上翼状韧带(在桡骨下1/3 内后面)，开始形成拇指粗的肿胀，以后在其附近出现弥散性肿胀。以上几种炎性肿胀，病初指压患部均有剧痛和温热。患马在站立时，患肢以蹄尖着地，球节屈曲(上翼状韧带炎症时，腕关节、系关节屈曲)。运动时，表现中、轻度支跛，仅在上翼状韧带炎症时出现混合跛行，跛行的时间较长，为了避免屈腱紧张，球节不敢背屈，快步时常猝跌。

多数病例因治疗不当转为慢性，由于腱的再生，增生坚硬的结缔组织。此时虽然临床症状消失，但损伤的腱组织仍不能恢复原有的弹性，抵抗力减弱，容易再发。对此患马应注意使役。

指深屈肌腱炎：常发病的部位有三处，发病率比较多的是在掌后上 1/3 处的上翼状韧带；其次是在掌的中部；还有系骨的后面。一般急性炎症的初期，患部突发柔软的或捏粉样的肿胀、温热、疼痛。患马站立时，为了减轻患肢的负担，将患肢伸出置于前方。运动时表现重度支跛，仅上翼状韧带炎时为混合跛行。

慢性经过时，跛行不甚明显，多在快步运动时才能出现。患部由于结缔组织增殖而硬固，无热痛，呈结节状，有时腱的肥厚处类似假骨，永不消散，由于瘢痕收缩使腱缩短，因而引起腕关节及指关节的腱性挛缩，表现腱性突球(滚蹄)。

悬韧带炎：骑马、赛马往往与指浅屈肌腱同时发病，有时并发籽骨骨折，有时亦单一发病。发病部位主要多在籽骨上方分叉处的一支或二支，并在分叉处常发生断裂。病初在球节上方两侧出现肿胀。严重时，常发生大面积的弥散性肿胀，温热疼痛，指压时残留压痕。患马站立时，半屈曲腕、系关节，并伸向前方，保持系骨直立状态。运动时呈支跛。

慢性经过时，肿胀变硬。X 线检查患病韧带局部可见岛屿状骨化，悬韧带肥厚，但跛行不明显，只在运动中出现猝跌。临床检查时，应注意与籽骨炎和籽骨骨折的鉴别诊断。

蟠尾丝虫引起的悬韧带炎为慢性炎症过程。患部呈结节状无痛性肿胀，有时浮肿。有的病例形成小脓肿，内有虫体。经过良好的病例，患部钙化，增生纤维组织，韧带粗而厚，表面凹凸不平。

(三)治疗

除了按照腱炎的常规治疗外，应注意不同腱炎的装蹄疗法。

指深屈肌腱炎：原则上加大蹄的角度，以侧望与指轴一致为标准，适当切削蹄尖部负面，装厚尾蹄铁，抑或加橡胶垫。蹄铁的剩缘、剩尾应多些，上弯稍大些。

悬韧带炎：原则上使蹄的角度略低于指轴为标准。悬韧带分支发生炎症时，轻度切削发炎侧蹄踵负缘，但要求蹄负缘的内外应当等高。

指浅屈肌腱炎：基本根据悬韧带炎的装蹄疗法。

(四)预防

"预防为主"的方针对于降低屈腱炎的发病有着重大意义。在预防腱炎工作中，应宣传普及防病知识，建立健全使役管理制度。

(1)对不满两岁或不老实的马、骡，以及刚刚拉车和病后体弱的患马，必须注意使役，防止载运过重和激烈奔跑，特别道路不良时更应当注意。

(2)在农村应注意对役畜的削蹄工作(不挂掌马的削蹄，小马、骡的削蹄)要正确适时，正常的装蹄，使肢蹄经常保持正常的肢势和蹄的角度，这是预防屈腱炎的关键问题。如果肢势和蹄形不正，都应当及时的进行矫形装蹄。

(3)在偶然剧烈使役之后，估计有可能发生腱炎时，应当因地制宜的利用河边、水池，把患马牵到水里进行脚浴。

(4)养马、骡较多的单位，应建立槽头和车上、田间检查制度，做到早期发现，早期治疗。对慢性腱炎应注意使役、管理。

三、腱断裂

腱断裂(rupture of the tendons)是腱的连续性被破坏而发生分离。临床上常见的腱断裂是屈腱断裂和跟腱断裂，伸腱断裂发生的较少。腱断裂按病因可分为外伤性腱断裂和症候性腱断裂，而前者又可分为非开放性(皮下)腱断裂和开放性腱断裂；按发生部位可分为腱鞘内腱断裂和腱鞘外腱断裂；按损伤程度可分为部分断裂(少数腱束断裂)、不全断裂(多数腱束断裂)和全断裂。腱的全断裂多发生于肌腱的移行部位或腱的骨附着点。

(一)病因

非开放性腱断裂：多因腱突然受到过度牵张所致。在马、骡常由于剧烈的运动，过重的驮运、挽拽、飞越、疾驰、蹴踢，保定失宜。

开放性腱断裂：发生的较少。由于犁铧、耙齿、镰刀、锹铲、草叉等的切割以及枪弹的损伤等，引起皮肤和腱组织同时发生损伤，且常为鞘外腱断裂。

症候性腱断裂：常见的是由新陈代谢所引起的全身病，如骨软病、佝偻病等。腱及腱鞘的炎症、化脓坏死，蹄骨及籽骨的骨坏疽，切神经术后腱组织代谢失调、弹性降低，抵抗力减弱，以致容易发生腱的断裂。并发于腱鞘炎的腱断裂属渐进发展的鞘内纵断裂。

(二)症状

腱断裂的共同症状是腱弛缓，断裂部位形成缺损，又因溢血和断端收缩，断端肿胀，断裂部位温热疼痛。开放性腱断裂，经常感染化脓，预后不良。患马患肢机能障碍，有的表现异常肢势。

(三)治疗

原则是使患马安静，缝合断端，固定制动，防止感染，促进愈合。

1. 屈腱断裂（rupture of the digital flexor tendons）

屈腱断裂是指（趾）浅屈肌腱、指（趾）深屈肌腱和悬韧带所发生的开放性和非开放性断裂，三条屈肌腱有的单独发生，有时同时发生。非开放性腱断裂的发生部位多在附着处。

屈腱断裂的病因和病理同腱断裂。

（1）症状　局部症状为皮下断裂，主要表现患腱弛缓和指（趾）轴改变。发病当时腱的断端有间隙，经过 12 h 后因软组织的明显肿胀，则不易识别。患部温热、肿胀疼痛。开放性断裂，腱的断面多为横断或斜断，并因其收缩在伤口内不易见到断端。

指（趾）深屈肌腱断裂：皮下屈腱断裂以指（趾）深屈肌腱断裂为最多，并多发生于蹄骨的附着点。开放性断裂多在掌部或系凹部。完全断裂时，突然呈现支跛。站立时以蹄踵或蹄球着地，蹄底向前，蹄尖翘起，系骨呈水平位置。运动时，患肢蹄摆动，以蹄踵或蹄球着地，球节高度背屈、下沉。断裂发生于骨附着部位时，系凹蹄球间沟部热痛肿胀，腱明显迟缓。如发生于球节下方时，则可触到断端裂隙及热痛性肿胀。如与指（趾）浅屈肌腱同时发生断裂时，则蹄尖的翘起更明显。

指（趾）浅屈肌腱断裂：完全断裂时，突发支跛。站立时，以蹄尖着地减免负重。运动时，患肢着地负重的瞬间球节显著下沉，蹄尖稍离地面翘起。触诊冠骨上端两侧腱的附着点或球节上方的掌后侧，可摸到腱的断痕，患部疼痛性肿胀及温热。

悬韧带断裂：单独发生的较少，常发生于分支处。病后突发支跛，患肢负重时，球节明显背屈、下沉，但蹄尖并不上翘，患肢蹄负面可以着地。

屈腱的不全断裂与腱炎的区别有一定难度，但比腱炎的跛行症状重，几乎不能负重。

（2）预后　不全断裂，一般多是可以完全治愈。完全断裂的愈合时间虽然较长，如能早期合理的治疗，也能够治愈，但有时遗留下顽固跛行。发生在骨的附着部的腱断裂，腱的缝合和固定都很困难，一般预后不良。驹的腱断裂比成年畜的治愈率要高。

（3）治疗　治疗原则是合理固定，吻合断端，防止感染，促进再生。

腱断裂的治疗，关键在于固定。只有在充分固定的基础上，才能促进腱的断端紧密结合，以利于腱的再生。否则预后多为不良。

腱断裂的固定方法很多，如石膏绷带、夹板绷带等。效果较好的是在包扎石膏固定绷带时结合使用镫状支架、支撑蹄铁以及长尾连尾蹄铁。

腱的全断裂（包括开放性腱断裂）在一般外科处理后，可进行腱缝合术，以促进断端紧密结合，加速修复。腱的缝合法有皮外和皮内（创内）缝合两种。皮外缝合应在充分剃毛消毒的基础上，使用粗的缝线，从腱的侧面穿线，进针部位距断端 3～4 cm，作单扣绊或双扣绊将两断端拉近打节固定，使断端尽量接近，然后包扎石膏绷带。创内（皮内）缝合法，用粗线（18 号线）作双交叉扣绊缝合，进针部位距离断端 5～8 cm，交叉穿线，然后拉紧打节，撒布青霉素粉，缝合皮肤，然后包扎石膏绷带。为了增加抗拉强度，防止缝线拉断，可先实行皮内缝合，再行皮外缝合，借助皮肤的张力减轻缝线所受的拉力（图 3-13-5，图 3-13-6）。

对各部的不全断裂和球节以下的完全断裂，不做腱缝合，应用石膏绷带固定。在包扎绷带时为了使断端接近，应将患肢的指关节固定在适当的屈曲状态。完全断裂固定石膏绷带更换的时间应不少于一个月。以后改装长尾连尾蹄铁，患马需要休息三个月以上，逐渐进行功能锻炼。使用长尾连尾蹄铁是利用蹄铁的长尾向后扩大患肢的负重面积，防止蹄尖上翘，防止腱的断端被拉开。在愈合过程的后期，蹄铁的长尾应逐渐缩短。应当注意在包扎固定绷带后必须将患马吊起保定。

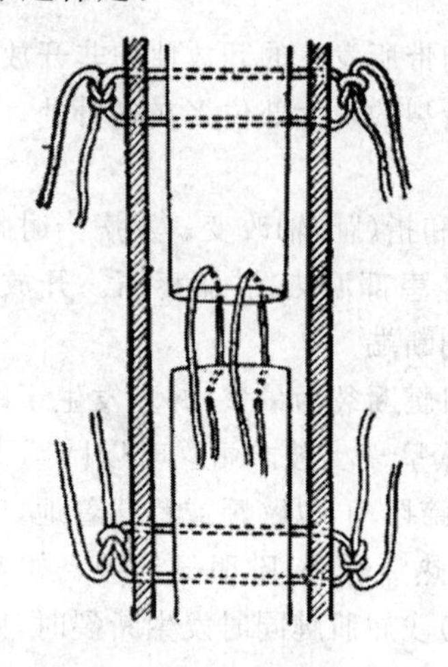

图 3-13-5 皮外腱缝合法

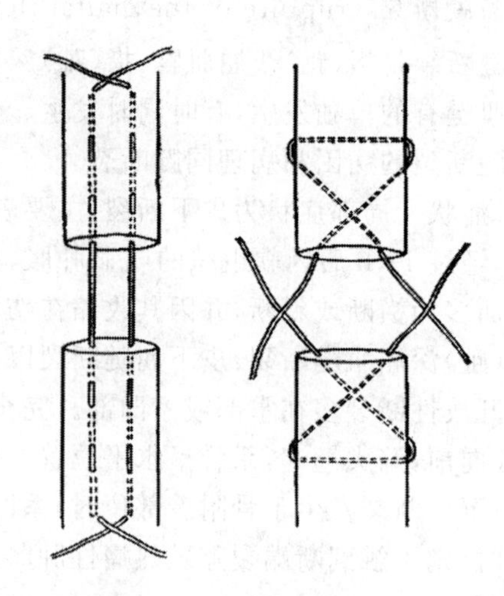

图 3-13-6 创内腱缝合法

开放性腱断裂在新鲜创的初期，伤口作一般外科处理后，撒布青霉素、链霉素，同时用0.1%呋喃西林溶液湿敷，对控制感染有较好的效果。根据腱断裂的具体情况，进行腱缝合并包扎固定绷带。拆除绷带后，注意功能锻炼。

2. 腓肠肌和跟腱断裂(rupture of the gastrocnemius and the tendon achillis)

腓肠肌和跟腱有伸展与固定跗关节的作用。腓肠肌与跟腱断裂常发生于马，除腱断裂的一般原因之外，特别是当挽曳重车行走在坡度大的路上，飞节高度屈曲，抑或强屈后肢滑倒。

断裂部位多在跟结节处，患部肿胀疼痛，有时可以摸到断裂的缺损部。举起后肢屈曲跗关节无抵抗。完全断裂在站立时，患肢前踏，跗关节高度屈曲并下沉，膝关节伸展，患侧臀部下降，小腿与地面垂直，跖部倾斜，跟腱弛缓。运动时，表现以支跛为主的混合跛行，如两后肢同时发病，运动困难(图 3-13-7)。

图 3-13-7 跟腱断裂

跟腱完全断裂的治疗：如断裂部位发生于腱质部和肌腱的移行部位时，可试用缝合法，然后包扎石膏绷带。跟腱附着点的全断裂和并发跟骨结节骨折时，可试用石膏固定绷带，但一般预后不良。

四、幼驹屈腱挛缩

(一)病因

幼驹屈腱挛缩(contraction of the flexor tendons in faol)有先天性与后天性两种。先天性的主要由于屈腱先天过短，同时伸肌虚弱所造成。常发生于马、骡幼驹，并常发生在两前肢，而后肢基本不发生。

后天性幼驹屈腱挛缩，主要是幼驹在发育期间完全舍饲、运动不足、全身肌肉不发达、消化障碍、营养不良所引起。风湿性肌炎和佝偻病也能诱发此病。

(二)症状

幼驹的屈腱挛缩根据程度不同,表现多种多样。轻度先天性挛缩,以蹄尖负重,行走时容易猝跌,球节腹屈。重度挛缩病例中的球节基本不能伸展,球节背面接触地面行走(图 3-13-8)。

后天性屈腱挛缩,初期以蹄尖负重,随着病势的发展,蹄踵逐渐增高,球节向前方突出(图 3-13-9)。球节前面接触地面后,不久便引起创伤,损伤关节,往往并发化脓性关节炎。

图 3-13-8　幼驹先天性屈腱挛缩

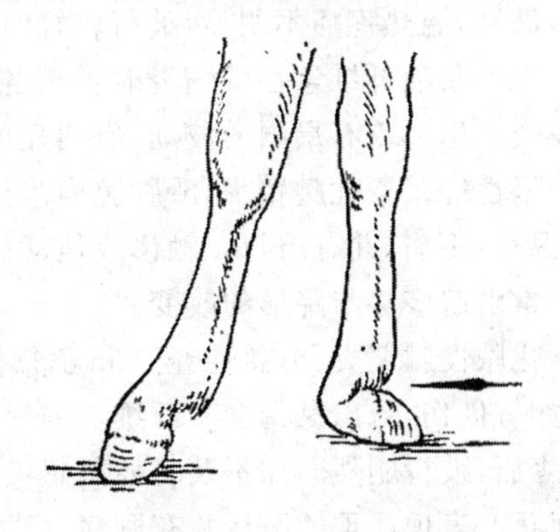

图 3-13-9　幼驹后天性屈腱挛缩

(三)治疗

先天性幼驹屈腱挛缩,可包扎石膏绷带或夹板绷带进行矫正。在打绷带时应将患肢的球节拉开至蹄负面完全着地,用石膏绷带固定。后天性挛缩,首先除去原因,可试用石膏绷带固定矫正,也可以装铁脐蹄铁。屈腱挛缩较重的幼驹,可行切腱术。

五、腱鞘炎

腱鞘炎(tendovaginitis)是马骡的常发疾病,屈腱的腱鞘比伸腱多发,腕部、指(趾)部的腱鞘发病率较高,跗部腱鞘有时发病。腱和腱鞘炎往往是互为因果,相互影响而发病。

(一)病因

机械性损伤:例如挫伤、打击、压迫、刺创,

腱的过度牵张,保定不当,挽驮重载在不平或泥泞道路上的疾驰等。

感染:脓毒症、传染病(腺疫、流感、布氏杆菌病、结核、鼻疽)并发,周围组织炎症(蜂窝织炎、脓肿、化脓性黏液囊炎、化脓性关节炎)蔓延。

寄生虫侵袭:如蟠尾丝虫病等。

(二)症状

腱鞘炎分急性、慢性、化脓性和症候性四种类型。

急性腱鞘炎:根据炎性渗出物性质分为浆液性、浆液纤维素性和纤维性腱鞘炎。急性浆液性腱鞘炎较多发,腱鞘内充满浆液性渗出物,有的在皮下肿胀达鸡蛋大乃至苹果大,有的呈索状肿胀,温热疼痛,有波动。有时腱鞘周围出现水肿,患部皮肤肥厚;有时与腱鞘粘连,患肢机能障碍。

急性浆液纤维素性腱鞘炎,渗出物中有纤维素凝块,因此患部除有波动外,在触诊和他动

患肢时，可听到捻发音，患部的温热疼痛和机能障碍都比浆液性严重。有的病例渗出液或纤维素过多，不易迅速吸收，转为慢性经过，常发展为腱鞘积水。

急性纤维素性腱鞘炎较少见，多为亚急性与慢性经过，局部肿胀较小，而热痛严重，触诊腱鞘壁肥厚，有捻发音。

慢性腱鞘炎：同急性经过，亦分为三种。

慢性浆液性腱鞘炎常自急性型转变而来或慢性渐进的发生。滑膜腔膨大充满渗出液，有明显波动，温热疼痛不明显，跛行较轻，仅在使役后出现跛行。

慢性浆液纤维素性腱鞘炎时腱鞘各层粘连，腱鞘外结缔组织增生肥厚，严重者并发骨化性骨膜炎。患部仅有局限的波动，有明显的温热疼痛和跛行。

慢性纤维素性腱鞘炎，滑膜腔内渗出多量纤维素，因腱鞘肥厚、硬固而失去活动性，轻度肿胀，温热，疼痛，并有跛行。触诊或他动患肢时，表现明显的捻发音，纤维素越多，声音越明显。病久常引起肢势与蹄形的改变。

化脓性腱鞘炎：分急性经过和亚急性经过。滑膜感染初期为浆液性炎症，患部充血和敏感，如有创伤，流出黏稠含有纤维素的滑液。经 2～3 d 后，则变为化脓性腱鞘炎，患马体温升高，疼痛，跛行剧烈。如不及时控制感染，可蔓延到腱鞘纤维层，引起蜂窝织炎，出现严重的全身症状。表现严重的跛行并有剧痛。进而引起周围组织的弥散性蜂窝织炎，甚至继发败血症。有的病例引起腱鞘壁的部分坏死和皮下组织形成多发性脓肿，最终破溃。病后往往遗留下腱和腱鞘的粘连或腱鞘骨化。

症候性腱鞘炎：马、骡有时因腺疫、布氏杆菌病以及传染性胸膜肺炎导致多数腱鞘同时或先后发病。

(三)治疗

以制止渗出、促进吸收、消除积液、防治感染和粘连为治疗原则。

急性炎症初期，在病初 1～2 d 内应用冷疗，如 2%醋酸铅溶液冷敷，硫酸镁或硫酸钠饱和溶液冷敷，同时包扎压迫绷带，以减少炎性渗出，患马应当安静休息。

急性炎症缓和后，可应用温热疗法，如酒精温敷，复方醋酸铅散用醋调温敷等。如腱鞘腔内渗出液过多不易吸收时，可作穿刺，同时注入 1%盐酸普鲁卡因青霉素 10～50 mL，注后慢慢运动 10～15 min，同时配合热敷 2～3 d。如未痊愈，可间隔三日后，再穿刺 1～2 次，在穿刺后要包扎压迫绷带。

对亚急性或慢性腱鞘炎，可应用鱼石脂、鱼石脂酒精外敷，涂擦水银软膏、樟脑水银软膏，亦可采用热浴、热泥疗法、透热疗法、石蜡疗法、碘离子透入疗法，还可以应用醋酸氢化可的松 50～200 mg 加青霉素 20～40 万 IU，注入腱鞘内，每 3～5 d 注射一次，连用 2～4 次。对于此型炎症也可采用中药治疗，以活血散瘀通经止痛为治则，方用当归 45 g、牛膝 45 g、赤芍 35 g、五加皮 30 g、桂枝 20 g、伸筋草 30 g、木通 30 g、独活 20 g、桃仁 20 g、红花 20 g，共为细末，开水冲调，加黄酒 120 mL，童便 1 碗，一次灌服，每日 1 剂，连 5～7 剂。

如腱鞘腔内纤维凝块过多而不易分解吸收时，可手术切开排除，切开部位应在下方。注意防止局部感染。对慢性患马应进行适当运动。

对化脓性腱鞘炎，初期可行穿刺排脓，然后使用盐酸普鲁卡因青霉素溶液冲洗，伤口用 0.1%呋喃西林溶液湿敷。手术疗法效果较好，应根据病情，不失时机早期切开，充分排脓，切除坏死组织和瘘管。切口应在患病腱鞘的下方。手术创口可用青霉素、磺胺类制剂、2%氯亚明溶液、1：500 过氧化氢利凡诺溶液。对腐败性腱鞘炎，应使用氧化剂。

1. 指（趾）部腱鞘炎（tendovaginitis of the digits）

本病是球节部指（趾）屈肌腱鞘的炎症，多为浆液性炎症，有时发生化脓性炎症。发病部位在球节上方和下方的系凹部。

发病原因主要是过急运动、腱鞘剧伸，有的原因不明，还有初生畜的血源感染或继发于马腺疫等。

急性浆液性炎时，肿胀位于球节上近籽骨上韧带与指（趾）浅屈肌腱之间的内外侧。肿胀呈椭圆形，柔软波动，温热疼痛。重度炎症大量渗出液蓄积腱鞘内时，沿系骨两侧直至系凹部肿胀明显。患马表现支跛，慢性经过时渗出显著增多，肿胀明显有波动，冷感无痛，一般无跛行。

急性浆液纤维素性炎时，肿胀小而疼痛剧烈，触诊时患部上方有轻微波动，下方有捻发音，支跛。慢性过程，肿胀增大，无热痛和跛行。

纤维素性炎时，除温热肿胀外，有剧痛和捻发音以及重度支跛。慢性经过时腱鞘肥厚，常因钙盐沉积而骨化。指关节活动受限，长期存在支跛，并随运动而加重。化脓性炎症时，呈弥散性蜂窝织炎性肿胀，从溃口或瘘管流出脓液。体温升高，跛行严重，患肢不能负重。患马长期倒卧，缺乏食欲，消瘦，易并发褥疮，常因败血病而致死。化脓性腱鞘炎愈合后，往往引起腱与腱鞘的粘连。

此病应注意与浆液性系关节炎的鉴别诊断。

治疗同腱鞘炎。

2. 腕部腱鞘炎（tendovaginitis of the carpus）

腕部腱鞘炎的主要原因是因激烈的运动使腱急剧伸展而引起。在骑马、赛马常与装蹄和调教有关。其他原因同腱鞘炎。临床上常见的腕部腱鞘炎有以下几种：

（1）指总伸肌腱鞘炎　发病部位在腕关节前面正中线稍外方，自桡骨远端至掌骨上端呈细长条肿胀。急性炎症时，出现椭圆形肿胀，增温疼痛，有明显支跛。

（2）指外侧伸肌腱鞘炎　肿胀部位在腕关节外侧稍上方，椭圆形肿胀有波动，时有疼痛。无菌性炎症一般不影响运动机能。当腱鞘增殖肥厚时举扬不充分。

（3）腕桡侧伸肌腱鞘炎　患部在前臂下 1/3 至掌部上端，急性浆液性炎症、浆液纤维素性炎症时，肿胀椭圆，灼热疼痛。运动时轻度悬跛。常为慢性经过，全腱鞘逐渐肿胀。患肢负重时患部明显紧张，弛缓时有波动，运动时无跛行。化脓性炎症时，呈弥散性肿胀，灼热剧痛。从病灶排脓，腕部肿大，有时并发腱鞘旁蜂窝织炎。体温升高。站立时，患肢不能负重。

（4）腕斜伸肌腱鞘炎　在腕关节上半部的背外侧面，沿腕关节前面斜向内小掌骨头出现小的肿胀，灼热疼痛。慢性经过时临床症状不明显。站立时无异常变化。慢步运动有轻度跛行，快跑则跛行加重。因腕部运动失灵，速度降低，易疲劳。化脓性炎时症状较重。

（5）腕部指屈肌腱鞘炎　当腱鞘内充满大量渗出液时，则出现三个长椭圆形肿胀，其中较大的位于外侧副腕骨的稍上方；另一个位于腕内侧的正中沟内桡骨与腕内屈肌之间；第三个位于掌骨上 1/3 处的内侧。有波动时，压迫其一则渗出液相互流窜。站立时避免负重，屈曲患肢。运动时，急性呈混合跛行，慢性无跛行，但在运动后患马容易疲劳，每在使役后常躺卧不起。因为此腱鞘与桡腕关节囊相通，常并发桡腕关节囊的膨胀。

化脓性炎症时，全腱鞘肿胀，并发蜂窝织炎，剧痛肿胀，由溃口或瘘管流出脓液，如他动患肢，流量增多。病情严重者，出现明显的全身变化，如治疗不当，能发展成为败血病。

治疗腕部腱鞘炎时，除上述腱鞘炎的疗法外，应当注意装蹄疗法，即切削蹄尖外侧，使外蹄尖容易返回。

3. 跗部腱鞘炎(tendovaginitis of the tarsus)

发病原因、病理同腱鞘炎。

(1)症状　趾长屈肌(趾深屈肌内头)腱鞘炎：肿胀部位在跗关节内侧面，趾深屈肌外侧深头的前方，浆液性炎症的症状不甚明显，只有化脓性炎症症状明显。此腱鞘炎发病率较低。

趾长伸肌腱鞘炎：肿胀部位在跗关节前面，呈长椭圆形，长达 18 cm，外面被三条横韧带压迫，隔成节段，肿胀波动，温热疼痛。站立时屈跗，呈混合跛行。

慢性炎症时肿胀无痛，无跛行。急性化脓性炎症时，中度肿胀，跛行严重并有全身症状。有时并发腱坏死。

趾外侧伸肌腱鞘炎：肿胀呈小椭圆形，位于跗关节外侧，紧靠趾长伸肌腱鞘。此腱鞘发病率低。

趾浅屈肌和跟腱的腱鞘炎：急性浆液性炎症时，腱鞘腔充满渗出液，出现两个肿胀，一在跟结节上，另一个在前者下方，长达 10～15 cm，温热疼痛。站立时伸展跗关节，屈跗剧痛。运动时跛行并向外展。化脓性炎症时，症状剧烈，并有全身症状。患马消瘦，肌肉萎缩，长卧不起。化脓性炎症应注意与化脓性跗关节炎鉴别。

(2)治疗　同腱鞘炎。

第五节　黏液囊疾病

在皮肤、筋膜、韧带、腱、肌肉与骨、软骨突起的部位之间，为了减少摩擦常有黏液囊存在。黏液囊有先天性和后天性两种。后天性黏液囊是由于摩擦而使组织分离形成裂隙。在诸多黏液囊中，只有枕部、鬐甲部、肘部、腕部、坐骨结节部、膝前部、跟结节部的黏液囊易引起炎症。当这些黏液囊发炎时，往往黏液囊内液体增多。

滑液囊是指与关节腔或腱鞘腔相通的黏液囊。诸如臂二头肌下面的结节间滑液囊、冈下肌腱下面的滑液囊、指(趾)总(长)伸肌滑液囊及舟状骨滑液囊。

一、结节间滑液囊炎

结节间滑液囊炎(intertubercular bursitis)多发生于挽马。

(一)局部解剖

屈、伸肩关节时，臂二头肌腱质部在被有软骨的臂骨结节间沟上滑动，即在此处形成一个大的滑液囊，叫作结节间滑液囊。滑液囊的腔体系以一团脂肪与肩关节腔隔开。

(二)病因

马的结节间滑液囊有时发生急性或慢性炎症，常为严重挫伤的结果。例如由于碰撞及肩部或臂二头肌受到剧烈冲击时即可引起炎症。如果滑液囊遭受创伤，有可能激发急性炎症。

脱缰马常导致结节间滑液囊炎。持续迅速赶路的挽马，可在一侧或两侧发生慢性结节间滑液囊炎。

(三)症状

患马在举肢前进时,患肢表现高度悬跛。病肢提举困难。甚至在疼痛减轻之后,当运步时病肢仍为前方短步。强迫行进时,患马拒绝患肢负担体重。后退时并无多大困难。患部局温增高,肿胀和疼痛等炎性症状有时表现于肌肉及其附近组织,对跛行的程度并无直接影响。

慢性结节间滑液囊炎病肢虽然不能负重,但无明显的炎症病状。如果两侧结节间滑液囊同时发病,患马的肩部强拘。有的病例相关肌肉(臂二头肌、冈下肌)出现萎缩。

(四)诊断

可根据病状及视诊、触诊与肩关节炎、臂二头肌炎等作鉴别诊断。如有怀疑,可行穿刺检查,或行囊内麻醉注射(3%盐酸普鲁卡因注射液 10 mL)试验。患马站立保定,先在臂骨外侧摸到臂二头肌,即沿此肌上缘,从后下方向前上方并向肌腱的下面,略向外刺入针头,深度 3～4 cm。正常时,穿刺物系透明的粘胶状滑液。

(五)预后

急性结节间滑液囊炎有时经过良好,但有转为慢性的倾向,需要数月之久才能恢复,并容易转为慢性跛行。如病情严重(化脓并引起败血症),患马不能起立,长久卧于一侧,可致死亡。局部症状较轻,患肢尚能负担体重,跛行又不严重者,可在 6～8 周之后恢复健康。

慢性结节间滑液囊炎的预后要慎重。虽然疾病过程较慢,患马尚能服轻役,但往往反复发生,不易治愈。

(六)治疗

患马停止使役,保持安静或充分休息。

病初 48 h 内的急性炎症可行超短波电疗或用冷疗,例如冷敷、装设冰袋或冷水淋浴。第三、四天,局部可用温热疗法,如热敷、红外线照射等。或用碘离子透入疗法、轻度按摩以及透热疗法等。初发的滑液囊炎可用可的松或 2%盐酸普鲁卡因注射液进行囊内注射。

慢性病例可涂擦四三一合剂等刺激剂。

如已化脓,可行结节间滑液囊穿刺排脓,然后注入溶有青霉素 80 万 IU 的 0.25%盐酸普鲁卡因注射液 20 mL。必要时可切开排脓,清洗脓腔,注入青霉素盐酸普鲁卡因溶液。同时肌肉注射青霉素及链霉素。

二、肘头皮下黏液囊炎

肘头皮下黏液囊炎(olecranon bursitis),俗称“肘肿”,或称肘结节皮下黏液囊炎。该病有时一侧发病,但也可能两侧同时发病。

(一)病因

局部挫伤可导致急性肘头皮下黏液囊炎。

马长时间地卧于坚硬地面上;肘头皮下黏液囊受到压挤;体弱、缰绳短、畜栏太狭窄、呼吸迫促和困难的马,以胸骨部卧地,屈曲前肢休息,肘的后面恰被蹄踵所冲击;特别是取牛卧姿势的马,蹄铁尾端反复刺激肘头皮下黏液囊部,可引起肘头皮下黏液囊炎。

(二)病理

肘头皮下黏液囊炎的炎症过程常延及周围疏松结缔组织和皮肤。因此可以同时发生肘头皮下黏液囊周围炎,使皮肤、皮下结缔组织增生肥厚,甚至骨化。

化脓性肘头皮下黏液囊炎,由于黏液囊的化脓、坏死和组织分解,破溃后可形成瘘管,流出大量脓性液体。

(三)症状

经常出现的症状是在肘头部有界限明显的肿胀。初期可感温热、似生面团样、微有痛感。以后由于渗出液的浸润和黏液囊周围结缔组织的增生,即变得较为坚实。有时黏液囊膨大,并有波动。发炎的黏液囊内积聚含有纤维素凝块的液体,大如人拳。破溃时流出带血的渗出液。黏液囊内含物有时可被吸收,黏液囊周围的炎症亦随之消失。过度延伸的皮肤,形成松弛的皱襞。本病一般没有跛行。

(四)预后

急性炎症如及时治疗,可以痊愈。如病因不除易变为慢性炎症,不能完全吸收,周围组织硬化和增生肥厚。预后良好,不妨碍使役。

(五)治疗

病初宜用冷疗或囊内注射可的松和2%~3%的盐酸普鲁卡因注射液。应注意预防局部继续受挫伤。

慢性过程可多次搓擦松节油或四三一合剂等轻刺激剂,促使炎症的消散。若已成为化脓性黏液囊炎,可在外下位切开、排脓,用复方碘溶液涂擦囊内壁。肌肉注射抗菌素。在黏液囊增大、坚实、肥大的慢性过程中,可实行手术彻底摘除。对患马进行全身麻醉,局部剃毛消毒,沿肢体长轴在肿大部的外后侧作纵行切口。切开皮肤后,即从周围组织剥离出整个增大的黏液囊。用消毒剂处理创腔,结节缝合手术创口,并作纽扣减张缝合,细胶管引流。注意手术后的护理和治疗(图3-13-10)。术后将患马放置于保定栏内后吊起保定1~2周,防止术后患马因起卧而使手术创口裂开,待创口愈合。同时要加强饲养管理。

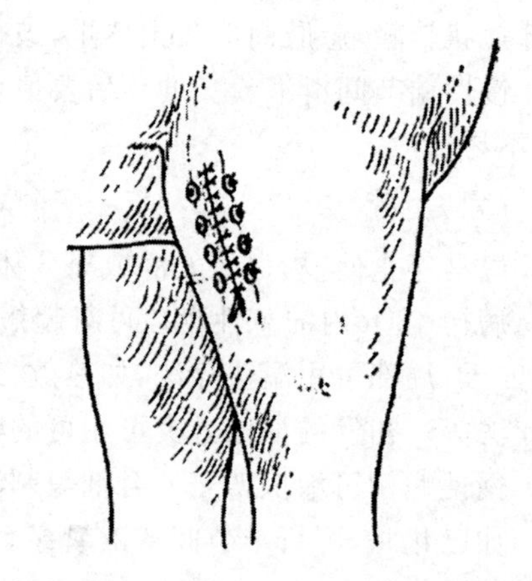

图3-13-10 手术摘除后的肘头皮下黏液囊炎

(六)预防

针对致病的原因采取预防措施,平时应注意铺垫草及合理的饲养管理。应注意平整畜舍地面。检查骡、马蹄铁的内侧铁尾,装蹄时必须注意铁尾不得过长。

三、跟骨头皮下黏液囊炎

跟骨头皮下黏液囊位于跟骨结节的顶端,故跟骨头皮下黏液囊炎(subcutaneous bursitis of the tubercalcis)俗称"飞端肿"。

(一)病因

跟骨头皮下黏液囊炎是蹴踢或是与坚硬物体碰撞、滑跌、过度用力造成损伤的结果。厩舍狭窄，跟骨头经常碰到墙壁上；或车船运输引起的局部碰伤；车套较短，马属动物拉车时跟骨头经常与车前横木发生冲击挫伤，都是导致跟骨头皮下黏液囊炎的原因。

（二）症状

跟骨头皮下黏液囊炎，因跟骨头顶端特定部位的肿胀，比较容易诊断。但是仍需注意检查和触诊，若为黏液囊炎则肿胀具有弹性。触诊时，急性跟骨头皮下黏液囊炎局部增温，触之疼痛。如为化脓性炎症，皮下肿胀显著增大。肿胀位于飞节的顶端，有时可达拳头大，乃至小儿头大。

单纯的皮肤或黏液囊的损伤，并不发生跛行。甚至有化脓过程时，也很少出现跛行。

（三）预后

单纯性黏液囊炎预后良好，化脓性者要慎重。

（四）治疗

病初可用浸以3%～5%醋酸铅溶液的脱脂棉缠敷局部。陈旧性的跟骨头皮下黏液囊炎可擦四三一合剂。如有波动或积有脓液，可穿刺排除，然后注入适量的复方碘溶液、1%蛋白银溶液或青霉素、盐酸普鲁卡因溶液。包扎绷带。对经久不愈的顽固性病例，可行跟骨头皮下黏液囊摘除术。患马患肢在上侧卧保定，轻度全身麻醉，配合局部麻醉。术部剃毛、消毒。在飞端上面及两侧作“U”字形切开，剥离黏液囊及肥厚组织，均予切除。对手术创口作结节褥式缝合，后下方留排液孔。包扎压迫绷带。术后肌肉注射抗生素。

（五）预防

对有蹴踢癖的马、骡要专栏饲养，特别在夜间要装设防踢栅或束以防踢绳套。

第十四章 蹄 病

一、蹄冠蹑伤

蹄冠蹑伤(tread of the coronet)是指蹄冠部和蹄球部的皮肤组织因受蹄的踏蹑引起的损伤。损伤性质常为擦伤、挫创或挫裂创,有时可引起严重的并发感染。

(一)病因

由于马、骡有交突和追突肢势,自身左右蹄的内侧蹄铁支或铁脐互相践踏内侧蹄冠(交突)时、后肢铁头践踏同侧前肢蹄球部(追突)时,或被邻马的践踏等是引起发病的主要原因;道路不平或泥泞,或在林区以及雪地上使役,不合理的驾驶,肢势不正,削蹄和装蹄不良等都是发生本病的诱因。

(二)症状

表在性新鲜擦伤一般不影响运动机能,炎症反应较强时,患部肿胀、疼痛,表现轻微跛行。并发感染较重时,蹄冠角质软化、剥离,可继发化脓感染。

严重挫创经常感染化脓,患部肿痛,蹄温高,有时体温升高,表现程度不同的跛行。早期治疗不当常并发蹄冠蜂窝织炎、蹄软骨坏死、坏死杆菌病和化脓性蹄关节炎等。

蹄冠创伤经久不愈时,常引起肉芽赘生。由于生发层受损害,从而破坏蹄角质的正常生长。出现不正蹄轮、粗糙无光泽的角质,或造成蹄壁缺损、蹄冠裂、甚至继发角壁肿。

本病一般预后良好。重症时因破坏角质的正常生长,甚至引起严重并发症,常预后不良。

(三)治疗

首先对交突、追突病马改装交突、追突蹄铁。除去患部污物及坏死组织,剪毛,用肥皂水或煤酚皂溶液洗涤患部,拭干。对新创涂5%碘酊、2%~5%龙胆紫酒精、5%甲醛酒精溶液等,包扎绷带。出血较多时,包扎压迫止血绷带。挫创时用3%过氧化氢溶液清洗伤口,除去坏死组织,包扎绷带。

化脓性蹄冠蹑伤,可用抗生素疗法,应注意消灭脓窦和切开创囊,去除剥离的角质,薄削角壁,以防压迫伤面,影响愈合。

伤面肉芽组织过度增殖时,可烧烙,也可应用腐蚀剂,包扎压迫绷带。已形成窦道的,可用手术治疗。

(四)预防

对交突、追突的马、骡装着交突、追突蹄铁。对步样异常的马、骡,注意冬季的装蹄。加强群马的管理,预防在密集运动中的互相践踏蹄冠部。在不平、泥泞的道路上或森林灌木茂密地带以及冰雪较多地区使役时,应减慢运动的速度,不要过劳。在使役前后经常注意检查,做到早发现早治疗。

二、蹄裂

蹄裂(sand crack)也称为裂蹄,是蹄壁角质分裂形成各种状态的裂隙。

(一)分类

按角质分裂延长的状态可分为负缘裂、蹄冠裂和全长裂;按发生的部位则有蹄尖裂、蹄侧裂、蹄踵裂。根据裂缝的深浅,可分为表层裂、深层裂;按照裂隙的方向,即沿角细管方向的裂口谓之纵裂,与角细管的方向成直角的裂口是横裂。

比较严重的为蹄冠或全长的纵向深层裂。马、骡的蹄裂前蹄比后蹄多发,冬季比夏季多发。

(二)病因

倾蹄、低蹄、窄蹄、举踵蹄等不良蹄形;肢势不正,蹄的各部位对体重的负担不均;蹄角质干燥、脆弱以及发育不全等,均为发生蹄裂的因素。

草原育成的新马,一时不能适应山区或城市的坚硬道路,又不断在不平的石子路上奔走,蹄负面受到过度的冲击和偏压,容易发生蹄裂。

骡、马的饲养管理不良,不能保持正常的健康状态或蹄部的血液循环不良,均能诱发蹄裂。蹄角质缺乏色素时,角质脆弱而发生本病。

遭受外伤及施行四肢神经切断术的马,也易引起蹄裂。

(三)症状

新发生的角质裂隙,裂缘比较平滑,裂缘间的距离比较接近,多沿角细管方向裂开;陈旧的裂隙则裂缝开张,裂缘不整齐(图 3-14-1),有的裂隙发生交叉。

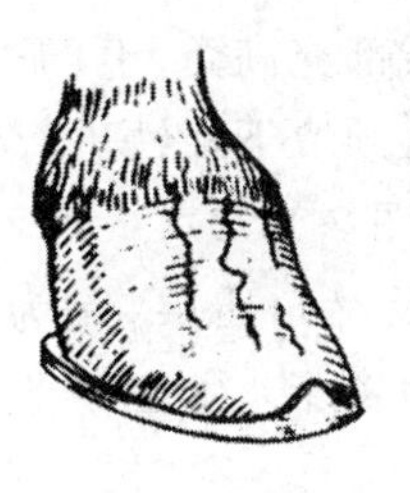

图 3-14-1 马的蹄角质纵裂

蹄角质的表层裂不致引起疼痛,并不妨碍蹄的正常生理机能;深层裂,特别是全层裂,负重时在离地或踏着的瞬间,裂缘开闭,若蹄真皮发生损伤,可导致剧痛或出血,伴发跛行。如有细菌侵入,则并发化脓性蹄真皮炎,也可能感染破伤风。病程较长的易继发角壁肿。

(四)预后

由于内因而引起的蹄裂,要比外伤性的蹄裂预后不良。如有并发症则治疗困难。按发病的部位,蹄尖壁的蹄裂预后不良。

(五)治疗

要使已裂开的角质愈合是困难的,主要是防止继发病和裂缝不继续扩大,应努力消除角质裂缘的继续裂开。为了避免裂隙部分的负重,可行造沟法。在裂缝上端或两端造沟,切断裂缝与健康角质的联系,以防裂缝延长。沟深度 5～7 mm,长 15～20 mm,深达裂缝消失为止,以减轻地面对蹄角质病变部的压力,避免裂隙的开张及延长。主要适用于浅层裂或深层的不全裂。

薄削法用于蹄冠部的角质纵裂,在无菌的条件下,将蹄冠部角质薄削至生发层,患部中心涂鱼肝油软膏，每天一次，包扎绷带。促进瘢痕角质的形成，经过一定时间，逐渐生长蹄角质。

用医用高分子黏合剂粘合裂隙，在黏合前先削蹄整形或进行特殊装蹄，再清洗和整理裂口，并进行彻底消毒后，最后用医用高分子黏合剂黏合。

为了防止裂缝继续活动和加深，可用金属锔子锔合裂缝。此法可单独应用，也可以配合其他方法应用。

（六）预防

对不正肢势、不正蹄形的马、骡进行合理的削蹄与装蹄，矫正蹄形和保护蹄机。须经常注意蹄的卫生，适时的洗蹄和涂油，防止蹄角质干燥脆弱。

三、白线裂

白线裂（separation of the wall and la minar corium of the toe）系白线部角质的崩坏以及变性腐败，导致蹄底与蹄壁发生分离。多发生于马、骡的前蹄蹄侧壁或蹄踵壁。

（一）病因

广蹄、弱踵蹄、平蹄等蹄壁倾斜，还有白线角质脆弱，均为发生本病的因素。

装蹄时过度烧烙、白线切削过多、蹄部不清洁、环境卫生不好、干湿急变、地面潮湿、钉伤、白线部的踏创，均为发生白线裂的诱因。对广蹄、平蹄、丰蹄等装着铁支狭窄及斜面少的蹄铁，蹄钉过粗也是引起白线裂的原因。

（二）症状

通常多在白线部充满粪、土、泥、沙。跣蹄马举肢检查，易于发现病灶。装蹄马必须取下蹄铁进行检查，多在装蹄、削蹄时发现白线裂的所在部位（图 3-14-2）。

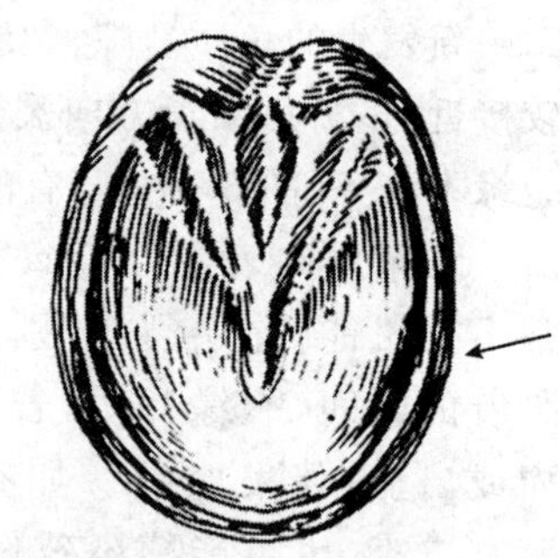

图 3-14-2 白线裂

白线裂只涉及蹄角质层，是为浅裂，不出现跛行；若裂开已达肉壁下缘，称为深裂，往往诱发蹄真皮炎，引起疼痛而发生跛行。

并发病与继发病：由于白线裂可引起蹄底下沉，易形成平蹄、丰蹄。

如果白线裂向深部伸展，可以转变为空壁，并可以引起化脓性蹄真皮炎。此时病灶对壁真皮比底真皮的影响更大，感染可向上方深部蔓延，引起蹄冠脓肿、远籽骨滑膜囊炎和化脓性蹄关节炎，有的病例侵害到腱和腱鞘。

陈旧性的白线裂可使患部蹄壁向外发生凸弯。

（三）治疗

白线已经分裂即难于愈合，所以对本病的治疗主要是防止裂缝的加大和促进白线部角质的新生。

要求合理削蹄，不能过削白线。注意蹄部的清洁卫生，清除蹄底的污物，对患部涂以松馏油。蹄壁向外部扩展者，即在该蹄铁部位设侧铁唇。蹄壁薄弱者使用幅广连尾蹄铁，以使蹄叉及蹄底外缘分担体重。

如继发化脓性蹄真皮炎，应清理创部，涂碘酊、塞以浸有松馏油的麻丝，包扎蹄绷带或垫入橡胶片。经几次换药，感染完全控制，炎症解除时，也可用黏合剂或黄蜡封闭裂口。

四、蹄冠蜂窝织炎

蹄冠蜂窝织炎（phlegmon of the coronary band）是发生在蹄冠皮下、真皮和蹄缘真皮以及与蹄匣上方相邻被毛皮肤的真皮化脓性或化脓坏疽性炎症。

（一）病因

主要原因是病菌侵入蹄冠部的皮下组织。往往因蹄冠蹑伤未能及时进行外科处理，以致引起严重化脓而继发蜂窝织炎。亦可由于附近组织化脓、坏死转移所致。在道路不良或经常在阴雨天作业，畜舍不卫生，蹄冠部长时间地遭受粪尿的浸渍，微生物侵入，也能发生本病。

（二）症状

在蹄冠形成圆枕形肿胀，有热、痛。蹄冠缘往往发生剥离。患肢表现为重度支跛。患马体温升高，精神沉郁。以后可形成一个或数个小脓肿，在脓肿破溃之后，患马的全身状况有所好转，跛行减轻，蹄冠部的急性炎症平息（图 3-14-3）。

如炎症剧烈，或没有及时治疗，或治疗不当，蹄冠蜂窝织炎可以并发附近的韧带、腱、蹄软骨的坏死，蹄关节化脓性炎，转移性肺炎和脓毒血症。

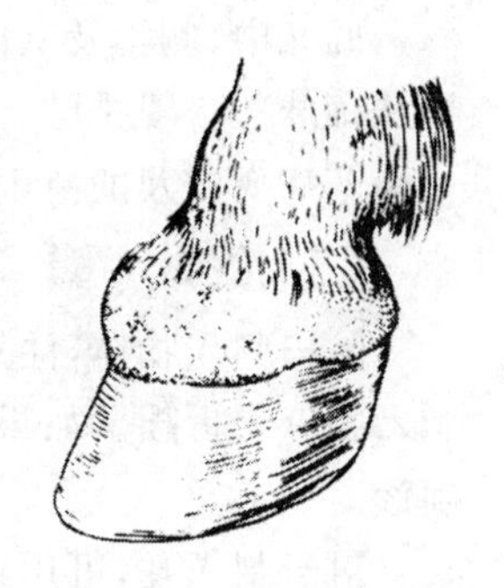

图 3-14-3　蹄冠蜂窝织炎

（三）预后

本病预后要极为慎重，尤其并发蹄关节病时更应注意。严重病例可造成蹄匣脱落。

（四）治疗

首先应将动物放在有垫草的马厩内，使动物安静，并经常给以翻身，以免发生褥疮。全身应用抗生素控制感染，同时应用各种支持疗法如输液、注射维生素 C 和碳酸氢钠溶液等。处理蹄冠皮肤，用蹄刀切除已剥离的部分。病初的几天，在蹄冠部使用 10%樟脑酒精湿绷带。不宜用温敷及刺激性软膏。同时肌肉注射抗生素或口服磺胺类制剂。如病情未见好转，肿胀继续增大，为减缓组织内的压力和预防组织坏死，可在蹄冠上做许多长 2～3 cm 和深 1～1.5 cm的垂直切口。手术后包扎浸以 10%高渗氯化钠溶液的绷带。以后可按常规进行创伤治疗。当并发蹄软骨坏死时，可将蹄软骨摘除。

（五）预防

主要包括蹄冠创伤的预防、及时的外科处理和注意蹄部感染创的治疗。

五、蹄底刺伤

（一）病因

蹄底刺伤（solar penetration）是由于尖锐物体刺入马、骡的蹄底、蹄叉或蹄叉中沟及侧沟，轻则损伤蹄底或蹄叉真皮，重则导致蹄骨、屈腱、籽骨滑膜囊的损伤。蹄底刺伤往往引起化脓感染，也可并发破伤风。

马的蹄底刺创，前蹄比后蹄多发，尤其多发生在蹄叉中沟及侧沟。

蹄角质不良，蹄底、蹄叉过削，蹄底长时间地浸湿，均为刺创发病的因素。

刺入的尖锐物体以蹄钉为最多，多因装蹄场有散落旧蹄钉及废弃的带钉蹄铁所致。另外也有木屑、竹签、玻璃碎片、尖锐石片等引起刺创。如果马在山区、丛林地带作业，由于踏灌木树桩、竹茬、田间的高粱、豆茬等亦可致本病。

(二)症状

刺创后患肢突然发生跛行。若为落铁或蹄铁部分脱落，铁唇或蹄钉可刺伤蹄尖部的蹄底或蹄踵部。如果刺伤部位是在蹄踵，运步时即蹄尖先着地，同时球节下沉不充分。

有时刺伤部出血，或出血不明显，切削后可见刺伤部发生蹄血斑，并有创孔。经过一段时间之后，多继发化脓性蹄真皮炎。

从蹄叉体或蹄踵垂直刺入深部的刺创，可使蹄深层发炎、蹄枕化脓、蹄骨的屈腱附着部发炎，继发远籽骨滑液囊及蹄关节的化脓性炎症，患肢出现高度支跛。

蹄叉中、侧沟及其附近发生刺创，不易发现刺入孔，约 2 周后炎症即在蹄底与真皮间扩展，可从蹄球部自溃排脓。

若病变波及的范围不明确或刺入的尖锐物体在组织内折断，可行 X 射线检查。

(三)治疗

除去刺入物体，注意刺入物体的方向和深度，刺入物的顶端有无脓液或血迹附着，并注意刺入物有无折损。如果刺入部位不明确，可进行压诊、打诊，以切削患部的蹄底或蹄叉以利确诊。

对于刺入孔，可用蹄刀或柳叶刀切削成漏斗状，排出内容物，用 3%过氧化氢溶液注洗创内。注入碘酊或青霉素、盐酸普鲁卡因溶液，填塞灭菌纱布块，涂松馏油。然后敷以纱布棉垫，包扎蹄绷带。排脓停止及疼痛消退后，装以铁板蹄铁保护患部。

如并发全身症状，应施行抗生素疗法或磺胺类药物疗法。应注意注射破伤风抗毒素。

(四)预防

要注意厩舍、系马场及装蹄场的清洁卫生。应合理装蹄，蹄底、蹄叉不宜过削。

六、蹄底挫伤

蹄底挫伤(corns and bruised sole)是由于石子、砖瓦块等钝性物体压迫和撞击蹄底，引起蹄底真皮发生挫伤，有时也伤及更深部组织，通常伴有组织溢血，如挫伤的组织发生感染，可引起化脓性过程。

马多发生于前肢，因前肢负重较大，而蹄底的穹窿度又小。大多数蹄底挫伤发生于蹄底后部，如蹄支角。

(一)病因

肢势和指(趾)轴不正，蹄的某部分负担过重；某些变形蹄，如狭蹄、倾蹄、弯蹄、平蹄、丰蹄、芜蹄等，因蹄的负担不均匀，或蹄的穹窿度变小；蹄底过度磨灭，或蹄支角质软、脆、不平，弹性减弱等，都易引起蹄底挫伤。

直接引起蹄底挫伤的原因是装蹄前削蹄失宜，蹄负面削得不均匀、不一致，多削的一侧容易发生挫伤，蹄底多削时，多削的蹄底处变弱，容易受到压迫；装蹄不合理，如蹄铁短而窄，蹄铁过小;护蹄不良,蹄变软或过分干燥;马匹在不平的、硬的(如石子地、山地等)道路上长期使役,蹄底经常受到挫伤,甚至小石子可夹到蹄叉侧沟内,或蹄和蹄铁之间,引起挫伤。

(二)症状

轻度挫伤可能不发生跛行,只是在削蹄时,可看到蹄底角质内有溢血痕迹。

挫伤严重时,有不同程度的机能障碍,患肢减负体重,患肢以蹄尖着地,运步时呈典型的支跛,特别是在不平的道路上运步时,可见跛行突然有几步加重,这是挫伤部又重新踏在坚硬的石头或硬物上引起疼痛所致,患侧的指(趾)动脉亢进,蹄温可增高,有时在蹄球窝可看到肿胀,以检蹄器压诊,压到挫伤部时,动物非常疼痛。

削蹄检查时,在挫伤部可看到出血斑,这是由于发生挫伤时,常使小血管发生破裂溢血,如为毛细血管破裂时,出血呈点状,如为较大的血管时则呈斑状,由于流出的血液分解,可呈现不同的颜色,如红色、蓝色、褐色或黄色等。重剧的挫伤,有时在挫伤部形成血肿,在蹄底角质下形成小的腔洞,其中蓄有凝血块。

挫伤部发生感染时,可形成化脓性过程,脓汁可向其他部位蔓延,致使角质剥离,形成潜洞或潜道。有时顺蹄壁小叶,引起蹄冠蜂窝织炎,并可从蹄冠处破溃。一般局部化脓时,常从原挫伤处破溃,流出污秽灰色脓汁,恶臭。蹄部化脓时,常伴有全身症候。化脓过程蹄冠或蹄底破溃时,跛行可减轻,全身症状可消失。

(三)治疗

治疗原则是除去病因,采取外科治疗措施,实行合理装蹄。

轻度无败性挫伤,除去病因后,使动物休息,停止使役,配合蹄部治疗,一般在2~3天后,炎症可平息。

如果采取上述措施炎症不消除时,可能已发生化脓过程,应该取除蹄铁,机械清蹄后,用消毒液浸泡病蹄,擦干后,在挫伤部将角质切除,使成倒漏斗状,这时脓性渗出物即可从切口流出,充分排除蹄内渗出物和脓汁后,灌注碘酊或碘仿醚到蹄内,外敷松馏油或其他消毒剂浸泡的纱布,外装蹄绷带,或装铁板蹄铁,全身应用抗生素。

如已蔓延到蹄冠,引起蹄冠蜂窝织炎时,应采取相应治疗措施。

七、钉伤

在装蹄时,应从白线的外缘下钉。如果蹄钉从肉壁下缘、肉底外缘嵌入,损伤蹄真皮,即发生钉伤(pricks in shoeing and nail bind)。蹄钉直接刺入蹄真皮,或蹄钉靠近蹄真皮穿过,持续压迫蹄真皮,均能引起炎症。前者为直接钉伤,后者为间接钉伤(图3-14-4)。

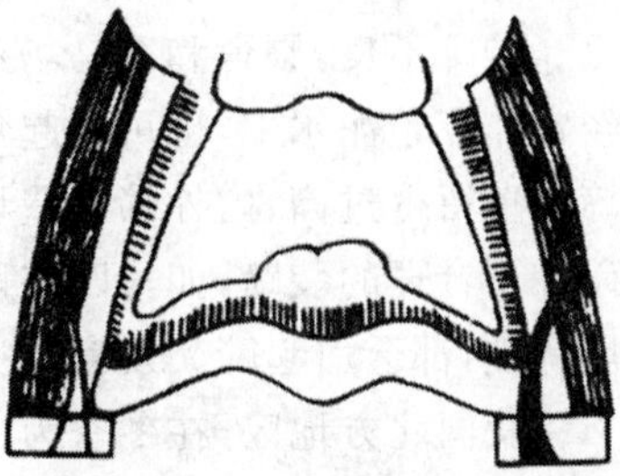

正确的 错误的

图3-14-4 下蹄钉正误示意图

(一)病因

倾蹄或高蹄的蹄壁薄而峻立者,蹄壁脆弱而干燥者,过度磨灭的跣蹄,均易引起钉伤。

蹄的过削,蹄壁负面过度锉切,蹄铁过狭,蹄钉的尖端分裂,不良蹄钉、旧蹄钉残留在蹄壁内,向内弯曲的蹄钉等;装蹄技术不熟练,不能合理下钉或反下钉刃,均为发生钉伤的原因。

(二)症状

直接钉伤在下钉时就发现肢蹄有抽动表现,造钉节时再次出现抽动现象。拔出蹄钉时,钉尖有血液附着,或由钉孔溢出血液。装蹄的当时,受钉伤的肢蹄即出现跛行,2～3 天后跛行增重。

间接钉伤是敏感的蹄真皮层受位置不正的蹄钉压挤而发病,在装蹄的当时不见异常变化,多在装蹄后 3～6 天出现原因不明的跛行。蹄部增温,指(趾)动脉亢进,敲打患部钉节或钳压钉头时,出现疼痛反应,表现有化脓性蹄真皮炎的症候。如耽误治疗,经一段时间后,可从患蹄的蹄冠自溃排脓。

(三)治疗

直接钉伤可在装蹄过程中发现,应立即取下蹄铁,向钉孔内注入碘酊,涂敷松馏油,再用蹄膏(等份松香与黄蜡分别加火融化,混合而成)填塞蹄负面的缺损部。在拔出导致钉伤的蹄钉后,改换钉位装蹄。在装蹄时,患部的蹄负面设凹陷。

如有化脓性蹄真皮炎发生,扩大创孔以利排脓。用 3%过氧化氢溶液或 0.1%高锰酸钾溶液冲洗创腔,注入碘酊或每毫升溶有 1 000 IU 的青霉素盐酸普鲁卡因溶液 5～10 mL。填塞灭菌纱布块,涂敷松馏油,包扎蹄绷带。每隔 3～5 天换药一次,直至化脓停止。如炎症反应强烈,宜同时肌肉注射抗生素,防止继发败血症。

(四)预防

要按操作规程削蹄、装蹄,不能用质量不良或钉尖分裂的蹄钉。为了预防破伤风,应注射破伤风抗毒素。

八、蹄叉腐烂

蹄叉腐烂(thrush)是蹄叉真皮的慢性化脓性炎症,伴发蹄叉角质的腐败分解,是常发蹄病。

本病为马属动物特有的疾病,多为一蹄发病,有时两三蹄,甚至四蹄同时发病。多发生在后蹄。

(一)病因

蹄叉角质不良是发生本病的因素。

护蹄不良,厩舍和系马场不洁潮湿,粪尿长期浸渍蹄叉,都可引起角质软化。在雨季,动物经常作业于泥水中,也可引起角质软化,马匹长期舍饲,不经常使役,不合理削蹄,如蹄叉过削、蹄踵壁留得过高、内外蹄踵壁切削不一致等,都可影响蹄叉的功能。使局部的血液循环发生障碍。不合理的装蹄,如马匹装以高铁脐蹄铁,运步时蹄叉不能着地,或经常装着厚尾蹄铁或连尾蹄铁,都会引起蹄叉发育不良,进而导致蹄叉腐烂。

我国北方地区,在冬季为了防滑,给马匹整个蹄底装轮胎做的厚胶皮掌,到春天取下胶皮掌时,常常发现蹄叉已腐烂。

有人试验,用不同方法破坏肢的淋巴循环,可引起临床上的蹄叉腐烂。

(二)症状

前期症状,可在蹄叉中沟和侧沟,通常在侧沟处有污黑色的恶臭分泌物,这时没有机能障碍,只是蹄叉角质的腐败分解,没有伤及真皮。

如果真皮被侵害，立即出现跛行，这种跛行走软地或沙地特别明显。运步时以蹄尖着地，严重时呈三脚跳。蹄底检查时，可见蹄叉萎缩，甚至整个蹄叉被腐败分解，蹄叉侧沟有恶臭的污黑色分泌物。当从蹄叉侧沟或中沟向深层探诊时，患马表现高度疼痛，用检蹄器压诊时，也表现疼痛。

因为蹄踵壁的蹄缘向回折转而与蹄叉相连，炎症也可蔓延到蹄缘的生发层，从而破坏角质的生长，引起局部发生病态蹄轮（图 3-14-5）。蹄叉被破坏，蹄踵壁向外扩张的作用消失，可继发狭窄蹄。

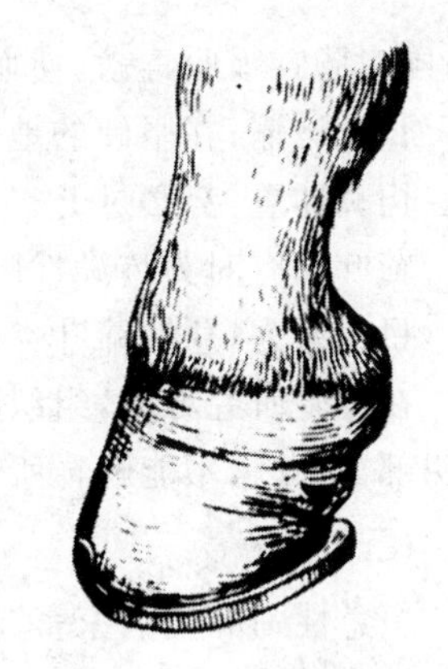

图 3-14-5 蹄叉腐烂的不正蹄轮

（三）预后

大多数病例预后良好，在发病初期，还没有发生蹄叉萎缩、蹄踵狭窄及真皮外露时，经过适当的治疗，可以很快痊愈。如已发生上述变化时，需要长期治疗和装蹄矫正。

（四）治疗

将患马放在干燥的马厩内，使蹄保持干燥和清洁。

用 0.1%升汞液，或 2%漂白粉液，或 1%高锰酸钾溶液清洗蹄部，除去泥土粪块等杂物，削除腐败的角质。再次用上述药液清洗腐烂部，然后再注入 2%～3%福尔马林酒精液。

用麻丝浸松馏油塞入腐烂部，隔日换药，效果很好。

可用装蹄疗法协助治疗，为了使蹄叉负重，可适当削蹄踵负缘。为了增强蹄叉活动，可充分削开绞约部，当急性炎症消失以后，可给马装蹄，以使患蹄更完全着地，加强蹄叉活动，装以浸有松馏油的麻丝垫的连尾蹄铁最为合理。

引起蹄叉腐烂的变形蹄应逐步矫正。

九、蹄叶炎

蹄真皮的弥散性、无败性炎症称为蹄叶炎（laminitis）。

（一）分类

蹄叶炎可广义地分为急性、亚急性和慢性。常发生在马、骡等家畜的两前蹄，也发生在所有四蹄，或很偶然地发生于两后蹄或单独一蹄发病。

我国北部地区，骡、马的蹄叶炎多发生于麦收季节。骑马、赛马时也有发生。

有的国家曾报道，骟马患蹄叶炎比母马和公马的发病率低。

（二）病因

致病原因尚不能确切肯定，一般认为本病属于变态反应性疾病，但从疾病的发生看，可能为多因素的。

广蹄、低蹄、倾蹄等在蹄的构造上有缺陷，躯体过大使蹄部负担过重，均为发生蹄叶炎的因素。

蹄底或蹄叉过削、削蹄不均、延迟改装期、蹄铁面过狭、铁脐过高等，均能使蹄部缓冲装置过度劳累，成为发生蹄叶炎的诱因。

运动不足，又多给难以消化的饲料；偷吃大量精料；分娩、流产后多喂精饲料，引起消化不良；同时肠管吸收毒素，使血液循环发生紊乱，均可招致本病。

长途运输；在坚硬的地面上长期站立；有一肢发生严重疾患，对侧肢进行代偿，长时期、持续性担负体重，势必过劳；马匹骤遇寒冷、使体力消耗等，均能诱发本病。

蹄叶炎有时为传染性胸膜肺炎、流行性感冒、肺炎、疝痛等的并发病或继发病。

目前认为，急性蹄叶炎开始是循环变化引起生角质细胞的代谢性改变。

在实验研究方面，组织胺、乳酸可引起血管痉挛，血管扩张和血液凝结。但每种学说只能说明部分病因，不能解释所有的现象。

（三）症状

患急性蹄叶炎的家畜，精神沉郁，食欲减少，不愿意站立和运动。因避免患蹄负重，常常出现典型的肢势改变。如果两前蹄患病，病马的后肢伸至腹下，两前肢向前伸出，以蹄踵着地（图3-14-6）。两后蹄患病时，前肢向后屈于腹下。如果四蹄均发病，站立姿势与两前蹄发病类似，体重尽可能落在蹄踵上。如强迫运步，患马运步缓慢、步样紧张、肌肉震颤。

触诊病蹄可感到增温，特别是靠近蹄冠处。指（趾）动脉亢进。叩诊或压诊时，可以查知相当敏感。可视黏膜常充血，体温升高（40～41℃），脉搏频数（80～120 次/min），呼吸变快（50～60 次/min）。

亚急性病例可见上述症状，但程度较轻。常是限于姿势稍有变化，不愿运动。蹄温或指（趾）动脉亢进不明显。急性和亚急性蹄叶炎如治疗不及时，可发展为慢性型。

慢性蹄叶炎常有蹄形改变。蹄轮不规则，蹄前壁蹄轮较近，而在蹄踵壁的则增宽。慢性蹄叶炎最后可形成芜蹄，蹄匣本身变得狭长，蹄踵壁几乎垂直，蹄尖壁近乎水平。当站立时，健侧蹄与患蹄不断地交替负重。X 射线摄影检查，有时可发现蹄骨转位以及骨质疏松。蹄骨尖被压向后下方，并接近蹄底角质。在严重的病例，蹄骨尖端可穿透蹄底（图 3-14-7）。

图 3-14-6 两前蹄蹄叶炎的站立姿势
（前肢向前伸出，后肢置于躯体之下，
并以蹄踵承担体重）

(a)白线部的病变　(b)角细管的扭转使蹄骨下陷

图 3-14-7 患蹄叶炎 3 个月后蹄病的纵断面

（四）病理

蹄叶炎的发病机理尚没有确定，许多学者从各方面进行了研究。有人用放射酶法检查了患蹄叶炎病马的血浆，证明血浆中组织胺水平明显升高，说明组织胺与本病发生有关。

更多的学者认为血液循环障碍或紊乱是引起本病的重要因素。许多学者观察真皮微血管形成栓塞与马蹄叶炎的发生有直接关系。有人从血小板数、血小板存活时间、血小板在血管壁的黏性、凝血时间和全血再钙化时间而确定患蹄叶炎马的凝血机理发生改变。

有人用放射性同位素闪烁图研究，组织学检查和反向动脉造影，证实马蹄叶炎时，蹄壁真皮血管有血栓形成。

(五)预后

马、骡蹄叶炎的预后与病的程度、患蹄数目和恢复的速度有关。

几天内恢复的预后良好，多于7～10天的病例，预后应慎重。蹄骨尖已穿破蹄底的，预后不良。

(六)治疗

治疗急性和亚急性蹄叶炎有四项原则，即除去致病或促发的因素、解除疼痛、改善循环、防止蹄骨转位。

必须尽可能早地采取治疗措施，形成永久性伤害后则治疗不易收效。

急性蹄叶炎的治疗措施，包括给止痛剂、消炎剂、抗内毒素疗法、扩血管药、抗血栓疗法，合理削蹄和装蹄，以及必要时的手术疗法。

限制患马活动。

慢性蹄叶炎的治疗，首先应注意护蹄，并预防急性型或亚急性型蹄叶炎的再发(如限制饲料、控制运动等)。首先，应注意清理蹄部腐烂的角质以预防感染。刷洗蹄部后，在硫酸镁溶液中浸泡。蹄骨微有转位的病例(例如蹄骨尖移动少于1 cm而蹄底白线只稍微加宽)，即简单地每月削短蹄尖并削低蹄踵是有效方法(图3-14-8)。

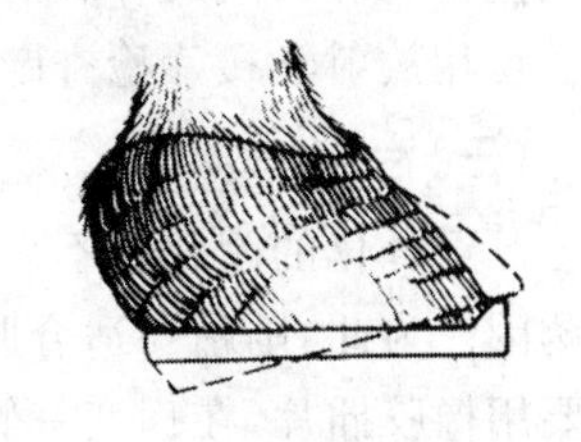

图3-14-8 蹄叶炎病蹄的装蹄

(虚线代表削切的部分)

如蹄骨已有明显的转位，就更加需要施以根治的措施，即在蹄踵和蹄壁广泛地削除角质，否则蹄骨不能回到正常的位置。

如小叶间渗出物很多时，可在白线处充分消毒后手术扩开，排除渗出物。有人对手术和保守治疗进行了对比，施行手术的11匹矮马完全康复，保守治疗的10匹矮马，2匹完全康复，4匹仍有跛行，另外4匹淘汰。

另有人采用在系中部切断指深屈肌腱的方法治疗慢性顽固性蹄叶炎，13匹手术马中有5匹基本康复，6匹马得以改善，其他2匹无效。

如已形成芜蹄，可用装蹄疗法矫正。矫正的目的主要是为了便于运动，其方法是锉削蹄尖的隆起，蹄底及负面不削，多削蹄踵负面。如蹄尖部有疼痛感觉，可在铁头部设侧铁唇，其间并设空隙。应用稍微向后突出的连尾蹄铁最为合理，装此种蹄铁时，部分体重可由患病的蹄尖部移到横支上，向后突出的横支可防止蹄踵负重时患肢向后过度弯曲。为了使过薄的蹄底不着地，也可装铁脐蹄铁。

中兽医疗法：①外用药物治疗：血余炭10 g、松香30 g、黄蜡45 g，将血余炭、松香研末，黄蜡溶后调成膏。修蹄后，将膏药涂于蹄心、蹄壁，用烙铁烙之，数日后换药1次。也可用乌金膏：虫胶(为紫胶虫吸取寄主树汁液后分泌出的紫色天然树脂，又称紫胶、赤胶、紫草茸等，具有清热解毒、凉血活血、祛湿杀虫功效)45 g、沥青45 g、血余炭10 g、黄蜡45 g，将上药置锅内，溶化成膏，削去死蹄硬甲，涂膏药于蹄底，再以烙铁烧烙。②针灸：先去掉蹄铁，削蹄矫正蹄形。

前蹄痛，放胸膛血 500 mL 或膝脉、蹄头血 50 mL；后蹄痛，放肾堂血 400 mL、后蹄头 50 mL。

十、蹄软骨化骨

蹄软骨化骨(ossification of the lateral cartilages)多发生于老龄马，并多为外侧蹄软骨。

(一)病因

蹄踵狭窄、蹄冠狭窄、举踵蹄，还有蹄叉腐烂等，均对蹄机有妨碍。蹄铁过狭、削切不均、在蹄铁最大横径部以后继续下钉等，均易导致本病。

在坚硬的土地上或不平坦的道路上服重役，长时期不削蹄、装蹄以致蹄角质过长等，是招致蹄软骨化的诱因。

(二)症状

蹄冠周围增大，化骨部的蹄冠隆起，蹄壁变狭窄或蹄轮不正等。

步样强拘，站立时呈前踏姿势。蹄角质干燥，在装蹄不良的情况下出现跛行。

蹄软骨的骨化是从前下部开始，逐渐向后上方扩展，从蹄冠上方触诊可以感觉此处的蹄软骨变坚硬、丧失弹性。结果可妨碍蹄机，故蹄铁上面的沟状磨灭很小或不清楚。

可用放射学摄片检查蹄软骨骨化的程度和确诊。

(三)治疗

已经骨化的蹄软骨不易恢复其固有弹性，治疗应着重维持马、骡的能力，减轻跛行，除去上述诱因。为此，削蹄要适合肢势与蹄形，使体重的负担平均，装蹄时在骨化侧的铁支要宽，在蹄枕要用橡胶插片，在病变一侧蹄与蹄铁之间可使用革质插片或橡胶插片借以减弱地面来的反冲力。还有蹄踵部的蹄壁薄削、造沟以便减轻对该部的压迫。

第十五章　皮肤病

第一节　脓皮病

脓皮病是马最常见的皮肤疾病之一，是由化脓菌侵入毛囊和皮肤而引起的毛囊炎和脓疱，常因细菌、螨病、真菌性皮炎以及湿疹等病因引发该病。

一、病因

(1)常因为细小的损伤、裂伤或昆虫叮咬而感染，亦可经马与马之间接触而传播。在炎热、潮湿的夏天，特别是饲养拥挤和卫生情况不良时更多发生。

(2)葡萄球菌是主要的病原。

(3)过敏性皮肤病是动物脓皮病最常见的病因之一。发生原发性皮质溢的动物的皮肤表面的细菌(主要是凝固酶阳性葡萄球菌)数量比正常动物的多。

二、症状与诊断

该病多发于胸腹部及四肢部，皮肤下肿胀、化脓、破溃，流出大量黄白色分泌物，严重的累及全身，如治疗不及时可导致患病动物因败血症死亡。有些是处于浅部(基底膜没有被破坏)，有些处于深部(基底膜已经受到破坏)。一般来说可以将脓皮病分为浅表脓皮病和深部脓皮病。

(1)浅表脓皮病是常见的皮肤病，病灶多为圆形脱毛、原发性红斑、黄色结痂、丘疹、脓包、斑丘疹或结痂斑，这些都是浅表脓皮病的典型症状。

(2)深部脓皮病：由葡萄球菌侵入毛囊所引起的深部皮肤化脓性感染，多处发生并反复发作。开始为鲜红色圆锥状高起的毛囊性丘疹，逐渐增大，呈鲜红色或暗红色，表面较硬，疼痛。待中心形成脓栓，顶端露出黄白色脓点，破溃后呈火山口状。

三、治疗

(1)每日用防腐消毒药、浓盐水或抗菌药清洗创部，及时排出蓄积的脓汁，如有必要可进行创部切开、引流或完全切除。

(2)根据病原菌的药敏试验，局部和全身使用抗菌素。大剂量用药至少维持两周。

第二节 寄生虫性皮肤病

一、马副丝虫病(血汗病)

马副丝虫病是由丝虫科的多乳突副丝虫寄生于马皮肤下和肌间结缔组织内引起的疾病。主要特征是马的躯干皮肤出血,如同血汗,故亦称血汗病,多发于马。由于失血及虫体消耗机体营养,致使马匹消瘦乏力,使役能力降低。

(一)病因

本病是由丝虫科副丝虫属的多乳头副丝虫感染引起发病。成熟雌虫在皮下组织内用头端穿破皮肤,并损伤微血管造成出血,随后排卵于血液中。经数分钟或数小时,从卵中孵出微丝蚴(幼虫),当吸血蝇类叮吮马匹患部时,微丝蚴便进入蝇体内,在蝇体内 10～15 d 后发育成感染性幼虫,吸血蝇类重复叮咬马匹时,感染性幼虫被注入马匹血液内。经一年左右时间,幼虫在马体内发育为成虫。

(二)症状与诊断

被感染的马匹,一般在颈侧部、肩胛部、胸侧部、鬐甲部和背部等处出现豆粒大的结节与肿胀,并伴随出血,流出汗珠样血滴。溢于皮肤表面的血液干结成痂,使局部被毛纠结、污秽不洁而失去光泽。患马反复发生出血现象,常常延续很久,并且间隔不定。患马被感染的部位在夏季白天而炎热的情况下,出血的时间较长且量多;进入冬季后,患马所有症状消失,至下一年春季气候回暖后,症状再度出现。患部皮肤敏感,个别瘦弱的患马偶有贫血表现。患马的精神状态、体温、饮水和食欲等状况,一般无异常变化。

根据患马临床症状,很容易对本病做出诊断。采取病马患部流出的血液检验,观察到虫卵和幼虫即可确诊。取患部流出的新鲜血液 1～2 滴,滴于载玻片上,加倍量蒸馏水稀释后涂片,可发现丝状幼虫及含有活动幼虫的虫卵。

(三)治疗

本病常常不被人们重视,往往疏忽治疗和预防。为了维护马匹健康,应积极防治本病。

(1)用盐酸左旋咪唑按照 4～6 mg/kg 体重肌肉注射,每天 2 次,连用 2～3 d。

(2)以 3%敌百虫溶液或 1%～2%石炭酸溶液(苯酚)对患部进行外涂,每日 2 次,连涂数日。

(3)静脉注射,1.75%～2%酒石酸锑钾溶液 100 mL,共注射 3 次,每次间隔 1～2 d。

(4)肌肉注射伊维菌素或阿维菌素制剂,既有治疗作用,又有预防效果。

(5)保持厩舍内、外环境清洁卫生,经常进行清扫和消毒。在蝇类活跃期,定期用农药灭蝇。用敌百虫等杀虫剂喷涂马体,以减少蝇类传播疾病的机会。此外,也可定期使用伊维菌素或海群生等驱虫剂进行预防。

二、马血虱病

马血虱病是由血虱科血虱属中的马血虱寄生在马的体表的一种寄生虫病。

(一)病因

马血虱寄生于马体表面,多寄生于耳基部周围、颈部、腹下和四肢内侧,以吸食血液为生。马血虱病主要为直接接触传播,即患病马匹与健康马匹相互接触时,虫卵、若虫或成虫落到或爬到健康马身体上而引起健康马匹感染。此外也可以通过带有虱卵或爬有若虫或成虫的饲养工具、树桩、栏杆、墙壁、饲槽及垫草等间接接触而感染。

(二)症状与诊断

患病马匹表现体痒,可见泡状小结节,不安心采食和休息,易疲倦,久之出现消瘦,增重缓慢,幼驹发育不良。马匹经常擦痒不安,因擦痒而被毛脱落和皮肤损伤,甚至皮肤产生炎症和痂皮。检查耳根、颌下、腋下、股内侧可发现椭圆形、背腹扁平的灰白色或灰黑色马血虱,毛上黏附有椭圆形、黄白色的马血虱卵。

(三)治疗

(1)1%敌百虫溶液,阳光下喷洒马体 ,隔 10 d 再重复用药 1 次。

(2)百部 30 g、水 500 mL,煎煮 30 min 后,涂擦。或用扁豆叶 500 g,加水适量,煮沸候温,取汁洗涤马体 1～3 次。

(3)皮蝇磷、辛硫磷、马拉硫磷、氧硫磷、双甲脒、二氯苯醚菊酯和戊酸氰菊酯等均可有效杀死马体表的血虱。

三、马疥癣

疥癣又称螨病、马癞,是由螨虫寄生在马体皮肤,产生剧烈痒感的一种接触传染的慢性皮肤病,对马匹的危害很大。

(一)病因

该病主要由疥螨和痒螨引起,此外还有由马足螨、马蠕形螨引起的。该病的主要传播途径为接触传染,健康马接触到患马或受到污染的厩舍、饲喂用具等均可感染,也可通过人员的接触传播。本病主要发生于冬春季节。

(二)症状与诊断

病马瘙痒不安,同时出现各类皮肤炎症(丘疹、溃疡、脱毛和结痂)。发病初期可见病马的头部、颈部、肩部以及体侧等短毛部位开始有损伤,患部剧烈瘙痒,病马蹭痒时,水泡、结节破溃,甚至流出血液,干燥后形成痂皮,同时掉毛,局部皮肤变厚。病情严重的可波及全身,致使病马食欲不振、消瘦、虚弱,甚至全身性衰竭。

(三)治疗

(1)应该经常保持马厩和马体的卫生清洁。同时马具和刷马用具也要固定,必要时可使用杀虫药物(如 5%敌百虫液)处理相关的马体和用具。

(2)若发现有马患有疥癣病,需立即停止使役,隔离治疗,同时对其相关的厩舍、用具进行消毒处理。可用伊维菌素注射剂,5～7 d 一次,连用 3～4 次。

四、马胃蝇蛆病

马胃蝇蛆病是由狂蝇科胃蝇属的各种马胃蝇幼虫寄生于马属动物皮肤上而引起的皮肤炎症。

(一)病因

病马体内的卵孵化成幼虫在皮肤上移行,健康马匹通过接触患病马匹导致幼虫爬到健康马匹身上从而导致感染。或者患病马匹通过粪便将虫卵排入生活的环境中,污染牧草、饲槽、饮水等,健康的马匹通过接触被病原菌污染的饲料、饮水、用具等经消化道感染。

(二)症状与诊断

幼虫移行时,上下颌、肩部瘙痒,移行至口腔时,流涎、咳嗽、打喷嚏、咀嚼困难、口腔黏膜有水肿或溃疡。当马胃蝇蚴在移行至直肠或排出在肛门周围附着,由于其锐钩刺激直肠黏膜和肛门周围皮肤而发生瘙痒,后躯扰动和擦痒,尾根毛蓬乱,造成肛门周围皮肤脱落、充血、皮疹、湿疹,甚而诱发化脓性感染。

(三)治疗

(1)肛门外的虫体,用手摘除,并用碘酒涂擦患处。

(2)如发现直肠有虫体,可用1%敌百虫溶液 300 mL 灌肠。

(3)用敌百虫 10～15 g(或每千克体重 30～50 mg)配成 1%溶液,导服。或用盐酸左咪唑(每千克体重 8 mg)内服。

第三节 真菌性皮肤病

马真菌性皮肤病是由发癣菌属或小芽孢癣菌属等真菌所引起的,为马匹的一种慢性传染性皮肤病。

一、病因

马皮肤真菌主要存在于病马的皮肤表层、毛囊内、毛根周围、毛干及鳞屑内。其病原体有小芽孢癣菌、发癣菌、红色毛癣菌、石膏样毛癣菌和絮状表皮癣菌等。是一种重要的人畜共患病。

二、症状与诊断

皮肤真菌以马驹最常见,成年马也有发生。发病部位最常为头、颈、肩、体侧、背和臀部,但也可发生于身体的其他部位。病马皮肤上出现界线明显的圆形脱毛斑,并带有残毛,而且常被覆痂皮或鳞屑,皮肤增厚。在患病的初始阶段,发生进行性脱毛,并出现红斑,随后有痂皮形成。患病区域向外周扩展,数个小的发病区域可以融合形成较大的病变区域。年龄较大的马匹可能有全身性的感染。脱毛后的皮肤发红,呈现干燥的鳞片样外观。有时可引起瘙痒,患马常摩擦柱桩或食槽,从而使真菌孢子在环境中扩散。存在于环境中的真菌孢子的感染能力长达四年之久。

本病主要根据临床症状进行诊断,如病马皮肤上出现界线明显的圆形癣斑,并且其上会带有残毛,常常被覆有石棉样鳞屑等症状。若病马的症状不典型,便可使用外科手术刀从其健病的交界处取少许的鳞屑和毛根,进行显微镜检查。

其方法是:将病料放在皿内,用小镊子撕碎,再加少量 10%～20%氢氧化钠液浸泡;然后用毛细吸管吸取少量病料，置玻片上 1 滴，轻轻盖上盖玻片，制成无染色标本镜检，观察毛内外有无真菌的孢子排列。镜检若是可以观察到镶嵌状排列，或者有多数呈珠状（发癣菌属真菌）的孢子存在时，再结合其临床症状及流行病学材料，即可确诊。

三、治疗

首先隔离病马，同时要注意护理。在治疗时，应先对患部进行剪毛，再用肥皂水清洗其患部皮肤，然后使用温的 3%～5%克辽林液洗涂患部，最后除去软化的痂皮。然后用抗真菌药物酮康唑、克霉唑等涂擦患部，初期每天涂擦 1～2 次，以后每隔 1～2 d 重复一次。直至痊愈时为止。

治疗该病的同时，也要关注其防治措施：

(1)针对新购入的马匹，必须隔离检疫 30 d，经过触摸皮肤和详细观察确认其健康后，才能和原来马匹合群。加强马匹正规饲养的制度，所有马匹不得与非安全的畜群接触。同时搞好环境卫生，确保马匹皮肤清洁与卫生。

(2)饲养员发现有马匹患有本病时，需对病马群中所有的马匹进行临床检查，并对其皮肤进行全面触诊，一旦发现病马，应立即对其隔离并治疗。病马使用过的厩舍、饲槽和用具，必须进行消毒。

(3)饲养人员应遵守个人卫生规则，以免发生感染。

第四篇　产科篇

第一章　妊娠期疾病

第一节　流　产

流产(abortion)也叫妊娠中断，是由各种原因引起的胎儿与母体间的正常生理过程受到破坏，不能按期产出正常胎儿的临床病理症状。流产在马妊娠早期多见。流产不是一种病，而是各种不良因素作用于母马机体所产生的临床表现。

一、病因

流产原因很多，从生产出发可分为传染性和非传染性两大类。前者是由特定的病原如寄生虫、细菌、病毒及其他病原微生物引起；后者则多因饲养管理不当而造成。

1. 传染性流产

指的是由于各种常见的一些传染病发生后导致的流产，如布鲁氏杆菌病，结核病，病毒性鼻肺炎、病毒性动脉炎、马传染性贫血、钩端螺旋体病、马媾疫和马副伤寒等。

2. 寄生虫性流产

常指由于各种寄生虫引起的严重贫血所引起的流产，如焦虫、新孢子虫、梨形虫病、纳塔梨形虫病和附红细胞体等。

3. 非传染性流产

又称为普通流产。临床上以散发多见，主要原因如下：

(1)胎膜、胎盘和胚胎发育异常　如绒毛异常，囊胚不能附植，胚胎发育停滞等。

(2)生殖器官疾病或其他一些非传染性全身疾病造成的流产　常见慢性或局限性子宫内膜炎、阴道炎、胎盘炎、子宫粘连等；此外其他一些非传染性全身疾病，如疝痛、结症，以及引起体温升高、呼吸困难、高度贫血性的疾病等均可引起流产。

(3)饲养不当　营养不良，日粮中矿物质、微量元素、维生素不足或缺乏，如维生素 A、维生素 E、钙、磷、镁、锌、铁、铜等缺乏；饲料品质不良，饲喂发霉、腐败变质饲料，或有含毒饲料，如亚硝酸盐、农药、有毒植物、重金属、霉玉米等；饲喂方法不当引起，如吃冷冻饲料、露水草、霜草、吃雪、清晨大量饮冷水等，引起马的疝痛，可反射性地引起子宫收缩而导致流产。

(4)管理不良　孕马受到外伤，如抵伤、踢伤、起卧打滚，孕马在泥泞、结冰、光滑或高低不平的地方跌摔，剧烈运动，跳越障碍及沟渠、上下陡坡，使役过久过重，驮载及长途跋涉等均可引起马的流产；兽医源性流产，如全身麻醉，大量放血，服入过量泻剂、驱虫剂、利尿剂，注射引起子宫收缩的药物或有引产功效的药物(如氨甲酰胆碱、毛果芸香碱、槟榔碱或麦角制剂、雌激素、前列腺素、皮质类激素等)和孕畜忌用的中草药,注射疫苗等,给孕马误服刺激发情的药物,以及粗暴或频繁的直肠检查等;此外,孕畜受到突然的应激、惊吓,粗暴地鞭打头部和腹部,打冷鞭、惊群、打架等精神性损伤,以及使子宫和胎儿受到直接或间接的机械性损伤,车船运输或孕畜遭受各种逆境的剧烈危害,均可能引起子宫反射性收缩而发生流产。

二、临床症状及诊断

根据流产胎儿的日龄、形态和外部变化的不同,可表现为如下几种:

1. 隐性流产

也叫早期胚胎流失(死亡)。马妊娠 60 d 之前,胚胎死亡率可达 18%。发生于怀孕早期,多在交配后 1～1.5 个月内死亡,大多数在胚泡附植前后,这时胚胎尚未形成胎儿,胚泡液化被母体吸收或经尿等排出体外,子宫内不遗留任何痕迹。死亡的胚胎被机体吸收后,母马一般并不表现任何临床症状,不易被发现。有的在妊娠早期通过 B 超检查确定囊胚存在,或者母马配种 1 个月后通过直肠检查已确定怀孕,而之后又出现发情,再次直肠检查或超声检查时发现原有的囊胚消失。

2. 排出不足月的胎儿

也称为小产或早产,这类流产的症状和正常分娩相似,胎儿有的死亡,有的未死。妊娠早期流产预兆不明显,多数可以看到流产的胎儿,但有时流产时间太早则仅见阴门部有带血的黏液附着,观察不到流产的胎儿。中后期流产有明显的类似分娩症状,多数流产的胎儿死亡,可以看到胎儿和胎衣的排出。

3. 延期流产(死胎滞留)

胎儿死亡后,由于阵缩无力,子宫颈管不开张或开放不大,死后停留于子宫内,称延期流产。据子宫颈是否开放,分为胎儿干尸化和胎儿浸溶两种。妊娠母马发生胎儿干尸化的概率极低,胎儿干尸化常发生在双胎妊娠的母马,因为胎盘空间不足,而使其中一个胎儿死亡。母马很少发生胎儿浸溶。

(1)胎儿干尸化,又称木乃伊胎。胎儿干尸化是由于胎儿在母体子宫内死亡后,因产力不足,致使胎儿未能排出,子宫颈仍闭锁,因为子宫腔与外界隔绝,外界及阴道中的细菌不能侵入,胎儿的体液及胎水被母体吸收,使胎儿逐渐萎缩变干,变为棕黑色或棕褐色,好像干尸一样,或称木乃伊胎。在排出干尸化胎儿以前,宫颈紧闭,无分泌物排出,母马不出现外表症状,有时母马出现过早泌乳。但注意观察,可能会发现孕马腹围缩小。也会发现到分娩期后也不能排出胎儿,也不发情,直检可摸到子宫紧包着一个硬的胎儿,可明显触摸到胎儿的骨样凸起。有时也可见母马自行排出木乃伊胎儿。也可用超声波或子宫镜检查进行辅助诊断。

(2)胎儿浸溶是胎儿死亡且未被排出。子宫颈有所开张,但开张的程度不够大,微生物通过阴道侵入子宫及胎儿,胎儿软组织分解成液体,由于骨骼已骨化,使得胎儿的骨骼不能被吸收。故在较长一段时间排出红褐色或黄褐色水样难闻的液体,伴发子宫内膜炎,严重时则有全身症状,但是发生胎儿浸溶的母马很少有严重的全身症状。最后则仅排出脓液,沾染在后肢和尾部,干成黑痂。直检可摸到大的残骨停留在子宫内,挤捏子宫可能感到骨片互相摩擦,子宫颈粗大。阴道检查可见子宫颈开张,在子宫颈或阴道内有小的胎骨。可通过临床表现如阴道流出分泌物，结合直肠检查摸到子宫角有骨骼碰撞声做出诊断。经直肠或腹壁超声检查以及用子宫镜检查可辅助诊断。

三、治疗

对于流产的发生，首先确定流产的原因、性质和类型，如果怀疑是传染性流产或寄生虫性流产，应进行相应的病原学检查、诊断和处理，积极治疗或预防原发病，才能减少或预防流产的再发生；如普通性流产，则按照如下方法进行治疗：

(1)对于有流产先兆的孕马，如出现腹痛，起卧不安，甚至有轻微努责，阴道有少量排出物，呼吸、脉搏加快等临床症状。治疗原则为安胎，抑制子宫收缩。安胎可以用黄体酮肌肉注射50～100 mg，每日或隔日1次，连用数次；抑制子宫收缩可应用1%阿托品1～3 mL肌肉注射；也可以考虑给复方氨基比林注射液10 mL肌肉注射进行止痛；必要时给以镇静剂，如溴制剂、氯丙嗪等；对于气血虚弱的胎动不安有流产先兆的孕马，可以灌服白术散：白术30 g、当归30 g、熟地30 g、党参30 g、阿胶30 g、陈皮30 g、苏叶20 g、黄芩20 g、砂仁20 g、川芎20 g、生姜15 g、甘草15 g、白芍20 g。禁止进行阴道检查，尽量控制直肠检查，以免刺激母马引起努责。

此外，可适当对有流产征兆的孕马进行牵遛运动，以抑制努责，也有一定的效果。

先兆性流产经上述处理，病情仍未稳定下来，阴道排出物继续增多，起卧不安加剧，阴道检查，子宫颈口已经开放，胎囊已进入阴道或已破水，流产已难避免时，或胎儿已死亡及分娩已经启动，此时应促进胎儿尽快排出，防止死胎滞留于子宫内，胎儿发生腐败，引起子宫内膜炎。如果母体不能够将胎儿产出，可以应用1%已烯雌酚注射液4 mL，每天1次，直到胎儿排出，也可配合应用催产素100 IU肌肉注射，在子宫颈充分开张后，可在产道内灌注液体石蜡500 mL，适当进行人工助产或进行截胎等措施促进胎儿排出。也可以应用加味桃仁散催产：桃仁25 g、红花20 g、当归60 g、川芎20 g、白芍20 g、熟地30 g、益母草45 g、炙甘草15 g、党参30 g、牛膝25 g。

流产后的母马要加强饲养管理，细心照顾，进行抗生素的子宫内投药或全身应用抗生素，防止发生子宫内膜炎。

(2)对于早期流产连续发生三次以上，并且每次流产的发生时间均在怀孕同一阶段的习惯性流产病例的治疗，应在以后怀孕后立即皮下注射黄体酮100 mg，连续多次，直到安全度过前几次流产的危险时期为止；也可注射黄体生成素200～400 IU，可在配种后就注射给药2～3次。配合应用保胎安全散进行治疗，效果更好。保胎安全散：当归30 g、菟丝子30 g、黄芪30 g、续断30 g、炒白芍9 g、川贝母9 g荆芥穗(炒黑)9 g、厚朴9 g、炙甘草9 g、炒艾叶9 g、羌活9 g、黑杜仲15 g、川芎15 g、补骨脂24 g、枳壳12 g，共为细末，开水冲调，候温灌服，隔日1剂，连服3～4剂。

(3)对于延期流产的处理。胎儿干尸化时，首先肌肉注射氯前列烯醇4 mL，间隔12 h后再重复注射1次。另外也可考虑肌肉注射地塞米松30 mg，进行引产。如子宫颈未开张的母马，可肌肉注射雌激素，如乙烯雌酚30 mg，必要时可以连续注射2～4次。多数病例2次注射后均能将胎儿排出。如果子宫颈开张不充分，可以配合人工每天进行徒手或应用器械扩张子宫颈，在子宫颈已开张但子宫收缩无力，不能顺利将干尸化胎儿排出时，还可注射催产素10 mL促进胎儿排出，或者在子宫及产道内灌注润滑剂，以便于胎儿排出。由于干尸化胎儿头颈及四肢蜷缩在一起，如子宫颈开放不大时，须截胎后将胎儿取出。

胎儿浸溶时，处理措施是先分别肌肉或皮下注射前列腺素和雌激素，促进子宫颈开张，因产道干涩，需同时在子宫及产道内灌入润滑剂。当胎儿尚为气肿状态时，可将其腹部剖开，缩小体积，然后取出。如胎儿软组织已基本液化，须尽可能将骨骼逐块取净。分离骨骼有困难时，须根据情况先将其韧带破坏后再取出。因子宫内常常还留有胎儿的分解组织和炎性产物，取净后须用温消毒液，如0.1%高锰酸钾或新洁尔灭，或应用10%盐水冲洗子宫，并注射催产素，以促使子宫收缩和液体排出，最后在子宫内放入广谱抗生素，并进行全身治疗。操作过程中，应注意保护自己不受到感染。

四、预防

(1)如发生流产，应首先进行全身检查，对胎儿、胎衣也应检查，判断原因，是传染性或寄生虫性流产以及是炎症或其他原因引起的流产，检查后应对症治疗原发病或采取相应的预防措施。

(2)对多次流产母马，在详细检查后，应确诊原因，详加调查，积极治疗。调查情况包括饲料情况、发病情况、医治情况、传染病或寄生虫病的检查、流产的习惯性等。

(3)加强怀孕母马的饲养管理，日粮供应要合理，注意维生素、矿物质等的供应，严禁饲喂发霉草、露水草、霜冻草，防止惊吓，防应激，以及气候的变化时，加强护理等。

(4)定期进行传染病、寄生虫病的检查，进行预防，防止发生传染病和寄生虫病而引起流产。

(5)避免发生医源性流产。如肌肉注射地塞米松，服用妊娠禁忌中草药等。

第二节 阴道脱出

阴道脱出(prolapse of the vagina)是指阴道壁的底部、侧壁和上壁的一部分脱出于阴门外，同时伴发子宫颈和子宫向外移行到尾根部的一种疾病。马很少发生阴道脱出，在怀孕后期偶尔发生本病，特别是老龄经产、衰弱、营养不良的马易发。此外在发情时或发情后也可发生本病。

一、病因

确切的病因还不能确定，但是下面几个因素通常认为和阴道脱出有关。

主要原因是固定阴道的组织及阴道壁本身松弛所致。多数和雌激素的分泌增多有关，因为雌激素增多可导致骨盆韧带松弛，以及阴门和阴门侧壁的肌肉组织松弛和水肿。其次为腹内压过高，这样阴道脱出的可能性就增大。也见于运动不足、缺乏营养的马匹，在怀孕末期由于腹压持续增高，加上固定其阴道组织的子宫阔韧带、盆腔后躯腹膜下的结缔组织及阴门的肌肉组织松弛所致。

二、临床症状

马发生阴道脱出时，以部分脱出多见。病初表现为在卧地时，可见阴道壁形成大小不等的粉红色瘤样物，夹在阴门之中，或露出于阴门外，起立后，脱出部分自行缩回。以后如病因未除，则脱出的阴道壁逐渐增大，以致患畜起立后，脱出的部分不能缩回，或经过较长时间才能缩回，此时母马往往表现精神轻度不安，根据阴道脱出的大小及损伤发炎的轻重，病马有不同程度的努责和惊恐。如果时久阴道黏膜受到摩擦、损伤及粪尿、泥土、草料等污染时，常使脱出的阴道黏膜发生破裂、发炎、坏死及糜烂，表面污秽不洁；严重时可继发全身感染，甚至死亡；冬天易发生冻伤；有的母马发生轻度的阴道脱出，过一段时间后自行恢复，这种情况主要见于发情后的母马。

如果阴道完全脱出时，脱出末端可看到子宫颈外口，在外口内可见到妊娠的黏液塞，阴道壁有弹性，可触摸到胎儿。病马表现惊恐不安，努责强烈，食欲降低，全身症状明显。很容易引起胎儿死亡及流产。如果产后阴道完全脱出，从阴门突出红色带光泽的大球状物。末端可见子宫颈口，其下壁前端可见到尿道口，由于脱出的阴道时久不能缩回，黏膜瘀血、水肿，呈暗红色或紫红色，常受到污染、破损，导致干裂、发炎、糜烂或者坏死，严重时继发全身感染，甚至死亡。

预后要视发生的时期、脱出程度、时间长短、致病原因是否除去而定。阴道部分脱出，如果及时治疗一般预后良好，如距分娩尚久，整复后不易固定，复发率高，容易发生阴道炎、子宫颈炎，甚至引起胎儿死亡及流产，产后可能久配不孕。发生过阴道脱出者，再怀孕时容易复发。

三、治疗

阴道部分脱出较轻时，因患马起立后能自行缩回，所以重点是防止脱出部分继续增大、受到损伤及感染发炎。可将患马拴于前低后高的厩舍内，同时适当增加运动，减少卧地时间，并将尾巴拴于一侧，以免尾根刺激脱出的阴道黏膜引发努责；给予易消化的饲料；对便秘、下痢及疝痛等病，应及时治疗。

阴道部分脱出时间较长，不能自行缩回的阴道脱出或全部脱出时，则必须迅速整复，固定，防止再次发生脱出。

应先进行荐尾间隙或第一、二尾椎间隙硬膜外腔轻度麻醉或后海穴局部麻醉来降低整复过程中的强烈努责，将患马保定于前低后高的地方，用温的 0.1%高锰酸钾或 0.1%新洁尔灭等消毒液将脱出的阴道充分洗净，并涂布抗生素软膏。若水肿严重，用 2%明矾液进行清洗，针刺后挤压阴道壁促使水肿液排出，再用 0.1%新洁尔灭消毒液清洗后，涂布 1%碘甘油，将阴道趁患马不努责时，送回到正常位置。然后在阴道腔内涂布消炎药，或在阴门两旁注入抗菌素，防止炎症的发展。

阴门缝合：可用 18 号缝线（或用适当粗细的布条或线绳）将阴门作双内翻缝合、圆枕缝合或纽扣缝合。例如进行阴门双内翻缝合，是在阴门右侧距离阴门 3～4 cm 的皮厚处向阴门方向进针，从同侧距阴门边缘 1 cm 处穿出，再将针自阴门左侧 1 cm 处穿入，3～4 cm 处穿出，然后在此线之下 2～3 cm 处再用同样方法自左向右将线穿好，与原线头打结。两侧露在皮肤外的缝线处套上输液管或缠绕纱布，增加受力面积，以免努责强烈时，缝线将阴唇勒破或撕裂。一般缝合阴门上 2/3 部分。

阴道侧壁与臀部皮肤缝合：将臀部缝针处剃毛消毒，注射 2%盐酸普鲁卡因 5～10 mL，再用手术刀尖将皮肤切一小口。术者一只手伸入阴道内，将阴道壁尽量贴紧骨盆侧壁，用手持着穿有粗缝线的长直针，从阴道内刺出到皮肤切口外，缝线的另一端穿入消毒后的大纱布块或大衣纽扣,同样从阴道内将缝线从阴道内刺出到皮肤外将针拔出,在臀部皮肤外将缝线向外拉紧,使阴道侧壁紧贴骨盆侧壁。也可以用缝麻袋的针从臀部小心刺入阴道内侧,将缝线倒钩到臀部外侧,然后进行打结。用同样的方法把另一侧阴道壁与臀部缝合。

整复固定后,应密切注意病马是否有强烈努责,防止撕裂阴门或阴道,甚至再次脱出。可进行荐尾间隙硬膜外腔麻醉或使用电针针刺后海穴及治脱穴,或者用花椒水热敷阴门及外阴部抑制努责,每天 1 次,每次 30 min,连续 3 天。也可以整复固定后在阴门两侧深部组织内注射 10%酒精 20 mL,刺激组织发炎增生,永久性固定,不会再复发。

脱出的阴道整复固定后,除局部或全身应用抗生素外,可内服中药加味补中益气汤或八珍散。

加味补中益气汤:黄芪 30 g、党参 30 g、甘草 15 g、陈皮 15 g、白术 30 g、当归 20 g、升麻 15 g、柴胡 30 g、生姜 15 g、熟地 10 g、大枣 4 个为引,水煎服。每日 1 剂,连服 3 天。

八珍散:当归 30 g、熟地 30 g、白芍 25 g、川芎 20 g、党参 30 g、茯苓 30 g、白术 30 g、甘草 15 g,共为末,开水冲服,连服 2~5 天。

第三节 妊娠浮肿

妊娠浮肿(edema of pregnancy)是妊娠末期孕畜腹下及后肢等处发生的水肿。浮肿面积小,症状轻者,是妊娠末期的一种正常生理现象,浮肿面积大,症状严重的,则认为是病理状态。马经常发生该病,浮肿一般开始于分娩前 1 个月左右,产前 10 天变得显著,分娩后 2 周左右自行消退。

一、病因

妊娠末期,胎儿生长发育迅速,子宫体积随之增大,腹内压增高,同时,由于孕马运动减少,因而腹下、乳房及后肢的静脉血流滞缓,导致静脉瘀血,毛细静脉管壁渗透性增高,使血液中的水分渗出增多,同时亦阻碍组织液回流至静脉内,因而组织间隙液体积留,引起水肿。

妊娠末期母畜新陈代谢旺盛,迅速发育的胎儿、子宫及乳腺都需要大量的蛋白质等营养物质,同时孕马的全身血液总量增加,致使血浆蛋白浓度下降,如孕马摄取的蛋白质不足,则使血浆蛋白胶体渗透压降低,破坏血液与组织液中水分的生理动态平衡,阻止组织中水分进入血液,导致组织间隙水分增多。

孕马新陈代谢旺盛及循环血量增加,使心脏及肾脏的负担加重。在正常情况下,心脏及肾脏有一定的生理代偿能力,故不出现病理现象。但如孕马运动不足,机体衰弱,特别是有心脏及肾脏疾病时,则容易发生水肿。

二、临床症状

浮肿常从腹下及乳房开始,以后逐渐向前蔓延至前胸,向后蔓延至阴门,甚至涉及后肢的跗关节及球节。浮肿一般呈扁平状,左右对称。触诊感觉其质地如面团,指压留痕,皮温稍低。无被毛部分的皮肤紧张而有光泽。通常无全身症状,但如浮肿严重,则可出现食欲减退、步态强拘等现象。

三、治疗

加强饲养管理，给予含蛋白质、矿物质及维生素丰富的饲料，限制饮水，多运动，经常压擦皮肤。浮肿轻者不必用药，严重的孕马，可应用强心利尿剂。

(1)促进局部血液循环　涂布轻度刺激剂，如樟脑酒精溶液、鱼石脂软膏、松节油、樟脑薄荷油等。每日1次，连续3～5 d。或者产后1～2 d用200 mg己烯雌酚加10 mL玉米油涂擦局部。

(2)增强心脏功能　50%葡萄糖液500 mL，10%葡萄糖液1 500 mL，10%葡萄糖酸钙500 mL，水解蛋白500 mL，20%安钠咖注射液10 mL，一次静脉注射，连用2～3次。也可用消肿灵(5%葡萄糖液1 000 mL，20%安钠咖注射液10 mL，5%氯化钙溶液200 mL，10%水杨酸钠溶液10 mL)一次静脉注射，连用2～3次。

(3)应用利尿剂　速尿500 mg，一次肌肉注射；氢氯噻嗪250 mg，肌肉注射。

(4)中兽医以补肾、理气、养血、安胎为治则，浮肿势缓者可内服当归散　当归50 g、熟地50 g、白芍30 g、川芎25 g、枳实15 g、红花3 g，共为末，开水冲服。

浮肿势急者可内服白术散　炒白术30 g、砂仁20 g、当归30 g、川芎20 g、熟地20 g、白芍20 g、党参20 g、陈皮25 g、苏叶25 g、黄芩25 g、阿胶25 g、甘草10 g、生姜15 g，共为末，开水冲服。

(5)也可口服氯地黄体酮1 g或肌肉注射黄体酮40～300 mg，也有一定的效果。

第四节　马妊娠毒血症

妊娠毒血症(pregnancy toxemia)是母马怀孕末期的一种严重的代谢性疾病，本病主要见于怀骡驹的马，绝大多数发生于4～5月份，产前的数天至1个月以内，产前10 d以内发病者居多；1～3胎的母马发病最多，但任一胎次都可发病；发病率与年龄、品种、体型及配种公畜均无明显关系，但膘情好，妊娠后期不使役、不运动的马易发本病。本病的主要特征是产前顽固性不吃不喝，如发病距产期远，多数病马支持不到分娩就母子死亡。此病在中国北方地区常有发生，死亡率高达70%左右。欧洲报道的矮种马高脂血症与本病非常相似。

一、病因

发病原因及发病机理还不十分清楚。胎儿过大是一个主要原因，病的发生与缺乏运动及饲养管理不当也具有密切关系。胎儿发育迅速，体格较大，使母体的新陈代谢和内分泌系统的负担加重。特别是在怀孕末期，胎儿生长迅速，代谢过程愈加旺盛，需要从母体摄取大量营养物质，但如母体因运动不足，饲养不良，没有青绿饲料，精料也不能合理搭配、不足、单纯，或消化吸收机能降低，就不得不动用贮存的糖原、体脂和蛋白质，优先满足胎儿发育的需要，而使本身受到亏损，引起代谢机能障碍，以及造成维生素、矿物质及必需氨基酸的缺乏而引发本病。

二、临床症状

该病的临床特征主要是产前食欲渐减，忽有忽无，或者突然、持续的完全不吃不喝。在临床上可分轻症和重症两种。

轻症 食欲减退，但未完全废绝，有的仅吃少量饲草（特别是青草），不吃精料，有的只吃少量精料而不吃饲草，精神沉郁，心跳稍加快，体温正常。口色呈红黄而干，口稍臭，舌无苔，结膜潮红。排粪少，粪球干黑，常带有黏液，有的粪便稀软，有的则干稀交替。

重症 通常都是由顽固性慢食而发展到食欲废绝，少数突然不吃。精神极度沉郁，耳耷头低，呆立于阴暗处不动，运步沉重无力。心跳 80 次/min 以上，心音极度亢进，节律常有不齐。颈静脉怒张，波动明显。呼吸浅表，体温一般正常，有的后期升高到 40℃以上。少数病马伴发蹄叶炎。食欲废绝，对草料不看不闻。有的仅吃几口新鲜青草、胡萝卜、麸皮等，而且咀嚼不利，下颌左右摆动，有时不是用唇把草料送入口内，而是用门齿啃嚼。有异食癖，喜舐墙土、棚圈栏柱及饲槽。后期有的卧地不起，下唇极度松弛下垂，甚至肿胀。肠音极其微弱或者消失，口内有恶臭。粪便量少，粪球干黑，病后期排粪可能干稀交替，或者在死亡前一、二天排出极臭的暗灰色或黑色稀粪水。尿少，黏稠如油。

重症的马分娩时阵缩无力，难产较多。有时发生早产或胎儿生下后死亡。一般在产后即逐渐好转，食欲开始恢复，但也有的两、三天后才开始采食。有的产后排出白糊状或带红色的恶露。严重的病马顺产后也可能死亡。

三、诊断

根据病史和临床症状即可做出初步诊断，确诊可能需要进行肝脏活组织采样进行病理分析和实验室检查确诊。或者对患马死后进行病理剖检来确定。

1. 病理变化

尸体多数肥胖。血液黏稠，凝固不良，血浆呈不同程度的乳白色。内脏器官的主要变化为肝、肾严重脂肪浸润，实质器官及全身静脉充血、出血。有广泛性的血管内血栓形成。

肝脏肿大，呈土黄色，部分间有红黄色斑块；质脆易破，切面油腻。肝小叶充血。镜检肝组织呈蜂窝状，肝细胞肿大，胞浆内充有大小不一的空泡；脂肪染色为强阳性，有时整个组织似变为脂肪组织。细胞核偏于一端，故肝细胞呈戒指状。

肾脏土黄色或有土黄色条纹，质软，包膜粘连；切面多有黄色条斑或出血区。肾小管上皮细胞有脂肪浸润。实质变性或坏死较为严重。

2. 实验室诊断

将血液采集于小空瓶中，静置 20～30 min 后进行观察，病马的血清或血浆呈现程度不同的乳白色，浑浊，表面带有灰蓝色；将全血倒于地上或桌面上，其表面在阳光的照射下，也附有此种特异颜色。病马血浆则呈现暗黄色奶油状。故可作为简便的诊断方法。

测定血液生化指标的变化，可以发现肝功能受损和血脂增高，在严重病例且有肾功能受损和代谢性酸中毒现象。肝功能受损表现在麝香草酚浊度试验（TTT）、谷草转氨酶试验（GOT）、黄疸指数、胆红质总量等均明显升高；血糖和白蛋白减少，球蛋白增多。血酮则随着疾病严重程度而增高。

四、治疗

治疗原则为促进脂肪代谢、驱脂降脂、保肝解毒。临床实践中通常采用下面方法治疗：
（1）12.5%肌醇注射液 30～50 mL、维生素 C 2～3 g 分别混于 10%葡萄糖注射液 1 000 mL

中静脉滴注，每日1～2次。必须坚持用药，直至食欲恢复为止。频繁改用其他药物，可能导致不良后果。

(2)复方胆碱片3.0～9.0 g、酵母粉(或食母生)20～30 g、磷酸脂酶片1.5～2.0 g、稀盐酸15 mL，加水适量灌服，每日1～2次。如不用稀盐酸，则可加胰酶片3.0～6.0 g。

应用上述方法的同时，还可每日试用氢化可的松(加入5%葡萄糖盐水中静脉注射)，肌注复合维生素B、辅酶A、ATP、抗弥散性血管内凝血(DIC)药物(如肝素)及其他降血脂药及保肝药(如肝复欣)等，可以提高治愈率。

采用中药治疗，有助于改善病情。原则上应根据个体病例，开出具体药方。

一般来说，在发病初期治以清热、利湿利胆为主，辅以健脾。方用加味龙胆泻肝汤：茵陈60 g、梔子30 g、柴胡30 g、胆草60 g、黄芩20 g、半夏15 g、陈皮20 g、苍术30 g、厚朴30 g、车前20 g、藿香30 g、甘草15 g、滑石30 g(另包后入)，煎汤去渣，加滑石及蜂蜜各25 g，灌服。

在发病的中后期，治以益气血、补脾胃为主，辅以解瘀利湿。方用强肝汤：党参60 g、黄芪45 g、当归30 g、白芍25 g、生地30 g、山药30 g、黄精25 g、丹参30 g、郁金30 g、泽泻25 g、茵陈45 g、板蓝根30 g、山楂60 g、神曲60 g、秦艽20 g，水煎服。

此外，内服莱菔子散以辅助，可理气止痛、消食导滞。其配方为：莱菔子120 g、枳实25 g、枳壳30 g、香附子30 g、木香21 g、乌药21 g、青皮21 g、三仙各75 g、白芍25 g，共为末，开水冲调投服。

产后食欲不振时，易双补气血，活血祛瘀。方用八珍汤合生化汤：当归25 g、川芎15 g、熟地30 g、白芍25 g、党参30 g、白术25 g、茯苓30 g、炙甘草15 g、桃仁15 g、红花20 g、山楂30 g、陈皮25 g、益母草30 g，水煎服。

在治疗期间，应尽可能设法引起病马食欲。例如，更换饲料品种，饲喂新鲜青草、苜蓿、胡萝卜及麸皮等，或者在春草发芽时将病马牵至青草地，任其自由活动和采食，对于改善病情，促进病马痊愈，有很大的帮助。

由于病马身体虚弱，分娩时往往因阵缩无力发生难产，而且胎儿的生活力不强，有的还可能发生窒息。因此，临产时必须及时助产。

病马产驹后一般可迅速好转，当治疗无显著效果且又接近产期时，可应用前列腺素$F_{2\alpha}$或氯前列稀醇等进行人工引产。也可用氢化可的松注射液500 mg、生理盐水或葡萄糖盐水500～1 000 mL稀释后，缓慢静注，每日1次，连用2次后减半，再静注3～5次。

五、预防

针对发病原因，应在怀孕期间对母畜合理加以使用和增加运动。这样可以增强母畜的代谢机能，防止或大大减少本病的发生。饲料品种多样化，合理搭配饲料，供给足够的营养物质，避免长期饲喂单一饲料，对预防本病也很重要。

第五节　阴道出血

阴道出血(hemorrhage of the vagina)是指怀孕期间发生的非外伤性的阴道黏膜出血。以怀孕末期的经产老年马发生较多。

一、病因

阴道出血是由于前庭或阴道壁(有时是阴瓣)上的静脉长期高度曲张，并发生血球渗出或静脉破裂而引起的。确实原因尚不清楚，可能与下列因素有关。

怀孕末期，子宫体积扩大，腹压增加，盆腔静脉的血液回流受阻；同时由于盆腔血流增加，使静脉充盈过度，因而发生静脉曲张，静脉压升高，静脉壁的渗透性反常，甚至出现渗血或静脉破裂而出血。但有时在怀孕早期或发情期中亦有出血现象。

可使阴道静脉压升高的疾病(如腹泻、便秘等)以及缺乏运动，长期站立于前高后低的地方等，也可能导致阴道静脉曲张而发生出血。

阴道息肉、阴道肿瘤亦可引起阴道出血。

子宫出血经阴道流出时，误认为阴道出血。

体格相对过大的雄性个体与体格小的雌性个体交配时，阴道受到较大阴茎的强烈刺激，甚至引起撕裂损伤而出血，或者阴道直接受到外物损伤而出血。但这种现象往往发生在非怀孕期。

二、主要症状

阴门及其周围或臀部、尾根和附关节粘有血液。有时可以看到血液呈间歇性或点滴状流出。特别是当患畜卧下时，出血较多。

阴道检查可见前庭和阴道黏膜下静脉怒张、弯曲，有时一处，甚至多处曲张的静脉聚积成球，色深紫，状如杨梅，静脉壁脆薄，轻微触动或努责时容易破裂出血。时间较长的病例，具有明显的出血破口、溃烂和血栓性静脉炎。

全身症状随出血的多少而定。出血少而时间短者，通常都没有什么影响，也没有腹痛不安等现象。但持续期长而出血多者，容易引起贫血及消化不良。严重时甚至危及母子生命。

阴道出血一般根据临床症状和阴道检查便可确诊。如果是因配种或外物损伤所致，阴道检查时可发现伤口。

三、治疗

首先尽可能使患马安静，保持前低后高姿势，使阴道和前庭静脉血管血液回流的阻力减小，促使破损血管发生血栓。禁止不必要的阴道检查或直肠检查。其次，应及时治疗容易诱发出血的疾病，并采取止血措施。

硝酸银止血法效果较好。方法是用开腟器打开阴道，在强光(手电光、日光)照明下，用硝酸银棒涂擦出血部位，直到变成灰白色不再出血为止。为了避免硝酸银对健康部位的腐蚀，涂擦的出血部位必须精确，烧烙结痂后用生理盐水冲洗阴道。

阴瓣出血者，可用开腟器扩张阴道，将阴瓣用止血钳牵至阴门附近，用缝合针线在出血处前后分别进行结扎，即可达到充分止血的目的。

辅助疗法可注射促进血液凝固的药物，如凝血酶Ⅲ、维生素 K、氯化钾、10%白明胶、止血敏、安络血等。亦可给出血部位注射血管硬化剂，如 5%鱼肝油酸钠(1.0～3.0 mL)。

对于病期长、出血多的病例，必须进行输液或输血。为了防止流产，可肌注孕酮保胎。

中兽医认为，本病属于胎漏下血症。应按气血双虚、阴虚血热分型施治。服用补中益气汤,有一定效果。

因配种或外物损伤所致的阴道出血,伤口大时,可先用大块消毒纱布,送入阴道内压迫止血,再进行缝合,表面涂布红霉素软膏或紫药水;伤口小时,用浸有止血敏或肾上腺素的纱布,压迫一定时间后,即可达到止血的目的,随后伤口表面涂布青、链霉素粉。

第六节 产前截瘫

产前截瘫(paraplegia of pregnancy)是怀孕末期,孕马既无导致瘫痪的局部症状(例如腰臀部及后肢损伤),又没有明显的全身症状,而后肢不能站立的一种疾病。此病有一定地域性,多见于冬末春初或炎热多雨季节及衰老体弱母马。

一、病因

有许多病例,发病的原因很难查清楚。孕马截瘫可能是怀孕末期很多疾病的症状,例如营养不良、严重的子宫捻转、酮血症、青草抽搦、风湿等。但饲养不当,长期饥饿、饲料单纯、缺乏钙、磷等矿物质及维生素,特别是钙磷缺乏或代谢障碍可能是发病的主要原因;另外铜、钴、铁严重缺乏,也可因贫血及衰弱而发生本病。加上怀孕末期子宫的重量也大为增加,且骨盆部韧带变得松软;或者胎儿过大,胎水过多等,对骨盆神经及血管的压迫加大,后肢的负重增加,就发生起卧困难,甚至不能起立而发生截瘫。

二、主要症状

一般在分娩前1个月左右逐渐出现运动障碍,病初仅见站力无力,步态不稳,两后肢交替负重,跛行,步态不稳,卧地后起立困难等。随着病情逐渐加重,后肢最终不能站立,卧地不起。没有明显的全身症状,精神、食欲也正常。如距分娩时间较长,长期的卧地可能发生褥疮、便秘及肌肉萎缩或阴道脱出等。

三、治疗

首先加强营养,对病马适当补充矿物质、维生素和易消化的营养性饲料,口服补液盐,每天进行病马局部按摩、热敷,给病马增加垫料,勤翻转身体,有条件的也可将病马每天吊起几次,以便四肢能够活动,促进局部血液循环,并预防褥疮的发生。如发生褥疮,应尽早采用药物人工引产或剖腹产,使母子安全。如有消化扰乱、便秘等,可对症治疗。症状比较轻的,在上述饲养管理下,也可考虑静脉注射葡萄糖酸钙和应用神经兴奋药,或者应用理疗、电疗,针灸百会、肾俞、汗沟、巴山及后海等穴,一般病马可以痊愈而顺利产下马驹。严重病例或发病时间长的病例,在上述积极的护理情况下,还应积极采用如下药物疗法:

(1)10%葡萄糖酸钙注射液 500 mL,或 10%氯化钙 200 mL,应用 10%葡萄糖注射液 1 000 mL稀释后一起静脉注射,隔日1次。

(2)水杨酸钠 100~200 mL,或奥斯明 200 mL,或撒乌安 100 mL,或水杨溴碘 100 mL,溶于 10%葡萄糖注射液 500~1 000 mL 静脉注射。

(3)此外,可肌肉注射维生素 D_2 10~15 mL 或维丁胶性钙 20 mL,促进钙的吸收;同时可考虑肌肉注射复合维生素B;皮下注射硝酸士的宁等,增加外周神经的营养和促进其兴奋性,也有一定的疗效。

(4)在补钙效果不理想时,可考虑补磷,一般可以口服磷酸二氢钠。

(5)也可试用中药当归散加减:当归 50 g、白芍 35 g、熟地 50 g、续断 35 g、补骨脂 35 g、川芎 30 g、杜仲 30 g、枳实 20 g、青皮 20 g、红花 15 g,煎汤去渣,候温灌服。

第七节 胎水过多

胎水过多(drops of fetal membranes and fetus)是指尿膜囊腔或羊膜囊腔内蓄积过量的液体,即尿水过多或羊水过多,多数是尿水和羊水同时积聚过多。胎水过多可见于初产母马,但是多发生在妊娠后期经产的母马,这种病理现象在马主要见于怀孕 7.5~9.5 个月期间。正常母马在妊娠期满大约有 30 L 胎水,严重的则可达到 220 L。

一、病因

引起胎水过多的真正原因还不清楚。可能和胎儿发育反常、遗传因素、缺乏维生素 A、胎盘循环障碍以及母体的心脏和肾脏疾病、贫血等有关。但是羊膜囊积水的病例与胎驹先天畸形和脐带扭转有关,而胎盘炎和胎盘异常与尿囊积液有关。

二、临床症状

在妊娠后期,母马在几周的时间内腹部明显膨大,且发展迅速。病重时腹部很大,在腹下部向两旁扩张,腹壁紧张,背部凹陷,叩诊腹部呈浊音,推动腹壁,液体晃动明显,有的出现腹部水肿。病马不愿意走动或运动困难,站立时四肢外展,卧下时呼吸困难;在胎水更多时,则起卧困难或卧地不起,有时腹肌发生撕裂。体温无变化,呼吸快而浅,脉搏快而弱,全身状况随着疾病的加重而逐渐恶化,表现精神萎靡,食欲减退,机体消瘦,被毛蓬乱。有些病例发生流产。

直肠检查时,感到腹内压力升高,常能触摸到膨大的子宫,子宫常延伸到骨盆腔,使检查很困难,常因大量的胎水而触摸不到胎儿。子宫壁变薄、紧张,胎儿往往很小,不容易摸到,但特殊的妊娠脉搏很清楚。

根据病史、腹围增大发生速度,加上直肠检查结果可做出胎水过多的初步诊断。要通过直肠检查或经直肠或腹壁超声波检查排除双胎妊娠,并可检查胎儿的活力及胎水过多的程度,即可确诊。

对于该病的预后,如果病轻时,怀孕可以继续进行,但胎儿发育不良,甚至体重达不到正常胎儿的一半时,往往在分娩时或者出生后死亡。分娩或者早产时,常因子宫松弛,子宫颈开张不全及腹肌收缩无力,而发生难产。排出胎儿后,常发生胎衣不下。胎水大量积聚可能引起子宫破裂,或者腹肌破裂而发生子宫疝。如果胎水极多,距离分娩时间尚早或病马因身体衰弱而已长久不能站立,则预后不佳。

三、治疗

病势轻而距分娩时间较近的,注意加强营养,适当限制饮水和增加运动量,并给予强心、利尿、轻泻药物，尽可能维持到分娩。然后及时进行人工助产，让马驹顺利产出。

发展迅速且病情严重的患马，在确诊胎水过多后就应立即采取治疗措施，尽快终止妊娠，可选择进行人工引产或剖腹产。人工引产主要方法有：

(1)注射氯前列烯醇 0.2 mg，一般在 2 d 内即可引产。

(2)给糖皮质激素，如肌肉注射地塞米松磷酸钠注射液 40 mg 或氟美松 10 mg。外源性的肾上腺皮质激素能启动雌激素的合成，雌激素的分泌又能促进前列腺素的合成与释放，从而达引产的目的。

(3)先注射苯甲酸雌二醇 200 mg，隔 12 h 再注射催产素 100～200 IU，效果较好。如果应用雌激素剂量太大或多次应用，可能引起产道水肿而不利于胎儿产出。

(4)剖腹产术。通常是人工扩张子宫颈，用胃管缓慢吸出胎水，也可以用套管针放出部分胎水，放水过程最好应逐渐、缓慢放出胎水，使患马机体适应突然的腹压变化，避免患马因血容量突然减少而引起脑贫血，发生休克，然后施行剖腹产手术。由于大量失水会造成电解质平衡紊乱，故手术前后均需静脉输入复方生理盐水。

对于应用不同的药物进行引产，如果采用其中的两种配合应用，效果一般要强于单一应用一种激素。据报道，前列腺素和雌激素配合应用的效果最好，也有地塞米松和雌激素配合的报道，或者先用米非司酮，继之使用前列腺素。也有采用人工机械性扩张子宫颈的办法进行引产。

人工引产时，如出现子宫弛缓，阵缩无力，子宫颈和阴道扩张不全时，应随时进行助产。胎儿排出期及其前后，需注意应用强心剂及电解质支持疗法。引产后要特别重视对母畜的护理，设法清除子宫内残留的液体，并注入抗生素消除和抑制子宫内感染。

第八节　胎盘炎

胎盘炎(placentitis)是孕畜在妊娠期间病原微生物侵入生殖道的末端，然后通过子宫颈侵染胎盘而引发的胎盘炎症。胎盘炎最常见的临床表现是乳房过早发育和流出脓性阴道分泌物，常导致母马流产或新生儿死亡，通常发生在妊娠期末的三个月内。

一、病因

细菌是引起马胎盘炎的最普遍原因。引起母马胎盘炎的最常见病原体有链球菌属马兽疫链球菌、大肠杆菌、克雷伯氏杆菌属、假单胞菌属和金黄色葡萄球菌。偶尔也可见真菌(念珠菌属和曲霉菌属真菌)引起胎盘炎。细菌侵入生殖道的末端，然后通过子宫颈侵染胎盘，主要侵染子宫颈末端的星状部位，逐步破坏尿膜、绒毛膜和子宫黏膜间的紧密接触。进一步继发炎症反应，胎盘发生感染，导致早产。另外，如果母马会阴结构差，很容易发生渐进性细菌感染而导致胎盘炎。

二、临床症状

母马发生胎盘炎，由于继发性炎症和胎盘的受损程度的不同，临床症状有很大差异。母马发生轻度的胎盘炎症，往往无全身症状，有时候仅可见到少量阴道分泌物，如果不定期进行母马后驱和尾部的检查，新鲜的阴道分泌物经常被母马尾巴擦掉而不易发现。母马无全身症状的情况下，血液计数值、血清化学指标和血中乳酸浓度通常都在正常范围内。随着继发性炎症和胎盘的受损，胎盘炎表现出最典型的临床症状，即乳房开始过早发育和从阴门流出脓性阴道分泌物，常导致母马流产或新生儿死亡，产出不能存活的小马驹，有时候马驹过早成熟而活着产出。然而，临床症状的严重程度并不一定导致母马妊娠的终止。有些母马没有看到阴道分泌物，且乳房也没有过早发育，但是胎儿也有可能死亡。相反，某些马已经发生了大面积胎盘剥离但仍产下活的胎儿。这种情况见于母马感染放线菌性胎盘炎，在子宫体和孕角的连接处经常可见胎盘发生明显的损害性病变，但是胎儿不被感染而死亡。这种情况下常诱发胎儿早熟而提前产出并存活下来。

三、诊断

1.常规诊断

进行病史调查对于确定母马是否发生胎盘炎十分有用。例如，根据早期进行妊娠诊断(也就是单独通过直检或同时使用超声波对比检查)提供的信息就能区分母马是怀有双胞胎或患有渐进性胎盘感染。这两种类型的母马尽管都会发生乳腺提前发育，但是怀有双胞胎的母马不可能有阴道分泌物。

2.直检和超声检查

在妊娠后期通过直肠超声检查可很好地评估胎盘的完整性(在子宫颈星状部位)、胎儿的活力和胎水的特性，测量胎儿眼眶直径而估计胎儿的日龄。

如果母马通过上行感染途径而导致的胎盘炎，主要感染子宫颈星状部位的尿膜绒毛膜凸显部。因此在妊娠后期通过直肠超声检查可很好地评估胎盘的完整性(在子宫颈星状部位)，并发现该部位是否发生胎膜分离。另外通过直肠超声检查测量子宫和胎盘结合厚度也有帮助，正常妊娠母马的子宫和胎盘结合厚度值(the combined thickness of the uterus and placenta ,CTUP)见表 4-1-1，母马发生胎盘感染或炎症时，CTUP 测量值会增加，或者由于脓性物质的存在而使胎膜分离。胎儿健康与否应该通过一系列的腹部超声检查来证实。通过腹部超声检查可测量胎儿心律、身体肌张力、骨骼肌活力和尺寸，以此来评估胎儿的健康状态。对于高风险母马，通常每天进行一次腹部超声检查来评估其状态。有危急的胎儿经常要一天进行几次超声检查，以此来评估其心律和活动程度。

表 4-1-1　正常超声下子宫和胎盘结合厚度测量值

妊娠天数(天)	CTUP(mm)
271～300	＜8 mm
301～330	＜10 mm
330 天以后	＜12 mm

在妊娠期的后 2/3 时段，由胎盘合成孕激素来维持妊娠。随着妊娠期延长，母马外周血清中孕激素浓度逐步升高。研究发现母马胎盘发生病变或胎儿受到应激，会引发孕激素类物质过早增加；因此，测量孕激素对于监控胎儿胎盘的健康状况十分有用。另外，在母马怀孕期间，胎盘也能广泛地产生雌激素，大约从妊娠的 80 天开始雌激素浓度会逐步增加，然后持平，在产

前逐渐降低。尽管通过测定血清中雌激素比测定孕激素去发现和监控母马妊娠的健康水平要少一些，但是母体血清中高水平的雌激素浓度（通常是硫酸雌酮或总雌激素测定结果）提示胎儿胎盘单位的功能正常，而且也是胎儿活力的一个强有力的指示。已经表明在妊娠100～300天测定母马血清中总雌激素对于评估妊娠的健康状态可能十分有用。

反映母马胎儿胎盘单位健康状态的血清生物标记物，如急性期反应蛋白如血清淀粉样蛋白A（一个炎症指示剂）已经用于评估正常和非正常马的妊娠。血清淀粉样蛋白A浓度在正常妊娠结束前36 h会显著地增加。母马发生胎盘炎，可见血清淀粉样蛋白A过早升高。当患有胎盘炎母马接受治疗时，监控发现一些马的血清淀粉样蛋白A浓度降低。

四、治疗

尽管胎盘炎被认为是由细菌感染所致，但是继发的炎症和产生大量的前列腺素很可能也是导致胎盘炎的罪魁祸首。因此找到真正的致病原因是治疗胎盘炎的重要前提。为确定有效药物，可通过复制马胎盘炎动物模型实验。临床上常规使用的几种治疗药物有抗生素、抗炎药和孕酮，经此方法治疗发现还可提高胎儿的生存能力。

对于患胎盘炎母马的治疗方案应该选择高效、并已知其在孕马药代动力学参数的药物，以及马主人认可的给药方式。常用治疗马胎盘炎的药物总结见表4-1-2。尽管非肠道给药，如青霉素和庆大霉素，对于引起胎盘炎的主要细菌而言是理想的抗微生物选择，但是频繁多次给药和静脉注射途径降低了它们的使用率。在一些病例，在短期内（即2～3周）及时静脉注射，然后继续通过口服一些其他药物进行长期治疗（Macpherson个人观点），这样的治疗方案可能是可行的。从试验性胎盘炎病例已证明长期治疗是有益的。

表4-1-2　治疗母马胎盘炎常用药物

药物	剂量	作用机理
青霉素G钾	22 000 U/kg体重，IV，q 6 h	抗生素
普鲁卡因青霉素G	22 000 U/kg体重，IM，q 12 h	抗生素
硫酸庆大霉素	6.6 mg/kg体重，IV或IM，q 24 h	抗生素
甲氧苄胺嘧啶	15～30 mg/kg体重，PO，q 12 h	抗生素
氟尼辛葡甲胺	1.1 mg/kg体重，IV或PO，q 12～24 h	抗炎/抗前列腺素（混合COX-1和COX-2）
苯基丁氮酮（保泰松）	2.2～4.4 mg/kg体重，PO，q 12～24 h	抗炎
非罗考昔	0.1 mg/kg体重，PO，q 12 h（剂量根据体重和说明书规定）	COX-2选择性抗炎
己酮可可碱	8.5 mg/kg体重，PO，q 12 h	抗细胞因子/抗炎
烯丙孕素/四烯雌酮	0.088 mg/kg体重，PO，q 24 h	抗前列腺素/保胎
乙酰水杨酸	50 mg/kg体重，PO，q 12 h	抗炎/抗血小板

注：COX环氧酶

据报道，对渐进性感染胎盘炎的试验母马，应用各种药物进行联合用药治疗，长期注射TMS和己酮可可碱，可延长患马妊娠期，却不能提高胎儿的存活率；在TMS和己酮可可碱的治疗方案中添加孕激素（烯丙孕素）时，也可延长妊娠期并产下活的马驹。但是也有报道单独应用 TMS 或 TMS+抗炎药(地塞米松和阿司匹林),有或无孕激素(烯丙孕素+阿司匹林)进行治疗,产下活的马驹的几率基本一样。通常认为尽早介入治疗对于产下活的马驹可能十分必要,治疗可以是单独应用 TMS 或者 TMS 配合己酮可可碱和烯丙孕素这些药物。提醒一点的是:关于应用 TMS 为基础的给药方案去治疗马的胎盘炎,尽管口服投放 TMS 具有明显的给药优势,但是并不能一定保证将马驹的存活率会提高,也不能将细菌彻底清除干净。

总而言之,诊断和治疗马的胎盘炎具有一定挑战性。有时候临床治疗结果令人失望,然而挽救妊娠仍然值得去尝试去应用各种治疗方法达到更加理想的治疗效果。

第二章　分娩期疾病

第一节　子宫捻转

子宫捻转(uterine torsion)是指子宫、一侧子宫角或子宫角的一部分围绕自己的纵轴发生扭转,是母体性难产的常见病因之一。马的子宫捻转多发生于妊娠的第8个月以后,也有报道称在妊娠5个月的母马就能发生子宫捻转,而且重挽马比轻型马的发病率高。马的子宫捻转很少涉及子宫颈及阴道,而且几乎所有的子宫捻转在妊娠后期由于临床症状明显才可做出诊断,很少有在分娩时才发现的;子宫捻转的程度从90°～540°不等,并且顺时针和逆时针捻转的发病率几乎相同。子宫捻转的捻转处多为子宫颈及其前后,涉及阴道前端的称为颈后捻转,位于子宫颈前的称为颈前捻转。

一、病因

子宫捻转的发病原因不清,但是可能与胎儿复位机制或在母体内转动有关。子宫捻转虽然与妊娠子宫的形态特点及母马起卧的姿势有关,但能使母马围绕其身体纵轴急剧转动的任何动作,都可成为子宫捻转的直接原因。妊娠末期,母马如急剧起卧并转动身体,子宫因胎儿重量大,不随腹壁转动,就可向一侧发生捻转。有时因下坡时绊倒,或运动中突然改变方向,均易引起扭转。临产时发生的子宫捻转,可能是母马因疼痛起卧所致。另外马的子宫捻转和打滚有关。在分娩开口期中,胎儿由下位转变为上位时,过度而强烈的转动也可能是引起子宫捻转的原因之一,另外,胎儿对子宫肌层的收缩发生反应,调整其姿势而出现的运动也可能与子宫捻转有关。其他可能导致发生子宫捻转的危险因素包括胎水量减少、胎儿过大以及妊娠子宫张力减弱等。

二、临床症状

产前发生的捻转,母马会表现出腹痛的症状,但是腹痛的程度取决于捻转的程度以及是否有胃肠道受到牵连,所以表现出轻度到严重程度的顽固性腹痛不等。如果不超过90°,母马会表现轻度腹痛症状,有的不表现任何症状。超过180°时,孕畜因子宫阔韧带伸长而有明显的不安和阵发性腹痛,并随着病程的延长和血循受阻,腹痛加剧,其表现包括摇尾、前蹄刨地、后腿踢腹、出汗、食欲减退或消失、卧地不起或起卧打滚。病马拱腰、努责,但不见排出胎水。可能把它误诊为疝痛或胃肠机能紊乱。以后随着血液循环受阻加重,腹痛剧烈,且间隙时间缩短;也可能因捻转严重,持续时间太长,麻痹而不再疼痛,但病情恶化。也可能因子宫阔韧带撕裂和子宫血管破裂而表现内出血症状，甚至引起子宫高度充血和水肿，子宫捻转处坏死，导致发生腹膜炎。

除上述症状外，有些子宫颈后捻转轻的病例可以发现同侧阴唇向阴门外陷入。如果捻转严重，一侧阴唇可肿胀歪斜。一般阴唇的肿胀与子宫捻转的方向相反，如右侧子宫捻转到180°时，左侧阴唇表现肿大，这种表现在妊娠后期的母马，由于阴门松弛、水肿，因此更为明显。

三、诊断

对于发生子宫捻转，阴道检查常不能做出诊断，但是阴道检查有助于确定子宫颈的紧张力以及扩张程度，并可发现任何不正常的分泌物。常通过直肠检查子宫阔韧带可做出诊断。如果左侧阔韧带被拉长，覆盖在子宫上，表明顺时针方向捻转（从马的后侧观，也称为右方捻转），反之亦然。偶尔，经直肠检查难以确定捻转的方向。则应进行更详细的检查，应特别注意判断是否有胃肠道受到牵连。应用经腹壁超声检查可判断胎儿的死活和心率，也可确定胎盘是否分离以及胃肠道是否受到牵连。

1. 子宫颈前捻转

阴道检查时，在临产时发生的捻转，只要不超过360°，子宫颈口总是稍微开张的，并弯向一侧。达360°时，颈管即封闭，也不弯向一侧。视诊可见子宫颈腔部呈紫红色，子宫颈塞红染。产前发生的捻转，阴道中变化不明显，直肠检查才能做出确诊。

直肠检查，在耻骨前缘摸到子宫体上的捻转处如一堆软而实的物体。阔韧带从两旁向此捻转处交叉。一侧韧带达到此处的上前方，另一侧韧带则达到其下后方；捻转如不超过180°，下后方的韧带要比上前方的韧带紧张得多，而子宫就是向着韧带紧张的一侧捻转的。不论向哪一侧捻转，两侧的子宫动脉都拉得很紧。捻转超过180°时，两侧韧带均紧张，韧带内静脉怒张，捻转程度越大，怒张也越明显。胎儿的位置比妊娠末期的正常位置靠前，所以不易摸清。在马，因为小结肠受到捻转的子宫韧带的牵连，直肠前端狭窄，子宫阔韧带紧张，手进入一定距离后便无法再向前向下伸或左右活动。

2. 子宫颈后捻转

阴道检查，无论在产前或临产时发生的捻转，都表现为阴道壁紧张，阴道腔越向前越狭窄，阴道壁的前端有时可见或大或小的螺旋状皱襞。如果螺旋状皱襞从阴道背部开始向哪一侧旋转，则子宫就向该方向捻转。阴道前端的宽窄及皱襞的大小，依捻转程度而定，同时它们也代表捻转程度的轻重。不超过90°时，手可以自由通过，达到180°时，手仅能勉强伸入。以上两种情况可以在阴道前端的下壁上摸到一个较大的皱襞，并且由此向前管腔即弯向一侧。达270°时，手即不能伸入；达360°时管腔拧闭。在这两种情况下，阴道壁的皱襞均较细小，阴道检查看不到子宫颈口，只能看到前端的皱襞。直肠检查，所发现的情况与颈前捻转相同。子宫捻转超过180°时，多使子宫血液循环受阻，引起胎儿死亡，如不及时诊断救治，可引起子宫破裂。

四、预后

对于子宫捻转的预后，根据捻转程度、妊娠阶段，是否及时救治而异。马的子宫捻转，无论是产前或临产时发生，一般病程较短，预后较差，超过180°的捻转，常因继发急性败血症而死亡，同时发生子宫及子宫血管破裂、直肠或膀胱脱出及术后出血者均较多。产前发生的捻转，如果不超过90°，只要诊断准确，治疗及时，一般预后良好，母子双方的危险一般都小。

有资料报道称，子宫捻转患马的成活率为84%，马驹的成活率为54%。存活率受妊娠不同阶段的影响，当捻转发生在妊娠320天前，母马存活率为97%，马驹的存活率为72%。然而，当捻转发生在妊娠320天以后，母马和胎儿的存活率分别降到65%和32%。约有15%的患马并发胃肠道损伤，这样母马和马驹的存活率都会降低。

五、治疗

1.通过产道矫正

母马应站立保定，并前高后低。必要时可行后海穴麻醉，但药物的量不可过大，以免母畜卧下。如发生在分娩过程中，且子宫颈已开张，捻转程度也不严重，可将手伸入子宫内，抓住胎儿的一部分，旋转胎儿以矫正子宫，一般将手伸到胎儿的捻转侧之下，把握住胎儿的某一部分向上向对侧翻转。助手也可以在相应的腹壁侧配合术者进行节奏性压迫，促进捻转的子宫恢复正常。

2.通过直肠矫正

首先要确定向那侧发生捻转，然后进行直肠内翻转捻转的子宫，如果子宫向右侧捻转，将手伸至右侧子宫下侧方，托起子宫，向上向左侧翻转，反之亦然。助手同时用木板在乳房前部配合术者向捻转方向抬举腹壁，利于矫正捻转的子宫。

3.翻转母体矫正

利用惯性原理，在急速翻转母体时，子宫仍处于不动状态而复位。有3种翻转方法，但是原理是一样的。方法是在平坦的地方，铺上较多的垫草，将母马卧下，将前后肢分别捆扎在一起，头部垫上柔软的草袋，由专人在翻转时保护头部，防止损伤。翻转前，如果母马挣扎不安，可行硬膜外麻醉，以及注射松肌药物或镇静药，使腹壁松弛和镇静。但是有报道称翻转母体会增加妊娠后期患马子宫破裂的风险。因此，这种方法最好用于妊娠早期母马的子宫捻转。

(1)直接翻转母体　让母马横卧，那侧捻转那侧向下，切记！把前后肢分别捆住，并设法使后躯高于前躯。两助手站于母马的背侧，分别牵拉前后肢上的绳子。准备好以后，猛然同时拉前后肢，急剧把母马仰翻过去。由于转动迅速，子宫因胎儿重量的惯性，不随母体转动，而恢复正常位置。翻转如果成功，可以摸到阴道前端开大，阴道皱襞消失。因此，每翻转一次，须经产道进行一次验证(在颈前捻转，须行直肠检查，以确定子宫阔韧带的交叉是否松开)，检查是否正确有效，从而确定是否继续翻转；无效时则无变化，可以将母马慢慢翻回原位，重复施行，直到矫正捻转的子宫。在马也有由于产前很久发生的捻转，因为胎儿较小，子宫周围常有肠道包围，有时甚至由于子宫与周围组织发生粘连，翻转时子宫也会随母体转动，不易成功。

(2)腹部加压翻转母体　翻转方法一样，只是将一条3 m长木板的中部放于翻转母马腹肋部最突出的部位上，一端着地，一人站立或蹲于着地的一端上，慢慢翻转母畜，目的是增加腹内压，防止胎儿随母体转动。同样应翻转1次，阴道或直肠检查1次，确定是否成功。

(3)通过产道固定胎儿翻转母体　如果分娩时子宫发生捻转，手能伸入子宫颈，最好从产道把胎儿的一条腿抓住，这样可将其固定，翻转时子宫不随母体转动，矫正就更加容易，方法同上，只是由一人用手通过产道固定已经有部分外露的胎儿即可。

4.剖腹矫正或剖腹产

各种子宫捻转都可经腹胁部切开腹腔进行矫正，有时候活着的马驹很好矫正。如果考虑到经济等因素的影响,可对多次翻转无效或不可复性子宫捻转,最后才考虑实行剖腹矫正或剖腹产。腹胁部切开通常可避免全身麻醉的风险而更为可取,但是当马接近妊娠期满时,站立保定矫正子宫捻转艰难,可能需要两个术者,同时双侧腹胁切口进行矫正。腹胁部切开矫正不适合于烈性母马或者有顽固性疼痛的患马。腹中线切开往往需要全身麻醉,主要针对妊娠后期患马,或者怀疑牵连到胃肠道以及子宫破裂的患马而选择的治疗方法。并且根据需要,对无法矫正或子宫破裂等患马,同时实施剖腹产。

第二节 子宫疝

子宫疝(uterus hernia)是指妊娠子宫有时可以通过脐孔、腹股沟、膈、会阴及腹壁等处破口而形成的各种疝。有时耻骨前腱破裂,妊娠子宫也可脱出,进入由皮肤和皮肌形成的包囊中而形成疝。子宫疝多见于妊娠后期,马常发生于妊娠 9 个月后。子宫疝多可引起难产,有时甚至母子双亡。

一、病因

子宫疝发生的原因不尽相同,一般认为主要有以下几种。

1. 腹壁疝

妊娠后期母马腹壁受到严重的外伤,妊娠子宫经伤口脱出。有时即使没有外伤,妊娠后期腹壁肌肉变得脆弱,难以支撑怀孕子宫,因而破裂,也可出现腹壁疝。此外胎水过多等也是腹壁子宫疝的诱因之一。发生腹壁子宫疝时,破口多在腹底,略偏开中线。马多位于左侧,且多在脐孔之后。开始发病时,多在局部出现约足球大小的肿块,随后很快增大,整个腹壁从骨盆边缘一直到剑状软骨均出现大面积肿大,尤以后部更为明显。此时可能是整个子宫连同其内容物通过破口进入皮下。

2. 耻骨前腱破裂

最常见于马中的重挽马,轻型马较少。由于马没有骨盆下韧带,因此发病较多。这种破裂多见于妊娠的最后 2 个月,主要原因是妊娠后期腹壁的负担加重所致,有时也见于外伤。发病时,耻骨前韧带横向断裂,腹肌、腹黄膜等也可破裂,内脏和妊娠子宫脱出。

3. 会阴疝

妊娠子宫可向骨盆腔后的结缔组织凹陷内突出,形成会阴疝。

二、临床症状

发生腹壁子宫疝时,由于腹壁受到内脏的巨大压力而水肿十分严重,有时很难摸清破孔的边缘及其中的胎儿。一般来说,发生腹壁子宫疝时,妊娠一般不会被中止,但对于母体和胎儿来说,这种情况都是极为危重的。发生脐疝时,如果疝环很大,子宫及胎儿可进入疝囊形成难产。腹股沟疝多为单侧性的,偶尔可见双侧性的,特点是腹股沟区肿胀明显,而且随着妊娠的进展而增大,肿胀会越来越大。耻骨前腱破裂多发生于妊娠的最后 2 个月,发生后多有明显的大面积疝性水肿,可从腹壁底的乳房部位开始,一直延伸到剑状软骨区。如果是外伤引起,则除了腹腔底部突然增大外，腹胁部出现下陷，病马常出现腹痛等症状，出冷汗，呼吸加快，脉搏快而弱，有时甚至出现休克。

三、治疗

由子宫疝引起的难产一般均少见，但如有发生应立即进行助产。发生子宫疝时，如果胎儿及子宫一同进入疝囊，则经直肠或产道一般很难触及胎儿。马必须在开始努责时即行助产，最好将母马麻醉，使其仰卧，以减少对疝口的压力。母马分娩及子宫复旧之后，疝口可能自愈，但小肠有可能由疝孔脱出，形成新的疝。

如果子宫疝发生的时间距分娩尚早，则可用手术修复。但马如果破口很大且子宫及胎儿已经脱出，则极难修复。

耻骨前腱破裂一般比较难于治疗，必要时可用吊带吊着腹部，如果距分娩尚早，可用人工引产的方法使胎儿娩出，或者用剖腹产术。如果距分娩较近且引起了难产，则可将病马仰卧，然后将胎儿拉入骨盆，再用牵引术拉出。其他子宫疝如果疝孔较小，可用保守疗法，疝孔大时可用手术方法修复，但如果病程拖得较长，子宫已经坏死，则不得不施行子宫切除术。

第三节　子宫弛缓

子宫弛缓(uterus atonia)是指在分娩的开口期及胎儿排出期内由于子宫肌层的收缩频率、持续期及强度不足，以致胎儿不能排出的一种疾病。有时子宫弛缓可一直延续到产后胎衣排出期及子宫复旧期，是产力性难产中最常见的一种情况。根据分娩过程中发生时间的不同，子宫弛缓可以分为两种：分娩一开始就发生的，称为原发性子宫弛缓，它是指子宫肌层原发性的收缩能力减弱；开始时正常，之后由于胎儿排出受阻，子宫肌疲劳，收缩力量变弱的，称为继发性子宫弛缓。但两者的临床表现基本相同。

一、病因

引起原发性子宫弛缓的原因很多，但其发病率比继发性的低得多，其常见病因有：

(1)妊娠末期，特别是在分娩前，孕马激素平衡失调，如雌激素、前列腺素或催产素的分泌不足，或孕酮分泌过多及子宫肌对上述激素的反应减弱。

(2)妊娠期间营养不良，使役过度，体质乏弱，年老，运动不足，肥胖。

(3)全身性疾病(如慢性耗竭性疾病)、布氏杆菌病、子宫内膜炎引起的肌纤维变性等。

(4)胎儿过大或胎水过多使子宫肌纤维过度伸张而引起子宫肌菲薄。

(5)子宫与周围脏器粘连，使其收缩减弱。

(6)分娩时的低血钙症、低血镁症、酮病等代谢性疾病。

(7)子宫肌层脂肪浸润。

(8)流产及早产时发生的原发性子宫弛缓。

继发性子宫弛缓通常都是继发于难产，见于所有动物，尤其是大动物更为多发。子宫破裂或子宫捻转时，子宫肌层会停止其收缩活动。因此，继发性子宫弛缓实际上是难产的结果而不是其原因。

二、临床症状

原发性子宫弛缓根据预产时间、分娩现象及产道检查情况即可作出诊断，母畜妊娠期满，分娩预兆也已出现，但长久不能排出胎儿。努责微弱或无努责，有时临床表现很不明显，看不出已开始分娩。

产道检查，通常发现子宫颈松软开放，但有时开张不全，胎儿及胎膜囊尚未进入子宫颈及产道。胎儿的胎向、胎位及胎势均可能正常。因为子宫收缩力量弱，胎盘仍保持循环，起初胎儿还活着，但如久未发现分娩而不助产，胎盘循环终会减弱，胎儿即死亡，子宫颈口也缩小。

诊断继发性子宫弛缓一般困难不大，因为在此之前子宫已发生了正常的收缩，但因产道或胎儿异常，不能排出胎儿，致使母畜过度疲劳，导致阵缩减弱或停止。

如不及时助产，胎儿死亡后可发生腐败分解、浸溶或木乃伊化，有时也可引起脓毒败血症。母马虽然可以使胎儿排出来，但以后容易发生子宫弛缓、胎衣不下，有时还可以发生子宫脱出、子宫感染，可造成不孕。

三、治疗

发生子宫弛缓时助产必须及时，以便拯救幼驹和母马的生命。在体格大的马，可以根据分娩持续时间的长短、子宫颈松软程度、胎水是否排出或胎囊是否破裂、胎儿死活等来确定是否进行助产。在胎水已经排出和胎儿死亡时，应立即矫正异常部位并施行牵引术，将胎儿拉出。拉动胎儿可增强母马的阵缩及努责。如子宫颈尚未开大或松软，且胎囊未破，胎儿还活着，就不要急于牵引，此时可用手按摩腹壁，并将下腹壁向上向后推压，以刺激子宫收缩。否则胎儿的位置姿势尚未转入正常，子宫颈开张和松软不够，强行拉出会使子宫颈受到损伤。

助产可以采用牵引术，一般不用药物催产。如果牵引无效的话，可以考虑应用截胎术和剖腹产术，特别是胎儿还活着而其他方法又无效时，应尽早施行剖腹产。

原发性子宫弛缓常可延伸到胎衣排出期及子宫复旧，因此常发生胎衣不下及子宫复旧延迟，因此除助产使胎儿排出外，还应在子宫内及全身用抗生素治疗，以防止引起子宫炎及其他继发症，并应用适当的药物促进子宫收缩和复旧。

继发性子宫弛缓的助产，必须先处理引起弛缓的难产，即先将引起难产的异常胎势、胎位或胎向用矫正术矫正，再用牵引术拉出胎儿，此时必须注意产道的润滑。如果子宫有强烈的收缩带或收缩环，则一定要注意牵引时不可用力过大，以免引起子宫破裂。如果子宫壁收缩得很紧，则可用剖腹产或截胎术，也可使用子宫松弛剂，然后再用牵引术。

第四节 胎儿性难产

一、胎儿过大性难产

胎儿过大性难产(dystocia for fetal oversize)是指由于马的胎儿过大而导致的胎儿不能顺利产出，是常见的一种难产。胎儿过大包括胎儿相对过大和胎儿绝对过大，偶尔也可见巨型胎儿、胎儿水肿、胎儿气肿等以及胎儿身体某部分或某些器官的体积过大而造成的胎儿过大。

(一)主要症状

分娩开始时母畜阵缩及努责均正常,胎膜大多已经破裂,有时尚可见到两蹄尖露出于阴门之外,偶尔可见到唇部,但胎儿排不出来。产道检查,产道及胎向、胎位和胎势均正常,只是胎儿很大,难以娩出。原因是胎儿娩出时的主要困难在头部,胎儿的胸部和肩部仍然阻滞在骨盆入口处。倒生时,由于胎儿的臀部首先进入产道,而且胎儿产出时的方向与胎毛的方向相反,因此使过大的胎儿更难产出。分娩时久多数引起继发性子宫弛缓。

(二)助产

胎儿过大引起的难产,可考虑的助产方法有以下几种:

(1)牵引术斜拉胎儿娩出　大多数轻微的胎儿过大可用在产道内注入润滑剂,按照骨盆轴的方向,由2～3个人应用牵引术缓慢斜拉胎儿肢体可成功助产。但是如果难以见效,则术者应考虑采用其他助产方法。

(2)外阴切开术扩大产道出口　如果阴门明显较小,牵引过大的胎儿时会引起阴门及会阴撕裂,则可施行外阴切开术。

(3)截胎术缩小胎儿的体积,取出胎儿　胎儿过大时,如果难于拉出,可考虑选用以下截胎术,特别是胎儿已经死亡的情况下。正生时可截去1个或2个前肢以减小胸部的大小,或将胎儿头部截除;倒生时可采用皮下法截除一侧或两侧后肢,必要时可施行胎儿内脏摘除术或在胎儿的皮肤保护下,一部分一部分将胎儿的骨头取出,这样可尽可能小的损伤母体。

(4)剖腹产术取出胎儿　如经牵引术难于将胎儿拉出且胎儿仍然存活,可施行剖腹产术。

二、胎儿畸形难产

胎儿畸形难产(dystocia for tetal anomaly)是指由于胎儿畸形,导致胎儿在分娩过程中难于从产道中娩出而发生的难产。常见的胎儿畸形有先天性歪颈、脑积水、胎儿部分器官积水、一侧横膈膜缺损、双头胎儿和联胎等。

(一)病因

胎儿各器官的发育都有一个关键时期,参与器官发育的生化过程也是以极为有序的过程出现的,而且受许多因素的控制。如果该过程中任一步骤出现异常,则会导致畸形。特别是可能导致胎儿的某一部位长的过大或过度畸形,这样就在分娩时造成难产。引起难产的胎儿畸形在马除先天性歪颈外,偶见脑积水、一侧横膈膜缺损、双头胎儿等。

(二)临床症状

分娩开始时母畜阵缩及努责均正常,但胎儿排不出来。产道检查一般可发现胎儿畸形所在部位。有时胎儿的前置部分正常,但位于产道中的远端部分严重畸形,因此分娩开始时进展基本正常,但由于畸形部分楔入骨盆入口而引起难产。例如在躯体不全时,胎儿正常的前半部分可进入产道,但后半部分会引起难产;倒生胎儿、胎头水肿或两个胎头也可出现这种情况。此时如果不明原因强行牵引,则会使难产更为复杂。在这种情况下,如果一时难于诊断清楚,则应怀疑为胎儿畸形。

胎儿水肿时检查产道时可发现胎儿的前置各器官充塞于产道中呈面团状,在皮肤较松的地方,还可能摸到有波动;胎儿腹腔积水病例倒生时可以摸到胎儿因腹水过多而使腹壁非常紧张,腹围增大;先天性歪颈病例可发现颈椎畸形发育,颈部先天性地歪向一侧,颜面部也常是歪曲的，四肢伸屈腱均收缩，球节以下部分与管部垂直，有时四肢痉挛，关节硬结，不能活动；对称联胎可通过产道摸到双头畸形、两面畸形、颅部联胎、胸部联胎、脐部联胎、臀部联胎和坐骨联胎等异常情况。

(三)助产

救治胎儿畸形引起的难产时，其基本原则和方法是：

(1)尽可能弄清胎儿畸形的部位及程度，估计畸形胎儿的大小。

(2)润滑并仔细检查产道，以免胎儿的异常部位在牵引时损伤产道。

(3)在施行牵引术等之前，用适当的截胎术或其他方法缩小异常增大的部位。

(4)采用牵引术如果难以奏效，则应该用截胎术或剖腹产术。

(5)难以弄清畸形的种类和程度时，应首先考虑选用截胎术。

(6)畸形比较严重时，或胎儿的体积太大或畸形胎儿胎向不规则时，2 次截胎常难以奏效，可选用剖腹产术。

三、头颈姿势异常

头颈姿势异常(postural defects of head and neck)主要指由于胎儿在分娩过程中发生头颈侧弯、头向下弯、头向后仰和头颈捻转等胎势异常而导致的难产。其中以头颈侧弯最为常见，是马分娩过程中、胎势异常中最常见的导致难产的情形。一般来说，胎势异常引起的难产，如果尽早救治，比较容易处理，如果延误的时间过长，则难产程度加大或继发性子宫弛缓、胎水丧失，导致胎儿死亡、气肿等，此时则需施行截胎术或剖腹产，否则很可能导致母子双亡。

(一)病因

头颈姿势异常的原因主要是在分娩开口期中胎儿的活力不够旺盛，头颈姿势未能转正；或者当胎儿的头颈部分挡在骨盆前缘后，缺乏应有的反应，头颈未能伸直；或者是子宫收缩急剧，胎膜过早破裂，胎水流失，子宫壁直接裹住胎儿，胎头未能以正常姿势伸入骨盆腔内。在子宫继续收缩和胎儿躯干继续前进的情况下，使头颈姿势异常更为加重。子宫无力，未能引起胎儿发生足够的反应时，也可引起这种异常。助产错误也可能造成头颈姿势异常而引起难产。

头颈侧弯是胎儿的两前腿伸入产道，而头弯于躯干的任一侧，没有伸直。这种难产约占由于胎儿异常所造成难产的半数或更多，因而是最常见的难产病因之一，尤其是马，胎驹颈部较长，发生时矫正也特别困难；头向后仰是头颈向上向后仰至背部；头颈捻转是头颈围绕自己的纵轴发生了捻转，使头部成为侧位(90°)或下位(180°)，见头未伸直，唇部向下，抵着母体骨盆前缘，呈额部前置、枕部前置或颈部前置的情形。

(二)主要症状

难产初期，侧弯程度一般不大，仅头部偏于骨盆入口一侧，没有伸入产道，在阴门上仅看到蹄子。随着母马的努责及子宫的收缩，胎儿的肢体继续向前，头颈侧弯越来越重。两前腿腕部以下伸出阴门之外，但不见唇部；哪一条腿伸出得较短，头就弯向哪一侧。如果前腿伸出得长，则可能为助产时仅拉前腿，不矫正头部所引起。

产道检查时，因马驹颈部较长，头部最远可达自己的腹胁部，嘴唇可抵至膝关节处，因此不易摸到，但从颈部(鬃毛或气管的位置)，即可确定头在哪一侧。此外，头的方向有 3 种情况：一种是唇部向着母体骨盆，这时整个头呈“S”状，同时头部捻转，下颌转至上面，额部转至下面。

另一种是唇部向着母体头部。再一种是介于以上二者之间，唇部向着母体腹下。

发生头颈向下，产道检查时，除可摸到前腿外，在额部前置时，在骨盆入口处可以摸到额部，枕部前置时可以摸到项脊及两耳塞于骨盆入口内，且可在阴门处看到蹄子，颈部前置时可以摸到颈部在两前腿之间向下弯曲，且两腿之间的距离较宽。

头颈捻转表现两前肢进入产道，头部位于两前腿之上，但下颌朝着一侧，或者朝上。捻转严重时头颈部显著变短。

这种难产的预后主要是根据子宫收缩的强弱，胎位是否同时也有异常及头颈弯曲的程度而定。子宫收缩力越强，头颈部弯曲的程度越大，胎儿颈基部楔入骨盆入口越紧，难产发生的时间越长，矫正越困难。马由于胎盘过早和母体分离，往往胎儿多因胎盘血液循环受阻而死亡。

（三）助产

矫正拉出胎儿时，母马应前低后高的姿势进行保定，根据情况采用硬膜外麻醉、后海穴或百会穴麻醉。根据胎儿的情况不同可选用下列方法：

如果弯曲程度不大，仅头部稍弯，同时母畜骨盆入口之前空间较大，手可够及胎头，这时可将手伸入产道，握住胎儿的唇部，把头扳正。矫正后可在头部及两前肢套上绳套，将胎儿拉出；弯曲程度很大，颈部堵在盆腔入口，且胎水丢失严重，子宫紧裹在胎儿上时，此时可先向子宫内注入润滑剂，先用产科梃顶在胸前和对侧前腿之间，向对侧推后胎儿，使头颈和骨盆腔间腾出较大的空间，然后把头拉直，将胎儿拉出；因马驹颈较长，如手触不到头部，也可用推拉梃拴住颈部前端，把头拉至盆腔入口处，再按上述方法把头拉入盆腔；如马驹已死亡，且上述操作遇到困难，手很够到胎儿时，最好用线锯或胎儿绞断器在颈的基部将头颈部截断，然后将头颈部向前推，再把躯干拉出来，最后用钩子钩住颈部断端把头颈拉出来；如果胎儿仍然活着，而弯曲的头颈难于矫正时，可行剖腹产。

四、前腿姿势异常

前腿姿势异常(abnormal posture of forelimbs)是指由于胎儿对分娩缺乏应有的反应，或子宫颈开张不全而阵缩过强所引起的胎儿腿部姿势发生异常，使胎儿的某些部分体积增加，不能通过盆腔而发生的难产。异常多为两侧，也有一侧的，前腿姿势异常主要有腕关节屈曲、肩关节屈曲、肘关节屈曲和前腿置于颈上 4 种。

（一）病因

同头颈姿势异常。

（二）主要症状

腕关节屈曲表现是前腿没有伸直，一侧或双侧腕关节屈曲，楔入到骨盆入口处。如两侧腕关节屈曲时，事先如未拉过头部，在阴门处什么也看不到，单侧性腕关节屈曲时，可见到屈曲的腕关节楔在骨盆入口处，阴门处可见到另一伸直的前腿。产道检查时，可摸到一侧或两侧屈曲的腕关节位于耻骨前缘附近，或楔入骨盆腔内。

肩关节屈曲表现胎头已伸入盆腔，而前腿肩关节以下部分伸于自身躯干之旁或腹下，这种异常在前腿姿势异常中比较常见，而且多为两侧性的。于阴门处可能会看到胎儿唇部，或唇部及一前蹄尖；产道检查可以摸到胎头及屈曲的肩关节。

肘关节屈曲表现肘关节未伸直，呈屈曲姿势，肩关节因而也同时屈曲，但腕部还是伸直的。在阴门处可以看到唇部、一个前蹄在前另一前蹄在后（一侧肘关节屈曲）或者两前蹄仅位于颌下（两侧肘关节屈曲）。

前腿置于颈上表现一条或两条前腿交叉地放在头颈部之上，有时甚至头颈弯曲，使得胎头位于胸或腹部之下。马发生后多为双侧性的，有时可造成极为严重的难产，甚至胎儿的蹄部可穿裂阴道壁。在阴门内可以摸到蹄尖位于唇部之上的两旁。两腿交叉。前腿置于颈上时，由于增大了头部的体积，影响胎儿排出。阵缩强烈时，蹄子可以使阴门上壁及会阴发生破裂而引起肛腔或阴道破裂。

（三）助产

首先要进行对母马的保定，可根据情况采用站立或仰卧等方式，然后采用适当的麻醉，如硬膜外麻醉等，以抑制努责，最后再进行矫正或截胎等其他手术。

如果为一侧性胎势异常，术者手伸入产道后，先将胎儿向后推回到腹腔内，抓住反常的前腿由上位异常矫正为下位异常，及肩关节屈曲逐步矫正为肘关节屈曲、腕关节屈曲，直到完全矫正过来，然后用产科绳拴住胎儿的前肢和头部，将胎儿拉出。如为两侧性的，可分别在两前腿系部套上绳子，向后推动胎儿的同时，按照上述方法逐步矫正，用牵引术拉出。例如一侧肩部前置时，可先将产科梃叉顶在胎儿胸前与对侧前腿之间，术者用手握住异常前腿的下端，在助手用产科梃向前并向对侧推的同时，把前肢下端往骨盆腔内方向拉，使它变成腕部前置。腕部屈曲时助手用产科梃顶在胎儿胸部与异常前腿肩端之间向后推，将胎儿推回子宫后用手钩住蹄尖或握住系部尽量向上抬，或者握住掌部上端向前向上推，并向后向外侧拉，使蹄子呈弓形越过骨盆前缘向骨盆腔内伸，将前腿拉直。如果腕部屈曲较为严重，也可将绳子拴住异常前腿的系部，术者用一只手握住掌部上端向前向上推，另一只手拉动系部，前腿即可伸直进入盆腔。但如果有困难时，不可硬拉，以免蹄子损伤软产道。如果矫正极为困难，特别是胎儿已经死亡的，用截胎术截去前肢，以便腾出空间矫正胎头，或截去胎头及前肢后再行处理。个别情况下，如胎儿气肿，且子宫紧裹住胎儿，不能矫正，也不易拉出，可将异常前腿截掉，然后先拉出躯干，再拉出前腿。

前腿置于颈上病例的助产，先将胎儿向后推，然后抓住反常的前腿向正常侧下压，即可矫正过来。矫正困难时，如为两侧性的，可分别在两前腿系部套上绳子，在推退胎儿的同时，先将位于上面的一条腿抬起并向其正常位置拉，使其复位。然后再以同样的方法矫正另侧前腿，并将头部抬起，两腿放于其下，用牵引术拉出。

五、后腿姿势异常

后腿姿势异常（abnormal posture of hind limbs）是指胎儿分娩前或分娩过程中后腿姿势发生异常，使胎儿的某些部分体积增加，不能通过盆腔而发生的难产。正常情况下，99％的马驹是正生的。正常倒生胎儿的后肢必须伸直产出。后腿姿势异常主要有跗关节屈曲和髋关节屈曲两种。

（一）病因

同头颈姿势异常。

（二）主要症状

跗关节屈曲为倒生时常发生的一种异常，即后腿没有伸直进入产道，跗关节屈曲，位于骨盆边缘之前或楔入母体骨盆腔，且常为双侧性的。跗关节屈曲必然伴发髋、膝关节屈曲，后腿折叠起来，使胎儿的后腿无法通过骨盆。如为双侧跗关节屈曲，在阴门处什么也看不到。产道检查时在骨盆入口处可以摸到胎儿的尾巴、坐骨粗隆、肛门、臀部及屈曲的跗关节。一侧跗部前置时，阴门内常有一蹄底向上的后蹄。

髋关节屈曲为后腿未进入骨盆，而伸于自身躯干之下，胎儿坐骨向着盆腔，所以又称坐骨前置或坐生。一侧坐骨前置时，阴门内可见一蹄底向上的后蹄尖；如为坐生，阴门内什么也看不到。产道检查时，在骨盆入口处可以摸到胎儿的尾巴、坐骨粗隆、肛门，再向前可以摸到大腿向前伸，容易作出诊断。有时由于难产的时间较长，手根本难于进入产道进行检查。倒生时有时两前蹄也向后弯曲伸至骨盆入口前，其蹄底向上，须注意鉴别。

(三)助产

一般来说，矫正倒生时姿势异常的后腿，首先必须考虑 3 个重要步骤，即硬膜外麻醉、替补胎水及推退胎儿。操作时必须非常仔细小心，以免胎儿肢体损伤子宫，甚至造成子宫穿孔。倒生且后肢异常引起的难产，如果救治得早，则一般预后良好；胎水丧失，子宫收缩，胎儿死亡，则救治比较困难，常需使用截胎术或剖腹产。

跗关节屈曲助产的原则和方法基本和正生时的腕关节屈曲相同，主要目的是拉直屈曲的跗关节，由于马驹跖部较长，矫正要困难得多。先用产科梃顶在尾根和坐骨弓之间向前推，术者用手钩住蹄尖或握住系部尽量向上抬，或者握住跖部上端向前、向上并向外侧推，然后使蹄子向盆腔内伸，使它越过耻骨前缘，将后腿拉直。如果跗部已深入盆腔，上述矫正方法遇到困难，且胎儿死亡时，可先把跗关节截断，取出截下的部分，或将跟腱彻底切断，然后用绳子拴住胫骨下端，将后腿拉直。拉时最好同时向前推动胎儿，以防膝部损伤软产道。

髋关节屈曲助产原则及方法与正生时的肩部前置相同，主要方法是先把一侧坐骨前置矫正成跗部前置，再进行相应处理。一般是用产科梃横顶在尾根和坐骨弓之间，术者用手握住胫骨下端，也可用推拉梃把绳子带至胫部下端，用力拴住。在助手向前用力推动胎儿的同时，术者用手或推拉梃向前向上抬并向后拉，把后腿拉成跗部前置，然后再继续矫正拉直。驹坐生时，如果胎儿尚活着，宜迅速采取抑制母马努责的措施，并立即进行剖腹产。否则，矫正拉出会耽误时间而导致胎儿死亡。有时坐骨前置难于矫正，而且胎儿已经死亡，此时可用截胎术截去弯曲的后肢，再将肛门钩或产科钩自胎儿体外向内钩住耻骨前缘拉出，也可采用骨盆截半术破坏胎儿的骨盆，然后拉出。

六、胎位异常

胎位异常(abnormal position)是指胎儿在进入产道后不是呈现为正常的上位胎位(即胎儿背部朝着骨盆顶，胎儿俯卧于骨盆腔内)而发生的难产。马胎儿在妊娠后期或分娩初期是下位，在分娩时胎儿必须要从下位转为上位才能顺利娩出，无论正生或是倒生，胎儿均可能因为未翻正，而使胎位发生异常，即呈侧位或下位，这样胎儿的脊柱偏向一侧或者朝向母体产道底部而发生难产。胎位异常主要有正生时侧位及下位和倒生时侧位及下位两种。

(一)主要症状

(1)正生时侧位及下位　侧位时产道内可以摸到两前蹄底向着侧面，唇部伸入盆腔。且下颌向着一侧，但约半数病例，两前腿和头颈是屈曲的，不伸入盆腔。在下位，两前腿和头颈一般都是屈曲的，位于盆腔入口之前；偶尔前腿以蹄底向上的姿势伸直进入骨盆腔，头颈侧弯在子宫内。继续向前触诊，根据胸背部的位置可以确定为侧位或下位。

(2)倒生时侧位及下位　这种异常是两后腿屈曲多见，但偶尔也伸入产道，蹄底向着侧面或向下。检查胎儿时，借跗关节可以确定是后腿；继续向前触诊，可以摸到臀部向着侧面或位于下面。

(二)助产

由于胎儿只有在正常的上位时才能顺利产出，因此在救治这类难产时，必须要将侧位或下位的胎儿矫正成上位。正生在矫正时，必须先将胎儿的两前肢用产科绳系紧，在母马不努责的时候推回胎儿，将胎儿的两前肢和头部扳直拉入盆腔，然后术者用手在前置的适当部位上用力转动胎儿，或者术者握住下颌骨体翻转头部，同时，两个助手根据情况交叉性地顺时针或逆时针方向转动并拉已经系好绳子的前肢，术者同样也可以用手钩住胎儿的肘部配合两个助手抬起和转动胎儿，这样即可把胎儿转正为上位或轻度侧位。倒生时助产的方法与正生基本相同，即拉位置在上的一条后腿，同时抬位置在下的对侧髋关节，使骨盆先变成侧位，然后再继续矫正拉出。如胎儿已死，而跖部已露出于阴门之外，可在两腿之间放一粗棒，用绳以"8"字形缠绕捆紧，缓慢但用力转动粗棒，将胎儿转正。

在刚发生的病例，因为胎水尚多，子宫尚未紧裹住胎儿，翻转胎儿一般并不困难，但尽可能使母马站立，这样操作比较容易。对于延误病例，因胎水流失，子宫缩小，胎儿挤在盆腔入口前，矫正有困难。必须在子宫内灌入大量润滑剂后进行矫正。为了克服努责，可行后海穴麻醉，尽可能不使母马卧下，否则操作要困难得多。

七、胎向异常

胎向异常(abnormal presentation)是指胎儿在分娩过程中进入产道后不是呈现为正常的纵向胎向(即胎体的纵轴大体与母体的纵轴平行)，而是胎儿纵轴与母体纵轴垂直，呈竖向(上下垂直)或横向(水平垂直)导致的难产。一般情况下发生的胎体和母体的垂直或多或少总有一定的倾斜度，胎儿的某一端也总是比另一端更靠近骨盆入口。

胎儿竖向在马相对较多，根据胎儿脊柱或腹部位于骨盆入口处，可分为背竖向和腹竖向两种。横向也可分为腹横向及背横向两种。腹竖向这种异常胎向表现为胎儿倾斜竖立于子宫中，腹部向着骨盆入口，头及四肢伸入产道内，这种胎向异常也称之为犬坐式。发生这种异常时，后肢多在母体髋关节处屈曲，趾关节可能楔入骨盆腔或沿着胎儿体躯伸入阴道内。腹竖向是胎向异常中比较常见的一种，而且主要发生于腹部下垂的老龄马，腹竖向又分为头部向上(头部及四肢伸入产道)及臀部向上两种。背竖向表现为胎儿竖立于子宫中，背部向着母体骨盆入口，头部在上，头和四肢呈屈曲状态。这种情况最为少见。腹横向表现为胎儿横卧在子宫内，腹部向着骨盆，四肢伸向产道。马的腹横难产在难产中约占5%；马的这种异常有时是因双角妊娠(即胎儿横卧在子宫内)而引起的，患先天性歪颈的胎驹也常出现这种胎向。背横向是胎儿横卧于子宫内，背部朝着母体骨盆入口，约占马难产的2.7%。

(一)主要症状

1.腹竖向

分娩开始时，除在产道内摸到正常前置的头及前腿外，在耻骨前缘或盆腔入口内还能摸到后蹄。这种情况在临床上很少遇到，一般总是在延误了若干时间，经过阵缩，唇及前蹄已见于阴门处，且姿势正常，但胎儿不能继续排出，施行牵引至头颈前腿露出后再也拉不动的时候，才怀疑发生了异常。这时手如能沿躯干侧面用力向前伸，在骨盆入口处可以摸到后腿是屈曲的，因此整个后躯增大，阻塞于骨盆入口，不能通过。后蹄已进入盆腔入口内，位于膝部与腹部之间，趾部挡在耻骨前缘。有时只有一后蹄呈这种状态，另一后腿仍在耻骨前缘之前。此外，有时也可遇到腹部前置的竖向同时伴有前躯的姿势异常，例如胎头侧弯及腕部前置，这时前躯即不会露出阴门之外。因而在行产道检查时，除了注意检查和矫正头部以外，还须弄清进入产道的蹄子是前蹄还是后蹄，以免矫正拉出发生错误。

2.背竖向

前躯有时距骨盆入口较近，在骨盆入口之前可以摸到胎儿的鬐甲、背部及颈部，这种情况也可以看做是一种正生下位。有时后躯靠近骨盆入口，能够摸到荐部、尾巴及腰部，可以看做是一种倒生，但臀部位于耻骨前缘下方。

3.腹横向

在产道内有时可以摸到蹄底朝向一侧的四肢，有时彼此交叉，楔在骨盆入口处，胎头常难于触及。有时四肢并不都伸入产道，有的是屈曲的。再向前触诊，即可摸到胎儿的腹部。横卧的胎儿往往是斜的，即一端高，一端低。胎儿的前躯及后躯可能距母畜骨盆入口处距离相等，但有时则一端更靠近产道，诊断这种反常时，必须仔细检查，以便和双胎、裂腹畸形等作鉴别诊断。

4.背横向

产道检查什么也摸不到，手伸入至骨盆入口之前，才摸到胎儿背腰部脊椎棘突的顶端；沿着脊柱及其前后及两旁触诊，利用肋骨和鬐甲、腰横突、髋结节和荐部，即能将背横向做出诊断，并能够确定头尾向着哪一侧。

(二)助产

所有胎向异常的难产均极难救治。救治的主要方法是转动胎儿，将竖向或横向矫正成纵向。但应注意，在未进行矫正或矫正完全成功之前不要牵拉胎儿，以免使难产更为严重。在行矫正之前最好施用硬膜外麻醉。一般来说，助产之前确定胎儿的哪一端离骨盆入口最近，先将最近的肢体向骨盆入口处拉，并应用助产器械将离骨盆腔远的胎儿一端推向子宫内，如果四肢都差不多时，最好将其矫正成倒生，并灌入大量润滑剂，防止子宫发生损伤及破裂。在此同时，并矫正胎儿的胎位和胎势，然后将胎儿采用牵引术拉出。若矫正有困难时，一般胎儿均已死亡，则宜立即施行胸部缩小术或截胎术；当胎儿活着时，宜尽早施行剖腹产术。

第三章　产后期疾病

第一节　胎衣不下

母马分娩后胎衣在正常生理时限内不能排出，就叫胎衣不下或胎衣滞留（retained fetal membranes）。马产后排出胎衣的正常时间为1～1.5 h，如果超过1.5 h胎衣仍然不能够排出就属于胎衣不下的范畴，马胎衣不下的发生率为2%～10%，以重挽马较多发。如果治疗不及时，可能导致致命的后果，包括中毒性子宫炎和蹄叶炎。

一、病因

引起胎衣不下的原因很多，主要与产后子宫收缩无力、怀孕期间胎盘发生炎症等有关，但是下列情况发生胎衣不下的风险更高，包括难产、剖腹产、诱导分娩、流产、早产、尿囊积水、老龄和胎盘炎等。马发生难产和剖腹产后极易导致胎衣不下的发生。曾经发生过胎衣不下的马容易再次发生。如果怀孕期间，饲草料单一、缺乏矿物质及微量元素和维生素，特别是缺乏钙盐与维生素A，孕马消瘦、过肥、运动不足等，都可使子宫弛缓而发生胎衣不下。怀孕期间子宫受到感染（如布氏杆菌、沙门氏杆菌、李氏杆菌、胎儿弧菌、生殖道霉形体、霉菌、毛滴虫、弓形体或病毒等引起的感染），发生轻度子宫内膜炎及胎盘炎，导致结缔组织增生，使胎儿胎盘和母体胎盘发生粘连，流产后或产后易于发生胎衣不下。

二、临床症状

根据发病程度，胎衣不下分为全部不下和部分不下两种。

胎衣全部不下，即整个胎衣未排出来，临床上最常见到的是未孕角末端的尿膜绒毛膜和子宫内膜紧密黏附在一起，仅有部分胎衣悬吊于阴门外。马脱出的部分主要是尿膜羊膜，呈灰白色，表面光滑；有时也可见到一部分尿膜绒毛膜悬吊于阴门外，颜色为土红色，表面粗糙呈绒状。子宫严重弛缓时，全部胎衣可滞留在子宫内，悬吊于阴门外的胎衣也可能断裂。这种情况都需要进行阴道检查，才能发现子宫内还有胎衣。部分胎衣不下，即胎衣的大部分已经排出，只有一部分胎衣残留在子宫内，残留子宫内的胎衣大部分是未孕角的尿膜绒毛膜。如果不能够及时发现，有的马在产驹后24～48 h就表现出临床症状，流出暗黑色、恶臭的阴道分泌物，并有内毒血症征候。

马胎衣不下预后要慎重，如果患马没有发展成子宫炎和内毒血症，其生存和将来的繁殖力则是没有问题的。如果不及时治疗，很容易发展为中毒性子宫炎和蹄叶炎综合征。由于残留在子宫内的部分尿膜绒毛膜发生自溶而发展成急性子宫炎。革兰氏阴性菌产生的毒素能引起子宫内膜炎症、子宫内液体积聚和子宫净化的推迟。发炎的子宫内膜变得更脆弱，毒素更易吸收进入机体而引起内毒血症，随后接着引发蹄叶炎。胎衣不下发展为中毒性子宫炎时则会出现全身反应，如体温升高、精神沉郁、呼吸加快、食欲降低、产奶量降低、心跳过快和黏膜充血等，严重的甚至引起败血病，也可能因此而发生子宫内膜炎而长期不易受孕。发展为蹄叶炎的患马往往症状很严重且易危及到生命。

三、诊断

母马产驹后在阴唇部见到垂脱的胎膜，或者马主人发现并不是所有的胎膜被全部排出，就可作出诊断。

四、治疗

根据母马的发病史、胎膜滞留时间和是否伴有全身性症状等，采取相应的措施治疗。一般的治疗原则是抑菌、消炎，促使胎衣排出。通常有两种方案，即保守性药物疗法和手术剥离胎衣疗法。

1. 药物治疗

(1)促进子宫收缩　母马在产后早期对缩宫素十分敏感；静脉或肌肉注射 10 单位就足够，较大剂量的缩宫素可导致子宫肌痉挛和疝痛。如果效果不理想，可以根据需要在 2 h 后给予 15～20 单位的较高剂量。许多无并发症的患马，单独应用缩宫素就可能促使胎膜排出而不需要进一步的处理。

(2)促进胎儿胎盘与母体胎盘分离　应用 5%～10%高渗温热盐水 10～12 L，一次灌入子宫内，其作用是高渗液体可促使胎盘绒毛脱水收缩，而从子宫内膜脱落，另外灌注液体时，对子宫肌层的拉伸作用可促使内源性缩宫素的释放，并且促使子宫内膜隐窝扩张而利于微绒毛分离，同时也能引起母马努责而排出胎膜。近年有人将胶原酶、胰蛋白酶及天花粉蛋白输入子宫，也可以促使胎衣和母体分离。

(3)抑菌、消炎，防止子宫内感染　应用土霉素粉 5 g 或金霉素粉 1 g，或其他抗生素长效制剂，溶于蒸馏水 250 mL 中，一次灌入子宫，药物应投放到子宫黏膜和胎衣之间，起到防止腐败、延缓溶解的作用，等待胎衣自行排出。隔日 1 次，直到胎衣自行分解脱落。每次投药之前应轻拉胎衣，检查胎衣是否已经脱落，并将子宫内聚集的液体排出。排出胎衣后，继续子宫内投放药物，直到子宫阴道内分泌物清亮为止。

(4)全身对症治疗　为了防止继发全身感染，如果马胎膜滞留时间超过 12 h(如果怀疑子宫污染程度严重则应提前)，就应开始注射广谱抗生素进行全身性预防治疗，特别是已经有一定全身症状的马，应进行全身治疗。20%葡萄糖酸钙注射液 500 mL 或 5%氯化钙注射液 250 mL，和 25%葡萄糖注射液 500 mL，一次静脉注射，可以应用 1～2 次。为了防止感染和解毒，应考虑全身应用抗生素，配合应用短效糖皮质激素，可以应用维生素 C 100 mL，10%葡萄糖注射液 500 mL，青霉素 800 万单位，0.9%氯化钠注射液 500～1 000 mL，氢化可的松 125～150 mg，一次静脉注射，每隔 24 h 注射一次，连续注射 3～5 d。氢化可的松具有抗炎作用；可减弱组织损伤和中毒表现，促使糖、蛋白质、脂肪的正常代谢，并有抗组胺作用，用后可使体温、呼吸、脉率恢复正常。也可以按照 0.25 mg/kg 体重给母马静脉注射氟尼辛葡甲胺抗内毒素，每8 h 1次。

(5)应用中草药进行治疗 加味生化汤:党参 60 g、黄芪 45 g、当归 90 g、川芎 25 g、桃仁 30 g、红花 25 g、炮姜 20 g、甘草 15 g、益母草 60 g,共为末,开水冲调,一次灌服;或车前子 250～300 g,酒(市售白酒或 75%酒精)拌湿车前子,拌匀后点火烧,边烧边拌,放凉后碾成面,加温水灌服。服药后 2 天,胎衣一般能自行脱落。

2.手术疗法——剥离胎衣

关于进行人工剥离胎膜是否恰当仍然存有争议,只要尿膜绒毛膜黏附紧密,应该寻求其他治疗方法而不是强硬地剥离胎膜。过度的牵拉或剥掉和子宫紧密粘连的胎膜,可能引起子宫内膜的严重损伤和出血、尿膜绒毛膜撕裂、子宫角内翻和子宫完全脱出。马胎衣的剥离方法是在子宫颈内口,找到尿膜绒毛膜破口的边缘,把手伸进子宫黏膜与绒毛膜之间,用手指尖或手掌边缘向胎膜侧方向伸入并轻轻摆动手指,即可将绒毛膜从子宫黏膜上分离下来。破口边缘很软,须仔细触诊才能摸清楚。另一办法是将手伸进胎膜囊中,轻轻按摩尚未分离的部位,使胎衣脱离。当子宫体部分的尿膜绒毛膜剥下之后,其他部分可随之而出,而且粘连往往仅限于子宫体这一部分。此外,也可以拧紧露在外面的胎衣,然后把手沿着它伸入子宫,找到脐带根部,握住后轻轻扭转拉动,这样绒毛即逐渐脱离腺窝,使胎衣完全脱落下来。马部分胎衣不下时,应仔细检查已脱落的胎衣,确定未下的是哪一部分,然后在子宫找到相应部位将它剥下来。如果不能一次将胎衣全部剥离,可继续进行抗生素和支持疗法,等待 4～12 h 后再试行剥离。

胎衣剥离完毕后,一般不必冲洗子宫,但应向子宫内投入抗菌消炎药。若胎衣已经腐败,子宫腔内尚有残留的胎衣碎片和腐败液,如体温在 39.5℃以下时,可用 0.1%高锰酸钾或 0.1%的新洁尔灭溶液冲洗子宫,清除子宫内的感染源。随后用生理盐水冲洗,彻底排净冲洗液后,再投入抗菌消炎药。冲洗方法是将粗橡胶管(如粗胃管、子宫洗涤管)的前端插入到子宫角前下部,管的外端插一漏斗,注入消毒液 1～2 L,待漏斗内的液体快流完时,迅速把漏斗放低,借虹吸作用将子宫内的液体自动导出;有时病马强烈努责和阵缩也能帮助液体流出。反复冲洗几次,直到注入的液体与排出的液体颜色基本一致为止。最后检查子宫内有无液体积留及子宫内翻,再将抗菌消炎药放入子宫内,隔日 1 次,连续 2～3 次。冲洗子宫须注意不得有冲洗液残留在子宫内。在胎衣剥离后最好进行全身性的补液,提高体质。如 10%葡萄糖 500 mL,20%葡萄糖酸钙 500 mL,并适当全身应用抗生素抗菌消炎,每次冲洗后肌肉注射催产素 20 单位促进子宫收缩。

五、预防

加强饲养管理,供应平衡日粮,同时还应重视矿物质、维生素的供应,加强运动,增强体质。

加强兽医消毒卫生,临产前要置于安静、清洁、宽敞的圈舍内,令其自然分娩,避免各种应激;助产时应严格消毒,操作细致;应做好防疫消毒工作;凡有流产发生,应查明原因,确定病性。

(1)产前补糖、补钙对年老、高产和有胎衣不下病史的母马,临产前 3～5 d,每日或隔日用 25%葡萄糖液和 20%葡萄糖酸钙各 500 mL,一次静脉注射,有一定预防作用。

(2)产后肌肉注射垂体后叶素 10 单位也有效但应早期使用,如超过 24 h 后应用,其作用微小。因为在产后 12 h 内,由于妊娠末期胎盘产生的雌激素,子宫对垂体激素具有敏感性,因而产生明显的子宫收缩;当时间延长时,雌激素消失,子宫对垂体激素的敏感性降低或消失,即使再用此药，子宫的收缩反应也就不明显了，治疗作用较弱。

(3)肌肉注射亚硒酸钠维生素 E　预产前 15 d、30 d，分别使用亚硒酸钠 10 mg、维生素 E 5 000 单位，一次肌肉注射。

(4)产前 7 d 肌肉注射维生素 AD 10 mL(每毫升含维生素 A 50 000 单位、维生素 D25 000 单位)，每日 1 次，直到分娩为止，可起到预防作用。

(5)产后饮用羊水或产后尽量让母马舔尽马驹体表的黏液，以促进子宫收缩，排出胎衣；尽早让马驹吃初乳，以刺激母体催产素的产生。

第二节　产后急性子宫内膜炎

产后急性子宫内膜炎(postpartum endometritis)为子宫内膜的急性炎症。常发生于分娩后的数天之内。如不及时治疗，炎症易于扩散，甚至引起子宫肌层和浆膜或子宫周围炎，并常转为慢性炎症，最终导致长期不孕。

一、病因

主要是由于分娩时卫生条件差，病原菌侵入子宫而引起；或在难产助产、剥离胎衣以及子宫脱出等整复过程中，操作粗暴或消毒不严，引起子宫的损伤或感染；最常见胎衣不下或恶露未能排尽，以及发生胎儿浸润时，腐败分解产物对子宫产生强烈刺激而导致子宫内膜炎。因此，约有 90%以上的马分娩后子宫中可分离出感染菌，这些细菌可短期或长时间存在于子宫内。从感染母马子宫内分离到的细菌中，最常见的是马兽疫链球菌、大肠杆菌、金黄色葡萄球菌、克雷伯氏肺炎杆菌、假单胞绿脓杆菌和脆弱拟杆菌。当母马产后首次发情(5～12 d)时，子宫可排出其腔内的大部分或全部感染菌。而首次发情延迟或子宫弛缓不能排出感染菌的动物，可能发生子宫内膜炎。此外，患有布鲁氏杆菌病、沙门氏杆菌病以及其他侵害生殖道的传染病，在分娩之后由于抵抗力降低及子宫损伤，可使病程加剧，转为急性的子宫内膜炎，甚至发展成脓毒性子宫炎。

二、临床症状

致病微生物在未复旧的子宫内繁殖，一旦其产生的毒素被机体吸收，将引起严重的全身症状，特别是梭状芽孢杆菌感染时，可危及生命。有时出现败血症或脓毒血症，此时全身症状明显。马产后发生急性子宫内膜炎，病马表现体温升高，可达 40.0～41.5℃，精神沉郁，呼吸加快，心动过速，食欲不振，有时候弓背努责，从阴门排出污红色或棕红色恶臭的黏脓性分泌物。病马频频从阴门内排出少量黏液或黏液脓性分泌物，病重者分泌物呈污红色或棕色，且带有臭味，尾部可能会受到排出物的污染。子宫分泌物的颜色多为棕色、琥珀色、灰色或红色，呈液态，黏液很少，有脓，气味极为恶臭。直肠检查发现子宫迟缓，变硬，比正常产后期的子宫角要大，壁厚，子宫收缩反应减弱，似面团样软硬，有明显的疼痛反应，子宫内有较多的液体；阴道检查子宫颈开张，肿胀，充血，有脓性分泌物排出，阴道肿胀并高度充血。

发生子宫内膜炎的母马若及时治疗，预后一般良好。如不治疗或治疗不及时，马很快继发败血症，出现全身症状，预后应慎重。

三、诊断

母马产后急性子宫内膜炎的诊断需要根据母马临床症状、宫内分泌物细菌培养结果，并结合生殖道触诊和超声检查，以及子宫内膜样品检测，进行准确客观分析，进行确诊。

四、治疗

治疗原则为抗菌消炎，解毒，促进子宫内炎性产物排出及子宫机能的恢复和相应的其他对症治疗，防止发生败血症或转为慢性的子宫内膜炎而造成繁殖障碍，导致不育。一般要采用子宫局部的治疗、全身性治疗和对症治疗。

(1)子宫内局部疗法　冲洗子宫可以快速地从子宫腔内清除细菌、组织碎片和炎性细胞，主要适用于患有细菌性子宫内膜炎且子宫内有大量液体积聚的患马。可应用0.1%雷佛奴尔溶液、0.1%高锰酸钾溶液反复冲洗子宫，冲洗时尽可能将冲洗液和其他炎性渗出物排出子宫外。在大量残片、恶露和其他炎性渗出物排出差不多时，可用广谱抗生素溶液冲洗子宫腔。但是如果体温升高，只能在子宫内投放药物，不可以进行冲洗，可以应用广谱抗生素，混于100 mL生理盐水投入子宫，隔天1次，连用3次。子宫内投放药物很多，主要包括①抗生素类：常用的主要有土霉素、青霉素、四环素、金霉素、链霉素、新霉素、卡那霉素、庆大霉素、氯霉素、呋喃唑酮和恩诺沙星等；②碘制剂：子宫内灌注常使用的碘制剂如卢格氏液、碘甘油、吡咯烷酮碘水溶液等；③磺胺类；④鱼石脂；⑤0.5%双氧水；⑥洗必泰栓剂；⑦甲硝唑片；⑧露它净等。

(2)促进子宫收缩　肌肉注射缩宫素10～20单位，或皮下注射麦角新碱促20 mL，也可以应用前列腺素或前列腺素类似物(如氯前列烯醇)促进子宫收缩。

(3)青霉素800万单位，20%安钠咖10 mL，5%葡萄糖溶液1 000 mL，维生素C100 mL，生理盐水1 000 mL，维生素B_1 100 mL，5%碳酸氢钠500 mL，一次静脉滴注，每天1次。直到体温恢复正常，再静脉注射2 d。

(4)为了调节消化系统的机能，皮下注射比赛可灵5～10 mL，每天1次，连用3 d；应用健胃散100 g，麦芽粉100 g，胃蛋白酶50 g，纤维酶30 g，干酵母粉30 g，乳酶生20 g，一次加温水1 000 mL，用胃管投服，每天1次，连用3～5 d。

(5)中药治疗：可以考虑如下处方进行治疗。

方1：当归10 g、川芎10 g、黄芩10 g、赤芍5 g、白芍5 g、白术5 g，加水300 mL，煎汤，4层纱布过滤，去渣，再用滤纸过滤2次，可得药液100～150 mL，煮沸备用。先用40℃左右的3%硼砂溶液500～1 000 mL冲洗阴道和子宫，冲洗液导出后注入40℃左右上述液体1剂，每日1次。

方2：党参50 g、黄芪50 g、当归30 g、桃仁30 g、红花30 g、丹参50 g、益母草70 g、鸡冠花60 g、贯众60 g、蒲公英50 g、香附40 g、血余炭25 g，为末，1日分2次内服，6天为1个疗程。

方3：山药90 g、生龙骨50 g、生牡蛎50 g、海螵蛸25 g、茜草30 g、苦参30 g、黄柏30 g、甘草15 g，煎汤去渣，候温灌服。

方4：双花80 g、连翘50 g、知母50 g、酒黄柏50 g、黄芩45 g、当归40 g、芡实50 g、红花30 g、川芎35 g、车前子35 g、木通25 g、茯苓50 g，共为末，开水冲调，候温灌服，1日1剂，连用3天。

第三节　子宫脱出

子宫脱出(uterine prolapse)是指子宫的部分或全部脱出于阴门之外,称子宫脱出。常发生于产后几小时之内。老龄、运动不足、过度肥胖的马易发。

一、病因

(1)产后由于产道损伤,胎衣不下,分娩时子宫受到过度的刺激等引起母马的强烈努责,容易引起子宫的脱出,特别是在上述情况下,母马伴发有瘫痪或其他腹压升高疾病时,更容易增加子宫脱出的概率。

(2)母马衰老、瘦弱、营养不良、运动不足、缺钙、胎儿过大、胎水过多等,造成子宫迟缓,子宫肌过度伸张和松弛,极易发生子宫脱出。

(3)在难产或助产时,胎水流出时久,产道干涩,子宫紧紧包裹着胎儿,如强行或过快拉出胎儿,很容易引发子宫发生内翻或脱出。

(4)发生部分胎衣不下,或人工剥离胎衣牵拉过猛,以及有的马主人在不下的胎衣上悬坠重物等情况下,由于外力牵引会引起子宫内翻,继而刺激母马努责所致。

二、主要症状

马脱出的主要是子宫体;子宫角脱出时,也分为大小两部分,大的是孕角,小的为空角,但都露出很短,每一部分的末端也有一凹陷。子宫黏膜表面状似平绒,出血很多,颜色紫红,因其有横皱襞,故容易和肠管的浆膜区别开来。脱出几小时后,由于血液循环障碍,暴露的子宫发生瘀血、水肿及污染等,变成暗红色肉冻状,干裂,有血水渗出,脱出的子宫表面常被土、粪、尿等污染,极易受到外界的刺激而损伤,或撕裂等。马发生子宫脱出后,表现十分惊恐,全身症状表现得很严重,如体温升高、脉搏增数、食欲不振等;肠管进入脱出的子宫腔内时,也有疝痛症状。当母马因内出血或外出血,脱出的子宫撕裂、穿孔等,极易引起低血容量性休克,病马表现可视黏膜苍白、战栗、呼吸浅表、心率加快、虚脱等症状,往往在治疗后或未经治疗而死亡。

三、治疗

子宫脱出肯定会继发子宫内膜炎而使以后的受孕能力受到影响,如果处理不及时或处理过程中消毒不严格等,很可能发生急性子宫内膜炎,甚至腹膜炎或败血症而导致死亡。因此,子宫脱出的治愈关键在于早发现,及时整复治疗,防止复发。

(1)保定　前低后高,站立保定,尽可能使病马的后躯垫高,腹腔器官前移,以利于整复。

(2)麻醉　应用2%普鲁卡因注射液进行后海穴、百汇穴或硬膜外麻醉,减轻其努责。

(3)清洗消毒　用0.1%高锰酸钾,0.05%～0.1%新洁尔灭或0.1%雷夫诺尔等消毒液,充分清洗暴露的子宫黏膜,彻底去除异物及坏死组织。胎衣未脱落者,应先剥离后再清洗,瘀血水肿严重者,用消毒针头刺扎,使瘀血及组织渗出液流出,再用2%明矾液冲洗。仔细检查脱出的黏膜,有伤口者,涂布碘甘油或3%龙胆紫;伤口过大者,应缝合。

(4)整复　两侧两助手用消毒纱布把子宫抬高到坐骨水平线上,使子宫的压迫减轻而减少水肿后送入子宫。整复时，术者和助手要密切配合，从靠近阴门的部位，用手掌逐渐向阴道内推送入子宫，推进去一部分，助手马上在术者换手时按压推入的子宫，防止再脱出，直到全部子宫送入，送入后再复位，也可以子宫内灌注 10%温热的盐水，借水压使子宫角彻底复原，随后将子宫内灌注的液体导出，子宫内投放土霉素粉 5 g，同时对阴门采用圆枕缝合或口袋缝合。也可以用拳头顶住子宫角脱出的最高处凹陷处，在不努责的时候，逐渐慢慢推入，然后按照上述方法进行投放药物。

整复后应密切注意母马的行为举止，防止子宫再次脱出，此外还应采用如下方案进行治疗：

①子宫内投放抗生素，防止细菌感染。如子宫内应该继续投放土霉素粉 5 g，隔天 1 次，连续 2～3 次。

②全身应用抗生素，同时补充糖、维生素 C、等渗电解质和钙制剂及其他对症治疗，以解除脱水，缓解低血钙等症状。

③肌肉注射催产素 100 IU，或麦角新碱 5～15 mg，促进子宫收缩。

整复后应用中药治疗也有较好的疗效。

方 1：补中益气汤：黄芪 30 g、白术 30 g、党参 30 g、升麻 30 g、柴胡 20 g、陈皮 25 g、当归 20 g、甘草 15 g，整复后研末，开水冲服，每日 1 剂；

方 2：升陷汤：党参 120 g、生黄芪 120 g、知母 45 g、柴胡 30 g、桔梗 30 g、升麻 45 g、炙甘草 45 g，共为末，开水冲，一次灌服。

第四节　产后败血症

产后败血症(puerperal spepticemia)是由于局部炎症感染扩散而继发的严重的全身性感染性疾病。产后败血症的特点是细菌进入血液并产生毒素，引起马全身性反应，甚至死亡。

一、病因

本病通常是由于难产、胎儿腐败或助产不当，分娩过程中软产道受到创伤和感染而发生，也可能是发生子宫感染未及时治疗，或者由严重的子宫炎、子宫颈炎及阴道阴门炎而引起；严重子宫感染后冲洗子宫；胎衣严重腐败后剥离；子宫脱出整复过程中操作粗暴或消毒不严；发生胎儿浸溶时，腐败分解产物对子宫产生强烈刺激而没有及时治疗所导致。

病原菌通常是溶血性链球菌、葡萄球菌、化脓棒状杆菌和梭状芽孢杆菌，而且常为混合感染。分娩时发生的创伤、生殖道黏膜淋巴管的破裂，为细菌侵入打开了门户，同时分娩后母畜抵抗力降低也是发病的重要原因。

二、主要症状

马发生产后败血症大多数是急性的，通常在产后 1 d 左右发病，如不及时治疗，病马往往经过 2～3 d 后死亡。产后败血症发病初期，体温突然上升至 40～41℃，触诊四肢末端及两耳发凉。临近死亡时，体温急剧下降，且常发生痉挛。整个病程中出现稽留热是败血症的一种特征症状。体温升高的同时，病马精神极度沉郁。患马往往表现腹膜炎的症状，腹壁收缩，触诊敏感。随着疾病的发展，病畜常出现腹泻，粪中带血，且有腥臭味；有时则发生便秘，由于脱水，眼球凹陷，表现极度衰竭。患畜常从阴道内流出少量带有恶臭的污红色或褐色液体，内含组织碎片。阴道检查时，母马疼痛不安，黏膜干燥、肿胀，呈污红色。如果见到创伤，其表面多覆盖有一层灰黄色分泌物或薄膜。直肠检查可发现子宫复旧延迟、子宫壁厚而弛缓。病的后期病马常卧下，呻吟，头颈弯于一侧，呈半昏迷状态；反射迟钝，食欲废绝，但喜饮水。眼结膜充血，且微带黄色，结膜发绀，有时可见小出血点。脉搏微弱，每分钟可达 90 次以上，呼吸浅快。

三、治疗

治疗原则是消除病原灶，杀灭病原微生物和增强机体抵抗力。

(1)子宫内投放抗菌消炎药，消除病原灶，但绝对禁止冲洗子宫，并尽量减少对子宫和阴道的刺激，以免炎症扩散，使病情加剧；同时肌肉注射催产素 100 IU 促进子宫收缩药，排出炎性产物和子宫内残留的恶露。

(2)应用大剂量抗生素(头孢类、恩诺沙星等)杀灭病原微生物，应用抗生素一般要比常规治疗普通感染的剂量要大，也可以考虑联合用药，增强杀灭病原微生物的效果，如青霉素 3 200 万IU 配合 2.5%恩诺沙星 100 mL，一次静脉注射；抗生素的应用必须要到病马体温降到正常后再应用 2～3 d 为止。也可以考虑适当应用糖皮质激素类药物，如静脉注射氢化可的松 0.5%或 2.5%醋酸氢化泼尼松注射液 10 mL，起到抗炎、抗过敏和抗休克的作用。

(3)强心，补液，解毒，增强机体抵抗力。10%安钠咖 20 mL，静脉注射或肌肉注射；为了增强机体抵抗力，促进血液中有毒物质排出和维持电解质平衡，可静脉注射 10%葡萄糖注射液 1 000 mL，生理盐水 500～1 000 mL，5%葡萄糖生理盐水 500～1 000 mL，配合应用维生素 C 100 mL 和复合维生素 B 或维生素 B_1 注射液 100 mL；另外，注射钙制剂可作为败血症的辅助疗法，对于改善血液渗透性，增进心脏活动有一定的作用，一般静注 10%葡萄糖酸钙 500 mL。但是钙剂对心脏作用强烈，注射必须尽量缓慢，否则可引起休克、心跳骤然停止而死亡。对病情严重、心脏极度衰弱的病马避免使用。同时针对个体情况和临床症状，积极采取对症治疗，如纠正酸中毒，应用 5%碳酸氢钠 500 mL；子宫内分泌物量较多时，注射催产素 100 IU 促进子宫收缩药；或皮下注射比赛可林(氨甲酰甲胆碱)10～20 mL 等促进胃肠蠕动；防止继发便秘、腹泻等。

该病属中医产褥热范畴。治宜清热解毒，凉血化瘀，清心开窍，方选清宫汤加减(玄参、莲子、竹叶心、麦冬、连翘、犀角)或五味消毒饮：金银花 60 g、野菊花 60 g、蒲公英 60 g、紫花地丁 60 g、紫背天葵 30 g，为末，开水冲调，候温灌服，或煎汤服。

第五节　产后截瘫

产后截瘫(puerperal paraplegia)是母马分娩后后躯不能够站立，但精神状态、食欲等均无明显异常的一种病症。产后截瘫主要包括两种情况，一种是母马产后就后躯不能站立，这是由于后躯神经受到压迫、损伤或神经麻痹而截瘫。另一种是钙、磷及维生素 D 不足引起，和孕畜产前截瘫基本相同。

一、病因

(1)由于胎儿过大或产道(相对)狭窄,胎位、胎向、胎势不正及在分娩时难产发生时间过长,或强行拉出胎儿使闭孔神经、坐骨神经和臀神经受到胎儿躯体的粗大部分长时间压迫和挫伤,引起麻痹。

(2)分娩时发生难产或助产过程中使马的骨盆腔韧带拉伸过度、骨盆骨折或引起肌肉损伤而后驱不能够站立。

(3)由于饥饿及营养不良等多种因素致使机体缺乏钙、磷及维生素 D 含量不足等而引起的截瘫,和孕马产前截瘫基本相同。

二、主要症状

产后截瘫绝大多数是在分娩后立即发生,病期较长,康复缓慢,如治疗不及时或治疗不对症,多数预后不良。一般情况下,初期无明显的全身症状,精神、食欲、体温、呼吸、脉搏等基本正常,皮肤反射等机能良好,主要是后肢不能站立,或后肢站立困难,行走有跛行症状,症状的轻重依损伤部位及程度而异。最常见的症状是卧地不起,患马常挣扎欲起但不能站立,即使人力抬起后,最终因后躯无力而卧下。但头部和前肢的运动力仍正常,常常见患马拖拉着两后肢寻找食物,两后肢的关节部位有磨损擦伤的痕迹。如一侧闭孔神经受损或麻痹,往往虽仍可站立,但患肢外展,不能负重;行走时患肢亦外展,膝部伸向外前方,膝关节不能屈曲,跨步较正常大,容易跌倒;如两侧受损则两侧外展,站立困难或站立后自行摔倒。马臀神经麻痹,卧下后起立困难,但抬起后能站立,运动时有明显跛行。一侧坐骨神经麻痹时,则完全不能站立。荐髂关节韧带剧伸,也能引起后肢跛行或不能站立。骨盆骨折,卧下后也不能站立。如果长期卧地不起,容易发生褥疮,日趋消瘦,全身症状明显,最后发生败血症或病情恶化最终导致淘汰或死亡。

三、治疗

治疗原则是在加强护理和营养的基础上,坚持以祛风除痹、舒筋活络,兴奋、营养神经和肌肉组织为核心的中西医相结合进行治疗,症状轻、能站立的患畜,预后良好。症状严重,不能站立的患畜,预后要谨慎,因为病程常拖延数周,长期爬卧易发生褥疮,最后导致全身感染和败血病而死亡。因此,治疗半个月不见好转的病例,预后不佳。

1. 加强护理和营养

治疗产后截瘫要经过很长时间才能看出效果,所以加强护理特别重要。尽可能专人看护,给予优质饲料,保证饮水供给;严防褥疮发生,勤换垫草,保持干燥、清洁,每天至少人工翻转患马 2 次,改变其卧势,最好将其扶成俯卧,以便全身血流通畅,严禁侧卧。坚持每日早、中、晚三次进行后躯按摩和推拿,促进其血液循环功能的恢复。马如能勉强站立,或仅一侧神经麻痹,每天可将患畜抬起数次,或用吊床吊起,或自制简易设备抬起身体,帮助站立,这样一者可以疏通血脉,二者可防止褥疮。但一定要注意防止患马发生二次损伤其他组织和发生并发症。

2. 药物治疗

2.5%醋酸氢化泼尼松注射液 10 mL 肌肉注射或 0.5%氢化可的松溶液 40 mL 肌肉注

射，0.2%硝酸士的宁 10 mL 皮下注射，每日 1 次，连用 5～7 d。2.5%维生素 B_1 注射液 5～10 mL，第一、二腰椎内注入，每天 1 次，连用 5 次；或者维生素 B_1 和维生素 B_{12} 肌肉注射。也可补液，应用 5%～10%葡萄糖溶液 500 mL，10%水杨酸钠溶液 100 mL，10%维生素 C 溶液 100 mL，10%安钠咖溶液 20 mL，混合后静脉注射，开始连用 3 d，每天 1 次，以后隔日 1 次。此外，针对由于缺钙所引起的产后截瘫进行治疗，也可以考虑静脉注射 10%葡萄糖酸钙注射液 500 mL 及 10%葡萄糖溶液 500 mL，隔日 1 次，共 2～3 次。

3. 中医治疗

可以参考如下几个方剂。

方 1：独活散：独活 30 g、秦艽 25 g、熟地 25 g、炒白芍 25 g、防风 25 g、归尾 25 g、焦茯苓 25 g、川芎 25 g、桑寄生 25 g、党参 25 g、杜仲 35 g、牛膝 35 g、桂枝 30 g、甘草 15 g、细辛 10 g，共为末，开水冲，一次内服，每日 1 剂，连服 3～4 剂。本方独活、秦艽、防风、寄生祛风除湿。归尾、川芎、熟地、炒白芍、杜仲、牛膝活血和营，补益肝肾，党参、茯苓、甘草补中益气。桂枝、细辛湿经止痛，故本方具有祛风湿、和营血、益肝肾、补脾气、通经络和止痛的功用。

方 2：加味七厘散：血竭 25 g、冰片 5 g、乳香 40 g、没药 40 g、红花 40 g、当归 50 g、秦艽 50 g、补骨脂 50 g，共为细末，开水冲调，候温 1 次灌服，开始每天 1 剂，连用 3 天，以后隔日 1 次。

方 3：独活寄生汤加减：独活 30 g、寄生 30 g、防风 30 g、当归 30 g、川芎 30 g、苍术 30 g、杜仲 30 g、茯苓 30 g、木瓜 30 g、党参 30 g、桂枝 30 g、秦艽 35 g、细辛 35 g、牛膝 35 g，伸筋草 100 g，丝瓜络 2 条为引，1 次口服，连服 1 剂。

4. 电针

百会、大胯；尾干、大转；尾跟、小胯。左右侧每次选择一两穴位组。每天 2 次，每次 30～60 min。

5. 外擦

四三一合剂（樟脑搽剂 40 mL、氨搽剂 30 mL、松节油 10 mL），每天分早、中、晚 3 次，用棉纱蘸药，沿着两后肢由上至下，由轻至重涂抹揉擦，到局部发热为止（每次约 30 min）。

四、预防

本病的预防主要是在难产发生时或者胎儿分娩助产时动作要轻巧适宜，尽量避免对家畜产道以及周围神经造成损伤。在孕后期，注意营养平衡，保证矿物质和维生素的供给和一定的运动量，增强体质，保证分娩过程的正常进行。

第四章 不 育

第一节 卵巢机能减退

卵巢机能减退(hypo-ovarianism)是由于卵巢机能暂时性紊乱,卵巢处于静止状态,发情周期不完全、不出现发情现象或者具有发情的外部表现,但不排卵或排卵异常等各种异常变化的一种病理状态。

一、病因

(1)引起卵巢机能减退的原因主要是饲养管理不当,如饲料数量不足、种类单一和质量不良,或饲料中缺乏某些必需的维生素和矿物质等营养物质,或者是由于利用不当,继发卵巢疾病或卵巢营养不良。

(2)由于子宫疾病,如慢性子宫内膜炎、子宫积脓、子宫积液等以及其他全身性疾病,继发引起卵巢的机能不全。

(3)气候变化,特别是光照、气温及湿度的转变对卵巢的生殖机能可产生很大的影响。

(4)此外,内分泌功能紊乱(如垂体、肾上腺、乳腺等分泌功能发生紊乱),特别是下丘脑—垂体—性腺系统出现毛病而引起卵巢机能不全。

二、主要症状

卵巢机能减退表现发情期延长或不发情,发情的症状不明显或隐性发情,发情而不排卵等。直肠检查卵巢小而稍硬,但摸不到卵泡或黄体,有时也可摸到小的卵泡、黄体或黄体残迹,子宫体积也变小。

三、治疗

根据病马的具体情况全面分析,找出主要原因,采取适当措施进行治疗:

(1)改善饲养管理,注意饲料的营养要全面,保证蛋白质、维生素和矿物质的含量;适当补喂青干草和多汁饲料,增加放牧和日照时间,保持一定运动量,往往可收到一定的效果。在改善饲养管理的同时,可根据条件,采用下述的疗法。

(2)激素疗法

①促卵泡素 200～300 IU,溶于 5～10 mL 灭菌注射用水中,肌肉注射,隔天 1 次,共 2～3 次,注射 1 次直肠检查 1 次,看卵巢上有卵泡发育,出现发情为止。

②促卵泡素配合促黄体素应用:先肌肉注射促卵泡素 200～300 IU,当发现到卵泡快成熟时,用 5～10 mL 灭菌生理盐水稀释促黄体素 100～200 IU 后,马上肌肉注射。

③绒毛膜促性腺激素(hC G)2 500～5 000 IU 静脉注射或 10 000～20 000 IU 肌肉注射。

④孕马血清 1 000～2 000 IU,肌肉注射。

⑤雌激素:用后有发情征象而无卵泡排出,但运用后可调节内分泌系统,促进卵巢血液供应和机能恢复,虽然用药后第一次发情不排卵,但可能使下一次发情正常而排卵受孕。雌激素常用制剂和剂量为:苯甲酸雌二醇 4～10 mg 或己烯雌酚 20～25 mg,肌肉注射。

⑥此外还有促黄体激素释放激素类似物(LRH),如促排卵 2 号(LRH-A_2)200～400 μg,每天或隔天肌肉注射 1 次。

(3)中药治疗:鸡血藤 400 g、干姜 90 g、茴香 60 g、熟地 60 g、艾叶 50 g、白术 50 g、当归 70 g、牛膝 80 g、阳起石 70 g,煎汤去渣,加红糖 250 g,候温灌服。

(4)徒手按摩子宫和卵巢,隔天 1 次,连用 2～3 次,可促进子宫和卵巢的血液循环而促进卵巢功能的恢复。

(5)利用公马进行催情。公马对于母马的生殖机能来说,是一种天然的刺激。它不仅能通过母马的视觉、听觉、嗅觉及触觉对母马发生影响,而且也通过交配,借助附属生殖腺分泌物对母马生殖器官发生生物化学刺激,作用于母马的神经系统。因此,除了患生殖器官疾病或者神经内分泌系统机能紊乱性疾病的母马外,对与公马不经常接触、分开饲养的母马,利用公马催情通常都可以获得效果。在公马的影响下,可以促进母马发情或者使发情的征候增强,而且可以加速排卵。

第二节　卵巢萎缩

卵巢萎缩(ovarian atrophy)通常是卵巢体积缩小,机能减退,导致发情周期停止,表现长期不孕的一种疾病。卵巢萎缩有时是一侧卵巢萎缩,也有两侧都发生萎缩。

一、病因

饲养管理不当,饲料不足,饲料品质不佳等常常可导致母马发生卵巢萎缩;另外体质太差及年龄大也易发生本病。

二、主要症状

临床表现和一般病因作用的程度和发病后的时间有很大关系。严重的卵巢萎缩表现为发情周期停止,其中长时间的不发情多见,但少数病例也可能有发情,但发情的表现不明显,卵泡发育不成熟或不排卵。直肠检查卵巢小而硬,弹性降低,其上无卵泡和黄体。子宫常常表现缩小或迟缓。

三、治疗

(1)首先应清除病因,改善母马的饲养管理条件,供给全价营养日粮,注意补充蛋白质和维生素及矿物质,促进卵巢机能的恢复。

(2)激素疗法

①促排卵 2 号($LRH\text{-}A_2$)200～400 μg,每天或隔天肌肉注射 1 次;

②促卵泡素 100～200 IU,肌肉注射,每天或隔天 1 次,连用 2～3 次。

(3)也可以通过直肠进行卵巢按摩疗法,每次 10～15 min,每隔 3～5 d 按摩 1 次,可促进卵巢的血液循环和卵巢机能的恢复;另外可应用激光疗法、针灸疗法、公马催情和中草药进行治疗,如催情促孕散内服,或子宫内注入促孕灌注液等。

第三节 卵泡萎缩及交替发育

卵泡萎缩及交替发育(follicle atrophy and alternate growth)都是卵泡不能正常发育到排卵的卵巢机能不全的一种表现。此病主要见于早春发情的马。

一、病因

引起卵泡萎缩及交替发育的主要因素,是气候与温度的影响,早春配种季节天气冷热变化无常时多发此病。饲料中营养成分不够,也可能与此病有关。

二、主要症状

卵泡萎缩,在发情开始时卵泡的大小及外表发情症状都与正常发情一样。但是卵泡发育进展缓慢,发育到 2～3 期时就停止发育,保持原状 3～5 d,以后逐渐缩小,波动及紧张性逐渐减弱,外表发情症状也随之逐渐消失。因为没有排卵,所以卵巢上无黄体形成。发生萎缩的卵泡可能是一个,或者是两个以上,发生在一侧或两侧卵巢上。

卵泡交替发育,是一侧卵巢上原来正在发育的卵泡停止发育,开始萎缩,而在对侧(有时也可能在同侧)卵巢上又有新的卵泡出现并发育;但不等到成熟,又开始萎缩。此起彼落,交替发育,所以卵泡交替发育母马的外表发情特征是随着卵泡发育的变化有时旺盛,有时微弱,连续或断续发情,发情周期拖延很长,有时可达 30～90 d;但有时候也可能有卵泡发育成熟排卵而停止发情。

卵泡萎缩和交替发育都需要进行多次直肠检查,并结合外部的发情表现才能确诊。

三、治疗

早春发生卵泡萎缩和交替发育的母马,随着天气逐渐转暖和多汁饲料增多,绝大多数都可以变为正常发情。

(1)对于卵泡萎缩及交替发育的马,应该改善饲养管理,适当增加放牧和运动量,补饲青绿饲料,促进发情周期恢复正常。

(2)激素疗法

①促卵泡素 100～200 IU,肌肉注射,每天或隔天 1 次,连用 2～3 次,应该注射 1 次,检查 1 次,直到卵泡发育成熟并排卵为止。

②绒毛膜促性腺激素(hCG)2 500～5 000 IU 静脉注射或 hCG 10 000～20 000 IU 肌肉注射,可促进卵巢上已有的卵泡继续发育成熟并排卵和促进黄体的生成。

③孕马血清 1 000～2 000 IU,肌肉注射。

(3)此外也可以采用针灸疗法、激光疗法和中草药进行治疗。

第四节 排卵延迟

排卵延迟(ovulation delay)是指正常的排卵时间向后拖延。此病多见于配种季节的初期。

一、病因

垂体分泌促黄体素不够,激素的作用不平衡,是造成排卵延迟的主要原因。气温过低或突变、营养不良、利用过度,均可引起排卵延迟。

二、主要症状

排卵延迟时,卵泡的发育和外表发情症状都和正常发情的一样;但发情的持续期延长,可长达 7～9 d 或更长。最后有的可能排卵,并形成黄体,有的则发生卵泡闭锁。

卵巢囊肿的最初阶段与排卵延迟的卵泡极为相似,应该根据发情的持续时间,卵泡的形状、大小,以及间隔一定时间重复检查所发现的变化来慎重地加以区别。

三、治疗

对排卵延迟的病马,除改进饲养管理条件、注意防止受到气温的影响以外,应用激素治疗,通常可收到良好效果。

对可能发生排卵延迟的马,发现发情症状时,也可在输精前或同时注射促黄体素 200～400 IU;亦可注射黄体酮 50～100 mg,可以促进排卵。对于确知由于排卵延迟而屡配不孕的母马,发情早期应用雌激素 4～10 mg,晚期注射黄体酮 50～100 mg,也可获得良好效果。

第五节 慢性子宫内膜炎

慢性子宫内膜炎(chronic endometritis)是子宫黏膜的慢性炎症,为母马不育的主要原因之一。

一、病因

慢性子宫内膜炎多由急性转变而来。病原菌大部分为细菌,如链球菌、葡萄球菌和大肠杆菌等。某些病毒及支原体等也可引起子宫内膜炎的发生。该病的发生多数在子宫复旧不全,胎衣不下,输精时消毒不严密,分娩、助产时不注意消毒和操作不慎,将病原微生物带入子宫而导致感染。此外,公马生殖器官的炎症和感染(如毛滴虫病以及胎儿弧菌)也可通过本交或精液传给母马而引起慢性子宫内膜炎。

二、主要症状

慢性子宫内膜炎根据炎症性质不同,可以分为卡他性、卡他性脓性和脓性三种。

1. 慢性卡他性子宫内膜炎

其特征是子宫黏膜松软增厚,有时甚至发生溃疡和结缔组织增生,一般不表现全身症状,有时体温稍微升高,食欲略微降低。病马的发情周期多数正常,但屡配不孕,或者发生早期胚胎死亡。

不发情时进行阴道检查,可以发现阴道黏膜正常,阴道内可能积有带絮状物的黏液,子宫颈稍微开张,子宫颈腔部肿胀,但充血不明显,有时可以看到阴道中有透明或浑浊黏液,尤其在卧下或发情时,流出较多,马的子宫颈黏膜常呈松弛状态。冲洗子宫的回流液略浑浊,很像清鼻液或淘米水。直肠检查感觉子宫角稍变粗,子宫壁增厚、弹性减弱、收缩反应微弱。马的两子宫角分叉处(子宫底)变平坦,子宫体也稍厚。但有的病例检查不出明显变化。发情时子宫排出的分泌物较多,有时分泌物略微浑浊。

2. 慢性卡他性脓性子宫内膜炎

病马一般有轻度全身反应,精神不振,食欲减少,逐渐消瘦,有时体温略微升高,发情周期不正常,阴门中排出灰白色或黄褐色稀薄脓液,病马的尾根、阴门和飞节上常粘有阴道排出物或其干痂。子宫黏膜肿胀、充血和瘀血,同时还有脓汁浸润,上皮组织变性、坏死和脱落,有时子宫黏膜上有成片的肉芽组织或瘢痕。阴道检查发现阴道黏膜和子宫颈腔部充血,往往黏附有脓性分泌物;子宫颈口张开。直肠检查感觉子宫角增大,收缩反应微弱,壁变厚,且厚薄不匀、软硬度不一致;若子宫聚积有分泌物时,则感觉有轻微波动。冲洗回流液浑浊,像面汤或米汤,其中夹杂有小脓块或絮状物。

3. 慢性脓性子宫内膜炎

其主要症状是从阴门中经常排出脓性分泌物,母马卧下时排出较多。阴门周围皮肤及尾根上粘附有脓性分泌物,干后变为黑色的痂皮。直肠检查一侧或两侧子宫角增大,子宫壁厚而软,厚薄不一,收缩反应很微弱。阴道检查发现阴道内往往有脓性分泌物黏附存在。冲洗回流液浑浊,像稀面糊,有的是灰黄色脓液。

三、实验室诊断

1. 子宫回流液检查

冲洗子宫,镜检回流液,可见脱落的子宫内膜上皮细胞、白细胞或脓球,也可静置后检查。

2. 细菌学检查

无菌采取子宫内分泌物,进行细菌的分离鉴定而确诊。

3. 超声检查

通过影像学手段,应用B超进行检查,有一定诊断意义。

对于慢性子宫内膜炎患马经过适当治疗,一般都可痊愈;但就生育力来说,预后仍须谨慎。在患病已久,子宫黏膜发生深重变化的病畜,虽可临床治愈,但可能屡配不孕,或者发生胚胎早期流失;另外,慢性子宫内膜炎也常波及卵巢、输卵管及子宫颈,而使患马不能受孕,特别是未予治疗或患病已久的病例,往往导致永久性不育。

四、治疗

慢性子宫内膜炎的治疗原则是抗菌消炎，促进子宫内炎性产物的排出和子宫机能的恢复。

1. 子宫冲洗疗法

冲洗子宫可尽快排除子宫内炎性分泌物，减少对子宫的侵蚀，净化子宫，使灌注的药物能更好地发挥功效，是最常用的治疗方法之一。对子宫颈微开张或发情时的患马可直接进行冲洗，对子宫颈关闭的病马需先注射苯甲酸雌二醇或乙烯雌酚 20 mg，促使子宫颈开张后再进行冲洗。用温的(35～45℃)溶液冲洗较好，这样能够增强子宫的血液循环，改进生殖器官的代谢，增强其防御机能。常用的子宫冲洗液有 3%～10%氯化钠溶液、0.1%高锰酸钾、0.1%雷夫奴尔、0.05%洗必泰、0.05%新洁尔灭或 0.02%呋喃西林等溶液，冲洗量需根据子宫体积大小及炎症程度而定，一般使用 500 mL 左右，反复冲洗直至排出的溶液变为透明为止。冲洗后应该尽可能使冲洗液从子宫中排出来，通常借助虹吸作用结合直肠按摩子宫的方法，也可用注射器抽出。冲洗子宫后，根据情况向子宫内投入抗菌药或防腐消毒药。

2. 子宫内药物灌注疗法

子宫内没有炎性分泌物时可以直接进行子宫内灌注疗法，如果有炎性分泌物，先进行子宫清洗，然后进行子宫内灌注。采用子宫内灌注疗法要求所选用的药物必须对引起子宫内膜炎的病原微生物敏感，在子宫内能够达到足够的有效浓度并且在子宫内分布均匀。子宫内灌注疗法常使用的药物有：①抗生素(如土霉素、青霉素、四环素、金霉素、链霉素、新霉素、卡那霉素、庆大霉素、氯霉素、磺胺类、呋喃唑酮和恩诺沙星等)；②碘制剂：子宫内灌注常使用的碘制剂如卢格氏液、碘甘油、吡咯烷酮碘水溶液等；③磺胺类：常用磺胺油悬混液，磺胺嘧啶钠 10～20 g，石蜡油 20～40 mL，灌注子宫内治疗慢性子宫内膜炎；④鱼石脂：取纯鱼石脂 8～10 g，溶于 1 000 mL 蒸馏水中，每次子宫内灌入 100 mL，一般 1～3 次即可；⑤0.5%双氧水：子宫内注入 0.5%双氧水 50～100 mL；⑥洗必泰栓剂：用 1%～2%盐水冲洗子宫后，使子宫排空，放入子宫腔内洗必泰栓剂(20 mg)2～3 枚，重病例 1 日 1 次，轻病例 2 日 1 次，连放 3～5 次。⑦甲硝唑片(灭滴灵，0.2 g)15～30 片，溶于 80 mL 生理盐水中注入子宫内，轻症病例 1～2 次，重病例 3 次；⑧10%呋喃酮鱼肝油悬液 10 mL 一次子宫内注入，1 次/2 d；⑨将露它净 4 mL 稀释于 96 mL 生理盐水中，1 次注入子宫内，一般 1～2 次见效；⑩亦可应用对子宫黏膜无刺激或刺激性很小的药物制成干粉、栓剂、发泡剂或缓释剂投入子宫内的疗法，又称之为干燥疗法，现在临床上有以甘油为基质的呋喃唑酮栓剂，如碘铋磺胺、呋喃西林、呋喃唑酮等栓剂。

3. 全身疗法

出现全身症状的病马，除了局部治疗之外，还应结合全身疗法，采用静脉注射或肌肉注射大剂量的抗生素，此外要根据患马的个体情况配合进行强心、补液，纠正酸中毒，防止发生败血症等。一般要静脉注射 5%～10%葡萄糖注射液和生理盐水，维生素 C，钙制剂，5%碳酸氢钠等，以及肌肉注射复合维生素 B 等。对于抗菌药物的选择，要选择敏感的抗生素，而且还应该注意治疗的疗程。在全身治疗的同时，为了活化子宫，可结合使用麦角新碱、垂体后叶素、催产素或新斯的明、氨甲酰胆碱等，促进子宫内容物的排出。

4. 中药治疗

根据症状辩证施治，选取清热解毒、活血化瘀，去腐生肌和促进子宫内容物排出的中草药，合理组方,也可收到很好的疗效。由于方剂很多,这里就不加以详细叙述。

由于慢性子宫内膜炎病因复杂,涉及的因素很多,上述各种疗法并不是对所有病例都是有效的。因此对某一具体病例,必须分析病马情况,查明致病原因,然后拟定综合方案,选择适当的疗法。如果所采用的疗法不发生效果,应当重新考虑病马的情况,及时更换药物或治疗方案。

五、预防

1. 加强饲养管理,增强马的抗病能力

营养要搭配合理,要注意蛋白质及钙、磷、锌、铜等矿物质和维生素 A、维生素 D、维生素 E 的供应。要搞好环境卫生,产房应经常清扫和消毒,保持清洁、干燥的良好卫生条件。

2. 人工授精要严格遵守操作规程

人工授精要严格遵守兽医卫生规程,输精用的输精器、外套等物品要严格进行消毒,母马外阴消毒应彻底,以避免诱发生殖器官感染。同时,人工授精时,切忌频繁和粗暴地进行操作,防止对阴道及子宫颈黏膜的损伤。

3. 坚持早发现、早治疗的原则

急性子宫内膜炎多在产后 2 周内发生,如患马不能及时得到治疗,则易造成炎症的扩散,从而引起子宫肌炎、子宫浆膜炎、子宫周围炎,或转化为慢性炎症,因此,对患子宫内膜炎的病马力争做到早发现,早治疗,以避免错过理想的治疗时机。

第五章　新生马驹疾病

第一节　窒　息

窒息(asphyxiation)又称为假死,是指刚出生的马驹发生呼吸障碍,或无呼吸而仅有心跳的一种危重状态。如不及时抢救,往往可能导致死亡。

一、病因

分娩时产出期延长或胎儿排出受阻,胎盘分离过早和胎囊破裂过晚;倒生时胎儿产出缓慢和脐带受到挤压,脐带前置时受到压迫或脐带缠绕胎儿,以及子宫痉挛性收缩等,均可因胎盘血液循环减弱或停止,引起胎儿过早地呼吸,以致吸入羊水而发生窒息。

此外,母马分娩前过度疲劳,或患有高热性疾病、肺炎、贫血等,使胎儿缺氧,在胎儿娩出后易发生窒息。

二、主要症状

根据程度不同可分为两种:青紫窒息和苍白窒息。

青紫窒息(也称轻度窒息):仔畜软弱无力,可视黏膜发绀,舌脱出口外,口腔和鼻孔充满黏液。呼吸不匀,张口呼吸,肺部有湿啰音,心跳快而弱。

苍白窒息(也称严重窒息):幼驹呈假死状态,全身松软,卧地不动,反射消失,黏膜苍白。呼吸停止,仅有微弱心跳。

三、治疗

首先用布擦净鼻孔及口腔内的羊水。为了诱发呼吸反射,可用细的物体刺激鼻腔黏膜,或用浸有氨水的棉花放在鼻孔上,或在仔畜身上泼冷水等。尽可能想办法吸出鼻腔及气管内的黏液及羊水,必要时进行人工呼吸或输氧。还可使用刺激呼吸中枢的药物,如山梗菜碱(5～10 mg)或尼可刹米(25%溶液 1.5 mL),促进马驹的呼吸。

四、预防

应建立产房值班制度,保证母畜分娩时能及时正确地进行接产和护理仔畜。接产时应特别注意对分娩过程延滞、胎儿倒生及胎囊破裂过晚的及时人工助产,可减少胎儿窒息的发生。

第二节 脐 炎

脐炎(omphalitis)是新生马驹脐血管及周围组织的发炎。

一、病因

接产时脐带消毒不严、脐带受到污染及尿液浸渍等。

二、主要症状

病初脐孔周围发热、充血、肿胀、有疼痛反应。由于疼痛，马驹经常弓腰，不愿行走。有时脐部形成脓肿。发生脐带坏疽时，脐带残段呈污红色，有恶臭味。除掉脐带残段后，脐孔处肉芽赘生，形成溃疡，常附有脓性渗出物。

如化脓菌及其毒素沿血管侵入肝、肺、肾及其他脏器，可引起败血症或脓毒血症。

三、治疗

首先排出浓汁，清除坏死组织，涂布碘酊；然后在脐孔周围皮下分点注射青霉素普鲁卡因溶液。如果已经形成瘘管，用消毒药液尽可能洗净其脓汁，并涂注消毒防腐药液和应用抗生素进行治疗。如果已经形成脓肿，应按常规外科的化脓疮进行处理。如果脐带发生坏疽，必须切除脐带残段，除去坏死组织，用消毒药清洗后，涂以防腐药或5%碘酊。为了防止炎症扩散，一般都应该全身应用抗生素进行治疗，防止败血症的发生。

四、预防

应经常保持产房、产圈清洁干燥。在接产时要消毒后切断脐带，经常涂擦碘酒，防止感染，促进其迅速干燥、坏死和脱落。防止幼驹混养时互舔脐带。

第三节 新生马驹溶血病

新生马驹溶血病(haemolytic icterus of neonatal foal)是新生马驹红细胞抗原与母体血清抗体不相合而引起的一种同种免疫溶血反应，又称新生马驹溶血性黄疸、同种免疫溶血性贫血或新生马驹同种红细胞溶解病，是马(骡)驹的一种常见的急性致死性疾病。其特征是马驹出生后吃了母畜初乳迅速发生进行性贫血、黄疸和血红蛋白尿等症状，特别是马产下的骡子更容易发生本病。

一、病因

新生马驹溶血病是由于母马在妊娠期间对胎儿的抗原刺激产生特异性抗体，抗体通过初乳途径被吸收到马驹血液中而发生抗原抗体反应所造成的。新生骡驹溶血病是骡驹继承来自父系种属性的红细胞抗原，存在于胎儿红细胞膜上，怀孕期间这种抗原通过胎盘上的轻微损伤进入母体循环，母体产生的抗体进入初乳，新生骡驹吃初乳后即发病。新生马驹溶血病是由于胎儿与母马的血型存在有个体差异所致。妊娠期间血型不相合的胎儿血液抗原经损伤的胎盘进入母体循环，使母马产生抗体，而马驹吃初乳发病。

二、主要症状

本病其特点是马(骡)驹吃食母马初乳后即发病，表现为贫血、黄疸、血红蛋白尿等危重症状。

马驹未吃初乳前一切正常，吸吮初乳后1～2 d发病，5～7 d时达到高峰。主要表现为精神沉郁，反应迟钝，倦怠无力，耳耷头低，喜卧，有的有腹痛现象，如踢腹，回顾腹部等。可视黏膜苍白黄染，尿量少而黏稠，病轻者为黄色或淡黄色，严重者为血红色或浓茶色(血红蛋白尿)，排尿有痛苦表现。心跳增数，心音亢进，呼吸粗厉。严重者卧地不起，呻吟，呼吸困难，有的出现神经症状(核黄疸症状)，最终多因高度贫血，极度衰竭(主要是心力衰竭)而死亡。

三、实验室诊断

1. 血液学检查

在颈静脉采血观察，可见血液稀薄，血浆淡红；镜检可见红细胞数下降，数量在200～300万个/mL之间，镜下观察红细胞形态不整，大小不均，多数破碎；血沉速度加快；血红蛋白含量减少。

2. 初乳的凝集效价试验

在青霉素小瓶内加入生理盐水2 mL，从驹的颈静脉或刺破耳尖取3～4滴血，加到生理盐水瓶内，即为幼驹的2%红细胞悬液。取5支小试管，第一管加盐水1.5 mL，其余各管加盐水1 mL，第一管加初乳0.5 mL，混均，吸出1 mL加入第2管，依次稀释，初乳的稀释倍数分别为4、8、16、32倍，另取干净玻片，从第5至第1管分别取1滴放玻片上，再各加2%驹红细胞悬液1滴，混均，室温半小时判定结果。结果凝集效价在1∶32以上，基本可以确诊为新生马(骡)驹溶血病。

此病发展迅速，死亡率高。发病后若及时确诊，及时治疗及采取隔离马驹或骡驹、实行寄养等措施，一般预后良好。但很多时候是在早期往往被忽视或没有及时发现而发展成重危病例，很难挽救，常常以死亡告终。

四、治疗

治疗原则，主要是及早发现，及时采取有效的治疗措施。目前对本病尚无特效疗法，通常均采取换奶、人工哺乳或是代养等措施。

1. 立即停食母乳

实行代养或人工哺乳，对于有条件的在停吃母乳后可以代乳饲养，一般找与其出生日期接近的母马哺乳，或寄养给其他性情温顺乳汁充足的母马代养。直至初乳中抗体效价降至安全范围后可再尝试由原来的母马哺乳。

2. 输血疗法

为了保证输血安全，一般应先做配血试验，选择血型相合的马作为供血者。若无条件作配血试验时，亦可试行直接输血，但应密切注意有无输血反应，一旦发生反应立即停止输血。也可以采健康马静脉血 500 mL,按抗凝剂与血液以 1∶10 的比例加 3.8%枸橼酸钠抗凝剂,混匀于室温静置,自然沉淀 30~60 min,待血浆和血细胞分离,弃去上层血浆。再用生理盐水稀释血细胞至 500 mL,得到红细胞悬液,然后将病驹颈静脉放血 100~300 mL,再输给制备好的红细胞悬液。

3.辅助疗法

病驹静注 10%~25%葡萄糖液 250~500 mL,维生素 C50 mL,以补充营养,保护心、肝、肾等重要器官功能;同时注射糖皮质激素氢化可的松 100~200 mg,抗休克、过敏,抑制抗原抗体反应,减少红细胞崩解,减少毒素对机体细胞的损害,增强骨髓造血机能;静注 5%碳酸氢钠 100 mg,防止酸中毒;必要时注射抗生素,防止感染。注射维生素 B_{12}、铁制剂增强造血功能;同时考虑肌注樟脑注射液强心等。

4.此外在上述治疗的基础上可以应用中药治疗,对于肾阴虚型

用茵陈地黄汤(茵陈 25 g、生地 12 g、山药 10 g、茯苓 10 g、泽泻 10 g、丹皮 5 g、山芋 10 g、山栀 5 g、大黄 5 g、甘草 5 g、车前子 5 g),煎汁凉温投服。对于肾阳虚型:用茵陈肾气汤(茵陈 25 g、熟地 10 g、山药 10 g、茯苓 10 g、泽泻 10 g、丹皮 10 g、山芋 15 g、肉桂 5 g、附子 5 g、甘草 5 g),煎汁凉温投服。尿色清亮后用补血地黄汤(黄芪 25 g、当归 15 g、山药 10 g、茯苓 10 g、泽泻 10 g、丹皮 10 g、山芋 15 g、熟地 10 g、甘草 5 g),煎汁凉温投服。

五、预防

(1)避免应用已发生过溶血病的公马再次与该母马进行配种。

(2)产后测定初乳的凝集效价,效价在 16 以下者为安全,令驹自由吃奶;效价在 32 者应注意观察、预防;效价 64 以上者应停喂母乳,人工饲养,对母马每半小时挤弃 1 次初乳,每次要挤彻底,并定时测定初乳效价,只要初乳效价降到安全范围就可以让马驹吃奶。

第六章 乳腺疾病

第一节 马乳房炎

乳房炎(mare mastitis)是乳房由于受到各种病因的影响引起乳房炎症变化,其主要特点是乳汁发生理化性质及细菌学变化,乳腺组织发生病理学变化。乳房炎的类型很多,一般可分为浆液性、卡他性、化脓性乳房炎等,多为微生物侵入所致,常发生于产后,特别是局部创伤、挤压、乳滞而引起的最为多见。中兽医称之为奶痈、乳痈,认为是冲任不调、气滞血凝而成,治则多用散瘀,理气破结之法。

一、病因

马乳房炎主要由多种非特定的病原微生物侵入引起,包括细菌、霉形体、真菌和病毒等。主要和饲养管理不当有关。当环境未定期消毒或不消毒,马体不清洁,常引发乳房炎。另外生产中饲养管理不平衡,缺乏必需的维生素或微量元素,自身抵抗力差、免疫力低,容易诱发乳房感染,此外还有产后由生殖系统疾病引发,或因外力作用而引起乳房或乳头的创伤、挫伤等引起。

二、主要症状

马患临床型乳房炎,其特点是乳区肿胀、潮红、局部温度升高、疼痛,乳汁变性,体温升高。一般表现体温略高,脉搏、呼吸均正常,食欲有一定的减退。乳房呈不同程度的肿胀,呈现面团状。乳房局部温度增高,发硬,皮肤发红,触诊疼痛,后肢运步强拘。乳汁有絮状物或凝块,有的呈橙黄色的脓性凝块,或者乳汁变稀,呈水样,颜色发黄或发红,也有挤奶困难,挤不出乳汁。少数严重的病例伴有明显的全身症状,如精神沉郁、食欲不振、体温升高等。

三、治疗

治疗原则是杀灭已浸入乳房的病原微生物,防止病原菌的浸入,减轻或消除乳房的炎症症状,针对具体病例,辨证施治。

1. 全身疗法

对所有出现全身反应的乳房炎,均应采用全身大剂量抗生素疗法,目的是在治疗乳房炎感染的同时,有效地控制或防止出现败血症或菌血症。主要用青霉素、链霉素、土霉素、磺胺嘧啶钠、氧氟沙星等。

2. 乳房内灌注药物疗法

先挤干净患病乳区内的乳汁后，清洗消毒干净乳头，用乳头针插入乳头管内，慢慢将药物注入乳房内，注入药物后用手指压住乳头管，用另一只手掌从乳头乳池—乳腺乳池—腺泡腺管的顺序向上按摩乳房，迫使药物向上扩散到乳腺腺泡内分布均匀。注意乳头内注射时一定要严格消毒，杜绝将细菌、真菌等引入乳区，而且要有一定的疗程，一般注射 3 次。应用的药物主要是抗菌消炎药，也包括一些中药制剂和中西药复方合剂，如乳炎康、氟苯尼考注射液、头孢类制剂、乳酸环丙沙星乳剂等。

3. 敷药治疗法

为限制炎症发展，初期可用冷敷法，抑制乳房水肿，病后 2～3 d 可改用温敷法。早期应用乳房基底封闭疗法也具有良好的疗效，在乳房基部注入 10 万～20 万 IU 青霉素的 0.25%～0.5%普鲁卡因溶液 100～150 mL。为促进炎症产物吸收，也可局部应用 10%～20%的硫酸镁溶液热敷或冷敷，也可涂鱼石脂软膏、樟脑软膏等，如乳房局部已化脓，要局部切开引流，按化脓创处理。

4. 中药疗法

中药治疗乳房炎的处方很多，现仅介绍一个处方：蒲公英 60～120 g、全瓜蒌 30 g、银花 30 g、连翘 30 g、当归 30 g、川芎 30 g、红花 25 g、乳香 30 g、没药 30 g、生地 30 g、川断 30 g、甘草 15 g，研末开水冲，候温灌服，视病情每日 1 剂，连服数剂或隔日 1 剂。

第二节 无乳及泌乳不足

无乳及泌乳不足（agalasisa and hypogalactia）是母马在产后及泌乳盛期乳腺机能异常，产乳量显著减少，甚至完全无乳。多发于体质瘦弱的母马或初产母马。

一、病因

本病发生原因很多，如饲养不良，劳役过重，母体瘦弱，气血亏虚，难以生化乳汁；或过早配种，乳腺发育不良，激素及代谢紊乱，致使生化乳汁机能障碍；或患有各种疾病，包括传染病、中毒症等均可引起气滞血瘀，乳汁凝滞；各种应激，包括严重的冷、热应激，惊吓等均可导致本病的发生。

二、主要症状

体质衰弱，乳房皱缩，不胀不痛，皮毛枯暗，精神稍差，食欲不振，口色淡白，脉沉细无力，挤压乳房少乳或无乳流出。

三、治疗

首先改善饲养管理，给予易消化，富含蛋白质饲草料和多汁饲料。对于初产母马无乳，可定时按摩乳房，静脉注射催产素 60 IU，每天 1 次，连用 4 d，有一定的效果。另外，可根据中兽医理论进行积极治疗，有一定的效果。因气血亏虚者，治宜补气益血，通络催乳可选用下述方：

方1：王不留行60 g、通草30 g、猪蹄1对、煎汤加红糖120 g灌服。

方2：生乳散：黄芪30 g、党参30 g、白术30 g、阿胶30 g、王不留行30 g、当归45 g、通草15 g、川芎15 g、甘草15 g、续断25 g、杜仲25 g、山甲珠25 g、木通20 g，共为末，开水冲，候温灌服。

四、预防

改善饲养管理，增喂富含蛋白质饲料、多汁饲料，并多放牧运动，体质瘦弱的马还要节制使役。

第三节 漏 乳

漏乳(galactorrhea)是在产后期的泌乳期中，由于乳头管关闭不够充分而乳汁自动流出或呈线状流出。多见于马分娩前后，特别是膘情好的母马。

一、病因

漏乳是乳头括约肌发育不全，乳头损伤及发炎引起的括约肌萎缩、麻痹、弛缓的一种临床症状，也常常是乳头管内瘢痕性增生与产生新生物的一种症状。有些可能有遗传性，为先天性的乳头括约肌发育不良，也可能是由括约肌麻痹引起的。

二、主要症状

乳房充涨时，乳汁自行流出或呈线状大量流出，特别是在哺乳前更显著，乳汁成滴或成股的自行排出来；有些马在卧下时，由于乳房受到压力而流出大量乳汁。由于乳汁自行流出，所以患病乳区的乳房松软，产奶量降低。

四、治疗

由于乳头括约肌紧张力降低而出现乳溢者，预后良好；由于乳头括约肌麻痹、瘢痕及新生物造成的乳溢，预后可疑。

乳头括约肌弛缓时，以拇指、食指及中指捏住乳头顶端，滚转着乳头顶端按摩捏揉，每次按摩10～15 min，效果较好。也可在乳头管周围注射适量的灭菌液体石蜡，机械性地压迫乳头管腔。也可在乳头管周围注射青霉素、高渗盐水或酒精，促使结缔组织增生以压缩乳头管腔。

为刺激乳头括约肌和机械的缩小乳头管腔，可用5%碘酊浸过的缝合线在乳头管周围皮下做数针口袋式缝合，轻轻勒紧缝线(在乳头管中插一导管或探针)，打结，至9～10 d拆线。缝合线产生的机械刺激能促进肌肉神经组织的再生，提高括约肌的紧张力。缝合处的轻度瘢痕也机械性地缩小了乳头管腔。可是，这种因素可能造成榨乳困难，要注意及时调整。通常为了缩小乳头管，以1～2针结节缝合，将乳头管周围的1/4缝合，即已足够。也可以在严格消毒后，用注射器吸取0.25 mL液体石蜡，在乳头四周和乳头管开口处分点皮内注射，也有较好的效果。

对于乳头括约肌异常的顽症，必须在挤奶结束后在乳头扎上橡皮圈，但不要勒的过紧，避免发生坏死。乳头管内有瘢痕及新生物时，须用手术疗法。

参考文献

[1] 布拉德(D. C. Blood). 兽医内科学. 北京:中国农业出版社，1984.

[2] 陈灏珠，林果为，王吉耀. 实用内科学. 14 版. 北京:人民卫生出版社，2013.

[3] 曹淑梅，史成波，王淞. 家畜溃疡性淋巴管炎和细菌性肾盂肾炎的症状与诊断. 养殖技术顾问，2014，(7)：171.

[4] 丁壮，周昌芳，李建华. 马病防治手册. 北京:金盾出版社，2006.

[5] 杜文章，杜翼虎. 中药治疗家畜肾盂肾炎. 中兽医医药杂志，2002，21(2)：42.

[6] 董彝. 实用牛马病临床类症鉴别. 北京:中国农业出版社，2001.

[7] 郭定宗. 兽医内科学. 2 版. 北京:高等教育出版社，2010.

[8] 高传喜，黄兴军. 马属动物黄曲霉毒素中毒的诊疗体会. 山东畜牧兽医，2009，10：35.

[9] 葛均波，徐永健，梅长林. 内科学.8 版. 北京:人民卫生出版社，2013.

[10] 何德肆. 动物临床诊疗与内科病. 重庆:重庆大学出版社，2007.

[11] 杭丽，孙强. 家畜几种肾炎的剖检变化与诊断. 养殖技术顾问，2013，(10)：118.

[12] 胡玉芬. 一例马食盐中毒的诊疗与讨论. 内蒙古兽医，1996，2：43.

[13] 解放军兽医大学. 马病学. 北京:农业出版社，1989.

[14]《江苏省基本药物增补药物临床应用指南》编写组. 江苏省基本药物增补药物临床应用指南:化学药品和生物制品. 南京:东南大学出版社，2014.

[15] 金泰廙. 现代毒理学. 上海:复旦大学出版社，2004.

[16] 林德贵. 兽医外科手术学. 北京:中国农业出版社，2011.

[17] 林德贵. 兽医外科手术学. 北京:中国农业出版社，2014.

[18] 刘国存. 喉囊穿刺术治疗马骡喉囊炎 15 例. 中国兽医科技，1985，1:45.

[19] 刘胜瑞，王永平. 兽医临床问答. 沈阳:辽宁科学技术出版社，1985.

[20] 刘德贤. 中西医结合治疗马属家畜间质性肾炎. 中兽医医药杂志，1993，(05)：29-30.

[21] 刘治西，吴延功，刁有祥，等，畜禽常见病临床诊疗纠误. 济南:山东科学技术出版社，2009.

[22] 刘宗平. 动物中毒病学. 北京:中国农业出版社，2006.

[23] 李广. 门诊兽医手册. 北京:中国农业出版社，2007.

[24] 李国江. 动物普通病. 北京:中国农业大学出版社，2007.

[25] 李毓义. 马腹痛病. 北京:农业出版社，1987.

[26] 李祚煌. 家畜中毒及毒物检验. 北京:中国农业出版社，1996.

[27] 梅泫宗，张青春，李汉宏，等. 马的黄曲霉毒素中毒. 新疆农业科学，1980，3:21.

[28] 宁工红. 常见毒物急性中毒的简易检验与急救. 北京:军事医学科学出版社，2001.

[29] 倪有煌，李毓义. 兽医内科学. 北京:中国农业出版社，1996.

[30]《全国中兽医经验选编》编审组. 全国中兽医经验选编. 北京:科学出版社，1977.

[31] 史志诚. 动物毒物学. 北京:中国农业出版社, 2001.
[32] 苏玉虹, 李立山. 养猪技术. 中国农业出版社, 2013.
[33] 田继征. 家畜肾脏疾病的治疗措施. 畜牧兽医杂志, 2015(05): 148.
[34] 汤小朋,等. 马兽医手册. 北京:中国农业出版社, 2008.
[35] 唐兆新. 兽医临床治疗学. 北京:中国农业出版社, 2002.
[36] 唐兆新. 兽医临床治疗学. 北京:中国农业出版社, 2008.
[37] 谭学诗. 动物疾病诊疗. 太原:山西科学技术出版社, 1999.
[38] 王小龙. 兽医内科学. 北京:中国农业大学出版社, 2004.
[39] 王洪章, 段得贤. 家畜中毒学. 北京:中国农业出版社, 1985.
[40] 王洪斌. 现代兽医麻醉学. 北京:中国农业出版社, 2008.
[41] 王建华. 兽医内科学. 4 版. 北京:中国农业出版社, 2010.
[42] 汪世昌, 陈家璞. 家畜外科学. 3 版. 北京:中国农业出版社, 1995.
[43] 韦旭斌, 胡元亮. 马病妙方绝技. 北京:中国农业出版社, 2010.
[44] 汪斌, 吴胜会,等. 畜禽寄生虫病诊治图谱. 福州:福建科学技术出版社, 2012.
[45] 吴敏秋, 沈永恕. 兽医临床诊疗技术. 4 版. 北京:中国农业出版社, 2014.
[46] 温伟, 田耀华, 张宏伟. 针刺配合行为疗法治疗赛马咽气癖. 中国兽医杂志, 2012, 48(7):81.
[47] 徐世文, 唐兆新. 兽医内科学. 北京:科学出版社, 2010.
[48] 夏云, 王朝志. 马误食磷化锌毒饵中毒. 辽宁畜牧兽医, 1987, 2:14-15.
[49] 于船. 中国兽医针灸学. 北京:中国农业出版社, 1984.
[50] 杨春华, 苏明安. 家畜肾盂性肾炎的感染、症状与治疗. 养殖技术顾问, 2012(11): 90.
[51] 阮秀珍. 诊疗马有机磷农药中毒两例. 湖北农业科学, 1983, 11:54-55.
[52] 中国人民解放军兽医大学. 军马常发病教材(三年制试用本). 长春:中国人民解放军兽医大学, 1970.
[53] 中国人民解放军兽医大学. 中兽医验方集. 长春:中国人民解放军兽医大学, 1970.
[54] 中国畜牧兽医学会兽医外科研究会. 兽医外科学. 北京:中国农业出版社, 1992.
[55] 朱维正. 新编兽医手册. 北京:金盾出版社, 1993.
[56] 郑州畜牧兽医专科学校. 马针灸学. 郑州:河南人民出版社, 1960.
[57] 郑本元, 李志敏. 中西医结合治疗马肾炎的体会. 中兽医医药杂志, 2008, 27(2): 56-57.
[58] 张文彬, 周其珍. 马病. 郑州:河南科学技术出版社, 1983.
[59] 张乃生, 李毓义. 动物普通病学. 2 版. 北京:中国农业出版社, 2011.
[60] 张泽国. 兽医临床诊疗. 1 版. 上海:上海科学技术出版社, 2010.
[61] 张继斌,等. 家畜尿石症的病因及防治. 湖北畜牧兽医, 2007(9): 22-24.
[62] 赵洪芳, 黎梅, 李继伟,等. 马霉玉米中毒及其防治措施. 养殖技术顾问, 2011, 10: 36-37.
[63] 赵昆. 马颈静脉切除术的几点体会. 甘肃畜牧兽医, 1984(05):22-23.
[64] Blood D C, Henderson J A, Radostits O M, *et al*. Veterinary Medicine. 8th Edition. London:Bailliere Tindall, 1994.

[65] Beasley V. Veterinary Toxicology. New York: International Veterinary Information Service (www.ivis.org), 1999.

[66] Drolet R, Laverty S, Braselton W, *et al*. Zinc phosphide poisoning in a horse. Equine Vet J, 1996, 28:161-162.

[67] Gabriele A Landolt. Management of equine poisoning and envenomation. Vet Clin Equine, 2007, 23:31-47.

[68] Gracia-Calvo L A, *et al*. Persistent Hematuria as a Result of Chronic Renal Hypertension Secondary to Nephritis in a Stallion. Journal of Equine Veterinary Science, 2014, 34(5): 709-714.

[69] Hamond C. Presence of leptospires on genital tract of mares with reproductive problems. Veterinary Microbiology, 2015, 179(3-4): 264-269.

[70] Hall J O. Toxic feed constituents in the horse. Vet Clin North Am EquinePract, 2001, 17(3):479-489.

[71] Jennings S H, *et al*., Polyomavirus-Associated Nephritis in 2 Horses. Veterinary Pathology, 2013, 50(5): 769-774.

[72] Klaassen Curtis D. Casarett and Doull's Toxicology: The Basic Science of Poisons. 6th Edition, The McGraw-Hill Companies, Inc., 2001

[73] Lynch S E, *et al*. Persistence and chronic urinary shedding of the aphthovirus equine rhinitis A virus. Comparative Immunology, Microbiology and Infectious Diseases, 2013, 36(1): 95-103.

[74] Maddox T W, *et al*. Longitudinal study of antimicrobial-resistant commensal Escherichia coli in the faeces of horses in an equine hospital. Preventive Veterinary Medicine, 2011, 100(2): 134-145.

[75] Meerdink G. Organophosphorous and carbamate insecticide poisoning in large animals. Vet Clinics North Am Food Anim Pract. 1989, 5:375-389.

[76] Plum Lee K H. Clinical Veterinary Toxicology. Manager: Patricia Tannian, 2003

[77] Plum Lee K. Pesticide toxicosis in the horse. Vet Clin North Am Equine Pract, 2001, 17(3):491-500.

[78] Reuben J Rose, David R. Hodgson. Manual of EQUINE PRACTICE, 2th Edition. Singapore: Elsevier Pte Ltd, 2007.

[79] Squinas S C, A P Britton. An unusual case of urinary retention and ulcerative cystitis in a horse, sequelae of pelvic abscessation, and adhesions. Can Vet J, 2013, 54(7): 690-692.

[80] Sogorb M A, Vilanova E. Enzymes involved in the detoxification of organophosphorus, carbamate and pyrethroid insecticides through hydrolysis. Toxicology Letters, 2002, 128: 215-228.

[81] Susan E A, The Merck Veterinary Manual. 8th Edition, Merck&Co., Inc. Whitehouse Station, NJ, USA, 2003.

[82] Tom Gore, Paula Gore, James M, *et al*. Horse owner's veterinary handbook. 3th Edition, Wiley publishing, Inc. 2004.

[illegible]

[illegible]

[illegible]

[illegible]

[illegible]

[illegible]

[illegible]

[illegible]

[illegible]

[illegible]

[illegible]

[illegible]

[illegible]

[illegible]

[illegible]

[illegible]

[illegible]